신폐기물처리

윤석표 지음

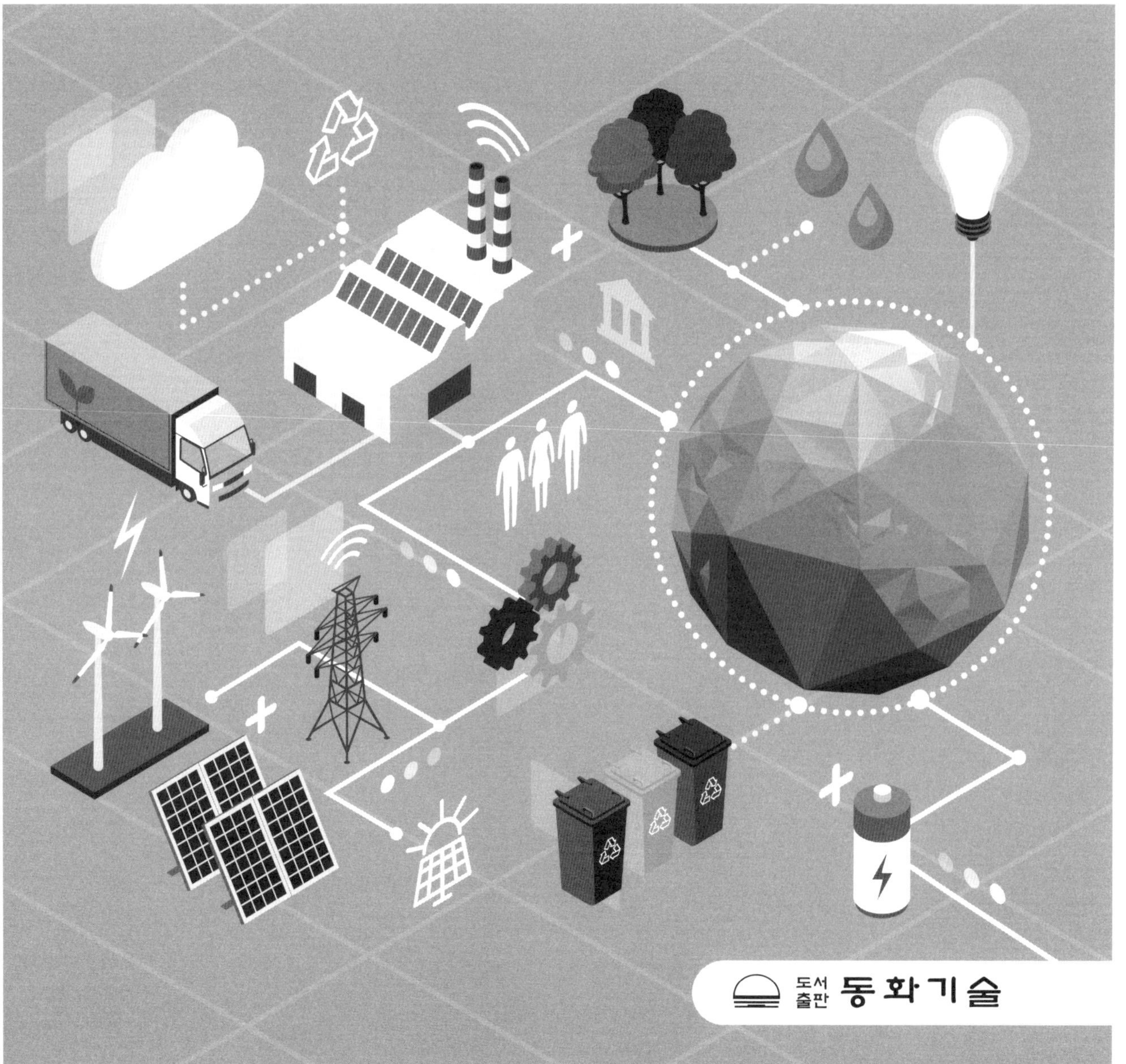

머리말

「신폐기물처리」이 2009년에 발간되고 12년의 시간이 흘렀습니다. 다행히 꾸준한 수요가 있어서 조금씩 책의 내용 보완하고 폐기물 관련 국내 현황자료 등을 새롭게 고칠 수 있는 기회를 갖게 되어 저자로서는 기쁘게 생각합니다.

폐기물은 인간의 활동과 산업생산과정에서 불가피하게 발생하는 물질로서 산업화와 소득 수준의 향상에 따라 발생량은 급격히 증가하고 있으며, 쓰레기 종량제와 음식물류 폐기물의 직매립 금지 조치 등으로 우리나라 생활폐기물의 성상은 급격히 변하였으며, 과거 매립 일변도에서 재활용의 비율이 높아지고, 생활폐기물 처리에 있어서 2009년부터 소각이 매립보다 비중이 높아지는 역전현상이 발생하였습니다. 최근에는 온실가스 저감과 연계하여 폐자원의 에너지화에 대한 관심이 높아지고 있으며, 직매립 제로화 문제도 새롭게 떠오르는 폐기물 관련 화두입니다.

2012년 2판에서는 유해폐기물 관리(8장)와 경제성 평가(9장)의 2개 장을 추가하였으며, 5장의 제목을 유기성 폐기물 처리로 바꾸면서 하수슬러지와 관련된 부분을 다소 보강한 바 있습니다.

이번 2021년 5판에서는 책의 체제는 큰 변화가 없으나, 약 6년만의 개정이어서 그간 폐기물 관련 제도와 국내외 현황자료의 수정 및 보완이 많이 이루어졌습니다.

본서를 집필하는데 도움이 된 참고자료를 제공해 주신 산업계에 종사하는 여러분과 발간된 본서 내용과 관련하여 좋은 의견을 주신 학계의 여러분들께 감사드리며, 이 책이 지속적으로 출간되도록 도와주신 도서출판 동화기술의 정우용 회장님, 책의 편집에 수고를 아끼지 않은 편집부 관계자께도 감사드립니다.

목차

CHAPTER 1 | 폐기물 법규와 관리체계

1.1 폐기물의 정의 11

1.2 우리나라의 폐기물 관련 법규 13

1.3 자원순환형 사회 실현을 위한 폐기물 관리 15

1.3.1 폐기물 감량화 정책 / 15
1.3.2 폐기물 재활용 정책 / 21
1.3.3 폐기물의 재활용 유형 / 26

1.4 전과정 평가 28

1.4.1 전과정 평가의 정의 / 28
1.4.2 전과정 평가의 절차 / 29
1.4.3 전과정 평가의 활용 및 한계 / 33

CHAPTER 2 | 폐기물 발생현황과 조사방법

2.1 우리나라 폐기물 발생 및 처리 현황 35

2.1.1 우리나라의 폐기물 발생 현황 / 35
2.1.2 우리나라 생활폐기물의 물리화학적 성상 / 38
2.1.3 우리나라의 폐기물 처리 현황 / 42

2.2 폐기물의 성상 조사 방법 44

2.2.1 서론 / 44
2.2.2 시료의 채취 / 44
2.2.3 시료의 축소방법 / 45
2.2.4 성상분석 절차의 흐름도 / 47
2.2.5 물리적 성상분석 / 47
2.2.6 원소분석 / 51
2.2.7 발열량 분석 / 51

CHAPTER 3 | 폐기물 수거

3.1 폐기물 수거 체계 ········ 61

3.1.1 분리수거 체계 / 61
3.1.2 수거작업 / 62

3.2 폐기물 관로수송 방식 ········ 64

3.2.1 개요 / 64
3.2.2 국내 적용사례 / 70

3.3 적환장 ········ 70

3.3.1 적환장의 필요성 / 70
3.3.2 적환장의 형식 / 71
3.3.3 적환장 용량 / 74
3.3.4 적환장 설계·운영에서의 청결성 지향 / 75
3.3.5 적환장의 위치결정 / 75

3.4 청소상태의 평가법 ········ 75

3.4.1 지역사회 효과지수(CEI) / 75
3.4.2 사용자 만족도 지수(USI) / 76

CHAPTER 4 | 폐기물의 기계적 처리

4.1 압축 ········ 79

4.1.1 압축기 / 80
4.1.2 압축결속기 / 84
4.1.3 부피감소의 지표 / 86

4.2 파쇄 ········ 88

4.2.1 파쇄의 이점 / 88
4.2.2 입자크기의 분포 / 88
4.2.3 에너지 소모량 / 90
4.2.4 파쇄기 / 96
4.2.5 파쇄와 관련된 건강 및 안전문제 / 99
4.2.6 Hammer의 마모 및 정비 / 99

4.3 선별 ········ 100

4.3.1 분리의 일반이론 / 100
4.3.2 손선별 / 102
4.3.3 체 선별 / 105
4.3.4 풍력 선별 / 109
4.3.5 자력 선별 / 112
4.3.6 광학 선별 / 114
4.3.7 기타 선별 방법 / 114

4.4 폐기물의 기계적 - 생물학적 처리 ···················· 120
4.4.1 개요 / 120
4.4.2 기계적-생물학적 처리의 공정 구성 / 123
4.4.3 우리나라의 MBT 적용 사례 / 124
4.4.4 고형연료제품의 품질 · 등급기준 / 127
4.5 도시광산 ···················· 129
4.5.1 도시광산의 정의 / 129
4.5.2 도시광산이 주목받는 이유 / 129
4.5.3 도시광산의 성장과 발전을 위한 요소 / 130

CHAPTER 5 | 유기성 폐기물 처리

5.1 퇴비화 ···················· 135
5.1.1 퇴비화의 특징 / 135
5.1.2 퇴비화의 전체적 처리과정 / 136
5.1.3 퇴비화의 단계별 변화 / 139
5.1.4 퇴비화의 방법 / 140
5.1.5 설계와 운영시 고려사항 / 144
5.1.6 퇴비화시설 운영의 문제점 / 154
5.2 혐기성 소화 ···················· 158
5.2.1 소화의 단계 및 장 · 단점 / 158
5.2.2 혐기성 소화조의 운영 / 161
5.2.3 혐기성 소화조의 구조 / 165
5.3 사료화 ···················· 167
5.3.1 서론 / 167
5.3.2 사료화 시설의 주요 공정 / 168
5.3.3 자원화 제품의 유통 / 170
5.3.4 우리나라의 음식물 자원화 시설 현황 / 171
5.4 하수슬러지의 처리와 재활용 ···················· 172
5.4.1 하수슬러지의 발생 및 처리 현황 / 172
5.5 유기성 폐자원의 바이오에너지화 ···················· 181
5.5.1 바이오에너지 개요 / 181
5.5.2 유기성폐자원의 바이오가스화 / 182
5.5.3 유기성 폐기물을 이용한 바이오 수소 생산 / 184

CHAPTER 6 | 폐기물의 열적처리

6.1 연소계산 ········· 195

6.1.1 연소계산의 기초 / 195
6.1.2 연소에 필요한 공기량 / 202
6.1.3 발열량 / 217
6.1.4 배출가스의 분석과 오염성분의 농도 계산 / 222

6.2 소각의 조건 ········· 227

6.2.1 산소 / 227
6.2.2 온도 / 228
6.2.3 혼합 / 228
6.2.4 체류시간 / 228

6.3 소각공정 ········· 229

6.3.1 폐기물 반입공급 시스템 / 229
6.3.2 연소실 / 230
6.3.3 주입 공기량 / 234
6.3.4 굴뚝 / 234
6.3.5 소각재 / 235
6.3.6 강열감량 및 연소효율 / 237
6.3.7 폐기물 소각로의 부식 / 238

6.4 소각로의 종류 ········· 240

6.4.1 화격자 소각로 / 240
6.4.2 고정상 소각로 / 243
6.4.3 회전로 / 244
6.4.4 유동층 소각로 / 245
6.4.5 다단로 / 247
6.4.6 액체 주입형 소각로 / 249
6.4.7 열분해 용용 시스템 / 250

6.5 폐열회수 및 이용설비 ········· 258

6.5.1 보일러 / 259
6.5.2 열 교환기 / 261
6.5.3 증기 터어빈 / 264
6.5.4 소각발전기술 / 264

6.6 대기오염 제어설비 ········· 270

6.6.1 서론 / 270
6.6.2 산성가스 및 비산재 제거 / 271
6.6.3 다이옥신류 제어 / 274

6.7 우리나라 폐기물 소각시설의 기준과 설치현황 ········· 282

6.7.1 우리나라 폐기물 소각시설 기준 / 282
6.7.2 우리나라 폐기물 소각시설 설치현황 / 285

6.8 소각로 해체 ········· 291

6.8.1 개요 / 291
6.8.2 사전조사 및 해체작업 / 293

CHAPTER 7 | 폐기물 매립

7.1 서론 ········ 305

7.2 폐기물 매립지의 기능과 분류 ········ 306

7.2.1 폐기물 매립지의 기능 / 306
7.2.2 폐기물 매립지의 분류 / 307

7.3 폐기물 매립지의 입지선정 ········ 315

7.3.1 입지선정시 검토되어야 할 사항 / 315
7.3.2 입지선정절차 / 316
7.3.3 폐촉법에서의 폐기물 처리시설의 입지선정과 주민지원 / 317

7.4 매립지 내의 반응 ········ 321

7.4.1 매립지 내 분해 / 321
7.4.2 매립지 가스의 발생 / 322
7.4.3 침출수 발생 / 325
7.4.4 매립지 침하 / 325

7.5 매립지의 주요 구성 요소 ········ 326

7.5.1 차수설비 / 327
7.5.2 침출수 집배수 설비 / 334
7.5.3 복토 / 336
7.5.4 우수 집배수 설비 / 341

7.6 침출수의 발생과 처리 ········ 343

7.6.1 매립지 내에서의 분해 / 343
7.6.2 침출수 발생량 산정 / 345
7.6.3 침출수 처리 / 348

7.7 매립지 가스의 발생과 처리 ········ 355

7.7.1 매립지 가스의 발생 / 355
7.7.2 매립지 가스 추출 및 재활용 / 356

7.8 바이오리액터형 매립지 운영 ········ 362

7.8.1 바이오리액터형 매립공법의 개요 / 362
7.8.2 바이오리액터형 매립공법 설계/운영시 고려사항 / 364
7.8.3 침출수 재순환 방법 / 364
7.8.4 우리나라의 바이오리액터형 매립지 운영 현황과 전망 / 366

7.9 매립지 사후관리 및 토지이용 ········ 369

7.9.1 매립지 사후관리 / 369
7.9.2 사용종료매립지의 토지이용 / 370

CHAPTER 8 | 유해폐기물 관리

8.1 유해폐기물의 정의 및 관련 법규 ········ 375

8.1.1 유해폐기물의 정의 및 분류체계 / 375
8.1.2 유해폐기물의 처리기준 / 394
8.1.3 유해폐기물 전표제도 / 414
8.1.4 폐기물 용출시험 / 418

8.2 우리나라 유해폐기물의 발생 및 처리 현황 ········ 422

8.2.1 지정폐기물의 발생 및 처리현황 / 422

8.3 유해폐기물 관리와 관련한 국제 동향 ········ 426

8.3.1 바젤협약 / 426
8.3.2 REACH와 RoHS / 431
8.3.3 GHS (화학물질의 분류 · 표지에 관한 세계조화시스템) / 436
8.3.4 화학물질 배출량 조사 / 439
8.3.5 미나마타협약 / 450

8.4 유해폐기물 발생의 최소화, 취급 및 보관 ········ 456

8.4.1 유해폐기물 발생의 최소화 / 456
8.4.2 유해폐기물의 취급 및 보관 / 459

CHAPTER 9 | 경제성 평가

9.1 비용의 종류 ········ 461

9.1.1 초기투자비 / 461
9.1.2 운영유지비 / 462

9.2 폐기물 처리시설의 초기투자비 산정 ········ 464

9.2.1 공공 건설공사에서의 예정가격 산정 방법 / 464
9.2.2 폐기물 처리시설 설치비용 표준단가 / 466

9.3 경제성 평가 ········ 470

9.3.1 초기투자비의 연간비용으로의 환산 / 470
9.3.2 톤당 처리단가의 산정 / 470
9.3.3 운영유지비의 현재가치로의 환산 / 472

9.4 LCC 분석 ········ 472

9.4.1 LCC 분석의 개요 / 472
9.4.2 LCC 분석의 예 / 474

참고문헌 ········ 477

부 록

1. 폐기물 관련 전공 영어 - 한국어 대조표 ···· 480
2. 원소기호 및 원자량 ···· 483
3. 공학용 단위환산표 ···· 485

▌ 찾아보기 ···· 486

Chapter 01

폐기물 법규와 관리체계

1.1 폐기물의 정의

폐기물이란 “인간 및 동물의 활동에 의해 야기되는 것으로 대개 고체이며 소용이 없거나 원치 않아서 내버리는 물질”을 말한다. 과거에는 물자가 부족하여 버려지는 자원이 거의 없었고, 또한 대부분 자연에서 얻어진 것이어서 쉽게 분해되었으나, 도시화가 되어 많은 사람들이 좁은 공간에서 생활하고, 산업화가 도래하여 대량 생산으로 물자가 풍부해지고, 특히 인공으로 합성되는 물질이 생산됨에 따라 폐기물 처리문제는 도시행정에서 큰 문제 중의 하나가 되기에 이르렀다.

우리나라의 폐기물관리법에서는 폐기물을 다음과 같이 정의한다.

「폐기물이라 함은 쓰레기 · 연소재 · 오니 · 폐유 · 폐산 · 폐알칼리 · 동물의 사체 등으로서 사람의 생활이나 사업 활동에 필요하지 아니하게 된 물질을 말한다.」

따라서 폐기물이 반드시 고체형태 만을 지칭하는 것은 아니며, 폐유, 폐산, 폐알칼리와 같이 액상인 것도 법 체제상에서는 포함하여 관리하고 있음을 알 수 있다.

미국의 자원보존 및 재활용법(RCRA, Resource Conservation and Recovery Act)에서는 고형 폐기물을 다음과 같이 정의하고 있다.

「고형폐기물이란 쓰레기와 폐기물 처리시설, 상수처리시설, 대기오염방지시설 등에서 발생하는 슬러지와 기타 버려지는 물질을 말하며, 산업, 상업, 광업, 농업에서의 작업과 지역사회 활동에서 발생하는 고체, 액체, 반고체, 용기에 포함된 가스상 물질을 포함한다.」

이때 고형폐기물에는 연방수질오염방지법에서 관장하는 도시하수나 관개용수용 재사용수, 산업폐수 등에 포함된 고형물이나 용해상 물질은 포함되지 않으며, 원자력법에서 정의된 방사성 폐기물도 포함하지 않는다.

따라서 폐기물의 정의는 국가별로 폐기물 관계법에서 정의하는 범위에 따라 조금씩 다를 수 있음을 알 수 있다.

1995년에 개정된 폐기물관리법에서는 폐기물을 생활폐기물과 사업장폐기물로 구분하고 있으며, 사업장폐기물 중에서 유해성이 있는 폐기물은 지정폐기물로 분류하고 있다.

생활폐기물의 수집, 운반, 처리에 관한 책임은 지방자치단체의 장(長)인 시장, 군수, 구청장이 지는 반면, 사업장폐기물에 대한 처리는 사업주가 지게 된다. 따라서 지방자치단체의 장은 폐기물 수거와 처리시설의 설치 및 운영 등과 같은 청소행정을 담당하여야 하며, 사업주도 그의 사업장에서 발생하는 폐기물을 스스로 처리하거나, 폐기물처리업의 허가를 받은 자에게 위탁하여 처리하여야 한다. 즉, 폐기물의 종류에 따라 폐기물 처리와 관련한 책임소재가 달라짐을 알 수 있다.

한편, 폐기물관리법에서 말하는 사업장이란 다음과 같다.

1. 「물환경보전법」에 따라 공공폐수처리시설을 설치·운영하는 사업장
2. 「하수도법」에 따라 공공하수처리시설을 설치·운영하는 사업장
3. 「하수도법」에 따른 분뇨처리시설을 설치·운영하는 사업장
4. 「가축분뇨의 관리 및 이용에 관한 법률」에 따른 공공처리시설
5. 폐기물처리시설을 설치·운영하는 사업장
6. 지정폐기물을 배출하는 사업장
7. 폐기물을 1일 평균 300킬로그램 이상 배출하는 사업장
8. 「건설산업기본법」에 따른 건설공사로 폐기물을 5톤(공사를 착공할 때부터 마칠 때까지 발생되는 폐기물의 양을 말한다) 이상 배출하는 사업장
9. 일련의 공사 또는 작업으로 폐기물을 5톤(공사를 착공하거나 작업을 시작할 때부터 마칠 때까지 발생하는 폐기물의 양을 말한다) 이상 배출하는 사업장

폐기물관리법에서 지정폐기물의 정의는 다음과 같다.

「"지정폐기물"이란 사업장폐기물 중 폐유·폐산 등 주변 환경을 오염시킬 수 있거나 의료폐기물 등 인체에 위해를 줄 수 있는 해로운 물질로서 대통령령으로 정하는 폐기물을 말한다.」

폐기물관리법 시행령 별표 1 (개정 2020.7.21)에서는 지정폐기물의 종류를 <표 1-1>과 같이 목록으로 제시하고 있다(보다 상세한 내용은 표 8-2 참조).

표 1-1 지정폐기물의 종류

대 분 류	중 분 류
특정시설에서 발생되는 폐기물	폐합성 고분자화합물, 오니류, 폐농약
부식성 폐기물	폐산, 폐알칼리
유해물질함유 폐기물	광재, 분진, 폐주물사 및 샌드블라스트 폐사, 폐내화물 및 재벌구이 전에 유약을 바른 도자기 조각, 소각재, 안정화 및 고형화 처리물, 폐촉매, 폐흡착제 및 폐흡수제
폐유기용제	할로겐족, 그 밖의 폐유기용제
폐페인트 및 폐래커	
폐유	
폐석면	
폴리클로리네이티드비페닐 함유폐기물	
폐유독물질	
의료폐기물	
수은폐기물	
그 밖에 주변 환경을 오염시킬 수 있는 유해한 물질로서 환경부장관이 정하여 고시하는 물질	

1.2 우리나라의 폐기물 관련 법규

현재 우리나라에서 적용되고 있는 폐기물 관련 법규를 요약정리하면 <표 1-2>와 같다.

우리나라 최초의 폐기물 관련 법령은 1961년에 제정된 오물청소법이며, 폐기물관리법이 제정되면서 폐지되었다.

1986년도에 폐기물과 관련한 기본법으로서 폐기물관리법이 제정되었으며, 이후 폐기물 재활용 및 이와 관련한 자원순환촉진을 도모하기 위한 자원의 절약과 재활용 촉진에 관한 법률이 1992년에 제정되었다. 이 법에서는 폐기물 부담금, 빈용기보증금, 재활용 의무생산자의 재활용 의무율, 재활용 부과금, 폐기물 고형연료제품, 재활용단지, 포장의 재질·방법 등에 대한 기준, 재활용 의무대상 제품·포장재(생산자 책임 재활용제도, EPR, Extended Producer Responsibility) 등에 대한 근거를 제시하고 있다.

표 1-2 우리나라의 폐기물 관련 법규

법령(제정년도)	법의 목적
폐기물관리법(1986년)	폐기물의 발생을 최대한 억제하고 발생한 폐기물을 적정하게 처리하여 환경보전과 국민생활의 질적 향상에 이바지함
자원의 절약과 재활용 촉진에 관한 법률(1992년)	폐기물의 발생을 억제하고 재활용을 촉진하는 등 자원을 순환적으로 이용하도록 함으로써 환경의 보전과 국민경제의 건전한 발전에 이바지함
폐기물의 국가간 이동 및 그 처리에 관한 법률(1992년)	유해폐기물의 국가간 이동 및 그 처리의 통제에 관한 바젤협약 및 동협약에 의한 양자간·다자간 또는 지역적 협정의 시행을 위하여 폐기물의 수출·수입 및 국내경유를 규제함으로써 폐기물의 국가간 이동으로 인한 환경오염을 방지하고 국제협력을 증진함
폐기물 처리시설 설치촉진 및 주변 지역지원 등에 관한 법률(1995년)	폐기물처리시설의 부지 확보 촉진과 그 주변지역 주민에 대한 지원을 통하여 폐기물처리시설의 설치를 원활히 하고 주변지역 주민의 복지를 증진함으로써 환경보전과 국민 생활의 질적 향상에 이바지함
건설폐기물의 재활용 촉진에 관한 법률(2003년)	건설공사 등으로 인하여 발생한 건설폐기물을 친환경적으로 적정처리하고 재활용을 촉진하여 국가자원의 효율적 이용은 물론 국민경제 발전과 공공복리증진에 기여함
전기·전자제품 및 자동차의 자원순환에 관한 법률(2007년)	전기·전자제품 및 자동차의 재활용을 촉진하기 위하여 유해물질의 사용을 억제하고 재활용이 쉽도록 제조하며 그 폐기물을 적정하게 재활용하도록 하여 자원을 효율적으로 이용하는 자원순환체계를 구축함으로써 환경의 보전과 국민경제의 건전한 발전에 이바지함
자원순환기본법(2016년)	자원을 효율적으로 이용하여 폐기물의 발생을 최대한 억제하고 발생된 폐기물의 순환이용 및 적정한 처분을 촉진하여 천연자원과 에너지의 소비를 줄임으로써 환경을 보전하고 지속가능한 자원순환사회를 만드는 데 필요한 기본적인 사항을 규정함

1992년에 제정된 폐기물의 국가 간 이동 및 그 처리에 관한 법률은 바젤협약과 관련한 국내 근거법으로 폐기물의 국가 간 이동으로 인한 환경오염을 방지하는데 목적이 있다.

1995년에 제정된 폐기물 처리시설 설치촉진 및 주변지역 지원 등에 관한 법률은 NIMBY (Not In My BackYard) 증후군에 의해 각종 폐기물 처리시설의 설치가 어려워짐에 따라 이들 시설의 설치를 보다 원활하게 하기 위해 제정된 우리나라의 독특한 법률로서 일정 규모 이상의 산업단지나 관광단지 조성시 폐기물 처리시설을 설치 운영하도록 규정하고 있으며, 폐기물 처리시설 입지선정에 따른 절차의 규정, 다른 법령에 따른 인·허가의 의제, 폐기물 처리시설 주변 영향지역의 결정·고시 및 지원에 대한 규정 등을 다루고 있다.

2003년에 제정된 건설폐기물의 재활용 촉진에 관한 법률은 폐기물 발생량 중 가장 큰 비중을 차지하는 건설폐기물의 친환경적 적정처리를 도모하기 위해 제정되었으며, 순환골재의 품질기준 및 사용촉진, 방치폐기물 처리이행보증 등을 다루고 있다.

2007년에 제정된 전기・전자제품 및 자동차의 자원순환에 관한 법률은 EU의 WEEE (Waste Electrical & Electric Equipment) directive와 ELV (End-of-Life Vehicles) directive에 대응하는 국내 법률로서 폐기되는 전기・전자제품 및 자동차에 의한 환경오염을 최소화하고, 자원의 순환을 도모하기 위한 법률이다. 이 법에서는 유해물질의 사용제한, 재질・구조개선 지침, 폐전기・전자제품 및 폐자동차의 재활용 등에 대하여 다루고 있다.

2016년에 제정된 자원순환기본법은 자원순환과 관련되는 다른 법률을 제정하거나 개정하는 경우에는 이 법의 목적과 기본원칙에 부합되게 하여야 한다고 규정하고 있다. 또한 소각 또는 매립의 방법으로 폐기물을 처분하는 경우 폐기물처분부담금을 부과・징수할 수 있도록 하였다.

1.3 자원순현형 사회 실현을 위한 폐기물 관리

폐기물 정책의 최종적인 목표는 폐기물의 발생을 최소화하고, 발생한 폐기물을 안전하게 처리함으로써 환경을 보전하고 모든 사람이 쾌적한 환경 속에서 살아갈 수 있도록 하는 데에 있다. 이를 위해서는 단순히 발생된 폐기물을 처리하는 단계를 넘어서 「환경적으로 건전하고 지속가능한 발전」을 이념으로 하는 자원순환형사회의 틀을 확립하는 것이 필요하다.

자원순환형 사회란 폐기물 발생억제, 순환적 이용 및 적정한 처리를 통해 환경 부하를 최소화하면서 자연자원을 가장 효율적으로 이용하는 사회 형태를 말한다. 즉, 물질・에너지 흐름을 순환형(생산 → 소비 → 재활용 → 열회수 → 처리)으로 전환함으로써 순환적 이용률을 높여 폐기물 처리 등 환경문제를 해결하고, 아울러 자원의 절약과 국가경제에도 기여하는 사회형태를 추구하는 것이다.

1.3.1 폐기물 감량화 정책

(1) 1회용품 사용 규제

1회용품 사용 규제는 1회용 컵, 봉투・쇼핑백 등 1회용품을 많이 사용하는 업종을 대상으로 업종별 사용되는 1회용품 특성을 고려하여 규제대상 품목을 달리 두어 규제하고 있으며, 주요 규제품목 및 준수사항은 <표 1-3>과 같다. 규제는 사용억제와 무상 제공금지로 시행중이며, 대상 업종과 1회용품 종류에 따라 달리하고 있다.

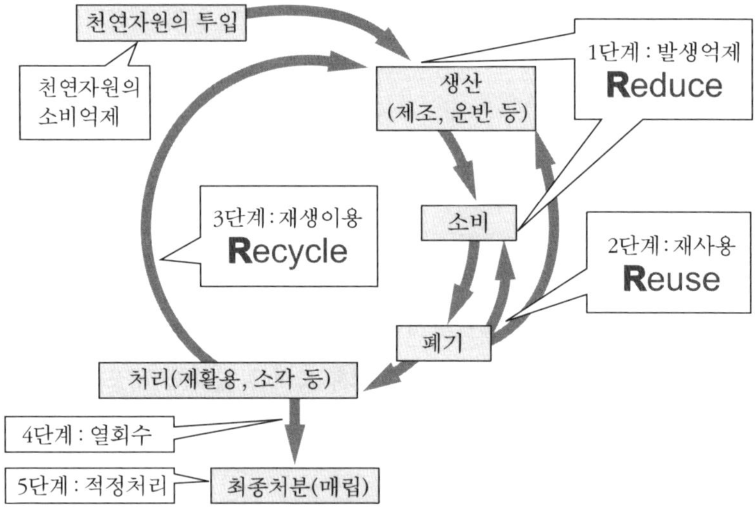

그림 1-1 자원순환형 사회의 개념도

표 1-3 주요 업종별 규제대상 및 준수사항

업종	준수사항	적용대상 1회용품
식품접객업, 집단급식소	사용억제	• 1회용 컵(합성수지컵, 금속박컵 등) • 1회용 접시(종이접시, 합성수지접시, 금속박접시 등) • 1회용 용기(종이용기, 합성수지용기, 금속박용기 등) • 1회용 나무젓가락 · 이쑤시개, 수저 · 포크 · 나이프, 비닐식탁보
	무상제공금지 (제과점업)	• 1회용 봉투 · 쇼핑백(종이로 된 것, 다른 제품에 묻을 우려가 있거나, 가루가 발생하는 제품 등은 제외)
목욕장업	무상제공금지	• 1회용 면도기, 칫솔 · 치약, 샴푸 · 린스
대규모점포, 165 m^2 이상의 슈퍼마켓	사용억제	• 1회용 봉투 · 쇼핑백(종이로 된 것, 생선 · 채소 등 겉면에 수분이 발생하는 제품 등은 제외)
식품제조 · 가공업, 즉석판매제조 · 가공업(대규모점포 내에서 영업하는 사업장으로 한정)	제작 · 배포 등 사용억제	• 1회용 광고선전물(종이에 합성수지를 분사하여 막을 형성시키거나 합성수지필름을 붙인 광고전단지)
체육시설	사용억제	• 1회용 합성수지용기(밀봉포장용기 및 생분해성수지용기는 제외)
금융업, 보험 및 연금업, 증권 및 선물중개업 등	무상제공금지	• 1회용 응원용품

(2) 제품 포장규제

포장폐기물이란 일반적으로 제품의 유통을 위해 포장재로 사용된 후 버려지는 폐기물로서 생활소득 수준이 향상되면서 다양한 포장재가 개발되고 그 사용량 또한 급증하고 있어 귀중한 자원낭비 뿐만 아니라 매립하거나 소각할 때 환경오염을 초래하고 재활용을 하는 데에도 많은 사회적 비용이 들어가고 있다.

이에 포장폐기물의 발생을 억제하기 위하여 불필요한 포장을 줄이고, 가능한 한 재사용이 가능한 포장으로 변경하거나 재활용이 용이하도록 포장재의 재질을 환경친화적인 재질로 대체하며, 재활용이 어려운 포장재질의 사용을 규제하는 등 포장폐기물의 양적인 감량과 아울러 질적인 감량을 위한 제도를 추진하고 있다.

포장폐기물 규제는 재활용이 용이한 친환경적 재질 대체를 위한 포장 재질 규제와 포장폐기물 감량화를 위해 포장방법(포장공간비율, 포장횟수)을 규제하고 있으며, 주요 규제기준은 <표 1-4>와 같다.

표 1-4 주요 포장재질 및 포장방법에 관한 기준

구분	주요 규제기준
포장 재질	• 포장재질에 폴리비닐클로라이드(PVC)를 사용하여 첩합(라미네이션)·수축포장 또는 도포(코팅)한 포장재(제품의 용기 등에 붙이는 표지를 포함)는 사용금지 • 합성수지 재질(PVC 등)로 된 포장재는 사용을 금지하거나 연차별로 줄여나가도록 규제 - 사용금지(PVC) : 계란·메추리알, 튀김식품·김밥류·햄버거류·샌드위치류 등 6개 포장재 - 연차별 줄이기 대상 : 계란판·받침접시, 면류용기 등 4개 제품
포장 방법	• 가공식품 등 단위제품 13개, 1차식품 등 종합제품 10개 등 총 23개 제품에 대하여 제조·수입 또는 판매하는 자를 대상으로 포장 공간비율(10~35%), 포장 횟수(2차 이내) 제한

(3) 폐기물 부담금 제도

폐기물 부담금 제도는 폐기물의 발생을 억제하고 자원의 낭비를 막기 위하여 특정 대기·수질 유해물질 및 유독물을 함유하고 있거나, 재활용이 어렵고 폐기물 관리상의 문제를 초래할 가능성이 있는 제품·재료·용기 중 대통령령으로 정하는 제품·재료·용기의 제조업자나 수입업자에게 그 폐기물의 처리에 드는 비용을 매년 부과·징수하는 제도이다. 폐기물 부담금 제도는 1993년에 도입되어, 품목의 추가, 부과방식의 변경이 이루어져왔으며, 징수된 폐기물부담금은 폐기물 감량과 재활용을 위한 연구 및 기술개발, 폐기물 처리시설 설

치와 폐기물의 재활용을 위한 사업 지원, 지방자치단체에 대한 폐기물 회수 및 재활용비용 지원, 재활용가능자원의 구입 및 비축 등에 사용된다. <표 1-5>는 폐기물 부담금이 부과되는 품목과 요율을 나타내었다.

(4) 쓰레기 종량제

쓰레기종량제란 '쓰레기를 버린 만큼 비용을 낸다'라는 배출자 부담원칙을 적용하여 폐기물 발생을 원천적으로 줄이고 재활용품의 분리배출을 촉진하기 위한 정책으로 종전 재산세나 건물면적 등을 기준으로 하는 정액부과방식의 쓰레기 수수료 부과체계를 폐기물배출량(쓰레기종량제 봉투 사용량)에 비례하는 부과체계로 전환한 것이다.

표 1-5 폐기물 부담금의 산출기준

품목 구분	종별 및 규격	요율 및 금액 기준
1. 살충제, 유독물제품	가. 플라스틱용기 (1) 500 mL 이하 (2) 500 mL 초과 나. 유리병 (1) 500 mL 이하 (2) 500 mL 초과 다. 금속캔 (1) 500 mL 이하 (2) 500 mL 초과	 개당 24.9원 개당 30.7원 개당 56.2원 개당 84.3원 개당 53.9원 개당 78.2원
2. 부동액	부동액	L당 189.8원
3. 껌	껌	판매가의 1.8% (수입의 경우 수입가의 1.8%)
4. 1회용기저귀	1회용기저귀	개당 5.5원
5. 담배	담배(판매가격 200원 이하인 담배와 「지방세법」 제53조, 제54조 및 제63조에 따라 담배소비세를 면제하거나 환급하는 담배는 제외한다)	20개비(전자담배의 경우에는 20카트리지를 말한다)당 24.4원
6. 플라스틱제품	가. 플라스틱을 재료로 사용하여 제조된 건축용 플라스틱 제품 또는 그 수입품(플라스틱 관 및 건축용 단열재를 포함한다)	합성수지 투입 kg당 75원
	나. 플라스틱을 재료로 사용하여 제조된 그 밖의 플라스틱 제품 및 포장재 또는 그 수입품	합성수지 투입 kg당 150원

※ 자원의 절약과 재활용촉진에 관한 법률 시행령 별표 2 <2020.4.14>

1995년 1월부터 시행된 쓰레기 종량제는 생활폐기물과 사업장 일반폐기물 중 생활폐기물과 성상이 유사하여 생활폐기물의 기준 및 방법으로 수집·운반·보관·처리할 수 있는 폐기물에 대하여 실시하고 있으며, 시행에 필요한 세부사항은 '쓰레기 수수료 종량제 시행지침(2019.4 개정)'으로 정하여 운용하고 있다.

쓰레기종량제에 따른 폐기물 배출방법은 생활폐기물은 자치단체가 제작·판매하는 규격봉투에 담아 배출하고, 재활용품(종이, 고철, 병, 플라스틱 등)은 규격봉투에 담지 않고 자치단체에서 정하는 일시·장소에 배출하면 무료로 수거하며, 폐가구·폐가전제품 등 대형폐기물은 스티커를 구입·부착하여 배출하는 등 별도의 수수료를 부담하도록 하고 있으며, 깨진 유리와 같이 종량제 봉투에 담기 어려운 쓰레기는 전용 포대나 마대 등에 담아 배출하도록 하고 있다.

(5) 폐기물처분부담금 제도

환경적으로 가장 우선시되는 처리방법은 재활용이며 단순매립은 최후의 처리 수단이 되어야 한다는 것에 의의를 두고 「자원순환기본법」을 제정·시행(법률 제14229호, 2016.5.29 공포, 2018.1.1 시행)하였으며, 주요 제도로서 재활용과 소각·매립처분 간 가격구조를 개선하여 폐기물이 순환이용 되도록 경제적으로 유인하는 '폐기물처분부담금'을 도입하였다.

폐기물처분부담금은 생활폐기물을 처리할 의무가 있는 '특별자치시장/특별자치도지사/시장·군수·구청장'과 사업장폐기물을 배출하는 '사업장폐기물배출자'가 폐기물을 소각 또는 매립의 방법으로 처분하는 경우에 부과·징수한다.

폐기물처분부담금은 전년도 소각 또는 매립 처분한 폐기물의 양(kg)에 폐기물의 유형별 부과요율(원/kg)을 곱하여 산출하며, 물가상승률이 고려된 산정지수를 반영하여 최종적으로 산정된다.

폐기물처분부담금 (원)	=	폐기물 소각 또는 매립 처분량 (kg)	×	부과요율 (원/kg)	×	산정지수

징수된 폐기물처분부담금은 「환경정책기본법」에 따른 환경개선특별회계의 세입으로 하며, 폐기물과 순환자원의 이용을 장려하기 위한 홍보·교육 및 문화조성사업, 폐기물처리시설·자원순환시설 및 그 주변지역의 환경 개선을 위한 사업, 폐기물의 발생 억제와 순환이용 및 처분을 위한 시설의 설치·운영 등 자원순환사회로의 촉진을 위한 용도로 사용된다.

부과요율은 폐기물 유형별로 달리 정하고 있으며, 산정지수는 매년 전년도 산정지수에 전년도 생산자물가상승률 및 소비자물가상승률을 고려하여 환경부장관이 고시한다(2018년 : 1, 2019년 : 1.019, 2020년 : 1.023).

폐기물처분부담금 부과 요율은 폐기물의 종류에 따라, 매립과 소각하는 경우에 따라 <표 1-6>과 같이 다르게 적용한다. 매립하는 경우에는 생활폐기물은 15원/kg, 사업장 및 건설폐기물의 경우 종류 및 성상에 따라 10～30원/kg을 적용한다. 소각하는 경우에는 폐기물 종류에 관계없이 10원/kg을 적용한다.

불연성 폐기물을 소각하는 경우에는 가연성폐기물을 소각하는 경우의 요율을 적용하며, 지방자치단체의 장이 생활폐기물을 재활용하기 위하여 분리 · 선별 등을 하는 과정에서 발생한 사업장폐기물을 「폐기물관리법 시행령」 제7조 제2항에 따라 생활폐기물의 처리 기준 및 방법으로 소각 또는 매립하는 경우에는 생활폐기물의 요율을 적용한다.

폐기물처분부담금 납부의무자가 폐기물 매립지를 직접 조성하고 향후 재활용하기 위하여 일정기간 동안 매립하는 경우, 폐기물을 처분하는 과정에서 폐자원에너지를 일정 기준 이상 회수하는 경우 등 감면기준에 해당할 때에는 폐기물처분부담금이 감면된다.

표 1-6 폐기물 처분부담금 부과요율

폐기물 유형		요 율	
		매립하는 경우	소각하는 경우
생활폐기물		kg당 15원	kg당 10원
사업장폐기물 (건설폐기물은 제외)	불연성	kg당 10원	-
	가연성	kg당 25원	kg당 10원
건설폐기물		kg당 30원	kg당 10원

표 1-7 폐기물처분부담금의 감면기준

감면 대상	감면비율 (%)
1. 사업장폐기물배출자가 「폐기물관리법」 제29조 제2항에 따라 환경부장관의 승인을 받아 직접 설치 · 운영하는 폐기물매립시설에 폐기물을 다른 종류의 폐기물과 혼합하지 않고 별도로 매립한 후 2년이 지난날이 속한 연도의 12월 31일까지 해당 폐기물을 재활용하는 경우	
가. 폐기물을 매립한 연도의 12월 31일까지 재활용한 경우	100
나. 폐기물을 매립한 연도의 다음 연도 1월 1일부터 2년 이내에 재활용한 경우	50
2. 폐기물을 소각하는 과정에서 발생한 소각열에너지를 50퍼센트 이상 회수하여 이용하는 경우	
가. 소각열에너지를 75퍼센트 이상 회수하여 이용하는 경우	75

나. 소각열에너지를 60퍼센트 이상 75퍼센트 미만 회수하여 이용하는 경우	60
다. 소각열에너지를 50퍼센트 이상 60퍼센트 미만 회수하여 이용하는 경우	50
3. 「자원의 절약과 재활용촉진에 관한 법률」 제12조 제1항에 따라 제품·재료·용기에 대하여 폐기물부담금을 납부한 자가 해당 제품·재료·용기를 소각 또는 매립하는 경우	100
4. 「중소기업기본법」 제2조에 따른 중소기업으로 연간 매출액 120억원 미만인 경우	
가. 연간 매출액이 10억원 미만인 경우	100
나. 연간 매출액이 10억원 이상 120억원 미만인 경우	50
5. 「폐기물관리법」 제2조 제4호에 따른 지정폐기물을 소각 또는 매립하는 경우	100
6. 방파제 또는 교량 등으로 육지와 연결되지 아니한 도서[「도서개발 촉진법」 제2조에 따른 도서(島嶼)를 말한다]에서 발생한 폐기물을 해당 도서 내에서 소각 또는 매립하는 경우	100
7. 「재난 및 안전관리 기본법」 제3조 제1호에 따른 재난으로 인해 발생한 폐기물을 소각 또는 매립하는 경우로서 다음 각 목에 해당하는 경우 가. 지방자치단체의 장이 「재난 및 안전관리 기본법」 제59조에 따른 재난복구계획 또는 「자연재해대책법」 제46조에 따른 재해복구계획에 따라 폐기물을 소각 또는 매립하는 경우 나. 가목 이외의 경우로서 부과·징수 대상자가 재난으로 인해 발생된 폐기물을 소각 또는 매립하는 경우(관계 행정기관으로부터 재난으로 인한 피해임을 증명하는 서류를 발급받은 경우로 한정한다)	100
8. 지방자치단체의 장이 환경오염의 방지 또는 매립시설의 사용기간 연장 등을 위해 사용이 종료될 예정이거나 이미 종료된 매립시설을 정비하는 과정에서 굴착한 폐기물을 소각 또는 매립하는 경우	100
9. 지방자치단체의 장이 관할 구역의 환경오염 방지 또는 지역 주민의 안전 등을 위하여 불법 투기·방치된 폐기물을 소각 또는 매립하는 경우	100

※ 자료출처 : 자원순환기본법 시행령 [별표 5] <개정 2020.3.24>

1.3.2 폐기물 재활용 정책

(1) 생산자 책임 재활용제도

과거에는 제품을 최종적으로 폐기하는 사용자가 전적으로 폐기물 처리의 책임을 졌으나, 재활용률을 높이기 위해서는 생산자가 제품 생산 단계에서부터 재활용을 고려한 설계가 이루어져야만 자원의 절약과 환경보전에 기여할 수가 있으므로 우리나라에서는 2003년 1월부터 생산자 책임 재활용 제도(EPR, Extended Producer Responsibility)를 시행하게 되었다.

생산자 책임 재활용 제도는 생산자가 재활용까지 책임지도록 함으로써 생산·유통·소비전단계에서 재활용을 우선적으로 고려하도록 하는 제도로서 제품・포장재의 생산자에게 출고량의 일정 비율에 대한 재활용의무를 부여하고, 의무 미이행시 재활용에 소요되는 비용 이상의 재활용부과금을 부과하는 등 생산자의 책임을 재활용까지 확대시킨 제도이다. 「자원의 절약과 재활용 촉진에 관한 법률」에서는 「재활용 의무대상 제품・포장재」로 표현하고 있다. 이 제도가 시행되기 이전에는 폐기물 예치금 제도가 운영되어 왔으나 <표 1-8>과 같은 문제점으로 인해 생산자 책임 재활용 제도로 개선되어 현재에 이르고 있다.

재활용 의무 미이행시에는 실제 재활용에 소요되는 재활용 비용의 115～130%에 해당하는 재활용 부담금을 부과하고 있다. 재활용 의무 대상 품목은 <표 1-9>과 같다.

<표 1-10>에서는 「자원의 절약과 재활용 촉진에 관한 법률 시행규칙」에서 제시하고 있는 품목별 재활용 방법 및 기준을 나타내었다.

표 1-8 폐기물 처분부담금 부과요율

폐기물 예치금 제도	생산자 책임 재활용 제도
• 제품 출고량 100%에 대하여 예치금 부과	• 재활용 여건을 고려 출고량의 일정 부분에 대해 재활용 의무를 부여
• 간접적 재활용 의무 - 일정금액을 예치한 후 재활용 실적에 따라 예치금을 반환	• 직접적 재활용 의무 - 제조업자에게 재활용 의무를 부과
• 많은 부담과 재활용률 미흡 - 출고량 전체에 대한 예치금 부과로 사업자의 부담이 많음 - 예치금 요율이 낮아 재활용 유인 효과 미흡	• 최소 부담과 재활용률 제고 가능 - 달성가능한 재활용 의무부과로 생산자의 부담 경감 및 재활용률 제고 가능
• 재활용 산업 육성 효과 미흡 - 미반환 예치금의 국고환수(약 55%)로 재활용 산업에 지원효과 미약	• 재활용 산업 육성 효과 극대 - 생산자가 재활용 산업에 직접 지원함으로써 재활용 산업 지원효과 극대

표 1-9 재활용 의무대상 제품・포장재

품목	종류 및 재질
음식료품류 농축수산물 세제류 화장품류 의약품 및 의약외품 부탄가스제품	가. 종이팩
	나. 유리병
	다. 금속캔(철캔, 알루미늄캔)
	라. 합성수지재질 포장재 1) 발포폴리스티렌(EPS)・발포폴리프로필렌(EPP)・발

살충·살균제 의복류 종이제품 고무장갑 부동액·브레이크액 및 윤활유 등의 포장재	포폴리에틸렌(EPE) 단일·복합재질 포장재 2) 폴리비닐클로라이드(PVC) 단일·복합재질 포장재 3) 폴리에틸렌테레프탈레이트(PET)병 포장재 가) 단일재질 무색 PET병 나) 단일재질 유색 PET병 다) 복합재질 PET병 4) 1)부터 3)까지 외의 단일재질 용기류 및 트레이 5) 1)부터 3)까지 외의 단일·복합재질 필름·시트형 포장재 6) 1)부터 5)까지 외의 복합재질 포장재
전기기기, 오디오·비디오 응용기기 및 정보·사무기기, 개인용 컴퓨터 등의 합성수지재질의 포장재	가. 발포합성수지 단일·복합재질 완충재 나. 단일·복합재질 필름·시트형 포장재
• 합성수지재질의 1회용 봉투·쇼핑백 • 완충 포장이나 단열 효과를 내기 위해 사용하는 공기가 들어가는 필름류 • 세탁업에서 모피제품, 의복 및 그 밖의 직물제품 등을 보호하기 위해 사용하는 필름류 • 플라스틱 봉지·봉투 • 1회용 비닐장갑 • 식품 포장용 랩 필름	단일·복합재질 1회용 봉투·쇼핑백 및 합성수지재질[폴리염화 비닐(PVC)은 제외한다] 필름류
전지류	수은전지, 산화은전지, 니켈카드뮴전지, 리튬전지(1차전지만 해당한다), 망간전지, 알칼리망간전지, 니켈수소전지
타이어	타이어
윤활유	윤활유
형광등	형광등
수산물 양식용 부자	수산물 양식용 부자
곤포(뭉치) 사일리지용 필름	곤포(뭉치) 사일리지용 필름
합성수지재질 김발장	합성수지재질 김발장

※ 자원의 절약과 재활용촉진에 관한 법률 시행령 제18조 및 별표 6 <개정 2019.7.2>

표 1-10 제품·포장재별 재활용 방법 및 기준

대상품목	방법 및 기준
종이팩	가. 화장지, 완충재, 상자 등의 종이제품 제조 나. 재생종이 또는 재생판지의 제조 다. 재활용을 목적으로 한 수출

대상품목	방법 및 기준
유리병	가. 폐유리병을 세척하여 재사용 나. 폐유리병을 사용한 토목·건축자재 또는 유리제품의 제조 다. 폐유리병을 사용한 유리분말 등 재생원료 제조 라. 재활용을 목적으로 한 수출
금속캔	폐금속캔을 압축하거나 파쇄하여 금속원료를 제조하거나 재활용을 목적으로 수출할 것
폴리에틸렌테레프탈레이트(PET)병	가. 폐폴리에틸렌테레프탈레이트를 사용한 재생원료 제조(다만, 플러프, 플레이크는 세척한 것만 해당한다) 나. 폐폴리에틸렌테레프탈레이트를 사용한 성형제품 제조 다. 재활용을 목적으로 한 수출
발포합성수지	가. 폐발포합성수지를 사용한 재생원료 제조 나. 폐발포합성수지를 사용한 성형제품 제조 다. 폐발포합성수지를 사용한 내화제품 또는 섬유코팅제품 제조 라. 재활용을 목적으로 한 수출
합성수지재질 포장재	가. 폐플라스틱을 사용한 재생원료 제조 나. 폐플라스틱을 사용한 성형제품 제조 다. 유류 제조 라. 폐플라스틱을 중량기준으로 60퍼센트 이상 사용한 일반 고형연료제품 중 성형제품의 제조 마. 「폐기물관리법 시행규칙」 제3조에 따른 에너지 회수기준에 적합하게 재활용 바. 재활용을 목적으로 한 수출 사. 용광로 환원제, 코크스로 가스화원료, 가스 제조
전지류	전지의 화학반응을 위하여 사용된 금속물질을 회수하고 안전하게 처리할 것
타이어	가. 폐타이어 단순가공제품 제조 나. 폐타이어를 사용한 재생원료(고무분말 등) 제조 다. 폐타이어를 사용한 유류 제조 라. 폐타이어를 사용한 메탄올 제조 마. 「폐기물관리법 시행규칙」 제3조에 따른 에너지 회수기준에 적합하게 재활용 바. 시멘트 제조시설의 소성로에서 처리하거나 일반 고형연료제품으로 재활용 사. 폐타이어를 매립장의 차수재로 이용 아. 재활용을 목적으로 한 수출
윤활유	「폐기물관리법 시행규칙」 별표 5 제4호에 따른 폐유를 정제연료유로 재활용하는 경우의 기준에 적합한 유류를 제조할 것
형광등	형광등에 들어 있는 수은은 금속수은이나 수은화합물 형태로 회수할 것 / 형광등의 유리는 유리분말 등 유리제품 원료를 제조하거나 유리제품의 원료로 사용하는 방법으로 재활용할 것

※ 자원의 절약과 재활용촉진에 관한 법률 시행규칙 별표 6 <개정 2019.12.20>

(2) 전기 · 전자제품의 재활용 의무

2001년 유럽연합에서는 전기전자제품과 자동차를 대상으로 제품과 제품폐기물의 위해성 저감 및 재활용 촉진에 대하여 전기 · 전자폐기물지침(WEEE), 전기전자제품 유해물질 함유 제한지침(ROHS), 폐차지침(ELV) 등 3종의 지침을 발표하였으며, 이를 통하여 제품의 제조자와 수입업자에게 제품으로부터 특정유해물질을 제거하고 발생된 제품폐기물을 일정 비율 이상 회수 · 재활용하도록 하는 의무를 부과하였다.

이에 우리나라에서도 「전기 · 전자제품 및 자동차의 자원순환에 관한 법률」을 2007년에 제정하여 제품의 환경성과 재활용성을 고려하여 유해물질 사용제한, 제품의 재활용을 쉽게 하기 위한 재질 · 구조개선 지침 준수 등을 의무화하고 있다.

표 1-11 유해물질의 사용제한 대상 전기 · 전자제품 및 자동차

구분	주 요 내 용
전기 · 전자제품	냉장고, 전기정수기(냉 · 온수기 포함), 자동판매기, 에어컨디셔너, 제습기, 텔레비전, 개인용 컴퓨터(모니터 및 자판 포함), 내비게이션, 복사기, 프린터, 팩시밀리, 스캐너, 빔프로젝터, 유무선공유기, 이동전화단말기(전지 및 충전기 포함), 세탁기(가정용으로 한정), 전기오븐, 전자레인지, 음식물처리기, 식기건조기 · 식기세척기, 전기비데, 공기청정기, 전기히터, 오디오(휴대용 제외), 전기밥솥, 연수기, 가습기, 전기다리미, 선풍기(환풍기 제외), 믹서(주서 포함), 청소기, 비디오플레이어(VCR 및 DVD플레이어로 한정), 토스트기, 전기주전자, 전기온수기, 전기프라이팬, 헤어드라이어, 러닝머신, 감시카메라, 식품건조기, 전기안마기, 족욕기, 재봉틀, 영상게임기(휴대용 제외), 제빵기, 튀김기, 커피메이커, 약탕기, 탈수기
자동차	승용자동차, 승차정원이 9명 이하인 승합자동차, 화물자동차(경형과 소형으로 한정한다)

※ 전기 · 전자제품 및 자동차의 자원순환에 관한 법률 시행령 [별표 1] <개정 2020.11.24.>

(3) 재활용 목표 관리제

재활용 목표 관리제도란 전기 · 전자제품의 재활용 확대를 위해 EU 등 선진국과 같이 인구 1인당 재활용 목표량을 설정 · 관리하는 제도로서, 생산자에게 부여하는 재활용 의무 방식을 개별품목별 의무율 부과방식에서 인구 1인당 목표량 부여방식으로 변경하고, 품목별 관리 방식에서 제품군별 관리방식으로 변경하는 제도이다.

종전 재활용 의무량은 제조 · 수입업자에게 제품별 출고비율에 따라 재활용 의무량이 할당되는 방식이나, 2014년 1월부터 시행되고 있는 재활용 목표 관리제도는 인구 1인당 재활용 목표량을 총량(총인구)으로 환산하여 제조 · 수입업자에게 출고비율에 따라 재활용 의무

량을 할당하는 방식으로 산정한다.

환경부에서는 전기・전자제품의 인구 1인당 재활용 목표량은 2014년 3.9 kg/인, 2018년 6.0 kg/인, 2020년 7.04 kg/인, 2023년 8.60 kg/인으로 설정・고시하였다..

1.3.3 폐기물의 재활용 유형

폐기물관리법 시행규칙 [별표 4의2]에는 폐기물의 재활용 유형이 나와 있으며, 시행규칙 [별표 4의3] 폐기물의 종류별 재활용 가능유형에 나와 있는 방법으로 폐기물의 종류별로 재활용이 가능하며, 재활용 가능 유형을 정하지 않은 폐기물은 「재활용환경성평가」에 따른 재활용의 승인을 받아 재활용할 수 있다.

폐기물의 재활용 유형별 세부분류 1)
1. 원형 그대로 또는 단순 수리・수선하여 재사용하는 유형(R-1, R-2) 가. R-1: 원형 그대로 재사용(일정한 규격의 용기나 상자에 넣거나 포장하여 재사용하는 자에게 제공하는 경우를 포함한다)하는 유형 1) R-1-1: 원형 그대로 본래의 용도로 재사용하는 유형 2) R-1-2: 원형 그대로 본래의 용도와 다른 용도로 재사용하는 유형 나. R-2: 단순 수리・수선, 세척하여 재사용하는 유형 1) R-2-1: 단순 수리・수선, 세척을 통해 본래의 용도로 재사용하는 유형 2) R-2-2: 단순 수리・수선, 세척을 통해 본래와 다른 용도로 재사용하는 유형 2. 재생이용할 수 있는 상태로 만들거나 재생이용하는 유형(R-3, R-4) 가. R-3: 재생이용할 수 있는 상태로 만드는 유형 1) R-3-1: 단순 해체, 분리, 파쇄, 선별 등의 공정을 통해 폐기물에서 금속 또는 비금속 자원을 회수하는 유형 2) R-3-2: 용융, 용해, 반응, 추출 등의 공정을 통해 폐기물에서 금속 또는 비금속 자원을 회수하는 유형 3) R-3-3: 분리, 선별, 압축, 감용, 절단, 파쇄, 분쇄, 용융, 반응, 증발・농축 등의 공정을 통해 폐기물을 종이, 금속, 유리, 합성수지 또는 섬유, 고무제품의 원료물질로 제조하는 유형 4) R-3-4: 분리, 선별, 압축, 감용, 절단, 파쇄, 분쇄, 용융, 반응, 증발・농축 등의 공정을 통해 폐기물을 종이, 금속, 유리, 합성수지 또는 섬유, 고무제품 이외의 원료물질로 제조하는 유형 5) R-3-5: 금속제품 제조를 위한 부원료 또는 첨가제로 제조하는 유형 나. R-4: 직접 재생이용하는 유형 1) R-4-1: 금속성 제품을 제조하는 유형 2) R-4-2: 골재, 유리, 시멘트, 콘크리트 및 레미콘, 내화물, 요업제품, 각종 석제품 등 비금속광물제품이나 아스콘, 아스팔트, 고화제(고체화를 위한 첨가물) 등 기타 비금속광물제품을 제조하는 유형 3) R-4-3: 펄프, 종이 및 종이제품을 제조하는 유형 4) R-4-4: 고무, 섬유 및 플라스틱 등 수지류를 고무, 섬유 또는 합성수지 제품으로 제조하는 유형 5) R-4-5: 목재성형제품, 톱밥, 성형탄 등 나무제품이나 활성탄, 흡착・흡수제를 제조하는 유형

6) R-4-6: 재생유기용제, 재생윤활유 등 석유정제물을 제조하는 유형
7) R-4-7: 유・무기성 화합물, 산화물 등의 화학물질이나 안료나 도료, 페인트, 착색제 등 화학제품을 제조하는 유형
8) R-4-8: 동・식물성 유지나 비누 등 유지제품을 제조하는 유형
9) R-4-9: 수처리제나 유기탄소원, 응집제 등 수질개선을 목적으로 하는 제품을 제조하는 유형
10) R-4-10: 의약품을 제조하는 유형

3. 농업이나 토질개선을 위하여 재활용하는 유형(R-5, R-6)
가. R-5: 유・무기물질을 농업의 생산에 기여할 목적으로 재활용하는 유형
1) R-5-1: 「비료관리법」에 따른 비료(퇴비를 포함한다)를 생산하는 유형
2) R-5-2: 「사료관리법」에 따른 사료를 생산하는 유형
3) R-5-3: 버섯재배용 배지를 제조하거나 배지로 사용하는 유형
4) R-5-4: 자가 사육하는 가축의 먹이나 자가 농경지 또는 초지의 퇴비로 사용하는 유형
나. R-6: 유기물질을 토질개선의 목적으로 재활용하는 유형
1) R-6-1: 생물학적 처리과정을 거쳐 부숙토나 지렁이 분변토를 만들어 매립시설 복토재 또는 토양개량제를 생산하는 유형
2) R-6-2: 비탈면 녹화토(절토・성토 공사 등으로 발생한 비탈면의 낙석방지, 생태복원 또는 녹화에 사용하는 인공토양을 말한다)를 생산하는 유형

4. 토양이나 공유수면 등에 성토재・복토재・도로기층재・채움재 등으로 재활용하는 유형(R-7)
가. R-7-1: 인・허가 받은 토목・건축공사의 성토재・보조기층재・복토재・도로기층재로 사용하는 유형
나. R-7-2: 공유수면의 매립면허를 받은 지역의 성토재 또는 뒷채움재로 사용하는 유형
다. R-7-3: 폐기물매립시설의 복토재 또는 바다와 인접한 폐기물매립시설의 복토재, 차수재로 사용하는 유형
라. R-7-4: 석산의 채석지역 내 하부복구지・저지대의 채움재로 사용하는 유형
마. R-7-5: 석유저장 옥외탱크, 지하매설관로 주변의 방식사로 사용하는 유형
바. R-7-6: 농경지의 성토재로 사용하는 유형

5. 에너지를 직접 회수하거나 회수할 수 있는 상태로 만드는 유형(R-8, R-9)
가. R-8: 에너지를 직접 회수하는 유형
1) R-8-1: 시멘트소성로의 보조연료로 사용하는 유형
2) R-8-2: 소각열회수시설 등을 통해 제3조 제1항 제1호에 따른 에너지 회수기준에 적합하게 에너지를 회수하는 유형
나. R-9: 에너지를 회수할 수 있는 상태로 만드는 유형
1) R-9-1: 「자원의 절약과 재활용촉진에 관한 법률 시행규칙」 별표 7에 따른 고형연료제품의 품질기준에 적합하게 고형연료제품을 만드는 유형
2) R-9-2: 정제, 유화 등의 물리・화학적 처리방법으로 정제연료유나 재생연료유 등 유류를 만들거나 유화정제연료유로 사용하는 유형
3) R-9-3: 열분해, 탄화 등 열적 처리방법으로 액체, 기체 및 고체상의 연료를 만드는 유형
4) R-9-4: 혐기성소화・분해 등 생물학적 처리방법으로 기체・액체상의 연료를 만드는 유형
5) R-9-5: 화력발전소, 열병합발전소의 연료로 사용하는 유형

6. 제품 제조 등을 위한 중간가공폐기물을 만드는 유형(R-10)
R-10-1: R-3부터 R-9까지의 재활용 유형에 따라 재활용하기 위한 중간가공폐기물을 만드는 유형

1) 폐기물관리법 시행규칙 [별표 4의2] <개정 2019.7.8>

1.4 전과정 평가

1.4.1 전과정 평가의 정의

전과정 평가(LCA, Life Cycle Assessment)란 원료의 취득에서 연구개발, 제품의 생산과 포장, 수송・유통・판매 과정, 소비자 사용 및 최종폐기에 이르는 제품의 전체 과정상에서의 환경영향(대기오염, 폐수발생, 고형 및 유해폐기물 발생, 재생가능 자원 및 에너지 등)을 평가하고, 최소화하기 위한 조직적인 방법론을 말한다.

서비스를 포함한 특정 제품의 전과정, 즉 원료 및 가공, 제조, 수송 유통, 사용, 재활용, 폐기물 관리 과정에 소모되고 배출되는 에너지 및 물질의 양을 정량화하여 이들이 환경에 미치는 영향을 총체적으로 평가하고 이를 토대로 환경개선의 방안을 모색하고자 하는 객관적이며 적극적인 환경영향 평가방법이다. 이를 통해 과거에는 무시되었던 제품, 공정에 대한 환경비용을 고려할 수 있게 되었다. 전과정 평가는 ISO 14040～14043에서 평가의 절차에 대하여 다루고 있다[2].

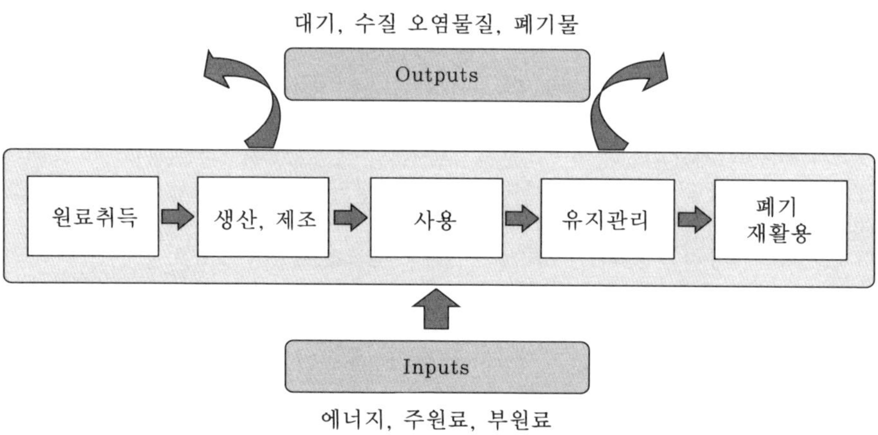

그림 1-2 전과정 평가의 개념도

2) 전과정 평가와 관련한 보다 자세한 내용은 Life Cycle Assessment Links (http://www.life-cycle.org)나 한국전과정평가학회 홈페이지(http://kslca.com) 등을 참조하기 바람.

1.4.2 전과정 평가의 절차

전과정 평가는 목적 및 범위 설정, 목록분석, 영향평가, 결과해석의 4단계로 구성된다.

(1) 목적 및 범위 설정(Goal and Scope Definition)

전과정 평가를 어떤 목적을 위해서 실시하는지 그 배경과 이유를 명기하고, 조사에 필요한 전제조건과 제약조건을 명기하는 단계이다.

범위를 설정할 때는 제품의 기능(function)과 기능단위(function unit)가 정의되어야 한다. 전과정 평가는 설정된 기능단위에 소요되는 각종 자원의 소모량과 환경영향이 수집되고 계산된다. 제품 기능단위의 예는 <표 1-12>와 같다.

데이터의 품질요건으로는 시간적 범위와 공간적 범위, 기술적 범위를 설정하며, 이에 근거하여 조사대상의 공정도를 작성한다.

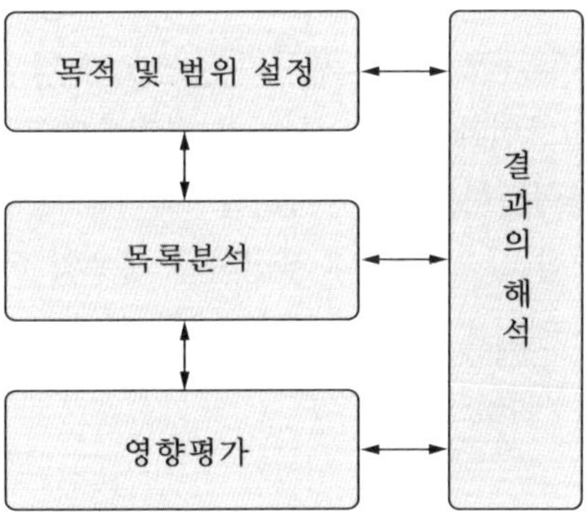

그림 1-3 전과정 평가의 절차

표 1-12 제품 기능단위의 예

제품	기 능 단 위
냉장고	15℃의 물을 4℃로 냉각
포장재	500 mL의 맥주를 담을 수 있는 맥주병 29인치의 TV를 포장할 수 있는 EPS 500 g의 감자 스낵을 포장할 수 있는 PE백
페인트	1 m^2의 벽을 10년 동안 부식으로부터 보호할 수 있는 페인트
에너지	전기 1 kwh

(2) 목록분석(Inventory Analysis)

목록분석에서는 목적 및 범위설정 단계에서 정의된 제품 시스템을 기초로 하여 공정도를 작성한다. 전과정 평가에서의 공정도는 공정의 최소 단위인 단위공정의 연속으로 이루어져 있다. 단위공정은 데이터의 수집 가능성 여부에 따라 결정되거나 전과정 평가의 목적에 따라 결정되며, 데이터 수집의 기본 공정이 된다.

전과정 평가에서 가장 많은 시간과 비용을 요구하는 과정이 데이터 수집과정으로 수집가능한 현장데이터는 비용과 수행기간을 고려하여 단위공정별로 수집하고, 그밖의 데이터는 기존의 문헌 데이터나 기존 연구에 사용된 데이터를 사용한다.

국내외에는 많은 상용 혹은 공용의 데이터베이스가 축적되어 있어 공공부분이나 특정한 영역에 대한 LCI (Life Cycle Inventory) DB를 구할 수 있는데, 국내의 경우 「국가 LCI DB 검색」(https://www.kncpc.or.kr/resource/lci_pass_db.asp)에서 관련 자료를 구할 수 있다.

목록분석시 할당(allocation)은 공정과 운송 혹은 타 제품 시스템에 의해 야기되는 환경부하를 어떤 비율로 분배하는가를 결정하는 것으로서 다중 투입이나 산출공정 등에서 발생하는데, 두 가지 이상의 제품 혹은 부산물이 생산되는 공정의 경우, 이를 어떤 기준으로 배분할 것인가 하는 문제이다. 할당인자의 선택에 따라 환경부하의 값이 결정되므로 그 공정의 특성 및 모든 인과관계를 파악하여 할당인자를 설정하여야 한다. <표 1-13>에서는 구리를 생산하는 단위공정에서 아연과 은을 동시에 생산하는 경우의 할당인자의 예를 나타내었다. 표의 예에서 보는 바와 같이 어떤 기준으로 할당인자를 설정하느냐에 따라 계산결과의 차이가 큼을 볼 수 있다.

표 1-13 다중 투입/산출 공정에서의 할당인자 적용 예

제품	생산량(톤/년)	판매가(천$/년) (단위가격×생산량)	중량기준 할당인자(%)	가격기준 할당인자(%)
Cu	100	200	15	9
Ag	50	1,000	8	45.5
Zn	500	1,000	77	45.5
합계	650	2,200	100	100

(3) 영향평가(Impact Assessment)

목록분석에서 얻어진 결과를 지구온난화나 오존층 파괴 등의 환경영향 항목으로 분류하여 각 항목별로 환경영향의 정도를 평가한다.

영향평가의 절차는 다음과 같다.

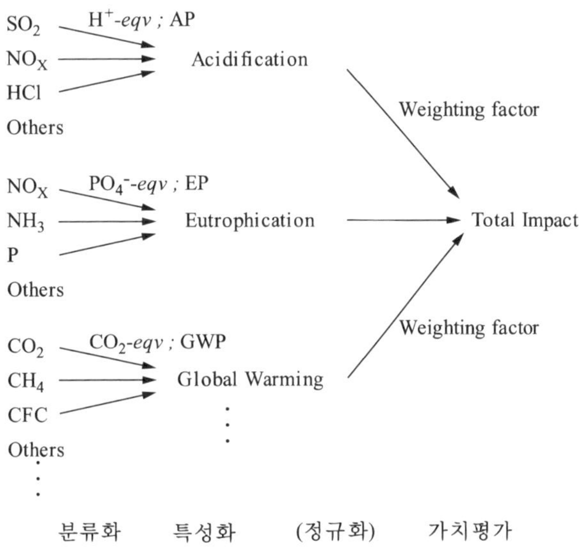

그림 1-4 영향평가의 개략적인 과정

① 분류화(Classification)

환경부하 항목을 영향범주별로 분류하는 작업이다. 대표적인 환경영향범주로는

- 자원고갈
- 지구온난화
- 오존층 파괴
- 광화학 산화물 생성
- 산성화
- 부영양화
- 생태계 독성
- 인체 독성

등이 있다.

② 특성화(Characterization)

특성화란 영향범주별로 분류된 항목들이 각각의 영향범주에 미치는 영향을 정량화하는 과정이다. 지구온난화를 예로 들면 온실가스인 CO_2, CH_4, CFC11 등은 지구온난화에 미치는 인자가 각기 다르므로 하나의 동일한 척도인 Global Warming Potential (GWP) (g CO_2-eq)로 환산하여야만 동일한 영향범주 내에서 하나의 통일된 단위를 활용하여 영향의 예측이 가능해진다.

특성화시 영향범주와 이에 따른 상응인자 및 단위를 <표 1-14>에 나타내었다.

표 1-14 특성화시 영향범주와 상응인자

영 향 범 주	상응인자	단위
자원고갈(Abiotic Resources Depletion)	ADP	1/yr
지구온난화(Global Warming)	GWP	g CO_2-eq/g
오존층 파괴(Stratospheric Ozone Depletion)	ODP	g CFC11-eq/g
광화학 산화물 생성(Photochemical Oxidant Creation)	POCP	g ethene-eq/g
산성화(Acidification)	AP	g SO_2-eq/g
부영양화(Eutrophication)	EP	g PO_4-eq/g
생태계 독성(Ecotoxicity)		
수질오염물(Aquatic Emission)	ECA	m^3 water/g
토양계배출물(Terrestrial Emission)	ECT	m^3 soil/g
인체독성(Human Toxicity)		
대기오염물(Air Emission)	HCA	g body wt/g
수질오염물(Water Emission)	HCW	g body wt/g
토양오염물(Soil Emission)	HCS	g body wt/g

③ **정규화(Normalization)**

정규화는 대상 기능단위가 하나의 영향범주에 미치는 환경영향을 일정 지역에서 일정 기간 동안 배출되는 영향범주에 기여하는 총 환경영향으로 나누는 과정을 말한다. 이러한 정규화 과정을 거치게 되면 환경영향은 무차원의 숫자가 된다.

정규화를 수행함으로써 각 영향범주별의 단위를 동일하게 하여 특성화 결과의 오차를 검토 가능하게 하고, 각 영향범주에 관계되는 영향 크기의 해석을 용이하게 한다.

④ **가중치 부여(Weighting)**

가중치 부여는 각각의 영향범주들이 환경 전반에 미치는 영향을 고려하여 영향범주 간에 상대적인 우선순위를 결정하는 과정이다. 상대적인 우위를 결정하는 가치평가는 주관적인 평가를 수반한다. 이러한 가중치는 사회적, 정치적 기준에 따라 부여되며, 국가나 시대에 따라서도 달라진다. 각 영향범주에 가중치를 부여하게 되면 시스템 전체의 환경성을 하나의 점수로 도출할 수 있게 된다.

(4) 결과해석

결과해석의 목적은 목록분석이나 영향평가 단계로부터 얻은 결과를 분석하여 보고하고 결론을 도출하는 것이다. 또한 이때 LCA의 결과가 갖는 한계점들을 설명하고, 목록분석 연구나 영향평가에 대한 건의사항을 제공한다. 이와 같은 결과해석은 다음과 같은 요건을 항상 만족시켜야 한다.

- 해석의 결과는 이해하기 쉬워야 한다.
- 완전하고 일관성이 있어야 한다.
- 정의된 연구의 목적 및 범위에 부합되어야 한다.

이를 바탕으로 결과해석은 <그림 1-5>와 같은 절차에 따라 수행하게 된다.

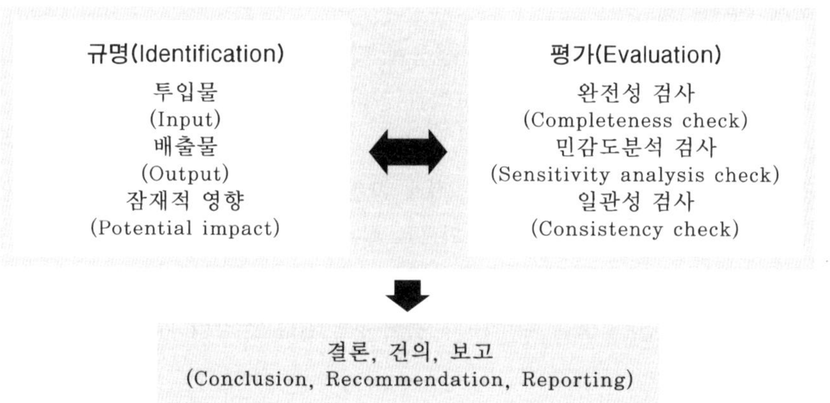

그림 1-5 결과해석의 단계

1.4.3 전과정 평가의 활용 및 한계

(1) 전과정 평가의 활용

전과정 평가 결과는 청정생산기술, 환경마크제도(환경성적표지제도), 녹색기업지정, 친환경적 제품설계 등에서 활용되고 있으며, 우리나라에서 개발된 전과정 평가 소프트웨어로는 국가청정생산지원센터에서 개발한 PASS[3] 프로그램과 환경성적표지 전용 전과정 평가 소

3) LCA 소프트웨어(PASS) : https://www.kncpc.or.kr/green/lca_pass.asp

프트웨어인 TOTAL [4]이 있다.

(2) 전과정 평가의 한계

- 전과정 평가는 제품/서비스의 환경성을 평가하는 도구이며, 경제적 측면이나 사회적 측면을 평가할 수는 없다.
- 연구를 위해 설정된 시스템이 복잡하고, 이에 따라 많은 가정이 설정되며, 존재하는 다양한 방법론의 선택에서도 주관적인 측면을 가질 수 있다.
- 넓은 지역 또는 전지구적 사안들에 초점을 맞춘 전과정 평가 연구의 결과들은 지역적 범위가 보다 축소된 국지적인 분야에서의 이용시 적합하지 않을 수 있다.
- 데이터 수집시 원하는 데이터를 모두 취합하기는 어렵고, 많은 시간과 비용을 필요로 한다. 따라서 데이터의 유용성이나 사용된 데이터의 품질이 전체 연구결과의 정확성을 좌우하게 된다.
- 제품이나 서비스의 전과정 동안에 발생하게 되는 환경영향들은 지역적, 시간적으로 차이점을 가지고 있으므로 이에 대한 고려가 없다면 전체 환경영향을 나타내는 결과에 불확실성을 증가시킨다.
- 전과정 평가를 통해서 나타나게 되는 전체 환경영향은 실제적인 환경영향이 아니라, 기능단위당 정량화된 값으로 나타나게 되므로 목록분석 과정의 데이터들은 실제 환경에서 고려해야 할 모든 사항들을 나타낼 수 없다. 한 성분이 환경에 미치게 되는 경로는 매우 복잡하므로 실제 환경영향을 나타내기 위해서는 엄청난 양의 데이터들이 필요하게 된다.

---

4) 환경성적표지인증 홈페이지 : http://www.edp.or.kr

폐기물 발생현황과 조사방법

2.1 우리나라 폐기물 발생 및 처리 현황

2.1.1 우리나라의 폐기물 발생 현황

(1) 폐기물 발생 현황

2018년 말 현재 우리나라의 폐기물 발생량(지정폐기물 제외)은 430,713톤/일이며, 폐기물 구성비는 생활폐기물 13.0%, 사업장배출시설계폐기물 38.9%, 건설폐기물 48.1%로서 건설폐기물이 가장 큰 구성비율을 차지하고 있다[5].

2018년 생활폐기물 발생량은 56,035톤/일이었으며, 1인당 1일 생활폐기물 발생량은 1.06 kg

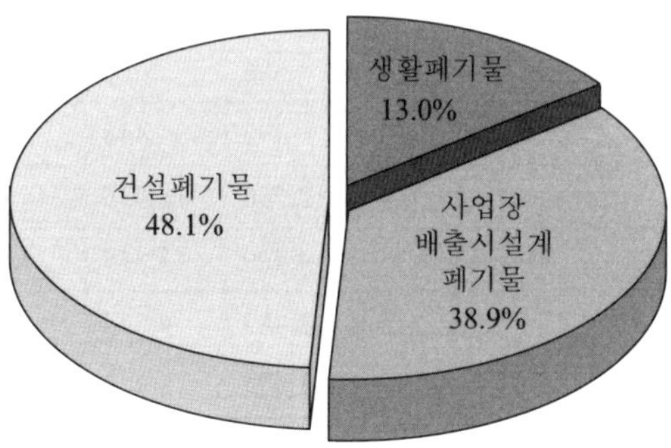

그림 2-1 폐기물 종류별 발생량 구성비율

5) 자료출처 : 전국 폐기물 발생 및 처리 현황(2018년도), 환경부, 한국환경공단, 2019.

이었다. 사업장 배출 시설계 폐기물의 발생량은 167,727톤/일이며, 건설폐기물의 발생량은 206,951톤/일이었다.

(2) 폐기물 성상

전체 생활계폐기물(56,035톤/일) 중, 종량제 방식의 배출량은 45.7%, 재활용 가능자원 분리배출은 28.5%, 음식물류 폐기물은 25.8%를 각각 차지하였으며, 음식물류 폐기물의 2018년도 1인당 발생량은 0.27 kg/일이었다. 생활계폐기물 중 플라스틱류는 6,375톤/일로 11.4%를 차지하였다.

사업장 배출 시설계 폐기물의 성상은 가연성 24.2%, 불연성 75.8%이었으며, 보다 구체적으로는 광재류와 연소재류의 구성비가 각각 27.5%와 23.5%로 이들 두 종류가 51.0%를 차지하였다.

2018년도의 건설폐기물의 성상은 건설폐재류 83.3%, 혼합건설폐기물 11.4%, 건설폐토석 3.4%로 대부분을 차지하고 있다. 건설폐재류 중 폐콘크리트가 전체 건설폐기물의 63.3%, 폐아스팔트콘크리트가 18.2%를 차지하고 있다.

표 2-1 생활계폐기물의 연도별 성상변화(단위 : 톤/일)

구분		2013	2014	2015	2016	2017	2018
총계		48,728	49,915	51,247	53,772	53,490	56,035
종량제 방식에 의한 혼합배출	소계	22,292	22,264	23,170	24,965	24,638	25,573
	종이류	5,383	5,410	5,445	5,631	5,194	5,185
	플라스틱류	3,126	3,370	3,739	4,312	4,601	4,884
	유리류	499	536	623	561	608	739
	금속류	347	392	448	434	400	931
	기타	12,937	12,556	12,915	14,027	13,835	13,834
재활용 가능자원 분리배출	소계	13,935	14,429	13,857	14,418	14,452	15,985
	종이류	4,128	4,485	4,514	4,603	4,151	4,281
	비닐류	1,335	1,431	1,454	1,710	2,169	2,315
	플라스틱류	1,239	1,237	1,200	1,133	1,251	1,491
	기타	7,233	7,276	6,689	6,972	6,881	7,898
음식물류 폐기물 분리배출	소계	12,501	13,222	14,220	14,389	14,400	14,477

표 2-2 사업장 배출시설계 폐기물의 성상변화(단위 : 톤/일)

구분		2013	2014	2015	2016	2017	2018
총계		148,443	153,189	155,305	162,129	164,874	167,727
가연성	소계	34,539	35,326	39,423	38,912	40,137	40,646
	폐지, 폐목재	1,746	2,101	2,423	2,518	2,876	3,337
	고분자화합물	9,803	10,526	11,674	11,993	13,038	13,702
	유기성오니류	16,838	16,726	18,072	16,921	16,937	15,432
	기타*	6,152	5,973	7,254	7,480	7,286	8,175
불연성	소계	113,904	117,863	115,882	123,217	124,737	127,081
	광재류	7,478	21,811	31,397	45,733	44,549	46,122
	연소재류	22,397	22,895	28,241	37,309	39,248	39,406
	폐금속류	27,680	12,594	12,648	2,399	2,584	2,092
	무기성오니류	14,483	16,610	17,851	17,744	19,146	18,920
	기타**	41,866	43,953	25,745	20,032	19,210	20,541

* 가연성 기타 : 동식물성 폐잔재물, 폐식용류, 그 외 가연성 기타류

** 불연성 기타 : 폐주물사 모래류, 폐석회 석고류, 폐촉매, 폐흡착재·흡수재, 유리·도자기편류 그 외 불연성 기타류

표 2-3 건설폐기물 성상현황(단위 : 톤/일)

구분		2013	2014	2015	2016	2017	2018
총계		183,538	185,382	198,260	199,444	196,262	206,951
건설 폐재류	소계	150,331	151,026	163,190	166,494	162,139	172,356
	폐콘크리트	111,653	114,908	124,451	128,092	123,248	131,040
	폐아스팔트콘크리트	35,398	33,725	35,509	35,192	35,861	37,759
	기 타	3,280	2,393	3,230	3,210	3,030	3,557
가연성 건설폐기물	소계	2,418	2,519	2,588	2,237	2,614	2,652
	폐목재	704	866	923	806	800	805
	폐합성수지	1,695	1,586	1,654	1,420	1,803	1,826
	기타	19	67	11	11	11	21
비가연성 건설폐기물	소계	1,058	877	1,036	2,012	1,871	1,300
	건설오니	1,052	707	995	1,922	1,822	1,250
	기타	6	170	41	90	49	50
건설폐토석		5,067	5,863	7,659	6,478	7,478	7,101
혼합건설폐기물		24,664	25,097	23,787	22,223	22,160	23,542

* 건설폐재류 기타 : 폐벽돌, 폐블럭, 폐기와
가연성 건설폐기물 기타 : 폐섬유, 폐벽지
비가연성 건설폐기물 기타 : 폐금속류, 폐유리, 폐타일 및 폐도자기

2.1.2 우리나라 생활폐기물의 물리화학적 성상

우리나라의 생활폐기물은 도시화와 소득 수준의 향상, 폐기물 정책의 변화 등에 의해서 꾸준히 변화해 왔으며, 특히 최근에 급격한 성상의 변화를 나타내고 있으므로, 폐기물 처리 시설의 설계시 이러한 변화추세를 적절히 반영하여야만 목적하는 처리시설의 성능을 얻을 수 있을 것이다.

과거 폐기물 계량시설이 없던 시절에는 수거차량의 댓수를 조사함으로써 부피 기준으로 개략적인 폐기물 발생량을 추정하였다.

이후 계근시설이 포함된 현대적인 폐기물 처리시설이 설치되면서 중량톤 기준으로 폐기물 발생량의 측정이 이루어졌으며, 특히 1995년에 시행된 쓰레기 종량제를 전후하여 폐기물의 성상이 크게 변화하였다.

소득수준의 발전과 함께 2005년부터 음식물류 폐기물의 직매립이 금지됨에 따라 다시 한 번 생활폐기물의 성상은 급격히 변화하여 최근 20년 사이에 우리나라의 폐기물 성상은 크게 변화된 것을 알 수 있다.

<표 2-4>에서는 1992년부터 2007년까지 우리나라에서 조사된 생활폐기물의 물리화학적 성상을 요약하여 정리하였으며, 이를 다시 도표화하여 생활폐기물의 주된 성분인 음식물, 종이, 비닐의 함량, 폐기물 밀도, 수분함량, 저위발열량 등의 변화 추이를 비교하였다.

생활폐기물 중의 주요 성분인 음식물, 종이, 비닐의 변화추이를 살펴보면, 과거 폐기물 성분 중 가장 높은 비율을 차지하여 1990년대에는 50% 내외의 값을 보였던 음식물류 폐기물이 2005년 직매립 금지조치 이후 10% 이하로 급격히 줄어들었으며, 이에 반하여 종이와 비닐의 함량이 상대적으로 높아져서 1990년대 20% 부근이었던 종이는 최근 40%까지 높아졌으며, 10% 초반이었던 비닐도 25~30% 범위로 높아졌다.

이에 따라 폐기물 중의 수분함량도 1990년대 초반 60% 수준으로 높았으나 2007년에는 20% 수준으로 크게 낮아졌고, 폐기물의 저위발열량도 1990년대 1,200 kcal/kg의 범위여서 발열량이 낮은 것이 문제가 되었으나 2007년에는 4,000 kcal/kg으로 급증하여 발열량이 현저히 높아지자 기존 자료에 근거하여 설계된 소각시설에서 고열량 문제가 소각로 운영시 애로사항으로 등장하게 되었다. 따라서 향후 설계되는 폐기물 소각시설은 현저히 높아진 고발열량 특성에 대응하는 소각시설을 설계하여, 경제성 있고 에너지 회수효율이 높은 폐열회수 설비 설치를 위한 소각시설의 대형화가 이루어져야 할 것이다.

표 2-4 우리나라 생활폐기물의 물리화학적 성상 변화

연도	주요 성분(중량 %)			겉보기 밀도 (kg/m^3)	수분함량 (%)	저위발열량 (kcal/kg)	자료출처
	음식물	종이	비닐				
1992					62.1	1205	2
1993	49.7	22.2	10.8	213.0	62.7	1166	3
1995	49.9	22.4	13.9	198.0	51.0	1595	4
1996	45.9	23.7	13.7	260.0	49.1	1493	5
	49.4	22.1	11.8		52.0	1324	6
	51.6	21.1	12.6		55.6	1625	7
1999	32.1	28.7	16.5				12
2000	36.1	25.3	20.8				12
2001	39.7	23.9	18.8				12
2002	32.3	31.4	24.9	208.0	36.1	3569	12
				151.4	25.0	2764	8
2003	23.6	32.9	30.5	239.0	24.2	3815	12
2004	12.7	39.0	34.4	107.0	14.5		12
	32.0	26.3	9.1	157.7	37.0	2370	10
	34.1	27.9	14.8	248.7	46.4	1801	9
2005	27.3	37.6	16.8	186.7	32.3	2434	9
	12.0	38.1	39.4	127.0	21.3	3940	12
2006	9.7	26.8	13.7	226.5	20.0		11
	10.2	39.0	31.6	131.0	24.2	4604	12
2007	5.5	50.6	22.6	122.9	15.9	3566	9
	11.3	41.0	27.7	135.0	20.0	4041	12
2019	9.7	35.3	26.4	167.0	23.3	3935	14

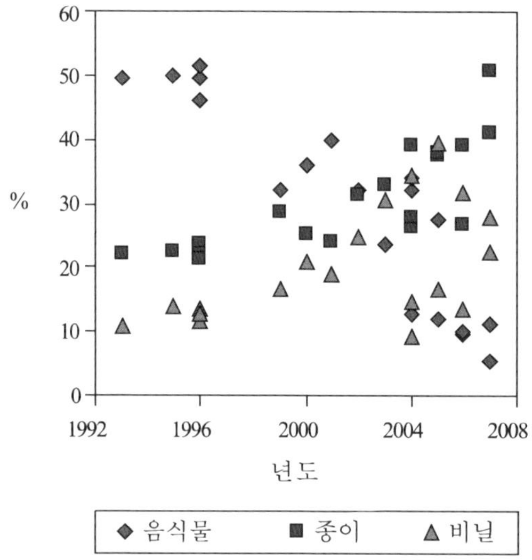

그림 2-2 우리나라 생활폐기물의 주요 성분 변화 추이

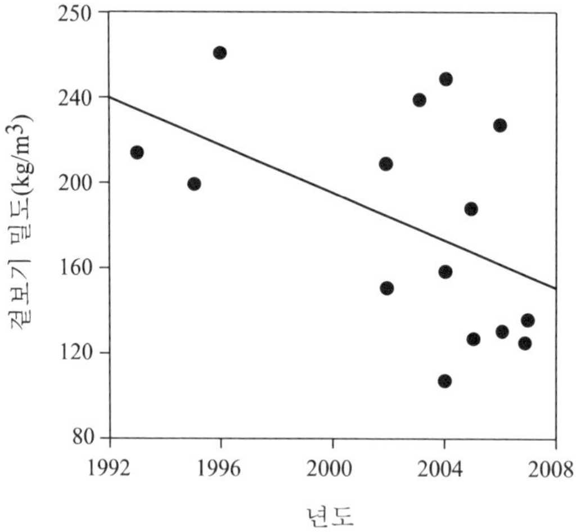

그림 2-3 우리나라 생활폐기물의 겉보기 밀도 변화 추이

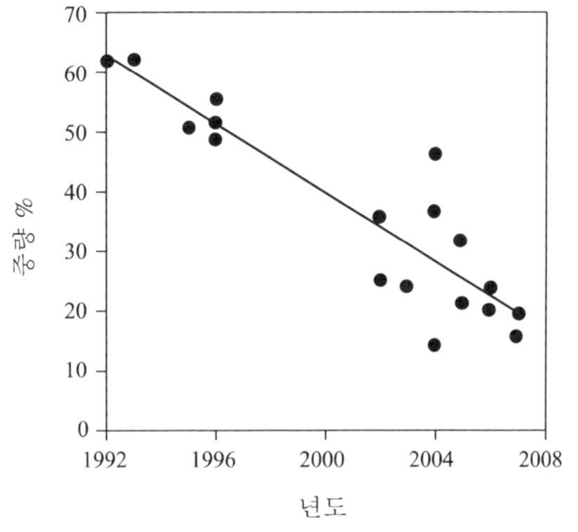

그림 2-4 우리나라 생활폐기물의 수분함량 변화 추이

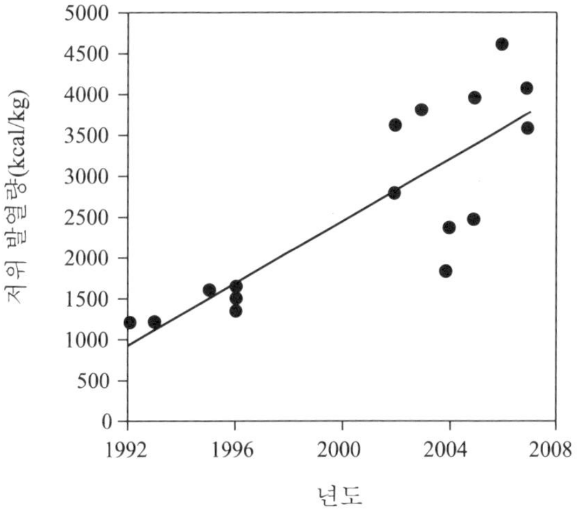

그림 2-5 우리나라 생활폐기물의 저위발열량 변화 추이

2.1.3 우리나라의 폐기물 처리 현황

2018년 말 현재 우리나라의 생활계폐기물 처리현황은 재활용이 62.0%로 가장 높으며, 소각이 24.6%, 매립이 13.4%를 차지하였다. 생활폐기물의 매립비율은 점진적으로 감소하고, 소각비율은 조금씩 증가하여 2009년부터 소각비율이 매립비율을 앞지르게 되었다.

사업장 배출시설계 폐기물은 재활용이 81.6%%로 가장 높고, 매립에 의한 처리율은 12.6%, 소각에 의한 처리율은 5.8%이었다.

건설폐기물은 2018년 말 기준 재활용율이 98.3%, 매립율 1.4%, 소각율 0.3%로 대부분 재활용되고 있는 것으로 보고되고 있다.

모든 종류의 폐기물이 높은 재활용율을 보이고 있는데, 과연 제대로 엄밀한 의미에서의 물질 재활용이 되는지는 의문이다. 사업장 폐기물과 건설폐기물의 재활용에 있어서 단순 성토 방식으로 재활용되는 것은 별도의 항목으로 통계를 잡을 필요가 있다. 생활폐기물에서도 배출시점에서 재활용으로 배출되는 폐기물 양이 아닌, 실제적으로 물질로 재활용되는 양에 근거한 재활용 양을 추산하는 경우 현재의 재활용율은 상당히 낮아질 것으로 예상된다.

폐기물 처리시설 현황을 살펴보면, 우선 매립시설은 2018년 말 현재 총 275개로 2013년 말 현재 총 292개와 비교하면 17개소가 감소하였으며, 매립량은 1,213만톤, 잔여매립용량은 26,441만 m^3이다. 매립시설 수를 운영주체별로 살펴보면 지방자치단체 218개(잔여용량의 81.6%), 자가처리업체 27개(잔여 용량의 13.6%), 최종처분업체 30개(잔여용량의 4.8%)이다.

생활 및 사업장폐기물 소각시설은 총 382개이며, 시설용량은 31,962 (톤/일)이다. 2006년 1월 1일부터 시간당 소각능력 25 kg 이상 200 kg 미만의 소각시설도 다이옥신 배출기준 적용을 받게 됨에 따라 많은 소각시설의 폐쇄가 이루어져 2005년도의 시설수 2,871개소와 비교하면 13년 동안 2,489개소가 감소하였다(86.7% 감소).

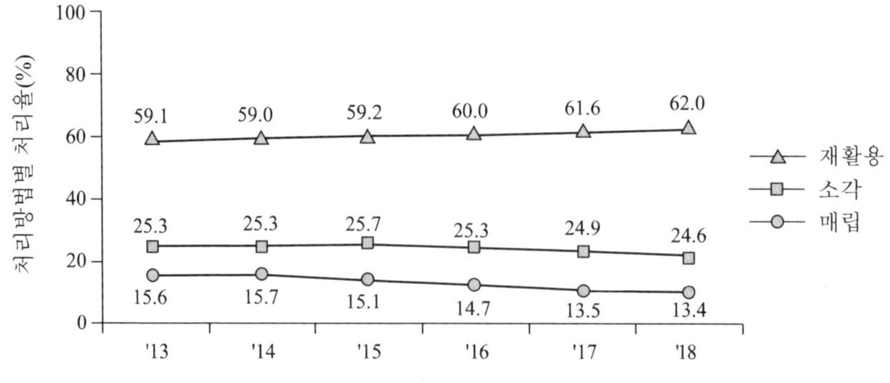

그림 2-6 연도별 생활폐기물 처리방법별 처리율 변화추이

폐기물 처리업체는 총 13,092개이며 이 중에서 사업장폐기물 처리업체의 수가 9,489개로 가장 많으며, 생활폐기물 수집·운반업소는 총 1,886개소이다. 사업장폐기물 수집·운반업소는 3,705개소, 중간처분업소는 125개소, 최종처분업소는 30개소, 중간재활용업소는 1,334개소, 최종재활용업소는 277개소, 종합재활용업소는 4,018개소이다. 한편, 건설폐기물 중간처리업소는 558개로서, 주된 처리방법은 파쇄·분쇄이다.

전체적으로 볼 때 수집·운반업체 숫자가 가장 많고, 최종처리업(매립)의 숫자가 가장 작은 피라미드 형태의 분포를 가지고 있다.

지방자치단체의 생활폐기물 관리인력 및 장비로는 생활폐기물 처리에 종사하는 인력이 34,778명이며, 폐기물 수집운반차량이 12,776대, 중장비가 605대이다. 수집운반차량의 차종은 압축·압착차량 4,117대, 암롤차량 1,175대, 덤프트럭 812대, 카고 1,557대, 기타 5,115대 등이다.

2018년도 자치단체의 생활폐기물 관리예산 집행은 총 43,370억원이며, 이중 시설설치비가 2,018억원(4.7%)이었으며, 수집·운반 등 처리비가 41,352억원(95.3%)을 차지하였다. 수집·운반 등 처리비 중에서 인건비가 24.6%, 위탁처리비가 50.6%를 차지하고 있다.

2018년도 쓰레기수수료 징수액은 12,505억원으로 이를 생활폐기물 관리예산과 비교하면, 쓰레기 수수료 징수는 전체 예산의 28.5%에 불과하여(2013년도의 경우 20.2%) 청소예산의 재정자립도는 낮은 실정이다.

표 2-5 2018년 말 현재 폐기물 처리업체 현황(단위 : 개소)

구 분	총계	수집·운반업	중간 처분업	최종 처분업	중간 재활용업	최종 재활용업	종합 재활용업	건설폐기물 중간처리업
총 계	13,092	6,750	125	30	1,334	277	4,018	558
생활폐기물	1,394	1,394						
생활+사업장	492	492						
사업장폐기물	8,997	3,213	125	30	1,334	277	4,018	
건설폐기물	2,209	1,651						558

표 2-6 2018년 말 현재 생활폐기물 관리예산 집행내역(단위 : 억원)

총액	시설 설치비	수집·운반 등 처리비							수수료 징수액
		소계	인건비	차량 운영비	장비 구입비	위탁 처리비	시설관리 운영비	기타	
43,370	2,018	41,352	10,172	613	676	20,943	5,627	3,321	12,505

2.2 폐기물의 성상 조사 방법

2.2.1 서론

폐기물의 성상 조사결과는 현재 혹은 장래에 고려하고 있는 폐기물 처리시설의 용량 및 구성을 결정하는데 있어서 중요한 자료가 된다. 폐기물의 저위발열량이 얼마나 되는지, 수분 함량은 얼마이며, 주된 폐기물의 성상이 어떤지에 따라서 폐기물 처리시설의 구성이나 조합이 달라질 수 있으며, 과거 외국의 폐기물 성상에 근거하여 설계된 폐기물 처리시설을 국내에 도입하였을 때 폐기물의 성상이 현저하게 달라서 실패한 사례도 있었음을 상기할 때, 폐기물의 성상조사는 매우 중요하다고 할 수 있다.

아울러 쓰레기 종량제 실시, 음식물류 폐기물의 직매립 금지 등과 같은 일련의 폐기물 정책 변화는 배출되는 폐기물의 성상을 크게 변화시키므로, 폐기물 정책 변화에 따른 폐기물 성상 변화를 예측하고, 이를 감안한 국가 폐기물 정책의 수립이 이루어져야 한다.

2.2.2 시료의 채취

폐기물의 분석에는 많은 노력과 시간을 요하며, 그 지역의 폐기물 성상을 파악하는 데는 적어도 연 4회(춘하추동의 각 계절마다 1회)의 측정이 필요하다. 그리고 수분의 평균치를 알기 위해서는 비오는 날은 수집을 피하는 것이 바람직하다. 폐기물 채취는 될 수 있는 한 신속하게 작업해야 하며, 1회의 채취는 적어도 폐기물의 축소작업 개시부터 30분 이내에 완료하는 것이 바람직하다.

(1) 수집 · 운반차에서 채취

수집운반차로부터 시료를 채취하는 경우 대표적인 시료의 채취를 위하여 무작위 채취방식(random sampling)을 택하여야 한다. 즉, 수집운반차의 2대 간격 또는 3대 간격으로 시료를 채취한다. 또한 수거차마다 배출지역이 다를 경우 층별채취법이 더욱 바람직하다. 이 경우에는 상가지역, 주택지역, 공장지역 등으로 구분하여 그것들의 배출량의 비율에 비례하는 차량대수를 선정하는 것이 바람직하다.

1대의 차량으로부터 대표적인 시료를 10 kg 이상 채취하고 원시료의 총량을 200 kg 이상 되도록 시료를 채취하도록 한다. 기계식 압축차의 경우 폐기물 배출초기, 중간 및 마지막 단계에서 균등하게 채취하는 것이 바람직하다. 종량제 봉투에 들어있는 시료의 경우 종량제 봉투 크기에 따라 폐기물의 성상이 다소 상이한 경향이 있으므로, 판매되는 종량제 봉투 크기별 판매실적을 고려하여 시료를 채취하는 것이 바람직하다.

(2) 폐기물 저장용기에서 채취

용기 내의 폐기물을 충분히 섞은 다음 200 kg 이상 채취한다.

2.2.3 시료의 축소방법

(1) 원추 4분법

채취한 시료는 건조한 콘크리트 바닥 또는 넓은 비닐시트 위에서 삽으로 잘 혼합하고, 포장되어 있는 폐기물은 꺼내어 적당히 세분하고, 대형폐기물은 적당히 파쇄한 후 충분히 혼합교반하여 시료를 균일하게 한다.

시료는 원추 4분법에 의하여 여러 번 축소시키고 시료로서 10 kg 내외를 채취한다. 다음은 원추 4분법에 대한 설명이다.

시료를 원추형으로 적재시키고 맨 위의 정점으로부터 수직으로 밀어내리는 것 같이 하여 원추대를 만들며, 이러한 조작을 2～3회 반복한다. 평평하게 만든 원추대를 4등분하고 아래 그림과 같이 상응되는 2개의 부분을 무작위로 선정하여 시료로 한다(그림 2-7). 축분도중 부피가 큰 폐기물(bulky wastes ; 모포, 타이어, 나무류, 석유드럼통, 신발 등) 등 파쇄하기 어려운 것은 미리 별도로 추출하여 놓고, 최후에 이것들을 잘게 잘라 시료에 추가하도록 하는 것이 바람직하다. 예를 들면, 원추 4분법으로 4회 축분하는 경우 2회 축분이 완료된 후 모포를 선별해내게 되면 이 모포는 또다시 2회 축분으로 $1/2^2 = 1/4$로 감량되기 때문에 모포 중량의 1/4을 시료에 추가하는 것이 된다. 따라서 대형쓰레기는 원추 4분법을 실시하기 전에 선별하여 $(1/2)^n$만큼만 시료로 채취한다. 여기서, n은 원추 4분법을 실시하는 횟수이다.

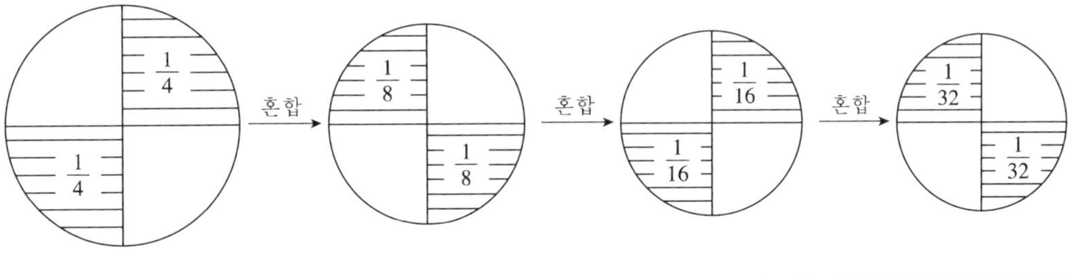

그림 2-7 원추 4분법에 의한 시료 축소작업

(2) 교호삽법

① 분쇄한 대시료를 단단하고 깨끗한 평면 위에 원추형으로 쌓는다.
② ①의 원추를 장소를 바꾸어 다시 쌓는다.
③ 원추에서 일정량을 취하여 장방형으로 도포하고 계속해서 일정량을 취하여 그 위에 입체로 쌓는다.
④ ③의 육면체의 측면을 교대로 돌면서 균등량씩을 취하여 두 개의 원추를 쌓는다.
⑤ 하나의 원추는 버리고 나머지 원추를 ①~④의 조작을 반복하면서 적당한 크기까지 줄인다.

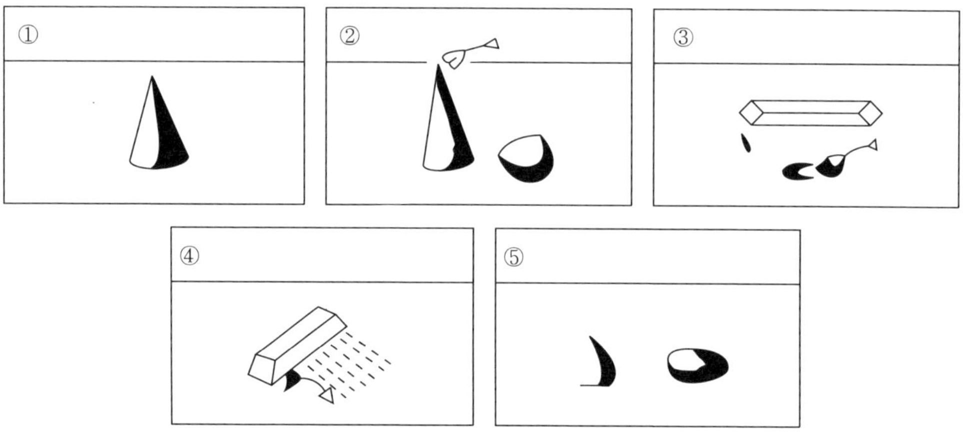

(3) 구획법

① 모아진 대시료를 네모꼴로 엷게 균일한 두께로 편다.
② 이것을 가로 4등분 세로 5등분하여 20개의 덩어리로 나눈다.
③ 20개의 각 부분에서 균등량씩을 취하여 혼합하여 하나의 시료로 한다.

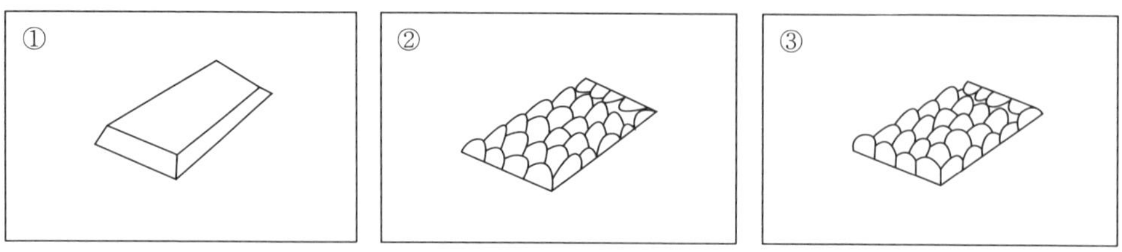

2.2.4 성상분석 절차의 흐름도

채취한 폐기물 시료에 대한 분석절차는 <그림 2-8>에 따라 진행된다. 폐기물 성상의 분석은 크게 물리적 성상과 화학적 성상으로 구분된다.

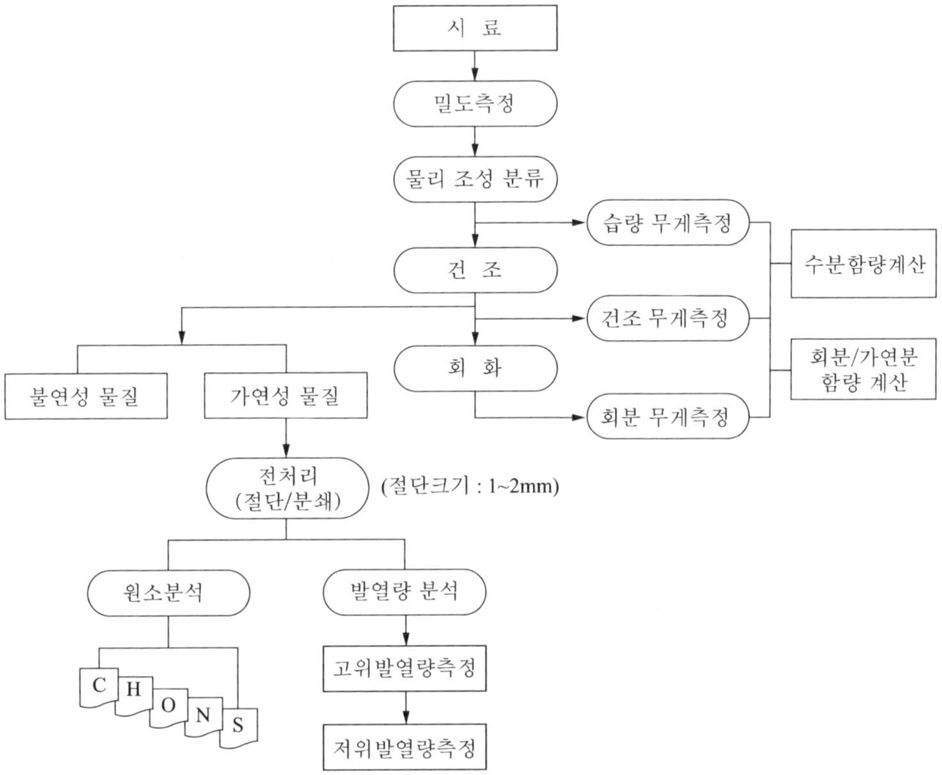

그림 2-8 폐기물 성상분석 절차도

2.2.5 물리적 성상분석

(1) 겉보기 비중(단위용적당 중량)

미리 부피를 알고 있는 용기에 시료를 넣고 30 cm 높이의 위치에서 3회 낙하시키고 눈금이 감소하면 감소된 분량만큼 시료를 추가하며, 이 작업을 눈금이 감소하지 않을 때까지 반복한다. 겉보기 비중 또는 단위부피당 중량은 다음의 식으로 산출된다(표 2-7).

표 2-7 도시 폐기물 성분 및 혼합물의 대표적 밀도(미국 도시폐기물)

항목	밀도(kg/m³)	
	범위	대표값
음식쓰레기	120～480	290
종이	30～130	85
판지	30～80	50
플라스틱	30～130	65
천	30～100	65
고무	90～200	130
가죽	90～260	160
정원쓰레기	60～225	105
나무	120～320	240
기타유기물	90～360	240
유리	160～480	195
양철깡통	45～160	90
비철금속	60～240	160
철금속	120～1200	320
먼지, 재, 벽돌, 기타	320～960	480
도시 고형 폐기물		
비압축	90～180	130
압축(압축 트럭에서)	180～450	300
매립폐기물(보통 압축된 것)	350～550	475
매립폐기물(잘 압축된 것)	600～750	600

$$\text{겉보기 비중}(\text{kg/m}^3 \text{ 또는 ton/m}^3) = \frac{\text{시료의 중량}(\text{kg 또는 ton})}{\text{용기의 부피}(\text{m}^3)} \tag{2.1}$$

(2) 종류별 성상분석

축소시료 전량을 비닐시트 위에서 다음의 조성으로 손선별(hand sorting)하고 각 조성별로 무게를 측정하여 습량기준으로 중량비(P_{wi})를 구한다.

① 음식물류 폐기물
② 종이류
③ 비닐, 플라스틱류
④ 섬유류, 기저귀류
⑤ 목재류, 낙엽 등 정원쓰레기
⑥ 고무, 가죽류
⑦ 유리, 도자기류
⑧ 금속류
⑨ 연탄재
⑩ 기타

쓰레기 종량제 봉투를 중심으로 조사하는 경우 연탄재는 별도로 배출되므로 고려할 필요가 없다. 음식물류 폐기물이 들어있는 비닐봉투는 파봉할 경우 다른 성분의 수선별도 방해할 수 있으므로 별도로 분리하여 무게를 측정한 후 각 축분단계별의 축분비율에 맞추어 무게를 할당하는 것이 바람직하다. 습량기준의 중량비를 구할 때에는 폐기물 중의 수분이 증발하지 않도록 가급적 분별한 즉시 무게를 측정하는 것이 바람직하다.

$$\sum_{i=1}^{10} P_{wi} = 100\% \tag{2.2}$$

수분량을 제외시킨 건량기준 중량비는 다음 식으로 산출한다.

$$\begin{aligned} P_{di} &= \frac{\text{조성 } i\text{의 고형물량}}{\text{전체 건조중량}} \times 100(\%) \\ &= \frac{P_{wi} \times (100 - W_i)}{\Sigma\{P_{wi} \times (100 - W_i)\}} \times 100(\%) \end{aligned} \tag{2.3}$$

여기서, P_{di} : 조성 i 의 건량기준 중량비(%)

P_{wi} : 조성 i 의 습량기준 중량비(%)

W_i : 조성 i 의 수분함량(%)

(3) 수분함량

종류별 성상 측정에 사용한 시료의 무게를 측정한 후 물중탕에서 수분을 거의 날려 보내고 건조기를 이용하여 105 ± 5℃에서 시료의 중량이 일정하게 될 때까지 약 4시간 건조시킨다. 중량이 일정하게 유지되는 시점에서 시료의 무게를 측정하며, 각 시료의 수분함량은 다음 식에 의하여 산출된다.

$$W_i(\%) = \frac{\text{건조 전 } i\text{시료의 중량(kg)} - \text{건조 후 } i\text{시료의 중량(kg)}}{\text{건조 전 } i\text{시료의 중량(kg)}} \times 100 \tag{2.4}$$

전체 쓰레기의 수분함량은 결과적으로 다음 식으로 산출된다.

$$W(\%) = \frac{\text{전체 수분중량}}{\text{전체 습윤중량}} \times 100(\%) = \frac{\Sigma(P_{wi} \times W_i)}{\Sigma P_{wi}} \tag{2.5}$$

<표 2-8>에서는 생활폐기물 성분별 수분함량의 범위를 나타내었다.

표 2-8 생활폐기물 성분별 수분함량

성분	수분(%)	
	범위	대표값
음식물 폐기물	50∼80	70
종이	4∼10	6
판지	4∼8	5
플라스틱	1∼4	2
천	6∼15	10
고무	1∼4	2
가죽	8∼12	10
정원쓰레기	30∼80	60
나무	15∼40	20
기타유기물	10∼60	25
유리	1∼4	2
양철깡통	2∼4	3
비철금속	2∼4	2
철금속	2∼6	3
먼지, 재, 벽돌, 기타	6∼12	8
도시 고형 폐기물	15∼40	20

자료 : Tchobanoglous et al., Integrated Solid Waste Management, McGraw-Hill, New York, 1993.

(4) 회분함량

수분 측정 후의 건조된 시료를 2 mm 이하로 잘게 분쇄한 후, 적당량(20 g 이상)을 도가니 또는 접시에 취하여 무게를 측정하고, 600 ± 25℃의 전기로 내에서 3시간 강열한다. 태운 시료를 방냉한 후 무게를 측정한다. 각 조성의 회분은 다음 식으로 산출한다.

$$A_i = \frac{\text{강열 후 } i\text{시료의 중량(kg)}}{\text{강열 전 } i\text{시료의 중량(kg)}} \times 100 \tag{2.6}$$

전체 폐기물의 건량기준 회분함량은 다음 식으로 나타낼 수 있다.

$$A_d(\%) = \frac{\text{전체 회분중량}}{\text{전체 건조중량}} \times 100(\%) = \frac{\sum(P_{di} \times A_i)}{\sum P_{di}} \tag{2.7}$$

또한, 습량기준의 회분은 다음 식으로 계산할 수 있다.

$$A(\%) = A_d \times \frac{100 - W}{100} \tag{2.8}$$

(5) 가연분 함량

습량기준의 가연분 함량은 다음과 같이 구할 수 있다.

$$\text{가연분}(V,\ \%) = 100 - \text{수분}(W,\ \%) - \text{습량기준의 회분}(A,\ \%) \tag{2.9}$$

2.2.6 원소분석

폐기물의 원소분석은 생쓰레기의 경우 발열량 측정, 소요공기량과 연소가스량의 산정 등의 목적에 사용되며, 매립 등에 의해 분해가 진행된 폐기물에 있어서 안정화 정도를 평가하는 목적으로 사용되기도 한다.

폐기물 중 타는 성분의 화학적 성분분석 항목은 대개 탄소(C), 수소(H), 질소(N), 산소(O) 및 황(S)을 자동원소분석기로 분석한다. 자동원소분석기는 유기 화합물의 주성분인 C, H, N, S, O를 정성, 정량 분석함으로써 미지 시료의 조성 성분비를 구할 수 있다. 약 1,800℃에서 연소된 시료는 반응관에서 환원되고 GC 칼럼을 통과하면서 이동 속도에 따라 분리되고 TCD에서 검출된다. 사용되는 시료의 양이 1 g 이하의 소량이므로 성상이 다양한 폐기물의 경우 충분히 절단, 파쇄하여 혼합한 후 균질한 시료를 얻을 수 있도록 하여야 한다.

2.2.7 발열량 분석

발열량은 소각로를 설계할 때 가장 기본이 되는 폐기물의 질적 특성으로서 발열량의 단위로는 우리나라에서는 kcal/kg (혹은 kJ/kg, 1 kcal = 4.184 kJ)을 사용하고, 미국에서는 BTU/lb를 사용하고 있다.

1 kcal는 표준 대기압에서 물 1 kg을 1℃ 올리는데 필요한 열량을 말하며, 1 BTU (British Thermal Unit)는 60°F (20℃)에서 물 1 lb (pound)를 1°F 상승시키는데 소요되는 열량을 말한다. 1 BTU는 251 cal에 해당한다.

폐기물의 발열량 측정은 발열량계(bomb calorimeter)를 이용하여 측정하는데, 발열량계로부터 측정한 열량은 고위발열량(HHV, Higher Heat Value)라 부른다.

발열량계에서의 측정과정을 살펴보면 다음과 같다.

- 상하가 나사식으로 분리되게 만들어진 스테인리스강으로 제작된 용기에 무게를 알고 있는 시료를 넣고 연소시킨다.
- 고압의 산소를 용기 안에 분사시키면서 연결된 전선에 의한 spark로 시료를 연소시키며,

이때 발생한 열은 용기를 둘러싸고 있는 단열 수조로 전달되어 물의 수온을 높이게 된다.

- 시간에 따른 온도의 변화를 기록하면 열량계에서의 온도변화 곡선이 그려지며, 이로부터 발열량을 구할 수 있다.
- 발열량을 아는 물질을 이용하여 열량계 고유의 특성(heat capacity)을 계량화하는데 통산 benzoic acid (6318 cal/g)를 이용한다. 보다 정확한 계산을 위해서는 점화시 사용된 니켈 크롬 전선의 발열량(1643 cal/g)도 함께 고려한다.
- 따라서 열량계의 heat capacity는

$$C_v = \frac{[6318\,M_b + 1643\,M_w]}{\Delta T} \tag{2.10}$$

여기서, C_v : 열량계의 heat capacity (cal/℃)

M_b : 사용한 benzoic acid 질량(g)

M_w : 사용한 점화전선의 질량(g)

ΔT : 온도 상승분(℃)

- 위에서 구한 열량계의 heat capacity를 이용하여 미지시료의 발열량은 다음과 같이 구할 수 있다.

$$U = \frac{C_v\,\Delta T}{M} \tag{2.11}$$

여기서, U : 미지시료의 발열량(cal/g)

ΔT : 열량 상승분(℃)

M : 사용한 미지시료의 양(g)

C_v : 열량계의 heat capacity (cal/℃)

발열량계에서 생성된 수증기는 용기가 물에 의해 냉각됨에 따라 물로 응축되며, 이때 증발잠열을 내놓게 되며, 이 열이 수온의 상승에 기여한다. 하지만 실제 대형 연소로에서는 이러한 수증기의 냉각현상이 발생하지 않고, 뜨거운 배가스 형태로 수증기가 연소로를 빠져나가게 된다. 따라서 실제에 있어서는 발열량이 열량계에서 측정한 것보다 낮게 나타나게 되는데, 발열량계에서 측정한 값을 고위발열량(HHV, Higher Heat Value)이라 하고, HHV에서 물의 증발잠열을 제한 값을 저위발열량(LHV, Lower Heat Value)이라 한다. 설계 목적에서는 LHV가 보다 실제 상황에 가깝다고 할 수 있다.

발열량계는 실규모 연소기에 비하여 발열량을 과대평가하는 경향이 있다. 즉, 알루미늄 같은 금속 성분이 있으면 이것이 충분히 높은 온도에서 산화하면서 열을 내게 된다. 따라서

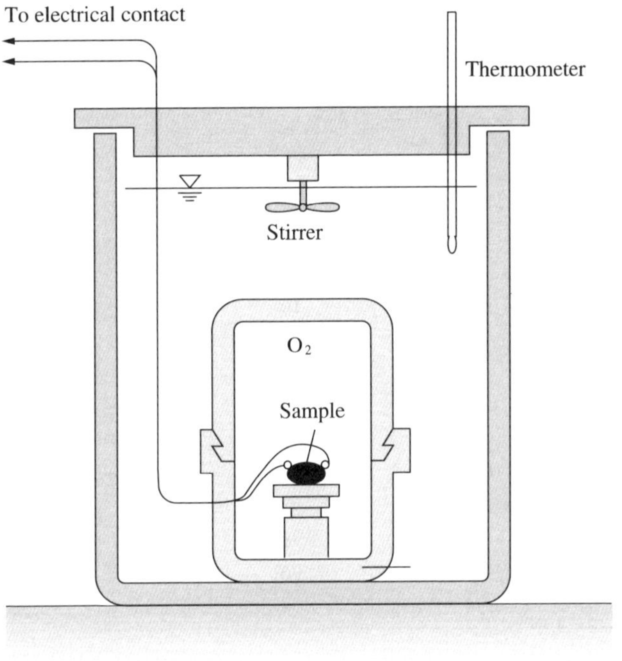

그림 2-9 발열량계의 구조

발열량계에서는 시료 중에 알루미늄이 들어있는 경우 발열반응에 의해 측정값은 높게 나타난다.

$$4Al + 3O_2 \rightarrow 2(Al_2O_3) + \text{열}$$

하지만 실규모 연소기에서는 알루미늄의 산화가 일어날 만큼 온도가 충분히 높지 않기 때문에 이러한 산화열이 생성되지 않는다.

또한 발열량계에서는 모든 유기물질이 산화되지만 실규모 연소기에서는 미연소분이 2~25% 정도 남는다. 따라서 이들은 실제에 있어서는 열량 생성에 기여하지 못한다.

셀룰로오스계 물질의 저위발열량은 일반적으로 4,500~4,600 kcal/kg이며 플라스틱류는 6,000~10,000 kcal/kg이다(표 2-9 참조). 따라서 폐기물 조성에서 대략 그 발열량을 추정할 수 있다. 고위발열량 H_h와 저위발열량 H_l 과의 사이에는 다음의 관계가 있다.

$$H_l = H_h - 600\ W \tag{2.12}$$

여기서, W : 수분함량(분율)

표 2-9 도시폐기물의 회분 함량 및 발열량

성분	회분 함량(%)		발열량(kJ/kg)	
	범위	대표값	범위	대표값
음식물	2～8	5	3,500～7,000	4,650 (1,110)
종이	4～8	6	11,600～18,600	16,750 (4,000)
골판지	3～6	5	13,950～17,450	16,300 (3,800)
플라스틱	6～20	10	27,900～37,200	32,600 (7,790)
섬유	2～4	2.5	15,100～18,600	17,450 (4,170)
고무	8～20	10	20,900～27,900	23,250 (5,560)
가죽	8～20	10	15,100～19,800	17,450 (4,170)
정원쓰레기	2～6	4.5	2,300～18,600	6,500 (1,550)
나무	0.6～2	1.5	17,450～19,800	18,600 (4,450)
유리	96～99+	98		
주석캔	96～99+	98		
알루미늄	90～99+	96		
철금속	94～99+	98		

(　)안은 kcal/kg

(1) 단열열량계(Bomb calorimeter)에 의한 방법

단열발열량계에 의한 폐기물의 발열량 측정에서는 건조된 폐기물을 2 mm 이하로 분쇄한 후, 일정량(1～2 g)을 취하여 열량계로 발열량을 측정한다. 각 조성별 건기준 발열량으로부터 각 조성별 고위발열량과 저위발열량을 다음과 같이 계산한다.

$$H_h\,(\mathrm{kcal/kg}) = H_d \times (1-\mathrm{W})$$
$$H_l\,(\mathrm{kcal/kg}) = H_h - 600\,(9\mathrm{H}+\mathrm{W}) \tag{2.13}$$

여기서, H_d : 열량계로 측정한 건조폐기물의 발열량(kcal/kg)
H_h : 고위발열량(kcal/kg)
H_l : 저위발열량(kcal/kg)
H : 원소분석에 의한 수소의 조성비(분율)
W : 수분함량(분율)

전체 폐기물의 발열량은 각 조성별 발열량을 가중평균하여 계산한다.

$$\text{전체폐기물의 저위발열량(kcal/kg)} = \frac{\Sigma P_{wi} \cdot (H_l)_i}{\Sigma P_{wi}} \tag{2.14}$$

여기서, P_{wi} : 조성 i 의 습량기준 중량비(%)

$(H_l)_i$: 조성 i 의 저위발열량(kcal/kg)

(2) 원소분석 결과를 이용하는 방법

① Dulong의 식

Dulong식은 다음과 같다.

$$H_h = 8{,}100\mathrm{C} + 34{,}250\left(\mathrm{H} - \frac{\mathrm{O}}{8}\right) + 2{,}250\mathrm{S}\,(\mathrm{kcal/kg}) \tag{2.15}$$

$$\begin{aligned} H_l &= 8{,}100\mathrm{C} + 34{,}250\left(\mathrm{H} - \frac{\mathrm{O}}{8}\right) + 2{,}250\mathrm{S} - 600(9\mathrm{H} + W) \\ &= H_h - 600(9\mathrm{H} + W) \end{aligned} \tag{2.16}$$

여기서, C, H, O, S, W는 탄소, 수소, 산소, 황, 수분의 분율

H분을 (H－O/8)로 한 것은 O/8분은 이미 H_2O로서 연료 속의 결합수분으로 되어 연소에 사용되지 않는다고 생각하기 때문이다. 목재나 쓰레기와 같은 셀룰로오스 질의 연료에서는 발열량이 낮게 추정되는 경향이 있다.

② Steuer의 식

$$\begin{aligned} H_h = 8{,}100\left(\mathrm{C} - 3\times\frac{\mathrm{O}}{8}\right) + 5{,}600\times\left(3\times\frac{\mathrm{O}}{8}\right) + 34{,}500\left(\mathrm{H} - \frac{\mathrm{O}}{16}\right) \\ + 2{,}500\mathrm{S} - 600(9\mathrm{H} + W)(\mathrm{kcal/kg}) \end{aligned} \tag{2.17}$$

O의 절반이 H_2O의 형, 나머지 절반이 CO_2의 형이라고 가정한 경우이다.

③ Scheurer-Kestner의 식

$$\begin{aligned} H_h = 8{,}100\left(\mathrm{C} - 3\times\frac{\mathrm{O}}{4}\right) + 34{,}250\mathrm{H} + 2{,}250\mathrm{S} + 5{,}700\times 3\times\frac{\mathrm{O}}{4} \\ - 600(9H + W)\ (\mathrm{kcal/kg}) \end{aligned} \tag{2.18}$$

O의 모든 것이 CO_2의 형이라고 가정한 경우이다.

EXERCISES

01 인구 30만명의 신도시를 건설하고자 한다. 이 도시에서 발생할 것으로 예상되는 1일 생활폐기물 발생량은 얼마인가?

문제풀이 1인 1일 생활폐기물 발생량 = 1.06 kg (2018년 말 현재)이므로
30만명 × 1.06 kg/인 · 일 = 318,000 kg/일 = 318톤/일

02 우리나라 생활폐기물의 처리방법으로서 재활용, 소각, 매립의 처리율은 각각 얼마인가?

문제풀이 2018년 말 현재 재활용 62.0%, 소각 24.6%, 매립 13.4%
매년 매립의 비중은 줄어들고 있으며, 소각 비율이 높아지는 추세이다.

03 다음과 같은 조성을 가진 폐기물의 수분함량을 계산하시오.

조성	습윤중량%	수분함량%	조성	습윤중량%	수분함량%
유기물			무기물		
음식물 폐기물	9.0	70	유리	8.0	2
종이류	34.0	6	주석캔	6.0	3
골판지	6.0	5	알루미늄캔	0.5	2
플라스틱류	7.0	2	기타금속	3.0	3
섬유류	2.0	10	흙, 재, 기타	3.0	3
고무	0.5	2			
가죽	0.5	10			
정원쓰레기	18.5	60			
목재류	2.0	20			
			습윤중량 계 :	100.0	

문제풀이

$$수분함량(\%) = \left(\frac{9\times70+34\times6+6\times5+\ \cdots\ +0.5\times2+3\times3+3\times3}{9+34+6+\ \cdots\ +0.5+3+3}\right) = 21.2\%$$

04 폐기물의 화학적 조성분석시 절단 크기는?

문제풀이 1~2 mm로 절단한 후 회분, 가연분, 화학적 조성, 발열량 등을 측정한다.

05 수분함량이 50%인 폐기물 200톤을 수분함량을 30%로 감소시키면 전체중량은 얼마인가?

문제풀이

수분함량 변화에 따른 중량 변화 관계식은 $\frac{V_2}{V_1} = \frac{100-W_1}{100-W_2}$

여기서, V_1, V_2 : 각각 건조 전후의 중량

W_1, W_2 : 각각 건조 전후의 수분함량

수분함량 30%로 건조된 폐기물의 중량

$V_2 = V_1 \times \frac{100-50}{100-30} = 200 \times \frac{50}{70} = 142.9$톤

수분 - 중량 변화 관계식 유도

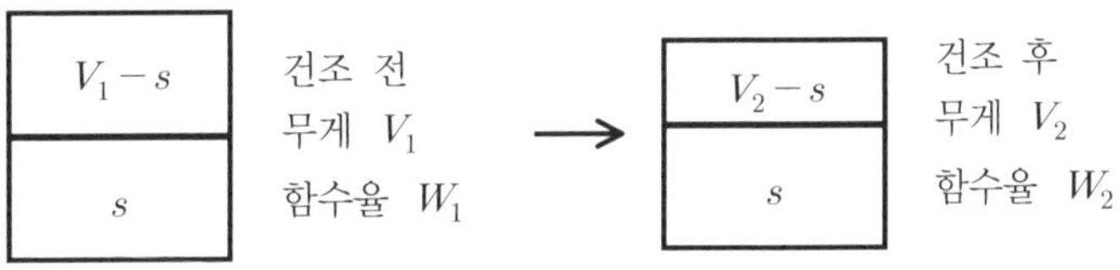

(※고형분의 무게 s는 건조 전후에 변화가 없다)

초기상태 함수율 W_1에서 W_2로 건조 혹은 탈수된 경우

건조 후의 수분함량 W_2는 수분함량의 정의로부터

$W_2 = \frac{V_2 - s}{V_2} \times 100$에서 $s = \frac{(100-w_2)V_2}{100}$가 된다.

$W_1 = \frac{V_1 - s}{V_1} \times 100$에서 우변 분모의 V_1을 좌항으로 이항한 후

위에서 구한 s를 대입하면

$W_1 V_1 = 100V_1 - (100-W_2)V_2 = 100V_1 - 100V_2 + W_2 V_2$ 가 되며

이를 V_1, V_2에 대하여 정리하면

$(100-W_1)V_1 = (100-W_2)V_2$가 된다.

$\therefore \frac{V_2}{V_1} = \frac{100-W_1}{100-W_2}$

06 고형분이 45%인 폐기물 10톤을 수분함량 20%로 건조시켰다. 건조된 폐기물의 중량은?

문제풀이

$\frac{V_2}{V_1} = \frac{100-W_1}{100-W_2}$에서, 고형분이 45%인 폐기물의 수분함량은 55%이므로

수분함량 20%로 건조된 폐기물의 중량 : $V_2 = V_1 \times \frac{100-55}{100-20} = 10 \times \frac{45}{80} = 5.6$톤

07 어느 도시의 폐기물 성분 중 안타는 성분이 중량비로 약 60% 차지하였다. 지금 밀도가 400 kg/m^{3}인 폐기물 8 m^{3}가 있을 때 타는 성분 물질의 양은 얼마인가?

문제풀이

$400\ \text{kg/m}^3 \times 8\ \text{m}^3 = 3.2\ \text{t}$

가연성분 = 100 − 60 = 40%이므로 $3.2\ \text{t} \times 0.4 = 1.28\ \text{t}$

08 폐기물을 건조시켜 원래의 수분함량이 50%이었던 것이 20%로 감소하였다. 이 때 전중량은 어떻게 변하는가?

문제풀이

$\frac{V_2}{V_1} = \frac{100-W_1}{100-W_2}$ 에서 $\frac{V_2}{V_1} = \frac{100-50}{100-20} = \frac{50}{80} = 0.625$

∴ 원래의 무게의 62.5%로 감소된다.

09 폐기물의 입도를 분석한 바 입도누적곡선상의 10%, 30%, 60%, 90%의 입경이 각각 1, 5, 10, 20 mm이었다고 한다. 이때 유효입경과 균등계수는 얼마인가?

문제풀이

유효입경 $= d_{10} = 1.0\,\text{mm}$

균등계수 $C_u = d_{60}/d_{10} = 10/1 = 10.0$

곡률계수 $C_g = \frac{{d_{30}}^2}{d_{10} \times d_{60}} = \frac{5^2}{1 \times 10} = 2.5$

10 다음은 어떤 지역에서 발생한 폐기물의 조성을 나타낸 것이다.

성분		함량(wt%)	삼성분 분석		저위발열량 (kcal/kg)	겉보기 밀도 (kg/m^3)
			수분(%)	V.S.(%)		
타는 성분	음식물 폐기물	21.0	75.9	18.2	700	288
	종이류	40.0	11.4	78.5	2,980	82
	플라스틱류	27.0	10.9	77.6	7,260	64
	나무, 천, 기타	2.4	16.7	77.8	3,620	128
안타는 성분	금속류	2.8	-	-	-	240
	유리, 자기	6.8	-	-	-	192
총		100%				

(1) 평균 3성분 분석치는 얼마인가?

(2) 폐기물의 습량기준 저위발열량은 얼마인가?

(3) 겉보기 밀도와 톤당 부피는 얼마인가?

(4) 분리수거로서 종이의 50%, 플라스틱의 40%를 회수하였다면 남은 폐기물의 (1), (2), (3)은 어떻게 변하는가?

(5) 만약 어떤 구의 1인 쓰레기의 발생량을 1.0 kg/인 · 일로 정하면, 분리수거한 후 남은 폐기물의 1일 총량과 용량을 구하시오. 단, 구민의 수는 300,000명이다.

(6) 겉보기 밀도를 900 kg/m^{3}으로 압축할 수 있는 압축차인 20톤 용량의 컨테이너를 이용하여 폐기물 매립지로 수송할 경우 필요한 컨테이너의 대수를 추산하시오.

문제풀이

① 평균치는 가중평균치로 다음과 같다.

$$M_{av} = \sum_{i=1}^{n} (M_i X_i)$$

여기서, M_i : i 성분의 물성(수분, V.S., 저위발열량, 겉보기 밀도)

X_i : i 성분의 중량분율

② 종이 : 플라스틱을 일정량 분리 제거한 후에는 남은 폐기물의 성분별 함량이 달라진다.

성분	분리 전의 양	분리 후의 양	분리 후의 함량(%)
음식물 폐기물	21.0	21.0	30.3
종이류	40.0	20.0	28.9
플라스틱류	27.0	16.2	23.4
나무 기타	2.4	2.4	3.5
금속류	2.8	2.8	4.0
유리, 자기	6.8	6.8	9.8
총 계	100	69.2	100

③ 분리 후에는 무게비로 69.2%만 남으므로

1 kg/인 · 일 × 300,000인 × 0.692 = 207,600kg/일 = 207.6톤/일

폐기물의 평균 밀도를 200 kg/m^{3}라 가정하면,

$$\frac{207{,}600\,\text{kg/일}}{200\,\text{kg/m}^3} = 1038\,\text{m}^3/\text{일}$$

④ 1일 총 발생량은 207.6 톤이다.

$$\frac{207.6\text{톤}}{20\text{톤}} = 10.38 \qquad \frac{10.38}{0.9} = 11.5$$

∴ 1일 12대의 컨테이너가 필요하다.

▶ MEMO ◀

Chapter 03

폐기물 수거

3.1 폐기물 수거 체계

3.1.1 분리수거 체계

1995년부터 전국적으로 시행되고 있는 쓰레기 수수료 종량제[6]에 의해 현재 우리나라의 폐기물 수거체계는 전국적으로 유사하게 운영되고 있다.

쓰레기 수수료 종량제는 생활폐기물의 수집·운반·처리에 소요되는 수수료를 배출자 부담원칙을 적용하여 징수하는 제도로서 생활폐기물 관리지역에 적용되며, 적용대상 폐기물은 생활폐기물과 사업장 일반폐기물 중 생활폐기물과 성질과 상태가 비슷하여 생활폐기물의 기준 및 방법으로 수집, 운반, 보관, 처리가 가능한 폐기물이다.

재활용 가능자원은 환경부의 「재활용가능자원의 분리수거 등에 관한 지침」을 적용받아 분리수거 방식으로 별도로 배출되며, 음식물류 폐기물에 대하여는 환경부에서 발표한 「음식물류 폐기물 분류기준」(가이드라인)에 근거하여 지자체별 사정에 따라 일부 조정하여 별도의 체계로 분리배출되고 있다.

가정에서 발생된 연탄재는 무상 배출하되 지정된 정기 수거일에 지정된 장소에 배출하며, 종량제 봉투에 담기 어려운 폐기물은 대형폐기물로 분류하여 배출 스티커를 구입·부착 후 배출한다.

대형폐기물은 가정 또는 사업장 등에서 배출되는 가구, 가전제품, 생활용품, 사무용 기자재, 냉·난방기 등 개별계량과 품명식별이 가능한 폐기물과 종량제 봉투에 담기 어려운 폐기물로서 자치단체의 장이 정하는 폐기물을 말한다. 대형폐기물은 읍·면·동사무소에 전

6) 쓰레기 수수료 종량제 시행지침, 환경부, 2019.4 참조

화 또는 구술에 의해 배출인의 주소, 성명, 배출일자, 배출폐기물명, 수량, 크기 등을 신고하고 배출스티커를 구입하면, 수거전담반 직원이 배출원을 방문하여 배출스티커가 부착된 폐기물을 수거하는 형태이다.

이상을 요약하여 도식화하면 <그림 3-1>과 같고, 이중 재활용 가능자원을 보다 구체적으로 나타내면 <표 3-1>과 같다.

생활폐기물	재활용 가능자원	음식물류 폐기물
• 종량제 봉투 • 대형폐기물 (배출스티커 부착) • 연탄재(무상배출)	• 생산자 재활용 의무 대상 포장재/제품 • 기타 재활용 가능자원	• 전용수거용기 • 전용봉투

그림 3-1 우리나라의 생활폐기물 수거 체계

표 3-1 분리수거대상 재활용 가능자원의 종류

분류	세 부 항 목
생산자 재활용의무 대상 포장재	종이팩, 유리병, 금속캔, 합성수지류,
생산자 재활용의무 대상 제품	전지류, 타이어, 윤활유, 전자제품, 형광등
기타 재활용가능자원	종이류, 고철류, 의류 및 원단류, 영농폐기물류(농약용기, 농촌폐비닐), 소형가전제품 및 이차전지류, 자동차 부품(폐납산배터리), 식용유

※자료출처 : 재활용가능자원의 분리수거 등에 관한 지침, 환경부, 2018.8

3.1.2 수거작업

쓰레기 종량제 봉투에 배출되는 생활폐기물의 경우 밀도가 낮으며, 특히 2005년부터 음식물류 폐기물의 직매립 금지로 음식물류 폐기물이 별도로 배출되면서 종이류와 비닐류가 주된 생활폐기물의 성분이 됨에 따라 생활폐기물의 밀도는 150 kg/m^3 이하의 값을 보이고 있다. 따라서 생활폐기물의 수거는 압축 폐기물 수거차량에 의해 수거시 압축함으로써 폐기물의 밀도를 높여 한 번에 보다 많은 양의 폐기물 수거가 가능하도록 하고 있으며, 종량제 봉투가 들어있는 수거용기도 폐기물 수거차량에 기계식으로 들어 올려 인력의 투입을 최소화하는 추세이다.

음식물류 폐기물의 경우 별도의 수거차량에 의해 전용 수거용기를 기계식으로 적재하고 있다.

(a) 음식물류 폐기물 수거용기 및 차량 (b) 생활폐기물 수거용기 및 차량

그림 3-2 폐기물 수거용기 및 수거차량

예제 1

폐기물 10톤을 치우는 데 6명의 인부가 5시간 걸렸다. 이때의 톤당 man · hour는 얼마인가?

6 man × 5 hour/10 ton

= 30 man · hour/10 ton

= 3 man · hour/ton (MHT)

∴ 톤당 소요되는 노동력은 3 man · hour이다.

3.2 폐기물 관로수송 방식

3.2.1 개요

"쓰레기 자동집하시설" 혹은 최근에는 "자동 크린넷"으로 불리는 폐기물 관로수송 시스템은 관로 속의 공기를 이용하여 폐기물을 발생원으로부터 중간집하장으로 운반하는 수거 시스템으로서 종래의 인력과 차량에 의한 폐기물 수거방식을 송풍기와 폐기물 수송 관로로 대신하는 수거시스템이다.

1967년 세계 최초로 스톡홀름 교외의 선드비베르크에 600호 규모의 관로수송시스템이 완성되었으며, 이후 미국의 Trans Vac사와 일본이 1970년 말부터 연구개발 및 도입을 개시하여, 미국에서는 병원과 호텔에 도입되었고 일본에서는 신도시에 도입되기 시작하였으며, 우리나라에서는 단지형으로 1996년 용인 수지 2지구에 최초로 적용된 후 2005년부터 신도시 개발사업에 적극적으로 적용되어 송도신도시, 은평뉴타운, 용인흥덕지구, 파주운정지구, 인천청라지구 등에 적용되었다.

(1) 원리

폐기물 관로수송시스템은 투입구에 버려진 폐기물을 중앙집중 제어시스템의 통제에 의해 지하에 매설된 관로에 흐르는 공기와 함께 중앙 집하장에 운반하여 최종처리시설까지 수송할 수 있도록 컨테이너에 적재할 수 있는 시스템이다.

(2) 수송방식

수송방식은 중앙 집하장이 존재하는 고정식과 집하장 기능이 있는 진공압축차를 이용하는 이동식이 있다.

(3) 적용범위

- 유효흡입거리 : 일반폐기물 2 km 이내, 음식물류 폐기물 1 km 이내
- 최대적용면적 : 약 200만 m^2
- 수용적용세대 : 약 1만 세대 내외

(4) 장단점

폐기물 수거·운반에 있어 기존의 인력 및 차량수거 시스템에 비해 관로수송시스템의 장단점은 <표 3-3>과 같다.

(5) 주요시설의 구성 및 특징

주요시설의 구성 및 특징은 <표 3-4>에 나타낸 바와 같다.

옥외형 원형 투입구

불연성 폐기물 저장조

그림 3-3 폐기물 관로 수송 시스템에서의 투입구 및 집하장 저장조의 예

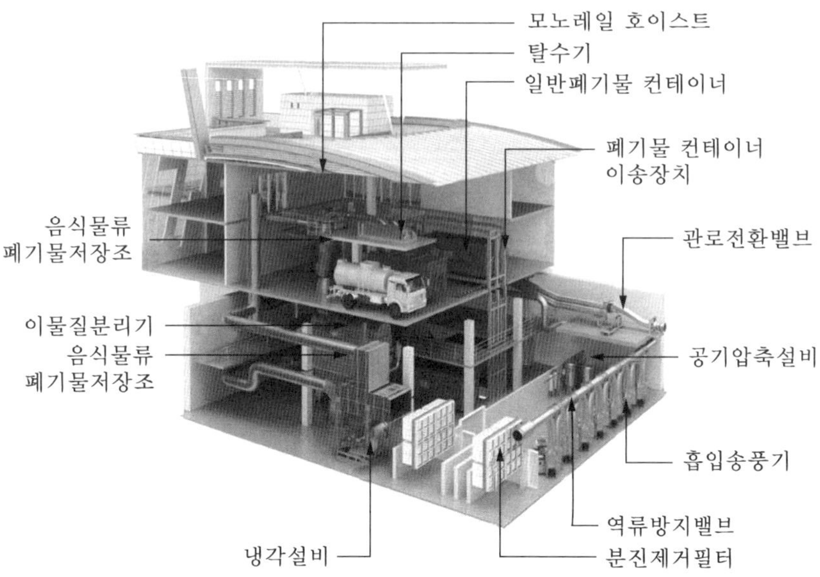

그림 3-4 폐기물 관로 수송 시스템에서의 폐기물 집하센터의 예

표 3-2 폐기물 크기와 구경 및 최대수송거리 예

관로 구경(A)	150	200	250	300	400	500	600
관로 외경(mm)	165.2	216.5	267.4	318.5	406.4	508.0	609.6
폐기물 크기(cm)	8～10	10～14	13～16	15～20	20～24	25～30	30～35
최대 수송거리(km)	0.6	0.8	1.0	1.5	2.0	2.5	2.8

표 3-3 폐기물 관로수송시스템의 장・단점

구분	내 용
장점	① 관로에 의한 계 전체가 부압이기 때문에 대상 폐기물이 외계와 차단되어 있어 무공해형 수송수단인 동시에, 투입시에도 특별한 공급 장치가 필요하지 않고 외계의 영향도 거의 받지 않기 때문에 전천후형 방식이다. ② 관로를 수송경로로 할 경우에 운전의 자동화 및 에너지 절감이 가능하다. ③ 다점의 배출점에서 1점으로의 집중수송에 적합하기 때문에 폐기물 수집, 수송에 적합하다. ④ 배출원이 증가할 경우에도 송풍기 등 수집센타측의 설비는 그대로 두고 수송관로와 밸브의 증설만으로 가능하다.
단점	① 관로부설을 위한 초기 설비투자가 크고, 특히 기존 시가지에 도입할 경우에 약 30% 이상의 비용이 추가되어 경제적 부담이 된다. ② 일단 건설된 관로의 경로변경과 연장에 어려움이 있어 종래의 차량수송방식에 비해 유연성이 작으며, 수송량도 설계치에 적합한 양을 주지 않으면 효율이 저하된다. ③ 본질적으로 연속 수송장치이고 대용량 수송에 유리하나 진공식 관로수송에 이용되고 있는 부압에는 한계가 있기 때문에 장거리 수송에는 부적합하다.

표 3-4 폐기물 관로수송시스템의 구성 및 특징

구분		내 용
투입시설	공기흡입구	각 폐기물 수송관로 분기관 끝에 위치하며 집하장의 기계실에 있는 송풍기에 의해 생성된 공기압력으로 폐기물 운반용 공기를 운반관로 속으로 불어 넣음
	투입구	실내, 실외에 설치하여 발생 폐기물 투입
	슈트	투입된 폐기물이 임시 저장됨(약 6～12시간) 이송시 Flap 밸브가 열림
수송관로		배출밸브를 통과한 폐기물을 집하장내의 원심분리기까지 이송하는 관로 재질 : 강관, 최대 흡인 거리 : 2000 m, 관경 : 400～600 mm 관내 공기속도 및 압력 : 15～25 m/sec, 20～30 kPa
집하장		관로를 통해 운반된 폐기물을 분리하는 원심분리기, 송풍기, 악취제어장치 및 중앙제어반 등의 대부분의 장치가 있음

(6) 시스템의 작동 원리(고정식)

고정식 폐기물 관로수송시스템의 작동원리는 <표 3-5>와 같다.

표 3-5 폐기물 관로수송시스템의 작동원리

	내 용
작동원리	① 공기배출송풍기가 작동하여 운반관로망 내를 정적인 부분진공 상태가 되도록 하며 동시에 압축기, 분리기가 가동되며 밸브를 작동하기 위한 공기압축기가 작동을 시작하여 밸브에 압축공기를 보낸다. ② 중앙제어반에서 처리대상 공기흡입밸브가 열리도록 명령을 보낸다. 밸브가 열리면 확인 신호가 중앙제어반에 되돌아온다. 공기배출기 송풍기는 첫 공기흡입밸브가 연결된 폐기물 운반관로망 부위에 강력한 공기류를 형성한다. 공기속도는 대개 15～22 m/sec 사이에서 변화하며, 부분진공은 1,500～2,500 mmAq이다. ③ 운반관로 내 최초의 공기속도가 자리잡는 것이 감지되면 중앙제어반에서는 첫 번째 폐기물 배출밸브에 명령을 보낸다. 밸브가 열리면 쌓여있던 폐기물이 중력과 흡인력에 의해 운반관로에 떨어지고 집하장까지 공기에 의해 운반된다. 종이, 플라스틱류 등 가벼운 폐기물은 공기류와 대등한 속도로 운반되나 무거운 폐기물의 운반속도는 마찰저항 때문에 느리다. ④ 7초 정도 시간이 지나면 첫 밸브 위에 쌓였던 모든 폐기물이 배출되고 밸브가 닫힌다. ⑤ 폐기물이 집하장에 다다르면 폐기물분리기에서 공기와 폐기물이 분리된다. 분리기로부터 중력에 의해 폐기물은 압축기의 투입깔때기에 떨어지고 컨테이너 속에 끌려가 압축된다. ⑥ 잠시 후 같은 분기관로에 있는 두 번째 폐기물 배출밸브가 열리도록 명령을 받아 동일한 작동이 반복된다. ⑦ 분기관로에 위치한 모든 배출밸브가 배출을 완료한 후 공기흡입밸브가 닫힌다. ⑧ 시스템 내 모든 분기관의 배출밸브로부터 폐기물 수집이 완료될 때까지 동일한 작동이 반복된다. ⑨ 컨테이너가 채워지고 있는 것을 압축기가 탐지하면 컨테이너에 폐기물을 최대한 압축하며, 컨테이너가 가득 차면 수거공정이 잠시 중단되고 컨테이너 조작시스템은 컨테이너 교체 명령을 받고 빈 컨테이너로 교체하면 폐기물 수거공정이 재개된다. 폐기물 컨테이너는 폐기물처리장까지 트럭에 실려 운반된다.

(7) 시스템의 형식

폐기물 관로수송시스템의 종류는 집하장의 유무에 따라 고정식과 이동식이 있으며, 두 종류가 1개의 단지 내에 혼합된 병용식이 있다. 각각의 개념도는 <그림 3-5>와 같다.

또한 투입시설의 위치에 따라 옥내형과 옥외형이 있으며, 옥내형은 주상복합건물과 같은 대규모 건물에, 옥외형은 신도시와 같은 단지형에 주로 적용되고 있는 시스템이다.

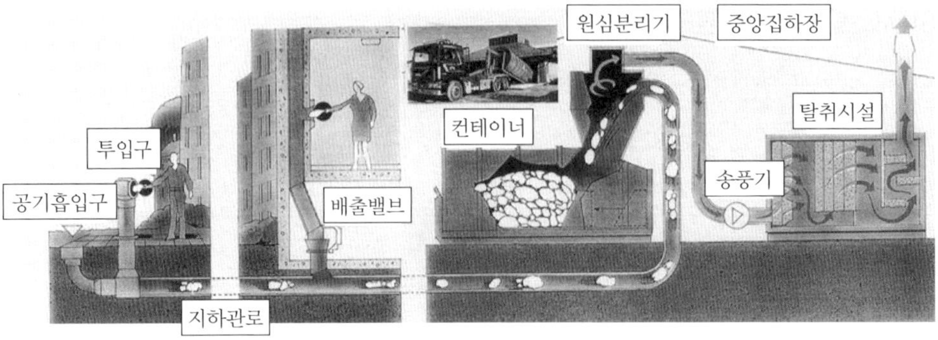

고정식 : 공동주택 등의 단지형에 가장 효율적

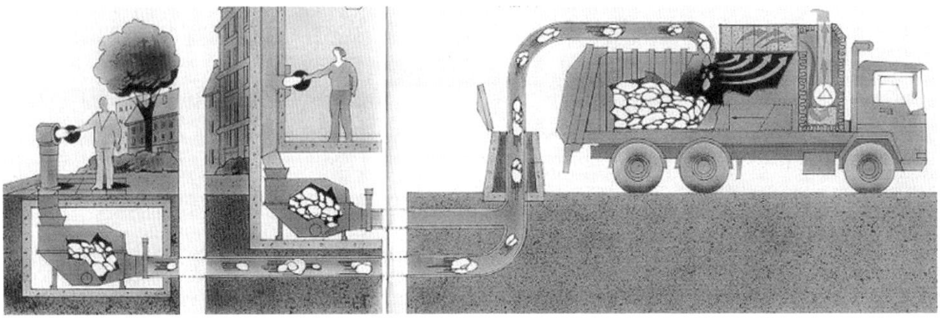

이동식 : 규모가 작은 재개발지구 또는 고급형 단독주택단지 등에 효율적

고정식 및 이동식 병용 : 복합단지에 효율적

그림 3-5 폐기물 집하장 유무에 따른 관로수송시스템의 형식 비교

표 3-6 폐기물 자동집하시설 투입금지물

구 분	세 부 항 목
대형폐기물(소정크기 이상의 물건)	책상, 의자, 옷장, 침대, 망창, 이불류, 가전제품, 응접셋트, 경대, 융단, 매트리스, 목욕통, 바켓, 대야 등
화재, 폭발의 위험이 있는 물건	살충제통, 연료통, 유류, 연료, 가스통 등
특별히 무거운 것	오니, 돌, 금속덩어리
점착성이 있는 것	접착제 등
특별히 신축성이 강하여 투입구부에 퍼져 막힐 가능성이 있는 것	대형 스티로폼류
악취가 심한 것	다량의 동물의 분뇨, 사체 등
산/알칼리류와 농약, 화학약품 등의 위험물	
산업폐기물	
기타 부적합한 물건	

표 3-7 폐기물 관로수송 시스템의 국내 적용 사례(2007년 말 현재)

적 용 지 구	연도	용량	비고
용인수지2지구	1995	14,000세대	가동 중
과천시 3,11단지	2005	3,082세대	공사 중
송도신도시 2공구	2005	7,900세대	가동 중
은평뉴타운	2006	15,200세대	공사 중
용인흥덕	2006	11,000세대	공사 중
서울 가재울 뉴타운	2006	8,539세대	공사 중
파주 운정지구	2007	46,054세대	공사 중
김포양곡・마송 택지개발지구	2007	11,126세대	공사 중
성남판교지구	2007	29,000세대	공사 중
소래논현	2007	12,000세대	공사 중
인천 청라 지구	2007	31,035세대	공사 중
송도신도시 4공구	2007	1,778세대	공사 중
송도신도시 1공구	2007	1,778세대	공사 중
고양식사지구	2008	7,000세대	계획 중
고양덕이지구	2008	5,000세대	계획 중
행정중심복합도시	2008	약 50만명	계획 중
송도신도시 3공구	2008	-	계획 중
남양주 별내	2008	-	계획 중

(8) 투입금지물

폐기물 관로수송시스템에는 폐기물의 수거체계에 적합한 폐기물 종류만 선택적으로 투입하여야 한다. <표 3-6>의 투입금지물은 폐기물 수송관로를 막히게 하거나 기능을 현저히 저하시키는 등 문제를 야기할 수 있으므로 투입하여서는 안 된다.

3.2.2 국내 적용사례

폐기물 관로수거 시스템의 국내 적용은 2005년 이후부터 신도시 개발시 도시기반시설로 적극적으로 도입되고 있는 실정이다. 하지만, 2010년 12월에 개정된 환경부의 '쓰레기수수료 종량제 시행지침'에서는 신규로 자동집하시설을 설치하는 경우에는 음식물류 폐기물 배출을 위한 별도의 수집 · 운반관로를 설치하도록 규정함에 따라 이중 관로 설치시에는 공사비의 증가가 예상된다. 단, 음식물류 폐기물 회수율(고형물 기준 90%)을 준수하고, 분리배출된 음식물류 폐기물이 재활용되도록 재활용 연계시스템이 구축된 경우로서 해당 지자체에서 전문가 회의를 거쳐 기술수준 및 재활용 가능여부 등에 대한 검증이 이루어진 경우에는 별도의 수집 · 운반관로를 설치하지 아니할 수 있다.

3.3 적환장

3.3.1 적환장의 필요성

적환장(Transfer station)은 중 · 소형의 수집차량에서 수거된 폐기물을 큰 차량으로 옮겨 싣고 장거리 수송을 할 경우에 필요한 시설이다. 적환장은 보통 다음과 같은 경우에 설치된다.

① 처분지가 수집장소로부터 16 km (10 mile) 이상 멀리 떨어져 있을 때
② 작은 용량의 수집차량(15 m^3 이하)을 사용할 때
③ 불법투기와 다량의 어질러진 폐기물들이 발생할 때
④ 저밀도 거주지역이 존재할 때
⑤ 상업지역에서 폐기물 수집에 소형용기를 많이 사용할 때
⑥ 슬러지 수송이나 관로수송 방식을 사용할 때

등이다.

장거리 수송일 경우에는 <그림 3-6>에서와 같이 고정컨테이너(압축차) 시스템이 견인용

컨테이너보다 경제적이며, 또한 중계처리장을 만들어 대형컨테이너를 이용하는 것이 보다 경제적이라는 것을 알 수 있다. 이때 적환장은 소형차량에서 대형차량으로 이송하거나 이를 분리 압축하여 효율적인 수송을 촉진시키는 데 이용된다.

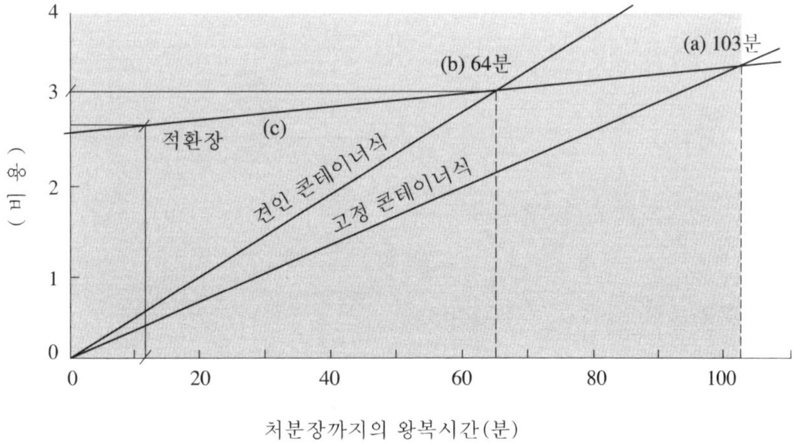

(a) 고정 콘테이너식의 손익분기점
(b) 견인 콘테이너식의 손익분기점
(c) 적환장의 운용비

그림 3-6 폐기물 수송거리별 수송수단의 경제성 비교의 예

3.3.2 적환장의 형식

소형 수송차량에서 대형 수송차량으로 적재하는 데 사용하는 방법에 따라 ① 직접 투하방식 ② 저장 투하방식 ③ 직접과 저장의 결합방식이 있다. 이들의 모식도를 <그림 3-7>에 보였다.

(1) 직접 투하(direct discharge)방식

직접 투하 방식은 소형차에서 대형차로 직접 투하하여 싣는 방법으로 주택가와 거리가 먼 교외지역에 설치 가능한 적환장 방식이다. 이는 노천형으로 하거나 위에 지붕을 한 경우도 있다. 이 중계처리장은 건설비나 운영비가 적어 소도시에서 택하기 쉬운 장점은 있으나 압축이 되지 않는 단점이 있다. 수거차가 대형차에 어느 정도 상차한 이후에는 포집기(clamshell)와 같은 기계식 상차장치 대신 미화원이 직접 상차작업을 끝낸다. 또 다른 직접 투하방식으로 고정압축차(stationary compactor)가 있다. 이것은 폐기물 중 부피가 작은 것을 3개의 투입구 중 B, C 투입구로 투입하여 아래층에 설치된 고정압축차로 컨테이너 트레일러에 압축상차하고 별도로 상부개방형 컨테이너 트레일러에 싣게 된다.

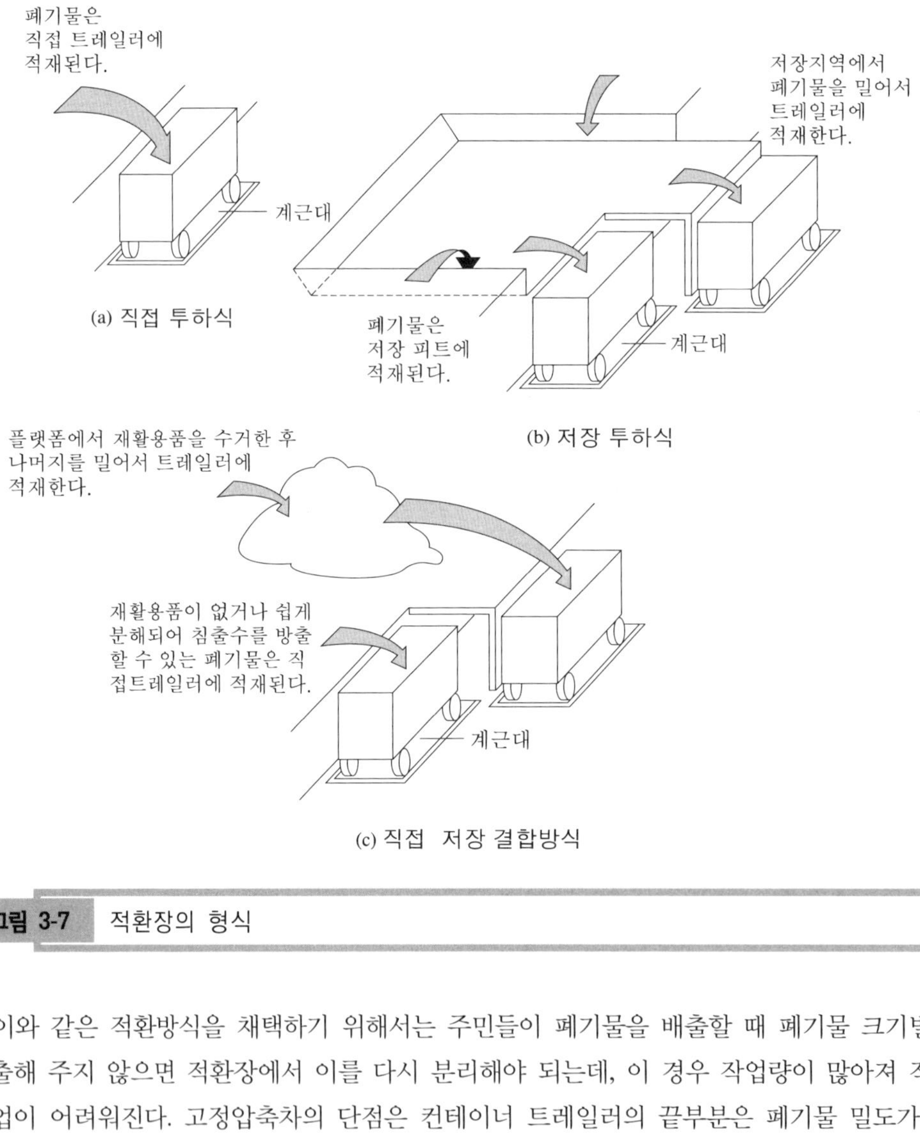

그림 3-7 적환장의 형식

이와 같은 적환방식을 채택하기 위해서는 주민들이 폐기물을 배출할 때 폐기물 크기별로 배출해 주지 않으면 적환장에서 이를 다시 분리해야 되는데, 이 경우 작업량이 많아져 적환작업이 어려워진다. 고정압축차의 단점은 컨테이너 트레일러의 끝부분은 폐기물 밀도가 높고 앞부분은 상대적으로 낮아 차하중이 불균형하다는 것인데, 심한 경우는 끝부분이 파열되어 컨테이너 트레일러의 잦은 수리를 요한다. 직접 투하방식보다 적환횟수는 다소 줄일 수 있지만 작업이 어려워 소도시 등 기능인력이 부족한 경우는 채택하기 어렵다.

(2) 저장 투하(storage discharge)방식

저장 투하 방식은 폐기물을 저장피트에 저장한 후 불도저－압축기로 적환하는 방식으로 대도시의 대용량 폐기물에 적합하다. 수거차에 의하여 수거된 폐기물은 계근대를 거쳐 적환 건물 내로 들어오고 건물 내의 투하 가능한 지점에서 폐기물을 내려놓고 다시 수거작업을 행한다. 투하가능 지점은 수거차량이 20분 이상을 기다리지 않게 충분히 확보한다. 폐기물 저장피트는 보통 2～5 m의 깊이로 되어 있으며 계획 처리량의 0.5～2일분의 폐기물을 저장할 수 있는 저장능력을 갖춘다.

이 방식은 직접 투하방식에 비하여 수거차의 대기시간이 없이 빠른 시간 내에 적하를 마치므로 적환장 내외의 교통체증 현상을 없애주는 효과가 있다. 일단 폐기물 저장피트에 저장된 폐기물은 불도저에 의해 상부개방형 컨테이너 트레일러에 상차되며, 상차 종료시에는 크레인으로 폐기물을 골라주고 작업을 끝낸다. 불도저로 상부개방형 컨테이너 트레일러에 폐기물을 상차하는 방식에서, 사전 압축한 후 컨테이너 트레일러에 폐기물을 상차하는 예비압축기(preload compactor)가 개발되어 미국의 서부와 캐나다에서 사용되고 있다. 이 방식은 폐기물을 압축실에서 압축하고, 컨테이너 내부에 쉽게 들어갈 수 있도록 10 m × 2.1 m × 2.1 m의 크기로 하는 것이다. 기능을 보면 폐기물 저장피트 내의 폐기물을 불도저로 투입구에 밀어 넣으면 압축기의 압축피스톤(ram)이 폐기물을 압축시키고 후퇴한다. 이것을 몇 번 반복하여 압축행정에 따라 압축되어 전자장치에 미리 입력된 압력(1,500 psi)에까지 도달되면 한 사이클이 끝나 압축피스톤은 자동적으로 되돌아간다.

이와 같이 완성된 폐기물 더미는 압축피스톤에 의하여 컨테이너 내부로 상차된다. 보통 25톤 압축폐기물 한 개 더미를 압축하여 컨테이너에 상차하기까지는 12분 정도 걸린다. 일반 압축기나 압출기와는 달리 특수 열처리된 고 내마모성 특수강 재질의 폐기물 절단기(shear knife)가 설치되어 있어 가구형 폐기물과 같은 대형 폐기물도 절단 압축이 가능하므로 분리형 소형폐기물과 중대형 폐기물을 분리수거 하지 않아도 압축처리가 가능한 압축기라 할 수 있다.

미국 등지에서는 수송거리가 멀고 매립지 확보가 어려우며, 바람이 심하게 불어 흩날리거나 까마귀 등 날짐승의 번식 등으로 매립장의 위생적인 관리가 곤란하게 되어 폐기물을 압축한 후 이 폐기물 더미를 철끈으로 묶어 매립하는 경우가 있다. 이를 압축결속(baling)시스템이라고 부르며 이 장치를 압축결속기(baler)라 한다. 여러 가지 크기로 폐기물 더미를 만들 수 있는데, 보통 1 m × 1 m × 1.2 m 크기로 1～1.2톤 정도의 무게를 가진다. 이 방법은 매립지에서 별도의 압축기 없이 지게차에 의한 매립방식을 사용할 수 있으며, 토지 이용도 다른 방식에 비해 양호하다. 특히 매립방법이 단순하며 분진 발생이 적다. 그러나 폐기물 함수율이 60%가 넘어서면 침출수 발생문제가 뒤따르고 폐기물을 차량에 상차할 때 폐기물이 노출되어 주택가에 근접된 적환장 장비로서는 좋은 방식이라 할 수 없다.

그림 3-8 폐기물 임시보관 목적의 baling system의 예

(3) 직접 · 저장(direct and storage) 투하 결합방식

직접 · 저장 투하 결합방식은 직접 상차하는 방식과 폐기물을 저장 후 적환하는 방식 두 가지 모두를 한 적환장 내에 설치 운영하는 방식이다. 부패성 폐기물은 계근대를 거쳐 곧바로 직접 상차 투입구로, 재활용품이 많이 포함된 폐기물은 계근대를 거쳐 별도로 마련된 투하지점에 폐기물을 하차하게 되면 재활용품을 선별한 뒤 불도저나 포집기(clamshell)로 컨테이너 트레일러에 상차하여 매립지로 수송하는 방식이다. 이는 재활용품의 회수율을 증대시키기 위한 방식이라고 할 수 있다.

3.3.3 적환장 용량

적환장 용량은 수집차량의 폐기물 적하시 지체시간이 작도록 설계되어야 한다. 용량 산출에는 보통 경제적 절충분석(economic trade-off analysis)이 행해진다. 즉, 적하하려고 기다리는 수집차량이 보낸 시간에 대한 연간 경비와 더 큰 적환장을 사용하거나 적환장비를 사용할 때의 연간 증가비용 사이에서 적절한 절충이 이루어져야 한다.

또한 수송비(수송장비, 노동경비)의 증가 때문에 적환장의 용적과 수송비 사이에도 적절한 절충이 이루어져야 한다. 적환장의 용적을 늘리고 작업시간을 늘려서 수송차량을 줄이는 것이 작은 적환장과 더 많은 수송차량을 구입하는 것보다 효과적일 수 있다.

적환장의 용적은 수송차량에 짐을 적재하는 보조장비의 유형에 의해서도 달라진다. 통상 적환장의 저장용량은 2일간의 폐기물 발생량을 초과하지 않도록 한다.

3.3.4 적환장 설계 · 운영에서의 청결성 지향

적환장은 적절한 건축과 운용으로 악취발생을 최소화하여야 한다. 보통 적환장은 밀폐된 구조로 되어 있으며 청결하게 유지 · 관리하도록 설계된다. 그리고 방화재 건축이 요구되며, 직접 배출식 적하시 종이가 날리지 않도록 방충망을 설치해야 한다. 기타 흘려진 폐기물은 바로 수거하고, 1～2시간 이상 체류하지 못하도록 해야 하며, 청결상태를 주기적으로 점검해야 한다.

3.3.5 적환장의 위치결정

적환장의 위치는 다음과 같은 곳에 자리 잡아야 한다.

① 수거해야 할 폐기물 발생지역의 무게 중심에 가까운 곳
② 쉽게 간선도로에 연결될 수 있고, 2차 보조 수송수단에의 연결이 쉬운 곳
③ 적환장의 운용에 있어서 공중의 반대가 적고 환경 영향이 최소인 곳
④ 건설과 운용이 가장 경제적인 곳

만약 적환장이 물질회수, 소각 등의 중간처리시설로 활용될 경우에는 이들 조작에 요구되는 모든 사항에 부합되어야 한다.

3.4 청소상태의 평가법

폐기물을 수거하는 작업, 즉 청소작업이 끝나면 이에 대한 상태를 평가하는 방법이 있다. 이러한 방법에는 가로의 청소상태를 기준으로 하는 지역사회 효과지수(CEI, Community Effects Index)와 서비스를 받는 사람들의 만족도를 설문조사하여 계산되는 사용자 만족도 지수(User Satisfaction Index)가 있다.

3.4.1 지역사회 효과지수(CEI)

지역사회 효과지수는 다음 식으로 계산된다.

$$\text{CEI} = \frac{\sum_{i=1}^{N}(S-P)_i}{N}$$

여기서, N : 가로의 총수

S : 가로의 청결상태, 0～100점

P : 가로 청소상태의 문제점 여부, 1개에 10점씩 계산한다.

S의 Scale은 1～4로 정하여 각각 100, 75, 50, 25, 0점으로 한다.

① 100점인 경우 : 아주 깨끗하고, 버려진 쓰레기가 보이지 않는 경우
② 75점의 경우 : 수거를 위한 것이 아닌 쓰레기가 한 곳에 버려져 있는 경우
③ 50점의 경우 : 대체로 쓰레기가 거리에 보이고, 또한 모아 놓은 것도 보이는 경우
④ 25점의 경우 : 약 60 L 이상의 쓰레기가 흩어져 있는 경우

그리고 다음과 같은 문제점이 관찰되는 경우에는 10점씩 감한다.

① 공한지에 쓰레기가 버려져 있는 경우
② 건강에 위해를 미치는 경우
③ 화재유발이 가능한 경우
④ 수거 1일 이전, 혹은 1일 이후에 쓰레기통이 도로상에 나와 있는 경우
⑤ 자동차와 같은 큰 폐기물이 버려져 있는 경우
⑥ 채워진 쓰레기통이나 빈 쓰레기통이 너무 오래 방치될 때
⑦ 쓰레기통이 넘칠 때
⑧ 빗자루 더미가 존재할 때

3.4.2 사용자 만족도 지수(USI)

사용자 만족도 지수는 다음 식으로 계산된다.

$$\text{USI} = \frac{\sum_{i=1}^{N} R_i}{N}$$

여기서, N : 총 설문회답자 수

R : 설문지 점수의 합계

설문지의 문항은 6개로 구성되어 있으며 총점은 100점이다. 6개 문항은 다음과 같다.

(1) 당신의 주변은 어느 정도 깨끗합니까? (30점)
  ① 깨끗하다(30) ② 어느 정도 깨끗하다(20) ③ 어느 정도 더럽다(10) ④ 더럽다(0)
(2) 쓰레기의 수집 서비스를 어떻다고 평가하십니까? (30점)
  ① 매우 좋다(30) ② 좋다(20) ③ 괜찮다(10) ④ 나쁘다(0)
(3) 쓰레기를 어느 정도 자주 치웁니까? (10점)
  ① 별로(10) ② 자주(0)
(4) 수집시 소음이 있습니까? (10점)
  ① 예(10) ② 아니오(0)
(5) 수집시 쓰레기를 흘립니까? (10점)
  ① 예(10) ② 아니오(0)
(6) 수집시 먼지나 악취가 심하게 납니까? (10점)
  ① 예(10) ② 아니오(0)

지역사회 효과지수(CEI)와 사용자 만족도지수(USI)의 관계를 참고적으로 나타내면 <그림 3-9>와 같으며, 80점 이상의 경우는 청소상태가 아주 양호한(Excellent) 상태, 60점 이상은 좋은(Good) 상태, 40점 이상은 보통인(Fair) 상태, 20점 이상은 불량한(Poor) 상태, 20점 이하는 아주 불량한(Unacceptable) 상태를 나타낸다.

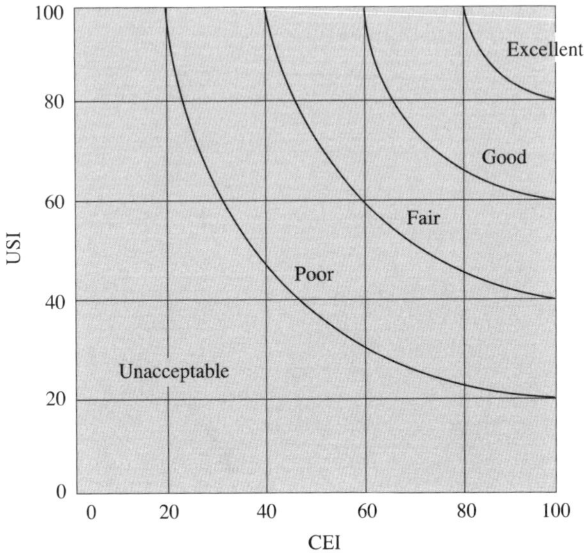

그림 3-9 CEI와 USI의 관계

▶ MEMO ◀

Chapter 04

폐기물의 기계적 처리

4.1 압축

폐기물 중간 처리 기술로서의 압축은 부피감소가 주된 목적이며, 이를 통해 폐기물의 수송비용을 절감하고 매립장의 수명을 연장시키는 효과를 얻는다.

압축에 의해 부피를 1/10까지 감소시킬 수 있으며 수분이 빠지므로 중량도 감소시킬 수 있다. 중량감소는 폐기물의 수분함량에 따라서 다른데, 일반적으로 비에 젖은 폐기물은 35%, 보통의 폐기물은 1～3% 감소하며, 마른 폐기물은 압축해도 중량이 감소하지 않는다.

일반적으로 압축 장치는 압력의 강도에 따라서 다음과 같이 분류된다.

① 저압력 압축기(low pressure compactor) : 700 kN/m^2 (7기압) 이하

② 고압력 압축기(high pressure compactor) : 700～35,000 kN/m^2

캔이나 병류가 파쇄될 수 있는 압력은 240 kN/m^2 미만으로서 저압력 압축기로 파쇄됨을 알 수 있다. 고압력 압축기에 의하면 폐기물의 밀도를 1,600 kg/m^3까지 압축시킬 수 있다. 그러나 경제적인 압축밀도는 통상 물의 밀도인 1,000 kg/m^3 정도가 된다.

폐기물의 구조는 공기로 채워진 빈 공간(공극, voids)을 가진 입자들의 집합체로 볼 수 있다. 이러한 빈 공간들은 수분이 흡수되어도 크고 많은 입자들이 흡수제(absorbent)로 작용하므로 빈 공간까지 채우기는 어렵다. 폐기물의 총부피는 고형물(solids)과 공극(voids)들로 구성되어 있다. 이를 식으로 나타내면 다음과 같다.

$$V_m = V_s + V_v$$

여기서, V_m : 물질의 부피

V_s : 고형물의 부피(수분 포함)

V_v : 빈 공간의 부피

공극비(void ratio) e는 다음과 같이 정의된다.

$$e = \frac{V_v}{V_s}$$

공극율(porosity) n은 다음과 같이 정의된다.

$$n = \frac{V_v}{V_m}$$

물질의 전체 무게는 고형물과 수분의 합계이며 다음과 같이 표시된다.

젖은 밀도(wet density)는 다음과 같이 정의된다.

$$\rho_w = \frac{W_m}{V_m}$$

건조 밀도(dry density)는 다음과 같이 정의된다. 압축에서 자주 사용되는 것은 건조밀도이다.

$$\rho_d = \frac{W_s}{V_m}$$

여기서, W_m : 물질의 무게(수분 포함)

W_s : 고형물의 건조무게

폐기물을 압축시키면 밀도가 증가한다. 빈병이나 캔류와 같이 속이 빈 것들은 부서지거나 찌그러진다. 예를 들어, 캔류는 69～207 N/m^2 (10～30 psi)의 압력에서 찌그러지고, 빈 병은 34～241N/m^2 (5～35 psi)의 압력에서 부서진다. 어떤 물질은 압축되어도 불어나지 않지만 보통은 압축 후 시간이 경과하면 불어난다. 한 연구에 의하면 정상적인 압축 압력 사용시 압축 후 수 초가 경과하면 20%가 불어나고, 수 분이 지나면 50%가 불어난다고 한다.

4.1.1 압축기

압축기 형태는 다음 4가지로 구별할 수 있다.

(1) 고정식 압축기(Stationary compactors)

고정압축기는 주로 유압에 의해 압축시키고 압축의 방법에 따라 수평식 압축기(horizontal compactor), 수직식 압축기(vertical compactor)로 나눌 수 있다. 폐기물은 호퍼(hopper)로 투입시키며 수동식, 반자동식, 자동식 등으로 운전이 가능한 압축 피스톤(ram)은 <그림 4-1> 에서와 같이 강철로 된 적재함으로 폐기물을 밀어 넣는다. 폐기물이 적재함에 완전히 채워지면 압축피스톤은 후진하고 다시 폐기물을 넣고 압축을 하는 반복동작을 실시한다.

A : 전체구조

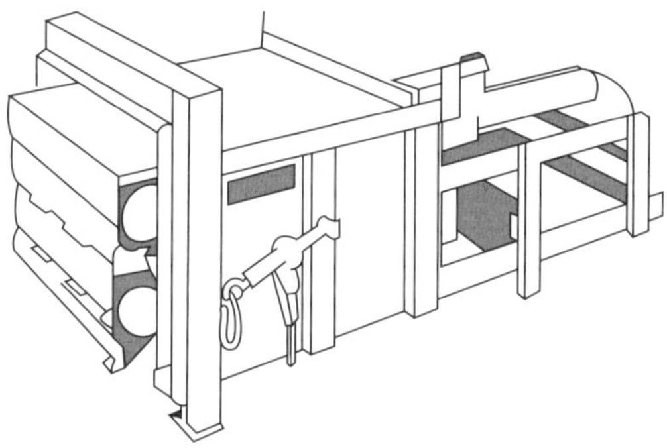

B : 작동과정

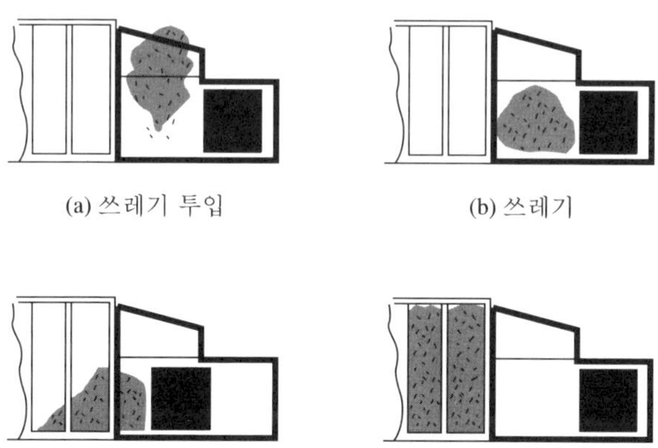

그림 4-1 고정식 압축기의 형태

(2) 백 압축기(bag compactors)

백 압축기는 수동식과 자동식, 수평식과 수직식, 다단식과 1단식(multi type or single type), 연속식과 회분식(Continuous type or batch type) 등으로 구분할 수 있다. 여기서 회분식(batch type)이란 투입량을 일정량씩 수회 분리하여 간헐적인 조작을 행하는 것을 말한다. 통상 이용되는 용량의 백 압축기는 처리능력이 5～34 m^3/hr인 것이 대부분이다. 물론 동일한 기계라도 작업자의 능력에 따라 처리능력이 달라지며 기계의 능력 평가는 작업 가능한 내구성과 조업시간에 좌우된다.

<그림 4-2>에 낱개 백 압축기(single bag compactor)의 형태를 보였다. 낱개 백 압축기는 백을 하나씩 새로 부착하여 작동시켜야 한다. 이러한 불편을 없애주는 것이 복수 백 압축기(multi-bag compactor)인데 이것은 압축상자(casettes)를 제거시키면서 충전시킬 상자를 공급할 수 있어서 계속 작업이 가능하다. 원래 폐기물 부피의 12.5～25%까지 감소시키기 위해 소요되는 압력은 288～961 kg/cm^2이다.

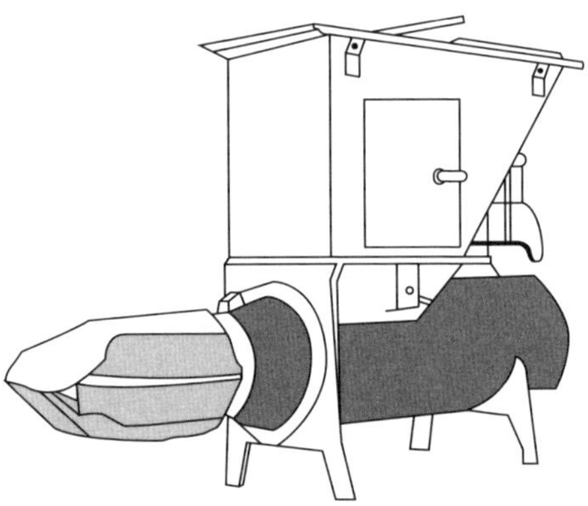

그림 4-2 낱개 백 압축기

(3) 수직식 또는 소용돌이식 압축기(Vertical or Console Compactor)

이 형태에 속하는 압축기는 기계적 작동이나 유압 또는 공기압에 의해 작동하는 압축피스톤(Compacting ram)을 갖고 있다.

<그림 4-3>에 수직식 압축기를 보였다. 이것은 손으로 폐기물을 공급하며, 압축이 끝난 폐기물들은 종이 상자나 플라스틱 또는 종이 백(bag)에 모아진다.

압축 가능한 포장부피는 0.08～0.17 m^3이고, 이 때 요구되는 압력은 192～481 kg/cm^2로 1/10까지 부피 감소가 가능하다.

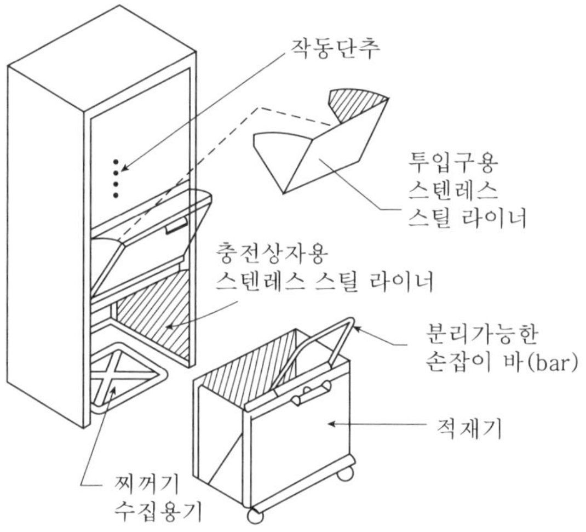

그림 4-3 전형적인 수직식 압축기

(4) 회전식 압축기(Rotary Compactor)

회전식 압축기는 회전판 위에 열려진 상태로 놓여 있는 종이 백(bag)과 비교적 부피가 작은 폐기물을 넣어 포장하는 압축 피스톤의 조합으로 구성되어 있다(그림 4-4). 그림에 보인 것과 같이 압축피스톤 아래 위치한 백(bag)이 충전되면 회전하기 때문에 빈 상자가 압축피스톤 아래로 와서 충전되고 그 사이에 충전이 끝난 상자는 포장이 이루어진다.

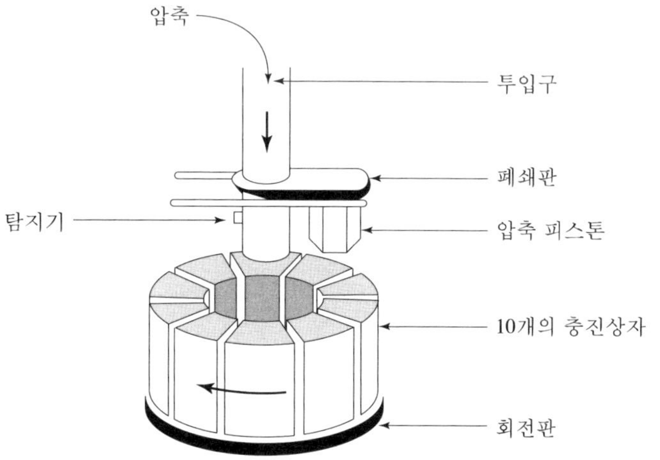

그림 4-4 회전식 압축기의 모식도

1개의 백(bag)은 약 0.4 m^3의 부피를 갖고 있다. 이 형태의 압축기는 표준형으로 8～10개의 백을 갖고 있으며, 큰 것은 20～30개의 백에 충전가능한 종류도 있다.

4.1.2 압축결속기

(1) 기능

폐기물을 압축한 후 그대로 두면 다시 부풀어 오르게 된다(표 4-1). 압축 후 삼베나 가죽, 또는 철끈으로 묶어서 폐기물이 다시 부풀지 못하게 하고, 취급과 운반이 용이하도록 하는 기계를 압축결속기(baler)라 한다. 보통 관리에 용이한 크기나 무게로 포장을 하게 된다.

압축결속기를 쓸 때 완전하게 건조되지 못한 폐기물은 취급할 수 없으며, 포장시 여러 성분으로 구성된 고형 폐기물은 그대로 묶어버리는 것보다 분류하여 취급하는 것이 좋다. 또 마구 다루어지는 것을 고려하여 아주 단단하게 묶어 흩어지지 않게 하여야 한다. 하지만 자원을 회수할 때는 이 때문에 회수가 어렵게 된다. 소각, 매립 또는 재활용 장소로 이동할 때까지는 취급상 완전한 압축포장상태를 유지하여야 하나, 소각시에는 사용한 끈을 손쉽게 끊을 수 있는 재질을 선택해야 한다.

고압력 압축기를 사용하여 압축한 후 결속하면 겉보기 밀도 230 kg/m^3 정도의 도시생활 폐기물을 1,500 kg/m^3까지 압축된 상태로 유지시킬 수 있다. <표 4-2>에 압축결속기의 압축에 의한 폐기물의 밀도변화를 보였고, <그림 4-5>에는 압축압력과 밀도와의 관계를 보였다.

표 4-1 분쇄폐기물 압축 후의 시간에 따른 부피증가

시료	경과시간(분)	부피증가(%)	압축압력	
			psi	kN/m^2
1	1 5 30 1,440	44 49 58 71	3,400	23,443
2	1 5 30 1,440	60 69 82 95	1,850	12,756

* 1 psi = 6.895 kN/m^2

표 4-2 압축결속기(baler)의 압축에 의한 주택가 폐기물의 밀도변화(미국)

시료수	압축 전 밀도 (kg/m³)	압축한지 1~2분 지난 후의 밀도(kg/m³)		압축압력	
		범위	평균	kN/m²	kg/cm²
31 29	107.5 172.8	1,248~1,728 1,248~1,632	1,568 1,568	20,685~24,133	211~246
14 28	110.4 172.8	1,312~1,664 1,344~1,648	1,440 1,440	12,756~17,238	130~176
3 5	108.8 169.6	1,232~1,376 1,328~1,520	1,312 1,375	9,308~10,342	95~106
8 13	121.6 160.4	1,120~1,232 1,166~1,190	1,184 1,184	4,482~6,895	46~70

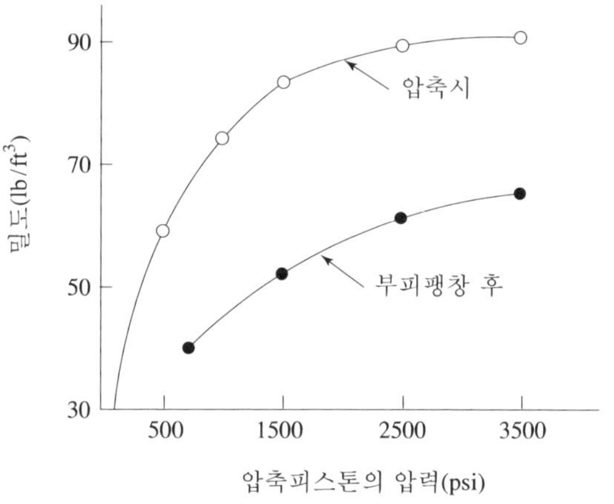

그림 4-5 압축압력과 밀도와의 관계(미국의 주택가 폐기물)

압축결속기로 여러 가지 크기의 압축결속 상태를 만들 수 있는데, 보통 1 m × 1 m × 1.2 m의 크기로 1~1.2톤 정도의 무게를 가진다. 포장폐기물은 특히 매립작업이 단순해지고 분진발생이 작다.

(2) 압축결속기의 종류

압축결속기는 이동식과 고정식으로 나누고 다시 1단형(single)과 다단형(multistage) 또는 수직식, 수평식 등으로 분류한다. 이러한 압축결속기들의 성격상 차이는 압축 피스톤의 작동방식에 따라 달라진다. 1단형의 수평식 압축결속기는 연속적 처리에 적합하며 폐기물을 빨리 처리하거나 포장규격의 여러 형태에 사용될 수 있는 장점을 가지고 있고, 다단형은 폐기물을 고밀도로 포장처리 할 수 있다는 장점이 있다.

① **이동식 압축결속기(Portable Balers)**

이동식 압축결속기는 수직식이든 수평식이든 간에 편리하게 제작하여 사용할 수 있으며 들어 올리는 장치를 이용하여 운반시킬 수 있다. 대형인 경우, 트럭 또는 트레일러에 의해 폐기물이 있는 곳으로 쉽게 이동이 가능하다. 압축결속에 사용하는 동력은 소형일 때에는 전기 또는 가솔린을 사용할 수 있지만 대형일 때는 주로 유압을 이용한다. 전기를 사용하는 것은 처리 능력이 평균 0.3～0.4 m^3 (45～136 kg)씩 1일 10～15회 정도 압축결속이 가능하다. 수평식 압축결속기는 중량이 680～907 kg이며 3 m × 0.9 m × 0.9 m의 규격이 되도록 설계된 것이 보통이다. 수직식 압축결속기는 압착 프레스까지 합쳐 중량이 약 3 t이고 3.7 m × 2.4 m × 4 m의 규격이 대부분이다.

② **고정식 압축결속기(Stationary Balers)**

이 형식의 압축결속기는 규격이나 형식에 있어 매우 다양하게 설계될 수 있으며, 대부분 한 번 작동으로(the single stroke) 혼합폐기물을 건조, 압축결속 하도록 설계하였다. 다단식 압축결속기(multi-stage baler)는 처음에 사용하기 시작한 것이 금속제품의 포장이며 2～3개의 방향에서 압축이 가능하도록 되어 있다. 압축결속 시킬 수 있는 1개의 단위는 68～907 kg (부피로 약 0.2～1.4 m^3)이 가능하다. 물론 압축결속에 대한 규격이나 형식은 정해진 것은 없지만 악취를 감소시키고, 파리나 쥐 등의 번식을 방지하기 위해 플라스틱 백에 압축결속물을 넣어야 한다. 수평식인 경우 투입방식이 다양하며 슈트, 컨베이어 및 기타의 기계적 방식이 사용된다.

4.1.3 부피감소의 지표

압축의 주요목적은 부피감소에 있고 부피감소 정도를 표현하는 지표로는 압축비(compaction ratio)와 부피감소율(volume reduction)이 있다.

$$\text{압축비(compaction ratio, CR)} = \frac{V_i}{V_f}$$

$$\text{부피감소율(volume reduction, VR)} = \left(\frac{V_i - V_f}{V_i}\right) \times 100$$

여기서, V_i : 압축 전 초기 부피

V_f : 압축 후 최종 부피

압축비를 CR로, 부피감소율을 VR로 표현하였을 경우, 두 지표의 관계식을 유도해 보면 아래와 같다.

$$\mathrm{VR} = \left(\frac{V_i - V_f}{V_i}\right) \times 100 = \left(1 - \frac{V_f}{V_i}\right) \times 100 = \left(1 - \frac{1}{\mathrm{CR}}\right) \times 100$$

CR을 y축으로, VR을 x축으로 한 관계그래프를 생각할 때, 위 식을 아래와 같이 변형시킬 수 있다.

$$\frac{\mathrm{VR}}{100} = 1 - \frac{1}{\mathrm{CR}}, \quad \frac{1}{\mathrm{CR}} = \frac{100 - \mathrm{VR}}{100}$$

$$\mathrm{CR} = \frac{100}{100 - \mathrm{VR}} = -\frac{100}{(\mathrm{VR} - 100)}$$

<그림 4-6>에서 보는 바와 같이 부피감소율(VR)이 증가함에 따라 압축비(CR)의 증가율은 비례적으로 증가하는 것이 아니고 처음에는 서서히 증가하나 나중에 80% 이상이 되면 매우 급작스럽게 증가함을 알 수 있다.

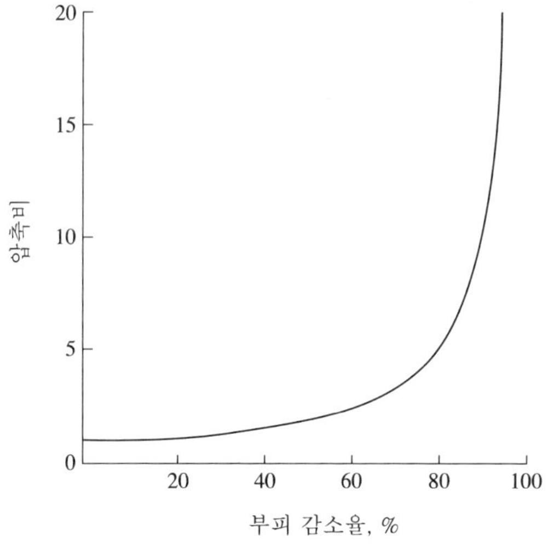

그림 4-6 CR대 VR의 그래프

4.2 파쇄

4.2.1 파쇄의 이점

파쇄(shredding)는 폐기물을 가공하여 원래 형태보다 작게 함으로써 폐기물 크기를 비교적 균일한 형태로 만들기 위한 공정이다. 파쇄 후 부피가 감소하는 것이 대부분이나 때로는 파쇄 후의 부피가 파쇄 전보다 커질 수도 있다(예 : 종이). 파쇄는 흔히 소각 및 매립시 전처리공정으로 채용된다. 파쇄의 장점은 다음과 같다.

① 압축시에 밀도증가율이 크므로 운반비가 감소된다.
② 서로 다른 크기 및 이질적 조성의 폐기물을 균일한 상태로 해준다. 그러므로 보통 저장, 소각, 압축, 자력선별 등의 전처리로 이용된다. 대형폐기물에 의한 소각로의 손상을 방지해준다.

파쇄는 매립시에 특히 다음과 같은 이점을 가진다.

① 매립작업이 용이하고 압축장비가 없어도 매립작업만으로 고밀도의 매립이 가능하다.
② 곱게 파쇄하면 매립시 복토가 필요 없거나 복토요구량이 절감된다.
③ 폐기물 입자의 표면적이 증가되어 미생물 작용이 촉진되므로 매립시 조기 안정화를 꾀할 수 있다.
④ 매립시 폐기물이 잘 섞여서 호기성 조건을 유지하므로 냄새가 방지된다.
⑤ 병원균의 매개체인 쥐나 해충의 섭취가능 음식이 없어져 이들의 서식이 불가능하다.
⑥ 폐기물의 밀도가 증가되어 바람에 멀리 날아갈 염려가 없으며 화재발생의 위험이 없다.

4.2.2 입자크기의 분포

(1) 평균입자크기(average particle size)

입자의 무게기준으로 50%가 통과할 수 있는 체의 눈의 크기를 말한다.

(2) 특성입자크기(characteristic particle size)

입자의 무게기준으로 63.2%가 통과할 수 있는 체의 눈의 크기를 말한다.

$$\left(0.632 = 1 - \frac{1}{e}, \quad e = 2.7182\cdots\right)$$

입자의 크기 이외에 입자크기분포에 대한 이해도 필요한데 입자크기분포에 대한 한 예가 <그림 4-7>에 나타나 있다. 그림의 경우 x 좌표는 입자의 크기를, y 좌표는 입자의 크기가 x 보다 작은 폐기물의 총 누적무게를 나타낸다.

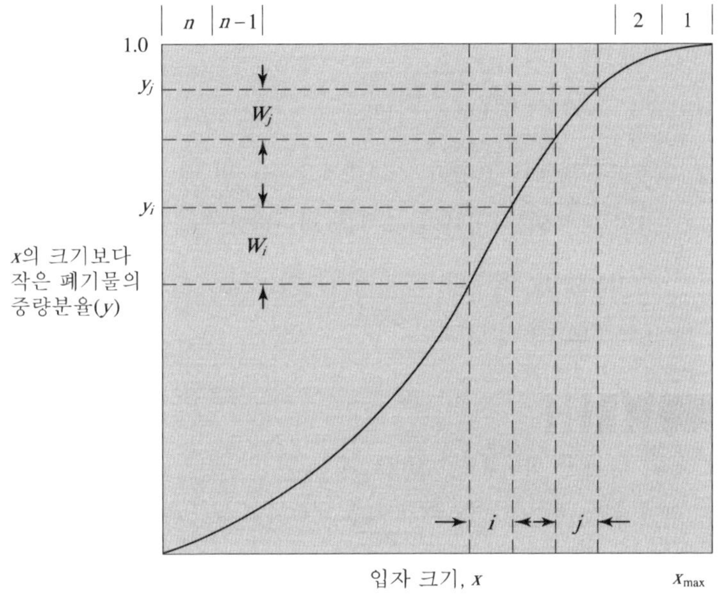

그림 4-7 입자크기분포 그래프

도시폐기물의 입자크기분포에 대하여 여러 가지 수식적 모델이 제안되어 왔는데, 그 중 대표적인 모델은 Rosin-Rammler model이다. 본 모델은 다음과 같이 표현할 수 있다.

$$y = f(x) = 1 - \exp\left[-\left(\frac{x}{x_0}\right)^n\right]$$

여기서, y : 크기가 x보다 작은 폐기물의 총 누적무게분율

x : 폐기물의 입자크기

x_0 : 특성입자크기(characteristic particle size)

n : 상수

위 식을 변형시켜 직선화하면 다음과 같이 된다.

$$1-y=\exp\left[-\left(\frac{x}{x_0}\right)^n\right]$$

$$\ln(1-y)=-\left(\frac{x}{x_0}\right)^n$$ (∵exp와 ln은 역함수이므로 ln를 취하면 exp가 없어짐)

$$\ln\left(\frac{1}{1-y}\right)=\left(\frac{x}{x_0}\right)^n$$

양변에 로그를 취하면

$$\log\left[\ln(1/1-y)\right]=n(\log x-\log x_0)$$

이 식을 $y=ax+b$의 형태로 표현하여 그래프를 그리면 기울기가 n인 직선이 된다. x_0는 $\log[\ln(1/1-y)]$이 0이 되는 입자의 크기를 의미한다. $\ln\left(\frac{1}{1-y}\right)=1$, 즉 $\frac{1}{1-y}=e$에서 $y=1-\frac{1}{e}=0.632$인 입자의 크기이며, 이는 곧 앞에서 정의한 특성입자크기(Characteristic Particle Size)를 말한다.

예제 1

$x_{90}=3.8$ cm로 도시 폐기물을 파쇄하고자 할 때, 즉 90% 이상을 3.8 cm보다 작게 파쇄하고자 할 때 Rosin-Rammler 모델에 의한 특성입자크기 x_0를 구하시오. 단, $n=1$로 가정한다.

$$y=1-\exp\left[-\left(\frac{x}{x_0}\right)^n\right]$$

$0.9=1-\exp\left[-\left(\frac{3.8}{x_0}\right)^n\right]$, $0.1=\exp\left[-\left(\frac{3.8}{x_0}\right)\right]$의 양변에 ln를 취하면

$$-\frac{3.8}{x_0}=\ln 0.1=-2.3$$

$$\therefore x_0=\frac{3.8}{2.3}=1.65\,\text{cm}$$

4.2.3 에너지 소모량

파쇄시의 에너지 소모량은 다른 중간처리 과정에 비하여 훨씬 높다. 파쇄시의 에너지 소모량을 예측하기 위한 여러 가지 모델이 제시되고 있는데, 그 중의 하나를 소개하면 다음과 같다.

$$\frac{dE}{dL} = -CL^{-n}$$

여기서, E : 폐기물 파쇄에너지

L : 입자의 크기

n, C : 상수

만일 $n=1$이라면 위 식을 적분할 경우 다음의 식을 얻을 수 있다.

$$E = C\ln(L_1/L_2)$$

여기서, L_1 : 초기 폐기물크기

L_2 : 최종 폐기물크기

이 공식을 흔히 Kick의 법칙이라고 한다.

위의 공식은 폐기물 입자의 크기를 작게(대개 3 cm 미만) 파쇄할 때, 즉 고운 파쇄(fine shredding) 또는 2차 파쇄(secondary shredding)에 잘 적용되는 공식으로 알려져 있다. 여기서 L_1/L_2는 크기감소율이고, E는 입자의 크기를 L_1에서 L_2로 줄이는 데 사용된 일의 양이다. 이 방정식에서 볼 때, 사용된 일의 양(에너지)은 파쇄 전후의 입자크기의 비에 비례함을 뜻한다.

만약에 $n=2$라면 상기 방정식은 다음과 같이 된다.

$$E = C\left(\frac{1}{L_2} - \frac{1}{L_1}\right)$$

이것은 Rittinger의 법칙으로 알려져 있다. Rittinger의 법칙은 거칠게 파쇄하는 공정에 잘 맞고, Kick의 법칙은 곱게 파쇄하는 공정에 잘 맞는다.

만약에 $n>1$이고 어느 정도의 크기인가는 알려져 있지 않을 때 상기 식의 적분형은 다음과 같은 일반식이 된다.

$$E = \frac{C}{n-1}\left(\frac{1}{L_2^{n-1}} - \frac{1}{L_1^{n-1}}\right)$$

위와 같은 일반식에서 $n=1.5$이고 파쇄시 사용된 일의 양은 크기 감소 작업시에 새로 생성된 새로운 균열(cracks)의 길이에 비례한다고 가정하면 이것은 Bond의 작업지수(E_i)가 되며 다음 식으로 표시된다.

$$E = E_i\,\frac{\sqrt{L_F} - \sqrt{L_P}}{\sqrt{L_F}}\sqrt{\frac{100}{L_P}}$$

여기서, E : 중량의 80%가 입경 $L_F(\mu m)$ 이하인 물질을 중량의 80%를 입경 $L_P(\mu m)$ 이하로 파쇄하는데 소요되는 일의 양(kWh/ton)

E_i : 작업지수로서 분쇄되는 물질의 함수로서 중량의 80%를 입경 100μm 이하로 줄일 때 소요되는 일의 양(kWh/ton)

위식은 다음과 같이 간단히 표시할 수 있다.

$$E = 10\,E_i\left(\frac{1}{\sqrt{L_P}} - \frac{1}{\sqrt{L_F}}\right)$$

<표 4-3>은 통상적인 공업용 재료의 작업지수이다.

표 4-3 몇몇 물질의 평균작업지수

물질	작업지수(kWh/ton)	물질	작업지수(kWh/ton)
점토	7.1	자갈	25.2
석탄	11.4	사암	11.5
유리	3.1	규소모래	16.5
화강암	14.4	광재	15.7

Bond의 작업지수는 다음과 같은 경험식으로 추정될 수 있다.

$$E_i = 2.59\,\frac{C_s}{SG}$$

여기서, E_i : 작업지수(kWh/ton)

C_s : 충격파쇄저항[ft/lb/파쇄가능두께(in)]

SG : 중력

강철이나 알루미늄, 구리같이 늘어나는 성질(전성)이 있는 물질이 파쇄될 때의 에너지 소요량은 크기 감소비율인 L_1/L_2에는 거의 무관하고 주입률과 관계가 있다.

이 경우, 파쇄작업은 물질의 변형을 일으켜 마침내는 균열을 일으킨다. 그러나 변형 에너지에 비하면 균열자체에 소요되는 에너지는 미미하다. 힘을 받고 있는 강철 조각의 변형에 대해서 생각해 보자. 변형시키는 데 소요되는 일의 양은 다음과 같이 표시된다.

$$W = \int F\,dl$$

여기서, F : 힘

l : 힘 F가 전달되는 거리

이 방정식을 stress($S = F/A$)와 Strain($d\varepsilon = dl/l$)의 항으로 다시 쓰면 다음과 같이 된다.

$$W = \int A\,l\,S\,d\epsilon$$

작업 전후의 부피는 대략 일정하므로 변형된 부피와 수행된 일은 stress-strain 곡선 하의 면적이 된다. 또한 상기 식은 다음과 같이 된다.

$$\frac{W}{V} = \int S d\epsilon$$

그리고 ton당 파쇄하는 데 소요되는 일의 양은 다음 식으로 나타낼 수 있다.

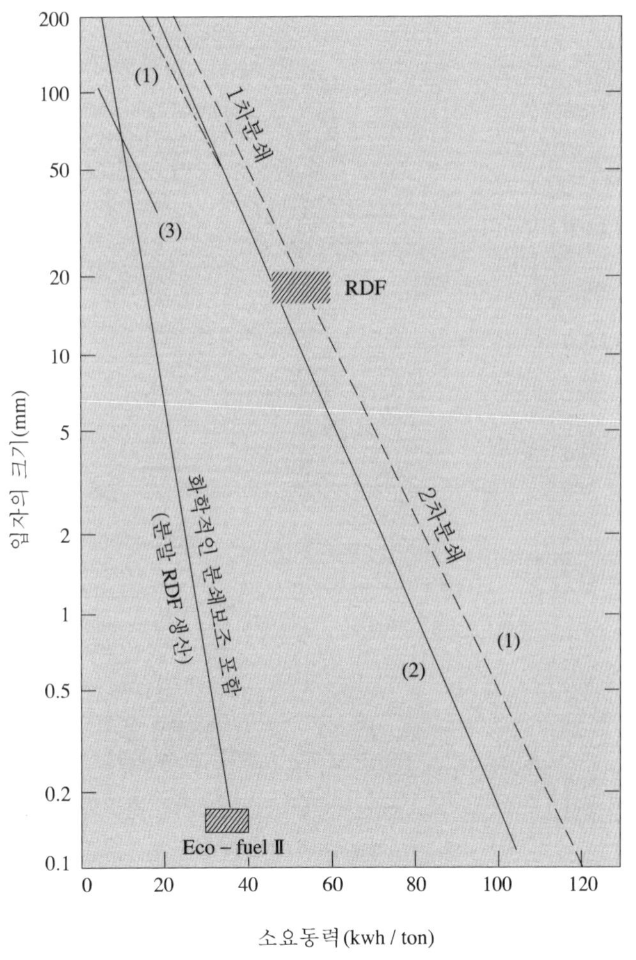

그림 4-8 입자의 크기에 따르는 소요동력

$$\frac{W}{T} = C_1 \rho \int S \, d\epsilon$$

여기서, ρ : 물질의 밀도

C_1 : 환산계수

만약에 이 방정식이 유효하다면 dW/dt(전형적인 단위는 마력임) 대 주입률(전형적인 단위는 tons/h)을 그래프에 그리면 $C_1 \rho \int S \, d\epsilon$의 기울기를 가진 직선이 될 것이다. 이러한 직선들을 <그림 4-9>에 보였다.

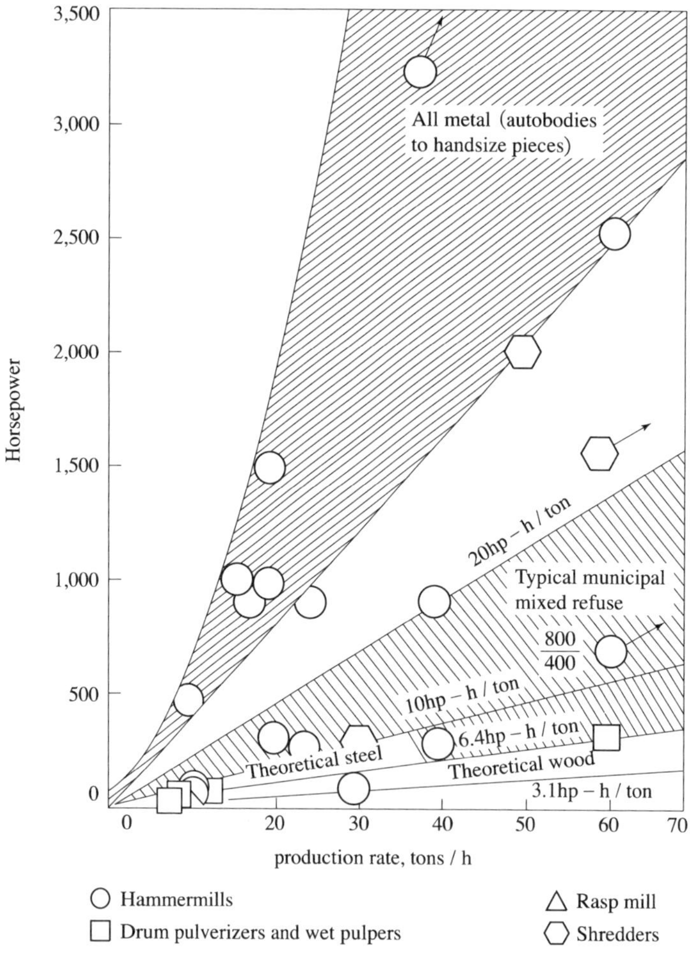

그림 4-9 각종 분쇄기에 있어서의 소요동력의 비교

파쇄기에 있어서 에너지 효율은 매우 저조하다. 이는 분쇄 자체보다는 폐기물의 형상을 변화시키고 운반에 많은 에너지를 소모하기 때문이다(그림 4-8 참조). <그림 4-9>는 각종 분쇄장치의 소요동력의 크기를 나타내고 있는데, 일반적으로 도시폐기물 1 ton/hr당 15 kWh 가량 된다. 대체로 분쇄기의 소요동력은 Rotor의 회전속도가 증가됨에 따라 증가되며, 아울러 입자의 크기는 작아진다. 이와 같은 에너지 소요량은 수분함량과도 관계가 있으며, 또한 입자의 크기와도 관계가 있다.

분쇄기가 작동할 때에는 95～100 dB(A)의 소음이 발생되는데, 중앙부분에 회전하는 Hammer가 폐기물중 병과 같은 물체를 파괴하기 때문이다. 또한 분쇄기가 작동할 때에는 마찰에 의한 폭발도 가능한 것으로 알려지고 있다. 참고로 미국의 소음규제한도는 작업 중에 있어서 85 dB(A)로 정하고 있다.

분쇄기로부터의 먼지는 병원균을 옮길 수 있으며 또한 폭발의 가능성을 가지고 있는데, 미국의 OSHA (Occupational Safety and Health Association ; 산업안전보건협회)의 허용범위보다 무려 7～13배나 더 많은 먼지가 나는 것으로 나타나고 있다. 먼지내의 박테리아수는 일반적인 경우보다 20배나 많은 880개체/m^{3}이었다.

연속되는 분쇄작업은 분쇄기의 온도를 높이며, 주위의 폭발성 먼지로 인하여 가끔 폭발을 일으키기 때문에 연속운전은 불가능하고 각별한 주의를 요한다. 특히 화약류나 섬유류가 담긴 병 등이 폭발을 일으키게 된다. 폭발을 위해서는 충분한 산소가 있어야 하므로 산소농도를 10% 이하로 유지시키기 위하여 간혹 불활성가스를 분쇄기에 주입시키는 경우도 있으나 그렇게 성공적이지는 못하다. 무엇이 분쇄기에 주입되고 있는지에 대한 철저한 감시가 더 효과적이나 흘린 기름을 먹은 폐기물과 일반적인 폐기물을 분리하는 것이 어려운 만큼 감시 또한 어려운 문제이다. 따라서 현재 사용되는 방법을 보면, 충분한 환기와 아울러 불이 나는 경우에 불꽃을 없애거나(flame suppression) 폭발시 분쇄기로부터 어떤 부분이 떨어지지 않도록 설계하는 정도이다.

일반적으로 폐기물 분쇄에 사용되는 분쇄기의 폭/직경의 비는 1.0 이상이며, 해머(hammer)의 무게는 70 kg, 회전자(rotor)의 inertia는 1,500 kg · m^{2}이며, hammer 끝의 속도(tip speed)는 4,260 m/min이다. 4개의 hammer가 사용되며, 30초 내에 정상 속도에 달하고 있다. 또한 hammer가 쉽게 마모되기 때문에 이에 대한 충분한 준비가 있어야 한다. 미국의 경우 대체로 0.05～0.10 lbs/ton의 마모가 일어난다고 한다.

4.2.4 파쇄기

(1) 파쇄기의 종류 및 특징

① 건식파쇄

㉮ 전단파쇄기 : 전단파쇄기(Shear Shredder)는 고정칼, 왕복 또는 회전칼과의 교합에 의하여 폐기물을 전단한다. 이것은 대체로 충격파쇄기에 비해 파쇄속도가 느리고 이물질의 혼입에 대하여 약하나, 파쇄물의 크기를 고르게 할 수 있는 장점이 있다.

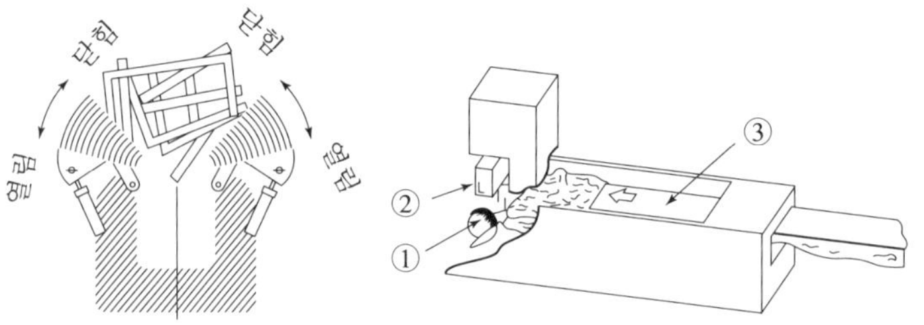

(a) 자비압축기 (b) 전단기

그림 4-10 Lindemann식 왕복전단 파쇄기

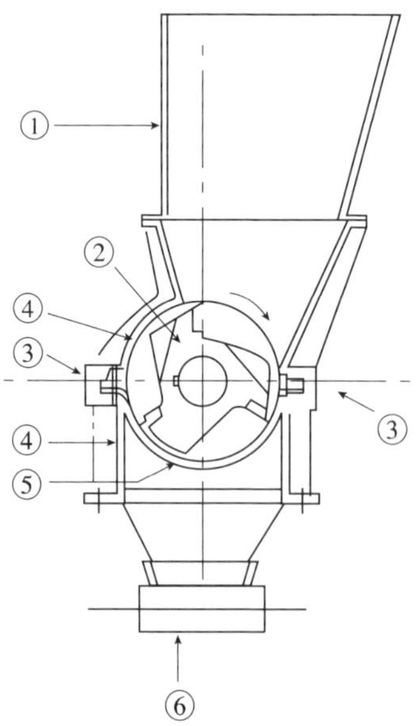

① hopper
② 회전칼
③ 고정칼
④ casing (본체)
⑤ 다공판
⑥ 수평 conveyor

그림 4-11 회전식 전단 파쇄기

전단파쇄기는 주로 목재류, 플라스틱류 및 종이류를 파쇄하는 데 이용되며 Von Roll식 왕복전단파쇄기, Lindemann식 왕복전단파쇄기(그림 4-10), 회전식 전단파쇄기(그림 4-11) 등이 있다.

㉯ 충격파쇄기 : 충격파쇄기는 대개 회전식이다. 투입된 폐기물은 중심축의 주위를 고속회전하고 있는 회전 해머의 충격에 의해 파쇄된다. 한 번의 충격에 의해서 파쇄되지 않은 폐기물은 회전해머에 다시 충돌하여 파쇄되고, 충돌시에 튕겨 돌아온 것은 회전해머 사이에 끼어 전단파쇄된다. 충격파쇄기는 유리나 목질류 등을 파쇄하는 데 이용된다.

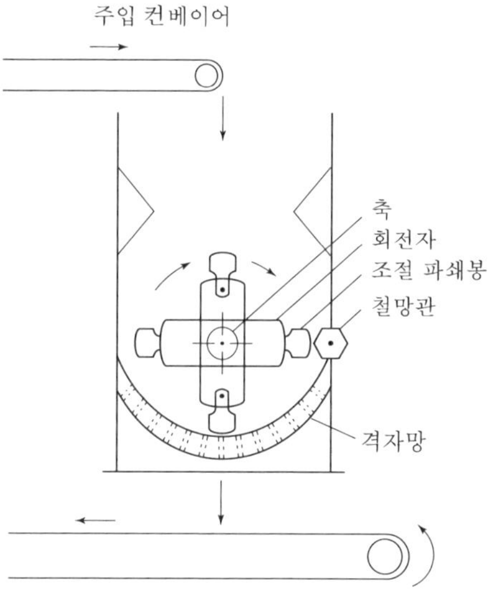

그림 4-12 해머밀

회전식 충격파쇄기는 해머밀(hammermill, 그림 4-12)이 대표적이며 이밖에 B.J.D식 회전충격파쇄기(그림 4-13) 및 도리깨식 해머(flail mill, 그림 4-14) 등이 있다. 충격파쇄기로 도시폐기물을 파쇄할 때 소요되는 최소동력은 15 kWh/ton이며, 보통 평균적으로 20 kWh/ton으로 알려져 있다. 충격파쇄기는 Hammer나 Impeller의 마모가 심하고 금속, 고무, 연질플라스틱류의 파쇄가 어렵다.

㉰ 압축파쇄기 : 기계의 압착력을 이용하여 파쇄하는 장치로서 나무나 플라스틱류, 콘크리트 덩이, 건설폐기물의 파쇄에 이용되며 Rotary Mill식, Impact crusher 등이 있다.

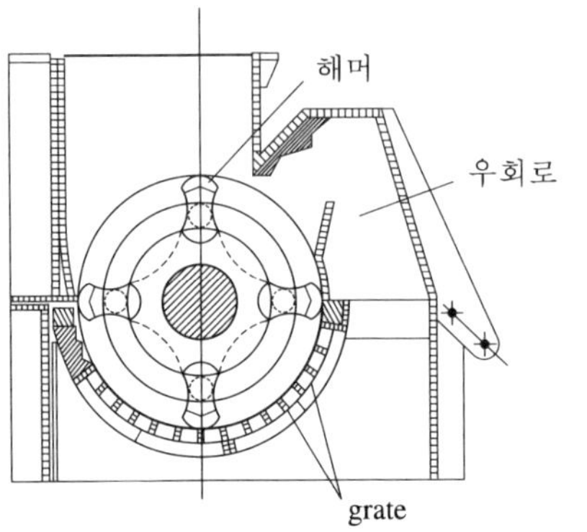

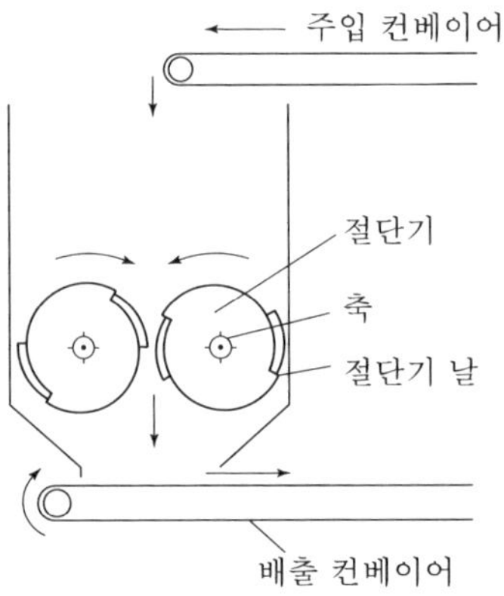

그림 4-13 BJD식 회전충격파쇄기

그림 4-14 도리깨식 해머

압축파쇄기는 파쇄기의 마모가 적고 비용이 적게 소요되는 장점이 있으나 금속, 고무, 연질플라스틱류의 파쇄는 어렵다.

② 습식파쇄

㉮ 습식 펄퍼(wet pulper) : 종이나 주방쓰레기를 절단 Rotor가 달린 Mixer에서 다량의 물로 회전시키면서 파쇄하고 현탁물 상태로 만든 후 분리시킨다. 소음, 분진, 폭발사고를 방지할 수 있다.

㉯ 회전드럼식 : 폐기물을 파쇄할 때 재료의 강도차에 의해 파쇄정도가 달라지는 점을 이용하여 일체화된 파쇄 Mechanism과 Screening으로 파쇄와 분별을 동시에 행하는 방식으로 2종의 Screen을 가진 회전드럼과 내부 구동장치로 구성되어 있다. 종이, 주방쓰레기, 플라스틱의 3 Group으로 선택적 분별이 가능하다. 종이를 선택적으로 회수하는 경우 가하는 물은 100% 종이에 흡수되므로 분별장치로부터 배수는 없다.

㉰ 냉각파쇄기 : 냉각파쇄기는 Dry Ice를 냉매로 하는 것과 액체질소를 냉매로 하는 것 2가지가 있다. 냉각파쇄기는 상온에서 연성을 가지고 있어 파괴에너지가 큰 물질을 저온 열화시켜 작은 에너지로 충격파쇄하는 방법이다. 모터류, 자동차 타이어, 피복전선, 플라스틱류 파쇄에 주로 이용된다. 특징으로는 ① 상온에서 파쇄하기 어려운 물질 파쇄가능 ② 복합재질의 선택 파쇄가능 ③ 유기물을 고순도·고회수율로 회수가능 ④ 파쇄에 소요되는 동력이 작다. ⑤ 소음진동을 줄일 수 있다. ⑥ 입도를 작게 할 수 있다. ⑦ 파쇄기의 발열 및 열화를 방지한다. ⑧ 투자비가 크므로 특수용도로 주로 활용된다.

4.2.5 파쇄와 관련된 건강 및 안전문제

(1) 먼지

미국의 산업안전보건협회(OSHA)의 기준에 의하면 8시간 작업시 15 mg/m^3 이하의 먼지를 흡입하도록 되어 있다. 미국 내에서 몇 개의 파쇄시설을 조사한바 이러한 기준보다 7~13배나 높았다. 파쇄작업시 미생물의 생균수 계수는 1 m^{3}의 공기 중에 880개체였다. 그리고 자원회수시설들을 조사해 본 바 대장균군은 1 m^{3}의 공기당 0개체에서 2,500개체로, 그리고 분원성 연쇄상구균은 0개체에서 1.8×10^4개체로 증가하였다. 그러므로 도시폐기물의 파쇄작업중 공기를 통해서 병균이 전파될 가능성이 있다.

(2) 폭발

파쇄작업시 금속과 금속이 부딪히고 다량의 열이 발생하기 때문에 폭발이 일어날 가능성이 있다. 폭발을 일으킬 수 있는 물질은 연소성 먼지, 폭약, 휘발유통, 부탄 가스통, 스프레이류 등이다. 폭발을 막으려면 항상 산소의 농도가 10% 이하로 혼입되도록 억제하여야 하며, 폭발성 물질이 들어가지 못하도록 계속 감시하여야 한다.

4.2.6 Hammer의 마모 및 정비

해머의 마모는 밑 부분이 가장 심하고 동력(rpm)이 높을수록 심하다. 해머의 마모를 감소시키려면 해머를 내마모성 합금으로 피복하고 파쇄의 속도를 줄여야 한다. 해머가 마모될수록 파쇄의 성능은 감소된다. 한 연구에 의하면 파쇄 후 체(sieve)를 통과하는 물질의 %는 파쇄되는 폐기물의 톤수 T에 관계되어 있으며 다음 식으로 표시될 수 있다고 한다.

$$Y = b_0 + b_1 \exp(-b_2 T)$$

여기서, b_0, b_1 및 b_2 : 모두 상수

입자의 크기가 0.185 in인 경우 위 식은 다음과 같이 된다.

$$Y = 8 + 35\, e^{-.0081 T}$$

도시폐기물의 파쇄시 마모율은 통상 0.05~0.10 lb/ton 범위에 있으나 이보다 더 높은 마모율도 종종 발생된다.

4.3 선별

4.3.1 분리의 일반이론

기계적인 선별 장치에 의한 선별시 선별 효율에 대한 정의는 단순 효율과는 다소 차이가 있다. <그림 4-15>에서 보는 바와 같이 폐기물 선별의 경우 투입구는 하나이고 배출구는 둘이며, 각각의 흐름에는 선별대상물질과 기타물질이 모두 포함되어 있다.

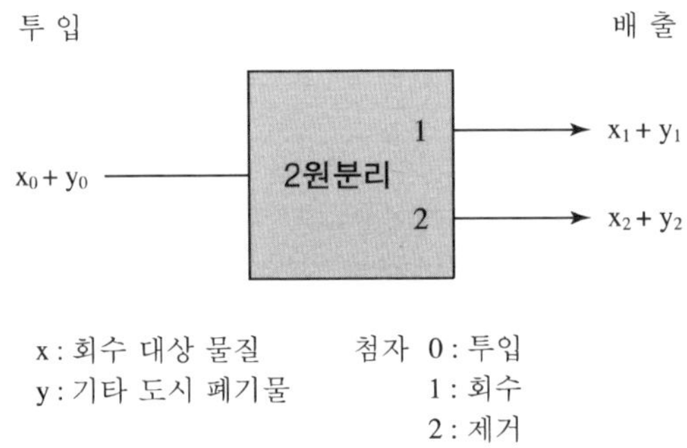

그림 4-15 2원 분리(Binary Separation)를 위한 물질 흐름도

이때의 선별효율을 나타내는 지표로는 아래의 두 가지 방법이 주로 이용된다. 우선 Worrell의 제안식에 의하면 회수율은 아래와 같이 정의된다.

$$x\text{회수율} = \frac{x_1}{x_0}$$

여기서, x_1 : 회수된 x의 순량

x_0 : 투입된 x의 총량

회수율이 아무리 높아도 기타 도시폐기물(y)이 회수된 물질 내에 많이 포함되어 있을 경우 선별의 의미는 없어진다. 따라서 기타 도시폐기물이 선별되는 양(y_1)이 적어야 한다. 이는 다시 말하면 기타 도시폐기물이 제거되는 양(y_2)이 커야 함을 의미한다.

따라서 y기각률(= y거부율)을 아래와 같이 정의할 수 있다.

$$y\text{기각률} = 1 - \frac{y_1}{y_0} = \frac{y_0 - y_1}{y_0} = \frac{y_2}{y_0}$$

여기서, y_0 : 투입된 기타 폐기물의 양

y_1 : 회수되는 기타 도시 폐기물의 양

y_2 : 제거되는 기타 폐기물의 양

다시 말해서 x 회수율과 y 기각율이 동시에 높을 때 선별효율이 높아지는 것이다. 따라서 선별효율(E)은 아래와 같이 정의할 수 있다.

$$\text{선별효율}(E) = (x\ \text{회수율})(y\ \text{기각률}) \times 100(\%)$$
$$= \frac{x_1}{x_0} \cdot \frac{y_2}{y_0} \times 100(\%) \qquad \text{(Worrell 식)}$$

또한, 선별효율은 아래와 같이 정의할 수도 있다.

$$\text{선별효율}(E) = (x\ \text{회수율}) - (y\ \text{회수율})$$

왜냐하면 x 회수율은 높을수록 바람직하고, y 회수율은 낮을수록 바람직하기 때문이다. 이와 같은 정의에 의해 선별효율을 수식으로 표현하면 아래와 같다.

$$E = \mid (x\ \text{회수율}) - (y\ \text{회수율}) \mid \times 100(\%)$$
$$= \left| \frac{x_1}{x_0} - \frac{y_1}{y_0} \right| \times 100(\%) \qquad \text{(Rietema 식)}$$

절대치 기호를 이용한 것은 선별효율이 음의 값을 가지는 것은 의미가 없기 때문이다. 이 식을 Rietema의 제안식이라고 한다.

예제 2

투입량이 1 ton/h이고, 회수량이 600 kg/h(그 중 회수대상물질은 550 kg/h)이며, 제거량은 400 kg/h(그 중 회수대상물질은 70 kg/h)일 때 회수율을 위의 두 가지 방법으로 계산하시오.

x_1이 550 kg/h이므로 y_1은 50 kg/h

x_2가 70 kg/h이므로 y_2는 330 kg/h

$x_0 = x_1 + x_2$이므로 620 kg/h

$y_0 = y_1 + y_2$이므로 380 kg/h

$$E = \left(\frac{550}{620} \times \frac{330}{380} \right) \times 100 = 77\% \ \text{(Worrell식)}$$

$$E = \left| \frac{550}{620} - \frac{50}{380} \right| \times 100 = 76\% \ \text{(Rietema식)}$$

4.3.2 손선별

(1) 개요

손선별은 컨베이어 벨트(conveyer belt)를 이용하여 손으로 종이류, 플라스틱류, 금속류, 유리류 등을 분류하는 방법이다. 손선별은 사람이 직접 손으로 분류하기 때문에 정확도가 높고, 파쇄공정으로 유입되기 전에 폭발가능성이 있는 위험물질을 분류할 수 있다는 장점이 있다. 반면에 사람이 더러운 작업에 직접 노출되기 때문에 먼지흡입, 악취, 뾰족한 물체로 인해 다치는 수가 있고, 기계적인 선별보다 작업량이 떨어질 수 있다는 것이 단점이다.

손선별은 9 m/min 이하의 속도로 이동하는 컨베이어 벨트의 한쪽 또는 양쪽에서 사람이 서서 선별하는 것으로 벨트 폭은 한쪽에서만 작업할 경우는 60 cm, 양쪽 작업시에는 90~120 cm로 한다. 작업효율은 0.5 ton/인・시간 정도이다.

(2) 컨베이어

컨베이어에는 ① 고무벨트식 ② 진동식 ③ 공기식 ④ 나사식의 4가지 유형이 존재한다.

① 고무벨트식

고무벨트식 컨베이어는 생쓰레기를 운반하는 데는 부적합하지만 풍력선별한 폐기물 등 비교적 고운 물질의 운반에는 적합하다(그림 4-16). 벨트의 경사각은 통상 20° 이하로 한다.

진동형 컨베이어는 물질의 흐름을 고르게 해주는 장점이 있다. 생쓰레기는 상당량의 에너지를 흡수할 수 있으므로 물질의 수송에 충분한 정도의 에너지가 공급되어야 한다. 통상 진폭이 2 cm, 분당 900회 진동(strokes)으로 가동된다.

② 공기식

공기식 컨베이어는 주로 병원이나 대형빌딩에서 봉투에 넣은 생쓰레기를 수송하는 데 사용되며, 이 방법에 의해 운반되는 물질의 속도는 다음과 같이 추정된다.

$$V_m = V_a - V_f$$

여기서, V_m : 물질의 속도

V_a : 공기의 속도

V_f : 들뜸속도(floating velocity) 또는 조용한 공기 중에서 떨어지는 종말속도

들뜸속도는 다음과 같은 경험식으로 추정할 수 있다.

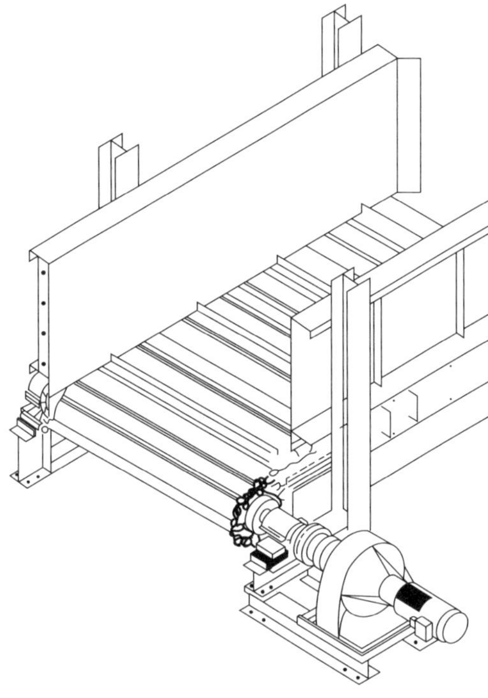

그림 4-16 전형적인 컨베이어의 모양

$$V_f = 3250\sqrt{(\mathrm{SG})}\,(d)$$

여기서, d : 대표적 입자의 공기역학적 직경

SG : 물질의 비중

또한 물질을 운반시킬 때에 관이 막혀서는 안 되므로 최소한의 속도는 $V_m = 585\sqrt{W}$ 이어야 하는데, 여기서 W는 운반시키려는 물질의 밀도(lb/ft^3)이다. 물질의 이질성으로 인해 SG를 결정하는 것이 어려운 경우에는 $\mathrm{SG} = 0.1(W)^{2/3}$ 을 사용하며, 추천되는 공기속도는 다음 식과 같다.

$$V_a = 1030\sqrt[3]{W}\sqrt{d} + 585\sqrt{W}$$

상기 식은 대표적 입자의 직경을 결정하기가 어렵기 때문에 통상 실제적인 적용은 어렵다. 수직관계에 있어서 요구되는 공기의 속도는 대체로 1400 m/min이다. 경험적 자료에 의하면 물질/공기의 비를 0.1(예 : 0.1 kg 종이/1 kg 공기)로 유지시키면 되는 것으로 알려져 있다.

표 4-4 공기식 컨베이어 사용시의 추천되는 공기의 유속

물질	최소유속(m/min)	물질	최소유속(m/min)
석회, 분말	1,200	종이	1,500
면직물	4,350	걸레	1,350
철산화물(Iron Oxide)	1,950		

도관 내에서 물질의 흐름으로 인한 마찰손실은 10% 미만이다. <표 4-4>에 공기식 컨베이어 사용시 추천되는 공기의 속도를 보였다.

③ **스크류형**

스크류형 컨베이어는 폐기물 저장시설에서 흔히 이용된다.

스크류 컨베이어에 의해 운반되는 물질의 양을 결정하기 위한 이론식은 아래 방정식과 같다. 이것은 스크류 전체가 충분히 많은 폐기물로 채워져 있는 상태(flooded)에 한한 공식이며, 그렇지 못한 경우에는 이론적으로 운반되는 양을 결정할 수 없고 실측에 의하여 측정하여야 한다.

$$Q = CNRV$$

여기서, Q : 분당 운반되는 물질의 양

C : 효율계수로서 얼마만큼 물질이 흘려지는가에 달려 있다.

N : Conveyor Lead의 수

R : rpm

V : 각 pitch당 운반되는 물질의 체적

다시, $$V = P\pi(r_1^{\ 2} - r_2^{\ 2})$$

여기서, P : pitch를 나타내는데, $N=1$과 $N=2$인 경우가 각각 <그림 4-17>에 주어져 있다.

r_1 : 컨베이어 끝까지의 반경

r_2 : 컨베이어 중심(hub)까지의 반경

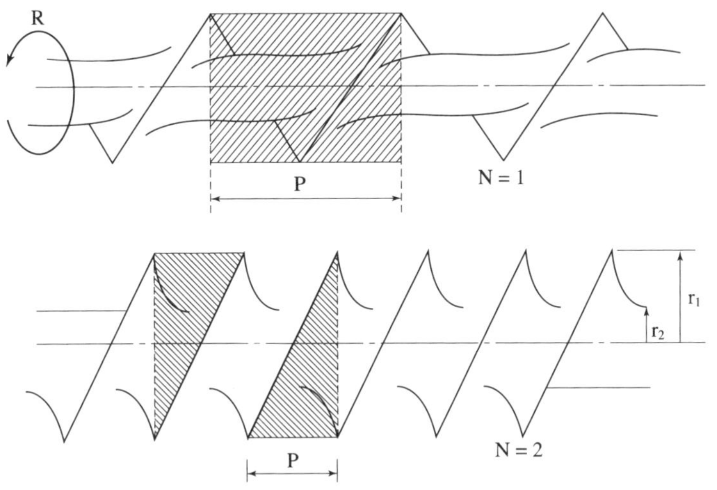

그림 4-17 Screw Conveyor 용량을 나타내는 변수의 정의

예제 3

$r_1 = 15$ cm, $r_2 = 6$ cm, $N = 1$, $P = 50$ cm, $R = 10$ rpm인 스크류 컨베이어가 8대 있다. 이들에 의해 운반되는 물질의 총량을 구하시오. 단, $C = 0.5$로 가정한다.

$V = P\pi(r_1^{\,2} - r_2^{\,2}) = 50 \times 3.14 \times (225 - 36) = 29{,}673\,\text{cm}^3$

개개 컨베이어에 대해서

$Q = CNRV = 0.5 \times 1 \times 10 \times 29{,}673 \times 10^{-6} = 0.15\,\text{m}^3/\text{min}$

8개의 컨베이어가 있으므로 운반되는 총량은

$8 \times 0.15 = 1.2\,\text{m}^3/\text{min}$

4.3.3 체 선별

(1) 서론

체 선별은 폐기물을 체의 크기에 따라 분류하는 방법으로 유리를 회수하거나 재 등의 미세물질을 제거하는 것이 주요 목적이다. 또한 체는 파쇄된 폐기물에서 종이나 플라스틱 등 크기가 큰 유기물질을 회수하는 데 이용될 수도 있다.

체의 종류는 다음과 같이 두 가지로 대별된다.

① 회전 스크린(rotating screen) : 일반적으로 도시폐기물 선별에 많이 사용하는 스크린이

다(trommel screen이 대표적).

② 진동 스크린(vibrating screen) : 주로 골재 분리에 많이 이용한다.

스크린의 위치는 다음과 같이 두 가지로 대별될 수 있는데 Post-screening (파쇄 후 스크린 선별)은 선별효율의 증진을 목적으로, Pre-screening (파쇄 전 스크린 선별)의 경우는 파쇄설비의 보호를 목적으로 많이 이용된다. <그림 4-18>은 회전 스크린의 대표적인 형태인 트롬멜 스크린(trommel screen, 회전식)을 보여주고 있다. 원통은 경사지게 설치되어 10~30 rpm으로 회전한다.

- Post-screening : 파쇄 → 스크린
- Pre-screening : 스크린 → 파쇄

(2) 트롬멜 스크린

트롬멜 스크린이 스크린 중에서 선별효율이 가장 좋고, 또한 유지관리상의 문제가 적은 것으로 알려져 있다. 트롬멜 스크린의 선별효율에 영향을 주는 인자는 다음과 같다.

① 체의 눈 크기

② 폐기물의 부하와 특성

③ 직경(길이가 길면 효율은 증진되나 동력소모가 많다)

④ 경사도(경사도가 크면 선별효율은 떨어지나 부하율은 커진다. 대개 2~3°)

⑤ 회전속도(rpm)

회전 속도의 경우 어느 정도까지는 증가할수록 선별효율이 증가하나 그 이상이 되면 원심력에 의해 막힘 현상이 일어날 것이다. 이때의 회전속도를 임계속도(critical speed)라 하며,

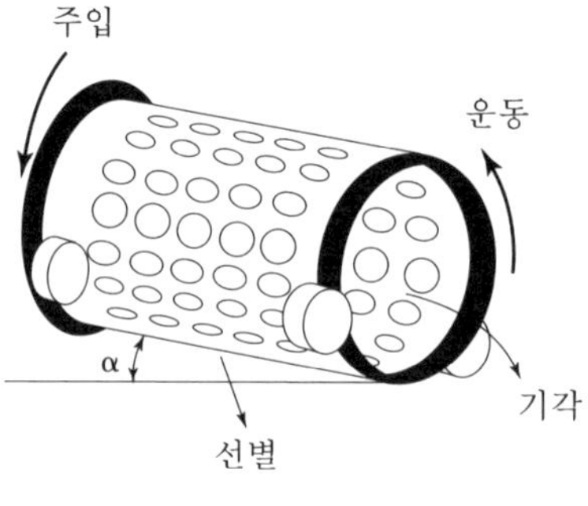

그림 4-18 트롬멜 스크린

임계속도와 최대선별효율을 위한 속도 사이에는 경험적으로 다음의 관계가 있는 것으로 알려져 있다.

$$n_c\,(\text{임계속도}) \times 0.45 = \text{최적속도}$$

임계속도를 구하는 식은 다음과 같이 유도될 수 있다.

$$n_c = \sqrt{\frac{g}{4\pi^2 r}} = \frac{1}{2\pi}\sqrt{\frac{g}{r}}$$

Trommel 스크린은 회전하기 때문에 원심력에 의하여 큰 입자가 구멍을 막히게 하므로 스크린에 폐기물을 주입하기 이전에 분쇄기를 두는 것이 효과적인 것으로 알려지고 있으며, 일반적으로 평면식 스크린은 쉽게 막히는 결함이 있다.

<그림 4-19>에서 보는 바와 같이 스크린내의 한 폐기물 입자 P를 생각할 때 입자 P에 작용하는 힘은 스크린 중심 O로부터 멀어져 가려는 원심력 F_c와 중력에 의한 힘 W를 생각할 수 있다. 만약 중력에 의한 힘 W의 OP방향 분력 $W\cos\alpha$가 F_c보다 작으면 입자 P는 스크린벽에 붙어 있어 스크린벽의 구멍들을 막아 선별이 더 이상 일어나지 않을 것이다. 다시 말해 F_c와 $W\cos\alpha$가 같을 때 다음의 식이 유도된다.

$$F_c = W\cos\alpha$$

$$F_c = m\frac{v^2}{r} = m\frac{r(\omega)^2}{r} = m\,r\,\omega^2$$

$$\omega = 2\pi n$$

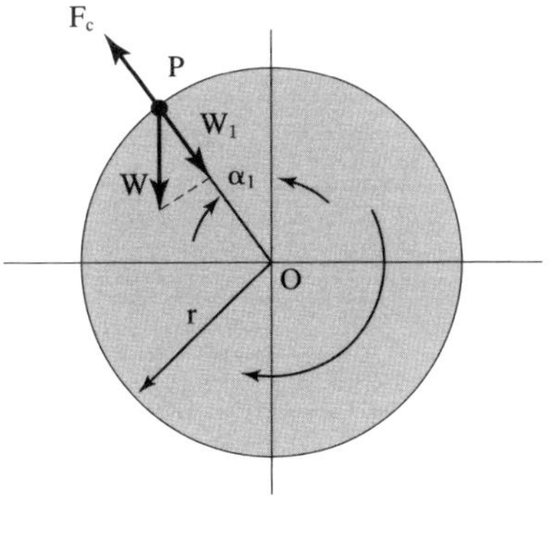

그림 4-19 트롬멜 스크린에서 임계속도 분석을 위한 스크린 단면

n 은 단위 시간당 회전수

$$F_c = mr(2\pi n)^2 = 4mr\pi^2 n^2 = W\cos\alpha = mg\cos\alpha$$

n 으로 정리하면

$$n = \sqrt{\frac{mg\cos\alpha}{4\pi^2 mr}} = \sqrt{\frac{g\cos\alpha}{4\pi^2 r}}$$

$\alpha = 0$, 즉 $\cos\alpha = 1$일 때에도 입자 P가 스크린 벽면에서 떨어지지 않는다면 문제가 되므로

$$\text{임계속도 } n_c = \sqrt{\frac{g}{4\pi^2 r}} = \frac{1}{2\pi}\sqrt{\frac{g}{r}}$$

또 하나의 운용변수는 회전통의 경사도이다. 대체로 경사도가 증가하면 고형물의 체류시간은 감소되며 mesh를 통해서 회수되는 물질의 양이 작아진다. <그림 4-20>에 이러한 관계를 보였다.

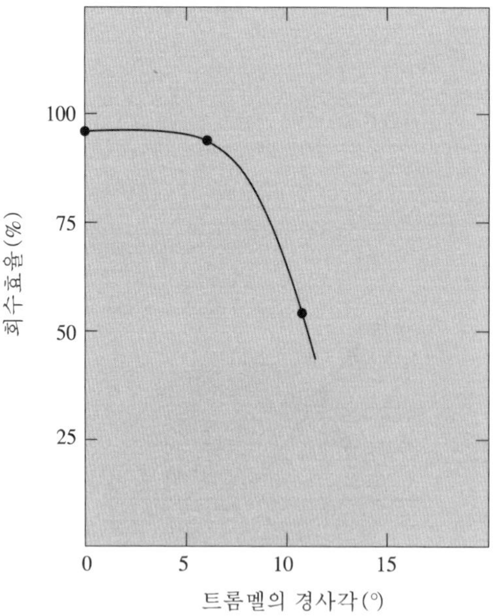

그림 4-20 트롬멜의 경사각과 회수효율과의 관계

예제 4

직경이 2.7 m인 trommel screen의 임계속도 n_c를 구하시오.

$$n_c = \sqrt{\frac{g}{4\pi^2 r}} = \sqrt{\frac{9.8}{4(3.14)^2\,(2.7/2)}} = 0.43\text{회}/\text{sec} \times 60\,\text{sec}/\text{min} = 26\,\text{rpm}$$

Alter와 Crawford는 파쇄하지 않은 도시고형폐기물에 대한 트롬멜 스크린의 최적성능은 고형물의 체류시간이 적어도 25～30분이고, 회전통 안에서 5～6회 회전할 때 이루어진다고 하였다.

회전통의 직경 또한 중요한 설계변수인데 이에 대해서는 별로 연구된 것이 없다. 광석의 선광 과정에서는 다음의 공식이 제안되고 있다.

$$D = 7.66\sqrt{\frac{Q}{\gamma}}$$

여기서, D : 회전통의 직경(in)

Q : 용량(tons/h)

γ : 주입되는 물질의 비중

4.3.4 풍력 선별

풍력 선별은 폐기물 내의 가벼운 물질인 종이나 플라스틱류를 기타 무거운 물질로부터 선별해내는 방법으로서 대표적인 장치를 <그림 4-21>과 <그림 4-22>에 나타내었다.

풍력 선별장치의 종류에는 크게 나누어 수직 공기 선별기(vertical air classifier)와 경사 공기 선별기(inclined air classifier)가 있으며, <그림 4-21>은 수직 공기 선별기를 보여주고 있다. 이 선별기에서는 슈트 아래에서 위로 공기를 주입시켜 가벼운 것은 위로 뜨고 무거운 것은 아래로 떨어뜨린다.

수직 공기선별기를 약간 개선시킨 Zigzag 공기 선별기는 칼럼(column)의 난류를 높여줌으로써 선별율을 증진시키고자 고안된 형태이다. 선별챔버(separation chamber)의 형태, 공기 속도, 폐기물 유입속도 등의 적절한 설계에 의해 최상의 선별 효율을 기할 수 있다.

경사 공기 선별기의 경우(그림 4-22 참고) 중력에 의해 입구로 들어온 폐기물을 진동판(vibrator)에 의해 가벼운 것과 무거운 것으로 분리된다. 이어서 무거운 것은 아래로 떨어지고 가벼운 것은 공기주입에 의해 위로 날아가도록 설계되어진 형태이다.

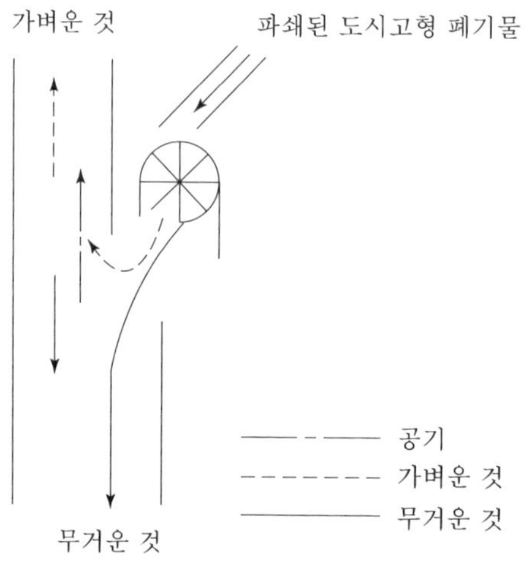

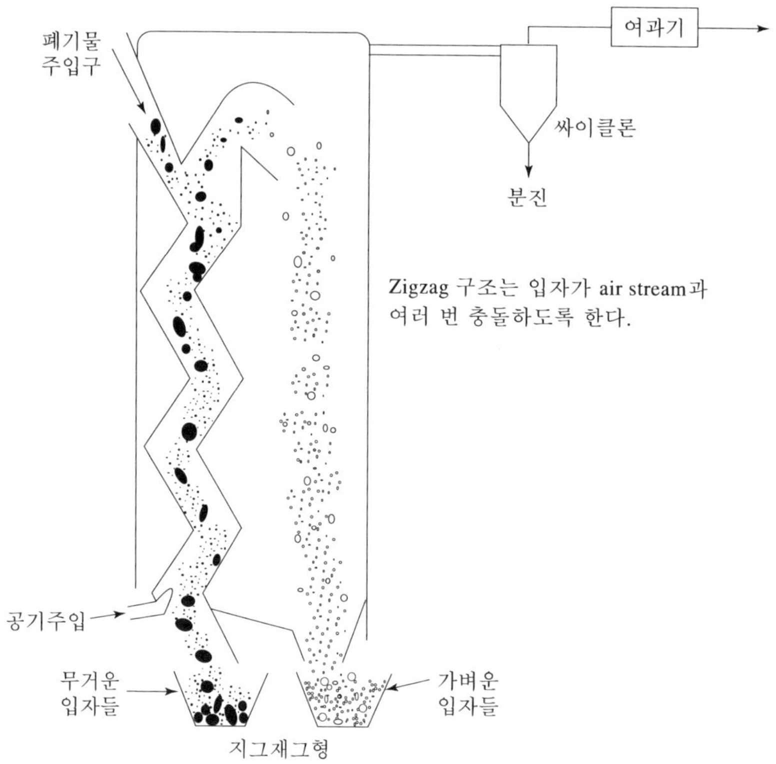

그림 4-21 수직 공기 선별기(Vertical Air Classifier)

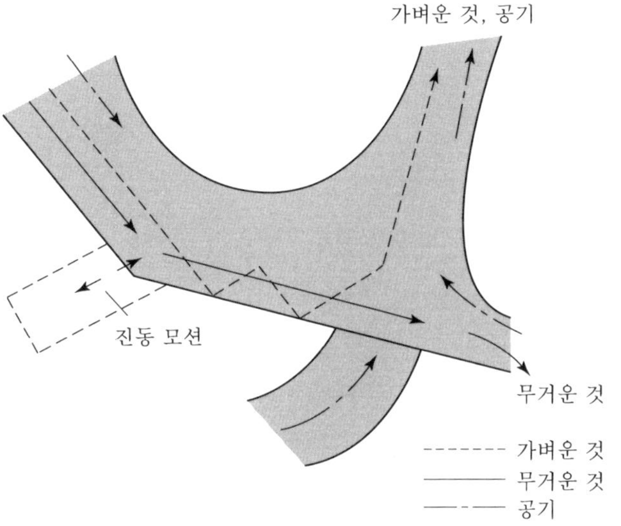

그림 4-22 경사 공기 선별기(Inclined Air Classifier)

풍력 선별기의 수평관과 수직관에서 입자상 물질의 공기 역학적 이동을 위한 최소운반속도(minimum carrying velocity)를 추정하는 데 있어서 다음과 같은 경험식이 이용될 수 있다.

수평관의 경우 $V = 6000 \dfrac{S}{S+1} d^{2/5}$

수직관의 경우 $V = 13300 \dfrac{S}{S+1} d^{3/5}$

여기서, v : 공기속도(ft/min)
S : 비중
d : 입자최대직경(inch)

경험적으로 볼 때 종이류와 비닐류를 선별하기 위한 공기속도는 4∼10 m/sec이며 평균 7 m/sec이면 만족스러운 것으로 알려져 있다. 그러나 폐기물의 특성이 지역에 따라 다르므로 실제 풍력 선별기 설계시에는 pilot scale에 의한 처리 가능성 실험 후 판단하는 것이 바람직하다. <그림 4-23>에 폐기물 각 성분별 공기속도 및 회수율의 한 예가 나타나 있다. 공기선별기의 에너지 소모율은 파쇄보다는 훨씬 낮아 대개 4 kWh/ton 정도로 알려져 있다.

풍력 선별기의 성능에 미치는 주입률의 영향에 대해서는 별로 연구된 바가 없으나 일반적으로 주입율이 커질수록 성능이 떨어진다. 주입률과 목 부분에서의 평균 체류시간 사이에는

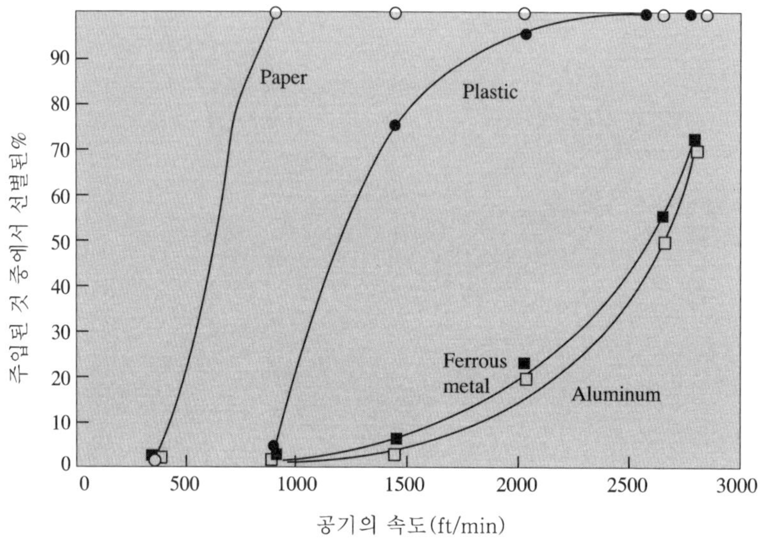

그림 4-23 폐기물 각 성분별 공기속도 및 회수율

다음과 같은 관계식이 성립한다고 알려져 있다.

$$t = \left(\frac{V}{Q}\right)^n$$

여기서, t : 입자의 평균 체류시간

V : 목부분 내부의 부피

Q : 주입율

n : 목 부분 내부에서 막힘을 설명하는 인자, $n > 1.0$

4.3.5 자력 선별

자력선별은 각종 폐기물 중에서 철성분을 회수하기 위해 흔히 사용되는 방법이다. 자력선별기의 위치는 선별목적 등에 따라 차이가 있으나 대개 다음과 같이 배치된다.

① 파쇄 → 자력 선별 → 풍력 선별

② 파쇄 → 풍력 선별 → 자력 선별

③ 자력 선별 → 파쇄

④ 스크린 선별 → 자력 선별 → 풍력 선별

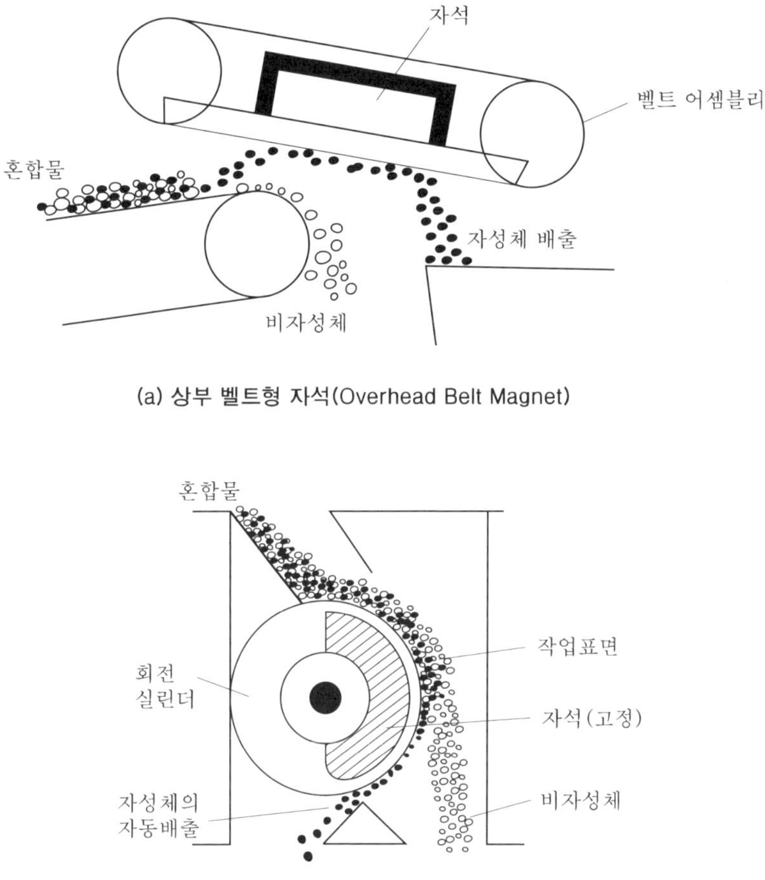

(a) 상부 벨트형 자석(Overhead Belt Magnet)

(b) 드럼형 자석(Drum Magnet)

그림 4-24 자력 선별장치

첫 번째와 두 번째의 경우 파쇄가 우선 이루어지고 있는데 이것은 후속공정인 자력선별이나 풍력선별효율을 증가시키고자 함이다. 또한 풍력선별 후 자력선별을 할 경우 자력선별의 효율이 높아지므로 철분 회수가 주요목적일 경우에 바람직한 방법이다. 스크린 선별에 의하여 폐기물을 크기별로 선별한 후 자력선별을 하는 것도 자력선별의 효율을 증가시키는 한 방법이다. 자력선별을 우선 시행하고 파쇄를 하는 경우(위의 마지막 경우)는 대형 철재류가 많이 포함된 도시폐기물의 경우 파쇄설비의 보호를 위해서이다.

자력선별장치의 종류에는 overhead belt magnet과 drum magnet 등이 있으며 이들의 모식도를 <그림 4-24>에 보였다.

4.3.6 광학 선별

광학 선별(optical sorting)은 유리의 선별시 색깔별로 분리할 때 사용하며, 다음과 같이 4단계로 이루어진다(그림 4-25 참조).

① 입자는 기계적으로 투입되고
② 광학적으로 조사되며
③ 조사결과는 전기전자적으로 평가되고
④ 선별대상입자는 압축공기분사에 의해 정밀하게 제거된다.

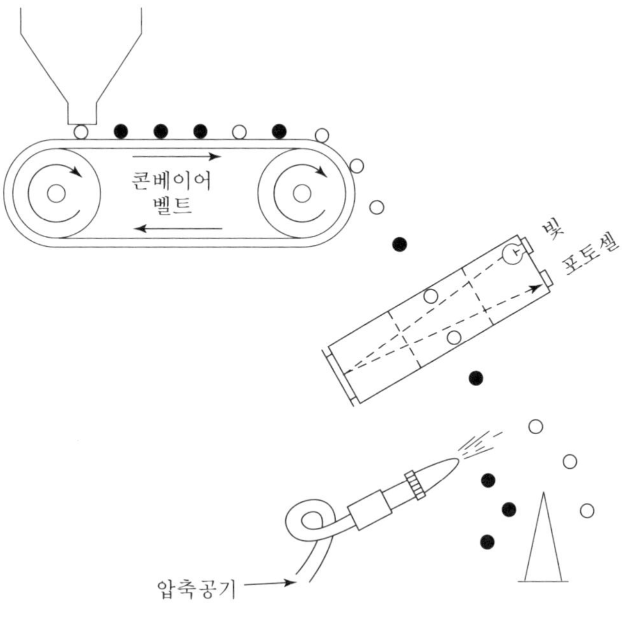

그림 4-25 광학 선별장치

4.3.7 기타 선별 방법

(1) 와전류 선별기(Eddy Current Separator)

와전류 선별기(혹은 비철금속 선별기)는 알루미늄과 같은 비철금속을 제거할 때 사용하는 방법으로 금속의 전기전도도 차이를 이용하고 있다. 금속성 물질에 걸린 자기장을 급격하게 변화시키면 전자기 유도 효과에 의해 전압이 발생하고, 유도된 전압은 와전류를 생성시켜

금속물질이 튕겨나가게 함으로써 다른 물질로부터 분리시키게 된다.

(2) 관성 선별(Inertial separation)

분쇄된 폐기물을 가벼운 것(유기물)과 무거운 것(무기물)으로 분리하기 위하여 중력이나 탄도학을 이용한다(그림 4-26 참조).

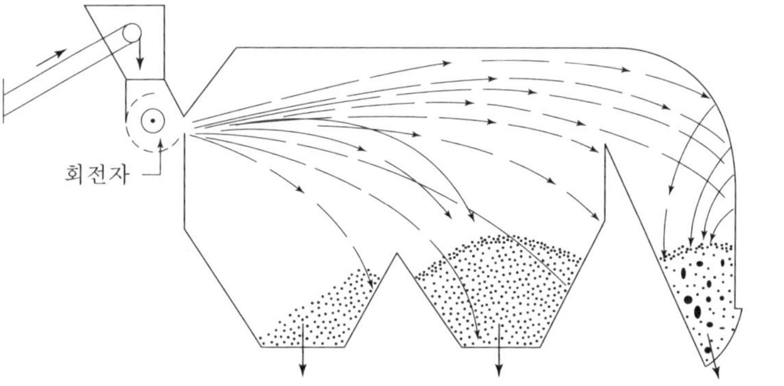

(a) 탄도식 분리기

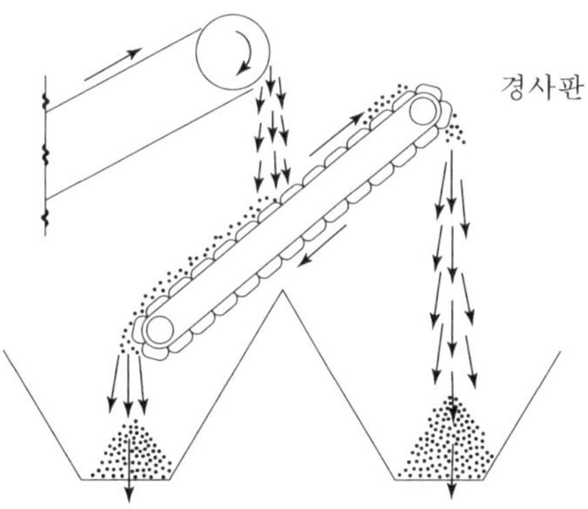

(b) 경사 콘베이어 분리기

그림 4-26 관성 선별장치

(3) 부상(flotation)

이것은 대상 폐기물을 물에 넣어 밀도차에 의해 뜨는 것을 선별하는 방법이다. 유리조각,

뼈 등은 바닥에 가라앉고 가벼운 유기물은 표면에 부상한다. 유기물과 미세한 무기물의 부상을 촉진시키기 위해 화학첨가제를 넣기도 한다.

(4) Stoners

Stoner는 Pneumatic Table이라고도 부르는데, 물속에서 무거운 것을 고르는 Jig(그림 4-27 참조)가 물을 맥동 유체로 이용하는 것과 달리, 공기를 맥동 유체로 이용한다는 점이 다르다. 선별하고자 하는 두 물질의 밀도차가 1.5 : 1 이상인 경우, 진동 경사판에서 맥동하는 공기를 가하면 두 물체는 효과적으로 분리할 수 있는 것으로 알려져 있다. Stoner는 농업 분야에서 땅콩이나 콩에서 돌과 같은 불순물을 고르는데 사용되어 왔으며, 파쇄/선별된 폐기물에서 알루미늄을 회수하거나 퇴비로부터 유리조각을 고르는 데 사용되었다.

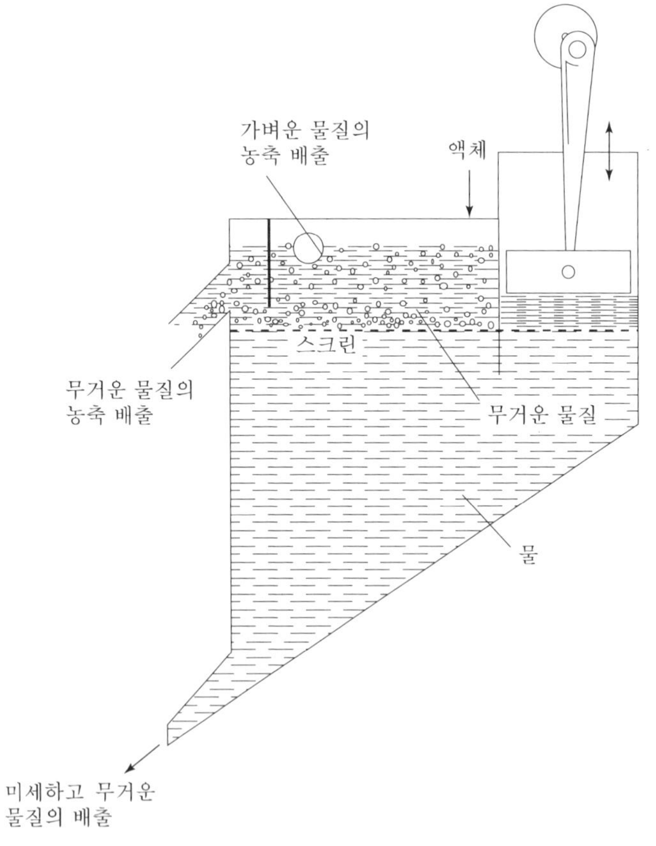

그림 4-27 Jigs

(5) Fluidized Bed Separators

이 방법은 <그림 4-28>과 같이 분쇄시킨 전기줄로부터 금속류를 회수하거나 분쇄시킨 자동차나 또는 연소기의 재로부터 알루미늄이나 구리를 회수하는 데 사용되고 있다.

Ferrosilicon이라는 매질이나 쇳가루(Iron Powder) 속에 폐기물을 넣고 공기를 불어 넣으면, 가벼운 것은 위로 올라가고 무거운 것은 아래로 내려가는 원리를 이용한 것이다. 이 방법은 대체로 회수하려는 물질의 크기가 0.2～10 cm 정도여야 하며, 최소한 비중 차이가 0.2 이상이어야 한다.

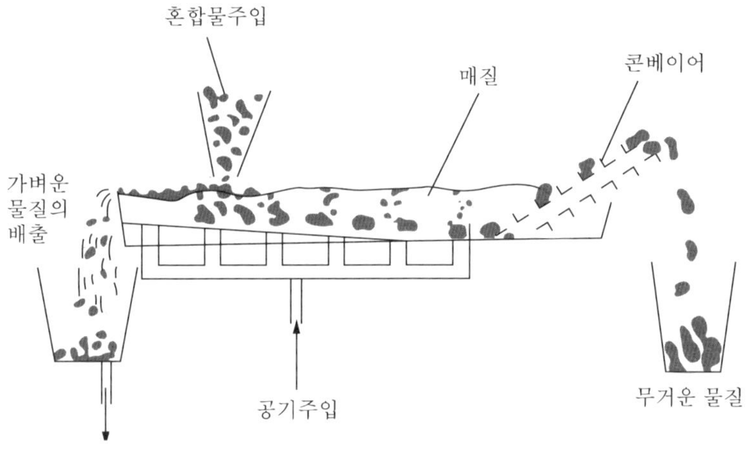

그림 4-28 Fluidized Bed Separator

(6) Secators

Secators는 물렁거리는 가벼운 물질로부터 딱딱한 물질을 선별하는 데 사용하며, 경사진 conveyor를 통해 폐기물을 주입시켜 천천히 회전하는 드럼(drum) 위에 떨어뜨려서 분류한다(그림 4-29 참조). 이 방법은 퇴비 중의 유리나 돌을 고르는데 어느 정도 성공적인 것으로 알려져 있다.

(7) Heavy media separation

철성분과 유리가 제거된 후에 풍력선별된 폐기물처럼, 알루미늄 성분이 많은 폐기물을 높은 비중을 가진 유체 속에 투입하여 알루미늄 성분을 분리할 때 사용하는 방법이다. 여기서 알루미늄 성분은 부상하고 다른 성분은 가라앉도록 비중을 유지하는 것이 중요하다.

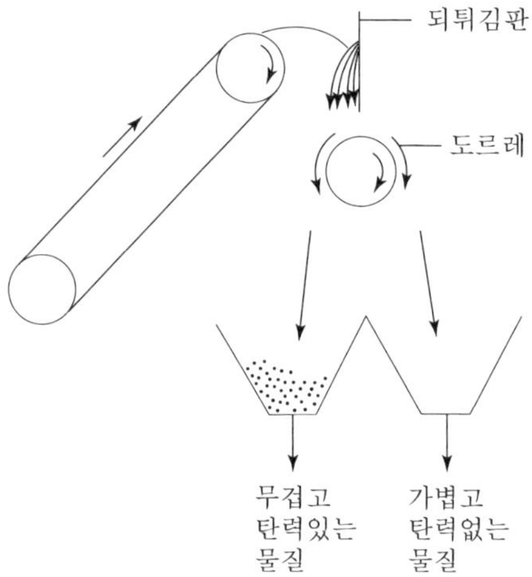

그림 4-29 Secator

(8) Jigs (수중 체)

이 방법은 사금을 선별하기 위하여 오래전부터 사용되던 방법으로 <그림 4-27>과 같이 물에 잠긴 스크린 위에 분류하려는 폐기물을 넣고 수위를 1초당 2.5회 가량 0.5～5 cm의 폭으로 변화시키면 무거운 물질과 가벼운 물질이 분류된다. 이 방법은 진동식 Table이나 공기 중에서 운전되는 Jig과 Stoner로 대체되고 있다.

(9) Table

이 방법은 각 물질의 비중 차이를 이용한 것이다. 즉, <그림 4-30>과 같이 약간 경사진 판에 물체를 흐르게 한 뒤에 화살표 방향으로 각각 빠른 진동과 느린 진동을 주면 가벼운 것은 왼쪽으로, 무거운 것은 오른쪽으로 분류된다.

(10) 공기부상(Flotation by air)

이 방법은 미세공기를 주입하여 입자와 접촉시켜서 물 위로 떠오르게 하여 무거운 물질과 분류시키는 방법으로 제지 공장에서 백수(white water)로부터 cellulose fiber를 회수하는 데 이 방법이 사용된다.

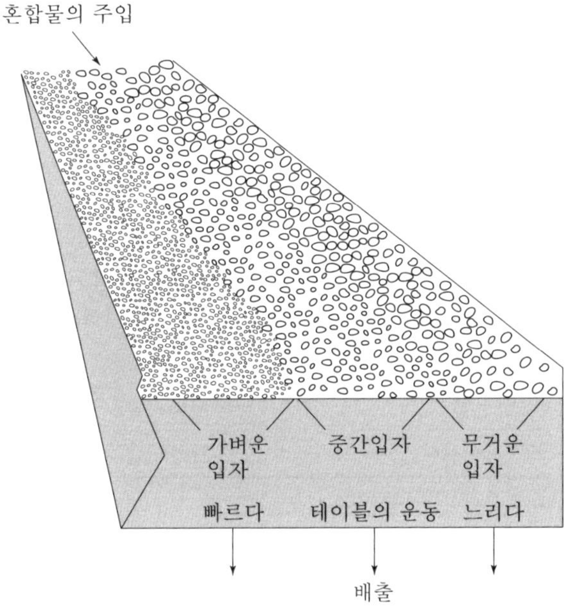

그림 4-30 Table

(11) Sink/Float Separation

습식 분류법은 일반적으로 특별한 경우가 아니고는 사용되지 않는데 유기물을 분류시키고자 하는 경우, 폐지로부터 펄프(pulp)를 만들기 위한 경우, 유리·알루미늄·비철금속과 같은 무기물질을 폐기물로부터 분류시키고자 하는 경우에 사용된다. 습식방법에 의하여 분류된 물질은 건식에 의한 것보다 깨끗하고, 폭발의 위험성이 없으며, 또한 먼지가 없는 장점이 있다. 그러나 비싸고, 폐기물이 부패되기 쉬우며, 냄새가 더 많이 날 수 있다는 단점을 가지고 있다.

Sink/Float 선별법은 가벼운 것을 부상시키고 무거운 것을 침전시키는 방법으로 폐기물을 물에 넣어 분류하는 방법이다.

이상의 선별방법 중 폐기물 분야에서 많이 적용되고 있는 선별방법을 중심으로 선별원리와 적용대상물질에 대하여 정리하면 <표 4-5>와 같다.

표 4-5 대표적인 폐기물 선별방법의 선별원리 및 적용대상물질

선별원리	선별방법	선별대상 물질
입자크기의 차이	체선별 (트롬멜 스크린, 진동스크린)	• 입자가 큰 자갈, 돌, 토사 • 퇴비와 이물질
비중의 차이	풍력선별	• 종이, 비닐 등 가벼운 물질
	습식선별(부상)	• 음식물류 폐기물에서 유리조각, 뼈 등 비중이 큰 물질과 비닐류 등 물에 뜨는 물질
빛의 투과율 차이	광학선별	• 색깔이 다른 유리병(투명, 녹색, 갈색 등)
자성/전기전도도의 차이	자력선별	• 철금속 제거
	와전류 선별	• 알루미늄 등 비철금속 제거

4.4 폐기물의 기계적－생물학적 처리

4.4.1 개요

폐기물의 기계적－생물학적 처리(MBT, Mechanical－Biological Treatment)는 선별이 주된 과정인 기계적 처리와 유기성 물질의 분해를 포함하는 생물학적 처리의 두 가지 처리공정을 결합시킨 처리시스템으로, 독일을 중심으로 한 유럽지역에서 매립전처리의 한 방법으로 사용되며 기계적－생물학적 전처리(MBP, Mechanical－Biological Pretreatment)로 불리기도 한다.

우리나라 환경부에서는「생활폐기물 전처리시설 설치지침(환경부, 2006.12)」에서 "전처리시설(MBT, Mechanical Biological Treatment)"이란 '가정 등에서 수거한 폐기물을 소각 또는 매립하기 전에 재활용물질, 가연성물질, 생분해성물질 등을 분리・선별하여 가연성물질을 고형연료로 가공하는 시설' 또는 '생분해성물질을 에너지회수 및 안정화하는 시설로서 기계적 처리시설, 고형연료 제조・저장시설, 생물학적 처리시설, 부대설비 등을 적절하게 가감 및 조합한 시설'로 정의하고 있다.

독일의 폐기물 매립에 관한 기술지침에 의하면 재이용이 매립에 우선하여, 기술적이나 환경적, 경제적인 이유에서 재활용할 수 없는 폐기물만 매립하도록 하였다. 매립지에서의 생물학적, 화학적, 물리적 분해는 매립가스 및 침출수를 발생시키는데, 위생매립시설에서도 장기간에 걸친 환경위해성의 저감은 보장하기가 어렵다. 이러한 관점에서 폐기물의 전처리 방법이 활용되기에 이르렀는데, 생분해 가능한 유기성분의 폐기물은 소각하거나 생분해시킨

후에 매립함으로써 매립지에서의 안전성을 확보하도록 하고 있다. 일방적으로 폐기물 소각 쪽으로만 흐르는 것을 방지하기 위해 마련된 대안이 기계적－생물학적 전처리 방법이다.

처리대상 폐기물은 주로 분별수집과정을 거친 후 최종처리장에 반입된, 재생이용가치가 없는 폐기물이며, 이들 물질을 생물학적 반응을 거쳐 유기물을 환경에 무해한 무기물로 안정화하고 바이오 가스, 퇴비, 고형연료 등을 생산하며, 매립량 감소에 의한 매립지 이용연한 연장과 소각시설 운영에 의한 환경오염물질 저감 등을 목적으로 한다.

MBT 생산물의 용도와 MBT 목적별 공정 구성의 예를 각각 <표 4-6>과 <그림 4-32>에 나타내었다.

표 4-6 기계적 · 생물학적 처리 시설에서 사용가능한 공정의 예

구분	구성 가능 요소						
기계적 처리	트롬멜	스크린 (정지, 진동)	자력 선별기	비철금속 선별기	수선별	공기선별	근적외선 선별
생물학적 처리	노천건조 퇴비화	실내형 퇴비화	터널형 퇴비화	용기형 퇴비화	혐기성 소화	percolation*	생물학적 건조

구분	사 용 처
퇴비화 생산물	• 작물 재배, 산림육성, 토질개량제, 목초지, 원예 재배, 액비 생산
고형연료	• 발전소 연료, 시멘트 소성로 연료, 산업용 보일러 연료, 전용 소각로, 전용 가스화로, 기존 소각로 보조연료
바이오가스	• 열 및 전기 생산, 매립지 가스 또는 합성가스와 혼합 수송가능한 연료 생산
처분(선택사항)	• 매립지 상시 복토재, 생물학적 안정화 잔재물의 매립

* percolation : 트롬멜에서 선별한 미세입자를 물로 세척하여 고형분 중 2 % 내외의 미세성분을 고형물에서 제거하는 장치. 생성된 액상폐액은 혐기성 소화조로 보내짐.

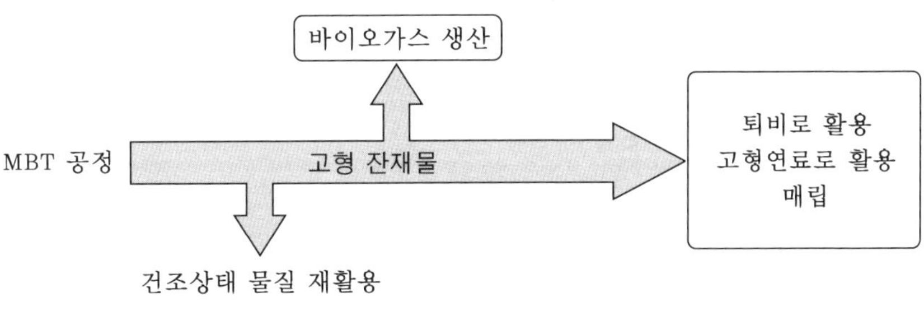

그림 4-31 MBT 공정의 4가지 주요 목적물

매립을 위한 안정화

• 생물학적 분해성을 낮추는 것이 주목적이며, 부분적 재활용품 회수

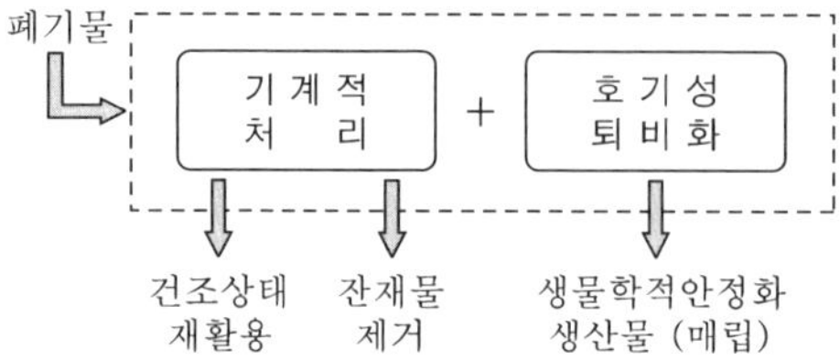

퇴비 생산

• 생활폐기물에서 퇴비용 물질 생산

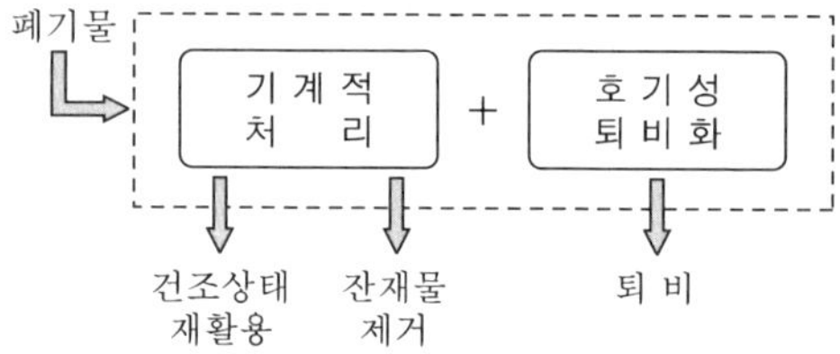

토질개량제 생산

• 퇴비 생산공정과 유사하나 약간 질이 낮은 토질 개량제 생산

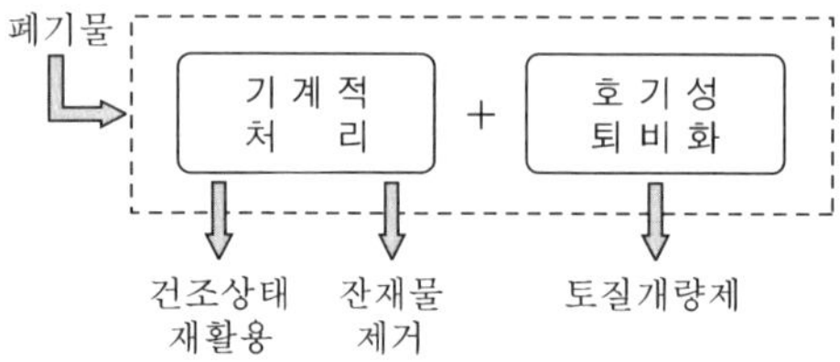

고형연료(RDF) 생산

• MBT 공정에서 나온 고체 생산물을 연료로 이용하기 위해 고형연료 생산

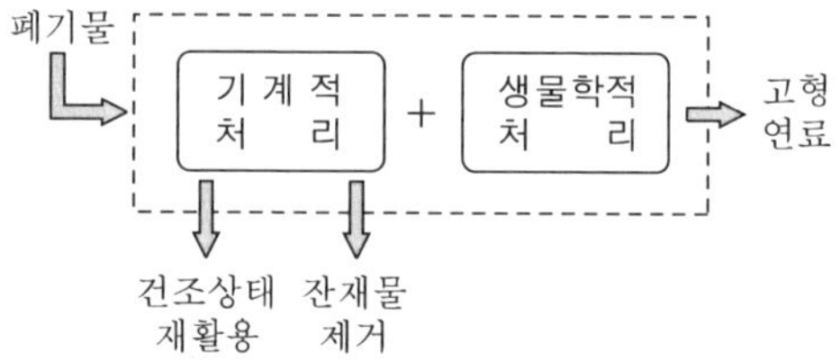

생물학적 건조를 통한 연료 생산

• 다양한 MBT 공정으로 특정사양의 고형연료(RDF) 생산

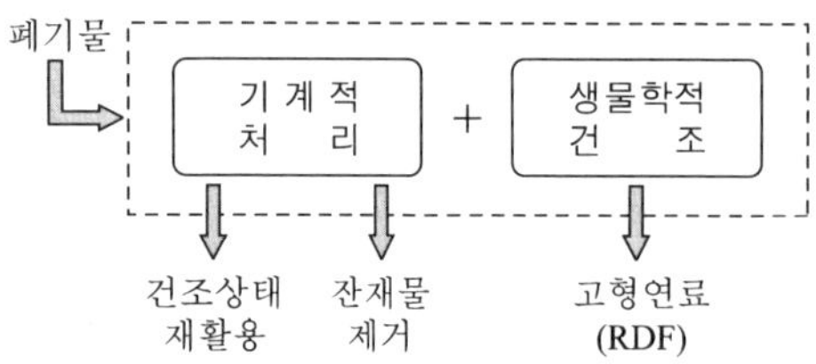

열적처리(소각, 가스화) 대상물질 감량화

• 소각 또는 가스화를 통해 폐기물처리시 처리할 폐기물의 양을 감소시키기 위한 공정구성

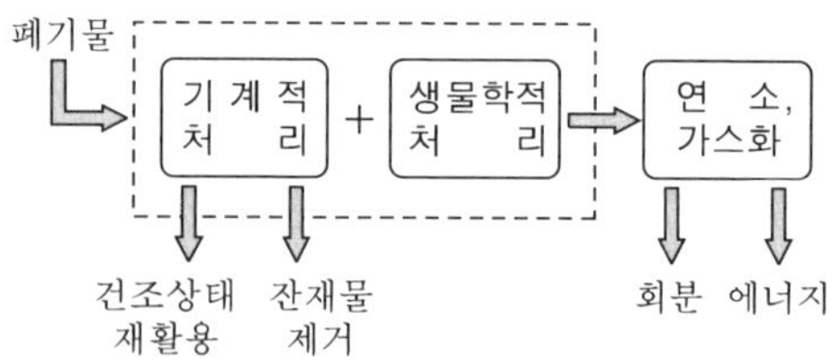

그림 4-32 MBT 목적에 따른 공정 구성의 예

4.4.2 기계적-생물학적 처리의 공정 구성

(1) 기계적 처리

기계적 처리의 목적은 자원재활용의 최대화, 생물학적 처리단계로 보내지는 폐기물의 준비, 공정상에서 배출되는 부산물의 처리, 투입폐기물 중 부적절한 폐기물의 선별에 그 목적이 있다.

기계적 전처리 단계로는 투입 폐기물의 파쇄공정, 폐기물 각각의 비중과 부력을 사용하여 폐기물을 선별하는 비중선별, 여과 공정으로 나눌 수 있으며, 파쇄된 폐기물은 대부분의 공정에서 트롬멜을 거쳐 크기별로 분리되고 이 중 크기가 작은 것들은 유기물로 생물학적 공정으로 보내진다. 기계적 전처리 공정은 생산하고자 하는 형태에 따라 구성 요소가 달라지며, 생물학적 처리 공정을 위한 전처리 및 고형연료 생산을 위한 전처리 공정은 <표 4-7>과 같다.

표 4-7 기계적 처리의 목적별 대응 처리공정의 예

기계적 처리의 목적	요소공정별 목적	처리공정
토질개량제 생산 또는 퇴비화	• 입도선별 • 가벼운 플라스틱류 분리 • 중금속 제거	• 트롬멜, 진동스크린 • 풍력선별 • 체 선별
고형연료 생산	• 비닐/종이류 등 분리 • 금속류 제거 • 생산고형물의 크기조절 • 운반, 이송, 취급 용이성 개선	• 풍력선별 • 철 및 비철금속 선별기 • 파쇄기 • 성형기(pelletiser)

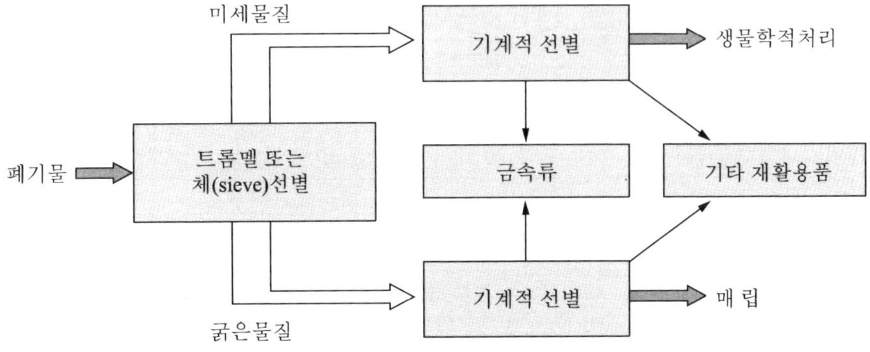

그림 4-33 기계적 처리공정의 개념도

(2) 생물학적 처리

MBT에서 생물학적 처리 공정은 매립을 위한 생물학적 안정화, 퇴비화 물질(CLO, Compost-Like-Output) 생산, 바이오가스 생산 공정으로 크게 구분되며 각각의 최종 생산물 형태에 따라 세부공정이 구성된다.

4.4.3 우리나라의 MBT 적용 사례

우리나라에서는 2006년부터 원주시에서 폐기물 연료화 시설을 가동해 오고 있으며, 환경부의 시험사업이 진행되어 2018년 현재 수도권매립지, 남해군, 부천시, 부산시, 가평군, 세종시, 대구시, 광주시 등에서 폐기물 연료화 시설이 가동 중에 있다. 원주시 폐기물 연료화 시설의 개요는 <표 4-8>과 같으며, 1일 80톤의 생활폐기물이 투입구로 투입되면 1차 자력 선별기에서 금속류가 1.8톤/일(2.25%)이 선별되며, 비철금속 선별기에서 3.24톤/일(4.05%)의 비철금속이 선별된 뒤 불연물이 걸러지고, 일정량의 수분이 건조되어 RDF 성형기로 이송되는 폐기물의 양은 37.8톤/일(47.25%)이며, 성형단계에서 유해가스의 저감을 위하여 800 kg/일의 소석회를 투입하고 있다.

(주) 코리아리사이클시스템에서는 EPR 제도의 적용을 받는 필름류 포장재의 재활용을 위해 수거된 필름류 포장재를 원료로 하여 펠렛 형태의 RPF (Refuse Paper/Plastic Fuel)를

표 4-8 원주시 생활폐기물 연료화 시설 개요

구분	내 용	
시 설 명	원주시 생활계폐기물 연료화 시설	
시설위치	강원도 원주시 흥업면 사제리 산185번지(광역매립장 지구 내)	
시설규모	생활폐기물 80톤/일	
부지면적	부지면적 : 11,276 m^2, 건축면적 : 2,496 m^2, 건축연면적 : 3,148 m^2	
총사업비	115억원(국비 34.5억원, 도비 20.55억원, 시비 59.95억원)	
주요공정	반입/전처리	반입 → 저장 → 파쇄 → 자력선별 → 건조
	선별공정	1차 자력선별 → 1, 2차 풍력선별 → 2차 자력선별 → 비철금속 선별
	성형반출	성형 → 냉각 → 진동선별 → 저장 → 포장
	건조배가스	건조기 → 열교환기 → 탈취로 → 열교환기 → 여과집진 → 대기방출
	악취/ 실내먼지	반입저장공간 : 활성탄 흡착 및 공간밀폐구조 주요처리공정 먼지 및 악취 : 여과집진기 + 활성탄 흡착

생산하고 있는데, 생산되는 RPF는 30mm × 30mm × 50mm 펠렛 형태이며 저위발열량이 6,000 kcal/kg 이상으로 년간 6,000톤 규모로 RPF을 생산하고 있다. 생산된 RPF는 시멘트 공장 등에 보조연료로 공급되고 있다.

이 회사의 주요 공정은 <표 4-9>와 같으며, 생산된 RPF의 형태는 <그림 4-34>와 같다.

표 4-9 (주)코리아리사이클시스템의 RPF 제조 주요공정 개요

주요공정	선별공정	반입 → 1차 파쇄 → 자력선별 → 2차 파쇄→ 자력선별기
	성형반출	정량공급기 → 성형기(중화제 투입) → 포장 및 반출

그림 4-34 수거된 필름류 포장재와 최종생산된 RPF

수도권매립지에서는 가연성폐기물 자원화 시범시설이 2008년에 착공되어 2010년 4월에 준공되었다. 파쇄 · 선별 등 전처리시설 용량이 200톤/일, 고형연료제조시설 용량이 100톤/일 규모이다. 계획하는 가연성폐기물 자원화 시설의 처리공정도는 <그림 4-35>와 같다.

생산된 고형연료 사용시의 염소성분 제거대책으로는 고형연료 제조과정에서 반입된 폐기물 중에서 염소함량이 높은 성분을 제거하는 공정을 반영하는 것이다. 수도권 매립지로 반입되는 생활폐기물에서 염소함량이 가장 높은 성상은 음식물 및 비닐류가 각각 2.5% 정도로 조사되었고, 이중 비닐류에 포함한 염소량은 대부분 PVC류에 기인하므로 음식물 및 비닐/플라스틱류 중 PVC를 사전 선별할 수 있는 설비를 계획하여 고형연료 품질기준 중 염소함량을 조절하는 것으로 계획하였다.

또한 생산된 고형연료 내의 중금속 제거대책은 <표 4-11>과 같다.

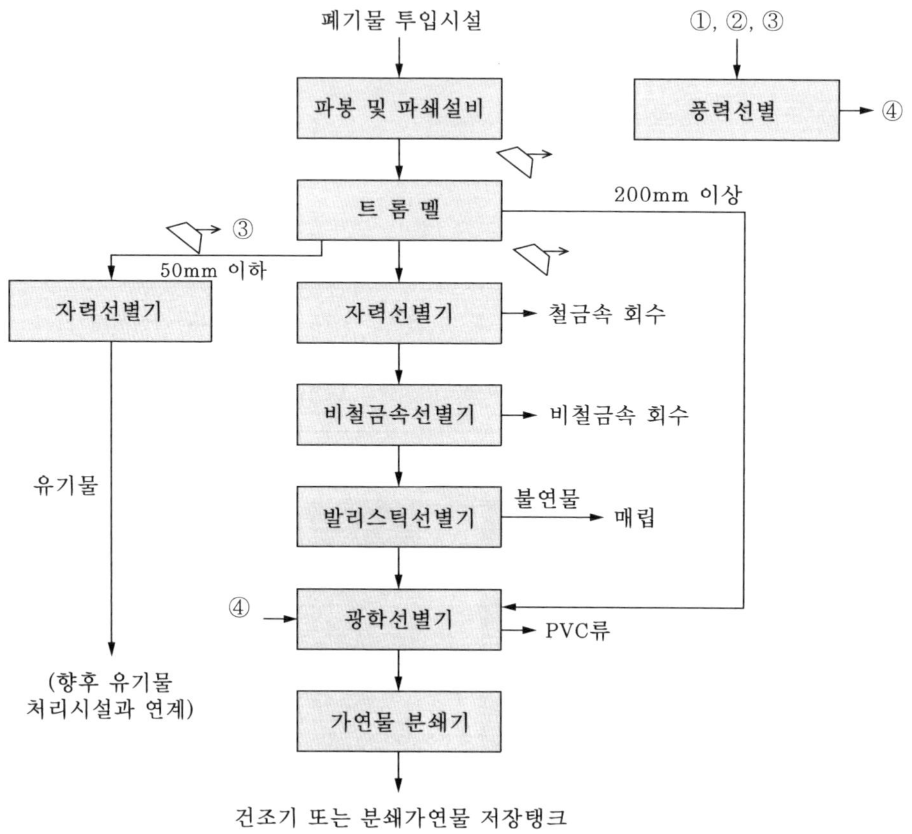

그림 4-35 수도권매립지 가연성 폐기물 자원화 시범사업의 처리공정도

표 4-10 수도권 매립지 가연성 폐기물 자원화 시범사업에서의 염소성분 제거 대책

구분	제 거 대 책
음식물류 선별	• 입도분석 결과 음식물류의 크기는 50 mm 이하가 80% 이상을 차지하고 있으므로, 입도선별기인 트롬멜 스크린에 50 mm 이하의 선별라인을 계획하여 음식물 선별 • 선별된 음식물은 향후 생물학적처리시설을 통한 자원화 사업을 계획하고, 시범사업에서는 연계처리를 위한 시설공간을 확보하는 것으로 계획
비닐류 중 PVC류 선별	• PVC는 타 비닐류에 비해 비중이 크므로 비중선별기인 발리스틱선별기에서 일부 제거 가능 • 주공정라인인 50 mm 이상의 선별라인에는 광학선별기를 계획하여 PVC류 제거 • 공기선별기 또는 200 mm 이상의 선별 비닐류 폐기물에서 PVC선별(중점관리)

※자료출처 : 가연성폐기물 자원화시범사업 기본계획보고서, 수도권매립지관리공사, 2007

표 4-11 수도권 매립지 가연성 폐기물 자원화 시범사업에서의 중금속 제거대책

구분	제 거 대 책
입도선별	• 중금속류가 많이 함유되어 있는 건전지류는 대부분 50 mm 이하이므로 입도선별에서 제거
비중선별	• 비중선별기인 발리스틱선별기[7]에서 비중이 큰 금속류 제거
철 및 비철금속 선별	• 자력선별기와 비철금속선별기를 계획하여 금속류 제거

※자료출처 : 가연성폐기물 자원화시범사업 기본계획보고서, 수도권매립지관리공사, 2007

4.4.4 고형연료제품의 품질 · 등급기준

자원의 절약과 재활용촉진에 관한 법률 시행규칙 별표 7에서는「고형연료제품의 품질기준」을 제시하고 있다. <표 4-12>에서는 고형연료제품의 품질기준 중 일반고형연료제품에 대한 기준을, <표 4-13>에서는 바이오 고형연료제품의 품질기준을 보여주고 있다.

표 4-12 고형연료제품의 품질기준 : 일반 고형연료제품 [SRF (Solid Refuse Fuel)]

<table>
<tr><th colspan="2">구분</th><th>단위</th><th colspan="2">성형</th><th colspan="2">비성형</th></tr>
<tr><td colspan="2" rowspan="2">모양 및 크기</td><td rowspan="2">mm</td><td>직경</td><td>50 이하</td><td>가로</td><td>50 이하</td></tr>
<tr><td>길이</td><td>100 이하</td><td>세로</td><td>50 이하</td></tr>
<tr><td colspan="2">발열량</td><td>kcal/kg</td><td colspan="4">수입 고형연료제품 : 3,650 이상
제조 고형연료제품 : 3,500 이상</td></tr>
<tr><td colspan="2">수분</td><td>wt.%</td><td colspan="2">15 이하</td><td colspan="2">25 이하</td></tr>
<tr><td rowspan="4">금속 성분</td><td>수은(Hg)</td><td rowspan="4">mg/kg</td><td colspan="4">1.0 이하</td></tr>
<tr><td>카드뮴(Cd)</td><td colspan="4">5.0 이하</td></tr>
<tr><td>납(Pb)</td><td colspan="4">150 이하</td></tr>
<tr><td>비소(As)</td><td colspan="4">13.0 이하</td></tr>
<tr><td colspan="2">회분</td><td>wt.%</td><td colspan="4">20 이하</td></tr>
<tr><td colspan="2">염소</td><td>wt.%</td><td colspan="4">2.0 이하</td></tr>
<tr><td colspan="2">황분</td><td>wt.%</td><td colspan="4">0.6 이하</td></tr>
</table>

자원의 절약과 재활용 촉진에 관한 법률 시행규칙 [별표 7] <개정 2020.5.27>

---

7) 편심회전운동을 하면서 경사진 위쪽 방향으로 이동하는 금속 컨베이어의 상단에 폐기물을 투입하면 비중에 의한 관성력 차이로 가벼운 물질은 컨베이어를 따라서 위로, 무거운 물질은 중력에 의해 하부로 분리되는 원리를 이용하고 있으며, 컨베이어 사이에 뚫려있는 체 사이로 체눈 크기보다 작은 물질은 분리됨.

표 4-13 바이오 고형연료제품 [BIO-SRF(Biomass-Solid Refuse Fuel)] 품질기준

<table>
<tr><th colspan="2">구분</th><th>단위</th><th colspan="2">성형</th><th colspan="2">비성형</th></tr>
<tr><td colspan="2" rowspan="2">모양 및 크기</td><td rowspan="2">mm</td><td>직경</td><td>50 이하</td><td>가로</td><td>120 이하</td></tr>
<tr><td>길이</td><td>100 이하</td><td>세로</td><td>120 이하</td></tr>
<tr><td colspan="2">저위발열량</td><td>kcal/kg</td><td colspan="4">수입 고형연료제품 : 3,150 이상
제조 고형연료제품 : 3,000 이상</td></tr>
<tr><td colspan="2">수분</td><td>wt.%</td><td colspan="2">10 이하</td><td colspan="2">25 이하</td></tr>
<tr><td rowspan="5">금속 성분</td><td>수은(Hg)</td><td rowspan="5">mg/kg</td><td colspan="4">0.6 이하</td></tr>
<tr><td>카드뮴(Cd)</td><td colspan="4">5.0 이하</td></tr>
<tr><td>납(Pb)</td><td colspan="4">100 이하</td></tr>
<tr><td>비소(As)</td><td colspan="4">5.0 이하</td></tr>
<tr><td>크롬(Cr)</td><td colspan="4">70.0 이하</td></tr>
<tr><td colspan="2">회분</td><td>wt.%</td><td colspan="4">15 이하</td></tr>
<tr><td colspan="2">염소</td><td>wt.%</td><td colspan="4">0.5 이하</td></tr>
<tr><td colspan="2">황분</td><td>wt.%</td><td colspan="4">0.6 이하</td></tr>
<tr><td colspan="2">바이오매스</td><td>wt.%</td><td colspan="4">95 이상</td></tr>
</table>

자원의 절약과 재활용 촉진에 관한 법률 시행규칙 [별표 7] <개정 2020.5.27>

<표 4-14>에서는 고형연료제품 품질기준항목별 평가점수를 나타내었으며, 이를 토대로 <표 4-15>와 같이 고형연료제품 품질등급을 구분할 수 있다.

표 4-14 고형연료제품 품질기준항목별 평가점수

가. 일반 고형연료제품

<table>
<tr><th rowspan="2">품질기준항목</th><th rowspan="2">단위</th><th colspan="3">평 가 점 수</th></tr>
<tr><th>3점</th><th>2점</th><th>1점</th></tr>
<tr><td>(저위)발열량
(수입제품의 경우)</td><td>kcal/ kg</td><td>≥6,000
(≥6,150)</td><td>≥5,000
(≥5,150)</td><td>≥3,500
(≥3,650)</td></tr>
<tr><td>수은 함유량</td><td>mg/kg</td><td>≤0.2</td><td>≤0.5</td><td>≤1</td></tr>
<tr><td>염소 함유량</td><td>wt.%</td><td>≤0.5</td><td>≤1</td><td>≤2</td></tr>
<tr><td>황분 함유량
(폐타이어만으로 제조한 경우)</td><td>wt.%</td><td>≤0.2
(≤1.6)</td><td>≤0.4
(≤1.8)</td><td>≤0.6
(≤2.0)</td></tr>
</table>

나. 바이오 고형연료제품

품질기준항목	단위	평가점수		
		3점	2점	1점
(저위)발열량 (수입제품의 경우)	kcal/ kg	≥3,600 (≥3,750)	≥3,300 (≥3,450)	≥3,000 (≥3,150)
수은 함유량	mg/kg	≤0.1	≤0.3	≤0.6
염소 함유량	wt.%	≤0.1	≤0.3	≤0.5
황분 함유량	wt.%	≤0.05	≤0.1	≤0.6

자원의 절약과 재활용 촉진에 관한 법률 시행규칙 [별표 7의2] <개정 2020.5.27>

표 4-15 고형연료제품 품질등급 구분기준

품질등급	구분기준
최우수	4개 품질기준항목의 평가점수의 합계가 10점 이상
우수	4개 품질기준항목의 평가점수의 합계가 8점 이상 10점 미만
양호	4개 품질기준항목의 평가점수의 합계가 4점 이상 8점 미만

자원의 절약과 재활용 촉진에 관한 법률 시행규칙 [별표 7의2] <개정 2020.5.27>

4.5 도시광산

4.5.1 도시광산의 정의

도시광산(urban mining)이란 전통적인 광산업과 달리 휴대폰, 컴퓨터 등 전자회로기판에 있는 주요 금속 물질과 차량에 사용된 수많은 금속물질을 추출하여 재활용하는 것을 말한다. 같은 지하자원이라도 석유나 석탄은 태워서 사용해 버리면 원래의 형질이 없어지는 반면, 금속은 사용한 뒤에도 폐기물 속에 그대로 남아있는 점에 착안한 것으로, 1980년대 일본의 토호쿠 대학 선광제련 연구소의 난조 미치오 교수진에 의해 금속 재활용의 의미로 최초로 사용된 개념이다.

4.5.2 도시광산이 주목받는 이유

일본의 물질재료연구소가 2007년에 추정한 바에 따르면, 일본 도시광산의 금 축적량은 약 6,800톤에 이른다. 이는 전 세계 매장량인 4만 2,000톤의 16%에 달하는 양으로 세계 최대의 금 자원국인 남아프리카공화국에 매장된 6,000톤을 웃도는 규모다. 마찬가지로 은은 약 6만톤으로 현재 세계 매장량의 23%, 액정텔레비전이나 태양전지에 사용되는 희귀금속인 인듐은 약 1,700톤으로 세계 매장량의 38%가 일본의 전자 제품 속에 있다. 또한 구리나 백금과 같은 금속은 현재 매장량 기준으로 세계 3위 이내에 들 정도의 양이 묻혀 있다.

광석 채취의 효율성을 생각해보면, 도시광산 금속의 경제적 매장량 수준은 상대적으로 더 높다고 말할 수 있다. 도시광산의 전자폐기물은 금속 함유비율이 매우 높기 때문이다. 예를 들어 금 광산의 원석 1톤에서 채취되는 금의 양은 평균적으로 4 g 정도에 불과하지만, 휴대전화 1톤에 포함되어 있는 금은 무려 70배인 약 280 g에 달한다.

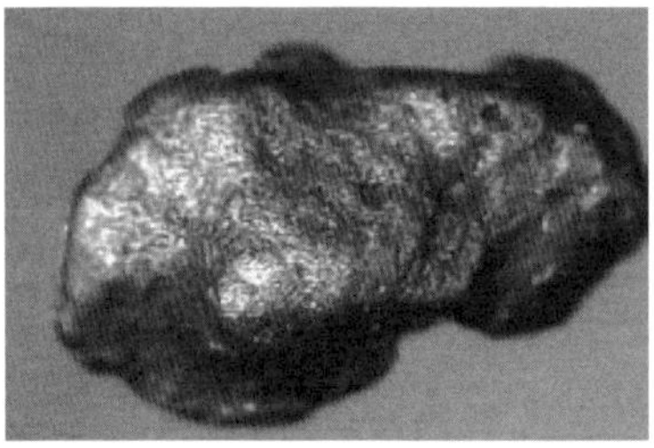

자료출처 : 중앙일보

그림 4-36 희소금속 팔라듐(좌)과 수거된 폐휴대전화(우)

표 4-16 휴대전화 1대에 들어있는 금속함유량(단위 : g)

금	0.04	팔라듐	0.03	구리	14
은	0.2	로듐	0.002	코발트	27.4

4.5.3 도시광산의 성장과 발전을 위한 요소

- 전국에 산재한 폐기물을 한 곳으로 취합하는 회수 시스템의 구축
- 다양한 금속을 효과적으로 추출할 수 있는 고도의 제련 기술의 개발
- 리사이클링 과정에서 따로 처리해야 하는 부산물 처리를 위한 회수/해체 후 추출 단계 사이에 위치하는 1차 가공 단계의 구축

EXERCISES

01 밀도가 500 kg/m^{3}인 쓰레기 5 ton을 압축시켰더니 처음 부피보다 60% 줄었다. 이 경우 압축비는?

문제풀이 압축 후 처음 부피보다 60% 줄어들었으므로 압축 후 부피는 처음 부피의 40%

$$\text{압축비} = \frac{\text{압축 전 부피}(V_i)}{\text{압축 후 부피}(V_f)} = \frac{1}{0.4} = 2.5$$

02 폐기물의 부피감소율이 50%에서 75%로 되었을 때 폐기물의 압축비는?

문제풀이 부피감소율 50%일 때 $50 = \frac{V_i - V_f}{V_i} \times 100 \rightarrow 50V_i = 100V_i - 100V_f$

$50V_i = 100V_f \rightarrow \frac{V_i}{V_f} = CR = 2$

부피감소율 75%일 때 $75 = \frac{V_i - V_f}{V_i} \times 100 \rightarrow 75V_i = 100V_i - 100V_f$

$25V_i = 100V_f \rightarrow \frac{V_i}{V_f} = CR = 4$

∴ 압축비는 2배 증가함.

03 자연상태의 쓰레기 밀도가 200 kg/m^{3}이었던 것을 적환장에 설치된 압축기에 넣어 압축시킨 결과 900 kg/m^{3}로 증가하였다. 이때 부피의 감소율은?

문제풀이 밀도가 200 kg/m^{3}일 때 1 ton의 폐기물 부피는 $\frac{1000\text{kg}}{200\text{kg/m}^3} = 5\text{m}^3$

밀도가 900 kg/m^{3}일 때 1 ton의 폐기물 부피는 $\frac{1000\text{kg}}{900\text{kg/m}^3} = 1.1\text{m}^3$

$$\text{부피감소율} = \frac{\text{감소된 부피}(V_i - V_f)}{\text{압축 전 부피}(V_i)} \times 100 = \frac{5 - 1.1}{5} \times 100 = 78\%$$

04 압축기에 쓰레기를 넣고 압축시킨 결과 부피감소율이 80%이었다고 한다. 이때 압축비는?

문제풀이 $\text{부피감소율} = 80 = \frac{V_i - V_f}{V_i} \times 100 \rightarrow 80V_i = 100V_i - 100V_f$

$20V_i = 100V_f \rightarrow \frac{V_i}{V_f} = 5$

∴ 압축비 = 5

05 $x_{90}=4.6$cm로 도시폐기물을 파쇄하고자 할 때(즉, 90% 이상을 4.6 cm보다 작게 파쇄하고자 할 때) Rosin-Rammler 모델에 의한 특성입자크기 x_o는? (단, $n=1$로 가정)

문제풀이

$$y=1-\exp\left[\left(-\frac{x}{x_o}\right)^n\right]$$

$$0.9=1-\exp\left[\left(-\frac{4.6}{x_o}\right)\right] \rightarrow 0.1=\exp\left(-\frac{4.6}{x_o}\right)$$

exp를 없애기 위해서 양변에 ln을 취하면(∵ln 함수 ↔ exp 함수는 서로 역함수이므로 exp 함수에 ln를 취하면 exp 함수가 소거됨)

$$\ln 0.1=\left(-\frac{4.6}{x_o}\right) \rightarrow x_o=-\frac{4.6}{\ln 0.1}=2.0\text{cm}$$

06 최소 크기가 10 cm인 폐기물을 2 cm로 파쇄하고자 할 때 Kick's 법칙에 의한 소요에너지는 동일 폐기물을 4 cm로 파쇄할 때 소요되는 에너지의 몇 배인가? (단, $n=1$로 가정한다)

문제풀이

10 cm → 2 cm의 경우, $E_1=C\ln\frac{10}{2}=1.61\,C$

10 cm → 4 cm의 경우, $E_2=C\ln\frac{10}{4}=0.92\,C$

$\therefore\ \frac{1.61\,C}{0.92\,C}=1.75$

07 50 ton/hr 규모의 시설에서 평균크기가 30.5 cm인 혼합된 도시 폐기물을 최종크기 5.1 cm로 파쇄하기 위해 필요한 동력은? (단, 평균크기를 15.2 cm에서 5.1 cm로 파쇄하기 위한 에너지 소모율은 15 kW・hr/ton이며, 킥의 법칙 적용)

문제풀이

15.2 cm → 5.1 cm의 경우, $15=C\ln\frac{15.2}{5.1}=1.09\,C \rightarrow C=13.94$

30.5 cm → 5.1 cm의 경우, $E=13.94\ln\frac{30.5}{5.1}=24.9$

∴ 소요동력 = 24.9 kW・hr/ton × 50 ton/hr = 1,245 kW

08 쓰레기 선별에 사용되는 직경이 3.2 m인 트롬멜 스크린의 최적속도는?

문제풀이

트롬멜의 반지름(지름/2)에 반비례하며, 단위가 cycle/초이므로, rpm으로 환산해 주어야 한다(× 60 필요!).

직경이 3.2 m이므로, 반경은 1.6 m

$$\text{임계속도}=\frac{1}{2\pi}\sqrt{\frac{g}{r}}=\frac{1}{2\pi}\sqrt{\frac{9.8}{1.6}}=0.394\ \text{cycle/sec}=23.6\,\text{rpm}$$

최적속도 = 임계속도 × 0.45 = 23.6 × 0.45 = 10.6 rpm

09 투입량이 1 ton/hr이고 회수량이 600 kg/hr (그 중 회수대상물질은 500 kg/hr)이며, 제거량은 400 kg/hr (그 중 회수대상물질은 100 kg/hr)일 때 선별효율은? (단, Worrell식 적용)

문제풀이

x_o+y_o 투입 물질	→	선별 장치	→	x_1+y_1	재활용 물질
			→	x_2+y_2	폐기 물질

$x_1+y_1=600\,\text{kg}$ (이 중 $x_1=500,\ y_1=100$)

$x_2+y_2=400\,\text{kg}$ (이 중 $x_2=100,\ y_2=300$)

$x_o=x_1+x_2=600,\ y_o=y_1+y_2=400$

$$\therefore\ E=\frac{x_1}{x_0}\cdot\frac{y_2}{y_o}\times 100=\frac{500}{600}\cdot\frac{300}{400}\times 100=62.5$$

10 투입량이 1.0 ton/hr이고, 회수량이 600 kg/hr (그 중 회수대상물질은 550 kg/hr)이며 제거량은 400 kg/hr (그 중 회수대상물질은 70 kg/hr)일 때 선별효율은? (단, Rietema식 적용)

문제풀이

$x_1+y_1=600\,\text{kg}$ (이 중 $x_1=550,\ y_1=50$)

$x_2+y_2=400\,\text{kg}$ (이 중 $x_2=70,\ y_2=330$)

$x_o=x_1+x_2=620,\ y_o=y_1+y_2=380$

$$\therefore\ E=\left|\frac{x_1}{x_0}-\frac{y_1}{y_o}\right|\times 100=\left|\frac{550}{620}-\frac{50}{380}\right|\times 100=75.6$$

▸ MEMO ◂

Chapter 05

유기성 폐기물 처리

5.1 퇴비화

5.1.1 퇴비화의 특징

퇴비화는 호기성 조건 하에서 생물학적으로 유기물을 안정화시키는 고형폐기물 자원화 방법 중의 일종이다. 즉, 도시폐기물 중의 음식물류 폐기물, 축산폐기물, 낙엽 또는 하수처리장 슬러지와 같은 유기물을 안정한 상태의 부식질(humus)로 변환시키는 생물학적 공정이다.

부산물인 퇴비는 100% 안정화된 유기물은 아니며, 퇴비 내의 유기물질은 매우 느린 속도로 계속 분해된다. 퇴비화의 장점 중의 하나는 퇴비화 기간 동안 발생된 열에 의해 다른 처리방법에서는 살아남을 가능성이 있는 많은 병원균을 파괴시킬 수 있다는 점이다. 퇴비화 반응은 다음과 같이 요약될 수 있다.

복잡한 유기물 + O_2 → 보다 덜 복잡한 유기물(humus) + CO_2 + H_2O + NH_3 + 열

Humus의 특징은 다음과 같다.

① 악취가 없는 안정한 유기물이다(흙냄새).
② 병원균이 사멸되어 거의 없다.
③ 뛰어난 토양개량제이다.
④ 물 보유력과 양이온 교환능력이 좋다.
⑤ C/N비가 낮다(10～20).
⑥ 짙은 갈색(검은색)이다.

퇴비화 과정은 일반적으로 3~4주 정도 소요된다. 퇴비화 과정은 호기성이기 때문에 그 기간 동안 혼합에 의해 공기가 공급되어야 하며 생물학적 과정에 의해 분해가 일어나면서 병원균을 파괴시킬 수 있는 고온(55℃ 이상)이 발생된다. 보통의 경우 70℃를 넘는 경우도 허다하다. 이 과정에서 산소 요구량을 만족시키기 위해 다음과 같은 2가지 방법으로 공기를 공급한다.

① 폐기물을 교반시킴으로써 대기 중의 산소에 노출시킨다.
② 공기 주입 장치의 사용으로 공기를 공급한다.

퇴비화 과정이 완료된 후에 대략 20일 정도 안정화(stabilization)기간이 필요하다. 이 기간 동안 유기물의 안정화 등을 좀 더 예상할 수 있다.

퇴비화의 장점은 다음과 같다.

① 유기성 폐기물을 재활용함으로써 폐기물을 감량화할 수 있다.
② 생산품인 퇴비는 토양의 이화학적 성질을 개선시키는 토양개량제로 사용할 수 있다.
③ 운영시에 소요되는 에너지가 낮다.
④ 초기의 시설투자비가 낮다.
⑤ 다른 폐기물처리 기술에 비해 고도의 기술수준이 요구되지 않는다.

퇴비화의 단점은 다음과 같다.

① 생산된 퇴비는 비료가치가 낮다.
② 다양한 재료를 이용하므로 퇴비제품의 품질표준화가 어렵다.
③ 부지가 많이 필요하고 부지선정이 어렵다.
④ 퇴비가 완성되어도 부피가 크게 감소되지는 않는다(50% 이하).
⑤ 악취발생의 가능성이 있다.

5.1.2 퇴비화의 전체적 처리과정

퇴비화는 자연에서 항상 일어나는 과정으로, 문헌에 보고된 최초의 조직적인 퇴비화 공정 운전경험은 Howard의 지도 아래 1930년대 초 인도에서 수행되었다. Indore process로 알려진 이 프로세스는 개발된 인도의 지명을 따서 명명되었다. 간단한 형태로서, 그 과정은 60~90 cm 깊이의 도랑을 파서 거기에 폐기물, 분뇨, 동물 배설물, 지렁이와 짚단을 넣는다. 초창기의 방법은 그 물질을 6개월 또는 그 이상의 퇴비화 기간 동안 단 2회 뒤집어주는 정도에 지나지 않았다. 분해되는 폐기물로부터 배출되는 폐수는 재순환시키거나 퇴비화 중인 다른 건조한 폐기물에 가해준다. 제한적인 뒤집기로 인해 퇴비단 내부의 대부분이 혐기성이었던 것으로 추정되나, Indore process는 호기성 혹은 임의성 조건을 유지하고 퇴비화 기간을 가속화시키기 위해 퇴비화 물질을 자주 뒤집어주는 가장 중요한 기술혁신을 이루었다.

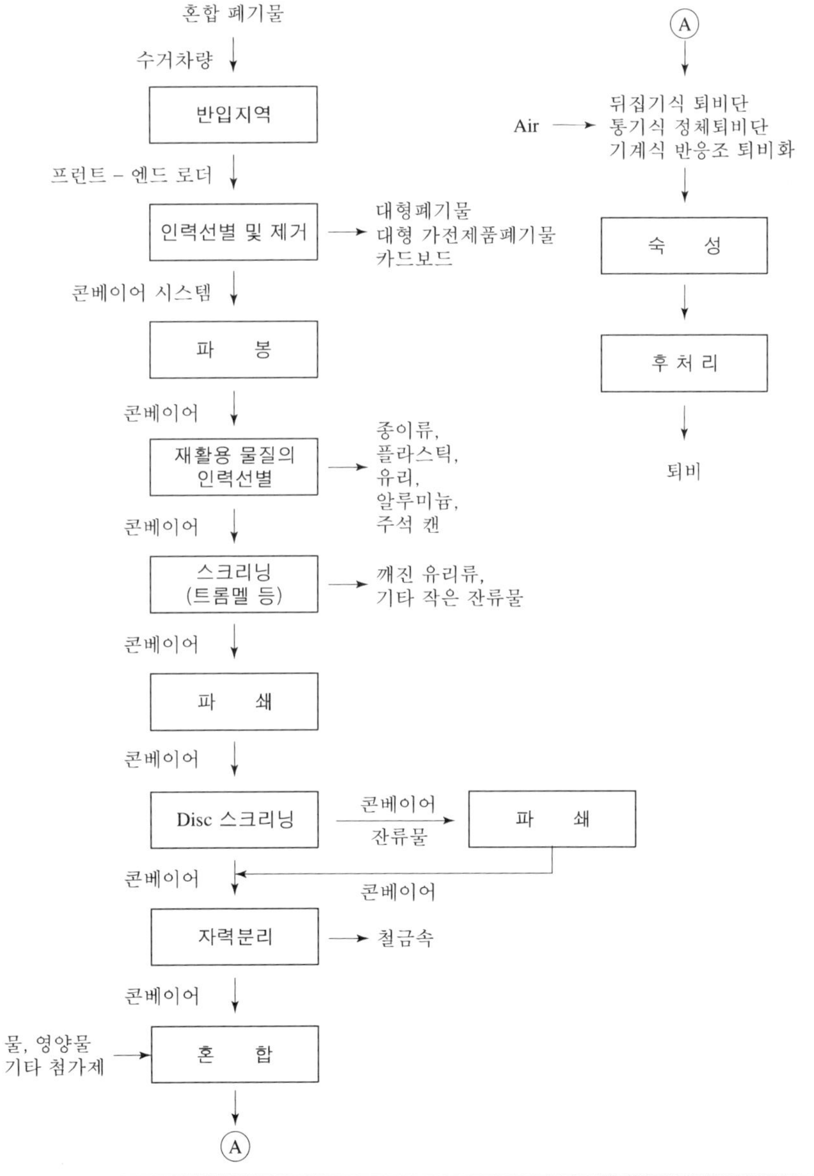

그림 5-1 퇴비화 과정의 일반적 흐름도

대부분의 현대 퇴비화 공정은 세 가지의 기본단계로 구성되어 있는데, ① 폐기물의 전처리 과정, ② 폐기물의 유기성분의 분해, ③ 최종 퇴비의 제품화 및 시장개발이다. 퇴비화 처리의 일반적인 처리 흐름도는 <그림 5-1>과 같다.

폐기물의 반입, 회수가능한 물질의 제거, 파쇄, 폐기물성상(즉, C/N비, 수분과 영양염 첨가)의 조절은 폐기물의 퇴비화를 위한 필수적인 전처리 과정이다. 전처리의 정도는 퇴비화 방법과 최종 퇴비에 대한 품질규격에 따라 다르다.

퇴비화 방법은 뒤집기식 퇴비단 공법, 통기식 정체퇴비단 공법, 기계식 반응조 퇴비화 공법 등의 여러 가지로 개발되었다. 뒤집기식 퇴비단 공법을 예를 들면, 전처리된 폐기물을 개방된 곳에 단으로 쌓아 놓는 것으로, 퇴비단은 4～5주간의 퇴비화 기간 동안 일주일에 1～2회 뒤집는다. 이 기간 동안 폐기물의 유기성분 중 생물학적 분해가능한 부분은 여러 가지 미생물에 의해 분해되고 탄소원으로서 유기물질을 이용한다. 미생물의 대사활동은 처음에 유기물질의 화학적 구성을 변화시키고, 폐기물의 부피와 무게를 감소시키며 퇴비화되는 물질의 온도를 증가시킨다. 퇴비단을 뒤집어서 분해과정에 필요한 산소를 공급하고 퇴비화 폐기물의 온도를 조절한다. 쉽게 생분해 가능한 유기물질이 없으면 박테리아의 활동은 감소하고 퇴비화 물질의 온도는 떨어지기 시작하며 퇴비화의 처음 단계가 완료된다(그림 5-2 참조). 퇴비화된 물질은 보통 완전한 안정화를 위해 퇴비단에서 2～8주 더 숙성시킨다.

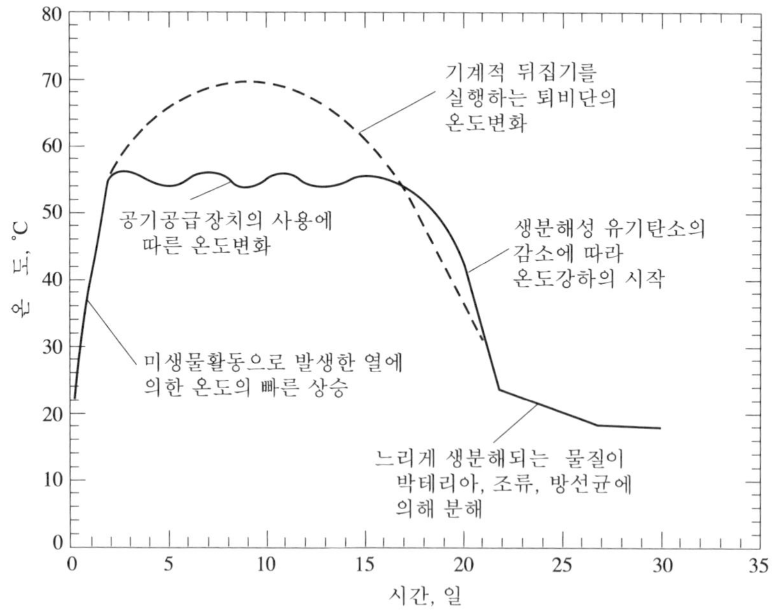

그림 5-2 퇴비화 공정 중 온도변화

퇴비화의 셋째 단계는 퇴비의 제품화 및 시장개발로서, 퇴비가 숙성되어 안정화된 후이다. 제품화 및 시장 개발은 미세분쇄, 체 선별, 풍력선별, 여러 가지 첨가물과 혼합, 입상화, 포장, 저장, 선적 및 어떤 경우에는 직접 시장에 내놓는 일이 포함된다.

5.1.3 퇴비화의 단계별 변화

퇴비화는 유기물의 호기성 분해가 주된 과정으로 여러 종류의 많은 중온성(mesophilic), 고온성(thermophilic) 미생물들이 관여한다. 이들에 의한 분해과정은 크게 3부분으로 나누어지는데, 첫 번째는 유기물 중에 있는 분해가 쉬운 물질들, 즉 당류, 아미노산 등이 빨리 흡수 이용되는 1～2일간으로 퇴비더미의 온도가 오르기 시작하는 단계이다. 두 번째는 고온성 분해과정으로 주로 유기성 폐기물 중의 cellulose, pectin 등의 분해가 이루어지며, 보통 수 주간 계속된다. 세 번째는 숙성(curing or stabilization) 단계로 온도가 떨어지고 분해속도가 느려지며 다시 중온성 미생물 등이 정착한다. 이상의 과정은 폐기물의 종류와 퇴비화 과정 중의 환경조건에 따라 그 기간이 달라질 수는 있지만 3단계로 이루어지는 것이 일반적이다. 어떤 사람은 마지막 단계를 다시 냉각(cooling) 단계와 숙성(maturation) 단계로 나누는 경우도 있다.

(1) 초기단계

퇴비화 과정의 초기에는 중온성 진균(fungi)과 세균(bacteria)들이 주로 유기물을 분해하고, 이들의 작용에 의해 퇴비더미의 온도가 40℃ 이상으로 상승됨에 따라 고온성 세균과 방선균(actinomycetes)으로 대체되기 시작한다. 중온성 미생물들은 폐기물의 종류에 따라 그 종류가 다양하지만 일반적으로 토양 중의 유기물에 존재하는 미생물들과 비슷하다.

(2) 고온단계

초기단계의 중온성 미생물에 의한 폐기물의 분해로 열이 발생되고 퇴비더미에 열이 축적되면 온도가 상승하고 동시에 중온성 미생물들의 밀도와 분해활동이 급격히 감소한다. 그러나 고온성 미생물의 밀도는 증가되는데, 여러 사람의 연구결과 고온 상태에서의 퇴비화 진행은 이들 고온성 미생물에 의해 수행되는 것으로 밝혀졌으며 주로 *Bacillus sp.*, *Thermoactinomyces sp.*와 cellulose 분해 미생물이 주요역할을 하는 것으로 밝혀졌다. 소형 반응장치 실험결과에 의하면 고온단계(50～70℃)의 퇴비에서 분리된 미생물의 87%가 *Bacillus sp.* 이었고, 그 외에도 *Streptomyces sp.*, *Thermoactinomyces sp.*, *Aspergillus fumigatus*가 있음을 조사하였다. 특히 퇴비화 중 고온단계의 전반기에는 *Bacillus*가, 후반기에는 *Thermoactinomyces*와 진균이 주된 역할을 할 것이라고 하였다.

고온단계에서 퇴비온도는 일반적으로 50~60℃가 계속적으로 유지되지만 때에 따라서는 더 온도가 상승하여 60℃ 이상 오르기도 하는데, 60~65℃ 온도에서는 퇴비 중의 고온성 세균 및 방선균 등의 미생물들이 모두 사멸하여 미생물의 다양성이 급격히 감소하고 열에 견딜 수 있는 포자형성 세균만 남게 되어 퇴비화 효율이 급격히 떨어진다. 일반적으로 퇴비화 진행이 65~70℃의 고온에서 빨리 된다고 알려져 있는데, 여러 미생물학자들의 실험에 의해 퇴비화는 적당한 고온, 즉 40~55℃에서 가장 효율적으로 진행됨이 판명되었다.

(3) 숙성단계

고온성 미생물의 작용에 의한 분해가 끝나면 대부분의 분해가능한 유기물이 분해되었기 때문에 분해속도가 훨씬 느려지고 따라서 퇴비온도도 40℃ 이하로 떨어진다. 이때 다시 중온성 미생물이 재정착을 하는데 초기단계의 미생물 종류와 밀도와는 약간의 차이가 있다. 왜냐하면 숙성단계의 유기물들은 상당부분이 더 이상 분해가 쉽게 되지 않는 부식질(humus)로 변하기 때문이다. 부식질은 lignin 함량이 높고 가용 영양분의 함량이 낮기 때문에 이러한 환경에 적합한 방선균이 많아진다.

Godden 등은 가축분뇨의 퇴비화 과정 중 고온단계가 끝난 뒤의 중온성 미생물중 초기단계에 있던 *Micromonospora chalcea*, *Streptomyces thermoviolaceus* 등 일부 방선균과 세균이 재정착한다고 하였다.

5.1.4 퇴비화의 방법

현재 사용되는 퇴비화의 두 가지 주요 방법은 교반식 및 정체식이 있다. 교반식 방법은 퇴비화할 물질을 주기적으로 교반하여 산소를 주입하고, 온도를 조절하고, 보다 일정한 부산물을 얻기 위해 물질을 혼합한다. 정체식 방법에서는 퇴비화할 물질은 그대로 두고 공기를 퇴비화 물질에 불어 넣는다. 퇴비화의 가장 일반적인 교반식과 정체식 방법은 각각 뒤집기식 퇴비단과 통기식 정체퇴비단법으로 알려져 있다. 반응조에서 수행되는 퇴비화 시스템은 기계식 반응조 퇴비화법으로 알려져 있다.

(1) 뒤집기식 퇴비단 공법

뒤집기식 퇴비단 공법은 퇴비화의 가장 오래된 방법 중의 하나이다. 가장 간단한 형태인 뒤집기식 퇴비단 시스템은 퇴비화할 물질을 일 년에 한번만 퇴비단을 뒤집기 위해 프론트-엔드 로더를 사용하기도 하는데 이런 경우에는 퇴비단이 완전히 분해되는 데는 3∼5년이 걸린다. 그러한 시스템은 퇴비단의 일부가 혐기성일 때는 불쾌한 냄새가 나게 된다.

퇴비단 시스템은 보통 높이가 1.8∼2.1 m, 폭이 4.0∼5.0 m의 작은 단면을 가진 퇴비단을 이용한다. 퇴비단의 실제 크기는 퇴비단을 뒤집기 위해 사용하는 장치의 형태에 따라 다르다. 퇴비단을 만들기 전에 유기물질을 파쇄와 체 분리에 의해 약 2.5∼7.5 cm 크기로 하고, 수분함량을 50∼60%로 조절한다. 이러한 시스템은 온도가 55℃ 또는 약간 넘게 유지되는 동안 일주일에 두 번 뒤집는다. 퇴비단의 뒤집기로 인해 종종 불쾌한 냄새가 배출되기도 하며, 완전한 퇴비화는 3∼4주 후에 이루어진다. 그 후 퇴비는 뒤집지 않고 3∼4주 더 숙성시킨다. 숙성기간 동안 잔류되어있는 분해성 유기물질은 곰팡이류(fungi)와 방선균류(actinomycetes)에 의해 더 분해된다.

(2) 통기식 정체퇴비단법

통기식 정체퇴비단법은 격자형의 폭기 혹은 통기관 위에 전처리된 도시폐기물의 유기성분이 쌓여있는 형태를 하고 있다(그림 5-3). 퇴비단의 높이는 약 2∼2.5 m이다. 체 분리한 퇴비를 새로운 퇴비단의 보온과 악취방지를 위해 퇴비단 표층에 덮어주기도 한다.

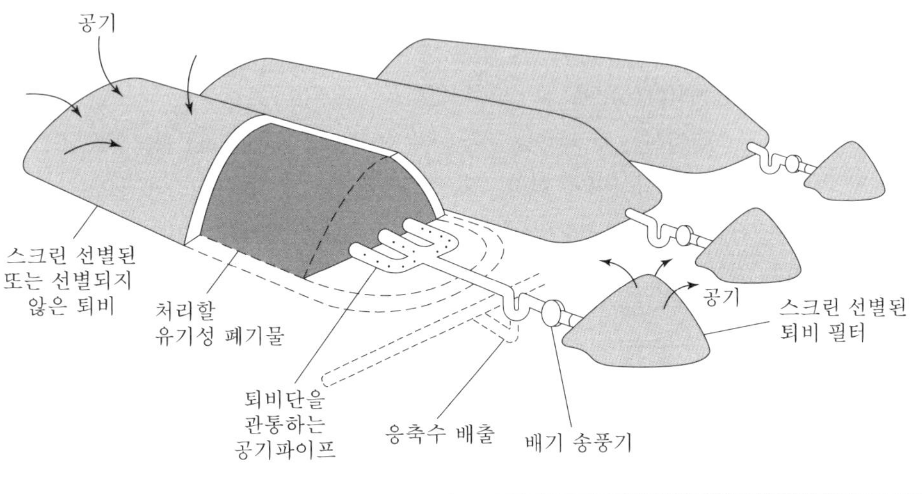

그림 5-3 통기식 정체퇴비단 공법

각 퇴비단은 보다 효과적인 공기공급을 위해 통상 별도의 송풍기를 사용하며, 공기는 생물학적 전환에 필요한 산소를 공급하고 퇴비단 내에 온도를 조절하기 위하여 주입된다. 송풍기 운전은 타이머에 의해 조절되며, 어떤 시스템에서는 특별한 온도 변화에 맞추기 위해 컴퓨터에 의해 조절된다. 퇴비화 기간은 3~4주 정도이고, 그 후 4주 또는 그 이상 숙성 시키며, 숙성된 퇴비를 파쇄와 체 분리함으로써 최종 퇴비산물의 질을 향상시킨다. 개선된 처리와 악취조절을 위해 새로운 시설의 중요한 부분은 덮어 놓거나 밀봉한다.

탈수된 하수슬러지를 퇴비화하는 경우는, 퇴비화할 물질의 공극을 유지시키고, 과도한 수분을 흡수하기 위해 수분조절제(bulking agent)가 필요한데 우드칩이 수분조절제로 가장 일반적으로 사용된다. 슬러지와 우드칩 혼합물을 폭기관 위의 퇴비단에 놓고 미리 퇴비화된 물질로 상부를 덮는다. 송풍기가 작동되면 퇴비단을 통해 공기를 불어 넣거나 뽑아낸다. 퇴비화 시간은 일반 퇴비단 공법과 같은 약 3~4주일이다. 퇴비화 후 퇴비단은 덜어내고 수분조절제는 체분리 하여 회수된다. 그리고 도시폐기물, 정원폐기물, 도시폐기물과 하수 슬러지 혼합물과 같이 건조된 폐기물을 퇴비화하는데 수분조절제는 대개 필요하지 않다.

(3) 기계식 반응조 퇴비화법

기계식 반응조 퇴비화법은 퇴비화가 밀폐된 반응조 내에서 이루어지는 것으로 이 시스템의 반응조로 사용할 수 있는 것은 수직탑, 수평 장방형과 원형 탱크 및 원형 회전 탱크이다(그림 5-4 참조). 기계식 반응조 퇴비화법은 크게 플러그(plug flow) 흐름조와 교반(dynamic)조로 분리할 수 있다. 플러그 흐름조에서는 퇴비화 입자들은 반응 시작부터 반응 끝까지 동일 반응조에 머물며, 그 시스템은 선입－선출(first-in, first-out)원리에 의해 운전된다. 교반조에서의 퇴비화 물질은 기계적으로 혼합된다. 플러그 흐름조의 예는 <그림 5-4 (a),(b)>에, 교반조의 예는 <그림 5-4(c),(d)>에 설명되어 있다.

기계식 반응조 시스템에서는 공기흐름, 온도 및 산소농도와 같은 환경조건을 조절함으로써 냄새와 처리시간을 최소화하여야 한다. 최근에는 밀폐된 용기에서 기계적으로 교반하고, 산소를 공급하는 기계식 퇴비화 공법이 주로 적용되고 있다. 용기식 퇴비화법에서 체류시간은 1~2주이지만, 실제로 모든 시스템에서는 퇴비화 기간 이후 4~12주의 추가숙성기간을 채택하고 있다.

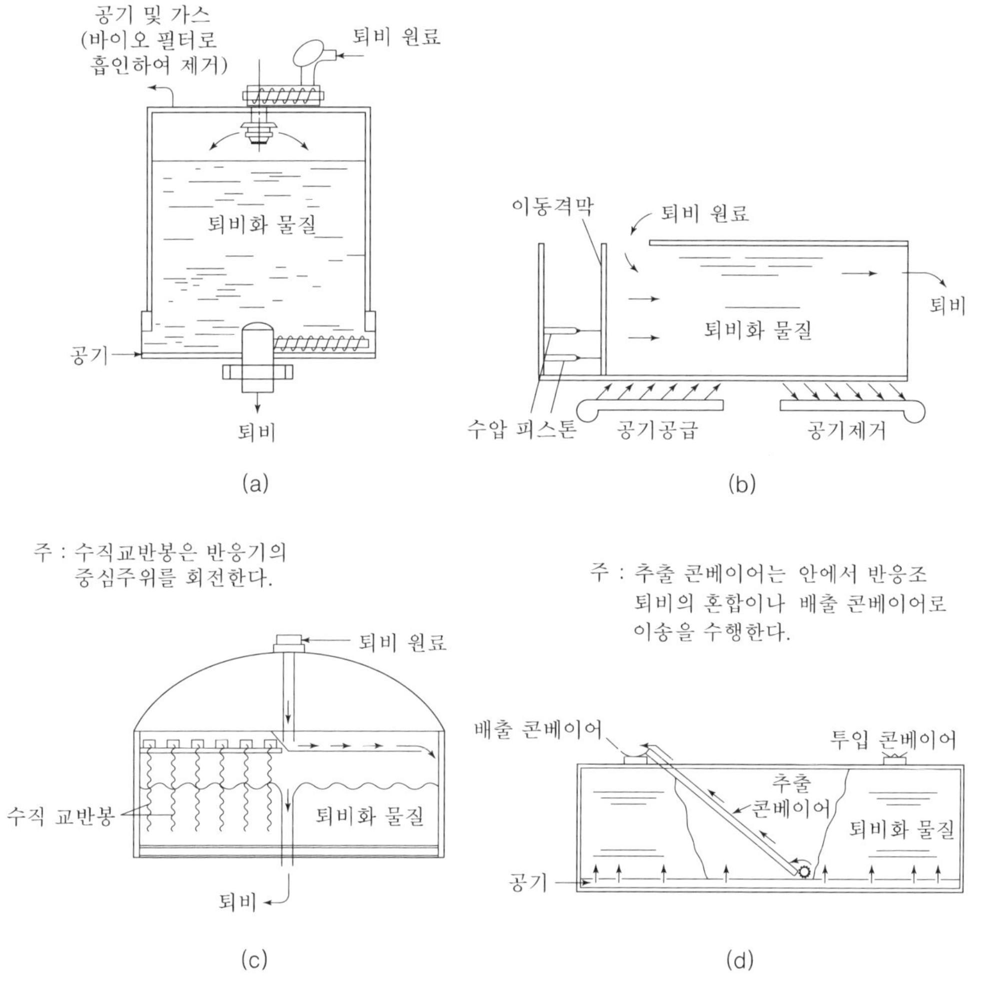

(a) 비혼합 수직 플러그흐름 반응조 (b) 비혼합 수평 플러그흐름 반응조
(c) 혼합 수직 반응조 (d) 혼합 수평 반응조

그림 5-4 기계식 반응조 퇴비화 공정

5.1.5 설계와 운영시 고려사항

호기성 퇴비화공정의 설계 및 운영시 고려인자를 <표 5-1>에 나타내었다.

표 5-1 호기성 퇴비화공정의 설계 및 운영시 고려인자

항목	설 명
입자크기	폐기물의 적정입자크기는 25~75 mm
C/N비	초기 C/N비는 25~50이 적당, C/N비가 낮은 경우는 암모니아 가스가 발생하며 생물학적 활성이 떨어진다. 반면 높은 경우는 질소가 제한인자로 작용
혼합과 미생물식종	퇴비화기간은 일부 분해된 폐기물로 식종하면 단축가능하며 혼합은 무게비로 1~5% 정도 하는 것이 일반적이다. 하수슬러지도 폐기물과 함께 퇴비화 가능하며, 슬러지를 첨가할 경우 최종 수분함량이 중요한 인자로 작용
수분함량	퇴비화기간 동안 수분함량은 50~60% 범위에서 유지된다. 적정수분함량은 약 55%이다.
교반/뒤집기	퇴비단이 건조해지거나 덩어리지고 공기의 채널링 현상을 방지하기 위하여 반응기간 동안 필요에 따라 규칙적으로 교반하거나 뒤집어 준다. 교반 또는 뒤집기 정도는 퇴비화 운영 방식에 따라 달라진다.
온 도	퇴비단의 온도는 초기 며칠간은 50~55℃를 유지하여야 하며, 활발한 분해를 위해서는 55~60℃가 적당하다. 온도가 66℃ 이상 상승하면 생물학적 분해활동이 현격히 감소한다.
병원균의 제어	정상적인 퇴비화공정에서는 병원균의 사멸이 가능하다. 병원균 사멸을 위해서는 60~70℃에서 24시간 이상 유지하여야 한다.
공기공급	이론적인 산소요구량은 식을 이용하여 추정가능하다. 산소 농도 5~15% 범위에 있어야 하며, 과도하게 많은 공기가 공급되면 퇴비 온도가 저하된다.
pH 조절	적당한 분해작용을 위해서 pH는 7~7.5 범위를 유지한다. 암모니아 가스에 의한 질소손실을 줄이기 위해서 pH 8.5 이상 올라가지 않도록 주의한다.
분해정도	분해정도는 온도의 감소, 발열능력의 감소, 퇴비 내 분해가능한 유기물량, 산화환원전위의 증가, 산소이용률, 곰팡이의 일종인 Chaetomium gracilis의 성장, starch-iodine test 등을 통하여 알 수 있다.
부지소요	1일 50톤 용량의 경우 부지는 6,000~8,000 평방미터정도 소요되며 공정의 규모가 커질수록 상대적 부지요구넓이는 줄어든다.

(1) 입자크기

도시폐기물은 대체로 불규칙한 모양으로 이러한 불규칙성은 퇴비화 전에 파쇄하는 것이 바람직하다. 입자크기는 물질의 밀도, 내부마찰, 흐름특성, 마찰저항 등에 영향을 미친다. 입자크기의 감소는 반응속도를 증가시킨다. 퇴비화에 가장 적당한 입자크기는 5 cm 이하이다. 또한 설계입자크기는 최종생산물의 크기와 경제적 인자 등에 의하여도 다소 좌우된다.

(2) C/N비

퇴비화시 가장 중요한 환경적 인자는 C/N비이다. 퇴비화시 폐기물의 적정 C/N비는 25∼50 정도이다. <표 5-2>에서 보듯이 슬러지는 낮은 C/N비를 나타내고 나뭇잎이나 신문지 같은 폐기물은 상대적으로 높은 C/N비를 갖는다. <표 5-2>의 C/N비는 유기물 중 분해가능한 부분의 건조질량기준이 아닌 전체 유기물의 건조질량기준으로 나타낸 값이다. 일반적으로 유기물 내 존재하는 유기질소의 대부분은 생물학적으로 이용가능하나 유기탄소는 일부분만이 생물학적으로 분해가능하다. 따라서 전체 유기물에 기초한 C/N비는 때때로 잘못된 정보를 제공할 수 있다. 예를 들면, 도시폐기물 내의 모든 질소가 이용가능하다고 가정할 경우 탄소의 분해가능정도에 따라 도시폐기물의 C/N비는 34∼60 정도까지 변화한다. 퇴비화시 C/N비 조절은 C/N비가 서로 다른 폐기물을 적절히 혼합하여 최적조건으로 맞출 수 있다.

유기성 폐기물의 탄질비는 미생물의 분해 대상인 기질(유기물)의 특성으로, 효과적으로 퇴비화를 진행시키기 위한 가장 직접적인 중요 인자이다. 탄소는 미생물들이 생장하기 위한 에너지원으로, 질소는 생장에 필요한 단백질 합성에 주로 쓰이는데, 보통 미생물 세포의 탄질비는 5∼15로 미생물에 의한 유기물의 분해는 탄질비가 미생물 세포의 그것과 비슷해질 때까지 이루어진다. <그림 5-5>에서 보는 바와 같이 처음에는 높으나 분해가 진행될수록 점차 낮아져 최종적으로는 10 정도가 된다. 일반적으로 퇴비화에 적합한 폐기물의 초기 탄질비는 26∼35로 탄질비가 80보다 높으면 질소부족현상이 나타나고, 유기산이 퇴비의 pH를 낮춤으로써 미생물의 생장과 활동도 억제된다. 반대로 탄질비가 너무 낮으면(20 이하) 질소가 암모니아로 변하여 pH를 증가시키고, 이것으로 인하여 암모니아 가스가 발생되어 퇴비화 과정 중 좋지 않은 냄새가 생기게 된다.

대부분의 폐기물의 탄질비는 <표 5-3>과 같이 퇴비화에 적합한 범위 내에 속하나 종이류가 섞이거나 나무 등이 있을 경우는 셀룰로오스에 의해 탄질비가 아주 높아진다. 이러한 경우에는 초기의 퇴비화 진행이 극히 느려지기 때문에 적절한 질소원의 첨가로 탄질비를 조절해야 한다. 하수 슬러지 및 축산분뇨의 경우 탄질비가 낮기 때문에 탄질비가 높은 폐기물과 섞어 적당한 범위로 조절하면 퇴비화 효율을 높일 수 있다.

표 5-2 폐기물의 일반적인 질소함량 및 C/N비(건조질량비)

항 목	N (%)	C/N비
음식가공폐기물		
과일가공폐기물	1.52	34.8
도축폐기물	7.0～10.0	2.0
감자 줄기 및 잎부분	1.5	25.0
가축분뇨		
소	1.7	18.0
말	2.3	25.0
돼지	3.75	20.0
닭	6.3	15.0
양	3.75	22.0
슬러지		
소화된 활성슬러지	1.88	15.7
소화전 활성슬러지	5.6	6.3
목재 및 초본류		
원목가공폐기물	0.13	170.0
귀리짚	1.05	48.0
톱밥	0.10	200.0～500.0
밀짚	0.3	128.0
소나무	0.07	723.0
종이류		
혼합된 종이	0.25	173
신문지	0.05	983
갈색포장지	0.01	4490
잡지	0.07	470
광고우편물	0.17	223
정원폐기물		
잔디	2.15	20.1
낙엽	0.5～1.0	40.0～80.0
기타		
히아신스	1.96	20.9
버뮤다그래스(bermuda grass)	1.96	24

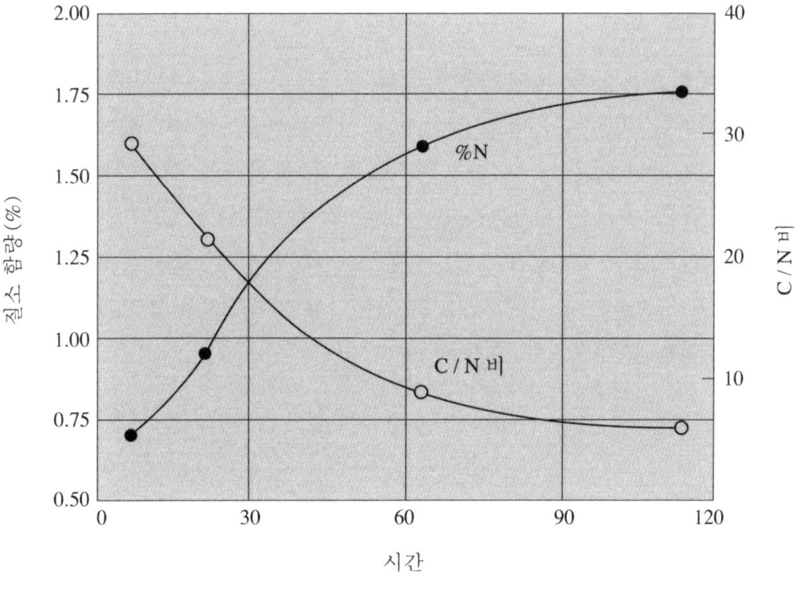

그림 5-5 짚의 퇴비화 과정 중 질소함량 변화

표 5-3 각종 폐기물 중 질소함량과 C/N비

폐기물	질소(% 건조무게)	C/N비
음식물류 폐기물	2.0～3.0	15
전체폐기물	0.5～1.4	30～80
활성슬러지	5.6	6
소화슬러지	1.9	16
나 무	0.07	700
종 이	0.2	170
목 초	2.2	20
잡 초	2.0	19
낙 엽	0.5～1.0	40～80
과 일 류	1.5	3
가 축 분 뇨	-	30～50
도시폐기물	-	50
톱 밥	-	150～1000

(3) 혼합과 미생물 접종

퇴비화시 도시폐기물에 기타 폐기물을 혼합할 것인지의 여부는 C/N비와 수분함량에 달려 있다. 폐기물을 어떠한 비율로 혼합할 것인지는 실험분석을 통하여 결정한다. 만약 도시폐기물 내 유기물이 대부분 종이나 다량의 탄소를 함유한 물질인 경우에는 질소함량이 높은 분뇨나 슬러지와 같은 유기성 폐기물을 혼합하여 적정 C/N비로 조절할 수 있다.

수분함량의 차이가 나는 폐기물도 서로 혼합하여 적정 수분함량으로 조절할 수 있다. 미생물접종은 폐기물의 생물학적 분해가 잘 되도록 다량의 숙성퇴비를 반송하면 미생물 접종 효과가 있어서 유기물 분해속도가 증가될 수 있다.

(4) 수분함량

호기성 퇴비화의 적정수분함량은 50～60% 정도이며 폐기물의 혼합이나 수분의 첨가 등으로 조절할 수 있다. 퇴비단의 수분함량이 40% 이하로 떨어지면 반응속도가 감소한다.

별도의 수분 공급이 없으면 열의 발생과 수증기의 증발로 인해 퇴비화 과정에서 수분함량은 감소된다. 그리하여 퇴비화 진행 중 퇴비더미를 과도하게 뒤집거나 공기함량을 많이 하게 되면 수분감소에 의한 미생물의 활동이 줄어들어 퇴비화의 효율이 떨어진다. 퇴비화에 적당한 수분함량은 50～60%로 40% 이하가 되면 분해율이 감소하고 60% 이상이 되어도 산소확산이 잘 되지 않아 혐기성 생물작용에 의해 악취가 발생되거나 퇴비화 효율이 떨어진다. 그러나 반응기(vessel system) 퇴비화의 경우 구조에 따라 최적 수분함량이 달라질 수 있는데, 슬러지의 경우 50～60% 수분함유 상태에서는 물리적으로 압착이 되어 공기유통과 미생물 활동이 급격히 감소한다. 그러므로 폐기물의 종류와 퇴비화 시스템에 따라 적합한 초기 수분함량과 퇴비화진행 중의 수분변화를 잘 조절하여야 한다.

(5) 교반/뒤집기

폐기물의 초기교반은 적절한 수분함량의 조절을 위하여 필수적이다. 교반은 영양물질과 미생물을 고르게 분포시키며, 뒤집기는 호기성상태를 유지하는 데 매우 중요한 운영인자이다. 뒤집기정도는 수분함량, 폐기물특성, 공기요구량에 의하여 결정되므로 최소한의 뒤집기 횟수는 정해져 있지 않다. 수분함량이 55～60% 정도이고 퇴비화기간이 15일 일 때 첫 번째 뒤집기는 3일째에 하며 그 후 이틀간격으로 하여 총 뒤집기횟수는 4～5회 정도가 적당하다.

(6) 온도

호기성 퇴비화는 30~38℃의 중온상태 또는 55~60℃의 고온상태에서 운영된다. 퇴비화 반응에 의한 온도상승은 미생물의 호흡대사에 의한 발열반응에 의한 것이다. 통기식 정체 퇴비단공법과 기계식 반응조 퇴비화공법은 공기 공급으로 온도를 조절할 수 있다. 뒤집기식 퇴비단공법은 뒤집기를 이용하여 온도를 조절하며 이 공법의 일반적인 온도변화는 <그림 5-6>과 같다. 퇴비단의 온도는 뒤집기를 한 후 5~10℃ 정도 떨어지나 수 시간 내에 이전의 온도로 회복된다. 뒤집기식 퇴비단공법의 온도는 생분해가 용이한 유기물질이 거의 분해되는 10~15일이 되면 점차 떨어진다.

퇴비화 과정에서 온도는 퇴비화 완료 여부를 나타내는 지표로서 활용될 만큼 중요한 인자이다. 일반적으로 퇴비화의 목적을 달성하려면 발열반응이 필수적이다. 즉, 생물학적으로 안정화 되려면 퇴비물질내의 분해가능한 물질이 분해가 되어야 하는데 이 분해는 곧 발열반응이므로 온도상승은 분해작용이 일어나는지의 여부를 판정하는 기준이 된다. 또한 악취는 혐기성 상태 하에서 발생하는데 고온발열반응은 곧 호기성 조건에 접근하여 퇴비화가 진행되고 있음을 나타내는 지표이다. 일반적으로 최적온도는 55~60℃이나 실제 퇴비단의 온도는 70℃를 넘는 경우가 흔하다. 이때는 공기공급량을 증가시킴으로써 온도조절을 도모할 수 있다. 60℃ 이상의 온도에서는 분해효율이 떨어지기 때문이다.

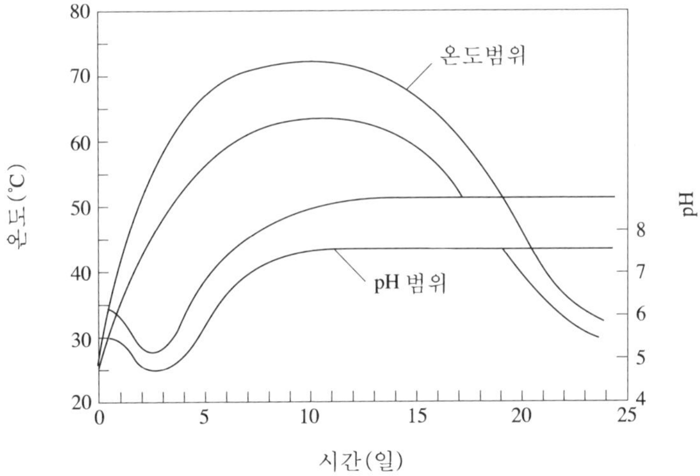

그림 5-6 뒤집기식 퇴비단공법의 온도와 pH의 일반적인 변화

(7) 병원균의 제어

병원균 사멸조건은 퇴비화공정의 중요한 운영인자이다. 이는 온도변화와 공기공급에 의해 영향을 받는다. 각 병원균의 사멸온도가 <표 5-4>에 요약되어 있다. <표 5-4>에 나타난 바와 같이 병원균의 사멸은 반응시간과 온도의 함수임을 알 수 있다. 예를 들어, 살모넬라는 60℃에서 15～20분, 또는 55℃에서 1시간이면 사멸된다. <표 5-4>를 살펴보면 대부분의

표 5-4 병원균과 기생충 사멸을 위한 온도와 노출시간

병 원 균	사 멸 조 건
Salmonella typhosa	46℃ 이상에서는 성장하지 못함 ; 55～60℃에서 30분 또는 60℃에서 20분 경과하면 사멸 ; 퇴비단 내에서 단시간 내에 파괴된다.
Salmonella sp.	55℃에서 1시간 그리고 60℃에서 15～20분
Shigella sp.	55℃에서 1시간
Escherichia coli	55℃에서 1시간 그리고 60℃에서 15～20분 경과 후 대부분 사멸
Entamoeba histolytica cysts	45℃에서 몇 분 그리고 55℃에서 몇 초
Taenia saginata	55℃에서 몇 분
Trichinella spiralis larvae	55℃에서 빨리 사멸, 60℃에서 즉시 사멸
Brucella abortus or Br. sus	62～63℃에서 3분 그리고 55℃에서 1시간
Micrococcus pyogenes var. aureus	50℃에서 10분
Streptococcus pyogenes	54℃에서 10분
Mycobacterium tuberculosis var. hominis	66℃에서 15～20분 그리고 67℃에서 순간적 가열 후
Corynebacterium diphtheriae	55℃에서 45분
Necator americanus	45℃에서 50분
Ascaris lumbricoides eggs	50℃에서 1시간 이내

표 5-5 퇴비화 공정에서 병원균 제어를 위한 미국 EPA 요구조건

구 분	요 구 조 건
병원균을 현격하게 줄이는 공정 (PSRP, processes to significantly reduce pathogens)	기계식반응조, 통기식 정체 퇴비단 또는 뒤집기식 퇴비단 공법의 경우 최소한 40℃에서 5일간 유지하여야 하며, 이 기간(5일) 동안 55℃ 이상에서 4시간 유지하여야 한다.
병원균을 PSRP 이상으로 줄이는 공정 (PFRP, processes to further reduce pathogens)	기계식 반응조 또는 통기식 정체퇴비단의 경우 55℃ 이상에서 3일간 유지하여야 한다. 뒤집기식 퇴비단공법의 경우 55℃ 또는 그 이상에서 최소한 15일간 유지하여야 한다. 또한 고온단계에서 최소한 5회 이상의 뒤집기를 해주어야 한다.

병원균은 퇴비단 온도가 55℃ 정도를 유지하는 경우 급속히 사멸된다. 병원균 중 어떤 것은 67℃에서 짧은 시간 동안 생존할 수 있는 것도 있다. 퇴비화 반응온도는 일반적으로 70℃까지 상승하여 1～2시간 정도 유지하므로 거의 모든 병원균의 제거가 가능하다. 미국 EPA는 병원균 사멸을 위한 퇴비화 운영기준을 각 퇴비화시스템에 대하여 세워놓았다(표 5-5 참조). 이러한 기준은 정상적인 퇴비화공정에서 쉽게 달성될 수 있다.

(8) 공기공급

통기식 정체 퇴비단공법과 기계식 반응조 퇴비화공법과 같은 강제 공기공급 시스템에서 총공기요구량과 시간당 공기공급량은 필수적인 설계 고려인자이다.

퇴비화 과정은 주로 유기물의 호기성 산화 분해로 산소의 존재가 필수적이며, 이 결과 탄수화물이 CO_2, 물, 미생물 세포, 열 그리고 분해 뒤 부식질로 바뀐다. 퇴비단 공법의 경우 퇴비 더미의 깊이에 따라 산소농도가 다르다. 공기가 충분히 공급되지 않는 경우에는 혐기성 상태가 되어 CO_2 외에 CH_4, H_2, 유기산 등이 형성되고 퇴비화 중에 악취가 발생된다. 또 유기탄소의 분해가 불완전하게 이루어지고 에너지 발생의 감소에 따른 미생물 세포 생장감소와 이것에 의한 유기물 분해의 감소가 발생된다. 퇴비화 과정에서 공급되는 공기는 몇 가지의 기능을 가지고 있는데 첫째, 미생물이 호기성 대사를 할 수 있도록 하고, 둘째, 온도를 조절하며, 셋째, 수분과 CO_2와 다른 gas 등을 제거하는 역할을 한다. 과도하게 많은 공기를 공급하면 수분의 제거와 퇴비온도 저하로(겨울철의 경우) 퇴비화가 늦어질 수도 있으며, 이때 수분이 제거되기 위해서는 미생물에 의한 퇴비의 발열도 있어야 한다. 퇴비화 과정 중 연속적으로 공급되는 공기의 산소함량이 어느 정도 되어야 하는지에 대해서는 실험적 결과가 거의 없으나 5～15%의 범위에 있어야 한다고 제안되었다. 이를 위하여 공기주입률은 대개 50～200 L/min · m^3 정도가 적합하다.

여러 가지 종류의 폐기물은 그 물리적 성상에 따라 공기가 드나들 수 있는 공간(free air space) 부피가 다른데, 대략 퇴비 부피의 30～36%가 퇴비화에 적합한 것으로 제안되었다. 공간의 부피는 수분의 함량과도 밀접한 관계가 있으며 수분이 많으면 상대적으로 이 공간이 작아지고 따라서 공기의 자유스러운 유동이 억제된다. 퇴비화 과정 중 공기공급이 잘 조절된다 하더라도 퇴비 내에는 혐기상태의 미세 부위가 존재하므로 이것에 의해 아주 작은 부분이지만 혐기성 생물작용이 일어난다. 폐기물의 종류에 따라서는 공간부피를 늘리기 위해서 몇 가지 팽화제(bulking agent ; 우드칩, 왕겨, 톱밥 등)를 첨가하기도 하며 이것은 다른 요인, 즉 탄질비, pH 등의 조절효과도 있다.

(9) pH 조절

pH조절은 퇴비화시 또 하나의 주요한 운영인자이다. 온도변화와 마찬가지로 pH값도 반응시간에 따라 변화하며 초기 pH는 대개 5와 7 사이이다(그림 5-6 참조). 반응 초기에는 pH가 5 이하로 떨어지는 경향을 보인다. 이때 퇴비단의 온도는 주위 대기온도와 동일하며 중온성 미생물이 번식을 시작하는 단계이다.

반응이 시작되면서 유기산 등의 반응생성물이 나오며 그 때문에 pH가 떨어지는 것이다. 반응 후 약 3일이 경과하면 온도는 고온상태에 도달하여 pH는 8～8.5로 상승하기 시작한다. 반응이 끝나갈 때는 pH가 약간 감소하여 부숙퇴비의 경우 7～8의 값을 나타낸다. 퇴비단 내에 공기공급이 원활하지 못한 경우는 혐기성 상태가 나타나 pH값을 4.5 이하로 떨어뜨리고 반응을 지연시키게 된다.

퇴비화를 위한 폐기물의 적합한 pH 범위는 폐기물 발생장소에 따라 약간씩 차이가 있겠지만 대략 미생물의 활발한 pH는 5.5～8.0 범위이다. 폐기물의 종류에 따라 pH가 퇴비화에 적절하지 못한 산성 또는 알칼리성인 것이 있기 때문에 초기 pH 조절을 위해 탄산칼슘, 생석회 또는 수산화칼슘 등을 첨가하기도 하지만 퇴비화 진행에는 그다지 큰 영향을 끼치지 못한다고 밝혀졌다. 그러므로 퇴비화 촉진을 위한 pH조절은 꼭 필요한 요소는 아니다.

(10) 분해정도(퇴비의 숙성도, compost maturity)

현재 퇴비화 반응의 분해정도를 측정하는 적절한 방법은 정립되어 있지 못하다. 하지만 여러 방법들이 제안되어 왔다. 제안된 방법들을 살펴보면 ① 온도의 감소, ② 발열능력의 감소, ③ 퇴비 내 분해가능한 유기물 및 난분해성 유기물 함량, ④ 산화・환원전위의 증가, ⑤ 산소이용률, ⑥ Chaetomium gracilis (곰팡이의 일종)의 성장, ⑦ starch-iodine test 등이 있다. COD분석과 리그닌(lignin)시험을 통해서도 분해정도를 간단히 알아볼 수 있다. 낮은 COD농도와 높은 리그닌 함량(30% 이상)을 나타내는 경우 안정된 퇴비라 할 수 있다.

퇴비화의 진행정도는 폐기물의 종류, 환경조건 등에 따라 다른데 어느 시점 또는 어떤 상태에서 퇴비화가 완료되었는지를 정확히 결정하는 것은 퇴비화 시스템의 효과적 운영과 완료된 퇴비의 사용 측면에서 볼 때 아주 중요한 요인이다. 그러나 이와 같은 중요성에도 불구하고 아직까지 여러 가지 폐기물에 공통적으로 적용될 수 있는 퇴비화의 완료정도, 즉 퇴비숙성도를 나타내는 뚜렷한 지표가 없다. 다만 폐기물의 종류에 따라서 온도, CO_2 발생량, 탄질비, 식물생육 억제정도 등을 추적하여 퇴비화 숙성도로 이용하고 있다. 퇴비 숙성도란 개념자체가 어느 정도 모호한 것으로 대체로 숙성된 퇴비(mature compost)는 유기물이 미생물작용으로 분해되어 최종적으로 토양에 투입되었을 때 식물생장에 나쁜 영향을 미치지 않고 비료 또는 토양개량제로서의 역할을 할 수 있는 정도까지 안정화된 것으로 정의할 수 있다. 여기서 식물생장, 넓게 말하여 농업 생산적 측면을 강조하는 이유는 유기성 폐기물이 퇴비화 과정을 거쳐 퇴비가 되었을 때 마지막으로 처리될 곳은 결국 토양이기 때문에 토양처리시 농작물에 아무런 나쁜 영향을 미치지 말아야 하기 때문이다.

(11) 악취제어

호기성 퇴비화에서 악취문제는 퇴비단 내의 혐기성 부위의 존재와 밀접하게 연관되어 있다. 대규모 호기성 퇴비화 시스템에서는 흔히 잡지, 책, 플라스틱 필름 등이 포함되어 있다. 이러한 물질들은 단시간 내에 분해되지 않고 특히 이러한 물질들의 중심부는 공기공급이 불충분하여 퇴비화 반응이 혐기성 조건이 되는 경향이 있다. 혐기성 상태에서는 유기산과 같은 악취유발물질이 발생된다. 이러한 냄새문제를 감소시키기 위한 방안으로 입자크기의 감소, 플라스틱 등 분해불가능한 물질의 제거, 그리고 선별된 물질만의 퇴비화 등을 생각할 수 있다.

(12) 부지소요

소요부지넓이 또한 호기성 퇴비화공정에서 고려되어야 할 중요인자이다. 예를 들면, 50톤/일 용량의 뒤집기식 퇴비단공법의 경우 약 10,000 m^2의 부지를 필요로 한다. 10,000 m^2의 총 넓이 중에서 6,000 m^2는 부속건물, 공정장비 및 도로 부지 등을 위한 넓이이다. 50톤이 추가될 때마다 퇴비단 넓이를 위한 4,000 m^2와 부속건물 등을 위한 1,000 m^2의 추가적 부지가 필요하다. 고도로 기계화된 시스템의 경우 소요부지넓이는 공정에 따라 달라진다. 일반적으로 50톤/일 규모의 경우 6,000～8,000 m^2 정도 소요되며 규모가 커질수록 상대적 부지 요구넓이는 줄어든다.

(13) 판매를 위한 처리

퇴비가 판매될 수만 있으면 퇴비화시스템의 경제성은 크게 향상될 것이다. 판매를 위해서는 퇴비는 입자가 균일하고 유리, 플라스틱, 금속 등의 이물질이 없어야 하며 악취 또한 없어야 한다. 퇴비판매를 위하여 필요한 처리공정은 요구되는 퇴비의 품질규격에 달려 있다. 파쇄와 스크린은 균등한 퇴비의 생산을 위하여 흔히 이용된다. 한편 최종생산품의 가치를 높이기 위하여 첨가물을 넣기도 한다.

5.1.6 퇴비화시설 운영의 문제점

퇴비화 처리와 관련된 주요한 문제점으로는 ① 악취 발생, ② 병원균, ③ 중금속 문제, ④ 폐수의 발생, ⑤ 퇴비의 품질 등이 있다.

(1) 악취의 발생

퇴비화 과정에서 발생하는 악취는 작업자의 근무여건 및 주변 환경을 오염시켜 주요민원 대상이 되는 부분으로서 악취제거시설은 퇴비화 처리시설의 성능 못지않게 중요한 부분이다. 따라서 부지선정, 적정 처리시설 설계 및 운영, 악취관리 및 처리, 반입시설에서의 악취관리는 상당히 중요하다.

① 시설부지 : 악취의 발생 및 이동과 관련한 부지선정에 있어서 중요한 점은 악취의 분산에 영향을 주는 국부지역의 미기상, 주거지와의 거리, 적정한 완충지역의 이용 및 분리된 시설의 이용(퇴비화와 숙성운전이 다른 곳에 위치) 등으로, 적절한 주의를 기울여야 한다.

② 적정 처리시설 설계 및 운영 : 적정한 처리시설 설계 및 운영은 악취발생을 감소시키는 데 있어 중요하다. 퇴비화 운전이 성공적이기 위해서 전처리 과정, 공기 요구량, 온도조절 및 뒤집는(혼합) 회수 등에 대해 특별히 주의해야 한다. 퇴비화 처리 시설은 폐기물과 필요한 첨가물, 즉 영양물질, 배양액(필요하다면), 수분 등을 완전히 그리고 효과적으로 혼합할 수 있어야 한다. 공기 공급장치는 적정 안정율로 최대 산소요구량을 공급할 수 있어야 한다.
통기식 정체 퇴비화법에서 공기 공급장치는 퇴비화 물질의 온도 상승을 방지하기 위해 필요한 공기의 양을 공급할 수 있는 용량을 갖추어야 한다. 퇴비화 시설은 효과적으로 온도 조절을 할 수 있어야 하며, 산소를 공급하고 온도를 조절하기 위해 퇴비를 뒤집고 혼합하는 데 사용되는 장치는 전체 퇴비화 물질을 혼합할 수 있는 용량이어야 한다. 혼합되지 않은 퇴비는 혐기성 분해가 일어나 악취가 발생한다. 위에 열거한 모든 운전법은 악취 없는 퇴비화시설을 위한 임계 운전인자이므로 예비장치가 유용하다.

③ 악취관리 및 처리 : 악취의 완벽한 제거는 불가능하나, 이를 최소화하기 위해 생물학적 악취 발생에 영향을 미치는 인자에 대해 특별한 주의가 요망된다. 퇴비화 과정 중 악취의 원인은 낮은 C/N 비, 낮은 온도, 과도한 수분 및 혼합부족이다. 악취관리를 위해 충전탑, 세정 스크러버, 활성탄 접촉조, 바이오필터와 같은 악취저감시설이 사용된다.

④ 반입시설에서의 악취관리 : 음식물류 폐기물을 처리하는 퇴비화 시설의 경우 반입시설

에서의 악취가 퇴비화 과정에 발생하는 악취에 못지않은 문제를 일으킨다. 따라서 반입시설을 밀폐구조로 하고, 차량의 진출입시에는 가급적 입구와 출구 쪽 문을 동시에 열지 않음으로써 악취가 외기로 빠져나가는 일이 최소화 될 수 있도록 시설의 설계시에 차량 동선과 진출입 문의 개폐방법을 충분히 고려하여야 한다.

(2) 공중위생문제

퇴비화 운전이 제대로 되지 않으면 그 과정 중에 병원성 미생물이 살아남을 가능성이 있다. 퇴비가 사람들에게 노출되어 사용되어질 경우 병원성 세균을 없애는 것이 매우 중요하다. 보통 퇴비화하는 도시폐기물과 이밖에 다른 유기물에 있는 대부분의 병원성 세균은 퇴비화 운전에서 사용되는 온도의 노출시간(55℃에서 15~20일)에서 사멸된다. 여러 가지 병원성 세균을 방지하기 위해 필요한 온도자료를 <표 5-4>에 나타냈다.

(3) 중금속 독성

모든 퇴비화 과정, 특히 기계적인 파쇄기가 사용되는 곳에서는 중금속 오염의 가능성이 있다. 폐기물 내의 금속이 파쇄될 때, 파쇄기에 의해 금속입자가 발생되며, 가벼운 파편인 이 금속입자는 폐기물에 부착된다. 최종적으로 퇴비화 후, 이 금속성분들은 토양에 잔류한다. 비록 잔류 금속 대부분이 악영향을 미치지 않는다 하더라도 카드뮴(독성 때문에)과 같은 금속은 문제가 된다. 일반적으로 발생원에서 분리된 폐기물의 금속함량은 특히 낮기 때문에 도시폐기물의 유기성분으로 생산된 퇴비의 중금속 함량은 하수슬러지 내의 중금속 함량보다 훨씬 낮으며, 하수슬러지와 도시폐기물의 병합 퇴비화는 슬러지에서 금속농도를 낮추는 하나의 방법이다. 하지만 일반적으로 비료로서 사용하고자 할 때 도시생활폐기물과 도시지역에서 발생한 하수슬러지는 퇴비원료로의 사용이 금지되고 있다.

(4) 폐수의 발생

음식물류 폐기물의 퇴비화의 경우 생성된 퇴비 내의 염분 농도를 제어하기 위해 물로 세척하는 공정을 채택하는 경우가 많은데, 이 경우 다량의 고농도 유기성 폐수가 발생하게 된다. 통상적으로 이들 폐수는 자체 방지시설에서 1차 처리 후 하수종말처리시설에서 병합처리하는 경우가 대부분이다.

(5) 퇴비의 품질

우리나라의 경우 퇴비에 대한 품질 규격은 농촌진흥청에서 고시된 비료공정 규격에 따라야 하며(표 5-7) 최소 유기물 함량, 유해성분 함량, C/N비, 염분 농도, 수분 함량 등이 규정되어 있다. 특히 음식물류 폐기물의 경우 염분 함량을 1% 이하로 맞추기 위해 톱밥 등으로 희석하거나, 물로 사전에 염분을 세척하는 방법 등이 적용되고 있다. 물로 세척하는 경우 발생하는 폐수의 양이 많아지는 문제점이 있다.

표 5-6 음식물류 폐기물 호기성 퇴비화 시설의 세부기준(발췌)

항목	세 부 기 준
파쇄시설	음식물류 폐기물을 크기 또는 길이가 50 mm 이하가 되도록 파쇄하여야 함.
탈수, 혼합시설	탈수, 혼합 또는 건조시설을 거친 음식물류 폐기물의 pH 범위는 5 < pH < 12 및 C/N비는 50 이하이어야 함.
발효시설	공기공급장치(송풍식, 흡입식) 및 급수장치가 설치되어야 함.
	발효시설의 수분함량은 40% 이상, 60% 이하여야 함.
	발효시설의 체류시간은 최소한 15일 이상이어야 하며, 내부 온도는 50℃ 이상에서 최소한 3일 이상 유지될 수 있는 구조이어야 함.
	제품의 균질화, 괴상화(뭉침현상) 방지 및 수분의 고른 분배를 위하여 교반기를 설치하여야 함.
후부숙시설	후부숙시설을 설치하여 21일 이상 체류시켜야 함.
퇴비기준	비료관리법에서 정하는 부산물 비료 중 퇴비의 공정규격을 만족하여야 함.

※자료출처 : 폐기물처리시설의 세부검사방법에 관한 규정 [별표 4], 환경부 고시 제2017-186호

표 5-7 비료 공정규격설정 및 지정(농촌진흥청 고시 제 2020-28호)

<table>
<tr><th>비료의 종류</th><th>정의</th><th>규격의 함량(%)</th><th>함유할 수 있는 유해성분의 최대량</th><th>기타 규격</th></tr>
<tr><td>가축분 퇴비</td><td>가축의 분뇨를 50% 이상 원료로 사용하고 별표5의 가축분퇴비에 사용가능한 원료를 2종 이상 혼합하여 발효과정과 후숙과정을 거쳐 제조한 것</td><td>유기물 30 이상</td><td rowspan="2">비소 45 mg/kg
카드뮴 5 mg/kg
수은 2 mg/kg
납 130 mg/kg
크롬 200 mg/kg
구리 360 mg/kg
니켈 45 mg/kg
아연 900 mg/kg</td><td rowspan="2">• 유기물대 질소의 비 45 이하인 것
• 염분(NaCl) : 2.0% 이하(건조기준)
• 수분(H_2O) : 55% 이하
• 부숙도(다음 중 하나)
가. 콤백 : 부숙완료
나. 솔비타 : 부숙후기 또는 부숙완료
다. 종자발아법 : 발아지수 70 이상
• 염산불용해물 25% 이하</td></tr>
<tr><td>퇴비</td><td>별표5의 퇴비에 사용가능한 원료를 2종 이상 혼합하여 발효과정과 후숙과정을 거쳐 제조한 것</td><td>유기물 25 이상</td></tr>
</table>

한편, 비료 공정규격설정 및 지정에서는 <표 5-8>과 같이 퇴비의 원료로 사용가능한 물질, 사전 분석검토 후 사용가능한 물질, 사용불가능한 물질로 구분하고 있는데, 도시 및 공단지역 폐수처니오니의 경우 사용불가능한 원료에 해당하고 있음을 볼 수 있다.

우리나라의 음식물류 폐기물 호기성 퇴비화 처리시설에 대한 세부기준은 <표 5-6>과 같다.

표 5-8 퇴비의 원료로 사용가능한 물질과 사전 분석검토 후 사용가능한 원료

구분	원 료	그 밖의 사항
사용가능한 원료	1. 농림축산부산물류(류, 왕겨, 미강, 녹비, 농작물잔사, 낙엽, 수피, 톱밥, 목편, 부엽토, 야생초, 폐사료, 한약재찌꺼기, 그 밖의 이와 유사한 농림부산물류 또는 상기의 물질을 이용한 버섯 폐배지, 이탄, 토탄, 갈탄, 사업장잔디예초물(골프장 등), 가축의 알 또는 그 껍질	• 담배 제외
	2. 수산부산물(어분, 어묵찌꺼기, 해초찌꺼기, 게껍질, 해산물 도매 및 소매장 부산물포함, 그 밖의 이와 유사한 수산부산물)	
	3. 인·축분뇨 등 동물의 분뇨(인분뇨 처리잔사, 구비, 우분뇨, 돈분뇨, 계분, 동애등에 및 지렁이 등 기타 동물의 분뇨)	• 퇴비 원료로 사용할 수 없는 원료를 동물의 먹이로 이용하여 배설한 분뇨는 제외 • 가축분퇴비는 축분뇨 등 동물의 분뇨를 50% 이상 사용하여야 한다.
	4. 음식물류 폐기물	
	5. 식음료품 제조업·유통업·판매업에서 발생하는 동·식물성 잔재물(도축, 고기가공 및 저장, 낙농업, 과실 및 야채, 통조림 및 저장가공, 동식물 유지류, 빵제품 및 국수, 설탕 및 과자, 배합사료, 조미료, 두부, 주정, 소주, 인삼주, 증류주, 약주 및 탁주, 청주, 포도주, 맥주, 청량음료, 다류)	
	6. 미생물(토양미생물제제)	
	7. 광물질(소석회, 석회석, 석회고토, 부산소석회, 부산석회, 패화석, 생석회, 부산석고, 제오라이트)	• 광물질은 부숙과정 중에 사용하여야 하며 사용량은 전체 원료의 5% 이내에서 사용이 가능함
	8. 그 밖의 원료(별표6에 따라 퇴비의 사용가능한 원료로 지정받은 원료)	

구분	원 료	그 밖의 사항
사전 분석검토 후 사용 가능한 원료	1. 식료품 제조 및 판매업(수산포함)에서 발생하는 폐수처리오니 2. 음료품 제조업에서 발생하는 폐수처리오니 3. 종이제조업에서 발생하는 부산물 및 폐수처리오니 4. 읍·면단위 농어촌지역 생활하수오니 5. 제약업에서 발생하는 부산물 및 폐수처리오니 • 물리적 추출, 발효 단순혼합, 무균조작으로 제조하는 과정에서 발생하는 경우 6. 화장품제조업에서 발생하는 부산물 및 폐수처리오니 7. 인·축분뇨등 동물의 분뇨의 폐수처리오니 8. 음식물류 폐기물의 폐수처리오니 9. 기타 위항과 유사한 것 중 퇴비원료로 활용가치가 있는 물질	• 합성 및 특수의약품을 제조하는 과정에서 발생하는 폐수처리오니는 제외 • 별표 6에 따른 비료원료로 사용하고자 할 경우에는 별표6에 따라 사용가능한 원료로 지정받은 원료만 사용할 수 있음

※자료출처 : 비료 공정규격설정 및 지정, 농촌진흥청 고시 제2020-28호

5.2 혐기성 소화

5.2.1 소화의 단계 및 장·단점

혐기성 소화는 슬러지의 소화, 분뇨 및 고농도의 폐수처리에 사용된다. 혐기성 소화는 가수분해, 산생성, 메탄생성의 3단계로 나누기도 하고, 산생성, 메탄생성의 2단계로 나누기도 한다. 메탄생성 단계를 가스화(gasification)라고도 한다.

혐기성 처리는 슬러지의 소화는 물론 폐수의 처리에도 사용된다. 혐기성 분해로 인한 최종산물은 대개 메탄(CH_4), 이산화탄소(CO_2), 미량의 황화수소(H_2S) 및 수소(H_2)이다. 산생성 단계에서는 주로 아세트산(CH_3COOH), 프로피온산(CH_3CH_2COOH)과 부티르산($CH_3CH_2CH_2COOH$)과 같은 유기산이 만들어진다. 메탄생성 단계에서는 메탄균이 긴사슬형 산(chain acid)을 메탄, 이산화탄소 및 짧은 사슬형 산으로 변화시킨다.

혐기성 처리는 포기장치를 사용하지 않기 때문에 운전시 동력비가 작게 소요된다. 이와는 반대로 요구체류시간은 호기성 처리에서보다 더욱 길게 되므로 반응조의 크기가 커지게 된다. H_2S와 mercaptan 등의 생성에 기인한 혐기성 처리와 관련된 악취는 특히 도시지역에서 문제가 될 수 있다.

각 단계에서 생성되는 물질과 관여하는 세균은 <표 5-9>와 같다.

표 5-9 혐기성 소화의 단계별 생성물질 및 관여 세균

제1단계(가수분해)	제2단계(산 생성)	제3단계(메탄 생성)
지 방 → 긴 사슬지방산 글리세린 단백질 → 아미노산 다당류 → 단당류 2당류	휘발성 유기산(특히 초산) 알코올 알데하이드 케톤 암모니아 이산화탄소 수소 물	메탄가스 탄산가스 물
Clostridium *Bacteroides* *Vibrio*	*Lactobacillus* *Corynebacterium* *Actinomyces* *Clostridium* *Bacteroides* *Rambibacterium*	*Methanobacterium* *Methanosarcina* *Methanospirillum* *Methanococcus*

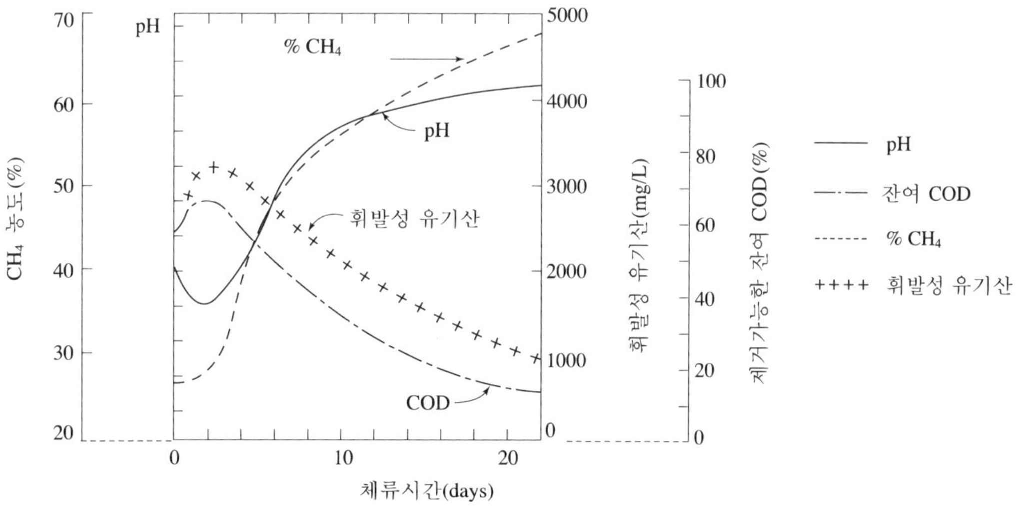

그림 5-7 유기성 폐기물의 혐기성 분해(회분식 반응기로 얻은 결과)

혐기성 소화의 장점은 다음과 같다.

① 고농도 폐수나 분뇨를 비교적 낮은 에너지 비용으로 처리할 수 있다.

② 호기성 처리에 비해 슬러지의 발생량이 적다(호기성 처리의 1/3 정도)
③ 슬러지의 탈수 및 건조가 쉽게 된다.
④ 기생충난이나 전염병균이 사멸한다.
⑤ 발생되는 메탄가스를 태워 열로 이용할 수 있다.
⑥ 동력시설을 필요로 하지 않으므로 운전비용이 저렴하다.

그러나 혐기성 소화는 다음과 같은 단점을 가지고 있다.

① 반응이 더디고 소화기간이 비교적 오래 걸린다.
② 호기성 처리와 같이 높은 처리율이 얻어지지 않기 때문에 처리수를 다시 호기성 처리하여 방류해야 한다.
③ 혐기성 세균은 온도, pH 및 기타 화합물의 영향에 민감하다.
④ 소화 가스는 냄새가 나며 부식성이 높은 편이다.

(1) 1단소화조

1단소화조는 슬러지의 소화, 농축, 상징액(上澄液)의 형성이 한 탱크 내에서 동시에 일어난다. 생슬러지는 슬러지가 소화되면서 가스가 형성되는 부분에 주입되며 가스가 표면으로 떠오를 때 그리스, 지방질 등이 유리되어 수면에 스컴(scum)층을 형성한다. 소화가 진행되면 유기물 성분은 줄어들어 중력에 의해서 슬러지는 농축된다(그림 5-8).

<그림 5-8>에서와 같이 1단소화조는 혼합이 잘 되지 않고 층이 형성되므로 전체 부피의 50% 이하만 사용된다.

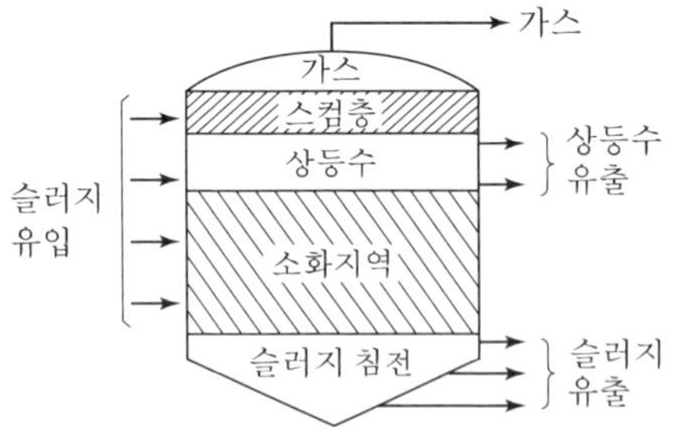

그림 5-8 재래식 1단소화조

(2) 2단소화조

2단소화조는 <그림 5-9>에서와 같이 1단계에서 가열혼합시키고, 2단계에서 소화슬러지의 저장, 농축 그리고 비교적 깨끗한 상등액의 형성이 이루어진다. 소화조는 통상 고정된 지붕이나 부동형(浮動形)지붕을 가진다. 보통 소화조 부피는 직경이 6～35 m, 수심 7.5～13.5 m, 바닥은 중앙의 슬러지 제거관을 향하여 4 : 1의 경사를 갖는다.

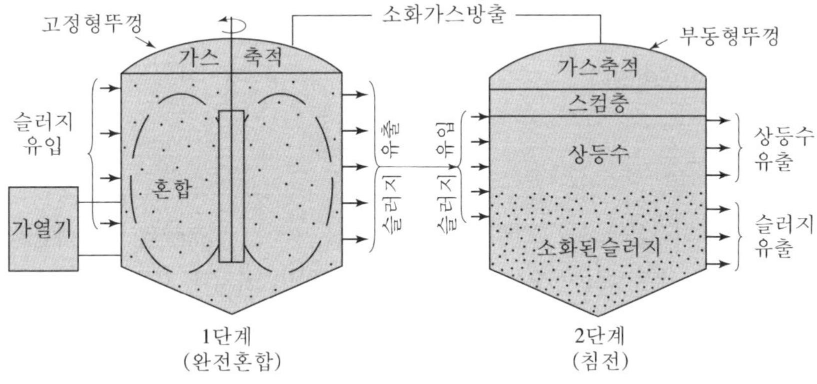

그림 5-9 2단소화조

(3) 고율 슬러지 소화

고율소화는 부하가 높고 혼합이 잘 이루어진다는 것 이외에는 표준 2단 소화와 큰 차이가 없다.

슬러지는 소화조에 계속적으로 또는 0.5～2시간 간격으로 주입되며 동시에 소화된 슬러지는 다음 소화조로 옮겨져서 상등액은 분리되고 잔류가스도 추출된다. 소화된 슬러지 농도는 생슬러지의 1/2 정도가 된다. 2단소화조에서 첫 번째 소화조는 혼합과 가열을 하고, 두 번째 소화조는 가스, 부상물질 및 안정화된 슬러지의 분리와 저장에 사용된다.

5.2.2 혐기성 소화조의 운영

혐기성 소화조의 운영시 제어 인자는 다음과 같다.

(1) 유기물 부하량

혐기성 소화조에서 일반적으로 사용되는 설계변수는 단위부피에 대한 유기물 부하율로서 kg · VS/m^3 · day로 표시한다. 부하율은 재래식의 경우(교반이 없는 경우)는 0.5～1.5 kg ·

VS/m^3 · day이고, 고부하(완전혼합되는 고율소화조의 경우)는 1.5～6.5 kg · VS/m^3 · day, 중온소화의 경우는 통상 1.3～1.8 kg · VS/m^3 · day이다.

(2) 접촉

먹이와 미생물간의 적당한 접촉은 혼합에 의해 수행된다. 이 방법은 기계적 혹은 소화가스 재순환에 의해 이루어진다.

(3) 소화시간

소화에 요구되는 시간은 소화온도에 달려 있다. 고온에서는 고형물의 체류시간을 보다 짧게 해준다. 소화조는 내부 혹은 외부 열교환기로 가열하며 여기에 필요한 에너지는 소화기간 동안 발생하는 메탄가스를 이용한다. 메탄의 열량은 5,340 kcal/m^{3}이다.

(4) 온도 및 체류시간

중온소화에 있어서 소화의 최적온도는 35℃이다. 이 경우를 중온소화법이라 한다(mesophilic digestion). 우리나라는 대부분 중온소화방법으로 30～37℃의 온도를 택하여 사용한다. 한편 고온소화(thermophilic digestion)는 50～55℃로 빨리 진행되고 보다 다량의 가스를 생성한다. 그러나 연료, 운영비, 고장의 발생이 잦은 점 등의 단점이 있다.

온도와 소화일수와의 관계는 <그림 5-10>과 같다. 그림에서 40℃ 이하는 중온성 소화, 40℃ 이상은 고온성 소화를 나타낸다. 소화온도 30～37℃에서 소화일수는 25～30일이 되고, 50～55℃에서는 10～15일이 된다.

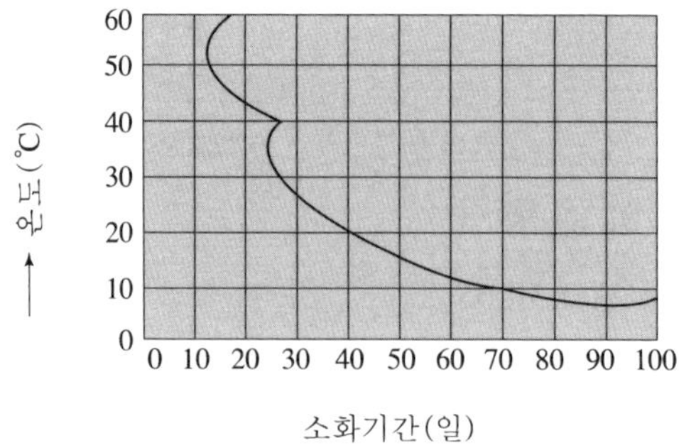

그림 5-10 온도와 소화 일수

(5) pH

평형상태의 pH는 6.5～7.5이며, 최적 pH는 7.2～7.4이다. pH가 6.5 이하일 경우 산 생성균과 메탄 생성균의 평형이 깨어져 scum 등의 발생이 많아지고, gas발생량이 작아진다.

pH의 저하는 유기물 부하가 갑자기 높아질 때 발생한다. 유기물 부하가 높아지면 유기산 생성균이 이러한 유기물을 분해시켜 유기산이 다량 생성되나, 메탄균은 과다한 유기산을 빠른 시간 내에 분해시키는 능력이 없기 때문에 완충능력이 떨어져 pH가 저하된다. <그림 5-11>에서와 같이 일반적으로 유기산의 농도가 2,000 mg/L를 넘을 때 pH가 급격히 저하되며 pH가 6 미만이거나 8.5를 넘을 때 CH_4 생성률은 급격히 감소한다.

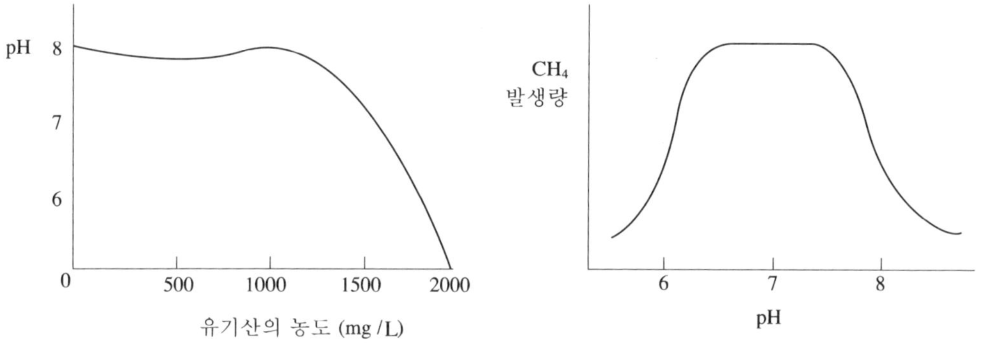

그림 5-11 메탄 발생량에 미치는 pH의 영향

(6) 휘발성 유기산 및 알칼리도

일반적으로 하수슬러지의 경우는 휘발성 유기산의 농도가 600 mg/L 이하, 알칼리도는 2,000 mg/L 이하가 좋으며 분뇨 및 1차 슬러지의 경우는 휘발성 유기산이 2,000 mg/L 이하, 알칼리도는 4,000 mg/L 이하일 때가 좋다.

산도가 높을 경우에는 석회[$CaCO_3$, CaO, $Ca(OH)_2$], 중탄산나트륨($NaHCO_3$) 등의 알칼리제를 투입할 필요가 있다.

(7) Gas의 발생량 및 구성

① 가스의 발생량

최종 BOD, 즉 생물분해가능한 COD kg당 gas 생산량은 다음 식으로 구할 수 있다.

$$\underset{16}{CH_4} + \underset{64}{2O_2} \rightarrow CO_2 + 2H_2O$$

여기서 COD 64 kg은 CH_4 16 kg 또는 표준상태에서 22.4 m^3의 CH_4와 반응하고 있다. 즉, COD kg당 0.35 m^3 (22.4/64)의 CH_4가 생산되는데, 분뇨의 경우에는 세포의 합성에 COD의 12.6%가 이용되기 때문에 최종 BOD kg당 0.31 m^3 (0.35 × 0.874)의 CH_4 gas가 생산된다[실제 gas 발생량은 CH_4 55%일 경우 0.56 m^3 (0.31/0.55) 정도임].

일반적으로 투입분뇨량의 8～10배 정도의 gas가 발생하며, kg VS 주입당 gas 생산량은 약 0.7 m^3이다.

② 가스의 구성

발생가스는 대개 CH_4가 60%, CO_2가 30%, H_2S가 1%, 그리고 소량의 N_2, H_2O 가스가 포함되어 있다. 발생가스의 열량은 5000～7000 kcal/m^3 정도이다.

<표 5-10>에 발생가스의 구성비를 보였다. CO_2의 농도가 35% 이상일 경우에는 소화기능에 이상이 있는 것이므로 소화기능 전반에 걸쳐 확인해야 한다. CH_4 가스는 공기와의 혼합율이 5～15%일 때 폭발위험성이 있으므로 주의를 요한다.

표 5-10 발생가스의 구성비

성분	구성비	평균
CH_4	55～75	60
CO_2	17～31	30
H_2S	0.2～1.0	1.0
N_2	0.7～6.0	
H_2	3～10	
O_2	0.1～1.7	

발열량 5,000～7,000 kcal/m^3

표 5-11 혐기성 소화조에서 독성농도

기질	독성으로 작용하는 농도(mg/L)
Sulfides (R-S-R')	200
Soluble Heavy Metals	〉 1
Sodium	5,000～8,000
Potassium	4,000～10,000
Calcium	2,000～6,000
Magnesium	1,200～3,500
Ammonium	1,700～4,000
Free Ammonia	150

(8) 독성물질

소화조 내에서 무기성 질소인 암모니움 이온은 암모니아 가스와 pH에 따라 평형관계를 이루는데($NH_4^+ \rightleftarrows NH_3 + H^+$), 이들 물질의 농도가 과잉이면 독성물질로 작용한다. 몇 가지의 일반적인 물질에 대한 독성농도의 전형적인 값을 <표 5-11>에 나타냈다.

이와 같은 독성물질 중 슬러지 내에 고농도의 계면활성제는 stearine amine [$C_3H_5(OCOC_{17}H_{35})_3 \cdot RNH_2$]을 충분히 혼합하면 제거할 수 있다. 중금속은 혐기성 상태에서 용해도적이 아주 낮은 황산화물 형태로 존재하므로 이온 상태의 농도는 높지 않은 편이다.

(9) 기타

휘발성 유기산, 낮은 알칼리도 및 낮은 가스생성량 등은 pH 저하의 징조들이다. pH가 저하하면 석회(lime)를 첨가한다(pH 6.5 미만). 그러나 이와 같은 석회첨가는 부작용이 발생한다.

$$Ca(OH)_2 + 2CO_2 \rightarrow Ca(HCO_3)_2$$

즉, pH는 증가하지만 CO_2가 감소하고 다음과 같이 알칼리도가 감소된다.

$$[H^+] + [HCO_3^-] \rightleftarrows [H_2CO_3] \rightleftarrows [CO_2] + [H_2O]$$

용해성 CO_2 감소로 반응은 우측으로 진행되고 중탄산 이온(HCO_3^-, bicarbonate ion)의 농도가 감소되어 알칼리도가 감소되는 것이다.

혐기성 소화조는 혐기성 미생물의 성장률이 낮고 메탄균이 환경에 대단히 민감하여 호기성처리보다 최초운영효율이 낮다. 소화조의 시작은 폐수로 채운 후 정상적인 양의 1/10 정도 슬러지를 주입, pH를 6.87～7.9로 조정하여 정상적 운영궤도에 오르면 주입률도 증가시킨다. 소화조 운영상태는 가스생성량/day, CO_2 비율, 소화슬러지 중 휘발성 유기산 함유도에 의해 판단한다.

5.2.3 혐기성 소화조의 구조

(1) 형상

혐기성 소화조의 형상은 일반적으로 내경이 25 m 이하인 원통형이고 측심은 내경의 1/2 정도로 한다. 바닥의 구배는 25/100 이상으로 하여 저부에 고인 슬러지는 중력에 의해 유출된다. 2단 소화방식에서는 제1조와 제2조를 직렬로 배열하여 제1조, 제2조를 같은 형태와 용량으로 하는 것이 일반적인 방법이다.

(2) 혐기성 소화조의 구조

2단 소화방식의 혐기성 소화조는 <그림 5-12>와 같이 제1소화조는 가열장치(스팀주입 등)에 의해 30~35℃ (중온소화의 경우)로 유지되며, 스팀은 CH_4 gas를 이용하며 보일러에서 발생시키고, 소화조의 혼합은 gas의 순환 및 기계장치에 의해 이루어진다.

제2소화조는 두 가지의 기본적인 기능을 가지는데 소화슬러지와 상등수가 분리되는 침전기능과 후속공정으로 이송되기 전에 냉각시켜 주는 기능을 갖는다.

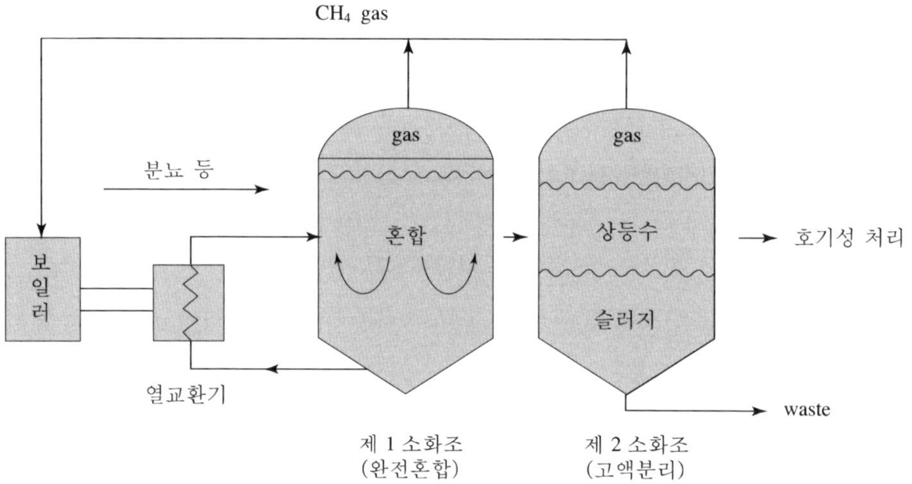

그림 5-12 2단 혐기성 소화조의 구조

(3) 교반장치

반응 효율을 높이고 scum을 파쇄하기 위해서는 교반장치가 필요하며 기계적 교반과 발생 gas에 의한 교반방법 등이 있다.

① 기계적 방법

교반기를 설치하거나 draft tube를 사용하여 하부의 폐액을 수면 위로 끌어올려 살포하여 순환하는 방법 등이 있다.

② 발생 가스에 의한 교반

가스를 압축기에 흡입하고 가압한 후 반응조 하부에 불어넣어 폐액을 상승 및 순환시키는 방법이다. 가스에 의한 교반은 다음과 같은 장점이 있어 최근에 널리 보급되고 있다.

ⓐ 조 내 수위변동에 관계없이 일정한 교반효과를 얻을 수 있다.
ⓑ 기계적 고장이나 마모가 없다.
ⓒ 교반 효력이 크다.

(4) 가온장치

가온방법은 다음과 같이 3가지 방법으로 분류할 수 있다.

① 온수 통과 방법

조내에 가온관을 설치하여 온수를 통과시키는 방법인데 관 주위에 슬러지가 붙어 열전도율이 저하되고 고장 수리를 위해서는 조 내부를 비워야 한다는 단점이 있다.

② 열교환기를 사용하는 방법

이것은 조 외부에서 2중관 접촉에 의하여 폐액과 온수사이에 열교환을 시키는 방법이다. 즉, 내관에는 조 내의 폐액이, 외관에는 온수가 통과하여 각각 반대방향으로 흐르게 된다. 시설비가 비싸다는 단점이 있지만, 열전도율이 높고 장치가 조외부에 있어 수리가 용이하다는 장점이 있다.

③ 조 내에 수증기를 흡입하는 방법

이것은 높은 온도의 수증기를 조 내에 직접 흡입하는 방법으로 수증기의 양이 첨가되고 자동제어설비가 필요하다는 단점이 있지만 시설비가 싸고 조작이 간단하다는 장점이 있다.

(5) 기타 장치

기타 장치로서는 유출입관, 가스의 채취와 저장장치 및 시료채취 장치, 온도측정장치, 수위계, 맨홀 등이 필요하다.

5.3 사료화

5.3.1 서론

음식물류 폐기물의 자원화 방법의 하나인 사료화는 음식물류 폐기물을 주원료로 하여 동물의 영양섭취 및 성장 등에 유익하게 사용할 목적으로 사료관리법에 의한 기준에 적합한 시설을 갖추고, 사료관리법의 규정에서 정한 사료를 생산하는 일련의 공정을 말한다.

사료화 시설은 크게 습식 사료화 시설, 건식 사료화 시설, 발효 사료화 시설로 나누는데, 습식 사료화는 수분을 조절하지 않은 상태로 가열하여 유해병원균을 멸균하여 사료를 만드는 방법이며, 건식 사료화는 가열 후 수분함량이 20% 이하가 되도록 건조하여 장기보관성을 향상시키는 방법이다. 발효 사료화는 살균과정과 수분조절을 위한 부형재와 생균제(미생물)를 일정비율 혼합한 후 5시간 이상 발효하여, 발효미생물이 생산하는 유기산이나 알코올 등의 다양한 대사물질의 생성으로 기호성이나 저장성이 좋아진다.

음식물류 폐기물은 배출원에 따라 조성과 함량이 다르며, 영양소의 조성으로 볼 때 음식물류 폐기물은 단백질 함량이 비교적 높아 사료로서의 이용가치가 있으나, 수분함량이 높아 쉽게 부패되어 악취가 발생하는 단점이 있다. 또한 각종 병원성 미생물이 증식할 위험이 있으므로 사료로서의 안전성을 위해서는 반드시 가열공정을 거쳐야 한다.

5.3.2 사료화 시설의 주요 공정

(1) 습식 사료화

습식사료는 저장하는 기간 동안 비중 차에 의하여 층분리가 일어나는 현상을 방지하고, 국지적인 부패를 방지하기 위하여 교반시설이 필요하다.

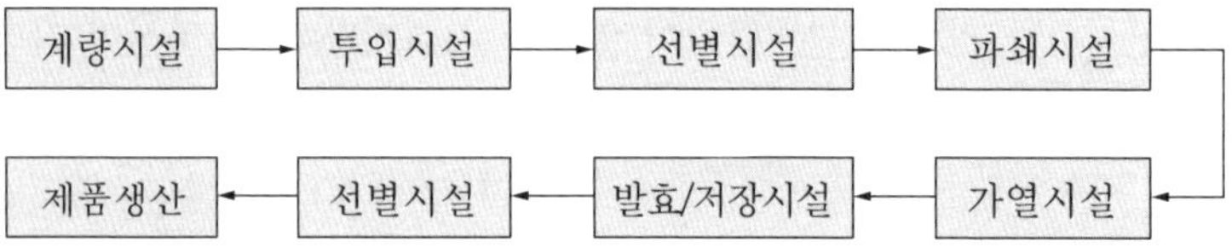

그림 5-13 습식사료화의 주요 공정

(2) 건식 사료화

음식물류 폐기물을 기계적인 설비에 의해 350℃ 내외의 고속 열풍 및 스팀에 의해 건조시켜 사료화하는 방법이다. 수분함량이 10～15%로 줄어들게 되므로 약 1/5의 부피와 중량 감량화 효과가 있다. 이 방법의 장점은 건조 후 운반이 편리하고 건조과정에서 유해 미생물이 사멸되어 가축에 안전한 사료를 공급할 수 있는 장점이 있으나 사료의 균질화 및 영양소의 균형을 유지하기 어려운 단점이 있다. 영양소의 보충을 위하여 배합사료와 일정비율 혼합하여 급이하면 영양소 불균형을 어느 정도 해소할 수 있다. 건식사료화 공정은 <그림 5-14>와 같다.

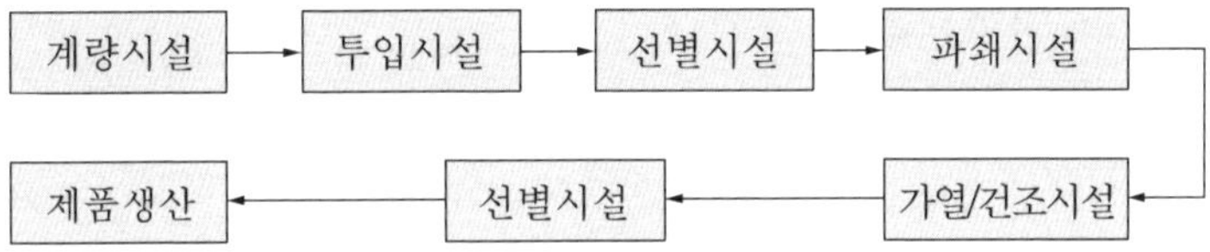

그림 5-14 건식사료화의 주요 공정

건조시설에서는 선별・파쇄된 음식물류 폐기물을 건조기에 투입하여 가열처리와 건조를 병행할 수 있으며, 건조방식의 선택과 시설운영에서는 사료의 영양소 파괴 및 탄화현상 방지에 대하여 충분히 고려하여야 한다.

건조시설의 운영시에는 연료비가 많이 소요되는데, 건식사료화 시설이 폐기물 소각시설과 함께 위치하는 경우 소각시설에서 발생하는 폐열을 이용하면 운영비용을 절감할 수 있으며, 아울러 건조시 발생되는 악취가스는 소각시설의 연소공기로 처리하면 안정적인 악취처리도 가능한 장점이 있다. 건식사료화 시설의 건조에 의해 발생하는 응축수에도 다소의 유기물질이 함유되어있으므로, 폐수처리시설에서 처리 후 방류하여야 한다.

(3) 유효 미생물에 의한 발효 사료화

고정화시킨 다종의 호기성 미생물과 효소군을 발효설비에 첨가하여 빠른 속도로 증식하는 미생물의 대사 작용을 이용하여 단기간 유기물을 발효시켜 사료를 생산하는 방법이다.

① 건조 발효 사료화

㉮ Bulking Agent를 첨가하거나 탈수기로 수분함량을 40~60% 조절한다.

㉯ 종균제를 투입하고 60℃의 온도에서 24시간 발효시킨다.

㉰ 처리 후 수분함량이 30% 정도로 감소한다.

㉱ 비용이 많이 소요되나 저장과 운반이 용이하고 배합사료와 혼합이 용이하다.

㉲ 발효 중 유기물과 무기물의 손실을 최소화하여 영양 균형을 조절함으로써 양질의 사료원의 제조가 가능하다.

② 습식 발효 사료화

㉮ 종균제를 투입하고 30~60℃ 정도의 온도에서 24시간 발효 후 350℃의 고온 멸균 처리한다.

㉯ 수분 70~80% 정도의 상태에서 가축에게 급이한다.

㉰ 유통이 곤란하여 농가 단위로 이용한다.

㉱ 비용이 적게 소요된다.

㉲ 수분함량이 높으므로 통기성이 나빠 충분한 발효가 이루어지기 어렵고 변질의 우려가 있다.

5.3.3 자원화 제품의 유통

음식물류 폐기물 사료는 반추동물(소, 양, 사슴 등)의 사료 또는 사료의 원료로 사용을 금지하고 있으며, 반추동물을 제외한 동물의 사료로 사용할 경우 제품의 안정성 및 이용자의 신뢰확보 등 유통의 활성화를 위하여 100℃에서 30분 이상 가열・처리하여야 한다.

표 5-12 단미사료 제조업의 시설기준(사료관리법 시행규칙, 별표 3)

<table>
<tr><th>구분</th><th>시설별</th><th>시 설 기 준</th></tr>
<tr><td rowspan="13">남은
음식물사료</td><td>가. 공장건물</td><td>내화성 건물로서 제품 생산에 적합할 것</td></tr>
<tr><td>나. 저장시설</td><td>원료와 제품을 저장할 수 있는 저장설비를 갖출 것</td></tr>
<tr><td>다. 계량시설</td><td>제품을 정확하게 계량할 수 있는 설비를 갖출 것</td></tr>
<tr><td>라. 포장시설</td><td>제품을 포장할 수 있는 설비를 갖출 것</td></tr>
<tr><td>마. 수송장치</td><td>모든 원료 및 제품을 수송할 수 있는 동력운송장치를 갖출 것</td></tr>
<tr><td>바. 건조시설</td><td>생산능력에 적합한 건조설비를 갖출 것</td></tr>
<tr><td>사. 분쇄시설</td><td>생산능력에 적합한 분쇄설비를 갖출 것</td></tr>
<tr><td>아. 혼합시설</td><td>원료를 적절히 혼합할 수 있는 설비를 갖추되, 그 공정은 동력에 의할 것</td></tr>
<tr><td>자. 먼지제거시설</td><td>제조 과정에서 발생하는 먼지를 제거할 수 있는 시설을 「대기환경보전법」에 따라 갖출 것</td></tr>
<tr><td>아. 건조・냉각시설</td><td>생산능력에 적합한 건조・냉각시설을 갖출 것. 다만, 습식제조시설인 경우에는 그러하지 아니하다.</td></tr>
<tr><td>자. 악취제거시설</td><td>제조 과정에서 발생하는 악취를 제거하는 설비를 「취방지법」에 따라 갖출 것</td></tr>
<tr><td>차. 이물질제거시설</td><td>쇠붙이・비닐・유리 등 이물질 제거에 적합한 시설을 갖출 것</td></tr>
<tr><td>카. 가열시설</td><td>100℃에서 30분 이상 가열할 수 있는 시설을 갖출 것. 다만, 돼지전용사료만을 제조하는 경우에는 80℃ (심부온도기준)에서 30분 이상 가열할 수 있는 시설을 갖출 것</td></tr>
</table>

※ 자료출처 : 사료관리법 시행규칙 [별표 3] <개정 2019.7.1>

다만, 돼지사료로 사용할 경우 80℃ (심부온도 기준)에서 30분 이상 가열 · 처리(사료관리법 시행규칙 [별표 3] <개정 2019.7.1>)하여야 하며, 유 · 무상 판매와 관계없이 사료제조업 등록을 하여야 한다.

자원화시설은 폐기물관리법에 의한 중간처리업 허가, 재활용신고 또는 시설설치신고 등 행정절차를 이행하고, 사료를 생산하는 시설은 사료관리법에 의한 단미사료제조업, 퇴비를 생산하는 경우 비료관리법에 의한 비료제조업 등록을 하여야 한다.

5.3.4 우리나라의 음식물 자원화 시설 현황

2019년 4월 기준 현재 우리나라의 음식물류 폐기물 처리시설 운영현황을 살펴보면 전체적인 시설용량은 민간시설이 공공시설보다 크지만, 실제 처리량은 공공시설이 다소 높은 것을 볼 수 있다. 공공시설은 시설의 숫자는 퇴비화 시설이 많은 반면, 시설의 용량은 사료화 시설이 크다. 민간시설의 경우 사료화 시설이 시설의 숫자와 시설용량 모두 가장 크다.

표 5-13 우리나라의 음식물류 폐기물 처리시설 현황(2019년 4월 기준)

	종류	2019년 4월				2013년 말	
		시설 개소수	시설용량 (톤/일)	처리량 (톤/일)	평균용량 (톤/일)	시설 개소수	시설용량 (톤/일)
공공	사료화	27	3847	3349	142	22	3142
	바이오가스화	23	2323	1627	101	13	1052
	퇴비화	38	1740	1397	46	46	2461
	기타	27	1222	1059	45	19	1089
	합계	115	9132	7432	79	100	7744
민간	사료화	166	9295	3225	56	97	7620
	바이오가스화	5	410	357	82	-	-
	퇴비화	42	3155	1523	75	36	2701
	기타	18	657	293	37	7	211
	합계	231	13517	5398	59		

* 자료출처 : 음식물류폐기물 처리시설 현황(2019년 4월 기준), 환경부

※ 시설의 분류와 합계는 2가지 이상의 처리방법이 혼재하는 자료가 많은 관계로 저자가 임의로 한 가지 방법으로 분류하여 집계하였음.

2013년 말 자료와 비교해보면 공공시설의 경우 바이오가스화 시설의 처리용량이 증가한 반면, 퇴비화시설의 처리용량은 감소하여 생산된 퇴비 수요처 확보의 어려움 등으로 최근에는 퇴비화시설보다는 바이오가스화 시설을 선호함을 알 수 있다.

5.4 하수슬러지의 처리와 재활용

5.4.1 하수슬러지의 발생 및 처리 현황

(1) 슬러지 개요

슬러지(sludge)란 정수나 폐수처리시 발생하는 폐액으로부터 분리되어 침전된 찌꺼기를 말하며, 90% 이상의 높은 수분함량을 가지고 있다. 슬러지는 수처리의 부산물이며 슬러지의 처리와 처분을 원활이 수행해야만 수처리가 최종적으로 끝나게 된다.

하수슬러지는 1차 슬러지와 2차 슬러지로 구분된다. 1차 슬러지는 주로 침전성 부유물로 유기물 함량이 60～80%이며, 2차 슬러지는 잉여슬러지로 유기물 함량은 60～90%이다.

슬러지의 일반적 화학조성은 <표 5-14>와 같으며, 하수슬러지 건조 처리를 위해 우리나라에서 조사된 하수슬러지의 물리화학적 성상 조사결과는 <표 5-15>와 같다.

표 5-14 슬러지의 일반적 화학조성

항목	미처리 1차 슬러지		소화된 1차 슬러지		잉여슬러지
	범위	대표값	범위	대표값	범위
TS (%)	2～7	4	6～12	10	0.83～1.16
VS (TS기준, %)	60～80	65	30～60	40	65～79
단백질(TS기준, %)	20～30	25	15～20	18	32～41
질소(N, TS기준, %)	1.5～4	2.5	1.6～6.0	3.0	2.4～5.0
인(P_2O_5, TS기준, %)	0.8～2.8	1.6	1.5～4.0	2.5	2.8～11.0
pH	5.0～8.0	6.0	6.5～7.5	7.0	6.5～7.5
알칼리도(mg $CaCO_3$/L)	500～1500	600	2500～3500	3000	580～1100
유기산(mg HAc/L)	200～2000	500	100～600	200	1100～1700

표 5-15 우리나라 하수슬러지의 물리화학적 성상 조사 결과

구분		단위	부산[1]	목포[1]	의성[1]	부산[2]
삼성분	수분	wt%	79.86	82.60	83.38	74.5
	회분		7.34	5.60	1.28	7.2
	가연분		12.80	11.80	15.34	18.3
원소 조성	탄소(C)	wt%	34.38	38.40	31.04	30.7
	수소(H)		6.06	5.10	4.04	5.0
	산소(O)		36.57	14.90	41.44	29.1
	질소(N)		11.78	6.31	4.16	4.9
	황 (S)		1.48	2.42	0.21	2.2
	염소(Cl)		0.10	0.56	0.04	-
고위발열량(건조기준)		kcal/kg	-	3,815	-	3,131
저위발열량(습윤기준)		kcal/kg	153	-	-	-

자료출처 : 1) 각종 하수슬러지 처리시설 기본설계보고서
2) 이태윤 외, 하수슬러지의 효율적인 처리를 위한 물리화학적 특성분석, 한국지반환경공학회 2008 학술발표회논문집, pp. 415~419 (2008)

(2) 하·폐수 슬러지 발생량 산정

하·폐수 슬러지의 건조기준 슬러지 발생량은 아래와 같이 최초 침전지에서 발생하는 1차 슬러지, 2차 침전지에서 발생하는 잉여슬러지, 그리고 총인을 제거하기 위한 화학적 처리에 의해 발생하는 3차 슬러지의 합으로부터 산정할 수 있다.

$$W_{sp}(kg/일) = f \times SS \times Q \times 10^{-3}$$

여기서, W_{sp} : 건조 기준 1차 슬러지 발생량(kg/일)
f : 1차 침전조에서 제거되는 SS 비(0.4~0.6)
SS : 유입하수의 SS 농도(mg/L)
Q : 유량(m^3/일)

$$W_{ss}(kg/일) = k \times BOD \times Q \times 10^{-3}$$

여기서, W_{ss} : 건조 기준 2차 슬러지 발생량(kg/일)
k : BOD가 잉여슬러지로 전환되는 비율(0.3~0.5, F/M비에 따라 달라짐)
BOD : 폭기조로 유입되는 BOD(mg/L)

총인의 화학적 처리는 주로 알루미늄염과 철염을 이용한 응집 · 침전법으로 하수 중의 인을 제거하며, 이때 알루미늄염을 이용할 경우 인 제거량의 약 6.4배(건조기준)의 슬러지가 발생하고, 철염의 경우에는 8.1배(건조기준)의 슬러지가 발생한다.

• Al^{3+} 이용시

$$PO_4^{3-} + 2Al^{3+} + 3OH^- \rightarrow Al(OH)_3(\downarrow) + AlPO_4(\downarrow)$$

1 mg (P 기준) 2.5 mg 3.9 mg

• Fe^{3+} 이용시

$$PO_4^{3-} + 2Fe^{3+} + 3OH^- \rightarrow Fe(OH)_3(\downarrow) + FePO_4(\downarrow)$$

1 mg (P 기준) 3.4 mg 4.7 mg

$$W_{st}(\text{kg/일}) = f_{cp} \times (TP_i - TP_o) \times Q \times 10^{-3}$$

여기서, W_{st} : 건조 기준 3차 슬러지 발생량

f_{cp} : 제거되는 TP에 따른 화학슬러지 생성비

TP_i, TP_o : 유입, 유출 TP(mg/L)

한편, 2008년에 수행된 환경부의 시범사업 용역 결과에 의하면 탈수케익 발생량을 기준으로 할 때, 총인 제거에 따른 슬러지 발생량은 약 20% 증가하는 것으로 나타났다.

따라서 건조기준의 슬러지 발생량은 다음과 같이 계산할 수 있다.

$$W_s = W_{sp} + W_{ss} + W_{st}$$

여기서, W_s : 총 건조고형물 양(kg/일)

W_{st} : 건조 3차 슬러지 양(kg/일)

하 · 폐수 슬러지의 비중은 아래와 같이 계산할 수 있다. 이때 비중은 무게와 부피로부터 계산된 수치여서 직접 계산할 수 없으므로, 휘발분과 회분의 부피로 환산한 후(부피 = 무게/밀도), 전체 무게에서 전체부피를 나누어서 구하여야 한다.

$$\frac{W_s}{S_s\gamma} = \frac{W_f}{S_f\gamma} + \frac{W_v}{S_v\gamma}$$ (전체 건조고형물 부피 = 회분의 부피 + 휘발분의 부피)

여기서, W_s : 건조고형물 무게

S_s : 고형물 비중

γ : 물의 단위 중량(1000 kg/m^3)

W_f : 회분의 무게

S_f : 회분의 비중(1.5～2.5)

W_v : 휘발분 무게

S_v : 휘발분 비중(1.2～1.4)

수분을 포함하는 슬러지의 비중은 앞서 건조고형물에서 회분과 휘발분을 고려한 것처럼, 물과 고형분에 대하여 각각의 무게와 부피를 합하여 전체 비중을 구하면 된다. 즉, 아래 식의 분모는 수분과 건조 고형분이 차지하는 부피의 합을 나타내며, 분자는 수분과 건조 고형분의 무게의 합이다.

$$S = \frac{W_w + W_s}{(W_w/1.0) + (W_s/S_s)}$$

여기서, S : 습윤슬러지 비중

W_w : 물 무게

W_s : 건조고형분 무게

S_s : 건조고형분 비중

한편, 건조고형물의 양과 슬러지의 수분함량을 아는 경우 습윤 슬러지의 부피는 아래와 같이 계산할 수 있다.

$$V = \frac{W_s}{(s/100)\gamma S}$$

여기서, V : 슬러지 부피(m^3)

W_s : 건조슬러지 무게(kg)

s : 고형분 함량(%)

γ : 물의 단위중량(1000 kg/m^3)

S : 습윤슬러지의 비중(통상 1로 간주)

예제 1

10% 고형분을 갖는 슬러지의 휘발분이 70%일 때의 슬러지 비중은?
(이때, 회분의 비중은 2.5, 휘발분의 비중은 1.0으로 가정)

$$\frac{1}{S_s}=\frac{0.3}{2.5}+\frac{0.7}{1.0}=0.82$$

$$S_s=\frac{1}{0.82}=1.22$$

$$S=\frac{90+10}{90/1.0+10/1.22}=1.02$$

∴ 고형분 함량이 10% 미만인 유기성 슬러지의 비중은 1로 간주할 수 있음.
아울러 1.02의 비중은 가만히 정체시키면 가라앉게 되고, 교반/송풍시에는 부유상태를 유지할 수 있는 수준의 비중인 것을 알 수 있음.

예제 2

유입폐수량이 40,000 m^3/일이고, 유입 SS의 농도가 250 mg/L, 유출 SS의 농도가 100 mg/L, 1차 슬러지의 함수율이 97%인 경우 1차 슬러지의 발생량은 얼마인가?

제거되는 SS의 양 40,000 m^3/일 × (250 − 100) mg/L × 10^{-3} = 6,000 kg/일
함수율이 97%이므로 고형분 함량은 3%이고, 물의 밀도는 1000 kg/m^3이므로

$$V=\frac{W_s}{(s/100)\gamma S}=\frac{6{,}000\,kg/m^3}{(3/100)\times 1000\,kg/m^3\times 1}=200\,m^3/\text{일}$$

(2) 국내슬러지 발생 및 처리현황

2018년 말 현재 국내에는 4,111개소(시설용량 2,612만톤/일)의 하수처리장이 가동 중에 있으며 발생되는 하수슬러지량은 연간 4,095천톤이었다. 1일 발생량으로 환산하면 11,219톤/일이며, 이를 2018년도의 생활계폐기물 발생량 56,035톤/일과 비교하면 생활폐기물 발생량의 20%에 해당하는 양이다.

2013년 말 현재 슬러지의 처리현황은 런던협약에 의해 해양투기가 2012년부터 금지됨에 따라 소각, 연료화, 탄화와 같은 열적처리 방식으로 주로 처리되고 있다. 또한 하수슬러지의 발생량을 줄일 수 있는 감량화 기술과 하수슬러지 재활용을 활성화하는 방안들이 추진 중에 있다.

(3) 하수슬러지의 건조와 탄화

하수슬러지의 해양투기가 금지되고, 소각의 경우 민원에 따른 사업부지의 확보가 어려운 현실을 감안하여 하수슬러지를 건조나 탄화 방식으로 처리한 후 부산물을 재활용하는 방안이 최근 채택되고 있다.

표 5-16 우리나라 하수슬러지 발생 및 처리 현황(2018년 말 현재)

하수처리장 개소수		4,111
찌꺼기 처리량 합계(톤/년)		4,094,851
자체 처리량(톤/년)	소각	660,311
	고화	1,266.9
	탄화	283,339.5
	기타	196,260.9
재활용	연료화	618,723.3
	퇴비화	62,471.8
	기타	216,913.1
외부위탁처리량 (톤/년)		1,502,308
수도권 광역처리(톤/년)		553,256.2

※ 자료출처 : (2018)하수도통계2019, 환경부, 2019.

표 5-17 하수슬러지를 건조 후 화력발전소에서 연료로 사용하고자 하는 경우의 제품규격

구분	제품규격	예외기준	비고
크기	40 mm 이하	• 유기성 오니에서 일부에너지를 회수한 후 가공하는 경우 2,000 kcal/kg 이상 • 회분 함량이 35% 초과시 화력발전소에서 연료로 사용할 수 있는 경우 35% 초과 가능	• 폐기물관리법 시행규칙 [별표 5의3] R-9-5 유형
저위발열량	3,000 kcal/kg 이상		
수분	10% 이하		
회분	35% 이하		
황	2% 이하		

탈수슬러지를 통과한 슬러지의 함수율은 80% 내외이므로 이를 건조시키는 데는 수분의 증발잠열에 의한 다량의 에너지가 필요하다. 하수슬러지의 건조 후 이를 화력발전소에서 연료로 사용하고자 하는 경우에는 <표 5-17>과 같은 기준을 만족시켜야 한다.

하수슬러지의 건조과정은 <그림 5-15>와 같이 예열기간, 항율건조기간, 감율건조기간 등의 3구간으로 구분할 수 있다.

제1구간인 예열기간은 슬러지가 예열되어 함수율이 서서히 감소하는 구간으로 매우 짧다.

제2구간은 슬러지의 표면증발량과 수분의 내부확산량이 동일하여 슬러지 함수율이 직선적으로 감소되는 항율건조기간이다.

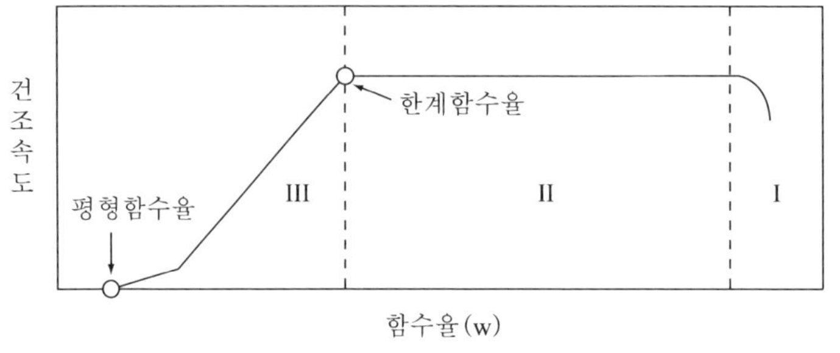

그림 5-15 슬러지의 건조특성곡선

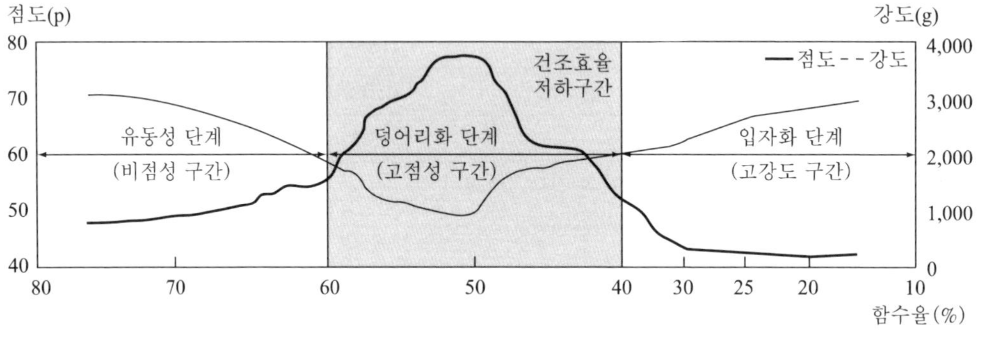

그림 5-16 슬러지 건조시 함수율 변화에 따른 점도 및 강도 변화

제3구간은 슬러지 표면증발량이 증가되는 반면, 내부확산량은 감소되어 함수율의 감소비율이 느리게 되어 결국 평형에 도달하는 감율건조기간이다.

또한 수분함량의 변화에 따라 초기 수분함량 80% 내외에서 45～55% 구간에서는 미생물 생체가 갖는 특성에 의한 고점성의 특징을 가지며, 이후 10～45% 구간에서는 건조된 슬러지가 마찰에 의해 시설의 마모와 비산먼지에 의한 폭발을 일으킬 수 있다. 점착 구간을 회피하기 위해 탈수슬러지에 건조된 슬러지를 혼합하여 혼합슬러지의 함수율을 30% 이하가 되게 조정하기도 하는데, 이 경우 이송 및 혼합설비를 필요로 한다.

하수슬러지의 건조방식으로는 <표 5-18>과 같이 직접 열풍건조방법, 간접 건조방법, 유중증발 건조방법, 하이브리드 방식 등이 있다.

직접 건조방식은 고온 가스와 슬러지가 건조기 내에서 직접 접촉하여 연소 가스의 대류에 의해 건조하는 방식으로 회전드럼형 구조와 3중 드럼 구조가 있다.

표 5-18 하수슬러지 건조방식의 기술 개요

건조방식	기술의 개요	열원
직접건조 방식	고온가스와 슬러지가 건조기 내에서 직접 접촉하여 연소가스의 대류에 의하여 슬러지를 건조하는 방식	직접열풍
간접건조 방식	고온가스의 열교환에 생산된 열매체(또는 증기)가 건조기 내부 또는 외부에 설치된 배관을 통과하면서 슬러지를 건조하는 방식	증기, 열매체
유중 건조 방식	간접건조방식에 속하며, 건조기 외부자켓을 통한 건조열원 공급방식을 기반으로 슬러지와 열매체유의 혼합으로 열교환 효율을 증진시켜 건조하는 방식	증기, 열매체(폐유, 폐식용유, 벙커C유 등)
하이브리드 방식	2종 이상의 건조기를 적용하여, 2단계 건조를 실시하며 2차 건조단계에서는 폐열을 이용하여 효율을 향상시켜 건조하는 방식	열풍, 증기 (또는 열매체)

간접 건조방식은 고온가스의 열교환에 의해 생산된 열매체(또는 증기)가 건조기 내부 또는 외부에 설치된 배관을 통과하면서 슬러지를 건조하는 방식으로 디스크형과 패들형 구조가 있다.

유중증발 건조방법은 끓는 기름 속에 슬러지를 넣어서 건조시키는 방법으로, 기름은 비등점이 240～340℃, 비열이 0.5～0.7 kcal/kg・℃이며, 물보다 가벼운 특성을 갖고 있다. 물의 비등점인 100℃보다 20～70℃ 정도 높은 온도로 가열하여 수분을 급속 증발시키는 방법으로 슬러지 내부의 수분과 외부의 끓는 기름 간에 효율적인 열전달과 물질 이동이 발생하며, 수분을 대체한 기름에 의해 생성물의 발열량이 상승하는 효과가 있다. 하지만, 발열량이 기름의 투입으로 변동성이 크면 화력발전소 사용이 불가하다는 단점이 있다.

하이브리드 방식인 2단 건조시스템은 1단에서는 고함수율을 갖는 슬러지를 박막건조기나 드럼 건조기 등에서 신속하게 건조를 시키고(100℃ 내외), 2단에서는 저함수율의 슬러지를 벨트 건조기를 이용하여(80℃ 내외) 회전축과의 마찰 배제로 미세분진의 발생을 차단시키고, 건조슬러지의 재순환이 필요 없는 방식이다.

건조처리된 하수슬러지 고형연료의 안정적인 수요처 확보를 위해서는 에너지 사업자에게 공급량의 일정비율을 신재생 에너지로 하도록 의무화하는 「신재생 에너지 의무할당제(RPS, Renewable Portfolio Standards)」의 도입이 필수적이다.

슬러지의 건조 과정에서는 비산먼지와 악취가 발생한다. 비산먼지의 경우 원심력 집진기와 여과집진기에서 제거하며, 악취는 외부로 악취가 발산되지 않도록 밀폐 구조로 만들고,

연소용 공기로 활용하여 연소로에서 제거, 약액세정이나 바이오필터에서 처리, 혹은 탈취로에서 고온산화 처리하여야 한다.

슬러지 건조에 의해서 증발된 수분은 응축수 형태로 배출되는데, 응축수에는 BOD, COD TN 등의 수질오염물질을 함유하고 있으므로 폐수처리계통에서 적절히 처리하여야 한다.

하수슬러지의 탄화기술은 무산소 또는 저산소 상태에서 슬러지에 열을 가하여 (일반적인 적용온도 300~500℃) 가스, 액체, 고체로 열분해시켜 탄화물을 얻게 되며, 생성된 가스와 오일류는 탄화 공정의 에너지원으로 사용할 수 있다. 탄화된 슬러지의 함수율은 5~10% 범위로 건조방식에 비하여 생성물이 작아서 운송비가 절감되는 장점이 있으나, 초기 설치비가 높은 단점이 있다.

표 5-19 하수슬러지 건조처리시 요구되는 2차 오염 방지시설

대상 오염물질	오염물질 제거방법
비산먼지	원심력 집진기, 여과집진기
악취	습식세정탑, 바이오필터, 약액세정탑, 탈취로(고온산화)
응축수	자체처리 혹은 1차 처리 후 인근 하수처리장 연계처리

예제 3

하수슬러지 건조시설에서 함수율 80%인 하수슬러지를 건조하여 함수율 10%의 건조부산물을 만들고 있다. 1일 200톤의 하수슬러지를 건조하는 경우 발생하는 건조 부산물과 응축수의 양을 각각 계산하시오.

수분함량 변화에 따른 중량 변화 관계식 $\frac{V_2}{V_1} = \frac{100 - W_1}{100 - W_2}$ 에서

여기서, V_1, V_2 : 각각 건조 전후의 중량

W_1, W_2 : 각각 건조 전후의 수분함량

건조부산물 $= 200 \times \frac{100-80}{100-10} = 200 \times \frac{20}{90} = 44.4$ 톤/일

응축수 $= 200 - 44.4 = 155.6\ m^3$/일 발생한다.

∴ 건조시설에 의해서 최초 하수슬러지의 22%는 건조부산물 형태가 되고, 78%는 응축수 형태의 폐수가 된다.

5.5 유기성 폐자원의 바이오에너지화

5.5.1 바이오에너지 개요

화석연료의 고갈과 지구온난화에 따른 기후변화협약에 대응하기 위하여 신재생에너지의 개발에 관한 연구와 투자가 많아지고 있다.

바이오에너지란 다양한 바이오매스로부터 수송용 연료, 바이오 가스(메탄), 합성가스 등을 에너지원으로 활용하는 기술로서 차량 및 난방용 연료, 발전 부문 등에 적용이 가능하다[8].

<그림 5-17>과 같이 사용되는 원료에 따라 바이오에너지는 다양하게 분류된다.

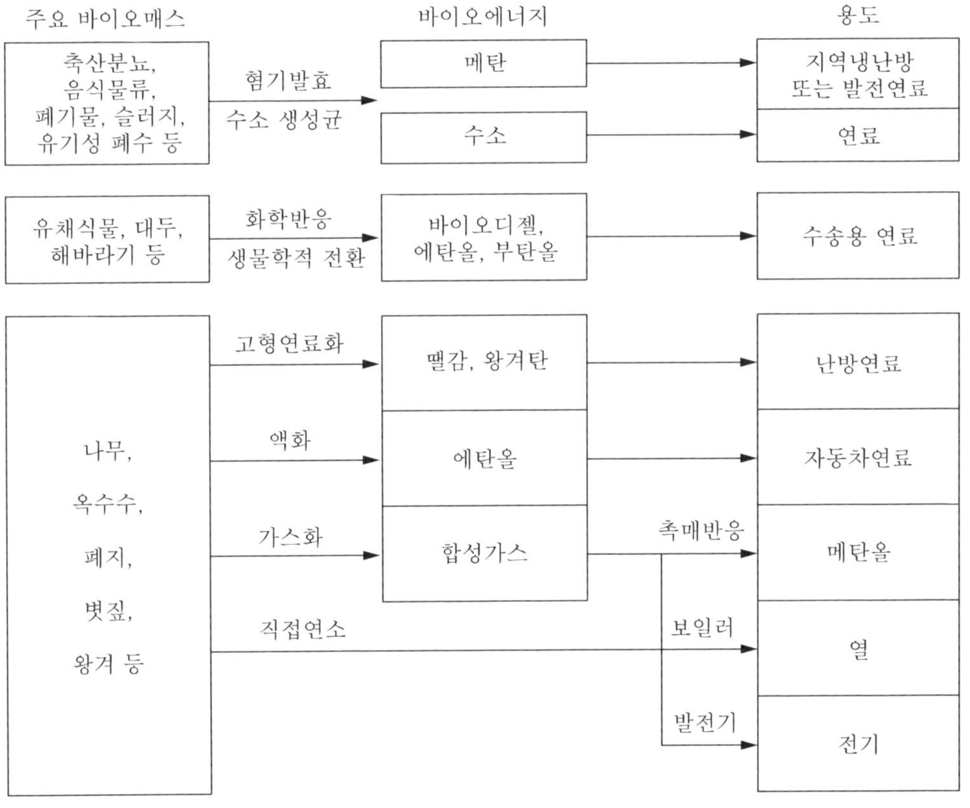

그림 5-17 주요 바이오에너지의 종류 및 용도(자료출처 : 1)

8) 자료출처 : 정진영 : 유기성폐기물의 바이오에너지화 현황과 전망, 대한환경공학회지, Vol.30, No.9, pp.851～857 (2008).

바이오가스는 혐기성 소화작용으로 메탄 생성 박테리아가 바이오매스를 분해할 때 발생하는 대사산물로서 메탄과 이산화탄소의 주된 성분으로 전력 및 온수로 활용가능하다.

축산분뇨, 음식물류 폐기물, 하수슬러지 등과 같은 고농도 유기성 폐기물을 혐기성 처리를 함으로써 부산물로서 바이오가스를 얻을 수 있다.

5.5.2 유기성폐자원의 바이오가스화

(1) 우리나라 유기성폐자원 바이오가스화 시설 현황

최근 우리나라는 음식물류폐기물, 가축분뇨, 하수슬러지 등의 유기성폐자원 처리를 통한 바이오가스 생산·활용 시설이 증가하는 추세에 있다. 2019년 말 현재 총 101개소가 설치되어 있으며, 처리시설용량은 64,436톤/일이며 처리실적은 22,295천톤/년으로 보고되었다.

2019년의 바이오가스 생산량은 351,163천 m^3이었으며, 발전 65,023천 m^3/년(18.5%), 외부공급 89,766천 m^3/년(25.6%), 자체이용 105,610천 m^3/년(30.1%), 스팀가스 사용 등 32,754천 m^3/년(9.3%), 미활용량(연소처리) 58,011천 m^3/년(16.5%) 등으로 활용되었다.

표 5-20 우리나라 유기성폐자원 바이오가스화시설 증감 현황

조사년도	계	음식물	가축분뇨	하수슬러지	통합
2008	38	5	6	17	10
2009	49	7	9	20	13
2010	50	8	7	20	15
2011	55	11	7	20	17
2012	57	11	7	20	19
2013	61	16	7	20	18
2014	71	20	6	21	24
2015	88	20	6	32	30
2016	90	20	7	33	30
2017	98	21	7	35	35
2018	100	21	4	32	43
2019	101	21	4	32	44

※ 자료출처 : 2019년 유기성폐자원 바이오가스화시설 현황, 환경부

표 5-21 우리나라 유기성폐자원 바이오가스화 시설용량 증감 현황

조사년도	계	음식물	가축분뇨	하수슬러지	통합
2008	19,851	1,945	500	12,803	4,603
2009	37,894	1,931	590	22,468	12,905
2010	40,743	1,458	510	23,595	15,180
2011	43,424	2,129	640	25,078	15,577
2012	44,197	2,129	720	25,195	16,153
2013	48,356	3,849	820	27,198	16,489
2014	50,201	4,507	720	27,430	17,544
2015	56,523	5,099	495	31,619	19,310
2016	58,674	4,491	565	33,532	20,086
2017	63,424	4,907	619	35,419	22,479
2018	64,346	5,084	480	21,355	37,427
2019	64,436	5,084	480	21,355	37,517

※ 자료출처 : 2019년 유기성폐자원 바이오가스화시설 현황, 환경부

(2) 음식물류 폐기물의 바이오가스화

음식물류 폐기물은 분리수거 효율이 높고, 고농도 유기물을 함유하고 있으므로 메탄가스 회수 잠재력이 매우 높으며, 자원화 공정에서 발생하는 음폐수(음식물류 폐기물 처리시설 발생폐수)의 해양배출이 2013년부터 전면금지됨에 따라 바이오가스 생산과 오염물질 저감의 필요성이 매우 높아졌다.

음식물류 폐기물을 퇴비화·사료화하는 과정에서 발생하는 음폐수의 성상은 <표 5-22>와 같다.

환경부에서는 신설되는 지자체의 음식물류 폐기물 처리시설 설치시 바이오가스 생산시설에 대한 중점지원을 통해 에너지화시설 확충 추진하고자 하는데, 국고지원사업 선정시 광역·대형 에너지화 시설을 우선 지원하고, 지역 내 발생 음폐수도 함께 처리하도록 유도하며, 음폐수가 다량 발생되는 지역을 중심으로 음폐수 공공 자원화시설의 설치를 추진하고 있다.

또한 공공하수처리시설 또는 폐기물매립시설 침출수처리장 등에 병합처리 유도하도록 하고 있다.

표 5-22 음폐수 성상의 예

채수 지점	pH	COD_{Cr} (mg/L)	BOD (mg/L)	TS (mg/L)	VS (mg/L)	유기산 (mg/L)	TKN (mg/L)	NaCl (mg/L)	NH_4^+ (mg/L)	함수율 (%)	n-헥산 (mg/L)
W.J.	4.3	488,064	320,194	153,906	135,533	2,417	4,347	11,464	-	84.6	18,000
	4.8	251,904	148,606	146,254	128,982	961	3,983	12,779	87	85.4	16,000
S.N	5.1	503,808	275,682	95,799	87,171	651	3,436	6,280	20	90.3	11,200
	4.4	127,920	43,750	88,950	75,878	715	3,681	6,731	0	91.1	10,272
	4.1	100,762	42,000	70,981	57,186	1,096	2,278	8,214	0	92.9	9,700

* W.J. : 스크류데칸터에 의한 탈수, S.N. : 스크류프레스에 의한 탈수(자료출처 : 4)

혐기성 소화 방식으로 음폐수 등을 에너지화하는 경우 처리 후 발생되는 폐수의 처리대책도 함께 고려하여야 하므로, 음식물류 폐기물과 하수를 병합처리(혐기성 소화조에서 처리)하거나, 바이오리액터형 매립방식으로 처리하되, 침출수 처리시설과 연계하여 처리하는 방식이 발생되는 폐수의 처리비용까지를 고려하면 유리할 것으로 전망된다.

5.5.3 유기성 폐기물을 이용한 바이오 수소 생산[9)]

(1) 개요

수소는 청정 대체에너지원으로서 화석연료의 대안으로 부상하고 있다. 수소는 연소시 이산화탄소 대신 물을 배출하는 환경친화적인 대체에너지원으로서 화석연료보다 2.75배 큰 열량(122 kJ/g)을 가지고 있고, 연료전지를 통해서 직접 전기를 발생시킬 수 있는 장점을 가지고 있다.

최근 유기성 폐기물로부터 생물학적 방법을 이용한 수소의 생산이 각광받고 있다. 생물학적 수소생산에는 광합성 조류(algae)를 이용하여 물을 수소 및 산소로 분해하는 생물학적 광분해와 혐기성 발효균을 이용하는 수소발효로 나눌 수 있는데, 이 중에서도 수소발효는 생물학적 광분해보다 반응속도가 빠르고, 기술적으로 단순하고, 빛이 필요 없을 뿐만 아니라 폐기물로부터 수소를 생산할 수 있는 장점으로 인해 최근 많은 연구가 진행되고 있다.

9) 자료출처 : 한선기, 김동훈, 신항식 : 유기성 폐기물을 이용한 바이오수소 생산, 대한환경공학회지, Vol.30, No.9, pp.867-877(2008).

(2) 수소발효의 원리

기본적인 혐기성 분해경로는 <그림 5-18>에서 보는 바와 같이 가수분해, 산생성, 초산생성, 메탄생성으로 이루어진다. 따라서 초산과 수소로부터 메탄이 생성되는 메탄생성단계를 막을 수 있다면 메탄 대신 수소를 얻을 수 있다는 것이 수소발효의 기본개념이다.

수소소비 메탄균의 활성을 저해시키는 방법으로 가장 많이 이용되는 방법은 열처리(heat shock) 방법이다. 대부분의 미생물은 고온에서 사멸하지만 수소를 생성하는 포자생성균은 포자를 통해 살아남는 것에 착안한 것이며, 대표적인 수소생산 포자 생성균으로 *Clostridium sp.*가 있다.

*Clostridium sp.*의 발효시 대사경로는 <그림 5-19>에서 보는바와 같이 크게 수소/유기산 생성단계와 용매/생성단계로 나누어진다. *Clostridium sp.*는 대수성장단계에서는 수소와 초산, 부틸산을 생성하지만, 대수성장단계의 후반이 되면 대사작용의 변경이 일어나 용매의 생산이 이루어진다. 따라서 *Clostridium sp.*로 하여금 수소/유기산 생성 단계를 유지하도록 환경조건을 유지시키는 것이 중요하다.

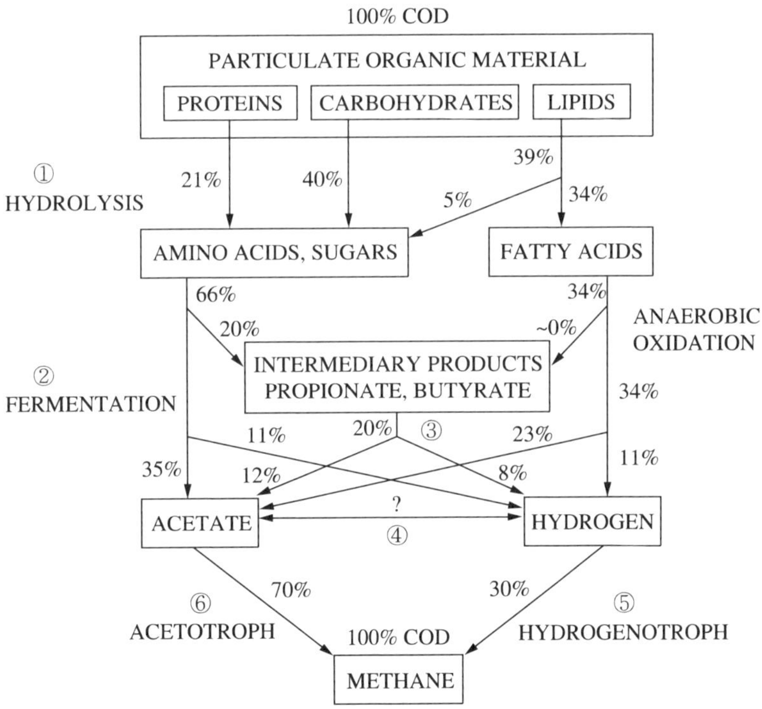

그림 5-18 혐기성 분해경로(자료출처 : 5)

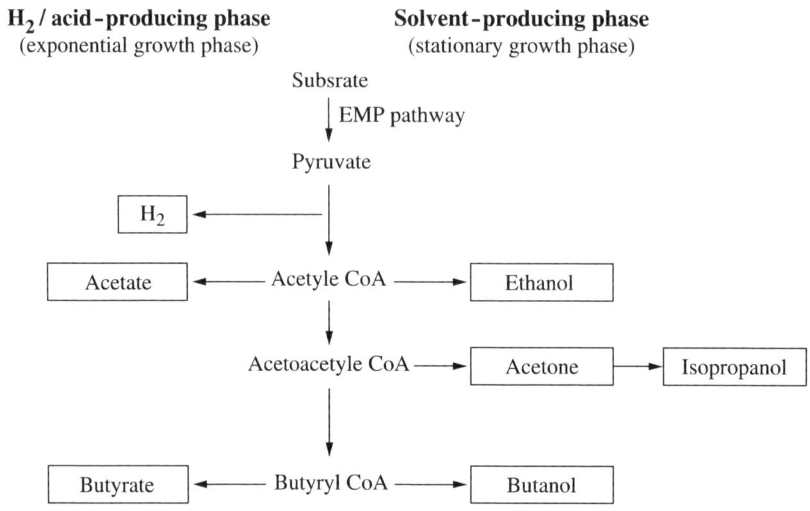

그림 5-19 포자생성균(*Clostridium sp.*) 발효시의 대사경로(자료출처 : 5)

수소발효와 관련된 반응은 식(5.1)과 식(5.2)과 같다. 반응이 매우 빠르며, 빛을 필요로 하지 않고, 폐기물 처리에 이용될 수 있는 장점이 있다. 단, 이러한 반응은 수소와 같이 발생하는 유기산의 처리가 필요한데, 후단에 메탄 발효조를 연결시키는 방법 등으로 해결할 수 있다.

$$\text{Glucose} + 2H_2O \rightarrow 2\text{Acetate} + 2CO_2 + 4H_2 \quad \Delta G = -184.2\text{KJ} \tag{5.1}$$

$$\text{Glucose} \rightarrow \text{Butyrate} + 2CO_2 + 2H_2 \quad \Delta G = -257.1\text{KJ} \tag{5.2}$$

(3) 수소발효의 운전인자

수소발효와 관련한 주요 운전인자를 <표 5-23>에 요약하여 정리하였다. 또한 고형폐기물을 연속으로 운전하여 얻은 수소발효 수율의 예는 <표 5-24>와 같다.

수소발효를 이용하여 유기성 폐기물을 처리할 경우, 모든 기질이 수소로 전환되는 것이 아니라, 약 1/3 정도만 수소로 전환되고, 나머지는 유기산의 형태로 남기 때문에 이를 처리할 수 있는 메탄발효와 같은 별도의 후속공정이 필요하다.

즉, 전단에서 수소발효를 통해 수소를 생산하고, 수소발효의 잔류물(유기산)을 메탄으로 전환시키는 것이다. 이것은 기존의 이상소화 공정(산발효 + 메탄발효)에서 전단의 산발효 공정을 수소발효로 바꾸어 운전하는 것이다.

표 5-23 수소발효의 주요 운전인자(자료출처 : 5)

운전인자	조 건	비고
식종균의 전처리	• 산염기 처리법 : pH 3 혹은 pH 10에서 처리 • 열처리 방법 : 80～100℃에서 10분 이상 가열	열처리가 보다 효과적임
pH	• 5.0～6.0	
수리학적 체류시간	• 수소 생성균은 짧은 HRT 선호 • 고형폐기물의 경우 2～5일	
H_2 및 CO_2 분압	• H_2 분압이 증가되면 수소생산에 부정적인 영향을 줌 • H_2 분압을 감소시키는 방법 : 기계적 교반, N_2 스파징(sparging), CO_2 스파징, 수소 투과성 막을 이용한 수소제거 • CO_2 스파징에 의한 높은 CO_2 분압은 수소수율을 증가시킴	

표 5-24 유기성 고형폐기물의 연속 수소발효 운전시 수소 수율의 예(자료출처 : 5)

반응조 온도	기질	수리학적 체류시간	최대 H_2 수율
중온 수소발효	가정 폐기물	2일	43 mL H_2/g VS
	음식물류 폐기물	1.5일	88.9 mL H_2/g VS
	음식물 + 슬러지	3일	62.0 mL H_2/g VS
	도시폐기물 + 도축 폐기물	3일	33.6 mL H_2/g VS
	음식물 + 종이	50일	99 mL H_2/g VS
고온 수소발효	음식물 + 종이	21일	360 mL H_2/g VS
	음식물류 폐기물	5일	2.20 mol H_2/mol hexose
	폐 올리브 펄프	1.2일	7.2 mL H_2/g TS
	음식물 + 종이	1.2일	2.4 mol H_2/mol hexose

EXERCISES

01 혐기성 분해시 메탄균의 최적 pH는 얼마인가?

문제풀이

메탄균은 약알칼리상태를 좋아하는데 pH에 민감하여 5 이하에서 사멸하고 최적 pH는 7.0~8.5이다.

02 유기물(BOD) 1 kg 안정화시 생성되는 메탄의 양 및 체적은 얼마인가?

문제풀이

$C_6H_{12}O_6 \rightarrow 3CO_2 + 3CH_4$
유기물(BOD) 1 mol : 180 kg, 메탄 1 mol : 16 kg
유기물 1몰 분해시 메탄 3몰이 발생되므로
180 : (3 × 16) = 1 : x x = 0.27 (kg)
체적은 16 : 22.4 = 0.26 : y y = 0.364 m³/kg · BOD

03 혐기성소화조로 유입되는 유량 210 m³/d, 슬러지의 고형물 함량 5.4%, VS 66%, 소화조의 VS 처리율 58%, 가스생성량은 0.74 m³/kg VS일 때 하루 생성되는 가스량은?

문제풀이

유입 VS량 : 210 m³/d × 0.054 × 0.66 = 7.48 m³/d
처리되는 VS량 : 7.48 m³/d × 0.58 = 4.34 m³/d
비중을 1로 보면 4.3 m³/d × 1000 kg/m³ = 4,340 kg/d
∴ 가스생성량 : 4,340 kg/d × 0.74 m³/kg VS = 3,212 m³/d

04 소화조로 유입되는 생슬러지량 400 m³/d, TS 5%, 유기물 60%이다. 소화조에서 20일 소화시킨 후 가스화, 액화된 양이 50%이고 함수율 85%인 소화슬러지를 얻었다면 이 소화조의 부피는 얼마인가?

문제풀이

잔존 유기물량 : 400 m³/d × 0.05 × 0.6 × 0.5 = 6 m³/d
잔존 무기물량 : 400 m³/d × 0.05 × 0.4 = 8 m³/d
소화 후 고형물량 : 6 + 8 = 14 m³/d, 함수율 85%이므로 비중 1인 경우

$$Q_2 = \frac{14\,\mathrm{m^3/d}}{0.15} = 93.3\,\mathrm{m^3/d}$$

$$\therefore V = \frac{400 + 93.3}{2} \times 20\,\mathrm{day} = 4{,}933\,\mathrm{m^3}$$

05 함수율 97%, TS중의 유기물 60%인 슬러지 250 m^3/d를 소화조에 투입하여 소화시킨 결과 유기물의 3/5가 가스화, 액화하고 함수율 92%인 소화슬러지를 얻었다면 소화슬러지의 양은 얼마인가? (단, 소화슬러지의 비중은 1로 본다)

문제풀이

① 고형물량 : $250\ m^3/d \times 1.0\ t/m^3 \times (1-0.97) = 7.5\ t/d$
유기물량 : $7.5 \times 0.6 = 4.5\ t/d$
무기물량 : $7.5 \times 0.4 = 3.0\ t/d$

② 소화 후 잔존 고형물량 : $3.0 + \left(4.5 \times \dfrac{2}{5}\right) = 4.8\,t/d$

소화슬러지량 $= 4.8\,t/d \times \dfrac{100}{100-92} \div 1\,t/m^3 = 60\,m^3/d$

06 정상으로 운전되고 있는 소화조에 100 m^3/d의 활성슬러지가 투입되고 있다. 유입슬러지의 SS가 8,000 mg/L, VS가 SS의 65%, 소화조의 SS제거율이 80%, VS 제거율이 60%라면 1일 가스 발생량은 얼마인가? (단, 가스 발생량은 제거된 VS 1 kg당 0.9 m^3로 간주한다)

문제풀이

유입 VS량 : $100\ m^3/d \times 8000\ mg/L \times 0.65 \times 10^3\ L/m^3 \times 10^{-6}\ kg/mg = 520\ kg/d$
제거되는 VS량 : $520\ kg/d \times 0.8 \times 0.6 = 249.6\ kg/d$
$\therefore$ 가스발생량 $= 249.6\ kg \cdot VS/d \times 0.90\ m^3/kg \cdot VS = 224.64\ m^3/d$

07 고형물 중 유기물이 70%, 함수율이 90%인 슬러지를 500 m^3를 소화 처리 후 유기물 중 2/3이 제거되고 함수율 87%인 슬러지를 얻었다. 이 슬러지의 양을 구하시오.

문제풀이

유기물량 : $500\ m^3 \times 0.1 \times 0.7 = 35\ m^3$
무기물량 : $500\ m^3 \times 0.1 \times 0.3 = 15\ m^3$
소화 후 남은 유기물량 : $35 \times 1/3 = 11.67\ m^3$
소화 후 남은 고형물량 : 무기물 + 유기물 $= 15 + 11.67 = 26.67\ m^3$

$\therefore$ 소화슬러지의 부피 : $\dfrac{26.67m^3}{1-0.87} \fallingdotseq 205.2\,m^3$

08 혐기성 소화 탱크에서 유기물이 70%, 무기물이 30%인 슬러지를 소화하여 소화슬러지의 유기물이 60%, 무기물이 40%로 되었다. 소화율은?

문제풀이

소화 후에도 무기물의 양은 변하지 않는다. 소화 후의 유기물량을 X라 하면

$X : 0.3 = 0.6 : 0.4$

$$X = \frac{0.3 \times 0.6}{0.4} = 0.45$$

$$\therefore \text{소화율} = \frac{0.7 - 0.45}{0.7 \times 100} = 35.7\%$$

09 수분함량이 95%인 슬러지를 완전히 건조하였을 때 무게가 100 kg이었다면 이 슬러지의 부피는 얼마인가? (단, 슬러지의 비중은 1로 간주한다)

문제풀이

수분함량이 95%이므로 고형분 함량은 5%이고, 전체 무게(부피)를 x라 두면

$5 : 100 = 100\,\text{kg} : x$

$$\therefore\ x = \frac{100 \times 100}{5} = 2{,}000\,\text{kg} = 2\text{m}^3$$

∴ 고형물 함량 s%이고, 건조고형물의 양이 M인 경우 슬러지의 부피 V는

$V = \dfrac{M}{s/100}$ 가 된다(슬러지의 비중을 1로 가정시).

10 3785 m^3/일 규모의 하수처리장의 유입수의 BOD와 SS농도가 각각 200 mg/L라고 하고, 1차 침전에 의하여 SS는 50%, 이에 따라 BOD도 30% 제거된다. 후속처리인 활성슬러지공법(폭기조)에 의해 남은 BOD의 90%가 제거되며 제거된 kg BOD당 0.1 kg의 슬러지가 생산된다면 1차 침전에서 발생한 슬러지와 활성슬러지공법에 의해 발생된 슬러지의 총합(kg/일)은? (단, 비중은 1.0 기준, 기타 조건은 고려 안함)

문제풀이

1차슬러지 발생량 : 3785 m^3/일 × 100 mg/L × 10^{-3} = 378.5 kg/일(50% 제거되므로)

1차 침전 후 BOD 농도는 140 mg/L가 된다(30% 제거).

활성슬러지 발생량 : 3785 m^3/일 × (140 × 0.9) mg/L × 0.1 × 10^{-3} = 47.7 kg/일

∴ 전체 슬러지 발생량 = 378.5 + 47.7 = 426.2 kg/일

11 고형물 농도 80 kg/m^3의 농축 슬러지를 1시간에 8 m^3 탈수시키려 한다. 슬러지 중의 고형물당 소석회 첨가량을 중량기준으로 20%로 첨가했을 때 함수율 90%의 탈수 Cake가 얻어졌다. 이 탈수 Cake의 겉보기 비중을 1,000 kg/m^3로 할 경우 발생 Cake의 부피는?

문제풀이

농축슬러지 내 고형물 양 = 80 kg/m^3 × 8 m^3 = 640 kg
소석회 첨가량은 중량기준 20%이므로 640 × 0.2 = 128 kg
∴ 고형물의 무게의 합 = 640 + 128 = 768 kg
함수율 90 %인 경우 탈수케익의 무게 C는

$$\frac{\text{물 무게}}{\text{cake 무게}} \times 100 = \frac{C-768}{C} \times 100 = 90$$

(C-768은 물의 무게, 768은 고형물의 무게)

$$\rightarrow 100C = 90C + 768 \times 100$$

$$\rightarrow C = \frac{76800}{10} = 7680\text{kg}$$

$$\rightarrow \frac{7680\,\text{kg}}{1000\,\text{kg/m}^3} = 7.68\,\text{m}^3$$

12 함수율이 90%인 슬러지의 겉보기 비중이 1.02이었다. 이 슬러지를 진공여과기로 탈수하여 함수율이 50%인 슬러지를 얻었다면 이 슬러지가 갖는 겉보기 비중은? (단, 물의 비중은 1.0으로 한다)

문제풀이

함수율이 90%일 때 고형분은 10%이다.

$$\frac{\text{슬러지 무게}}{\text{슬러지 비중}} = \frac{\text{고형물 무게}}{\text{고형물 비중}} + \frac{\text{물 무게}}{\text{물 비중}}$$

$$= \frac{100}{1.02} = \frac{10}{\text{고형물 비중}} + \frac{90}{1}$$

$$\rightarrow 8.04 = \frac{10}{\text{고형물 비중}} \rightarrow \text{고형물 비중} = 1.24$$

함수율 50%일 때 슬러지의 겉보기 비중은

$$\frac{100}{\text{슬러지 비중}} = \frac{50}{1.24} + \frac{50}{1} = 90.3$$

$$\therefore \text{슬러지 비중} = \frac{100}{90.3} = 1.11$$

13 건조된 고형분의 비중이 1.4이며 이 슬러지 케익의 건조 이전에 고형분의 함량이 40%이라면 건조 이전 슬러지 케익의 비중은?

문제풀이

$$\frac{\text{슬러지 무게}}{\text{슬러지 비중}}\ \frac{\text{고형물무게}}{\text{고형물 비중}} + \frac{\text{물무게}}{\text{물 비중}}$$

$$= \frac{100}{\text{슬러지 비중}} = \frac{40}{1.4} + \frac{60}{1} = 88.57$$

$$\text{슬러지 비중} = \frac{100}{88.57} = 1.129$$

14 함수율 96%, 고형물 중의 유기물 함유비가 75%의 생슬러지를 소화하여 유기물의 60%가 가스 및 탈리액으로 전환되고 함수율 95%의 소화슬러지가 얻어졌다. 똑같은 슬러지를 같은 조건에서 2,000 m^3을 소화한 경우 소화슬러지 발생량은 얼마인가? (단, 소화 전, 후의 슬러지의 비중은 1.0으로 가정)

문제풀이

함수율 96%이므로 고형물 함량은 4%

소화된 유기물 양 = 4 × 0.75 × 0.6 = 1.8%

소화 후 남은 고형물 양 = 4 − 1.8 = 2.2%

2,000 m^3 슬러지를 소화한 후의 고형물 함량 = 44 m^3

함수율 95%인 경우 : $95 = \dfrac{V-44}{V} \times 100$

$95\,V = 100\,V - 4400 \rightarrow 5\,V = 4400$

$V = 880\ m^3$

15 총고형물 중 유기물이 60%이고 함수율이 98%인 슬러지를 소화조에 500 m^3/day로 투입하여 30일 소화시켰더니 유기물의 2/3가 가스화 또는 액화하여 함수율 90%인 소화 슬러지가 얻어졌다고 한다. 소화 후 슬러지량은? (단, 슬러지의 비중 1.0)

문제풀이

함수율 98%이므로 고형물 함량은 2%

소화된 유기물 양 = 2 × 0.6 × 2/3 = 0.8%

소화 후 남은 고형물 양 = 2 − 0.8 = 1.2%

500 m^3 슬러지를 소화한 후의 고형물 함량 = 6 m^3

함수율 90%인 경우 : $90 = \dfrac{V-6}{V} \times 100$

$90\,V = 100\,V - 600 \rightarrow 10\,V = 600$

$V = 60\ m^3/day$

16 $C_6H_{12}O_6$로 구성된 유기물 3 kg이 혐기성 미생물에 의해 완전히 분해되었을 때 메탄의 이론적 발생량은? (단, 표준 상태 기준)

문제풀이

$C_6H_{12}O_6 \rightarrow 3CH_4 + 3CO_2$

180 kg : 3× 22.4 Sm^3

3 kg : CH_4

$CH_4 = \dfrac{3 \times 3 \times 22.4}{180} = 1.12\ Sm^3$

17 30 ton의 음식물쓰레기를 볏짚과 혼합하여 C/N비 30으로 조정하여 퇴비화하고자 한다. 이때 볏짚의 필요량은? (단, 음식물쓰레기와 볏짚의 C/N비는 각각 20과 100이고, 다른 조건은 고려하지 않음)

문제풀이

$$30=\frac{30\times 20+x\times 100}{30+x}$$

$$900+30x=600+100x$$

$$70x=300$$

$$x=4.29\text{ ton}$$

18 퇴비화 대상 유기물질의 화학식이 $C_{99}H_{148}O_{59}N$ 이라고 하면, 이 유기물질의 C/N비는?

문제풀이

$$C = 99\times 12 = 1188$$

$$N = 14$$

$$C/N = \frac{1188}{14}=84.9$$

19 함수율 95% 분뇨의 유기탄소량이 TS의 35%, 총 질소량은 TS의 10%이다. 이와 혼합할 함수율 20%인 볏짚의 유기탄소량이 TS의 80%이고 총 질소량이 TS의 4%라면 분뇨와 볏짚을 무게비 1:1로 혼합했을 때 C/N비는? (단, 비중은 1.0, 기타 사항은 고려하지 않음)

문제풀이

- 분뇨의 고형분 함량 = 5%
  분뇨 중의 C = 5 × 0.35 = 1.75%
  분뇨 중의 N = 5 × 0.1 = 0.5%
- 볏짚의 고형분 함량 = 80%
  볏짚 중의 C = 80 × 0.8 = 64%
  볏짚 중의 N = 80 × 0.04 = 3.2%
- 분뇨와 볏짚을 1 : 1 비율로 혼합하면
  $$C/N\text{ 비}=\frac{1.75+64}{0.5+3.2}=17.8$$

▶ MEMO ◀

Chapter 06

폐기물의 열적처리

6.1 연소계산

6.1.1 연소계산의 기초

(1) 연소의 정의

연소는 빛과 열이 있는 급격한 산화 현상이며 일종의 화학반응이므로 일반 화학반응의 원리와 법칙이 적용된다. 연소계산은 이 법칙에 따라서 연소 반응계와 생성계 사이에 존재하는 양적관계를 계산하는 일이다.

연료의 연소는 연료조성에 따라 여러 가지로 다르지만 연료 조성 중의 타는 성분 원소, 즉 탄소(C), 수소(H) 및 황(S)의 연소라고 할 수 있다. 이들 타는 성분 원소의 연소 반응은 양적 관계로 연소에 필요한 공기량과 연소 가스량 등을 계산할 수 있다. 또 연소 과정에서는 열이 발생하게 되고, 이 열은 물질의 가열용이나 동력으로 이용된다. 기체연료의 경우에는 일산화탄소(CO), 수소(H_2), 각종 탄화수소(C_mH_n) 및 황화합물로 이루어진다.

타는 성분 원소의 연소반응식 및 양적 관계를 명시하면 다음과 같다.

▌ 타는 성분 원소의 연소반응식 및 양적 관계

① 고체 및 액체연료의 연소

- 탄소 : $C + O_2 = CO_2 + 8{,}100$ [kcal/kg]
- 수소 : $2H_2 + O_2 = 2H_2O$ (기체) $+ 34{,}000$ [kcal/kg]
- 황 : $S + O_2 = SO_2 + 2{,}500$ [kcal/kg]

② 기체연료의 연소

- 수소 : $2H_2 + O_2 = 2H_2O$ (기체) + 3,050 [kcal/Sm^3]
- 일산화탄소 : $2CO + O_2 = 2CO_2$ + 3,035 [kcal/Sm^3]
- 메탄 : $CH_4 + 2O_2 = CO_2 + 2H_2O$ (기체) + 9,530 [kcal/Sm^3]
- 아세틸렌 : $2C_2H_2 + 5O_2 = 4CO_2 + 2H_2O$ (기체) + 14,080 [kcal/Sm^3]
- 에틸렌 : $C_2H_4 + 3O_2 = 2CO_2 + 2H_2O$ (기체) + 15,280 [kcal/Sm^3]
- 에탄 : $2C_2H_6 + 7O_2 = 4CO_2 + 6H_2O$ (기체) + 16,810 [kcal/Sm^3]
- 프로필렌 : $C_3H_6 + 9O_2 = 6CO_2 + 6H_2O$ (기체) + 22,540 [kcal/Sm^3]
- 프로판 : $C_3H_8 + 5O_2 = 3CO_2 + 4H_2O$ (기체) + 24,370 [kcal/Sm^3]
- 부틸렌 : $C_4H_8 + 6O_2 = 4CO_2 + 4H_2O$ (기체) + 29,170 [kcal/Sm^3]
- 부탄 : $2C_4H_{10} + 13O_2 = 8CO_2 + 10H_2O$ (기체) + 32,010 [kcal/Sm^3]
- 벤졸증기 : $2C_6H_6 + 15O_2 = 12CO_2 + 6H_2O$ (기체) + 34,960 [kcal/Sm^3]
- 일반 탄화수소 : $C_xH_y + \left(x + \frac{y}{4}\right)O_2 = x\,CO_2 + \frac{y}{2}H_2O$

또 연소는 연소반응에 의하여 생기는 열이 매우 많으며, 상온에서는 연료와 공기의 접촉이 많으나 반응하지 않는다. 그리고 일단 연소가 시작되면 지속력이 강해진다.

단위시간에 연소하는 양 또는 연소에 의하여 단위시간에 발생하는 열량으로 표시되는 속도를 연소속도라고 하고, 연소실 내에서의 연소속도는 연소실의 단위 부피당 단위시간에 발생하는 열량(kcal/m^3 · h)으로 표시한다.

(2) 열량단위와 온도

① 열량(cal)

열은 에너지의 한 형태로 그 물리량을 열량이라 하며, 단위는 cal 또는 kcal로 나타내며, 1 kcal란 표준 대기압(760 mmHg)에서 순수한 물 1 kg을 1℃ (14.5～15.5℃)만큼 올리는 데 필요한 열량을 말한다.

BTU (British Thermal Unit) : 60 ℉에 있어서 1 lb의 물을 1℉ 상승시키는 데 소요되는 열량을 1 BTU라고 한다.

② 온도

온도란 물질의 냉온의 정도를 나타내는 척도로서 보통 다음과 같은 단위가 사용되고 있다.

㉮ 섭씨눈금 Celsius scale (℃) : 760 mmHg의 압력 하에 물의 빙점을 0℃, 비등점을 100℃로 하고 그 사이를 100 등분한 것

㉯ 화씨온도 Fahrenheit's scale(℉) : 760 mmHg의 압력 하에 소금물의 빙점을 0℉, 인체의 체온을 100℉라 하고 그 사이를 100 등분한 것이다.

0℃는 32℉, 100℃는 212℉에 상당한다. 이것을 식으로 나타내면

$$t\,°F = \frac{9}{5}\,t\,℃ + 32 \qquad t\,℃ = \frac{5}{9}(t\,°F - 32)$$

㉰ 절대온도(absolute temperature)

위의 눈금은 물질의 온도특성을 이용하고 있으므로 빙점이나 끓는점과 같은 표준온도 이외에는 엄밀히 일치하지 않는다. 절대온도 눈금은 열역학 제2법칙에서 유도된 것으로 실용 눈금과의 관계를 표시한다.

섭씨의 절대온도(Kelvin's scale), °K

$T°K = t\,℃ + 273$

화씨의 절대온도(Rankin's scale), °R

$T°R = t\,°F + 460$

(3) 반응열(heat of reaction)

화학반응이 일어날 때에는 열의 발산이나 흡수가 일어나는 데 이 열을 반응열이라 한다. 반응열의 양은 반응이 일어나는 과정에는 무관하고, 반응 전후에 있어서의 물질 및 그 상태에 의하여 결정된다. 이를 Hess의 법칙이라 하고, 이 법칙에 의하여 직접 측정되지 않는 반응열량을 계산할 수 있다. 이와 같이 반응열을 다음과 같은 화학방정식으로 표시하는 것을 열화학방정식(thermochemical equation)이라 하고, 반응물 및 반응생성물의 상태에 따라서 반응열량이 다르므로 발열반응의 경우에는 +기호, 흡열반응의 경우에는 −기호로 나타낸다.

$$C + O_2 = CO_2 + 94.4\,\text{kcal}$$

$$CO + \frac{1}{2}O_2 = CO_2 + 68\,\text{kcal}$$

(4) 착화온도(ignition temperature)와 착화점

충분한 공기의 공급 하에서 고체연료를 가열하면 어떤 온도에 달하여 더 가열하지 않아도 연료 자신의 연소열에 의하여 연소를 계속하게 된다. 이 온도를 착화온도라 하며, 또한 착화점, 발화점, 발화온도라고도 한다. 착화온도는 연료의 종류 및 형상 또는 주위의 여건에 따라 다르다. 즉, 분자구조가 간단할수록 착화온도가 높아지고, 화학적으로 발열량, 화학결합의 활성도, 화학반응성이 클수록 착화온도는 낮다.

(5) 인화점(flash point)

유류(액상연료)를 일정조건 하에서 가열하면 증기가 나오게 된다. 이 때 유류의 표면에 불꽃에 대어 처음 소폭발을 일으킬 때의 온도를 인화점이라 한다. 석유류의 착화온도는 종류에 따라 큰 차가 없지만, 인화점은 휘발유에서는 0℃ 이하부터 −50℃ 정도, 등유는 30～70℃, 중유는 90～120℃ 정도이다. 인화점 이상으로 연료를 더 가열하여 그것에 불꽃을 점근시킴으로써 지속적으로 연소가 계속될 때의 온도를 연소점(fire point or burning point)이라고 한다.

(6) 연료에 따른 연소의 종류

고체, 액체 및 기체 연료의 연소는 다음과 같은 형태로 나누어 생각할 수 있다.

① 증발 연소

연료 자체가 증발하여 타는 경우이며, 휘발유와 같이 끓는점이 낮은 기름의 연소나 왁스가 액화하여 다시 기화되어 연소하는 것이 여기에 속한다.

② 분해 연소

석탄, 목재 또는 고분자의 가연성 고체는 열분해하여 발생한 가연성 가스가 연소하며, 이 열로서 다시 열분해를 일으킨다. 이 연소 과정도 증발연소와 같이 불꽃을 발생하며, 기체연료의 연소와 비슷하다.

③ 표면 연소

코크스 또는 분해연소가 끝난 석탄은 열분해가 일어나기 어려운 탄소가 주성분으로, 그것 자체가 연소하는 과정이다. 연소되면 적열할 따름이지 화염은 없다.

④ 확산 연소

기체연료와 같이 공기의 확산에 의한 연소를 말한다.

⑤ 자기 연소(내부연소)

나이트로 글리세린 등은 공기 중 산소를 필요로 하지 않고, 분자 자신 속의 산소에 의해서 연소하는 반응이다.

⑥ 혼합기 연소

기체 연료와 공기를 알맞은 비율로 혼합(AFR)하여, 혼합기에 넣어 점화하여 연소하는 반응이다. 여기서 AFR (air/fuel ratio, 공기 연료비)은 공기와 연료와의 혼합비율을 말한다.

Octane (C_8H_{18})에서 완전연소의 경우 방정식은,

$$C_8H_{18} + 12.5O_2 + 12.5 \times 3.76N_2 \quad \rightarrow \quad 8CO_2 + 9H_2O + 3.76 \times 12.5N_2$$

mol 기준 AFR은 $\frac{12.5(1+3.76)}{1} = 59.5$이다.

(7) 연료의 연소

① 연료의 연소

㉮ 고체 연료의 연소

목탄, 석탄, 목재 등의 연소 방법에는 화격자 연소와 미분탄 연소가 있는데, 화격자 연소는 착화와 연소 속도가 느린 것이 결점이며, 미분탄 연소의 착화와 연소 속도는 미분탄 입자가 작을수록 빠르다.

㉯ 액체 연료의 연소

휘발유, 등유, 경유, 중유는 대부분 분무화하여 연소시키는데, 고체 연료와 같이 분무입경이 작을수록 착화와 연소 속도가 빨라진다. 그 외에도 연소 속도는 기름방울과 공기의 혼합율, 분무각도, 연료의 예열온도 등에 의해 크게 지배를 받는다.

㉰ 기체 연료의 연소

기체 연료는 공기와의 혼합율이 알맞으면 착화와 동시에 연소를 일으키는데, 이때 가스의 유출속도가 너무 빠르면 취소(吹消)가 일어나고, 늦으면 역화(逆火)가 발생한다.

② 연소 및 연료의 특성

㉮ 로에서 고체・액체・기체의 연료가 잘 연소되기 위한 조건

㉠ 공기・연료비가 잘 맞아야 한다.

㉡ 공기와 연료의 혼합이 잘 되어야 하며, 충분한 산소가 공급되어야 한다.

㉢ 연료의 점화를 위하여 혼합도가 높아야 한다.

㉣ 완전 연소를 위한 충분한 체류시간이 제공되어야 한다.

㉤ 점화온도가 유지되고, 재(ash)의 방출이 최소가 될 수 있는 충분한 소각로의 형태가 요구된다.

㉯ 고체 연료와 액체 연료의 특성

㉠ 석유계 연료는 석탄계 연료에 비하여 발열량이 높다(석탄의 발열량은 5,000∼8,000 kcal/kg, 석유의 발열량은 10,000 kcal/kg 이상이다).

㉡ 석유계 연료의 연소시는 회분이 없으며 열효율이 높다.

㉢ 석유계 연료는 동일 중량의 석탄계 연료보다 용적이 35∼50% 정도이다.

㉣ 석유계 연료의 연소시는 과잉 공기량이 적고 쉽게 완전 연소되며, 연소 후 현탁액(slurry)이 없다.

㉤ 석유계 연료는 연소의 조절이 간단하고 용이하며, 운반과 적재도 간단하고 신속하다.

㉰ 연료의 연소이론

연료의 연소에 필요한 공기량 및 연소하여 발생된 연소가스량은 연료를 구성하는 가연원소, 즉 탄소(C), 수소(H) 및 황(S) 등 3원소의 연소에 필요한 산소량에 의해서 계산할 수 있다. 이들 가연성 원소의 연소방정식, 중량 및 체적비를 0℃ 1기압 상태로 표시하면 다음과 같다.

$$\begin{array}{ccccc} C & + & O_2 & = & CO_2 \\ 12kg & & 32kg & & 44kg \\ & & 22.4Sm^3 & & 22.4Sm^3 \end{array} \tag{6.1}$$

$$\begin{array}{ccccc} H_2 & + & \frac{1}{2}O_2 & = & H_2O \\ 2kg & & 16kg & & 18kg \\ & & 11.2Sm^3 & & 22.4Sm^3 \end{array} \tag{6.2}$$

$$\begin{array}{ccccc} S & + & O_2 & = & SO_2 \\ 32kg & & 32kg & & 64kg \\ & & 22.4Sm^3 & & 22.4Sm^3 \end{array} \tag{6.3}$$

위 식 중에 연료의 주요 타는 성분인 탄소와 수소의 연소 계산법의 예를 들기로 한다. 우선 연소란 연료 중의 가연성분이 공기 중의 산소와의 화학 반응이므로 공기 중 산소의 양을 알아야 한다.

탄소의 연소

탄소가 연소해서 탄산가스로 되는 변화를 화학식으로 표시하면 다음과 같다.

① 중량 기준

$$\begin{array}{cccccccc} & C & + & O_2 & (+N_2) & = & CO_2 & (+N_2) \\ & 12kg & & 32kg & 107kg & & 44kg & 107kg \\ \therefore & 1kg & & 2.67kg & 8.92kg & & 3.67kg & 8.92kg \end{array}$$

소요공기량 = 11.6 kg　　연소가스량 = 12.6 kg

탄소 1 kg에 대하여 연소에 필요한 산소량은 2.67 kg이며, 연소가스량(CO_2)은 3.67 kg이다. 그러나 연소반응을 하는데 순수한 산소를 사용하는 일은 극히 드물고, 보통은 공기 중의 산소를 사용하므로 위의 식에서 명시한 것과 같이 공기 중의 질소도 계산에 들어간다.

이 공기 중의 질소는 연소에는 불필요한 것으로 아무런 변화도 하지 않고(일부 변화하지만 미량으로 고려하지 않음) 그대로 연소가스 중에 혼합된다.
따라서 탄소의 연소에 의해서 생성되는 연소가스량은 탄산가스 + 질소가스의 합인 12.6 kg이고, 이 때 필요한 공기량은 11.6 kg이다.

② 부피 기준
산소나 탄산가스는 기체이므로 중량으로 표시하는 것보다는 부피로 표시하는 것이 더 명확하다.

C	+	O_2	$(+N_2)$	=	CO_2	$(+N_2)$
12kg		$22.4Sm^3$	$84.2Sm^3$		$22.4Sm^3$	$84.2Sm^3$
∴ 1kg		$1.87Sm^3$	$7.02Sm^3$		$1.87Sm^3$	$7.02Sm^3$

소요공기량 $= 8.88Sm^3$　　연소가스량 $= 8.88Sm^3$

여기서, S : 표준상태(Standard)

표 6-1 공기의 조성과 공기 중 산소의 양

공기의 조성		산소 1 kg 혹은 1 m^3에 대해	
중량(%)	부피(%)	중량비	부피비
산소 23.2 질소 등 76.8	산소 21 질소 등 79	공기 4.31 질소 등 3.31	공기 4.76 질소 등 3.76

수소의 연소

수소가 연소하여 수증기가 되는 변화를 화학식으로 표시하면 다음과 같다.

<부피로 표시>

H_2	+	$\frac{1}{2}O_2$	$(+N_2)$	=	H_2O	$(+N_2)$
2 kg		$11.2Sm^3$	$42.11Sm^3$		$22.4Sm^3$	$42.11Sm^3$
∴ 1 kg		$5.6m^3$	$21.06Sm^3$		$11.2Sm^3$	$21.06Sm^3$

소요공기량 = 26.66 Sm^3　　연소가스량 = 습윤연소가스량 = 32.3 Sm^3 (습윤배기가스)
= 건조연소가스량 = 21.1 Sm^3 (건조배기가스)

연소되어 형성된 수증기는 온도가 높을 때만 존재할 수 있다. 온도가 냉각하면 응축해서 물방울이 된다. 수증기 상태인 경우 그 부피가 22.4 Sm^3인 것이, 물방울로 되면 부피는 매우 작아진다.
이와 같이 수증기를 함유한 연소가스를 습윤연소가스 또는 습윤배기가스라고 하고, 물방울이 되어 수증기를 포함하지 않은 건조한 연소가스를 건조연소가스 또는 건조배기가스라고 하는데, 건조배기가스라고 해서 절대로 건조한 가스라는 의미는 아니다. 다만, 과포화 수증기를 포함하지 않은 가스라는 뜻이다.

6.1.2 연소에 필요한 공기량

(1) 이론공기량

연료가 완전 연소하는 데 필요한 화학양론상의 공기량을 이론공기량이라고 한다. 실제 공기량과 기타 계산의 기초로서 매우 중요하다.

① 기체 연료의 연소에 필요한 공기량

연료 1 Sm^3 중의 수소, 일산화탄소, 메탄, 에탄, 아세틸렌, 벤졸증기, 기타 기상 탄화수소, 산소, 탄산가스, 질소 등의 부피(Sm^3) 분율을 각각 H_2, CO, CH_4, C_2H_4, C_2H_2 … C_xH_y, O_2, CO_2, N_2로 나타내면, 이론공기량 A_o는

$$A_o = \frac{O_o}{0.21} = \frac{1}{0.21}\left\{\begin{matrix} 0.5(H_2) + 0.5(CO) + 2(CH_4) + 3(C_2H_4) \\ \cdots + (C_x H_y) + \left(x + \frac{y}{4}\right) O_2 \end{matrix}\right\} \frac{Sm^3}{Sm^3} \qquad (6.4)$$

로서 구할 수 있다. 그러나 O_o는 이론산소량을 나타내며, 이론산소량(O_o)은 연료를 이론적으로 완전 연소시키는 데 필요한 최소한의 산소의 양을 말하고, 부피기준으로 공기 중의 산소의 비율은 21.0%이며, 나머지를 질소(79%)로 간주한다. 연소에 필요한 이론공기량의 근사치를 소개하면 <표 6-2>와 같다.

표 6-2 각종 연료의 이론공기량의 근사치

연료	$A_o\,(Sm^3/Sm^3)$	연료	$A_o\,(Sm^3/kg)$
천연가스	8.0～9.5	연료유	10～13
오일가스	4.5～11.0	역청탄	7.5～8.5
고로가스	0.6～8.0	무연탄	9.0～10.0
석탄가스	4.5～5.5	코크스	8.0～8.7
발생로가스	0.9～1.2	탄소	8.9

예제 1

분자식이 C_mH_n인 탄화수소가스 1 m^3 (STP) (= 1 Sm^3)의 연소에 필요한 이론공기량을 구하시오.

① 연소반응식에 의하여 구하는 방법

$$C_mH_n + \left(m + \frac{n}{4}\right)O_2 \rightarrow mCO_2 + \frac{n}{2}H_2O$$

위 식에 의하여 기체연료 1 Sm^3에 필요한 이론산소량은 $\left(m+\frac{n}{4}\right)$ Sm^3이다.

따라서, $A_o = \frac{O_o}{0.21} = \frac{1}{0.21}\left(m+\frac{n}{4}\right) = 4.76m + 1.19n$ $[Sm^3/Sm^3]$

② C_mH_n의 1 (kmol)을 생각하자. 이 중에 C가 m (kmol), H_2가 $\frac{n}{2}$ (kmol)이 포함되어 있다.

$$\underset{1\,kmol}{C} + \underset{22.4Sm^3}{O_2} \rightarrow CO_2\,, \quad \underset{1\,kmol}{H_2} + \underset{11.2Sm^3}{\frac{1}{2}O_2} \rightarrow H_2O$$

위 식에서 연료 1 kmol당 이론산소량[Sm^3]은 $22.4m + 11.2\left(\frac{n}{2}\right) = 22.4m + 5.6n$이며,

기체연료 1 kmol의 부피는 22.4Sm^3이므로 연료 1 Sm^3당 이론산소량(O_o)은

$$O_o = \frac{22.4m + 5.6n}{22.4} = (m + 0.25n)\,[Sm^3]$$

따라서 이론공기량(A_o)은

$$A_o = \frac{1}{0.21}(m + 0.25n) = 4.76m + 1.19n\,[Sm^3/Sm^3]$$

② 액체 및 고체연료의 경우

액체 또는 고체 연료 1 kg 중에 탄소, 수소, 산소, 질소, 황, 회분 및 수분의 중량 분율을 각각 C, H, O, N, S, A 및 W라 하면 1 kg 연소에 필요한 이론공기량 A_o는

$$\begin{aligned} A_o = \frac{O_o}{0.21} &= \frac{1}{0.21}\left\{\frac{22.4}{12}C + \frac{11.2}{2}\left(H - \frac{O}{8}\right) + \frac{22.4}{32}S\right\} \\ &= \frac{1}{0.21}\left\{1.867C + 5.6\left(H - \frac{O}{8}\right) + 0.7S\right\} \qquad (6.5) \\ &= 8.89C + 26.7\left(H - \frac{O}{8}\right) + 3.33S\,[Sm^3/kg] \end{aligned}$$

로서 구할 수 있다. 실제로 O, S는 무시되는 경우가 많다. 이때는 A_o = 8.89C + 26.7H가 된다. 식 중의 (H − O/8)은 연료 중의 산소가 결합수의 상태로 있고, 그 수소분은 연소에 이용되지 않으므로 전 수소에서 공제한 수소이며, 유효수소라고 한다. 즉, 연료 중 처음부터 산소가 포함되어 있을 경우, 이 산소는 연료 중의 수소와 H_2O의 형태로 결합한다고 본다. H와 O와는 1 : 8의 중량비로 결합하기 때문에 O (kg)의 산소는 O/8 [kg]의 수소와 결합하기 때문에 실제로 (H − O/8)의 수소가 연소한다고 보고, 이 수소량을 유효수소라고 한다.

예제 2

탄소 85%, 수소 13%, 황 2%로 조성된 중유의 연소에 필요한 이론공기량을 구하시오.

$C = 0.85$, $H = 0.13$, $S = 0.02$

식에서 이론공기량

$$A_o = \frac{1}{0.21}[1.867(0.85) + 5.6(0.13) + 0.7(0.02)] \fallingdotseq 11.1\ [Sm^3/kg]$$

예제 3

탄소, 수소, 산소, 황의 중량 %가 86.6%, 4%, 8%, 1.4%인 중유의 연소에 필요한 이론산소량과 이론공기량을 구하시오.

$C = 0.866$, $H = 0.04$, $O = 0.08$, $S = 0.014$

식 $A_o = \frac{1}{0.21}\left[1.867C + 5.6\left(H - \frac{O}{8}\right) + 0.7S\right]$에서

이론산소량 $= 1.867 \times 0.866 + 5.6\left(0.04 - \frac{0.08}{8}\right) + 0.7 \times 0.014 = 1.791 \fallingdotseq 1.79\ [Sm^3/kg]$

이론공기량 $A_o = \frac{O_o}{0.21} = \frac{1.79}{0.21} \fallingdotseq 8.52\ [Sm^3/kg]$

예제 4

메탄올(CH_3OH) 1 kg이 연소하는 데 필요한 이론공기량을 구하시오.

CH_3OH의 조성은 $C + H_4 + O = 12 + 4 + 16 = 32$

여기서, $C = \frac{12}{32} = 0.375, H = \frac{4}{32} = 0.125, O = \frac{16}{32} = 0.500$

$$\therefore A_o = 8.89C + 26.7\left(H - \frac{O}{8}\right) + 3.33S = 8.89(0.375) + 26.7\left(0.125 - \frac{0.500}{8}\right)$$

$$= 3.33 + 1.67 = 5\,[Sm^3/kg]$$

(2) 소요공기량

① 공기비의 정의와 계산

㉮ 공기비 : 연료를 연소 장치에서 연소시킬 때에 이론공기량만큼을 공급해서는 완전 연소가 불가능하므로 실제로는 이론공기량보다 많은 양의 공기를 공급하지 않으면 완전 연소가 불가능하다. 실제로 공급된 공기량을 A라 하면

$$A = mA_o \qquad m = \frac{A}{A_o} \tag{6.6}$$

으로 표시하며 m을 공기비 또는 과잉공기계수(과잉공기량/이론공기량)라고 하고, 과잉공기율은

$$(A-A_o)/A_o = A_o(m-1)/A_o = m-1 \tag{6.7}$$

일반적으로 과잉공기량의 산출은 연소 가스의 조성으로부터 근사적으로 구한다(여기서 액체연료에서 연료 중 N성분은 무시한다). 건조 배기가스 중 각 성분의 부피 %를 (N_2), (O_2), (CO)로서 표시한다.

$$m = \frac{21\,N_2}{21\,N_2 - 79\,[O_2 - 0.50\,CO]} \fallingdotseq \frac{N_2}{N_2 - 3.76\,O_2} \tag{6.8}$$

여기서, $(N_2)\% = 100 - [(CO_2) + (O_2) + (CO)]$이다.

또 기체연료에서 H분이 적고 큰 과잉공기를 사용하는 경우, 즉 완전 연소되는 경우는 $N_2 = 79$로,

$$m = \frac{21}{21-(O_2)} \tag{6.9}$$

공기비가 클 때는 연소실 내의 연소온도가 낮아지고, 통풍력이 강하여 배기가스에 의한 열손실이 증대되고 SO_2, NO_2 함량이 증가하여 부식이 크게 된다. 반면 공기비가 작을 경우에는 열손실에 큰 영향을 주며, 불완전연소로 연소가스의 폭발위험과 매연의 발생이 크다.

예제 5

연소가스 중 질소, 산소의 부피 %가 각각 (N_2), (O_2)일 대 공기과잉계수를 구하시오.

연소가스 중 O_2는 과잉공기량의 21%에 상당하기 때문에,
연소가스 중 O_2 부피 %, 즉 $(O_2) = 0.21(A-A_o) = 0.21(m-1)A_o$ $[Sm^3]$이다.
또 연소가스 중의 N_2는 공급공기량의 79%에 상당하기 때문에,
연소가스 중 N_2 부피 %, 즉 $(N_2) = 0.79A = 0.79m\,A_o$이다.

따라서, $\frac{(O_2)}{(N_2)} = \frac{0.21(m-1)A_o}{0.79mA_o} \rightarrow \frac{m-1}{m} = \frac{79(O_2)}{21(N_2)}$

$$\therefore m = \frac{21(N_2)}{21(N_2)-79(O_2)}$$

(단, 연료 중에는 N과 O분은 없다고 가정한다)

예제 6

탄소, 수소의 중량 조성이 각각 86%, 14%인 액체 연료를 매시 100 kg 연소한 경우 배기가스의 분석치는 다음과 같다.

CO_2 12.5, O_2 3.5, N_2 84%

이 경우 매시 필요한 공기량은 얼마인가?

이론공기량 A_o

$$= \frac{1}{0.21}\left[1.867\mathrm{C} + 5.6\left(\mathrm{H} - \frac{\mathrm{O}}{8}\right) + 0.7\mathrm{S}\right] = \frac{1}{0.21}[1.87(0.86) + 5.6(0.14)] = 11.39\,[\mathrm{Sm^3/kg}]$$

$$\text{공기비}(m) = \frac{(\mathrm{N_2})}{(\mathrm{N_2}) - 3.76(\mathrm{O_2})} = \frac{84}{84 - 3.76(3.5)} = 1.9$$

따라서 매시 공급공기량(실제공기량)은 $A = m\,A_o = 1.19 \times 11.39 = 13.55\,[\mathrm{Sm^3/kg}]$

$\therefore$ 연료 100kg당 매시 필요한 실제 공기량은 $13.55 \times 100 = 1355\,[\mathrm{Sm^3/h}]$

② 연소 방법과 공기비

여러 종류의 연료를 연소시킬 때에 가능한 한 작은 과잉 공기로 완전 연소시키는 것이 열 경제상으로 바람직하다. 그러나 연료의 종류나 연소 방법에 따라서 연소용 공기와의 접촉, 혼합 정도가 다르다. 예를 들면, 가스 연료는 공기와 혼합이 급속하게 이루어지므로 작은 과잉 공기로서 완전 연소시키는 것이 용이하다. 유류나 미분탄의 연소 역시 연료입자가 작고 공기와의 접촉면이 크기 때문에 비교적 소량의 과잉 공기로서 완전 연소가 가능하다. 덩어리 상태의 석탄을 연소하는 화격자 연소에서는 상당한 양의 과잉 공기가 필요하다.

<표 6-3>은 여러 종류의 연소 장치에 따른 적정 공기비의 개략적인 값을 나타냈다. 또, 그 때 생성한 연소 가스 중 탄산가스(%)를 나타냈다.

표 6-3 연소 방법과 공기비

연소방법	가스버너	유류버너	미분탄버너	이동화격자	수동수평화격자
m의 값	1.1～1.2	1.2～1.4	1.2～1.4	1.3～1.6	1.5～2.0
CO_2(%)	8～20	11～14	11～15	10～14	8～10

③ 공기 연료비(air/fuel ratio, AFR)

연소반응에서 산화제로 작용하는 산소는 공기 중에서 얻어진다. 건조한 공기는 부피비로서 N_2 : 78.09%, O_2 : 20.95%, Ar : 0.93%, CO_2 : 0.03%의 혼합물로 분자량이 약 28.95이다. 연소반응에서 Argon과 탄산가스는 직접 반응에 참가하지 않으므로 질소와 산소만을 고려하면 건조한 공기는 부피가 79%의 N_2와 21%의 O_2로 구성되며 N_2와 O_2는 3.76 : 1의 부피비를 갖는다. 또한, 건조한 공기는 무게비로서 76.8%의 N_2와 23.2%의 O_2로 구성된 것으로 생각한다.

자동차의 내연기관에서 휘발유(C_8H_{18} : 옥탄)를 연소시키는 경우 다음과 같은 반응이 일어난다.

$$C_8H_{18} + 12.5O_2 + 12.5 \times 3.76N_2 \rightarrow 8CO_2 + 9H_2O + 12.5 \times 3.76N_2$$

위와 같이 이상적으로 일어나는 경우 이를 화학양론적 연소(stoichiometric combustion)라 하며, 모든 산소가 연료와 반응하여 완전히 소모된다. 이 경우 공기 연료비(AFR, air/fuel ratio)는 다음과 같다.

부피기준 : AFR = (12.5 + 3.76 × 12.5) / 1 = 59.5 mols air/mol fuel

무게기준 : AFR = 59.5 × 28.95/114 = 15 units air/unit fuel

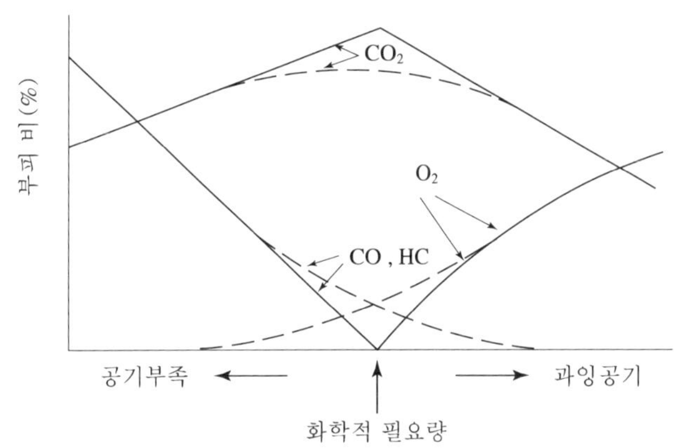

그림 6-1 연소시 AFR에 따르는 배기가스 중 HC, CO, CO_2의 발생량

<그림 6-1>에서와 같이 화학양론적으로 연소에 소요되는 이론적인 산소량과 연료의 관계를 살펴보면, 이론적으로는 실선과 같은 관계가 성립되나 완전한 혼합을 이룰 수 없기 때문에 실제는 점선의 관계가 일어난다. 공기의 양이 적으면 배기가스 내에는 CO가 많고, 공기가 많게 되면 완전연소가 되고, 또한 희석이 되어 CO의 양이 적게 된다. 이론적으로 소요되는 공기량보다 더 넣어 주는 공기를 과잉공기(excess air)라고 하며, 화학양론적 연소에 필요한 공기량을 이론공기량(theoretical air)이라 한다. 과잉

공기는 통상 이론공기량의 %로 표시된다. 과잉공기에 의해서 CO가 CO_2로 산화되지만 동시에 연소온도가 감소되어 열손실이 일어난다. 보통의 경우에 0.5～5%의 열손실이 이루어지면 최적이라고 한다. <표 6-4>는 연료의 종류와 연소방법에 따른 과잉공기율을 보여주고 있다.

표 6-4 각종 연료의 연소방식에 따른 과잉공기율(%)

연료의 종류 \ 연소방식	손으로 땔 때	기계로 땔 때	버너(burner)
무연탄, 코크스	50	4	
유연탄	50～150	30～70	
미분탄			15～30
중 유			15～25
기체연료			10～30

④ 등가비(ϕ Equivalent ratio)

연소과정의 여러 가지 복잡한 단계를 이해하기는 곤란하나, 이의 평형을 이해하는 데는 등가비를 알아야 한다.

$$\phi = \frac{\text{실제의 연료량/산화제}}{\text{완전연소 이상적 연료량/산화제}}$$

$\phi = 1$일 때 완전연소

$\phi < 1$일 때 과잉공기

$\phi > 1$일 때 연료의 과잉

을 나타낸다. 즉, 등가비 ϕ에서는 ϕ 〈1인 상태에서 완전연소를 기대할 수 있으므로 CO는 최소가 되고, 질소산화물(NO)은 증가한다. 연소온도가 저하되었을 때 CO와 NO는 감소되고, 내연기관 등은 압축비를 줄여야 한다.

(3) 연소가스량

① 습윤연소가스, 건조연소가스, 이론연소가스량

㉮ 습윤연소가스와 건조연소가스

연료가 연소해서 생성되는 고온가스를 연소가스라고 하며, 이것이 피열물에 열을 전도한 다음 연도나 굴뚝으로 나가는 가스를 연소배출가스 또는 단순한 배기가스라고 한다.

연소배출가스 중에는 연료 속의 수분이나 연소에서 생성된 수증기를 불포화 상태로 함유하고 있다. 이것을 습윤연소가스라고 한다. 수증기를 제거한 가스를 건조연소가스라고 한다. 엄밀하게는 연료 중 처음부터 포함되어 있는 수분과 공급공기 중의 습도를 가해 주어야 하나, 그 양은 비교적 작아서 무시한다.

연소가스 조성은 보통 건조연소가스를 기준으로 해서 표시하며 습윤연소가스량을 G [Sm^3/kg 연료]로, 건조연소가스량을 G' [Sm^3/kg 연료]로 표시하기로 한다. 과잉공기량이 일정하더라도 연료의 조성이 다르면 배기가스의 조성도 달라지며, 흡수식 가스분석, 즉 Orsat 분석에서 SO_2는 CO_2와 함께 측정된다. 따라서 분석치 CO_2[%]에서는 SO_2[%]도 포함된다.

㉠ 건조연소가스량(G') 구하는 공식

액체, 고체 연료 중의 C, S의 중량분율을 C, S로 하고, 연소가스 중의 CO_2, CO의 부피분율을 (CO_2), (CO)로 하면 다음과 같은 식이 성립한다.

$$G' \times [(CO_2) + (CO)] = \frac{22.4}{12}C + \frac{22.4}{32}C$$

$$\therefore G' = \frac{1.867C + 0.7S}{[(CO_2) + (CO)]} \ [Sm^3/kg] \tag{6.10}$$

[참고] : C + O → CO_2, C + 0.5O_2 → CO이기 때문에 C의 12 kg로부터는 CO_2 혹은 CO도 22.4 m^3를 생성한다. 따라서 불완전연소에 의하여 CO가 생성하더라도 부피수지 관계는 CO_2와 똑같이 취급할 수 있다.

㉡ 습윤연소가스량(G) 구하는 공식

연료 1 kg 중에 수소분이 H (kg) 포함된다고 보면 이로부터 H_2O가 $\left(\frac{22.4}{2} = 11.2\right)$H [$Sm^3$/kg] 생성되기 때문에 일반적으로 다음 관계식이 성립된다.

$$G = G' + 11.2H \ [Sm^3/kg] \tag{6.11}$$

예제 7

탄소 86%, 수소 13%, 황 1%의 중유를 연소했을 때, 배기가스의 분석치는 다음과 같다. CO_2 (SO_2 포함) 13%, O_2 2%, CO 1%일 때, 건조가스량 및 습윤가스량을 구하시오.

$C = 0.86,\ H = 0.13,\ S = 0.01,\ CO_2 = 0.13,\ CO = 0.01$

$$\therefore G' = \frac{1.867C + 0.7S}{[(CO_2) + (CO)]} = \frac{1.867 \times (0.86) + 0.7 \times (0.01)}{0.13 + 0.01} \fallingdotseq 11.5 \ [Sm^3/kg]$$

$$G = G' + 11.2H = 11.5 + 11.2 \times 0.13 \fallingdotseq 13.0 \ [Sm^3/kg]$$

㉯ 이론연소 가스량

연료가 이론공기량으로 완전연소되었다고 가정했을 때에 생성되는 가스량을 이론연소가스량이라고 한다. 연료 조성을 알면 계산에 의해 구할 수 있다. 이론연소 가스량에도 이론습윤연소가스량과 이론건조연소가스량이 있으며, 각각 G_o 및 G_o'로 하고 실제 연소가스량, 즉 습윤연소가스량과 건조연소가스량을 각각 G와 G'라 하면,

$$G = G_o + (m-1)A_o \tag{6.12}$$

$$G' = G_o' + (m-1)A_o \tag{6.13}$$

로서 나타낼 수 있다.

② 연소가스의 계산

㉮ 액체 및 고체연료의 이론산소량, 이론습윤연소가스량, 이론건조연소가스량, 습윤연소가스량, 건조연소가스량

액체·고체 연료 1 kg 중의 C, H, O, S, N 성분의 중량분율을 C, H, O, S, N라고 할 때,

㉠ 이론공기량(Sm³/kg 연료)

$$A_o = \frac{1}{0.21}\left[\frac{22.4}{12}\mathrm{C} + \frac{11.2}{2}\left(\mathrm{H} - \frac{\mathrm{O}}{8}\right) + \frac{22.4}{32}\mathrm{S}\right]$$

$$= \frac{1}{0.21}\left[1.867\,\mathrm{C} + 5.6\left(\mathrm{H} - \frac{\mathrm{O}}{8}\right) + 0.7\,\mathrm{S}\right] \tag{6.14}$$

$$= 8.89 + 26.7\left(\mathrm{H} - \frac{\mathrm{O}}{8}\right) + 3.3\,\mathrm{S} \tag{6.15}$$

단, 연료 중에 O성분이 포함되지 않을 때는

$$A_o = \frac{1}{0.21}(1.867\mathrm{C} + 5.6\mathrm{H} + 0.7\mathrm{S}) \fallingdotseq 8.9\,\mathrm{C} + 26.7\,\mathrm{H} + 3.3\,\mathrm{S} \tag{6.16}$$

또 연소가스 중 질소량은 이론공기량의 79%이다.

즉, 연소가스 중 질소량은 $0.79A_o$이다.

㉡ 이론습윤연소가스량은 이론연소가스량의 합, 즉

$$G_o = 1.867\mathrm{C} + 11.2\mathrm{H} + 0.7\mathrm{S} + 0.8\mathrm{N} + 0.79A_o + 1.24\mathrm{W}$$

$$= A_o + 1.867\mathrm{C} + 11.2\mathrm{H} + 0.7\mathrm{S} + 0.8\mathrm{N} - (0.21A_o) + 1.24\mathrm{W} \tag{6.17}$$

$$= A_o + 1.867\mathrm{C} + 11.2\mathrm{H} + 0.7\mathrm{S} + 0.8\mathrm{N}$$

$$-\left\{1.867\mathrm{C} + 5.6\left(\mathrm{H} - \frac{\mathrm{O}}{8}\right) + 0.7\mathrm{S}\right\} + 1.24\mathrm{W} \quad \text{(6.14식에서 유도)}$$

$$= A_o + 5.6\mathrm{H} + 0.7\mathrm{O} + 0.8\mathrm{N} + 1.24\mathrm{W}\ [\mathrm{Sm^3/kg}] \quad (6.18)$$

단, 연료 중에 O, N이 포함되지 않을 때는

$G_o = A_o + 5.6\mathrm{H}$가 된다. 단, 보통 수분 1.24W는 무시한다. (6.19)

㉢ 이론건조연소가스량[$\mathrm{Sm^3/kg}$]은 수분을 포함하지 않으므로 식 (6.17)에서,

$$G_o' = 1.867\mathrm{C} + 0.7\mathrm{S} + 0.8\mathrm{N} + 0.79\mathrm{A_o} \quad (6.20)$$

$$= A_o - 5.6\mathrm{H} + 0.7\mathrm{O} + 0.8\mathrm{N} \quad (6.21)$$

단, 연료 중에 O, N이 포함되지 않을 때는

$$G_o' = A_o - 5.6\mathrm{H} \quad (6.22)$$

㉠, ㉡, ㉢은 이론공기량으로 연료가 완전연소할 때이다. 다음은 공기과잉계수(= 공기비) m으로 연소할 때, 이론연소가스량을 구하여 보기로 한다.

㉣ 연소가스 중의 $N_2 + O_2$량

이론공기량 A_o와 과잉공기량, 공급공기량 A 및 과잉공기계수 m의 관계를 우선 살펴보면,

- 공급공기량 → $A = mA_o$ [$\mathrm{Sm^3/kg}$ 연료]
- 과잉공기량 → $A - A_o = mA_o - A_o = (m-1)A_o$
- 연소가스 중 잔존 O_2는 과잉공기량의 21%에 해당 → $0.21(m-1)A_o$
- 연소가스 중의 N_2는 공급공기량의 79%에 해당 → $0.79mA_o$

따라서, 연소가스 중의 $N_2 + O_2$량은 과잉산소와 연소가스 질소와의 합이다.

즉, $N_2 + O_2 = 0.21(m-1)A_o + 0.79mA_o = (m-0.21)A_o$ (6.23)

㉤ 습윤연소가스량(G) [$\mathrm{Sm^3/kg}$]

$$G = G_o + (m-1)A_o\ [\mathrm{Sm^3/kg}] = G_o + mA_o - A_o$$

$$= A_o + 5.6\mathrm{H} + 0.7\mathrm{O} + 0.8\mathrm{N} + mA_o - A_o + 1.24\mathrm{W}$$ ←(6.18)식에서 유도

$$= mA_o + 5.6\mathrm{H} + 0.7\mathrm{O} + 0.8\mathrm{N} + 1.24\mathrm{W} \quad (6.24)$$

또는

$$G = G_o + mA_o - A_o$$

$$= 1.867\mathrm{C} + 11.2\mathrm{H} + 0.7\mathrm{S} + 0.8\mathrm{N} + 0.79A_o + mA_o - A_o + 1.24\mathrm{W}$$

$$= 1.867\mathrm{C} + 11.2\mathrm{H} + 0.7\mathrm{S} + 0.8\mathrm{N} + (m-0.21)A_o + 1.24\mathrm{W} \quad (6.25)$$

(보통 수분 1.24W는 무시한다)

㉥ 건조연소가스량(G') [$\mathrm{Sm^3/kg}$]

$$G' = G_o' + (m-1)A_o = mA_o - 5.6\mathrm{H} + 0.7\mathrm{O} + 0.8\mathrm{N} \quad (6.26)$$

또는 $G' = 1.867\,C + 0.7S + 0.8N + (m - 0.21)A_o$ (6.27)

그리고 $G_o = G_o' + 11.2H$ 이고, $G = G' + 11.2H$ 관계식도 성립된다.

㉯ 액체연료의 이론산소량과 이론가스량

표 6-5 액체연료연소 1kg당 필요한 성분부피 이론산소량

액체, 고체 연료의 반응식	각 성분 1 kg 연소에 필요한 이론산소 O_2 [Sm^3]	연료 1kg 당		
		각 성분의 중량분율	이론산소량 O_2 [Sm^3]	이론연소가스량
C + O_2 → CO_2 12 kg 22.4 m^3 22.4 m^3	$\frac{22.4}{12} = 1.867$	C	1.867C	CO_2…1.867C
H_2 + 1/2O_2 → H_2O 2 kg 11.2 m^3 22.4 m^3	$\frac{11.2}{2} = 5.60$	*H	5.6H	**H_2O… 11.2H
S + O_2 → SO_2 32 kg 22.4 m^3 22.4 m^3	$\frac{22.4}{32} = 0.70$	S	0.7S	SO_2… 0.7S
연료 중에 N_2 → N_2 28 kg 22.4 m^3		N		N_2…$\frac{22.4}{28} = 0.8N$

* 연료 중에 산소가 포함되어 있을 경우에는 그 중량분율을 O [kg/kg 연료]로 하면 유효수소는 $H - \frac{O}{8}$ 이다. 왜냐하면, H_2O가 2 + 16 = 18이기 때문에 산소 O [kg]와 결합하는 수소량은 $\frac{O}{8}$ [kg]이다.

** 연료 및 공기 중에 있는 수분은 무시한다.

예제 8

탄소 86%, 수소 12%, 황 2% 조성의 중유를 연소시켜 그의 배기가스를 분석했더니, 다음과 같은 결과를 얻었다. $(CO_2)+(SO_2) = 13$ [%], $(O_2) = 3$ [%], (CO) = [%]이다. 이때, 건조연소가스 중의 SO_2의 농도(부피, %)는 얼마인가?

C = 0.86, H = 0.12, S = 0.02

우선 건조연소가스량(G')을 구하려면

$G' = mA_o - 5.6H + 0.7O + 0.8N \fallingdotseq 1.867C + 0.7S + (m - 0.21)A_o$

에서 이론공기량 A_o와 과잉공기계수 m을 구해야 한다.

$A_o = 8.89C + 26.7H + 3.3S = 8.89\,(0.86) + 26.7\,(0.12) + 3.3\,(0.02) \fallingdotseq 10.92$ [Sm^3/kg]

배기가스 중의(N_2)는 $100 - (13 + 3) = 84$ [%]

과잉공기계수 $m = \dfrac{21(N_2)}{21(N_2) - 79[(O_2) - 0.5(CO)]} = \dfrac{21(84)}{21(84) - 79(3)} \fallingdotseq 1.16$

$\therefore G' = 1.867\,(0.86) + 0.7\,(0.02) + (1.16 - 0.21)\,(10.92) = 12.0\ [Sm^3/kg]$

SO_2의 생성량 $0.7S = 0.7\,(0.02) = 0.014\ [Sm^3/kg]$

따라서 건조연소가스 중의 SO_2농도(부피, %)는

$$\frac{0.7S}{G'} \times 100 = \frac{0.014}{12.0} \times 100 \fallingdotseq 0.12\ [\%]$$

예제 9

탄소 86%, 수소 13%, 황 1%의 조성의 중유를 연소하고 배기가스 분석을 했더니, $(CO_2)+(SO_2)$가 13%, (O_2)가 3%, (CO)가 0.5%였다. 건조연소가스 중의 SO_2의 농도는 몇 ppm인가?

$C = 0.86$, $H = 0.13$, $S = 0.01$

이론공기량 $A_o = \frac{1}{0.21}(1.867C + 5.6H + 0.7S) \fallingdotseq 8.9C + 26.7H + 3.3S$

$\fallingdotseq 8.9(0.86) + 26.7(0.13) + 3.3(0.01) \fallingdotseq 11.16\,m^3/kg$

배기가스 중의$(N_2) = 100 - (13 + 3 + 0.5) \fallingdotseq 83.5\%$

$$\text{과잉공급계수 } m = \frac{21(N_2)}{21(N_2) - 79[(O_2) - 0.5(CO)]} = \frac{21(83.5)}{21(83.5) - 79(3 - 0.5 \times 0.5)} \fallingdotseq 1.14$$

$\therefore G' = 1.867C + 0.7S + (m - 0.21)$

$A_o = 1.867(0.86) + 0.7(0.01) + (1.14 - 0.21)(11.16) \fallingdotseq 12.0$

SO_2의 생성량은 $0.7S = 0.7(0.01) = 0.007\,m^3/kg$

따라서 SO_2의 농도(ppm)는 $\frac{0.7S}{G'} \times 10^6 = \frac{0.007}{12.0} \times 10^6 \fallingdotseq 583\,[ppm]$

예제 10

탄소 85%, 수소 15%로 된 경유를 공기과잉계수 1.1로 연소했더니, 탄소 1%가 그을음으로 된다. 건조배기가스 1 Sm^3 중 그을음의 농도[g/Sm^3]는 얼마인가?

$C = 0.85$, $H = 0.15$

이론공기량 $A_o = 8.89C + 26.7H = 8.89(0.85) + 26.7(0.15) \fallingdotseq 11.6\ [Sm^3/kg]$

건조연소가스량 $G' = mA_o - 5.6H = 1.1(11.6) - 5.6(0.15) = 11.9\ [Sm^3/kg]$

연소 1 kg (=1000 g)당 그을음의 양 $1000 \times (0.85) \times (0.01) = 8.5\ [g]$

$$\therefore \text{그을음 농도} = \frac{\text{그을음양}}{G'} = \frac{8.5}{11.9} = 0.71\ [g/Sm^3]$$

예제 11

프로판 1 kg을 과잉공기계수 1.1로 완전연소시킬 경우에 발생하는 연소가스의 중량을 구하시오.

기체연소방정식 $C_3H_8 + 5O_2 \rightarrow 3CO_2 + 4H_2O$

44　　5 × 32　　3 × 44　　4 × 18

$$\left\{C_xH_y+\left(x+\frac{y}{4}\right)O_2 \to xCO_2+\frac{y}{2}H_2O\right\}$$

프로판 1 kg당 이론산소량 $= \frac{160}{44} = 3.64$ [kg]

이론공기량은 공기중량조성 중 O_2가 약 23.2%이므로 이론공기량 $= \frac{3.64}{0.232} = 15.69$[kg]

공기과잉계수 1.1의 경우의 공급 공기량은 $1.1(15.69) = 17.26$[kg]

중량불변법칙(입량 = 출량)에 의하여 연소가스량은 연료와 공급공기의 중량의 합과 같다.

즉, 1 kg + 17.26 kg = 18.26 kg

㉰ 탄화수소 연소시 연소반응식의 계수에 의한 계산법

기체연료 중 특히 탄화수소의 가스연소 일반식은 다음과 같다.

$$C_xH_y+\left(x+\frac{y}{4}\right)O_2 \to xCO_2+\frac{y}{2}H_2O$$

- 이론공기량 $A_o = \frac{1}{0.21}\left(x+\frac{y}{4}\right) = 4.76x + 1.19y$ [Sm^3] (6.28)

- 이론연소가스량
  - 이론습윤연소가스량 $G_o = 0.79A_o + x + \frac{y}{2}$ [Sm^3] (6.29)
  - 이론건조연소가스량 $G_o = 0.79A_o + x$ [Sm^3] (6.30)

- 공기과잉계수 m일 때 연소가스량
  - 습윤연소가스량
    $G = (m-1)A_o + G_o = (m-0.21)A_o + x + \frac{y}{2}$ [Sm^3] (6.30)
  - 건조연소가스량
    $G' = (m-1)A_o + G_o' = (m-0.21)A_o + x$ (6.31)

예제 12

프로판(C_3H_8) 1 Sm^3를 연소시킬 때 이론건조 연소가스량은 얼마인가?

$C_3H_8 + 5O_2 \to 3CO_2 + 4H_2O$

이론공기량 $A_o = \frac{1}{0.21}\left(3+\frac{8}{4}\right) = 23.8$ [Sm^3]

∴ 이론건조연소가스량 $G_o' = 0.79A_o + x = 0.79(23.8) + 3 = 21.8$ [Sm^3]

예제 13

메탄 1 Sm^3를 공기과잉계수 1.2로 연소시킬 경우 습윤연소가스량을 구하시오.

$CH_4 + 2O_2 \to CO_2 + 2H_2O$ $\quad A_o = \frac{1}{0.21}\left(1+\frac{4}{4}\right) = 9.52$

$\therefore G = (m-0.21)A_o + x + \frac{y}{2} = (1.2-0.21)(9.52) + 1 + \frac{4}{2} = 9.42 + 3 = 12.42$[$Sm^3$]

예제 14

프로판 1 Sm³를 공기과잉계수 1.1로 완전연소시킬 때 건조연소가스량을 구하시오.

$C_3H_8 + 5O_2 \rightarrow 3CO_2 + 4H_2O$

$$A_o = \frac{1}{0.21}\left(3+\frac{8}{4}\right) = 23.8$$

$$G' = (m-0.21)A_o + x = (1.1-0.21)(23.8)+3 = 24.2\,[\mathrm{Sm^3}]$$

예제 15

CH_4 92%, O_2 4%, N2 4%의 조성가스 1 Sm³를 연소시키는 데 필요한 이론공기량을 구하시오.

$$A_o = \frac{1}{0.21}\left[0.5(\mathrm{H_2})+0.5(\mathrm{CO})+2(\mathrm{CH_4})\cdots\left(x+\frac{y}{4}\right)\right][(\mathrm{C_xH_y})-(\mathrm{O_2})]$$

$$= \frac{1}{0.21}[2(\mathrm{CH_4})-\mathrm{O_2})] = \frac{1}{0.21}[2(0.92)-(0.04)] = 8.57\,[\mathrm{Sm^3}]$$

③ 최대 이산화탄소량$(CO_2)_{max}$ %

연료를 연소시키면 이산화탄소가 생성된다. 이론공기량 이상으로 공기를 공급하면 연소가스 중에 과잉공기가 들어가기 때문에 CO_2 농도는 낮아진다. 따라서 연료에 부여하는 공기량이 부족되거나 최적량이 과잉됨에 따라 (CO_2)%는 상승, 최대, 하강이 되는데 (CO_2)%가 최대가 되도록 연소를 조절하는 것이 가장 이상적인 연소 방법이다. 예를 들면, $C + O_2 + 3.76N_2 \rightarrow CO_2 + 3.76N_2$의 완전 연소식에서 $(CO_2)_{max}$는 $\frac{1}{1+3.76}$의 비가 된다. 즉, $(CO_2)_{max}\% = \frac{(CO_2)}{(CO_2)+(N_2)} \times 100(\%)$

이와 같이 연료가 이론공기량으로 완전연소한다고 가정할 경우, 이론건조 연소가스 중 CO_2의 부피분율(용량%)을 최대 이산화탄소량이라고 하고 $(CO_2)_{max}$%로 표시한다. 이 값은 연료조성, 즉 탄소분량으로 결정하는 고유치이며, 이와 실제의 CO_2 농도와 비교함으로써 과잉공기율을 알 수 있다. $(CO_2)_{max}$%의 이론값은 결국 이론 연소한 경우의 이론연소가스 중의 (CO_2)%이므로 간단히 계산할 수 있다.

㉮ 고체 및 액체 연료의 경우

$$(CO_2)_{max}\% = \frac{1.867C}{G_o'} \times 100 \fallingdotseq \frac{187C}{G_o'} \tag{6.33}$$

보통의 분석법으로는 (SO_2)도 KOH 용액에 흡수되므로

$$(CO_2)_{max}\% = \frac{1.867C + 0.7S}{G_o'} \times 100 \tag{6.34}$$

㉯ 기체연료의 경우

$$(CO_2)_{max}\% = \frac{(CO)+(CO_2)+(CH_4)+2(C_2H_4)+x(C_xH_y)}{G_o'} \times 100\% \quad (6.35)$$

㉰ 완전연소일 경우

$$(CO_2)_{max}\% = \frac{(CO_2)\times 100}{100-\frac{(O_2)}{0.21}} = \frac{21(CO_2)}{21-(O_2)} \quad (6.36)$$

표 6-6 연료의 $(CO_2)_{max}\%$의 개략치

연 료	$(CO_2)_{max}\%$	연 료	$(CO_2)_{max}\%$
탄 소	21%	코크스	20~20.5%
장 작	19~21%	연료유	15~16%
갈 탄	19~19.5%	코크스로가스	11~11.5%
역청탄	18.5~19%	발생로가스	18~19%
무연탄	19~20%	고로가스	24~25%

㉱ 불완전 연소일 경우

$$(CO_2)_{max}\% = \frac{21[(CO_2)+(CO)]}{21-(O_2)+0.395(CO)} \quad (6.37)$$

㉲ 공기비와 $(CO_2)_{max}\%$의 관계

- 완전연소시 : $\frac{21}{21-(O_2)} \fallingdotseq m$, $m \fallingdotseq \frac{(CO_2)_{max}\%}{(CO_2)\%}$ (6.38)

- 불완전연소시 : $m = \frac{21(N_2)}{21(N_2)-79[O_2-0.5(CO)]} \fallingdotseq \frac{(N_2)}{(N_2)-3.76(O_2)}$ (6.39)

예제 16

일산화탄소의 최대 이산화탄소량은 얼마인가?

$CO + \frac{1}{2}O_2$ $\left(CO+\frac{1}{2}O_2+xN_2 \rightarrow CO_2+xN_2\right)$

$1Sm^3$ $0.5Sm^3$

CO 1 Sm^3당 이론산소량은 0.5 Sm^3, 여기에 수반되는 N_2는 $0.5\times\left(\frac{79}{21}\right) = 1.88Sm^3$

생성하는 CO_2는 1 Sm^3, 따라서 연소가스량은 $1+1.88 = 2.88\ [Sm^3]$

$\therefore (CO_2)_{max}\% = \frac{1}{2.88}\times 100 \fallingdotseq 34.7[\%]$

예제 17

공기를 사용하여 C_3H_8를 연소시킬 때 건조가스 중의 $CO_{2\,max}$%를 구하시오.

$C_3H_8 + 5O_2 \rightarrow 3CO_2 + 4H_2O$

(실제화학반응식 $C_3H_8 + 5O_2 + xN_2 \rightarrow 3CO_2 + 4H_2O + xN_2$)

C_3H_8 1 Sm^3 당 이론산소량은 5 Sm^3, 여기에 수반되는 N_2는 $5\times\left(\frac{79}{21}\right)=18.8\text{Sm}^3$

생성하는 CO_2는 3 Sm^3, 따라서 건조연소가스량이므로 수분을 제외시키고 3 + 18.8 = 21.8

$$\therefore (CO_2)_{max}\% = \frac{(CO_2)}{(CO_2)+(N_2)}\times 100 = \frac{3}{3+18.8}\times 100 = 13.76\%$$

6.1.3 발열량

(1) 발열량의 정의와 종류

연료의 단위량(기체 연료에서는 1 Sm^3, 고체 연료와 액체 연료는 1 kg)이 완전연소할 때 발생하는 열량(kcal)을 발열량(Calorific Value)이라고 한다. 단위는 고체・액체의 연료일 경우 kcal/kg이고, 기체연료인 경우는 kcal/Sm^{3}이다. Sm^{3}는 표준상태에서 단위체적을 나타내며, 발열량 산정방식은 고위발열량일 경우 발열량 측정기로, 저위발열량일 경우 원소 분석치 또는 연소 관계식으로 산출한다. 기체의 발열량은 부피당의 발열과 중량당의 발열량이 현저히 다르기 때문에 주의를 요한다.

연소에 의하여 생성된 연소가스 중에는 일반적으로 수분이 포함된다. 이것은 연료 중의 수소분이 타서 생성되는 것과 연료 중에 처음부터 수분이 포함되어 있는 것으로 되어 있다. 코크스와 CO의 연소에서는 H_2O를 생성하지 않는다. 또한 연소가스 중의 H_2O를 액상의 물로 하느냐, 수증기 그대로 하느냐에 따라 발열량은 다르다.

연료의 조성에 따른 발열량은 <표 6-7>과 같다.

열량계로 측정되는 열량은 고위발열량이다. 고위발열량은 총발열량이라고도 하고, H_h로 표시한다. 이것은 연료 중의 수분 및 연소에 의해 생성된 수분의 응축열(일명 증발잠열 : H_s)을 함유한 열량이다. 그러나 실제 연소에서는 연소배출가스 중의 수분은 보통 수증기(과열) 상태로 배출되기 때문에 응축열은 이용 불가능할 경우가 많으므로 고위발열량에서 응축열을 공제한 잔여 열량이 유효하게 이용된다(표 6-8). 이것을 저위발열량 또는 진발열량(순발열량)이라고 하고, H_l로 표시한다.

고위발열량(H_h)과 저위발열량(H_l)의 관계는 다음과 같다.

$$H_h = H_l + H_s \begin{cases} H_s \text{는 수증기의 증발잠열로 } 0℃ \text{ 기준으로 하면,} \\ H_s = 596 \fallingdotseq 600\text{kcal/kg(물)} \\ H_s = 478.99 \fallingdotseq 480\text{kcal/Sm}^3\text{(수증기)} \end{cases} \tag{6.40}$$

표 6-7 타는 성분의 발열량(완전연소의 경우)

타는 성분	화학식	발열량(kcal/kg)		발열량(kcal/Sm^3)	
		H_h	H_l	H_h	H_l
탄소	C	8,100	8,100	-	-
수소	H	3,400	2,860	3,050	2,570
황	S	2,500	2,500	-	-
일산화탄소	CO	2,430	2,430	3,035	3,035
메탄	CH_4	13,320	11,970	9,530	8,570
에탄	C_2H_6	12,410	11,330	16,820	15,380
프로판	C_3H_8	12,040	11,070	24,370	22,350
부탄	C_4H_{10}	11,840	10,920	32,010	29,610
아세틸렌	C_2H_2	12,030	11,620	14,080	13,600
에틸렌	C_2H_4	12,130	11,360	15,280	14,320
프로필렌	C_3H_6	11,770	11,000	22,540	21,070
부틸렌	C_4H_8	11,630	10,860	29,110	27,190
벤졸증기	C_6H_6	10,030	9,620	34,960	33,520

표 6-8 물의 증발잠열(응축열) [kcal/kg]

0℃	597 ≒ 600	20℃	586
10℃	592	25℃	583
15℃	589	100℃	539

(2) 발열량 계산

① 기체연료의 경우(기준 1 Sm^3)

수소(H_2), 메탄(CH_4), 에틸렌(C_2H_4) 외의 각종 탄화수소 C_xH_y로 된 기체 연료에 관하여 각 성분의 부피분율을 각각 H_2, CH_4, C_2H_4, C_xH_y로 표시하면 기체반응에서는 반응식의 계수가 그대로 부피분율을 나타낸다. <표 6-9>와 같이 메탄 1 Sm^3으로부터 수증기 2 Sm^3을 생성한다. 수증기 1 Sm^3당 응축열은 $597 \times \frac{18}{22.4} \fallingdotseq 480\,[\text{kcal/m}^3]$

이므로 다음 식이 성립된다.

$$H_l = H_h - 480\left[(H_2) + 2(CH_4) + \cdots + \frac{y}{2}(C_xH_y)\right] \text{[kcal/Sm}^3\text{]} \tag{6.41}$$

표 6-9 부피관계

$H_2 + 0.5O_2$ 1부피	$\rightarrow H_2O$ 1부피
$CH_4 + 2O_2$ 1부피	$\rightarrow CO_2 + 2H_2O$ 2부피
$C_2H_4 + 3O_2$ 1부피	$\rightarrow 2CO_2 + 2H_2O$ 2부피
$C_xH_y + \left(x + \frac{y}{4}\right)O_2$ 1 부피	$\rightarrow xCO_2 + \left(\frac{y}{2}\right)H_2O$ $\frac{y}{2}$ 부피

예제 18

메탄의 고위발열량이 9,500 [kcal/Sm^3]이면 저위발열량은?

$H_l = 9500 - 480 \times 2 = 8540$ [kcal/Sm^3]

② 액체 및 고체연료의 경우

연료 중 수소와 수분의 중량분율을 각각 H, W로 하면 연료 1 kg당 $9H + W$ [kg]의 H_2O가 생성된다.

$$H_2 + \frac{1}{2}O_2 \rightarrow H_2O$$

$$2\text{kg} \rightarrow 18\text{kg} \quad \frac{18}{2}H = 9H$$

물 1 kg의 증발잠열(=응축열)은 약 600 kcal이기 때문에 다음 식이 성립한다.

$$H_l = H_h - 600(9H + W) \text{ [kcal/kg]} \tag{6.42}$$

예제 19

수소 12.0%, 수분 0.3%인 중유의 고위발열량이 10,600 [kcal/kg]일 때, 저위발열량을 구하시오.

H = 0.12, W = 0.003

$H_l = H_h - 600(9H + W) = 10600 - 600(9 \times 0.12 + 0.003) = 9950$ [kcal/kg]

표 6-10 저위발열량인 H_l과 G_o 및 A_o의 관계(Rosin 식)

연 료	G_o	A_o
고체연료	$\frac{0.89H_l}{1000}+1.65\ \mathrm{Sm^3/kg}$	$\frac{1.01H_l}{1000}+0.5\ \mathrm{Sm^3/kg}$
액체연료	$\frac{1.11H_l}{1000}\ \mathrm{Sm^3/kg}$	$\frac{0.85H_l}{1000}+2.0\ \mathrm{Sm^3/kg}$
저열량기체연료 (H_l = 500～3000 kcal/m³)	$\frac{0.725H_l}{1000}+1.0\ \mathrm{Sm^3/Sm^3}$	$\frac{0.875H_l}{1000}\ \mathrm{Sm^3/Sm^3}$
고열량기체연료 (H_l = 4000～7000 kcal/m³)	$\frac{1.14H_l}{1000}+0.25\ \mathrm{Sm^3/Sm^3}$	$\frac{1.09H_l}{1000}-0.25\ \mathrm{Sm^3/Sm^3}$

(3) 개략적 계산방법

이론공기량(A_o) 및 이론연소가스량(G_o)은 연료 종류에 따라 특유한 값을 취한다.

연료 중의 탄소분은 저위발열량에 대략 비례하며, 수소 및 수분은 연료에 특유한 값을 취하므로

$$A_o = aH_l + b$$
$$G_o = a'H_l + b' \tag{6.43}$$

의 관계가 대략 성립된다고 생각할 수 있다. a, a', b, b'는 연료 중의 탄소, 수소에 대한 정수이다. 이들 값과 H_l을 알면 연료조성 또는 원소 분석의 결과를 기다릴 것 없이 A_o, G_o의 개략적인 값을 알 수 있다. 각 연료에 대한 이런 관계를 <표 6-10>에 나타내었다(일명 Rosin 식이라 한다).

예제 20

저위발열량이 10000 kcal/kg의 중유를 연소시키는 데 필요한 이론공기량은 얼마인가?

$H_l = 10000$, $A_o = 0.85\left(\frac{H_l}{1000}\right)+2.0 = 0.85\left(\frac{10,000}{1000}\right)+2.0 = 10.5\,[\mathrm{Sm^3/kg}]$

예제 21

중유의 저위발열량 1000 kcal당의 이론공기량을 구하시오.

단, 중유의 저위발열량이 H_l ≒ 10,000 kcal/kg

$$A_o = 0.85\left(\frac{H_l}{1000}\right) + 2.0 \rightarrow \text{Rosin식}$$
$$= 10.5\ \text{Sm}^3/\text{kg}$$

∴ 저위발열량 1000 kcal당 이론공기량은 $A_o = 10.5 \times \left(\frac{1000}{10,000}\right) = 1.05\,\text{Sm}^3$

(4) 최고연소속도와 이론연소온도

① 최고연소속도

기벽의 영향이 없는 상태에서 대량의 가연 혼합물 중 화염전파속도를 말한다. 기체연료의 연소속도는 1차 공기의 혼합비에 따라서 다르며, 이론 혼합비 정도일 때 최고연소속도는 다음과 같다.

H_2 : 292 cm/sec　　CH_4 : 37 cm/sec　　C_2H_6 : 44 cm/sec

CO : 43 cm/sec　　C_3H_8 : 43 cm/sec

② 이론연소온도

단위량의 연료(1 kg, 1 Sm³)를 이론공기량으로 연소시킬 때, 연소가스가 도달하는 이론상 최고 온도를 말한다.

$$H_l = G_o\, C_P\,(t_2 - t_1) \tag{6.44}$$

$$\therefore\ t_2 = \frac{H_l}{G_o \cdot C_p} + t_1 \tag{6.45}$$

여기서, H_l : 저위 발열량[kcal/Sm³]

G_o : 이론연소가스량[m³/Sm³]

C_P : 연소가스량의 평균 정압 비율[kcal/Sm³℃]

t_1 : 실제온도[℃]

t_2 : 이론온도[℃]

예제 22

저위발열량이 7000 kcal/Sm³의 가스연료의 이론연소온도는 몇 ℃인가? 단, 이론연소가스량은 10 Sm³/Sm³, 연료연소가스의 평균정압비열은 0.35 kcal/Sm³℃, 기준온도는 실온(15℃)으로 한다. 공기는 예열되지 않으며, 연소가스는 해리되지 않는 것으로 한다.

$H_l = G_o \cdot C_p\,(t_2 - t_1)$에서 $7000 = 10(0.35)(t_2 - 15)$　　$\therefore\ t_2 = 2015[℃]$

예제 23

메탄의 이론연소온도를 구하시오. 단, 메탄과 공기는 18℃에서 공급되는 것으로 한다. 또한, CO_2, H_2O (g), N_2의 평균정압 몰비열(상온~2100℃)은 각각 13.1, 10.5, 8.0 [kcal/kmol℃]이다. 단, 메탄의 저위발열량 $H_l \fallingdotseq 8600$ [kcal/Sm³]

$H_l = G_o C_p (t_2 - t_1)$에서 G_o와 C_p를 구해야 한다.

우선 이론연소가스 비열이 몰로 되었으니 부피비열로 바꾸면

CO_2는 $\frac{13.1}{22.4} \fallingdotseq 0.58$, $H_2O(g)$는 $\frac{10.5}{22.4} \fallingdotseq 0.47$, N_2는 $\frac{8.0}{22.4} \fallingdotseq 0.36$이다.

그 다음 G_o를 구하여 보자.

메탄의 화학반응식 $CH_4 + 2O_2 \rightarrow CO_2 + 2H_2O$에서 메탄 1 Sm^3의 이론산소량은 2 Sm^3

여기에 동반하는 N_2는 $2\left(\frac{79}{21}\right) = 7.52\,Sm^3$

$$\therefore 8600 = [(1 \times 0.58) + (2 \times 0.47) + (7.52 \times 0.36)](t - 18)$$

$$t - 18 = \frac{8600}{0.58 + 0.94 + 2.71} \fallingdotseq 2033 \qquad \therefore t = 2051\ [℃]$$

6.1.4 배출가스의 분석과 오염성분의 농도 계산

(1) 연소와 가스분석

① 완전연소와 불완전연소

기체, 액체, 고체연료의 어느 경우이든 연료 속의 탄소와 수소가 완전연소하면 각각 CO_2와 H_2O가 된다. 그러나 연소 과정의 열분해로 유리 탄소가 발생하고 연소배출 가스 속에 검댕이나 CO, H_2 또는 CH_4를 생성하며 불완전 연소될 때가 있다. 검댕의 발생은 굴뚝에서 배출되는 것이 전부가 아니라 굴뚝 내면이나 연도에 퇴적되는 것이 있고 그 양의 정확한 측정은 비교적 곤란한 일이다. CO, H_2 및 CH_4 등은 가스 분석으로 구할 수 있다. 보통 연소배출가스 중의 H_2나 CH_4의 양은 극히 소량이므로 CO의 양으로 불완전연소의 정도를 판정한다.

② 배출가스의 분석

㉮ 가스 분석치 : 가스 분석치는 건조연소가스 속에 함유되는 조성 비율로 표시된다. 보통 탄산가스(CO_2), 아황산가스(SO_2), 일산화탄소(CO), 산소(O), 및 질소(N_2) 등으로 구성된다. 배출가스 분석에 사용되는 오르자트 분석 장치로는 CO_2를 흡수할 때에 SO_2도 동시에 흡수하기 때문에 겉보기에 의한 CO_2로 간주된다. 따라서 보통

의 측정은 (CO_2), (CO), (O_2)를 실측하고 나머지는 (N_2)로 본다.

가스 분석은 연소 상태 판정상 중요하고 또 연소 계산에 의해 여러 가지 양을 구할 수가 있다.

㈏ 배출가스 속의 SO_2 : 위에서 말한 것처럼 연소가스 속의 SO_2 농도는 보통의 가스 분석장치로서는 실측하지 못한다. 그러나 연료 속의 황(가연성)의 원소조성을 알 수 있으면 연소배출가스 중의 SO_2 농도나 그 양을 구할 수 있다.

(2) 연소가스 중 오염성분의 농도계산

① 황화합물

㈎ 생성량을 구하는 계산

연료 중의 황분은 연소에 의하여 대부분은 이산화황이다. 이 양적 관계는 다음과 같다.

$$\begin{array}{ccccc} S & + & O_2 & \rightarrow & SO_2 \\ 32\text{kg} & & 32\text{kg} & & 64\text{kg} \\ & & 22.4\text{Sm}^3 & & 22.4\text{Sm}^3 \end{array}$$

연료 중의 황의 중량 분율(연료 1 kg당 포함된 S분의 kg수)을 S라 하면, SO_2의 생성량은 다음 식으로 계산된다.

$$\frac{64}{32}\text{S} = 2\text{S}\,[\text{kg/kg 연료}]\,,\quad \frac{22.4}{32}\text{S} = 0.7\text{S}\,[\text{Sm}^3/\text{kg 연료}] \qquad (6.46)$$

배기가스 중의 SO_2의 분율은 건조가스에 대한 ppm (부피비)으로 표시된다.

예제 24

탄소, 수소, 황의 중량 %가 각각 85%, 12%, 3%인 중유를 공기과잉계수 1.2로 완전연소시킬 때 습윤연소가스 중 SO_2의 부피 %는 얼마인가?

$C=0.85,\ H=0.12,\ S=0.03,\ m=1.2$

$$A_o = \frac{1}{0.21}[1.867C+5.6H+0.7S]$$

$$= \frac{1}{0.21}[1.867(0.85)+5.6(0.12)+0.7(0.03)] = 10.86\,(\text{Sm}^3/\text{kg})$$

습윤연소가스량 $G = mA_o + 5.6H = 1.2(10.86)+5.6(0.12) = 13.7\,(\text{Sm}^3/\text{kg})$

SO_2의 농도 $\dfrac{0.7S}{G} \times 100 = \dfrac{0.7(0.03)}{13.7} \times 100 \fallingdotseq 0.15\,[\%]$ (부피)

예제 25

탄소 84%, 수소 13.0%, 황 2.0%, 질소 1.0%의 중유 1 kg당 15 Sm^3의 공기로 완전연소시킬 경우, 습윤배기가스 중의 황산화물은 부피분율로 몇 ppm인가?

$C=0.84$, $H=0.13$, $S=0.02$, $N=0.01$, $mA_o=15$ Sm^3

습윤연소가스량 $G=mA_o+5.6H+0.8N=15+5.6(0.13)+0.8(0.01)=15.7$ $[Sm^3]$

SO_2의 농도 $\dfrac{0.7S}{G}\times 100=\dfrac{0.7(0.02)}{15.7}\times 10^6=892\,\text{ppm}$ (부피)

예제 26

황화수소 0.5%를 포함하는 메탄가스를 공기과잉계수 1.05로 연소하면 건조연소 가스 중 이산화황은 몇 ppm인가?

$CH_4 + 2O_2 \rightarrow CO_2 + 2H_2O$

황화수소가 미량이기 때문에 연소가스량은 메탄만의 연소로 생각해도 좋다.

이론공기량 $A_o = 2/0.21 = 9.52$ $[m^3/Sm^3]$

여기에 동반하는 $N_2 = 9.52(0.79) = 7.52$,

과잉공기량 $(m-1)A_o = (1.05-1)(9.52) = 0.48$, 생성하는 CO_2는 1 Sm^3이다.

$\therefore G = 7.52+0.48+1 = 9.0$ $[m^3/Sm^3]$

또는 $G=(m-0.21)A_o+1=9.0$ $[m^3/Sm^3]$

$H_2S+\dfrac{3}{2}O_2 \rightarrow H_2O+SO_2$

메탄 1 Sm^3 중에 H_2S가 0.005 $[Sm^3]$ 포함되면 SO_2를 0.005 Sm^3 생성한다.

$\therefore \dfrac{0.005}{9.0}\times 10^6 \fallingdotseq 556\,[\text{ppm}]$ (부피분율)

② 중유연소시 SO_2의 농도계산

㉮ Rosin식

액체연료(보통 중유)에 있어서 이론공기량 A_o, 이론연소가스량 G_o를 구하는 데는 다음 근사식, 즉 Rosin의 식이 있다.

$$A_o=\frac{0.85H_l}{1000}+2\,[\text{Sm}^3/\text{kg}], \tag{6.47}$$

$$G_o=\frac{1.11H_l}{1000}\,[\text{Sm}^3/\text{kg}] \tag{6.48}$$

단, H_l은 저위발열량[kcal/kg]이며, 중유의 경우는 $H_l \fallingdotseq 10{,}000$ [kcal/kg]로 해도 좋다. 위의 Rosin식을 이용해서 액체 연료 연소시 SO_2의 농도를 계산할 수 있다.

중유연소에 있어서, 적정공기과잉계수 m = 1.1 ~ 1.2일 때, 배기가스 중의 SO_2의 농도는 중유의 황함유율이 1% (S = 0.01)이면 약 600 ppm이며, 2% (S = 0.02)이면 1200 ppm이다. 이 관계는 외워두면 편리하다.

예제 27

황 2%를 포함하는 저위발열량 10,000 kcal/kg의 액체연료를 공기과잉계수 1.2로 완전연소시킬 때 습윤연소가스 중의 황산화물의 농도는 얼마인가?

Rosin의 근사식을 사용한다.

이론공기량 $A_o = \dfrac{0.85(10000)}{1000} + 2 = 10.5\ [Sm^3/kg]$

이론습윤연소 가스량 $G_o = \dfrac{1.11(10000)}{1000} = 11.1\ [Sm^3/kg]$

공기과잉계수 1.2일 때 습윤연소가스량

$G = G_o + (m-1)A_o = 11.1 + (1.2-1)(10.5) = 13.2\ [Sm^3/kg]$

연소가스 중 황산화물(SO_2)의 양은 0.7S = 0.7(0.02) = 0.014 $[Sm^3/kg]$

SO_2 부피농도는 $\dfrac{0.014}{13.2} \times 100 = 0.106\ [\%]$(부피)

예제 28

탄소 85%, 수소 13%, 황 2%의 중유를 공기과잉계수 1.2로 연소시킬 때 건조 배기가스 중의 이산화황의 부피분율은 얼마인가?

이론공기량 : $A_o = \dfrac{1}{0.21}[1.867(0.85) + 5.6(0.13) + 0.7(0.02)] = 11.1\ [Sm^3/kg]$

건조연소 가스량 : $G' = mA_o - 5.6H = 1.2(11.1) - 5.6(0.13) \fallingdotseq 12.6\ [Sm^3/kg]$

또는 $G = 1.867C + 0.7S + (m-0.21)A_o = 1.867(0.85) + 0.7(0.02) + (1.2-0.21)(11.1)$

$= 1.59 + 0.014 + 10.99 = 12.59\ m^3/kg$

SO_2의 부피분율은,

$\dfrac{0.7s}{G'} = \dfrac{0.7(0.02)}{12.6} = 0.001\ [Sm^3/Sm^3]$

또는 0.111[%] = 1,110 ppm (부피)

㉯ 보상케 − 사툰식에 의한 황 배출량의 표시법

㉠ 황산화물의 허용배출량(보상케 − 사툰식)

$$q = K \times 10^{-3} H_e^{\ 2}\ [Sm^3/h] \tag{6.49}$$

여기서, q : 황산화물의 허용배출량$[Sm^3/h]$

K : 지역에 따라 정해지는 값(황산화물의 배출기준)

H_e : 유효 굴뚝의 높이, 굴뚝의 부상효과에 의한 보정을 한 배출구의 높이(m)

ⓛ 황산화물의 배출량

중유보일러의 황 배출량은 근사적으로 다음 식으로 구한다.

$$Q = 0.0067 \times S \times W\,[\mathrm{Sm^3/h}] \tag{6.50}$$

여기서, Q : 황산화물의 배출량[$\mathrm{Sm^3/h}$]

S : 중유 중 황함유율[%]

W : 연료 사용량[L/h]

위 식의 계수를 유도하면 중유의 평균비중을 0.96이라 보면 소비량이 매시 W [L]인 중유의 무게는 0.96 W [kg], 이 중 S분은 0.96 W × (S/100) [kg], 또는 32 kg의 S로부터 22.4 $\mathrm{Sm^3}$의 SO_2를 생성하기 때문에

$$Q = \frac{22.4}{32} \times 0.96\,W \times \frac{S}{100} = 0.0067\ \mathrm{SW}\ [\mathrm{Sm^3/h}] \tag{6.51}$$

예제 29

서울의 황산화물의 배출기준 K값은 3.5로 정해져 있다. 지금 H_e = 100 [m]의 굴뚝을 가진 시설에서 중유가 5 kL/h의 율로 연소될 경우, 연료 중의 황분의 함유율은 몇 % 이하의 것을 사용하여야 하는가?

황산화물의 허용배출량은 $q = 3.5 \times 10^{-3} \times 100^2 = 35\ \mathrm{Sm^3/h}$

연료사용량 $W = 5\,[\mathrm{kL/h}] = 5000\,[\mathrm{L/h}]$

황산화물의 배출량 Q가 35 이하로 되지 않으면 안 되기 때문에 $35 = 0.0067 \times S \times 5000$

$\therefore S = 1.05\,[\%]$

즉, 황분이 1% 이하의 중유를 사용하지 않으면 배출기준을 위반하게 된다.

예제 30

황산화물 배출의 K의 값이 11.7의 지역에서 다음 시설 중 개선을 필요로 하는 것은 어느 것인가?

	(1)	(2)	(3)	(4)
H_e [m]	200	100	50	40
Q [$\mathrm{Sm^3/h}$]	400	110	35	10

$q = 11.7 \times 10^{-3} \times H_e^{\,2}$에 의해 허용한도를 계산하면 각각 다음과 같다.

	(1)	(2)	(3)	(4)
q [m³/h]	468	117	29.57	18.72

즉, (3)의 시설은 $Q > q$ 이기 때문에 개선이 필요하다.

예제 31

K값이 6.42의 지역에서 황분 2%의 중유를 매시 1 kL 사용하는 보일러의 유효굴뚝높이는 몇 m 이상이 되어야 하는가?

$$Q = 0.0067SW = 0.0067(2) \cdot (1000) = 13.4\,[\mathrm{Sm^3/h}]$$

$$q = k \times 10^{-3} \times H_e^{\,2}$$

$$H_e = \sqrt{\frac{q}{K \times 10^{-3}}} = \sqrt{\frac{13.4}{6.42 \times 10^{-3}}} = \sqrt{2087} = 45.7\,[\mathrm{m}]$$

6.2 소각의 조건

폐기물을 충분한 산소와 접촉시간을 통하여 완전히 산화시키는 것을 소각이라 한다. 소각의 장점은 위생적이라는 점과 폐기물의 무게는 13~20%로, 부피는 5~6%로 감소되어 매립에 소요되는 넓이가 크게 감소된다는 점이다.

유기물질을 높은 온도에서 산화시키는 과정은 다음과 같이 식으로 설명될 수 있다.

$$\text{유기물질} + \text{산소} \xrightarrow[\text{시간}]{\text{열}} CO_2 + H_2O + SO_x + Cl_2 + \text{열}$$

유기물질을 완전연소시키기 위해서는 산소 이외에 충분한 온도(Temperature)와 연소시간(Time), 충분한 혼합(Turbulence)의 3T가 있어야 한다.

6.2.1 산소

유기물질을 완전연소시키기 위한 이론적인 산소량은

$$C \cdot H + O_2 \rightarrow CO_2 + H_2O$$

로부터 쉽게 계산할 수 있는데 공기 중에 산소는 부피의 비로 21% (무게의 비로는 23.15%)

이다. 만약 충분한 산소를 공급시키지 않는 경우에는 불완전 연소가 된다. 연소기에 공기를 공급하는 대신에 순산소를 공급하여 연소가스 내에 NO_x의 생산을 방지하자는 아이디어도 있는데 폐기물의 성질이 복잡하여 성공적이지는 않았다.

Overfeed나 Underfeed 형식의 일반적인 연소과정에서 필요 이상의 여분의 공기를 50~200% 가량 공급시켜 주고 있는데, 이 여분의 공기는 유기물질의 완전연소와 아울러 연소기의 연소온도를 감소시키기 위함이다. 따라서 열회수를 목적으로 사용되는 Water Wall 연소기에서는 일반적인 경우보다 적은 50% 정도의 여분의 공기로 운전된다.

6.2.2 온도

연소온도는 연소시키는 물질의 발화온도, 수분함량, 사용되는 공기량, 연소기의 모양에 따라 변화되는데 도시폐기물의 발화온도(ignition temperature)는 260~370℃ 가량 되나 필요한 연소기의 최소 온도는 650℃ 정도이다. 연소온도가 너무 높아지면 NO_x나 O_x가 형성되므로 공기를 보다 많이 주입하여 냉각시켜야 하고, 온도가 낮으면 불완전 연소에 의한 탄화수소, CO 등이 발생되며 냄새가 난다.

수분함량이 크면 연소온도가 저하된다. 연소온도가 높게 되면 일반적으로 연소시키는 데 소요되는 시간은 짧아져도 되므로 어느 정도 이상의 온도에서는 연소시간이 그리 중요하지 않게 된다. 그러나 연소과정에서 생산되는 재가 짧은 체류시간으로 연소가스와 함께 외부로 나가지 않도록 유속을 줄여서 내부에 침전되도록 하여야 한다. 한편 연소시간은 연소물질의 입자가 크면 클수록 장시간이 소요된다.

6.2.3 혼합

연소기 내의 혼합은 투입되는 공기나 화격자의 이동에 의해서 형성되며, 연소기 내에 단회로가 형성되면 불완전 연소된 가스가 외부로 나가서 문제가 되므로 이때에는 baffle을 설치하여 단회로를 방지하도록 하여야 한다. 단회로가 발생하면 다이옥신류의 전구물질인 클로로페놀, 클로로벤젠류 등이 형성되어 다이옥신류가 배출될 가능성이 높아지게 된다.

6.2.4 체류시간

폐기물의 완전연소를 위해서는 체류가스가 연소실내에서 충분한 시간동안 체류되어야 하며 체류시간이 짧을 시 미연소 가스가 외부로 배출되어 대기 오염을 유발하게 된다.

연소가스의 체류시간은 연소실 내부 온도가 850℃ 이상으로 유지되는 상태에서 폐기물 소각량에 따라 다음과 같은 시간 이상이어야 한다.

① 200 kg/일 이하 : 0.5초 이상
② 200 kg/일～2,000 kg/hr : 1초 이상
③ 2,000 kg/hr 이상 : 2초 이상

6.3 소각공정

소각공정은 ① 폐기물 반입공급, ② 소각, ③ 폐열 회수, ④ 연소가스 처리, ⑤ 소각재 처리 등으로 구성되어 있다.

6.3.1 폐기물 반입공급 시스템

폐기물을 소각시설에 공급하는 방법에는 회분식과 연속식이 있으나, 현재 대부분의 시설은 연속식으로 운전되고 있다.

소각시설을 연속식으로 운전하기 위해서는 충분한 폐기물을 확보하여 저장시킬 수 있어야 하는데 통상 3일분 정도의 저장시설을 갖추게 된다. 또한 소각시설의 고장이나 정기적인 점검에 대비하여 가능한 경우 소각시설을 2계열 이상으로 설치하는 것이 바람직하다. 일반적인 통계로 연간 약 2개월 가량은 고장이나 점검에 소요되고 있다.

만약 저장탱크의 크기가 2～3일 이상이 되면 부패성 폐기물에 의하여 냄새가 나므로 공기를 주입하여 호기성 상태로 만들고, 냄새나는 공기는 연소용 공기로서 소각시설에 주입시켜 처리한다.

강우에 의하여 폐기물이 젖지 않도록 지붕을 씌운다. 저장탱크의 크기 결정시에는 수거트럭 내의 폐기물의 밀도나 저장탱크에 하역 후의 밀도에 차이가 있는 것에 주의하여 결정하여야 한다. 예를 들면, 압축수거차량 내의 폐기물 밀도는 미국의 경우에 327 kg/m^3이나 저장탱크에서는 200 kg/m^3에 불과하다. 또한 저장탱크에는 물이 빠지도록 설계하여야 하며 배수관이 폐쇄되지 않도록 해야 한다.

저장탱크로부터의 폐기물은 <그림 6-2>에서와 같이 크레인에 의해 소각로에 자연 유하식으로 주입된다. 이 크레인에는 Bucket형과 Grapple형, 또는 혼합형이 있는데 그 크기는 1.5～4.5 m^3 가량이다. 저장탱크로부터 폐기물을 연소기까지 운반하는 데는 약 3분이 소요된다.

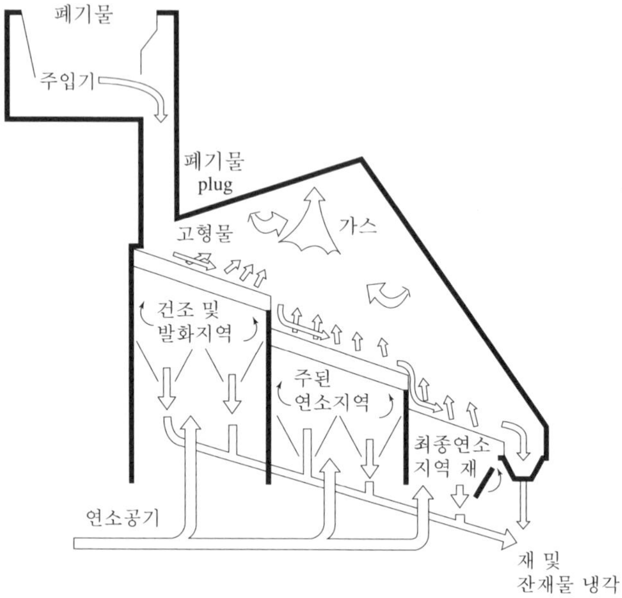

그림 6-2 연소실의 기본적인 구조

6.3.2 연소실

연소실(Combustion Chamber, Furnace)은 연소로 또는 소각로라고도 불리는데 연속적으로 연료를 주입시키는 경우에 내화재를 충전한 연소로와 기다란 물 pipe가 충전된 경우의 Water Wall연소기로 구분된다. 내화재로 충전된 연소로의 경우에는 벽에 Slag가 생기지 않도록 여분의 공기를 주입하여 냉각 배출하므로 가스량이 많아 대기오염물질의 제거시설의 크기가 커져야 한다.

Water Wall 연소기의 경우는 여분의 공기가 많이 소요되지 않으므로 대기오염물질의 제거장치의 규모는 그리 크지 않다. 연소실은 주입된 폐기물을 건조, 휘발, 점화시켜 연소시키는 1차 연소실(primary combustion)과 1차 연소실에서 미연소된 부분을 연소시키는 2차 연소실(secondary combustion)로 구성되어 있다. 연소실의 연소온도는 600～1,000℃이며 연소실의 크기는 주입 폐기물 ton당 0.4～0.6 m^3/day, 또는 4.6～9.2 × 10^5 kJ/hr로 설계되고 있다.

연소로의 모양은 직사각형, 수직원통형, 혼합형, Rotary Kiln형 등이 있는데 대부분 직사각형인 Box형식이다. <그림 6-5>는 연소실의 기본적인 구조를 보여 주고 있다. 대체로 주입되는 공기량은 폐기물 주입량의 13～17배 가량이 생산되고 있다.

(1) 연소실의 크기

연소실이 아주 작은 경우에는 입구가 폐쇄될 가능성이 있으며, 또한 폐기물이 휘발되어 연소될 여유 없이 그대로 외부로 배출되어 대기오염 문제를 유발시킬 수도 있다. 반면 연소실이 너무 크면 연소 효율이 저하되는 것으로 나타나고 있다.

(2) 화상부하율

폐기물을 연속적으로 공급하여 화층을 형성하는 영역을 화상이라고 하며 소각로의 구조, 화상의 종류, 피소각물의 성상, 통풍방법에 따라 차이가 난다.

$$\text{화상부하율}(\mathrm{kg/m^2 \cdot hr}) = \frac{\text{연소량}(\mathrm{kg/hr})}{\text{화상면적}(\mathrm{m^2})}$$

화상부하율을 크게 하려면 화상면적을 줄이거나 연소량을 늘리면 되지만, 화상부하율이 크면 로내 온도저하로 불완전 연소를 초래하여 연소율이 떨어지므로 화상부하율을 약간 작게 하는 것이 연소효율의 안정성이 있다고 할 수 있다. 그러나 동일한 소각물에 대하여 화상부하율이 높은 소각로가 Compact하고 경제성이 있다고 할 수 있다. 도시 폐기물의 화상부하율은 고정상식 화격자일 경우 120～150 kg/m^2・hr, 기계식 가동화격자의 경우 150～200 kg/m^2・hr의 범위에서 운영되고 있다. 슬러지류는 유동상 소각로 350～450 kg/m^2・hr, 회전로 60～200 kg/m^2・hr, 로타리 킬른 30～35 kg/m^2・hr, 다단로 35～40 kg/m^2・hr이다.

(3) 열부하율

소각로 내에서 가연물이 연소하여 열을 발생시킬 경우 단위 부피당 1시간 동안 발생되는 평균 열량을 말한다.

$$\begin{aligned}\text{열부하율}(K,\ \mathrm{kcal/m^3 \cdot hr}) &= \frac{Q}{V} \\ &= \frac{G(H_{l1} + A \cdot C_a(t_a - t_o) + F \cdot H_{l2})}{V}\end{aligned} \qquad (6.52)$$

여기서, G : 소각량(kg/h)

H_{l1} : 소각물의 저위발열량(kcal/kg)

A : 소요공기량(kg/kg, Sm^3/kg)

C_a : 공기의 정압비열(kcal/kg℃ 또는 kcal/Sm^3℃)

t_a : 공급공기온도(℃)

t_o : 외기공기온도(℃)

F : 보조 연료 공급량(kg/h, Sm^3/h)
H_{l2} : 보조 연료 저위 발열량(kcal/kg)

열부하가 과다하면 국부적인 과열에 의한 로 손상 및 불완전 연소를 야기한다. 보조 연료는 소각물의 저위발열량이 낮아 적정연소온도 유지가 어려울 때 사용되며, 특히 가연성 휘발분이 작고 착화성이 나쁘거나 난연성 물질의 경우 많이 소요된다.

열부하율은 가능한 범위 내에서 크게 하는 것이 연소실 부피를 작게 할 수 있어 경제적이며, 연소실 외부로의 열손실을 방지할 수 있는 구조로 설치하여야 적정 열부하율을 유지할 수 있고 보조연료 사용량을 줄일 수 있다.

열부하율은 화상부하율과 마찬가지로 소각로의 구조, 형식, 피소각물의 성상 및 특성에 따라 다르며 폐기물 종류에 따른 적정 열부하율은 다음과 같다.

① 도시폐기물 : 스토커식 소각로(8～20 × 10^4 kcal/m^3 · hr)
② 슬러지 : 고정상로(15～45 × 10^4 kcal/m^3 · hr)
다단로(7～15 × 10^4 kcal/m^3 · hr)
로타리킬른(7～10 × 10^4 kcal/m^3 · hr)
유동상로(7～15 × 10^4 kcal/m^3 · hr)

(4) 로 본체의 형식

폐기물의 이송방향과 연소가스의 흐름방향에 따라 폐기물의 건조 및 연소상황에 차이가 발생하게 되는데, 로 본체의 형식에는 역류식, 병류식, 교류식, 복류식 등이 있고 소각대상 폐기물의 성상 및 수분함유량에 따라 형식을 달리하게 된다.

① 역류식

폐기물의 이송방향과 연소가스 흐름방향이 반대로 되어 있는 형식으로서 연소가스에 의한 방사열이 폐기물에 유효하게 작용하므로 수분이 많고 저위발열량이 낮은 폐기물에 적합하나, 후연소 내의 온도저하 및 불완전 연소가 발생할 수 있다.

② 병류식

폐기물의 이송방향과 연소가스의 흐름방향이 같은 형식으로서 수분이 적고 저위발열량이 높은 폐기물에 적합하나, 건조대에서의 건조 효율이 저하될 수 있다.

③ 교류식

역류식과 병류식의 중간적인 형식으로 중간정도의 폐기물에 적합하다.

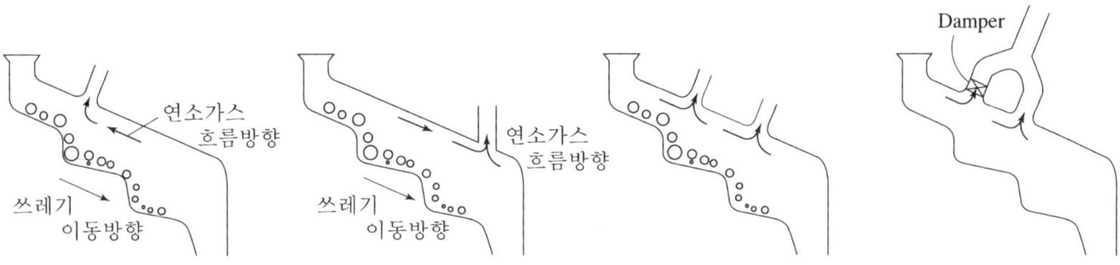

그림 6-3 연소실 내 가스와 폐기물 흐름에 따른 소각로 형식 구분

④ **복류식**

2개의 출구를 가지고 있고 댐퍼의 개폐로 역류식, 병류식, 교류식으로 조절할 수 있어 폐기물의 질이나 저위발열량의 변동이 심할 경우에 사용한다.

예제 32

가로 1.2 m, 세로 2.0 m, 높이 11.5 m의 연소실에서 저위발열량 10,000 [kcal/kg]의 중유를 1시간에 100 kg 연소한다. 연소실 열발생률은 얼마인가?

연소실의 부피 $1.2 \times 2.0 \times 11.5 = 27.6\,[\mathrm{m^3}]$

매시 열발생량 $10{,}000 \times 100 = 10^6\,[\mathrm{kcal}]$

연소실 열발생률 $\dfrac{10^6}{27.6} = 3.6 \times 10^4\,[\mathrm{kcal/m^3h}]$

예제 33

중유 300 kg/h를 공기과잉계수 1.2로 연소시키는 연소실이 있다. 이 연소실의 공기의 온도를 220℃로 올리면 연소실 열발생률은 상온의 공기(20℃)의 경우보다도 몇 % 증가하겠는가? 단, 중유의 저위발열량은 10,000 kcal/kg, 이론공기량은 10 Sm^3/kg, 공기의 평균비열은 0.31 kcal/Sm^{3}이라 한다.
발열량 10,000 kcal/kg의 중유를 1시간에 100 kg 연소한다.
연소실 열발생률은 얼마인가?

이론공기량 $A_o = 10\,[\mathrm{Sm^3/kg}]$

공급공기량 $A = 1.2(10) = 12\,[\mathrm{Sm^3/kg}]$

중유 300kg당의 공급공기량 $300 \times 12 = 3600\,[\mathrm{Sm^3}]$

이것을 20℃ → 220℃로 올린 열량은 $3600(0.31)(220-20) = 223200 \fallingdotseq 2.23 \times 10^5\,[\mathrm{kcal}]$

연료의 발생열량 $300 \times 10{,}000 = 10^6\,[\mathrm{kcal}]$

따라서 입열의 증가율은 $\dfrac{2.23 \times 10^5}{3 \times 10^6} \times 100 = 7.43 \fallingdotseq 7.4\,[\%]$

결국 연소실 열발생률도 7.4 [%] 증가한다.

6.3.3 주입 공기량

연소실 내로는 필요한 산소공급과 혼합, 그리고 연소온도의 저하를 위해서 공기가 주입되는데 <그림 6-4>는 연소실로부터 배출가스의 온도유지에 따른 여분의 소요 공기량을 나타내고 있다. 연소실 출구온도는 폐기물의 수분함량이 높거나, 과잉공기량이 클수록 낮아지게 된다. 따라서 하수슬러지와 같이 저위발열량이 낮은 폐기물의 소각시에는 가급적 수분함량과 과잉공기량을 낮출 수 있는 방법이 적극적으로 강구되어야 한다.

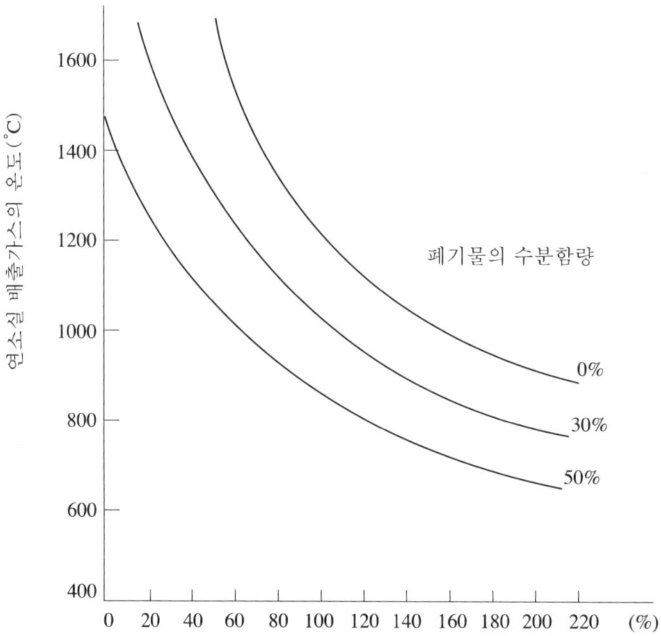

그림 6-4 폐기물의 수분함량과 과잉공기량에 따른 연소실 배출가스 온도변화

6.3.4 굴뚝

대기오염방지시설에서 처리된 연소가스는 백연현상을 방지하기 위한 연소가스 재가열기를 거친 후 유인송풍기에 의해 굴뚝으로 배출된다.

굴뚝의 높이는 대기확산 모델링을 통해 주변 지역의 확산농도가 최소화될 수 있는 적정 굴뚝 높이로 결정한다.

소각로 굴뚝의 높이는 50～150 m로 높아서 외부에서 쉽게 소각로의 존재를 확인할 수 있

(a) 구리타워　　(b) 구리시 자원회수시설　　(c) 일본 오사카 마이시마 소각장

그림 6-5 주민친화적인 소각로 굴뚝의 예

는 Landmark의 역할을 하므로, 최근에는 소각로 굴뚝에 전망타워를 설치하거나 특이한 디자인으로 장식하여 주민친화적인 형태로 설계 시공하기도 한다(그림 6-5).

최근에는 굴뚝에 배출가스 감시설비(TMS)가 도입되어 굴뚝에서 배출되는 대기오염물질의 24시간 감시 체계가 갖추어져 있다.

6.3.5 소각재

소각재는 폐기물의 연소 후에 남는 잔재물인 바닥재(bottom ash)와 대기오염 장치에서 걸러진 비산먼지와 산성가스 중화시 사용된 알칼리제, 폐활성탄 등이 포함된 비산재(fly ash)로 구분된다. <표 6-11>에서 보는 바와 같이 카드뮴이나 아연과 같은 중금속의 끓는점은 소각로 운전온도보다 낮으므로 휘발하여 비산재에 농축되는 경향이 있으므로 통상 비산재는 유해폐기물로 간주된다.

연소 후에 생산되는 재의 양과 그 성질을 <표 6-12>와 <표 6-13>에 나타내었다. 재에는 약 5～15%의 미연소된 폐기물이 포함되어 있으며, 냉각 후의 폐수는 경도가 매우 높고 pH

가 낮은 부식성의 특징을 보여주고 있다. 이 폐수는 대체로 침전시킨 후에 다시 냉각수로 재사용되고 있다.

표 6-11 주요 금속과 중금속의 녹는점과 끓는점

종 류	녹는점(℃)	끓는점(℃)
수 은	−38.87	356.72
비 소	818 (36기압 하에서)	616 (승화)
카드뮴	321	765
아 연	419.5	908
납	327.4	1,740
구 리	1,083	2,595
크 롬	1,903	2,642
알루미늄	660	2,327
철	1,535 (순수 철), 1,000～1,300 (주철)	3,000

자료출처 ; The Merck Index, 13판(2001)

표 6-12 연소 후의 재의 성질

무게감량비		부피감소비(%)−젖은 상태기준	90～95
건조무게(%)	70	젖은 재의 밀도, kg/m^3	890
젖은무게(%)	55	재의 열량 J/g	2,328～4,656
		재 중의 연소 가능한 물질(%)	5～15 (건조무게비)

표 6-13 연소 후의 폐수의 성질

	냉각수	재가 포함된 물
pH	10.4～11.0	4.6～4.8
용해성 물질, mg/L	2,551～4,283	5,882～8,838
부유물질, mg/L	372～879	325～1,351
총고형물질(% VS)	27～36	24
경도($CaCO_3$), mg/L	739～904	2,632～3,437
SO_4^{-2}, mg/L	242～371	725～1,250
PO_4^{-3}, mg/L	23.3～33.8	13～51
Cl^-, mg/L	393～868	2,297～3,543
알칼리도($CaCO_3$), mg/L	465～671	1.33～23.3

6.3.6 강열감량 및 연소효율

(1) 강열감량

강열감량은 연소율 및 소각잔사의 무해화를 판단하는 척도로서 소각재 중에 존재하는 미연소 분량을 백분율로 표시한 것이다.

측정방법은

① 1회 1～2 kg의 소각잔사를 4～5회 채취하여 총 5～10 kg을 준비한다.
② 105 ± 5℃에서 항량이 될 때까지 건조 후 건조용기에서 방냉하여 평량한다.
③ 10 mm체를 이용하여 안 타는 물질을 제거 후 평량한다.

$$\text{안 타는 물질}(A\,,\ \%) = \frac{\text{안 타는 물질 중량}}{\text{건조 후 시료중량}} \times 100(\%)$$

④ 체를 통과한 시료만으로 원추사분법으로 축소하여 20～50 g을 취하고 평량한다.
⑤ 시료를 전기로에서 600 ± 25℃의 온도로 3시간 강열 후 건조용기에서 방냉 후 평량한다.

$$\text{안타는 물질 제거 후의 강열감량 } I' = \frac{\text{강열전 중량} - \text{강열 후 중량}}{\text{강열 전 중량}} \times 100(\%)$$

$$\text{강열감량 } I = I' \times \frac{100 - A}{100}$$

소각잔사 중의 미연분 중에는 부패성 유기물뿐만 아니라 비 부패성 탄소, 즉 고무, 플라스틱 등을 포함하고 있기 때문에 강열감량만을 가지고 위생상태를 판단하여서는 안 된다.

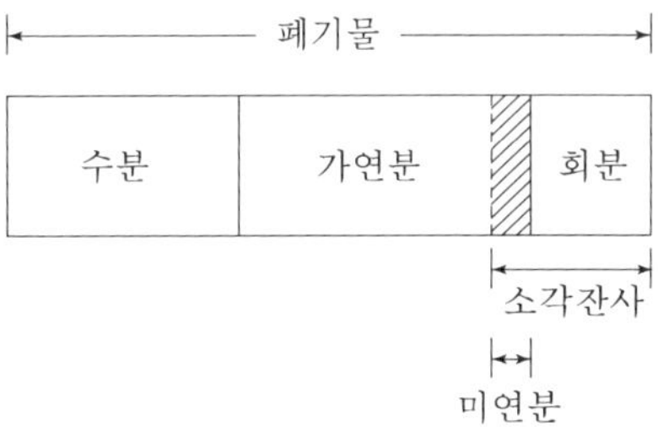

그림 6-6 3성분과 강열감량과의 관계

(2) 연소효율

가연성 물질을 연소할 때 완전연소량에 대한 실제 연소되는 양의 백분율을 연소효율이라고 하는데, 강열감량이 크면 연소효율이 낮다는 것을 의미하게 되며 다음 식으로 표현할 수 있다.

$$\text{연소효율 } \eta_o = \frac{H_l - (L_c + L_i)}{H_l} \times 100(\%)$$

여기서, H_i : 저위발열량

L_c : 미연소 손실

L_i : 불완전연소 손실

(3) 강열감량과 연소효율과의 관계

연소효율에 대응하는 미연분과 회잔사의 강열열량이 반드시 일치하지는 않는데, 이는 연소효율이 동일하더라도 폐기물에 함유된 타는 성분 함량이 크면 강열감량은 커지고 안타는 성분의 비율이 크면 강열감량은 작아지게 되기 때문이다.

$$\text{강열감량 } I(\%) = \frac{C\left(1 - \frac{\eta_o}{100}\right)}{A + C\left(1 - \frac{\eta_o}{100}\right)} \times 100$$

여기서, A : 회분(안타는 성분, %)

C : 타는 성분(%)

η_o : 연소효율(%)

6.3.7 폐기물 소각로의 부식

일반적으로 보일러에서는 배기가스 중에 SO_2가 존재하므로 노점이 상승하게 되는데 가스가 저온부인 관벽과 접촉하면 이슬이 맺히고, 수분에 부식성 가스가 용해되어 산을 형성함에 따라 철재류를 부식시키는 저온부식 현상이 일어난다.

폐기물 소각로의 경우 150～320℃에서는 부식이 잘 일어나지 않고, 노점인 150℃ 이하의 온도에서는 저온부식이 일어나고, 320℃ 이상에서는 소각재가 침착된 금속면에서 고온부식이 일어난다. 저온부식은 100～150℃ 사이에서 부식속도가 가장 빠르고, 고온부식은 600～700℃에서 부식이 가장 잘 일어나며, 700℃ 이상의 온도에서는 가스층에서의 부식속도와 같이 완만한 속도로 부식이 진행된다.

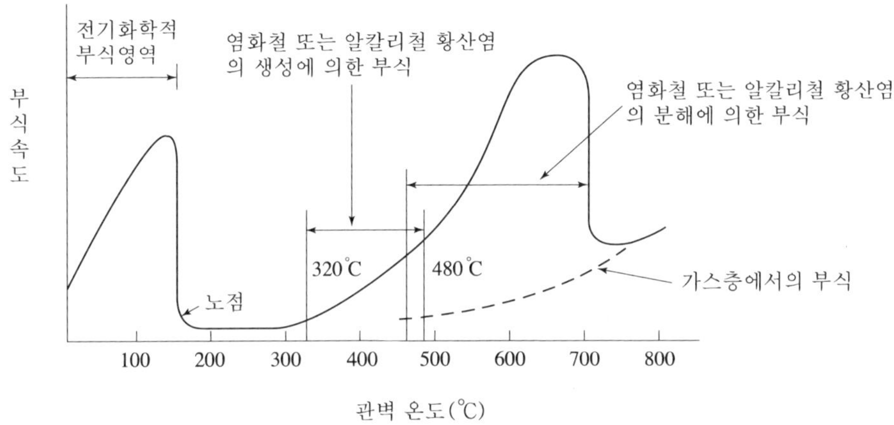

그림 6-7 폐기물 소각로에 있어서의 온도와 부식의 관계

저온부식은 결로로 생성된 수분에 산성가스 등 부식성 가스가 용해되어 이온으로 해리되면서 금속부와 전기화학적 반응에 의하여 금속염을 생성함에 따라 부식이 진행되며, 고온부식은 320℃ 이상에서 가스성분과 소각재 성분의 반응에 의하여 부식이 진행되는데 480℃까지는 염화철 또는 알칼리철 황산염 생성에 의한 부식이고, 700℃까지는 염화철 또는 알칼리철 황산염의 분해에 의한 부식으로서 650℃에서 피크를 이루며, 700℃ 이상에서는 퇴적물이 완전히 분해되어 기상에 의한 부식속도와 같은 속도로 된다.

화격자에서 고온부식은 국부적으로 연소가 심한 장소에서 화격자의 온도가 상승함에 따라 발생하는데 방식대책으로는 ① 화격자의 냉각률을 올린다. ② 공기주입량을 늘려 화격자를 냉각시키거나 ③ 부식되는 부분에 고온공기를 주입하지 않거나 ④ 화격자의 재질을 고크롬, 저니켈강으로 한다. 저온부식은 대체로 배기가스 세정장치, 온수열교환기, 가스 덕트, 굴뚝 등에서 발생하는데 부식방지를 위하여 내부식성 재질 사용, 연소가스와의 접촉 방지(온수 열교환기의 경우 예열공기 이용), 가스의 재가열로 가스온도를 노점 이상으로 상승시킨다.

6.4 소각로의 종류

6.4.1 화격자 소각로

화격자 소각로(Grate 또는 Stoker)는 도시 생활폐기물의 소각시 가장 보편적으로 사용하는 소각로 형식으로 소각로 내에 고정화격자와 가동화격자를 설치하여 이 위에 소각물을 올려서 태우는 방식이다. 연소공기의 유동은 화격자의 아래쪽에서 위쪽으로 통과시키고 화격자 위에 있는 소각물의 연소를 촉진시킨다. 이것이 상향식 연소인데 휘발성분이 많고 열분해하기 쉬운 물질을 태울 경우에는 공기를 위쪽에서 아래쪽으로 통과시키는 하향식 연소방식을 쓴다. 즉, 발연성이 큰 것을 상향 연소시키면 불완전 연소로 연소가스 발생량이 많고 비교적 저온부근을 통과해서 연소실로 나오기 때문에 검댕이 많이 발생한다. 그렇기 때문에 하향식 연소를 하여 연소속도를 억제하는 것이다. 하향식 연소는 상향식 연소에 비해 소각물의 양은 절반 정도로 감소된다.

화격자(grate 또는 stoker)는 주입된 폐기물을 운반시켜 적절히 연소되게 하는 역할을 하며, 또한 화격자 사이로 공기가 유통되도록 하는 기능을 가지고 있다. 과거의 화격자는 정지 상태에서 인위적으로 움직이게 하였으나 현대의 화격자는 자동적으로 연속 운전되고 있다. 화격자는 기능적으로 볼 때 건조용, 점화용, 연소용 등으로 분류하나 일반적인 종류를 보면 이동식(traveling grate), 복동식(reciprocating grate), 흔들이식(rocking grate) 등이 있다(그림 6-9).

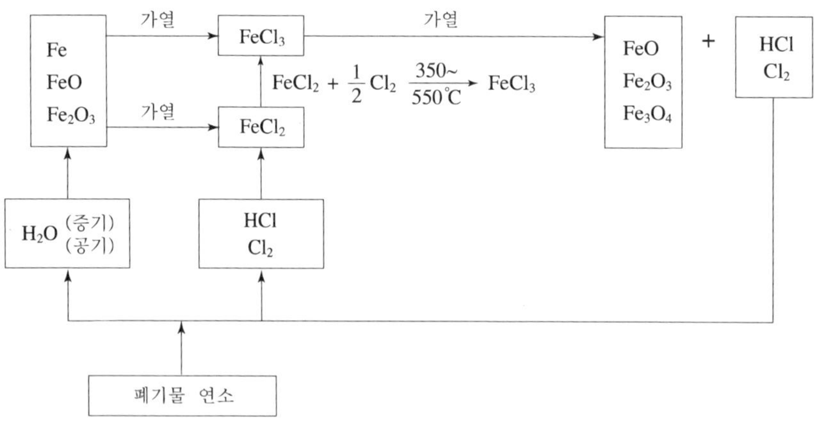

그림 6-8 폐기물 소각로에 있어서의 고온부식 메커니즘

화격자의 소요 넓이는 폐기물 부하량이나 폐기물의 발열량으로부터 구하여지는데 부하량인 경우에는 240～340 kg/m^2/hr, 발열량인 경우에는 2.8～3.4 × 10^6 kJ/m^2/hr로 설계된다.

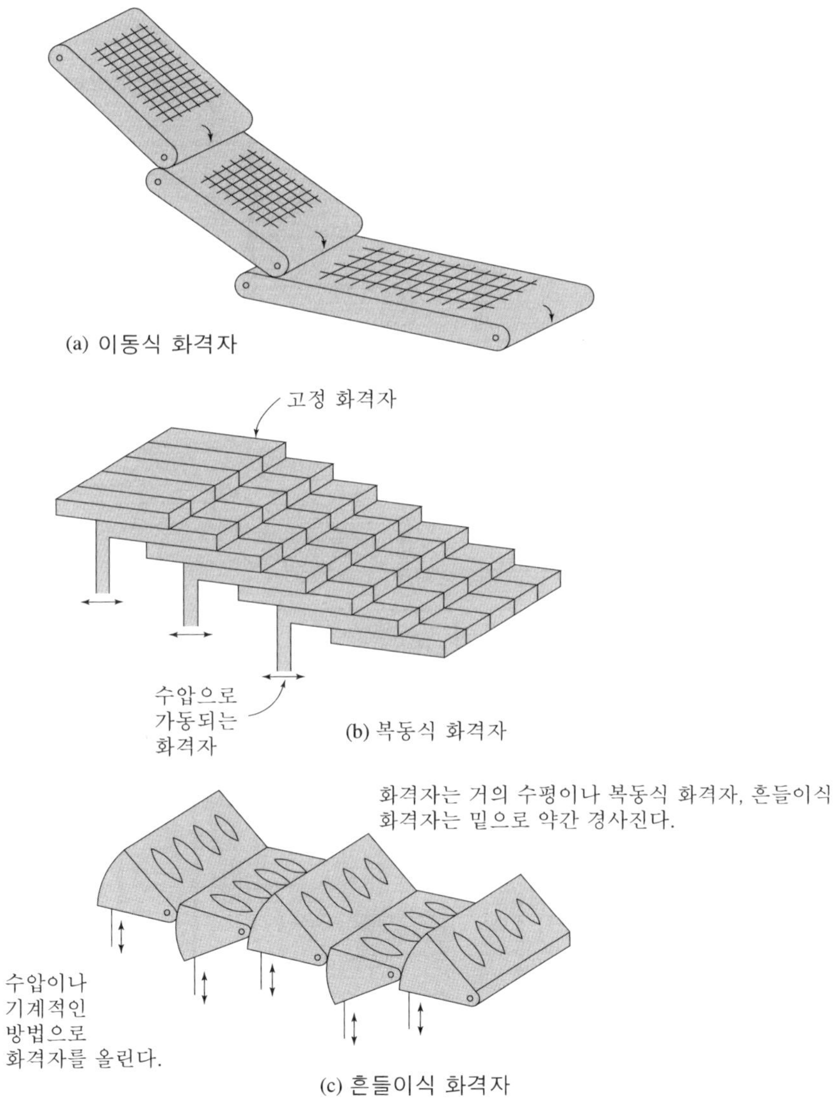

그림 6-9 Grate의 종류

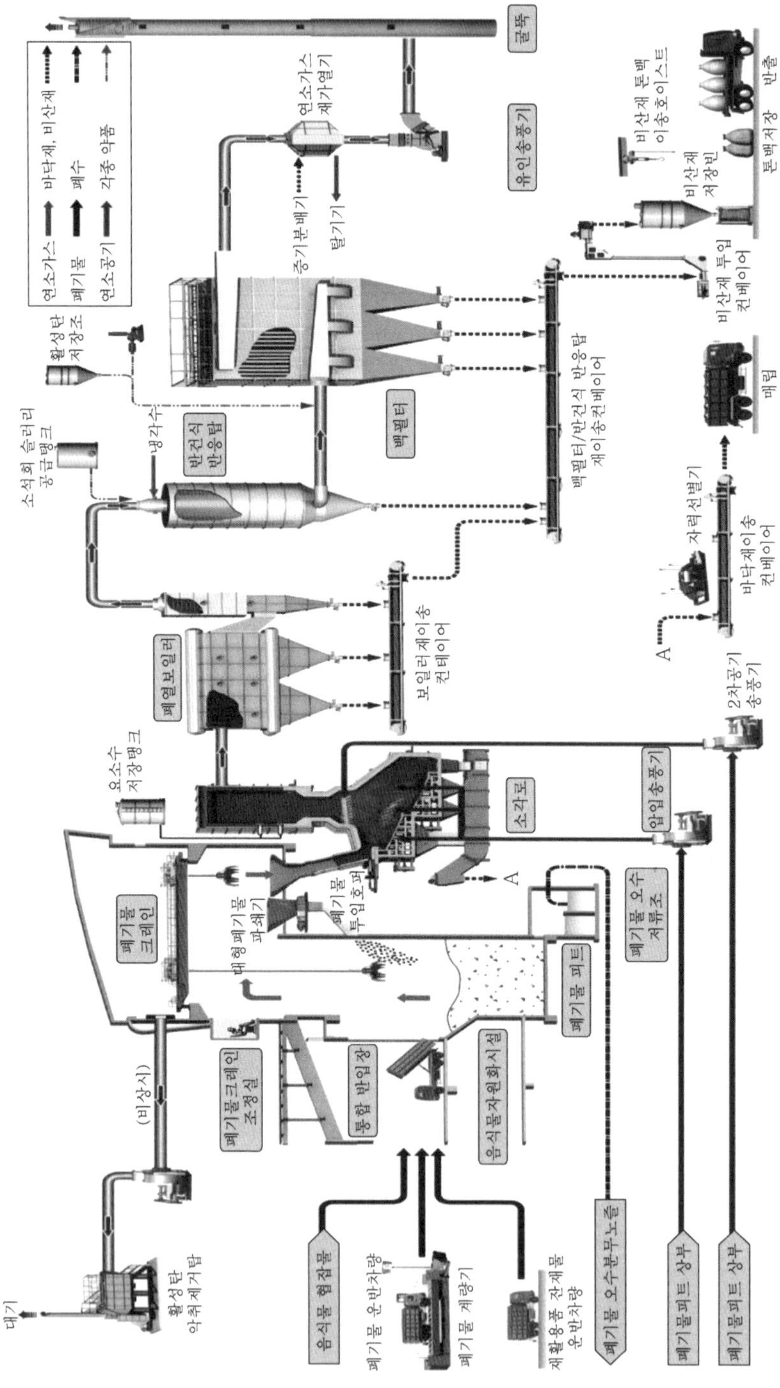

그림 6-10 스토커식 소각로 공정도의 예

화격자 연소기의 장점은 다음과 같다.

① 연속적인 소각과 배출이 가능하다.
② 경사 Stoker 방식의 경우, 수분이 많은 것이나 발열량이 낮은 것도 어느 정도 소각이 가능하다.

화격자 연소기의 단점은 다음과 같다.

① 수분이 많은 것이나 플라스틱과 같이 열에 쉽게 용해되는 물질은 화격자가 막힐 염려가 있다.
② 체류시간이 길고 교반력이 약하여 국부가열이 발생할 염려가 있다.
③ 고온 중에서 기계적으로 구동하기 때문에 금속부의 마모손실이 심하다.

6.4.2 고정상 소각로

고정상 소각로(Fixed Bed Incinerator)는 화상위에서 소각물을 태우는 방식으로서 화격자로서는 적재가 불가능한 슬러지, 입자상 물질, 열을 받아 용융해서 착화연소하는 물질의 연소에 적당하다. 구조에 따라 경사식, 수평식, 원호곡면식으로 구분되며 경사식은 소각물의 건조와 연소에 있어서 기계적인 가동부분이 없고 건설비가 싸지만 소각물의 성상이 일정하고 접착성이 없어야 한다. 수평식은 회분이 적은 고분자계 폐기물의 소각에 알맞고 소각로 밖에 설치된 공기송풍기에 의해 연소공기를 균등하게 분산해서 강제 주입한다.

고정상 연소기의 장점은 다음과 같다.

① 플라스틱과 같이 열에 열화, 용해되는 것을 잘 소각시킬 수 있다.
② 화격자에 적재가 불가능한 폐기물(슬러지, 입자상 물질)을 소각할 수 있다.

고정상 연소기의 단점은 다음과 같다.

① 체류시간이 길고 교반력이 약하며 국부가열이 발생할 염려가 있다.
② 연소효율이 나쁘고 잔사의 용량이 많아진다.

6.4.3 회전로

회전로(Rotary Kiln)는 주로 유해폐기물의 소각처리시에 많이 사용되는 소각로이다. 회전하는 원통형 소각로로서 경사진 구조로 되어 있다(그림 6-11). 길이와 직경의 비는 2～10이고, 회전속도는 0.3～1.5 rpm, 주변속도는 5～25 mm/sec 정도이다. 처리율은 보통 45 kg/hr ～ 2 ton/hr로 설계되며, 연소온도는 800～1600℃이다.

회전로의 장점은 다음과 같다.

① 넓은 범위의 액상, 고상 폐기물을 소각할 수 있다.
② 액상이나 고상 폐기물을 따로따로 수용하거나 섞어서 수용할 수 있다.
③ 용융상태의 물질에 의하여 방해받지 않는다.
④ 드럼이나 대형 용기를 그대로 집어넣을 수 있다.
⑤ 공급장치의 대형 용기를 그대로 집어넣을 수 있다.

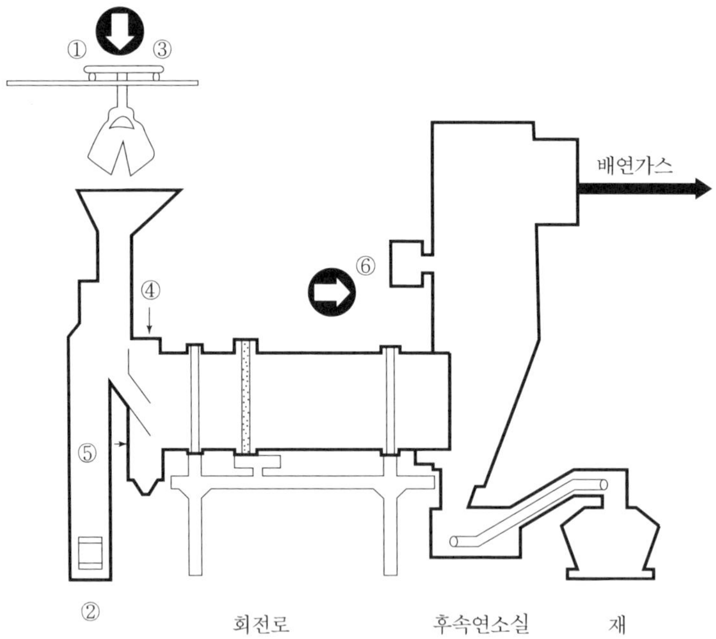

① 고형폐기물 ② 배럴식 충진(Barrel Charging)
③ 슬러지 ④ 생산공정과 탱크로부터의 배기가스
⑤ 연료용 오일

그림 6-11 회전로의 모식도

⑥ 고형 폐기물에 높은 난류도와 공기에 대한 접촉을 크게 할 수 있다.
⑦ 폐기물의 소각에 방해됨이 없이 연속적인 재배출이 가능하다.
⑧ 습식가스 세정시스템과 함께 사용할 수 있다.
⑨ 대체로 예열, 혼합, 파쇄 등 전처리 없이 주입 가능하다.
⑩ 로의 회전속도를 조절함으로써 폐기물의 체류시간을 조절할 수 있다.
⑪ 1400℃ 이상에서 가동할 수 있어서 독성물질의 파괴에 좋다.

회전로의 단점은 다음과 같다.

① 설치비가 높다. 이는 특히 처리량이 적을 때 현저하다.
② 대형폐기물로 인한 내화재의 파손 때문에 운용에 주의를 요한다.
③ 완전연소되기 전에 대기 중으로 부유성 물질이 배출될 수 있다.
④ 구형 및 원통형 물질은 완전연소가 끝나기 전에 굴러 떨어질 수 있다.
⑤ 로에서의 공기유출이 크므로 종종 대량의 과잉공기가 필요하다.
⑥ 대기오염 제어시스템에 분진부하율이 높다.
⑦ 비교적 열효율이 낮은 편이다.

6.4.4 유동층 소각로

유동층 소각로(Fluidized Bed Incinerator)는 주로 하수슬러지 등 유기성 슬러지의 소각시에 많이 사용되는 소각로 형식이다. 유동층 소각로는 밑에서 가스를 주입하여 불활성층(모래)을 띄운 후 이를 가열시키고 상부에서 폐기물을 주입하여 태우는 것이다(그림 6-12). 상의 온도는 760～870℃이고 불활성층이 미리 가열된 상태에서 태우기 때문에 폐기물은 순간적으로 연소하고 열효율이 좋다. 다만 폐기물을 주입하기 전에 파쇄하여야 한다. 따라서 생활폐기물 소각에 적용되는 사례는 많지 않다.

유동층 열용량은 1.42×10^5 kcal/m^3 정도로 보유열량이 높아 폐기물 연소에 있어 최적연소 조건을 형성한다. 유동층 내의 층은 항상 700～800℃에 해당되는 열을 보유하고 있으므로 층 물질은 다음과 같은 특성을 갖는 것이 좋다.

① 불활성일 것
② 열충격이 강하고 융점이 높을 것
③ 내마모성이 있을 것
④ 비중이 작을 것

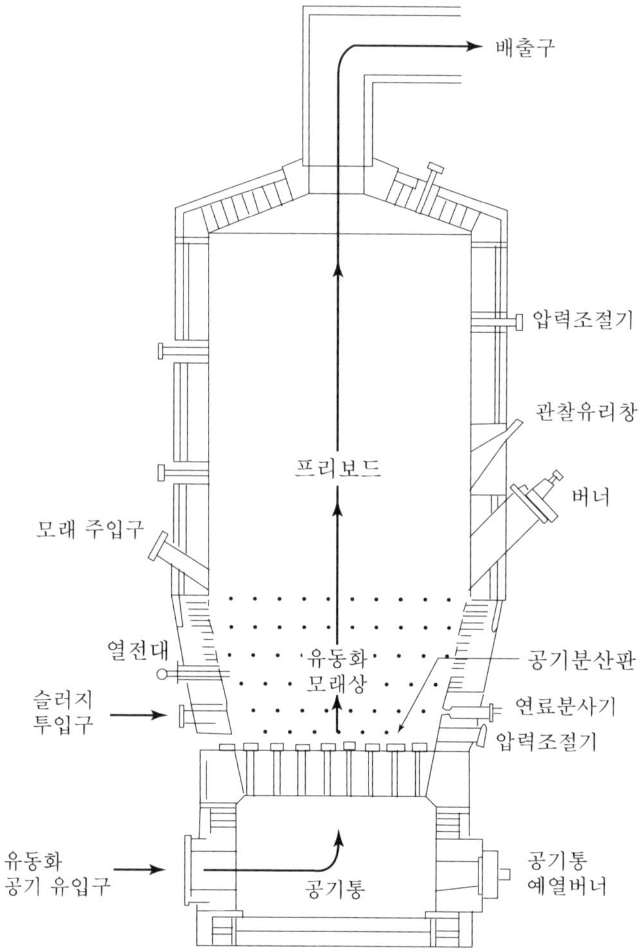

그림 6-12 유동층 소각로

⑤ 공급이 안정될 것
⑥ 쉽게 구입할 수 있고 가격이 저렴할 것
⑦ 입도 분포가 균일할 것

이러한 유동층 소각로는 일반적인 소각로로 소각이 어려운 난연성 폐기물 소각에 적합한 것으로서 특히 하수 슬러지 및 폐유, 폐윤활유 계통소각에 탁월한 성능을 가진다. 폐기물 소각에 있어 대상 폐기물을 살펴보면 플라스틱 제조, 화학공정, 석유정제공정, 의약 제조공정, 나일론 제조공정, 자동차 공업, 펄프제지공정 및 양모세척공정 폐기물로 광범위하게 적용할 수 있으며 특히, 유동층 소각로는 혼소가 가능하다는 장점이 있다.

유동층 소각로의 장점은 다음과 같다.

① 유동매체의 열용량이 커서 액상, 기상 및 고형폐기물의 전소 및 혼소가 가능하다.
② 반응시간이 빨라 소각시간이 짧다(로 부하율이 높다).
③ 연소효율이 높아 미연소분이 배출이 적고 2차 연소실이 불필요하다.
④ 가스의 온도가 낮고 과잉공기량이 낮다. 따라서 NO_x도 적게 배출된다.
⑤ 기계적 구동부분이 적어 고장율이 낮다.
⑥ 로내 온도의 자동제어로 열회수가 용이하다.
⑦ 유동매체의 축열량이 높은 관계로 단기간 정지 후 가동시 보조연료 사용없이 정상가동이 가능하다. 야간에 운전정지한 후 이튿날 가동해도 온도는 50℃밖에 내려가지 않는다.

유동층 소각로의 단점은 다음과 같다.

① 상(床)으로부터 찌꺼기의 분리가 어렵다.
② 투입이나 유동화를 위해 파쇄가 필요하다.
③ 유동상의 마련과 정비, 유동매체의 손실로 인한 보충이 필요하다.
④ 상재료의 용융을 막기 위해 연소온도는 816℃를 초과할 수 없다.
⑤ 운전비, 특히 동력비가 높다.

6.4.5 다단로

다단로(Multiple Hearth)는 과거 미국에서 하수슬러지의 소각시 많이 사용하던 소각방식이나 현재는 신규로 설치하는 사례는 거의 없는 소각방식이다.

다단로는 내화물을 입힌 가열판, 중앙의 회전축, 일련의 평판상(床)을 구성하는 교반팔(rabble arms)로 구성되어 있다. 이밖에 공기 송풍기, 연료버너, 소각재 배출설비, 폐기물 공급설비가 부착되어 있다(그림 6-13). 이 장치는 1934년에 하수 슬러지를 소각하기 위하여 설계되었으나 하수 슬러지는 물론 하수, 타르와 같은 고상, 액상, 기상, 가연성 폐기물의 연소에 사용할 수 있다. 슬러지나 입상 고형폐기물이 나선형 공급장치나 벨트식 문, 날개식 문(flapgate)으로 공급된다. 회전축은 폐기물을 상부 상(床)에서 하부로 이동케 하여 최종적으로 재가 배출될 때까지 다음 상으로 연속적으로 이동한다.

액상이나 기상의 가연성 폐기물은 보조버너 노즐에 의해 시스템내로 주입된다. 액상 및 기상 폐기물의 이용은 보조연료의 양을 감소시켜 운전비용을 절감할 수 있다는 경제적 이점이 있다. 다단로는 3개의 가동영역을 가지고 있다.

① 건조영역 : 이것은 상부 상(床)영역으로 폐기물의 수분함량이 약 48%까지 건조된다.
② 연소, 탈취영역 : 온도가 750～1000℃ 범위의 영역이며 연소와 탈취가 일어난다.
③ 냉각영역 : 여기에서는 뜨거운 재가 유입공기에 의해 냉각된다. 배출가스는 250～600℃이며 소각재는 거의 불활성이다.

슬러지 케이크의 경우 주입된 양의 10%가 재로 배출되며 재는 1% 미만의 휘발성 연소성분을 가지고 있다.

다단로의 장점은 다음과 같다.

① 체류시간이 길어서 특히 휘발성이 적은 폐기물의 연소에 유리하다.
② 다량의 수분이 증발되므로 수분함량이 높은 폐기물도 연소가 가능하다.
③ 물리 · 화학적 성분이 다른 각종 폐기물을 처리할 수 있다.
④ 천연가스, 변형가스, 프로판, 부탄, 오일, 석탄가루, 폐유, 용매 등 다양한 연료를 사용할 수 있다.
⑤ 많은 연소영역이 있으므로 연소효율을 높일 수 있다.

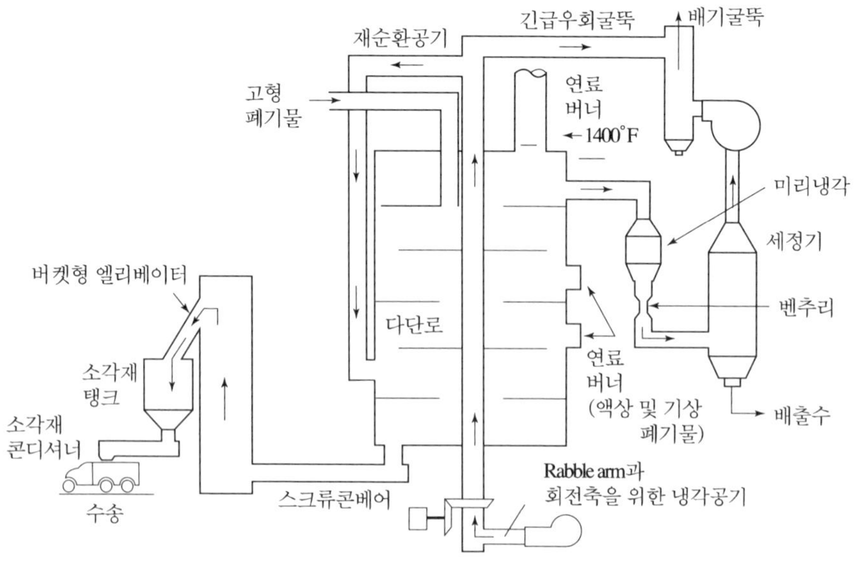

그림 6-13 다단로의 모식도

다단로의 단점은 다음과 같다.

① 체류시간이 길기 때문에 온도반응이 더디다.
② 늦은 온도반응 때문에 보조연료사용을 조절하기가 어렵다.
③ 움직이는 부분(교반팔, 중심축)이 있으므로 유지비가 높다.
④ 빈번한 유입방해와 과도한 수분함량에 의하여 열적충격이 쉽게 발생하고 내화물이나 상에 손상을 초래한다.
⑤ 유해폐기물의 완전분해를 위해서는 2차 연소실이 필요하다.
⑥ 용융성 재를 포함한 폐기물이나 높은 분해온도를 가진 것, 불규칙적인 대형 폐기물의 처리에는 부적합하다.
⑦ 분진발생율이 높다.

6.4.6 액체 주입형 소각로

액체 주입형 소각로(liquid injection incinerator)는 액상 폐기물의 연소에 많이 이용된다. 이 소각로의 핵심은 미세분사장치인 노즐버너이다. 액체 주입형 소각로의 가장 일반적인 형식은 <그림 6-14>와 같은 수평점화식이다. 이밖에도 상방점화 및 하방점화 방식이 있다. 회전로와 그 원리는 유사하나 액체 주입형 소각로에는 소각재의 배출설비가 없으므로 회분함량이 낮은 액상폐기물에만 사용이 가능하다. 또한 하방점화방식의 경우에는 염이나 입상물질을 포함한 폐기물의 소각도 가능하다. 이 염은 연소실 바닥에 용융상태로 모아 소각로 밖에서 급랭시킨다.

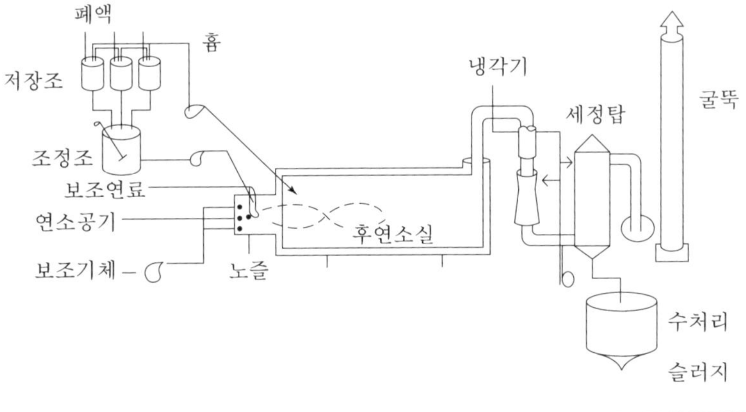

그림 6-14 수평점화식 액체 주입형 소각로

액체주입형 연소기의 장점은 다음과 같다.

① 광범위한 종류의 액상폐기물을 연소할 수 있다.
② 소각재 처리설비가 필요 없다.
③ 구동장치가 없어서 고장이 적다.
④ 운영비가 적게 든다.
⑤ 기술개발이 잘 되어 있다.

액체 주입형 소각로의 단점은 다음과 같다.

① 버너 노즐을 통해 액체를 미립화하여야 한다.
② 완전히 연소시켜 주어야 하며 내화물의 파손을 막아주어야 한다.
③ 고형분의 농도가 높으면 버너가 막히기 쉽다.
④ 대량 처리가 불가능하다.

6.4.7 열분해 응용 시스템

(1) 열분해

① 열분해의 원리와 열분해에 의한 연료의 성상

폐기물에 산소가 없는 상태에서 외부로부터 열을 공급하면 분해와 응축반응을 거쳐 가스, 액체 및 고체 상태의 연료가 생산되는데, 이를 열분해(pyrolysis)라고 부른다. <표 6-14>는 열분해를 통하여 생성되는 물질의 종류를 나타내고 있으며, <표 6-15>는 미국 폐기물 1톤을 870℃에서 열분해 시킬 때에 생산되는 물질의 양을 나타내고 있다. 즉, 가스가 510 m^3, 액체가 430 L로 가장 많다. <표 6-15>의 열분해에 의한 가스 내에는 H_2, CO, CH_4 등이 포함되어 있어 6,390～10,230 J/g의 열량, 고형물인 Char는 12,800～21,700 J/g의 열량을 가지고 있는 반면에 열분해를 통하여 이를 생산하기 위

표 6-14 열분해에 의해 생성되는 물질의 종류

성 상	생성 물질
기 체	H_2, CH_4, CO, CO_2, NH_3, H_2S, HCN
액 체	초산, 아세톤, 메탄올, 오일, 타르, 방향성 물질
고 체	Char (순수한 탄소), 불활성 물질

표 6-15 열분해에 의한 연료생산량

연료	생산량
가스(H_2, CO, CH_4)	510 m^3
액체($C_4H_9O_3$)	430 L
Tar	1.9 L
$(NH_4)_2SO_4$	11 kg
고형물(Char)	70 kg

(1) 가스화(1,100～1,500℃)

$$6C_6H_{10}O_5 \rightarrow \frac{\text{가스}}{11CO+10CO_2+6H_2+CH_4+H_2O} + \frac{\text{물}}{H_2O} + \frac{\text{Oil/Tar,Char}}{\frac{1}{2}C_4H_9O_3}$$

(2) Pyrolysis (500～900℃)

$$6C_6H_{10}O_5 \rightarrow 7CO+5CO_2+3H_2+CH_4+6H_2O+3C_4H_9O_3+8C$$

그림 6-15 열분해시 운전온도에 따른 생성물질의 구성비

해서 소요되는 에너지는 2,560 J/g이므로 외부로부터 에너지의 주입 없이 열분해를 통하여 폐기물로부터 에너지를 생산할 수 있다는 결론이 성립된다.

열분해 방법에는 저온과 고온법이 있는데 저온에서는 Tar, Char 및 액체상태의 연료가 보다 많이 생성되며, 고온에서는 가스상태의 연료가 많이 생성된다. 따라서 저온법을 열분해(Pyrolysis)라고 부르고 고온법을 가스화라고 부르기도 하나, 저온이나 고온 모두를 열분해법이라고 총칭하는 것이 상례이다. 여기서 저온이라 함은 500～900℃를 말하며, 고온은 1,100～1,500℃를 말한다. 만약 온도를 1,700℃까지 증가시켜 고온의 열분해 장치를 운전시키면 생산되는 모든 재는 Slag로 배출된다. 참고적으로 <그림 6-15>는 열분해의 온도에 따른 생성물질의 화학적인 조성을 나타내고 있다.

② 운전요소

열분해를 통한 연료의 성질을 결정짓는 요소로는 운전온도, 가열속도(rate of heating : 어느 온도까지 올리는 데 걸리는 소요시간)와 폐기물의 성질 등으로 알려지고 있다. <표 6-16>은 열분해 온도에 따르는 가스의 구성비를 보여주고 있는데, 온도가 증가할수록 수소함량은 증가되며 CO_2함량은 감소되고 있다. 또한 <그림 6-16>에서 보는 바와 같이 분해온도가 증가되면 가스구성비가 증대되며 산과 tar, char의 양은 감소된다.

한편 가열속도에 따른 가스 구성비를 신문용지를 열분해하는 경우로 예를 들어보면, 가열속도가 낮은 경우와 높은 경우 모두 가스 생산량이 많으나 가열 속도가 큰 경우에는 수분함량과 용액상태의 유기물질량이 감소되고 있다. 일반적으로 도시폐기물로부터는 가스, 액체, Tar와 같은 연료가 생산 가능하며 고체물질은 생산되지 않는 것으로 알려지고 있다. 또한 폐기물의 입자크기가 작을수록 쉽게 열분해된다.

표 6-16 열분해 온도에 따른 가스의 구성비(%)

Gas종류	열 분 해 온 도			
	480℃	650℃	815℃	925℃
수소	5.56	16.58	28.55	32.48
CH_4	12.43	15.91	13.73	10.45
CO	33.50	30.49	34.12	35.25
CO_2	44.77	31.78	20.59	18.31
C_2H_4	0.45	2.18	2.24	2.43
C_2H_6	3.03	3.06	0.77	1.07

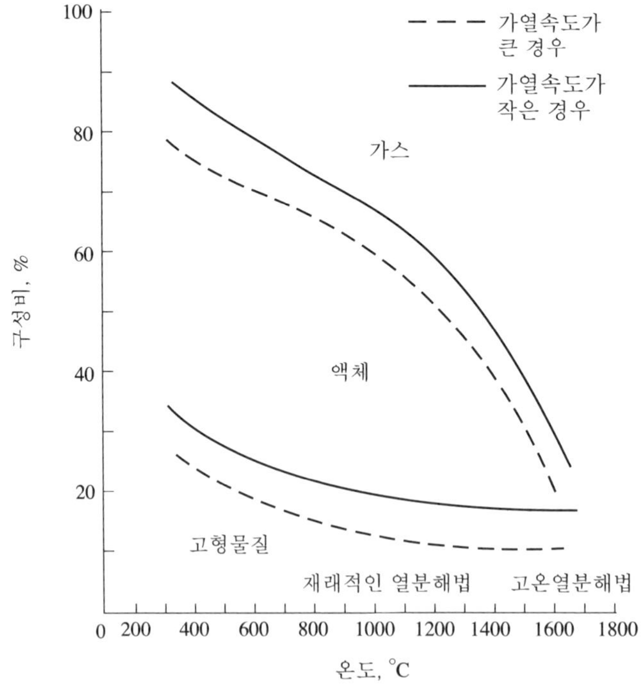

그림 6-16 열분해온도에 따른 생성물질의 화학적인 조성

열분해 과정에 영향을 주는 다른 요소로는 수분을 들 수 있는데 수분함량이 많을수록 운전온도까지 온도를 올리는데 시간이 많이 소요되며, 예열을 통하여 폐기물을 건조시키는 경우에는 소요비용이 증대된다.

열분해 과정에서 gas의 생산을 증대시키고 char의 형성을 감소시키기 위해 스팀을 주입시키는 경우가 있는데 운전온도가 높을수록 더 많은 스팀이 소요된다. 또한 열분해 과정에서 공기나 산소를 공급할 수 있는데 산소를 공급하는 경우에 생성되는 연료의 열량이 보다 높은 것으로 알려지고 있다.

(2) 열분해 용융 기술의 개요

기존 스토커 방식의 소각은 부피의 감량화와 무게의 감량화를 어느 정도 꾀할 수는 있으나, 폐기물 소각시에 발생하는 중금속과 다이옥신 등 유해물질을 함유하는 소각재의 처리문제를 가지고 있다. 이에 따라 최근 열분해 용융방식에 의해 폐기물을 공기의 공급없이 혹은 이론공기량보다 낮은 저산소 상태에서 열을 가하여 500～600℃의 온도에서 열분해/가스화한 후 잔재물을 1,300～1,600℃의 고온에서 용융시켜 슬래그화하는 열분해 용융기술이 새롭게 주목받고 있다.

폐기물을 열분해 용융방식으로 처리하면 낮은 공기비에 의해 배가스 처리시설의 크기가 작아지고, 대부분의 소각재는 무해화한 슬래그 형태가 되어 재활용이 가능하며, 소각재 1/5～1/6의 감용화가 가능하여 매립되는 소각재의 부피를 줄일 수 있는 장점이 있다. 또한 용융에 의해 매립시 중금속의 용출이 거의 되지 않는다.

열분해 용융 시스템을 구분하면 Rotary Kiln식, 유동상식, 샤프트로(shaft furnace)식, 스토커식 등이 있다.

각 방식의 기술 개요와 장·단점을 정리하면 <표 6-17>과 같다.

최근 국내에서도 열분해 용융시스템을 이용한 폐기물의 열적처리방법이 점차 적용되고 있으나, 기존 스토커 방식에 비하여 초기건설비가 높고 운전경험이 축적되지 않은 상태이다.

표 6-17 열분해 용융시스템의 기술개요

구분	기술의 개요	국내 적용예
Rotary kiln식	• 열분해로와 용융로가 분리되어 있음. • 폐기물을 150～200 mm 이하의 크기로 파쇄 후 스크류 피더에 의해 투입하여 열분해 드럼 내(450℃, 1시간, 1 rpm)에서 열분해 가스와 열분해 고형물로 열분해함. • 열분해 고형물에 포함되어 있는 알루미늄과 철은 별도로 분리회수되어 재활용되며, 열분해 가스와 잔사는 연소용융로에 투입되	• 양주권 광역 자원회수시설(100톤/일 × 2기)

	어 1,300℃의 고온에서 연소되며(저공기비 $m = 1.2$), 용융슬래그는 냉각 후 배출됨. • R/KILN 형식의 열분해로는 열분해가스의 발생이 안정적이며, 열분해 잔사가 저장조를 통하여 항상 균일하게 공급되기 때문에 안정된 연소가 이루어짐. • 외부 열원 없이 폐기물이 가진 자체 에너지로 폐기물을 용융시켜 슬래그로 배출가능(저공기비 연소, 고온공기가열기) • 철, 비철금속은 열분해드럼 내에서 저산소 상태로 450℃까지 가열되므로 각종 금속 성분은 산화되지 않고, 특히 알루미늄도 용융되지 않은 상태이며 고온에서 이물질이 제거된 상태로 고품질을 유지한 채 회수가능	
샤프트로식	• 열분해로와 용융로의 구분이 없는 일체형 • 생활폐기물을 미니 고로형식의 로내에 투입하여 예열 → 건조 → 열분해 → 연소 과정을 거쳐 용융(1,700～1,800℃)한 후 용융물을 수쇄하여 슬래그를 생산	• 양산자원회수시설 (100톤/일 × 2기)
샤프트로식	• 코크스는 하단의 측면에서 공급되는 산소가 풍부한 공기에 의하여 고온 연소되어 고열을 발생하고, 이 열에 의하여 회분과 불연물이 완전히 용융됨. • 슬래그 배출은 간헐적으로 이루어짐(1시간에 1회 출탕) • 코크스(고온환원분위기 제공, 전체투입량의 1～1.8% 체적비)와 석회석(염기도 조정하여 유동성 향상, 폐기물 투입량의 2% 이하), 순산소를 사용하여 운전비가 높음. • 기계적 구동부가 없어 유지관리 용이	• 고양시 환경에너지 시설 (150톤/일 × 2기)
유동상식	• 종래 유동상 및 선회용융기술을 조합한 것으로 로내 구동부분이 없어 운전조작이 용이하고 고장이 적은 시스템 • 유동상소각로에서 550～630℃로 폐기물을 가스화 후 선회식용융로에서 1300℃ 이상으로 고온 용융시켜 슬래그화 • 전처리 설비(파쇄기 혹은 무파쇄식 폐기물 정량공급기) 필요함. • 가스화로에 투입된 폐기물중의 불연물은 로하부의 불연물 배출구에서 슈트로 낙하하고, 불연물 분급기, 자력선별기, 알루미늄 선별기에서 선별 후 불연물은 분쇄하여 용융로에서 용융처리 • 유가금속(철, 알루미늄)을 산화되지 않은 상태에서 개별적 회수 • 기계적 구동부가 없음.	• 화성그린환경센터 (150톤/일 × 2기) • 달성2차산업단지 폐기물 처리시설 (70톤/일) • 은평뉴타운 환경플랜트(48톤/일) • 성남판교 크린타워 (45톤/일 × 2기)
Pusher식 (Thermoselect 방식)	• 열분해로와 용융로가 연결됨. • 압축 → 탈가스화 → 고온가스화 → 용융의 4단계로 구성되며, 폐기물을 고압으로 압축한 후(1,200 kg/m^3 이상) 탈가스화 통로에 압입, 600℃로 간접가열하여(1.5～2시간) 건류가스를 생성시키고 열분해 후 합성가스를 만든다. 이 가스는 발전용 열원 또는 자체 에너지로 재사용한다. 이 과정에서 생성된 탄화물과 잔류무기물들은 가스화 용융로에서 1,600℃ 이상으로 용융처리한 후(5분 이상, 순산소 사용) 균질화로(5분 이상 체류)를 거쳐 슬래그를 생산 • 순산소 생산설비에 따른 투자비 증가	

스토커식	• 기존의 스토커식 소각로에 재용융시설을 추가로 설치한 방식	• 마포자원회수시설(25톤/일)
	• 화격자식 열분해/연소로와 용탕식 용융로(1,300℃ 이상) • 용융로에서 생성된 용융가스를 열분해 열원으로 사용 • 산화전 철/비철금속 회수	• 양양 생활폐기물 소각시설(30톤/일)

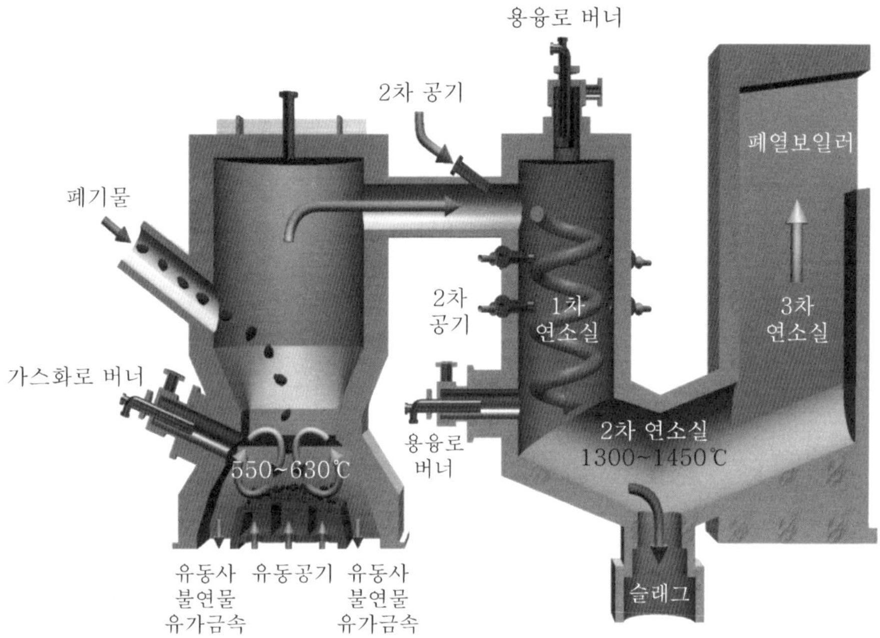

그림 6-17 유동상 가스화 용융시스템의 구조

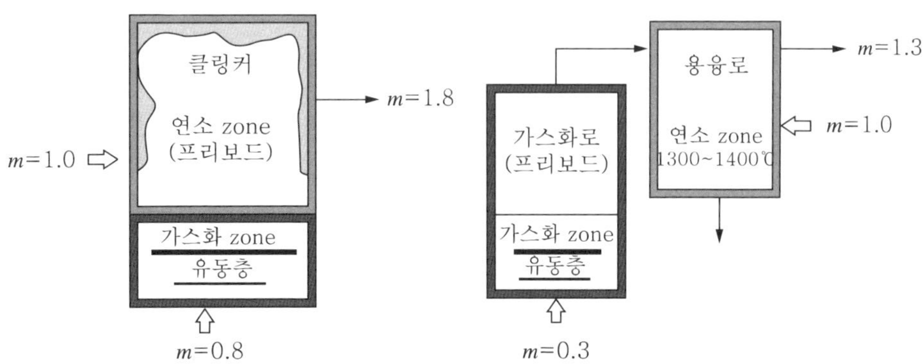

그림 6-18 유동상 방식에 있어서 종래 소각로와 가스화 용융로의 구조 및 공기비 차이

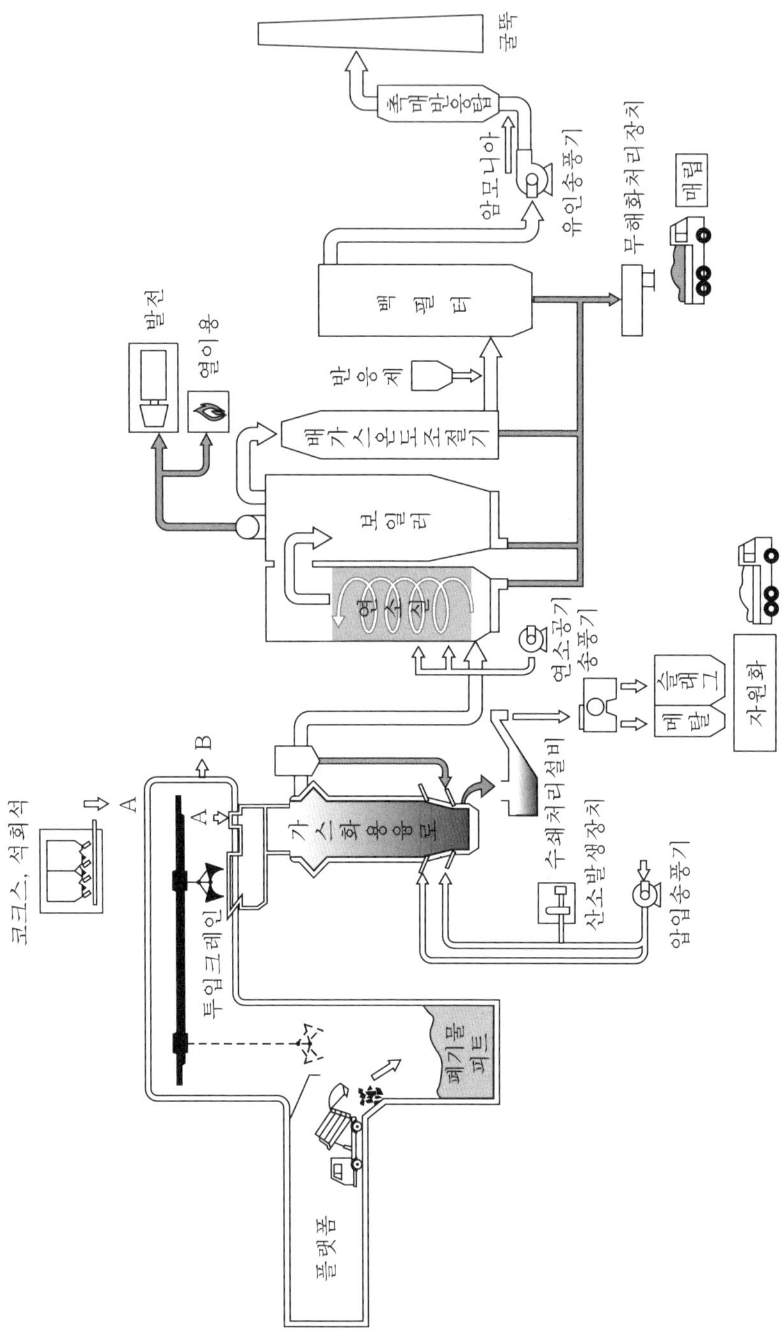

그림 6-19 샤프트로식 가스화 용융시스템 공정흐름도

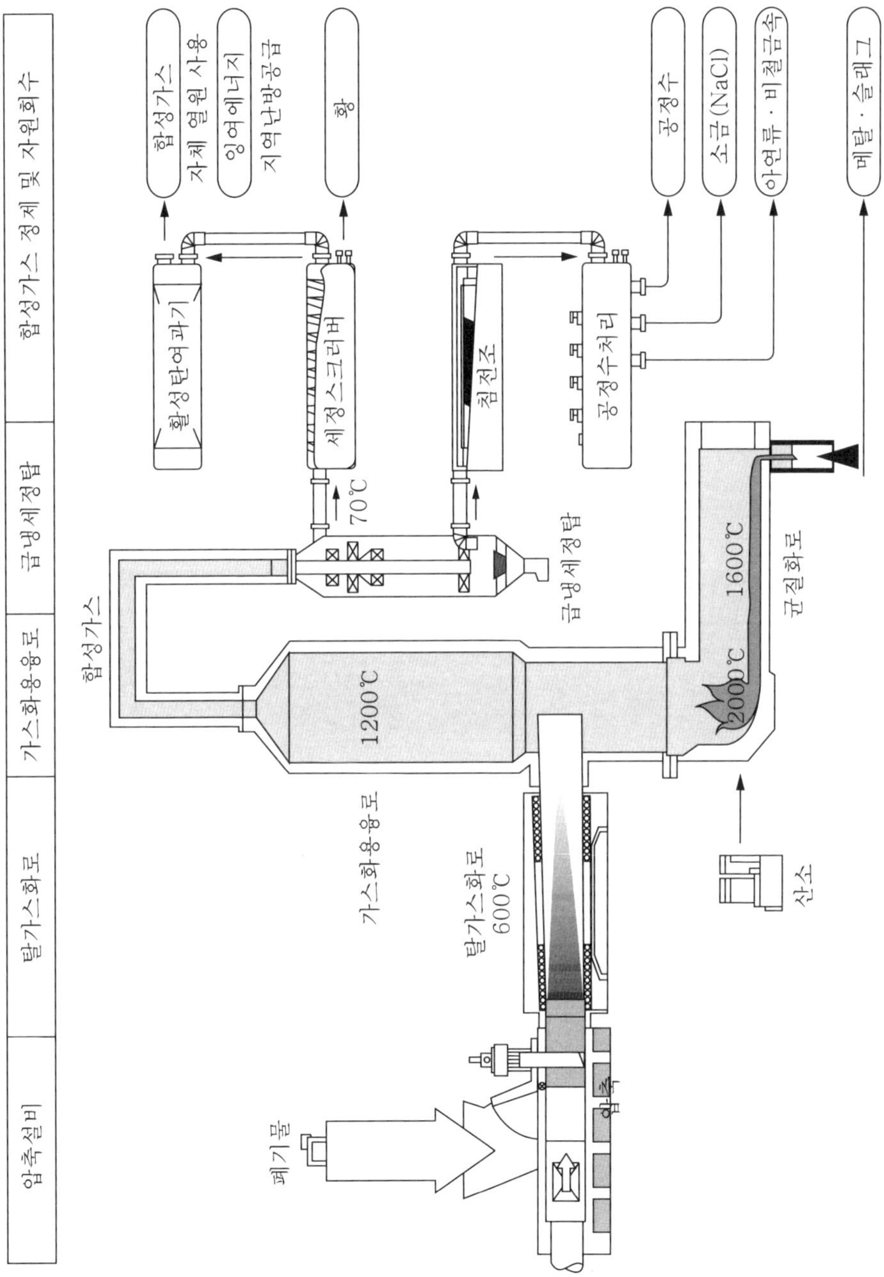

그림 6-20 Thermoselect 방식 가스화 용융시스템 공정흐름도

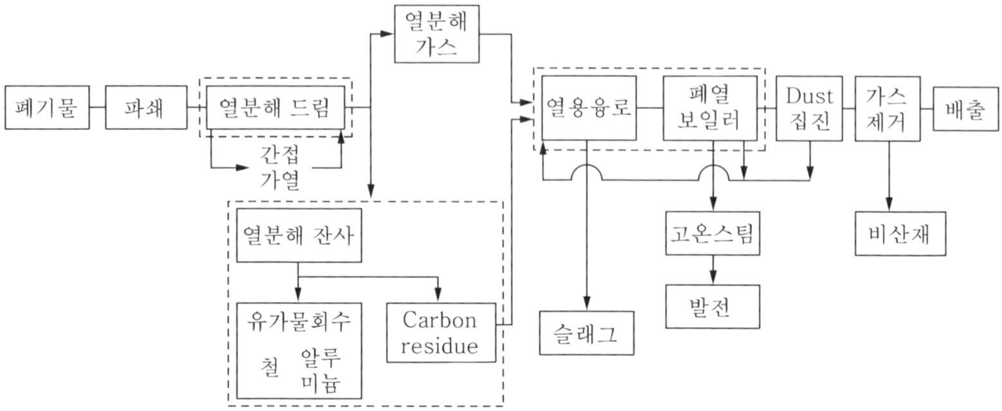

그림 6-21 Rotary Kiln식 열분해 용융 시스템의 계통도

그림 6-22 마포자원회수시설 전경

6.5 폐열회수 및 이용설비

폐기물을 소각할 경우에는 이들의 발열량에 해당하는 양의 열량이 발생하므로 배기가스의 온도가 올라가게 되어 이를 냉각시켜 배출하여야 한다. 그 이유는 배기가스 처리설비의

장치를 보호하고 외부로의 열오염(thermal pollution)을 줄이기 위함이다. 보통 배기가스의 온도를 250～300℃로 정하고 있다. 하한온도는 배출가스에 의한 저온 부식이 발생하지 않는 온도이며 상한온도는 분진의 부착에 의한 고온부식을 억제할 수 있는 온도이다.

이 냉각설비에는 ① 폐열 보일러식, ② 물 분사식, ③ 공기 혼입식, ④ 간접공냉식이 있으나 폐열 보일러식은 폐열을 회수하여 이를 이용할 수 있으므로 보다 바람직하다고 본다. 이외 폐열회수하는 장치로 각종 열교환기가 있고 발생한 증기를 이용하여 증기 터어빈을 돌려 발전도 할 수 있다.

6.5.1 보일러

보일러는 연료의 연소열을 압력용기 속의 물로 전달하여 소요압력의 증기를 발생시키는 장치이다. 보일러에서 발생한 증기는 저압 포화 증기로서 공장생산용 열원 및 난방용 등 광범위하게 사용되는 경우와 보일러에서 고압과열 증기로 만들어 증기터어빈으로 보내어 동력을 발생시킨 다음 그 배기를 생산용 열원으로 사용하는 경우가 있다.

보일러는 본 체의 구조형식, 물의 순환방식, 가열방식, 증발하는 유체나 연료의 종류 등에 따라 다음과 같이 분류한다.

(1) 보일러의 용량 및 효율

보일러의 용량 표시는 정격증발량으로 나타내는 경우와, 환산증발량으로 나타내는 경우가 있다. 정격증발량이란 보일러 연속운전이 가능한 한 최대부하상태에서 단위시간에 발생할 수 있는 증발량을 말하며 이 때 증기의 보유열량은 증기의 온도와 압력에 따라 달라지므로 증기압력, 온도 및 급수온도를 함께 나타낼 필요가 있다. 그래서 발생증기를 일정한 기준으로 환산하여 용량을 비교할 수 있는 표시법이 환산증발량 또는 상당증발량이다. 이것은 실제로 급수로부터 소정의 증기를 발생시키는 데 소요되는 매시 유효열량을 373.15°K의 포화수가 같은 온도의 건포화 증기로 상변화할 때의 증발열 2,257 kJ/kg으로 나눈 값이다. 따라서 환산증발량(W_e)은 (6.53)식과 같다.

$$W_e = \frac{W_1(h_2 - h_1)}{2,257} \ (\text{kg/h}) \tag{6.53}$$

여기서, h_1 , h_2 : 급수 및 발생증기의 비 엔탈피(kJ/kg)

W_1 : 실제 증발량(kg/h)

① 원통 보일러
- 직립형 보일러(횡관식, 다관식)
- 노통 보일러(코오시니, 랭커셔 보일러)
- 연관 보일러(횡연관, 기관차 보일러)
- 노통연관복합 보일러
- 자연순환 보일러(직관형, 곡관형, 방사형)

② 수관 보일러
- 강제순환 보일러
- 관류 보일러
- 간접가열 보일러
- 배열 보일러

③ 특수 보일러
- 특수연료 보일러
- 특수유체 보일러
- 기타 보일러(온수보일러, 전기보일러 등)

보일러 효율은 연료의 연소에 의한 화학에너지가 어느 정도 보일러에서 열에너지로 전달되었는가를 나타내는 것으로서 증기발생에 소요된 열량을 연료의 발열량으로 나누어 얻어진다. 보일러의 배출가스 온도 150～350℃에서 가스 중의 수분은 수증기 상태이기 때문에 이용가능한 연료의 발열량은 저위발열량이다.

따라서 보일러 효율(η)은 (6.54)식으로 표현된다.

$$\eta = \frac{\text{실제로 증기발생에 소요한 열량}}{\text{소비한 연료가 완전연소할 때의 발생열량}} = \frac{W_1(h_2 - h_1)}{G_f \times H_l} \qquad (6.54)$$

여기서, W_1 : 실제 증발량(kg/h)

h_1, h_2 : 보일러 급수 및 증기의 비 엔탈피(kJ/kg)

G_f : 연료소비량(kg/h)

H_l : 연료의 저위발열량(kJ/kg)

(2) 보일러의 특성

보일러의 화실크기는 연료를 완전연소시키는 데 적합한 구조와 충분한 크기를 필요로 하며 보일러의 형식, 연료의 종류, 연소방식, 통풍방식, 노벽의 구조 등에 따라 다르다. 폐기물 소각의 경우는 별도의 화실은 없다. 수냉벽은 로 내의 화염의 방사열을 직접 받아 로벽이 고온화 하는 동시에 수관에 의해 다량의 방사열을 효율적으로 흡수할 수 있다.

수냉벽은 <그림 6-23>과 같이 로속 전 둘레가 용접벽(welded wall)에 의한 기밀 구조로 되어 있으며, 가압연소 보일러에서의 연소가스 누설이 전혀 없는 구조로 되어 있다.

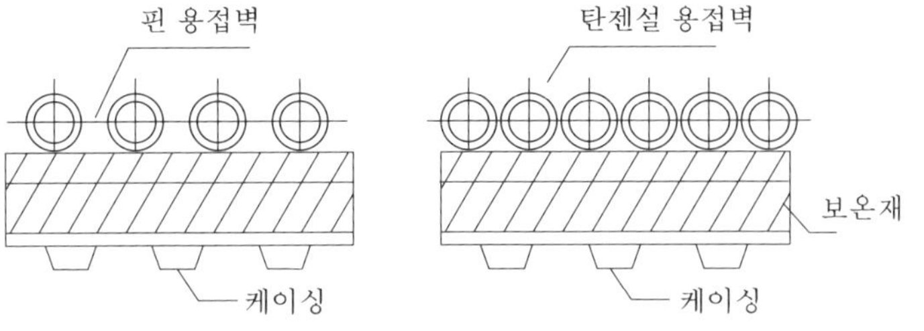

그림 6-23 수냉벽의 보기

6.5.2 열 교환기

폐열을 회수, 이용하는 데 있어 열교환기도 중요한 일부를 차지한다. 그러나 열교환기는 폐열을 전량 흡수하기에는 부피가 상당히 커야 하므로 독자적인 폐열회수 시설이기보다는 보일러 등에 설치, 보조적으로 폐열을 회수하는 데 주로 이용된다. 열교환기에는 과열기, 재열기, 이코노마이저(절탄기) 및 공기예열기 등이 있다.

(1) 과열기

과열기(superheater)는 보일러에서 발생하는 포화증기에 다수의 수분이 함유되어 있으므로 이것을 과열하여 수분을 제거하고 과열도가 높은 증기를 얻기 위해 설치한다. 과열증기는 온도가 높을수록 효과가 크며 과열도는 사용재료에 따라 제한된다. 따라서 과열기의 재료는 탄소강을 비롯하여 니켈, 크롬, 몰리브덴, 바나듐 등을 함유한 특수 내열 강관을 사용하고 있다.

과열기는 그 부착 위치에 따라 전열 형태가 다르며, 방사형 과열기, 대류형 과열기 방사/대류형 과열기로 분류된다. <그림 6-24>는 각종 과열기의 배치를 예시한 것이다. 방사형 과열기는 화실의 천정부 또는 로벽에 배치되고, 주로 화염의 방사열을 이용하는 과열기이다.

대류형 과열기는 보통 제1, 제2연도의 중간에 설치하고 연소가스의 대류에 의한 전달열을 받는 과열기이다. 방사/대류형 과열기는 대류 전달면 입구 가까이에 설치하고 방사열과 대류 전달열을 동시에 이용하는 과열기이다. 일반적으로 보일러의 부하가 높아질수록 대류 과열기에 의한 과열 온도가 상승하고 방사 과열기에서는 반대로 저하하는 경향이 있다. 따라서 <그림 6-25>와 같이 대류 및 방사 과열기를 조합하여 사용함으로써 보일러의 부하변동에 대해 과열증기의 온도변화를 비교적 균일화할 수 있다.

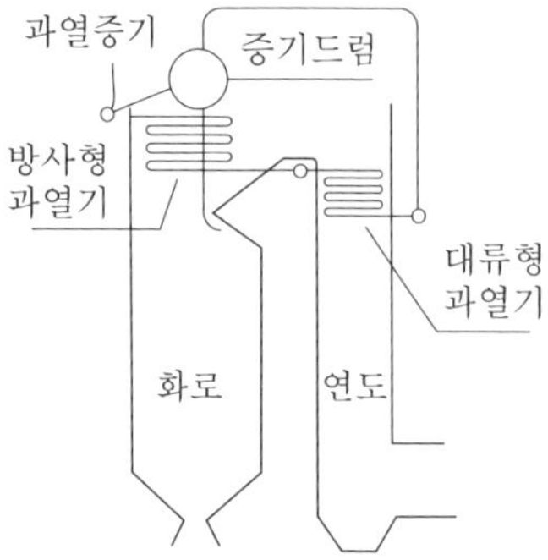

그림 6-24 각종 과열기의 설치위치

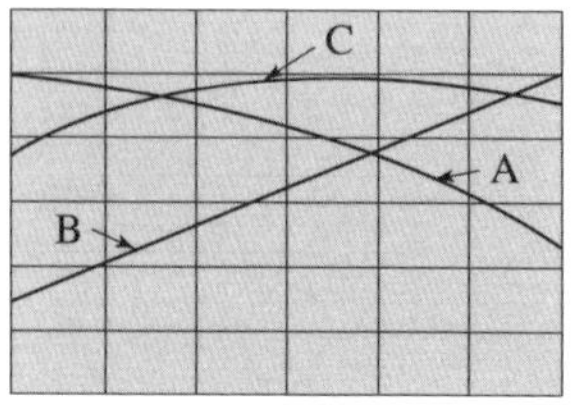

그림 6-25 과열기의 온도특성

(2) 재열기

재열기(reheater)는 과열기와 같은 구조로 되어 있으며 대개는 과열기의 중간 또는 뒤쪽에 배치된다. 재열기는 증기 터어빈 속에서 소정의 팽창을 하여 포화증기에 가까워진 증기를 도중에서 이끌어내어 그 압력으로 재차 가열하여 터어빈에 되돌려 팽창시키는 경우에 사용된다.

(3) 이코노마이저(절탄기)

이코노마이저(economizer)는 연도에 설치되며, 보일러 전열면을 통하여 연소가스의 여열로 보일러 급수를 예열하여 보일러의 효율을 높이는 장치이다(그림 6-26). 그 부대 효과로 급수 예열에 의해 보일러수와의 온도차가 감소하므로 보일러 드럼에 발생하는 열응력이 경

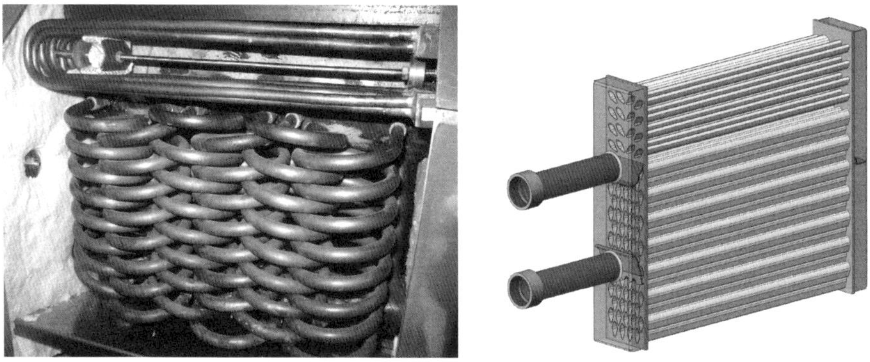

그림 6-26 이코노마이저

감되는 것을 들 수 있다. 주의할 점은 급수온도가 낮은 경우, 굴뚝가스 온도가 저하하면 이코노마이저 저온부에 접하는 가스 온도가 노점에 달하여 이코노마이저를 부식시키는 것이다. 그 밖에 통풍저항이 증가하고, 굴뚝의 가스온도의 저하로 인한 굴뚝 통풍력의 감소 등에 대해서도 주의를 요한다.

(4) 공기예열기

공기예열기는 굴뚝 가스 여열을 이용하여 연소용 공기를 예열하여 보일러의 효율을 높이는 장치이다. 이의 부대 효과로서는 연료의 착화와 연소를 양호하게 하고 연소온도를 높이는 효과가 있다.

공기예열기는 이코노마이저와 병용 설치하는 경우에는 공기예열기를 저온측에 설치한다. 왜냐하면 공기에의 열전달이 물의 경우보다 작으므로 같은 열량의 회수에 큰 전열넓이를 요하나, 전열면의 온도가 그다지 내려가지 않으므로 저온의 열회수에 적합하기 때문이다. 그러나 굴뚝가스 온도가 가장 낮아지는 부분이고, 저온 부식의 위험이 크므로 사용연료 및 가스 성분에 알맞은 출구 배기가스 온도를 설정하여 지나치게 내리지 않도록 해야 한다. 소형 보일러에서는 이코노마이저로 충분히 배기가스의 여열을 회수할 수 있는 경우가 많으나

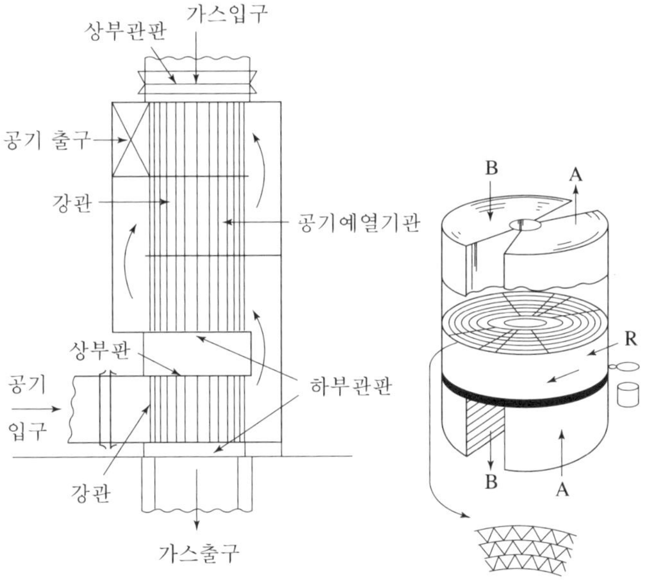

(a) 관형 공기예열기　　(b) 재생식 공기예열기

그림 6-27 공기 예열기

애형보일러에서는 굴뚝 입구 또는 과열기 출구에서의 가스 온도가 높아, 이코노마이저만으로는 흡수열량이 비교적 미흡하므로 공기예열기에 의한 열회수도 필요하다.

공기예열기의 대표적인 것으로는 판상 공기예열기, 관형 공기예열기 및 재생식 공기 예열기 등이 있으며 <그림 6-27>에 구조를 보였다.

6.5.3 증기 터어빈

증기터어빈에서는 증기의 열에너지를 회전운동으로 변환시키는 과정에서 먼저 증기의 속도에너지 변환을 필요로 한다. 증기터어빈의 작동원리는 이 속도에너지를 어떤 형태로 사용하느냐에 따라 충동식과 반동식으로 대별된다. 다단 충동식에 있어서는 각 단이 소화해야 할 열에너지 전체를 노즐로 속도에너지로 변환하고, 분출하는 고속증기를 회전날개가 받아 증기류를 방향 전환시킴으로써 생기는 충동력에 의해 회전력을 얻는다.

한편, 반동식 단에서는 소화시켜야 할 열낙차의 일부만이 노즐안에서 속도에너지로 변하고, 회전날개 내에 있어서도 증기팽창을 일으켜 그 반동력도 함께 이용하여 회전력을 얻는다.

터어빈의 단이 분담하는 단열 열낙차를 h_t, 회전날개 부분이 분담하는 단열 열낙차를 h_b 라고 했을 때 양자의 비, r을 반동도라고 한다. 즉,

$$r = \frac{h_b}{h_t}$$

r의 값은 0～1의 범위에 있는데 $r = 0$일 때는 순충동 터어빈인 것을 의미한다. 일반적으로 $r \geqq 0.5$인 것이 반동 터어빈으로 호칭되고 있다.

증기 터어빈은 여러 가지 관점에서 분류되며 호칭의 종류도 많다. 증기의 작동방식에 따라 분류한 것이 앞에서 설명한 충동, 반동, 혼합식의 각 터어빈이다. 기타 분류 관점으로서는 증기의 이용방식, 피구동기, 증기의 유동 방향, 케이싱수, 흐름 수 등이 있는데 이들을 간추려 보면 <표 6-18>과 같다.

6.5.4 소각발전기술

(1) 폐기물 발전시스템

폐기물 발전 시스템의 계통도는 일반적으로 <그림 6-28, 6-29>와 같다.

보일러에서 발생한 증기는 고압증기헤더에 저장되고, 현장에서 사용하고 남은 모든 증기

가 증기터빈으로 유입되면 터빈의 회전을 전동기에 전달하여 발전을 수행한다. 증기터빈을 거치면서 에너지가 소비된 증기는 저압증기복수기에서 복수되어 복수탱크에 저장된 후 다시 기체제거기에서 수중의 용존산소가 제거되어 보일러에 급수된다. 또한 터빈이 정지하고 있는 경우의 잉여증기는 고압증기복수기에서 복수되어 복수탱크로 되돌아간다. 보일러 수질을 유지하기 위한 보일러수의 블로우를 정기적으로 수행하기 때문에 보일러수가 부족하며 이에 따른 보일러수의 보충이 필요하다. 보일러수로는 순수를 사용하기도 하고 연수를 사용하기도 한다. 폐기물 소각발전은 소각량 및 저위발열량에 따른 증기의 발열량, 압력, 온도 등과 직접적인 관계가 있는데, 국내의 주요 폐기물 발전시설 현황은 <표 6-19>와 같다.

표 6-18 증기 터어빈의 여러 가지 형식

분류관점	터어빈 형식
증기작동방식	① 충동 터어빈(impulse turbine) ② 반동 터어빈(reaction turbine) ③ 혼합식 터어빈(combination turbine)
증기이용방식	① 배압 터어빈(back pressure turbine) ② 추기 배압 터어빈(back pressure extraction turbine) ③ 복수 터어빈(condensing turbine) ④ 추기 복수 터어빈(condensing extraction turbine) ⑤ 혼합 터어빈(mixed pressure turbine)
피구동기	① 발전용 직결형 터어빈(directly coupled turbine) 감속형 터어빈(geared turbine) ② 기계 구동형 급수 펌프 구동 터어빈(feedwater pump drive turbine) 압축기 구동 터어빈(compressor drive turbine)
증기유동방향	① 축류 터어빈(axial flow turbine) ② 반경류 터어빈(radial flow turbine)
케이싱수	① 1케이싱 터어빈(single casing turbine) ② 2케이싱 터어빈(two casing turbine)
흐름수	① 단류 터어빈(single flow turbine) ② 복류 터어빈(double flow turbine)

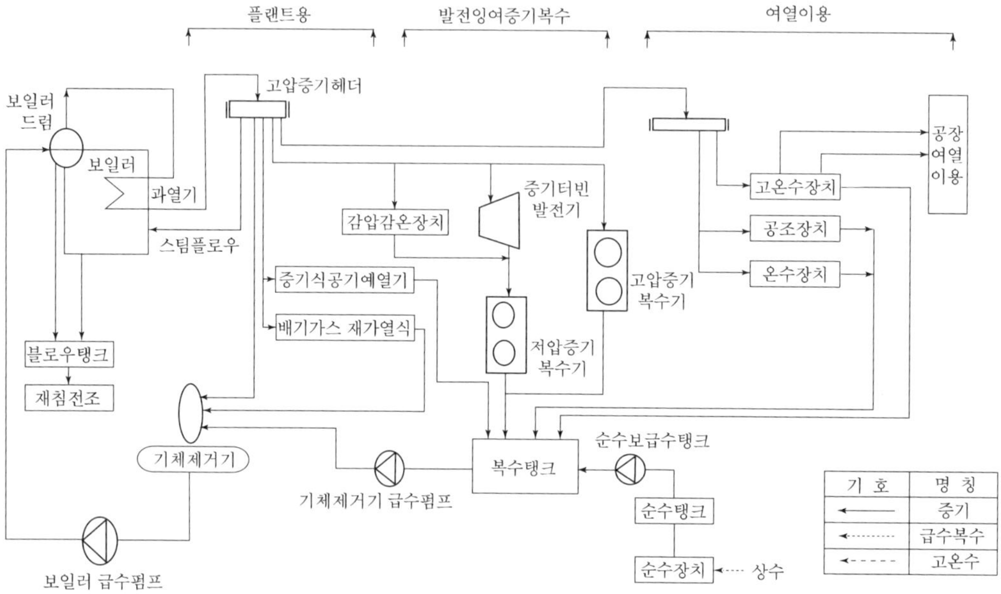

그림 6-28 폐기물 소각발전플랜트 계통도의 예

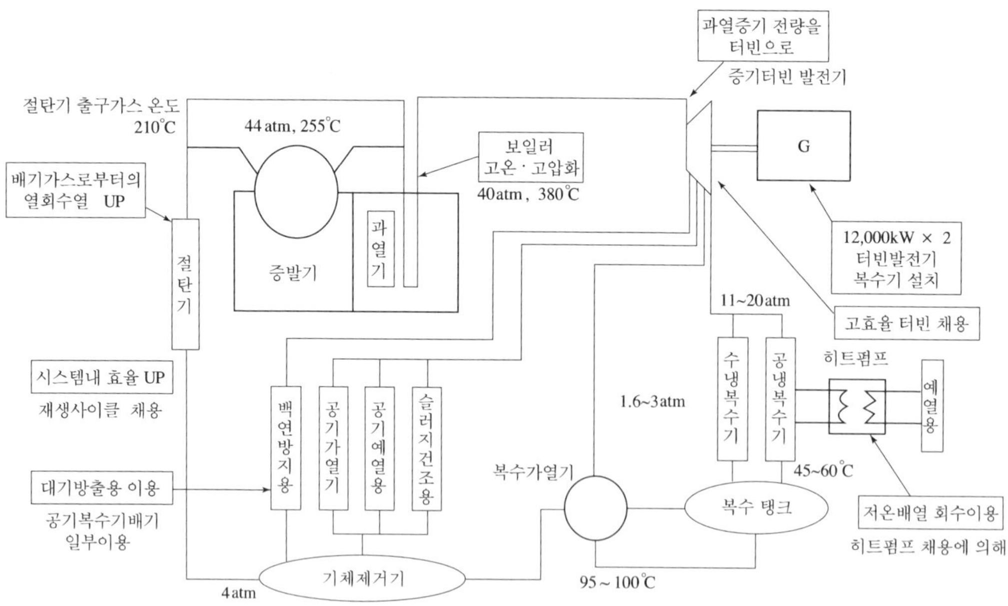

그림 6-29 고효율 폐기물 소각발전플랜트의 계통도의 예

표 6-19 국내 주요 폐기물발전시설 현황

소각장명	보일러			터빈				
	용량 (t/h)	압력 (kg/cm²G)	온도 (℃)	형식	압력 (kg/cm²G)	출력 (kW)	온도 (℃)	배압 (kg/cm²G)
성남 분당	44.7 × 2	20	244	배압	19.5	4,500	235	0.5
경남 창원2	26	20	240	배압	18	1,100	220	0.3
대구 성서2	29.85 × 2	16	203.4	배압	14	2,000	197.4	0.3
광주 상무	26.3 × 2	16	203.4	배압	14	1,500	197.4	0.3
부산 명지	31.66 × 2	16	203.4	배압	15.5	3,000	198.92	0.3
울산	29.2 × 2	16	203.4	배압	14	1,500	197.4	
경기 광명	21	17	207	배압	16	1,500	204	0.5
경기 구리	13.9 × 2	20	213	배압	18.5	800	204	0.3
충남 천안	26	16	203.4	배압	15.5	800	198.82	0.3
제주 산북	12.77 × 2	19	250	배압	16	1,200	245	0.3
경기 의정부	14.3 × 2	16	203.4	배압	14	1,200	197.4	0.3
인천 경서	36.9 × 2	16	203.4	배압	14.5	1,800	196	0.3
군포 산본	30.6	16	203.4	지역난방의 열교환기로 설계변경				

(2) 발전가능량과 발전설비용량의 선정

① 발전가능량

보일러가 부착된 폐기물 소각시설에서 소비되는 전력은 일반적으로 폐기물(1시간 기준) 1톤당 70～150 kWh인 것으로 알려져 있다. 이를 기준으로 발전가능량을 예측해 보면, 폐기물 발열량이 1,500 kcal/kg인 경우 폐기물 연소에 의해 발생하는 열을 효율적으로 흡수하고 발생된 증기의 전부를 발전에 사용한다면, 발전가능량은 폐기물소각시설에서 기기를 운전하기 위하여 필요로 하는 전력량의 약 3～4배가 된다고 할 수 있다.

폐기물 소각시설의 발전가능량은 다음과 같이 개략적으로 계산할 수 있다.

발전가능량(kW) = 터빈입구 증기량(t/h) × 단위증기량당 발전량(kWh/t)

여기서, 터빈입구 증기량(t/h) = 증기발생량(t/h) − 발전 이외의 소비 총증기량(t/h)*이며, 이때 증기발생량(t/h)은 다음과 같다.

$$증기발생량(t/h) = \frac{보일러효율(\%) \times 폐기물소각량(t/h) \times 폐기물발열량(kcal/kg)}{발생증기열량(kcal/kg)}$$

* 발전 이외의 소비증기 : 고압증기콘덴서 소비증기, 난방급탕용 소비증기, 증기식 가스 가열기 소비증기, 배기가스 재가열 소비증기 등

② 발전설비용량의 선정

폐기물 소각시설의 발전설비용량을 어떻게 선정해야 하는가 하는 문제에 대해서는 개략적으로 다음과 같은 2가지 방법이 있다.

㉠ 잉여증기의 전부를 이용하여 발전하고, 시설 내에서 소비하고 남은 잉여전력에 대해서는 매각하는 경우 : 폐기물소각시설에서는 자가발전설비와 전력회사로부터 공급받는 전력을 병렬로 운전해 온 것이 일반적이며 현재까지 전력의 매각은 수행하지 않았다. 발전기 용량을 최대발생증기량에 맞추어 결정하면 폐기물 소각량과 폐기물의 질이 계절적으로 변동하기 때문에 발전기의 운전은 평균적으로 저부하 운전이 된다. 또한 발전기 용량의 20~25%를 하회하는 운전은 터빈 저압단의 드레인 어택(Drain Attack) 등을 일으키는 원인이 되기도 하므로 평균증기발생량을 기준으로 발전기의 용량을 선정하는 쪽이 연간발전량에서 보면 경제적인 운전이 되는 경우도 있다.

㉡ 시설내 소비전력을 조달하기 위한 설비로 계획하는 경우 : 전력의 매각이 불가능한 경우에는 시설내 최대전력부하에 대하여 약간의 여유를 갖는 용량의 발전기를 설치한다. 이 경우 발생증기량이 충분히 있으면 역송하면서 병렬운전을 수행하거나 매전(買電)없이 단독운전을 수행할 수도 있어 그 결과 매전량을 최소로 할 수 있다. 한편 역송이 곤란한 경우에는 발전기의 출력을 항상 시설 내 사용전력보다 작게 하여 약간의 수전을 하도록 운전해야 한다. 따라서 발전기 용량도 반드시 사용전력에 맞는 것으로 할 필요는 없고 적절한 규모로 선정하면 된다.

③ 발전량의 제어

증기터빈의 운전방식에는 단독운전과 병렬운전이 있다.

㉠ 단독운전(속도조절 제어운전) : 폐기물 소각시설내의 모든 전력부하를 터빈발전기로 해결하기 때문에 전력회사로부터의 배전량은 Zero가 되고 역송(逆送)도 없다. 그러나 단독운전의 경우에는 항상 터빈에의 안정된 증기공급이 전제조건이 되기 때문에 단시간 동안의 폐기물 질의 변화에 의한 증발량의 변동과 자동화되어 있지 않은 시설 특유의 증발량 변동의 영향을 제거하는 것이 필요하며, 이를 위해서는 2개 이상의 소각로를 운전하여 변동을 극히 최소화하여야 한다. 소각로 내 전력부

하의 변화는 터빈 회전수의 변화량으로 검출되고 속도조정률에 따른 특성으로서 속도조절 밸브가 제어되며, 일정한 주파수 및 전동기의 자동전압조정장치(AVR)에 의해 일정전압이 얻어진다. 이 방식은 보일러의 발생증기량과 소내전력량이 균형을 이루는 경우와 증기량이 많은 경우에만 성립하며, 잉여증기는 고압복수기로 흘러가게 된다.

㉡ 병렬운전 : 병렬운전은 2가지의 형식이 있다. 하나는 발전량이 폐기물 소각시설 장내의 부하보다 작아 그 부족분을 전력회사로부터 수전하는 형식이며, 또 하나는 발전전력이 충분하여 소내부하 이상의 잉여전력을 전력회사로 역송하는 형식이다.

ⓐ 병렬(속도조절 제어운전)

단독운전의 경우와 마찬가지로 발전기의 부하를 일정하게 제어하며 잉여증기는 복수기로 보내어 터빈입구증기의 압력제어에 사용하는 속도조절제어(부하일정제어)방식이다. 터빈의 회전수는 매전사이클에 맞추고 매전사이클의 변동에 의해 속도조정률에 따른 양만큼 터빈출력이 변화한다. 이 경우에 거버너 모터(Governor Motor)에 의한 부하의 증감수정을 수행하지 않는 한 매전사이클에 대응하는 고정부하에 따르며, 소각로내의 일정한 전력의 변동은 모두 매전측에서 부담한다. 증기는 이 발전량이 대응하는 양만큼 흘러가게 되고 잉여증기는 고압복수기로 돌린다.

이 운전방법은 소내전력의 대부분을 터빈발전기가 공급하고 있고, 매전량이 적어서 대용량의 부하가 정지 또는 트립했을 경우에는 역송될 위험성이 있기 때문에 역송방지장치를 설치한다. 또한 병렬운전시에 주압(主壓 : 압력조절)제어 또는 속도조절제어의 어느 경우에도 역송방지를 위하여 설정한 매전량 이하로 매전량이 감소하지 않도록 자동전력조정장치(APC)를 설치한다.

ⓑ 병렬(압력조절 제어운전)

잉여증기를 복수기로 보내지 않고 전량 터빈으로 보낸다. 이 경우 터빈입구의 증기압력은 터빈유입 증기량의 제어에 의해 일정하게 유지되며(압력조절제어방식), 보일러 발생증기의 변동은 그대로 발전전력의 변동으로 나타난다.

이 방식은 발전량이 일정하지 않은 단점이 있지만 유효열이용 및 증발량의 변동에 대하여 통상 특수한 조작없이 대체가능하기 때문에 운전이 용이하다는 장점이 있다. 터빈의 회전수는 매전사이클에 맞추어져서 매전사이클의 변동에 대응하는 회전수로 되지만 증기부하의 변동은 압력조절제어에 의해 터빈에서 흡수되기 때문에 이 변동이 전력량 변화로 나타나고, 발전량과 소내전력의 변동차는 모두 매전측에서 부담하는 방식이다.

단, 발생증기량이 터빈발전기의 정격용량을 상회하는 경우에 대해서는 발생전력을 검출하여 터빈의 부하제한기를 제어함으로써 정격출력이 되도록 유입증기량을 제한하고 있다. 터빈의 압력조절제어는 일시적으로 구속되고 잉여증기는 고압복수기로 유입된다. 또한 발전량이 소내전력을 상회하는 경우에는 역송되고 하회시에는 수전된다.

④ 소형 열병합 발전설비

발전설비와 온수공급설비를 병행 설치하여 발전 후의 복수열을 온수공급설비에 합병으로 공급할 수 있는 설비를 채택할 수 있으며, 그 일례는 <그림 6-30>과 같다.

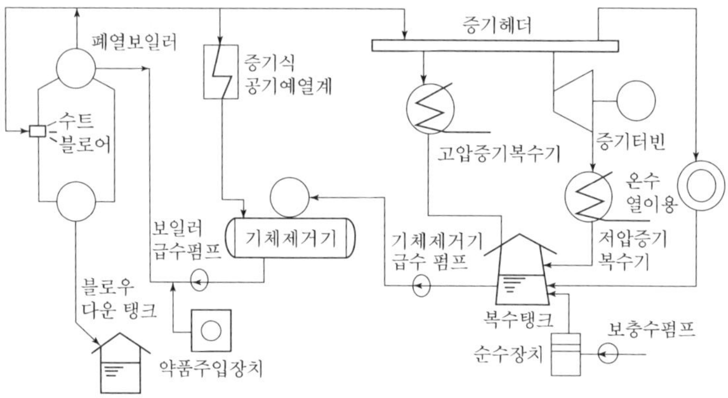

그림 6-30 발전 및 온수 열이용을 병행한 소형 열병합발전설비의 예

6.6 대기오염 제어설비

6.6.1 서론

폐기물 소각시설이 혐오시설로 간주되는 이유 중의 하나는 다이옥신 문제로 대별되는 소각시 발생하는 유해물질에 대한 두려움이다. 따라서 다이옥신 등 소각시 발생하는 각종 환경위해물질을 제어하는 설비는 성공적인 폐기물 소각시설의 설치 및 운영을 위해서 필수적인 설비이다.

소각로는 소각을 통하여 폐기물을 제거하는 것이 주목적이지만 이 과정에서 2차 오염물질이 생성된다. 소각로에서 생성되는 2차 오염물질은 입자상 물질과 가스상 물질로 분류되고, 배출되는 양은 폐기물의 조성, 소각방법, 연소 장치의 구조, 그리고 소각로의 종류에 따라 다르다. 이들 오염 물질의 생성은 연소과정에 필수적으로 동반되는 것이기도 하지만 연소조절에 의한 제어가 가능하며 이미 발생한 물질도 후처리에 의해 제거가 가능하다.

폐기물을 소각할 경우는 이론공기량보다 과잉의 공기가 필요하므로 소각처리시설의 배출가스량은 상당히 많아진다. 특히 열량이 높아 이론공기량이 많은 지정폐기물은 더욱 그렇다. 폐기물 중에 포함된 황이나 염소성분을 소각하면 황산화물(SO_2)과 염화수소(HCl)와 같은 산성 가스를 발생시키고, 연소과정에서 폐기물과 연소공기 중의 질소는 고온조건에서 질소산화물(NO_x)로 변환된다. 이외에도 PCDD (다이옥신류)나 수은, 카드뮴 같은 중금속류도 배가스에 포함될 가능성이 있다. 또 소각은 가연성 성분만을 연소시키므로 불연소분은 타지 않고 남게 되고, 가연성 성분 가운데도 불완전연소분은 남아 소각로에서 이월하는 비산먼지가 발생하는데, 이를 포집한 것이 비산재이다. 따라서 대기오염 방지시설은 이들을 주변 환경에 영향을 주지 않는 수준 이하로 완벽하게 처리하여야 한다.

6.6.2 산성가스 및 비산재 제거

폐기물 소각로에서 황산화물은 주로 반건식 반응탑(Semi Dry Reactor)에서 제거한다. 하향식으로 분무된 수분과 액상 소석회[$Ca(OH)_2$]는 반응탑 내에서 산성가스 성분과 중화과정을 거쳐 고형화된 분진의 성상으로 배가스에서 산성가스를 제거하며, 폐수발생이 없다.

$$CaCO_3 + SO_2 \rightarrow CaSO_3 + CO_2$$
$$Ca(OH)_2 + SO_2 \rightarrow CaSO_3 + H_2O$$
$$[CaO + H_2O \rightarrow Ca(OH)_2]$$
$$Ca(OH)_2 + CO_2 \rightarrow CaCO_3 + H_2O$$
$$CaCO_3 + CO_2 + H_2O \rightarrow Ca(HCO_3)_2$$
$$Ca(HCO_3)_2 + SO_2 + H_2O \rightarrow CaSO_3 . 2H_2O \downarrow + 2CO_2$$
$$CaSO_3 . 2H_2O + \frac{1}{2} O_2 \rightarrow CaSO4 \cdot 2H_2O \downarrow$$

소각시설에서 비산재는 주로 여과집진기(bag filter)로 제거한다(그림 6-31, 6-32). 특히 여과집진기 앞단에서 활성탄을 살포하면 활성탄에 다이옥신이 흡착된 후 여과집진기에서 제거되므로 다이옥신류의 제거기능도 갖는다.

석탄화력발전소에서 많이 사용하는 전기집진기(ESP, electrostatic precipitator)의 원리는, 직류의 특 고전압을 먼지 제거극(+)과 방전극(−)에 접속시켜서 이 양극사이에 미세한 먼지가 포함된 배기가스를 통과시키면 코로나(corona) 방전에 의해서 발생하는 전기력으로 먼지입자를 이온화시켜 (−)로 대전해 (+)극인 먼지 제거극으로 이동 부착하게 하는 것이다 (그림 6-33). 이 부착된 먼지입자는 (−)의 전하를 잃고 자연적으로 낙하하거나 trapping장치에 의해 hopper로 떨어져 채취된다.

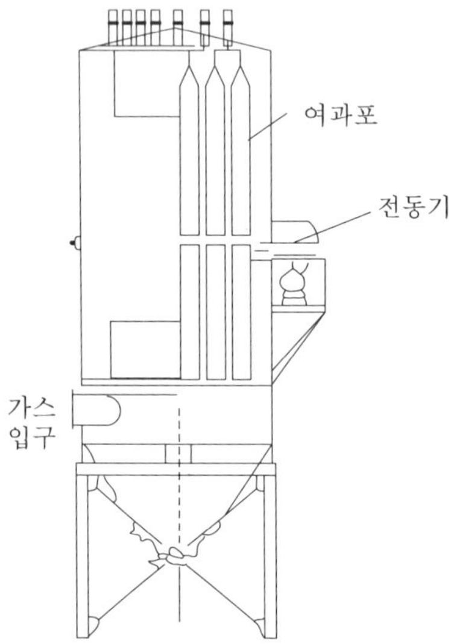

그림 6-31 진동형 여과식 먼지제거 장치

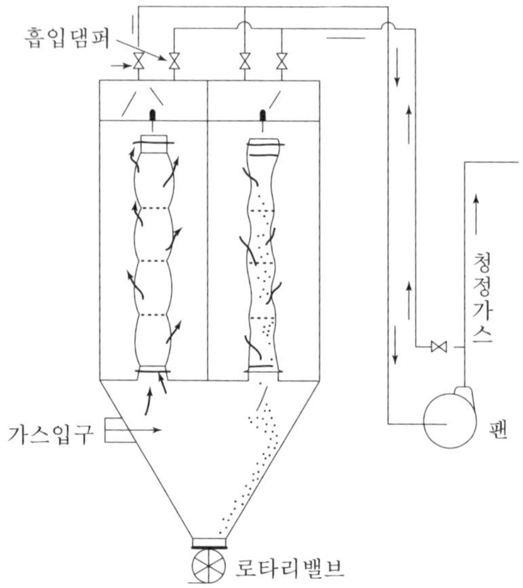

그림 6-32 역세형 여과식 먼지제거 장치

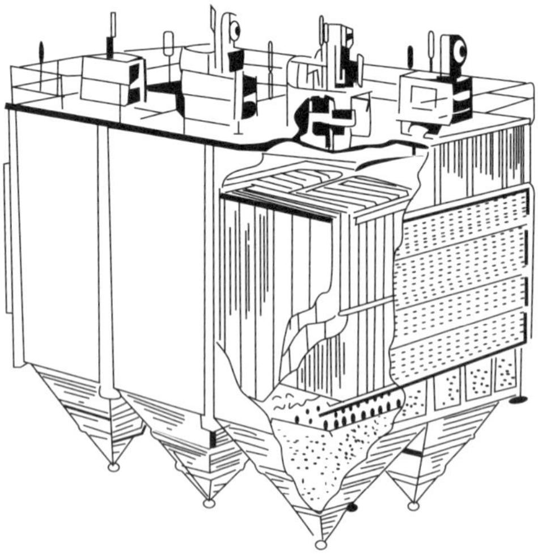

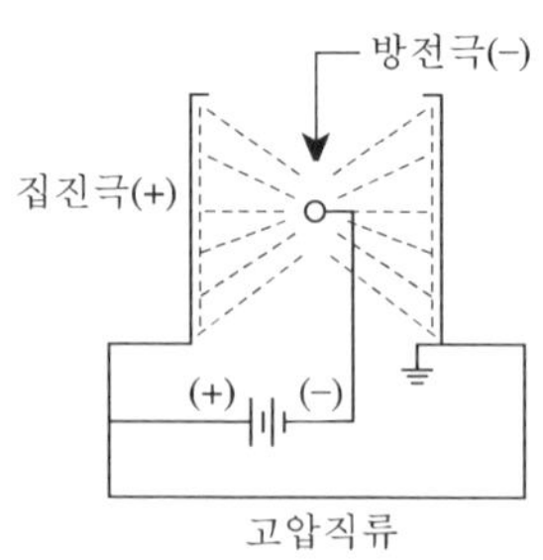

그림 6-33 전기집진기

전기집진기도 과거 폐기물 소각시설에서 비산재 제거 목적으로 사용하였으나, 전기집진기의 운전온도가 다이옥신의 재합성에 유리한 온도여서 최근에는 사용되지 않는 경향이다.

질소산화물의 제거는 선택적 무촉매 환원법(SNCR, Selective Non-Catalytic Reduction)과 선택적 촉매 환원법(SCR, Selective Catalytic Reduction)의 두 가지 방법 중 하나가 사용된다.

SNCR 방법은 소각설비의 연소실 내의 950～1,100℃ 범위에서 환원제로 암모니아수나 요소를 분사하여 촉매없이 질소산화물을 환원시켜 N_2와 H_2O로 분해하는 방법이다.

분무노즐은 NO_x와 최적으로 반응할 수 있는 온도영역인 950℃ 부근의 로벽에 분무노즐을 설치하여 분무하는데 질소산화물과 암모니아 Slip을 고려하여 화학 양론비로 1 : 5를 적용한다. 약품을 과량 사용하면 미 반응, 미 분해의 암모니아가 배출가스의 HCl과 반응하여 NH_4Cl의 백연이 발생하므로 주의를 요한다.

본 공법의 질소산화물 환원 반응식은 다음과 같다.

$$4NO + 4NH_4OH + O_2 \rightarrow 4N_2 + 10H_2O$$
$$2NO_2 + 4NH_4OH + O_2 \rightarrow 3N_2 + 10H_2O$$
$$4NO + 2(NH_2)_2CO + O_2 \rightarrow 4N_2 + 2CO_2 + 4H_2O$$
$$3NO_2 + 4(NH_2)_2CO + 3O_2 \rightarrow 11N_2 + 4CO_2 + 8H_2O$$

SCR은 연소가스 중의 NO_x를 촉매의 존재 하에 환원제인 암모니아와 반응시켜 N_2와 H_2O로 환원시키는 방법으로서 배가스 중에 O_2와 NO_x가 공존하여도 NO_x를 우선적으로 환원하게 된다.

이 기술은 촉매를 사용하기 때문에 질소산화물의 제거효율이 높고, 암모니아 누출도 작은 장점이 있다. 촉매의 활성화 온도를 유지하기 위해 백필터를 통과할 때 일단 냉각된 배출가스를 촉매의 활성온도인 250℃ 부근까지 가열하여야 한다.

사용되는 촉매는 SO_x의 유무에 관계없이 높은 성능과 뛰어난 내구성을 발휘하는 $TiO_2-V_2O_5$계 촉매가 많이 사용되고 있다.

SCR은 촉매독과 분진의 부착에 따른 폐색과 압력 손실을 방지하기 위하여 유해가스 제거 및 분진제거 장치 후단에 설치되어 운전되는 것이 보통인데 분진제거 후 SCR로 유입되는 배출가스의 온도가 150～200℃이므로 NO_x 제거효율의 저하 및 저온부식의 우려가 있는데 이를 방지하기 위하여 배기가스의 온도를 촉매층 입구에서 재가열할 필요가 있다.

본 공법의 반응식은 다음과 같다.

$$6NO + 4NH_3 \rightarrow 5N_2 + 6H_2O$$
$$6NO_2 + 8NH_3 \rightarrow 7N_2 + 12H_2O$$

표 6-20 SNCR와 SCR의 비교

구분	SNCR	SCR
NO_x 저감한계 저감효율 운전온도 설치공간 암모니아슬립 Dioxin 제거 경제성	50 ppm (10^{-6}) 30～70% 950～1,100℃ 적음 10～100 ppm (10^{-6}) 거의 없음 설치비 저렴	20～40 ppm (10^{-6}) 90% 정도 250～400℃ 촉매반응탑 설치필요 5～10 ppm (10^{-6}) 제거가능 설치비, 촉매교체비, 가스재가열비 등 설치 및 운전비용이 높음
장점	배출가스와 관계없이 적용 가능하고 장치가 간단하여 운전보수가 용이	높은 탑재효과가 있으며 암모니아 Slip 이 적다.
단점	NO_x 제거효율이 낮고 암모니아 Slip 에 의한 백연 현상이 우려	운전 및 유지 관리비가 많이 들고 먼지, SO_x 등에 의해 효율 저하 및 압력손실 이 크게 됨

6.6.3 다이옥신류 제어

(1) 다이옥신과 퓨란(Dioxin & Furan)

소각로에서 배출되는 유기물 중 최근 관심이 집중되고 있는 것은 다이옥신(dioxin)과 퓨란(furan)이다. 이 물질들은 PVC 또는 플라스틱류 등을 포함하고 있는 합성물질을 연소시킬 때 발생하는 독성물질로 알려져 있다.

다이옥신류란 polychlorinated dibenzo-*p*-dioxins (이하 PCDDs라 칭함)와 polychlorinated dibenzofurans (이하 PCDFs라 칭함)를 총체적으로 말한다. 다이옥신과 퓨란은 하나 또는 두 개의 산소원자와 1～8개의 염소원자가 결합된 두 개의 벤젠고리를 포함하고 있다. 각각 화합물은 <그림 6-34>의 구조식을 갖는다. 다이옥신의 이성체는 75개이고, 퓨란은 135개이다. 이들 중에서 2,3,7,8 TCDD (tetrachlorodibenzo-*p*-dioxin)의 독성계수가 1이며, 여타 이성체는 1보다 작은 독성등가계수(TEF, Toxic Equivalency Factor)를 갖는다. 이들 모든 독성 유기물의 총량[TEQ, Toxic Equivalents = $\sum$(농도 × TEF)]은 각각 함량과 독성등가계수를 곱하여 2,3,7,8 TCDD의 양으로 환산하여 통칭하는 누계환산방식을 따른다.

도시 폐기물 소각로에서 발생되는 독성 유기물의 농도와 양은 일산화탄소, 질소산화물, 황산화물과 같은 다른 오염물과 비교하여 많지 않음에도 불구하고 독성이 매우 높기 때문에 커다란 관심거리이다. 그러나 유기 독성물의 경우에는 소각에 의하여 발생하는 경우와 제초

제 등 기타 발생원의 구분이 쉽지 않고 또한 동물실험에 바탕을 둔 확률론적 독성평가방법 등에 기술적인 어려움이 따르는 등 측정, 평가 및 대책수립 등에 과제가 산적되어 있다.

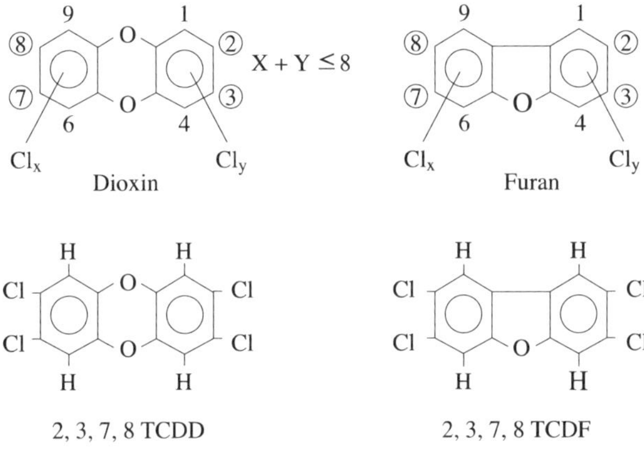

그림 6-34 다이옥신과 퓨란의 구조

(2) 다이옥신의 생성 원인

도시폐기물 소각시설에서 다이옥신류가 배출되는 원인은 크게 2가지로 나눌 수 있는데, 폐기물 소각시 생성되는 경우와 냉각시설 및 대기오염 방지시설에서 재합성되는 경우를 들 수 있다.

① 폐기물 소각시 생성

- 폐기물 중에 불순물로 함유되어 있는 다이옥신류가 소각로에서 열분해, 산화분해 되지 않고 배출되는 경우
- 염소치환형의 벤젠핵을 가지고 있는 다이옥신류의 전구물질(precursor), 예를 들어 폴리염화비페닐류(PCBs, polychlorinated biphenyls), 염화벤젠류(CBs, chlorobenzenes), 염화페놀(CPs, chlorophenols), 염화나프탈렌(CNs, chloronaphthalenes) 등으로부터 다이옥신류가 생성되는 경우
- 폴리염화비닐(PVC, polyvinyl chloride), 4염화탄소(CCl_4), 4염화에틸렌(C_2Cl_4), 클로로포름($CHCl_3$) 등과 같이 벤젠핵을 가지고 있지는 않지만 고온에서 열화학반응에 의해 다이옥신류 및 전구물질이 생성되는 경우
- 리그닌(lignin) 및 폴리프로필렌(PP, polypropylene) 등과 같이 염소성분을 함유하고 있지 않은 유기물과 탄소 등이 HCl, Cl_2, NaCl, $AlCl_3$ 등과 같은 무기물로부터 다이

옥신류가 생성

② **냉각시설 및 대기오염방지시설 등에서 재합성**

냉각시설이나 방지시설 등에 퇴적된 비산재가 촉매역할을 하여 염소 공여체와 반응하여 디노버 합성(de novo synthesis, de novo = over again, anew)에 의해 연소실 출구가스가 연도에서 재합성된다.

클로로벤젠 클로로페놀 탄화수소 미연탄소 기타	+	HCl Cl_2 금속염화물	+	촉매 (Cu, $CuCl_2$ 등)	→	다이옥신

즉, 온도 범위 250～550℃ 구간이 존재하는 보일러 및 대기오염 방지시설에서 분진에 함유된 금속 촉매에 의한 재생성되며, 350℃ 온도 근처에서 발생량이 최대인 것으로 알려져 있다.

de novo synthesis (디노버 합성) : 분진 내 탄소성분의 다이옥신류로의 합성
온도범위 250～550℃ 사이에서 분진 내 불완전 연소된 탄화수소 성분의 구조가 금속촉매, 특히 $CuCl_2$ 등의 영향으로 다이옥신류의 전구물질인 페놀류 등으로 합성되고, 합성된 전구물질이 다시 금속 촉매의 영향으로 다이옥신류로 합성됨.

(3) 다이옥신(Dioxin) 제어 기술

소각로에서 발생되어 배출되는 다이옥신류를 제어하는 기술은 사전 방지 등의 1차적 방법, 로 내 생성 억제 및 파괴 등의 2차적 방법, 그리고 후처리 제거에 의한 3차적 방법으로 구분된다.

① **제1차적(사전방지) 방법**

소각대상이 되고 있는 폐기물의 조성을 분석하여 연소 후 발생하는 유해물질과의 관계를 검토한 후, 주원인이 될 수 있는 폐기물 종류는 분리수거토록 하는 방법이다. 즉, 플라스틱류는 분리수거하여 재활용하도록 하거나 아예 1회용 소모품 등은 제조하지 않도록 하는 것이 좋다. 하지만 태울 수 있는 폐기물을 주로 소각방식에 의해 처리하고 있는 현실을 감안할 때 이 방법은 그다지 실효성이 없는 방법이다.

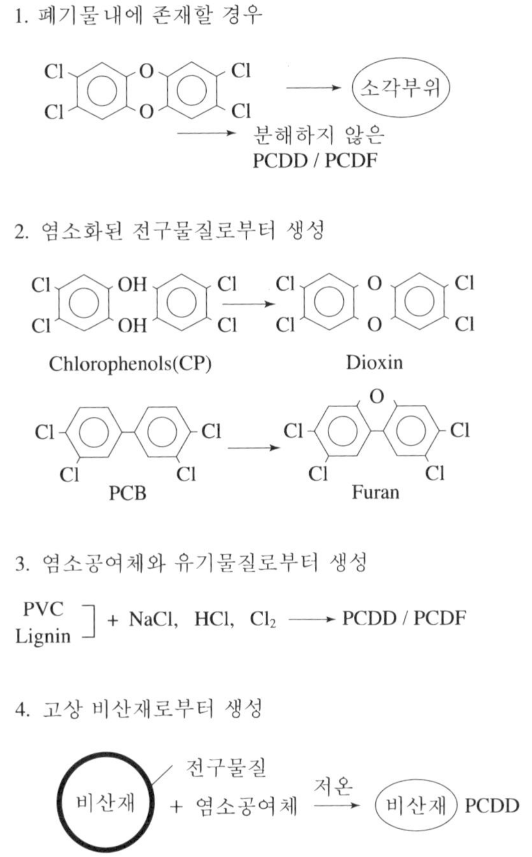

그림 6-35 Dioxin의 생성 메커니즘

② 제2차적(로내)방법

㉮ 폐기물 공급상태의 균질화

폐기물 조성 및 공급 특성이 갑작스럽게 변화하면 연소의 안정성이 매우 심하게 영향을 받는다. 공급폐기물의 휘발분 함유량, 수분 함유량, 공급율, 크기 분포, 또는 로내에서의 적층 분포 형태가 바뀌면 연소용 공기 공급도 변화되어야 한다. 휘발성분이 많은 물질이 급격하게 공급되면 국부적으로 산소 농도가 감소되면서 적절히 산화되지 않은 연료 과잉 포켓(fuel－rich pocket)을 유지한 채로 로를 빠져나갈 수 있다. 이렇게 운전되면 일산화탄소와 유기물의 농도가 상승하게 된다. 폐기물의 가열 정도와 수분 함유량도 로내 온도에 큰 영향을 미친다.

폐기물의 조성의 균질화는 소각로에 투입되기 전에 혼합을 확실하게 함으로써 개선될 수 있다. 폐기물 수분 함량과 관련된 연소 문제는 주연소지역 내에서 예열된 1차 공기를 공급하는 방식으로 해결할 수 있다.

㈏ 적당한 연소온도

소각로 내에서의 유기물질 파괴는 화염에 존재하는 라디칼 화학종(radical species)의 화학적 반응과 열분해에 의해 일어난다. 그러므로 로 내에서의 독성유기물 파괴는 화염 지역에서 유기물과 산화제가 충분히 혼합되도록 하고, 화염과 접촉하지 않은 물질의 열분해를 위하여 연소온도를 충분히 높게 하면 가능하다.

연소 시스템 내 가스온도는 시간상, 공간상으로 변화가 심하다. 시간상의 변화는 폐기물성질, 과잉공기 공급비율, 운전부하가 관련되며, 공간상의 변화는 혼합과 열전달 상태에 의해 결정된다. 일반적으로 다이옥신과 퓨란류는 860～920℃에 도달하면 파괴된다. 몇몇 염화벤젠류들은 920～1,000℃에서 파괴된다. 그러므로 국부적 온도가 950℃ 정도보다 높다면 연료 과잉 포켓에서 발생된 독성유기물들은 열적으로 분해될 수 있을 것이다. 이런 배경에서 EPA의 우수연소방안은 완전 혼합상태에서 980℃의 평균온도에 달성되도록 설계, 운전함이 바람직하다고 추천하고 있다(우리나라의 법적기준은 850℃ 이상).

㈐ 연소용 공기의 양 및 분포

연소용 공기는 적정량을 효과적으로 배분하여 공급하여야 효과적인 연소가 가능하다. 소각로에 도입된 과잉공기의 양은 연료 과잉 포켓의 발생을 최소화하고 연소반응을 급냉(quenching)시키지 않도록 하여야 한다. 이 목표를 만족시키기 위한 과잉공기의 양은 연소기의 장치 및 연소기법에 따라 다르다. 대규모 Stoker식 소각로에서는 주공기의 공급체계가 각각 분리하여 제어할 수 있는 여러 개의 1차 공기 공급관을 통하여 공급하게 한다.

2차 공기는 유기물을 완전연소시키기 위하여 국부적인 반응을 조정하는 데 필요하다. 화격자 위의 폐기물로부터 휘발물질의 방출율과 화격자 위에서의 연소율은 국부적인 1차 공기 공급량에 의해 결정된다. 2차 공기 쪽보다 1차측의 공기 공급량을 증가시키면 화격자 위에서의 연소율이 증가되며 휘발분이 증가함으로 부유분진이 로외(爐外)로 방출되는 입자이월량이 증가한다. 그러므로 공기 공급량 조정은 연소 과정을 제어하는 데 중요한 요소이다.

연소용 공기를 부적절하게 공급하면 일산화탄소와 유기물의 배출을 증가시킨다. 소각로에서는 연소기에 공급된 연소용 공기의 양과 분포를 확인하는 장치가 설치되어야 한다. 먼저 1차 공기량과 2차 공기의 양을 모니터링 장치로 감시할 수 있어야 한다. 또한 연소 가스내의 과잉공기와 일산화탄소의 농도도 적당한 과잉공기량을 유지하기 위하여 감시하여 한다. 각 소각로 형태에 따라 실험적 방법에 의하여 적당한 산소농도의 운전 범위를 결정하여야 하며 운전자는 적당한 공기 유량과 산소량을 확실하게 유지할 책임을 완수하여야 한다. 대부분의 소각 시스템에서는 연소 제어시스템에 의해 자동적으로 제어되도록 해놓고 있다.

㉱ 혼합

완전연소를 위해서는 연료와 공기가 적절하게 혼합되어야 한다. 혼합이 불균일해지면 국부적으로 유기물이 불완전연소된다. 소각로 내에서 좋은 혼합을 이루기 위하여 가장 중요한 역할을 하는 것이 2차 공기 공급 시스템이다.

2차 공기가 혼합이 잘되도록 분사하기 위해서는 적절한 노즐 배열, 크기, 제트 운동량, 로의 형태 등을 고려하여야 한다. 혼합은 연소로 코(Bull Noses), 정류판(Baffles), 곡류(Turns) 그리고 덕트 형태와 단면의 변화같은 연소기 설계 요건에 따라 영향을 받는다. 혼합과 노형상과의 관계를 이해하기 위하여 유동 모델링과 진단실험이 유용하다. 혼합 효율을 평가하는 방법은 주로 굴뚝가스 내에서의 일산화탄소 농도를 측정하는 것이다. 즉, 혼합 성능을 평가하기 위하여 배기가스의 모니터링 시스템이 필요하다.

㉲ 입자이월의 최소화

폐기물 소각로로부터 부유분진이 연소기 밖으로 빠져나가는 입자 이월의 양은 금속 및 유기 오염물의 배출에 영향을 미친다. 이것은 분진이 다이옥신류의 재합성에 참여하는 전구물질을 제공해 주기 때문이다.

입자이월의 양은 연소용 공기요소(과잉공기, 주공기, 2차 공기)에 의해 주로 영향을 받는다. 즉, 과잉공기 양이 많아지면 일반적으로 입자이월이 증가한다. 또한 소각로로부터 방출되는 입자이월의 양은 연소기 설계, 운전, 또 경우에 따라서는 폐기물 성질에 따라 변화한다.

굴뚝 가스 내에서 입자이월의 양을 연속적으로 측정할 수 있는 방법은 아직 확립되지 않았지만, 입자이월량의 증가를 초래하는 운전 상황(특히, 과다한 과잉공기량, 부적절한 연소용 공기 분포, 과도한 부하)은 연소과정의 운전과 제어를 적절히 함으로써 최소화할 수 있다. 그러므로 연소가스 중의 산소농도, 연소용 공기분포, 운전부하 등은 입자이월의 양을 최소화하기 위하여 연속적으로 감시 및 제어하여야 한다.

㉳ 후류온도 제어

다이옥신(Dioxin)과 퓨란(Furan)류의 농도는 연소기 출구와 굴뚝 사이에서 증가한다는 사실이 밝혀졌다. 또 벤치 스케일 실험에서 분진의 샘플링을 통하여 다이옥신과 퓨란류의 농도는 분진이 산소 과잉 분위기에서 가열되어질 때 엄청나게 증가한다는 것이 보고되었다.

Dioxin과 Furan류의 생성량은 잔류 시간과 온도에 따라 변화하는데 300℃ 부근에서 발생량이 최대이고, 250℃ 이하와 400℃ 이상의 온도에서는 발생량이 상당히 감소됨을 알게 되었다. 그러므로 배기가스가 굴뚝을 따라서 배출될 때 최대 발생 가능 온도 부근(300℃)에서는 배기가스의 체류 시간을 최소화하여야 한다.

기존 설비의 운전 결과를 바탕으로 Dioxin과 Furan의 형성을 감소시키기 위하여 분진 제거 장치(전기집진기 또는 백필터)의 입구에서의 가스 온도를 200℃ 이하로 유지하도록 하고 있다. 따라서 먼지제거 장치 입구에서의 굴뚝가스 온도는 연속적으로 모니터링할 필요가 있다.

㉳ 연소 상태 모니터링과 제어

소각 시스템은 설계 기준에 따라 운전되어야 하고 폐기물 공급율, 온도, 과잉공기 등의 변화에 따라 시스템 운전 인자를 적절히 변화시켜야 하고, 소각로를 성공적으로 운전하려면 여러 가지 소각로 운전 변수를 동시에 조절하고 모니터링하는 자동 제어시스템을 운영하여야 한다.

저공해 소각로를 실현하기 위해서는 연소 공기 온도, 유량, 공기 분포, 연소 가스 온도, 연소 가스 중의 일산화탄소, 산소의 농도, 후류에서의 온도, 입자이월을 연속적으로 모니터링하여야 한다. 그러나 혼합 등과 같은 요소는 직접적으로 측정할 수 없으므로 열방출률, 굴뚝에서의 산소, 일산화탄소 농도와 같은 간접적 지시량을 대신 모니터링하여야 하고, 이 값으로부터 연소 가스의 혼합과 적당한 과잉공기의 양을 제어하여야 한다.

폐기물 조성과 설계 변수, 운전 변수 그리고 배출사이의 관계는 매우 복잡하다. 현 수준으로는 유기물의 배출을 최소화할 수 있는 정량적 모형을 만들지 못하고 있다. 그러므로 여러 가지 연소 변수를 운전자가 선택할 수 있도록 예측하는 것도 어려운 일이다. 따라서 현 상황에서 유기물의 연속적인 제어를 확실하게 하기 위해서는 몇 개의 주요 설계, 운전 변수의 범위를 지정하고 이 범위 내의 조건으로 운전 조건을 제어할 필요가 있다. 그러나 연소 변수의 한계 값이나 범위의 정의는 각 소각로의 형식에 따라서 실험적으로 완성하여야만 한다.

③ 제3차적(후처리) 방법

후처리 제거 설비는 연도에서 재합성된 다이옥신을 제거하기 위한 것으로 집진시설의 앞단에서 활성탄을 투입하여 다이옥신이 흡착되도록 한 후, 이를 집진시설에서 제거하고 있다. 질소산화물을 제거하는 SCR에서도 다이옥신이 일부 제거되는 것으로 알려져 있다.

이상에서 소개한 소각시설에서의 다이옥신 저감대책을 요약하면 <표 6-21>과 같으며, 현재 많이 채택되고 있는 폐기물 소각시설에서의 대기오염방지 시스템 계통을 요약하면 <표 6-22>와 같이 2가지 형태로 구분할 수 있다.

표 6-21 다이옥신류의 생성·배출 저감을 위한 단계별 기술전략

단계	장소	목표	방법
1단계	폐기물 저장조	• 폐기물의 균질화 및 균일화 : 적정 발열량 유지	• 폐기물의 파쇄 및 파봉 • 폐기물의 분별 • 폐기물의 숙성
2단계	소각로	• 안정연소 및 완전연소 : CO를 50 ppm 이하 유지 : 850℃에서 2초 이상 체류	• 1차/2차 공기비 적정화 • 2차 공기 주입 위치 및 방법의 개선 • 노 형상 변화 • 연소속도의 조절 • 2차 연소에 의한 완전연소 도모 • 자동제어의 적용
3단계	냉각 설비	• 재합성 억제 : 급속냉각 : 비산재 퇴적 방지	• 급속냉각 • 수분사 위치 및 방법 변경 • 보일러 전열 촉진 • 보일러 체류시간 단축 • 분진이 퇴적하지 않는 구조 및 형상 • soot blow의 철저
4단계	방지 시설	• 적정 방지시설에 의한 다이옥신류의 고효율 제거 • 최적 운전조건에 의한 재생성 억제 : 집진시설의 저온화 : 활성탄 사용	• SNCR 혹은 SCR • 반건식반응탑 • 여과집진기 : 소석회 및 활성탄 주입, 운전 온도의 저온화, 여과속도 조절

표 6-22 폐기물 소각시설의 대표적인 대기오염방지 시스템 예

SNCR 채용시			SCR 채용시		
시설명	제거대상물질	운전온도	시설명	제거대상물질	운전온도
SNCR	질소산화물	950℃			
↓					
소각로 출구		850℃ 이상	소각로 출구		850℃ 이상
↓			↓		
폐열보일러			폐열보일러		
↓		220℃	↓		220℃
반건식 반응탑	황산화물, 중금속		반건식 반응탑	황산화물, 중금속	
↓		155℃	↓		165℃
활성탄 분무	다이옥신		활성탄 분무	다이옥신	
↓			↓		
여과집진기	비산먼지, 다이옥신		여과집진기	비산먼지, 다이옥신	
↓		151℃	↓		160℃
연소가스 재가열기	백연		연소가스 재가열기		
			↓		250℃
↓		165℃	SCR	질소산화물	
			↓		165℃
굴뚝			굴뚝		

※ 운전온도는 예시이며, 시설에 따라 약간씩 다를 수 있음.

6.7 우리나라 폐기물 소각시설의 기준과 설치현황

6.7.1 우리나라 폐기물 소각시설 기준

우리나라의 폐기물관리법에서는 폐기물 처리시설이 환경적으로 안전하게 운전되도록 하기 위한 최소한의 기준으로서 소각시설에 대한 설치기준, 관리기준, 검사기준 등을 설정하고 있다. <표 6-23～6-25>에는 폐기물관리법 시행규칙 별표에 나와 있는 각 기준 중 중요한

항목을 요약하여 정리하였다. 이러한 기준은 폐기물관리법의 개정에 따라 계속 변화하여 왔으므로 가장 최신의 기준인지를 반드시 확인할 필요가 있다.

표 6-23 폐기물 처리시설의 설치기준 중 소각시설 관련 주요 내용

구분	항목	세 부 기 준
공통 기준	연소실 외부표면온도	80℃이하 (200 kg/hr 미만의 경우 120℃ 이하)
	최초집진시설에 유입되는 연소가스 온도	200℃ 이하 (2 ton/hr 미만의 경우 250℃ 이하)
	다이옥신 배출기준을 지킬 수 있는 시설설치	25 kg/hr 이상의 생활폐기물 소각시설 (25 kg/hr 미만 소각시설은 설치가 금지됨)
일반 소각시설	연소실 출구온도	850℃ 이상 (200 kg/hr 미만의 경우 800℃ 이하 의료 폐기물 소각시설 제외) (종이, 목재류만 소각시 450℃ 이상)
	연소실 연소가스 체류시간	2초 이상 (200 kg/hr 미만의 경우 0.5초 이상 200 kg/hr～2 ton 1초 이상)
	바닥재 강열감량	5% 이하 (200 kg/hr 미만의 경우 10% 이하)
고온 소각시설	2차 연소실 출구온도	1,100℃ 이상
	2차 연소실 연소가스 체류시간	2초 이상
	바닥재 강열감량	5% 이하
열 분해시설	가스연소실 출구온도	850℃ 이상
	가스연소실 가스 체류시간	2초 이상 (200 kg/hr 미만의 경우 1초 이상)
	바닥재 강열감량	10% 이하 (200 kg/hr 미만의 경우 15% 이하)
고온 용융시설	고온용융시설 출구온도	1,200℃ 이상
	고온용융시설 연소가스 체류시간	1초 이상
	잔재물 강열감량	1% 이하

※ 폐기물관리법 시행규칙 별표 9 (개정 2020년 8월 31일 기준)

표 6-24 폐기물 처리시설의 관리기준 중 소각시설 관련 주요 내용

구분	항목	세 부 기 준
공통 기준	연소실 폐기물 투입온도	800℃ 이상 (굴뚝자동측정관제센터와 연결된 의료폐기물 외의 폐기물을 대상으로 하는 소각시설의 경우에 600℃ 이상, 종이·목재류만을 소각하는 경우 450℃ 이상)
	일산화탄소 농도	4시간 평균 50 ppm 이하 (표준산소농도 12%로 환산한 농도, 2 ton/hr 이상의 생활폐기물 소각시설)
	최초집진시설에 흘러드는 연소가스 온도	200℃ 이하 (2 ton/hr 미만 소각시설은 250℃ 이하)
일반 소각시설	연소실 출구온도	850℃ 이상 (200 kg/hr 미만의 경우 800℃ 이하, 의료 폐기물 소각시설 제외) (목재류만 소각시 450℃ 이상)
	연소실 연소가스 체류시간	2초 이상 (200 kg/hr 미만의 경우 0.5초 이상 200 kg/hr～2 ton 1초 이상)
	바닥재 강열감량	5% 이하 (200 kg/hr 미만의 경우 10% 이하)
고온 소각시설	2차 연소실 출구온도	1,100℃ 이상
	2차 연소실 연소가스 체류시간	2초 이상
	바닥재 강열감량	5% 이하
열 분해시설	가스연소실 출구온도	850℃ 이상
	가스연소실 가스 체류시간	2초 이상 (200 kg/hr 미만의 경우 1초 이상)
	바닥재 강열감량	10% 이하 (200 kg/hr 미만의 경우 15% 이하)
고온 용융시설	고온용융시설 출구온도	1,200℃ 이상
	고온용융시설 연소가스 체류시간	1초 이상
	잔재물 강열감량	1% 이하

※ 폐기물관리법 시행규칙 별표 11 (개정 2020년 8월 31일 기준)

표 6-25 폐기물 처리시설 중 소각시설의 검사기준

구분	검 사 항 목
설치검사	• 소각능력의 적절성 및 적절연소상태 유지 여부 • 연소실 출구온도 유지 여부 • 연소가스 체류시간 적절 여부 • 바닥재 강열감량 적절 여부 • 보조연소장치의 용량 및 작동상태 • 연소실 공기나 산소공급장치 작동상태 • 굴뚝의 통풍력 및 구조의 적절성 • 폭발사고와 화재 등에 대비한 구조인지 여부 • 압력측정계 설치 여부 및 작동상태 • 자동투입장치(의료폐기물을 대상으로 하는 경우만 해당한다) · 계량시설의 설치 여부 및 작동상태 • 출구온도 측정공, 온도지시계, 온도기록계 설치 여부 및 작동상태 • 내부에 사용한 재질의 적절성 • 연소실 외부피복상태 및 외부표면온도 • 대기오염 방지시설의 유입가스 온도 • 배출가스의 연속측정 · 기록장치 작동상태 • 폐기물의 투입구 및 청소구의 내열성, 구조 및 공기유입 · 유출 여부 • 내부연소상태 투시공 설치 여부 • 소각재의 흩날림 방지조치 여부 • 표지판 부착 여부 및 기재사항 • 에너지 회수설비의 계측장비 설치 여부(소각열을 회수 · 이용하는 시설만 해당한다)
정기검사	• 적절연소상태 유지 여부 • 소방장비 설치 및 관리실태 • 보조연소장치의 작동상태 • 배기가스온도 적절 여부 • 바닥재 강열감량 • 연소실 출구가스 온도 • 연소실 가스체류시간 • 설치검사 당시와 같은 설비 · 구조를 유지하고 있는지 여부

※ 폐기물관리법 시행규칙 별표 10 (개정 2020년 11월 27일 기준)

6.7.2 우리나라 폐기물 소각시설 설치현황

환경부의 2018년도 전국폐기물 발생 및 처리현황에 의하면 우리나라에는 지방자치단체에서 운영하는 폐기물 소각시설이 179개소 있으며, 2018년도 처리량은 4,563,156톤이었다.

중량기준으로 소각재 발생량은 반입폐기물의 17.1%가 배출되었다.

<표 6-26>에는 2018년 말 현재 우리나라 생활폐기물 소각시설의 목록을 나타내었다.

표 6-26 2018년 말 현재 우리나라 생활폐기물 소각시설 현황

시도	시군구	소재지	시설 용량 (톤/일)	소각 방식	2018년 처리량 (톤)	잔재물 발생 (톤)	설치비 (백만원)	연간 유지 관리비 (백만원)	관리 인원 (명)	사용 시작일 (연월일)
전국	합계	178개소	17,124		4,563,156	779,487	4,173,152	527,869	3,735	
서울	소계	5개소	2,898		745,654	120,512	401,410	66,668	315	
	노원구	덕릉로70길 99	800	화격자식	180,852	28,301	74,279	16,095	67	1997.4.28
	은평구	진관동83-6	48	용융	14,963	629	27,689	3,937	34	2009.2.27
	마포구	하늘공원로 86	750	화격자식	180,002	32,209	166,547	15,428	75	2005.6.1
	양천구	안양천로 1121	400	화격자식	110,724	19,045	31,815	10,836	65	1996.3.14
	강남구	남부순환로 3318	900	화격자식	259,113	40,328	101,080	20,372	74	2002.2.15
부산	소계	2개소	510		155,101	23,505	89,540	13,839	74	
	해운대구	해운대로 898	170	화격자식	52,215	7,063	30,142	5,678	32	1996.9.25
	강서구	명지오션시티 13로 12-11	340	화격자식	102,886	16,442	59,398	8,161	42	2003.10.16
대구	소계	1개소	480		89,394	21,419	72,018	8,048	48	
	달서구	성서공단로 257(장동)	480	화격자식	89,394	21,419	72,018	8,048	48	'93.1.6(1호) '98.9.26(2,3호)
인천	소계	9개소	998		269,884	51,177	221,772	22,548	106	
	연수구	송도동 380	540	화격자식	149,744	28,384	129,203	10,987	52	2006.7.1
	서구	경서동 673-6	420	화격자식	118,797	22,725	79,946	10,871	47	2001.12.31
	강화군	강화읍 해안북로 100	25	화격자식	0	0	6,646	51	2	2002.10.14
	옹진군	연평면 연평리산505-1	4	고정상식	283	14	754	170	1	2005.7.5
		연평면 소연평리 931-4	1	화격자식	13	1	708	27	1	2006.12.27
		백령면 진촌리 2376	4	화격자식	751	38	1,798	284	1	2009.1.21
		대청면 대청리산16-26	2	화격자식	271	14	1,434	118	1	2010.3.23
		대청면 소청리92	1	화격자식	25	1	1,073	40	1	2006.10.16
		덕적면 서포리 산 31	1	고정상식	0	0	210	0	0	2006.2.20
대전	소계	1개소	320		88,599	17,949	70,478	9,624	42	
	대덕구	대덕대로 184번길 191 (신일동)	320	화격자식	88,599	17,949	70,478	9,624	42	1998.11.1 2005.5.18
울산	소계	1개소	650		179,823	40,796	134,443	7,678	66	
	남구	처용로 524	650	화격자식	179,823	40,796	134,443	7,678	66	2000.5.20 2012.10.15
세종	소계	1개소	45		12,986	2,256	31,350	2,916	21	
	세종시	전동면 심동로 354	45	화격자식	12,986	2,256	31,350	2,916	21	2009.7.24

경기	소계	26개소	5,084		1,297,414	185,513	1,422,867	168,791	1,075	
	수원시	영통구 영통로 383	600	화격자식	165,873	1,112	91,473	12,526	56	1999.10.28
	고양시	일산동구 경의로 115	300	용융	60,848	3,591	112,950	13,973	58	2010.4.1
	성남시	중원구 둔촌대로 567	600	화격자식	124,970	18,500	49,973	6,363	47	1998.10.8
		분당구 판교로 228번길 55	90	용융	18,474	2,073	50,083	5,481	38	2009.5.1
	용인시	처인구 포곡읍 금어로 355(금어리)	300	화격자식	63,772	6,278	77,677	7,035	41	1993.3.15
		수지구 만현로15 (풍덕천동)	70	유동상식	25,707	2,725	25,200	5,819	40	2000.5.01
	부천시	벌말로 122	300	화격자식	73,668	0	70,714	6,953	52	2000.10.13
	안산시	단원구 첨단로 726	200	화격자식	60,760	11,245	42,720	6,873	40	2001.4.06
	남양주시	덕송3로 76(별내동)	52	용융	14,930	2,322	59,067	4,311	26	2014.1.01
	안양시	동안구 시민대로 328 (평촌동)	200	화격자식	61,802	43,247	13,945	5,820	43	1994.4.28
	화성시	봉담읍 하가등안길 100	300	기타	75,758	8,919	169,096	8,919	55	2010.4.27.
	평택시	산단로 205	30	화격자식	6,807	1,649	9,900	1,436	11	2001.5.16
	의정부시	의정부시 장곡로 147	200	화격자식	58,587	11,245	42,937	6,471	47	2001.11.10.
	파주시	탄현면 방촌로 1213-52	200	화격자식	40,859	8,561	47,378	7,044	54	2002.7.08 2003.2.13
		가람로150번길 41-34	60	용융	23,142	2,780	45,700	7,331	49	2011.10.07
	김포시	김포한강4로 419-37	84	용융	23,920	2,688	47,436	6,154	40	2013.9.01
	광명시	가학로85번길 142	300	화격자식	82,707	16,650	60,221	9,029	44	1999.2.1
	군포시	초막골길 101-58(산본동)	200	화격자식	45,372	8,453	40,300	5,524	39	2001.6.12
	이천시	호법면 중부대로798번길 128	300	화격자식	82,541	13,894	93,222	8,375	44	2008.8.05
	양주시	은현면 은남로160	200	용융	52,997	736	90,757	8,368	45	2009.12.11
	안성시	보개면 보개면 보개원삼로 147-163	50	화격자식	13,398	3,001	23,568	2,424	25	2005.6.23
	구리시	왕숙천로49	200	화격자식	48,956	0	62,014	6,750	53	2001.10.12
	포천시	신북면 신평로16번길 207	80	화격자식	23,578	7,281	32,116	4,770	23	2009.8.7
	하남시	미사대로 710	48	화격자식	15,973	2,860	31,975	3,548	27	2014.3.27
	과천시	구리안로 177(갈현동)	80	화격자식	22,985	3,807	20,599	4,952	39	1999.12.7
	연천군	청산면 초대로 106번길 125	40	화격자식	9,030	1,896	11,846	2,542	39	2012.4.20
강원	소계	15개소	577		147,062	30,491	173,012	23,018	225	
	춘천시	신동면 한치로 681-1	170	화격자식	51,328	10,612	65,800	5,872	37	2011.9.01
	태백시	용정길 239	50	화격자식	15,856	3,585	21,175	2,400	26	2012.1.16
	속초시	방축길 60	80	화격자식	26,168	5,124	20,821	3,500	31	2011.1.1
	홍천군	홍천읍 하오안리 251	12	화격자식	0	0	2,356	0	0	2003.2.12
		홍천읍 하오안리 249-2	30	화격자식	12,301	2,598	10,957	2,080	17	2010.10.1

	횡성군	횡성읍 학오로 89	29	열분해	5,794	623	5,900	1,477	21	2005.12.30
	영월군	북면 영월로 1339-43	18	화격자식	4,445	1,114	2,633	470	9	2004.11.13
	평창군	미탄면 서동로 3391-27	20	열분해	3,656	665	10,100	1,971	5	2008.2.5
	정선군	남면 광락로 691-233	10	화격자식	1,295	224	2,870	438	5	2005.11.28
	철원군	철원읍 독서당길 305	20	화격자식	4,818	1,261	5,082	818	10	2007.6.19
	화천군	하남면 영서로 5799-132	30	화격자식	5,039	940	4,025	676	11	2002.7.01
	양구군	남면 창리 84	23	화격자식	2,755	457	3,000	314	9	2007.12.31
	인제군	북면 금강로 221	30	화격자식	2,980	1,228	4,368	716	9	2002.11.1
	고성군	고성군 죽왕면 짱고개길 253	25	화격자식	1,600	402	5,000	0	10	2003.11.1
	양양군	양양읍 되넘이길 80	30	화격자식	9,027	1,658	8,925	2,286	25	2008.7.11
충북	소계	11개소	709		213,730	40,416	236,890	23,279	209	
	청주시	흥덕구 가로수로 969-1-1	200	화격자식	63,032	13,248	82,976	3,450	29	2009.4.1
		흥덕구 가로수로 969-1-2	200	화격자식	57,313	10,808	56,806	5,165	38	2015.7.1
	충주시	대소원면 성종두담길 21	100	화격자식	31,314	6,702	35,652	4,593	35	2010.8.31
	제천시	북부로 1860	50	화격자식	12,254	2,161	14,900	2,289	21	2008.4.1
	보은군	보은읍 산척길 209-51	20	화격자식	7,515	2,186	2,407	1,659	17	2015.6.1
	옥천군	군북면 이평1길 199	30	화격자식	10,721	0	6,965	1,870	16	2007.4.16
	영동군	용산면 남부로 621-39	20	화격자식	8,494	1,370	10,396	0	18	2010.1.13
	증평군	도안면 천광길 125	12	화격자식	2,339	312	2,813	321	8	2006.5.16
	괴산군	괴산읍 능촌로2길 70-37	8	화격자식	0	0	2,558	0	0	1999.1.4
	음성군	맹동면 원중로 873-23	50	화격자식	16,394	2,923	16,603	3,467	23	2011.5.12
	단양군	매포읍 삼봉로 793-2	19	화격자식	4,354	706	4,814	465	4	2002.4.16
충남	소계	10개소	1,081		319,475	49,660	248,059	29,092	225	
	천안시	서북구 백석공단1로 97-45	320	화격자식	86,543	11,187	31,396	4,000	21	2001.11.11
			250	화격자식	73,604	11,864	64,473	5,000	40	2015.9.15
	공주시	검상안길 306	50	화격자식	17,853	2,093	8,800	2,296	18	2001.5.14
	보령시	남곡동 1140-6	50	화격자식	20,244	0	12,143	3,783	18	2006.8.31
	아산시	배미로 154(배미동)	200	화격자식	64,766	12,359	79,912	2,494	39	2011.6.15
	논산시	은진면 버들길 137	50	화격자식	11,640	3,020	11,801	2,343	19	2006.05.08
	계룡시	두마면 제1산단로67	31	열분해	8,795	1,308	8,994	1,416	8	2006.08.05.
	서천군	비인면 관리 547-1	30	화격자식	10,175	2,323	12,700	2,500	14	2015.12.28
	청양군	청양읍 충절로 1012-66	15	화격자식	3,681	535	2,500	993	9	2004.2.04
	예산군	대흥면 차동로 1661-157	40	화격자식	12,107	3,053	10,129	2,525	25	2005.12.13
	태안군	태안읍 삭선길 354	45	화격자식	10,067	1,918	5,211	1,742	14	2003.6.20
전북	소계	3개소	612		166,028	32,475	101,972	13,531	100	
	전주시	완산구 정여립로 625	400	화격자식	106,722	17,820	1,142	7,600	46	2006.9.29
	익산시	선화로 823	200	화격자식	55,800	13,753	95,530	4,945	43	2009.9.22
	장수군	장계면 금곡로 산7	12	화격자식	3,506	902	5,300	986	11	2017.8.1
전남	소계	53개소	500		120,839	17,459	166,749	23,560	347	

여수시	진달래길 310-157 (월내동)	100	고정상식	27,733	8,531	35,862	5,029	42	2010.10.6
	화정면 월항윗길 1-38	1	고정상식	29	6	493	118	3	2008.3.6
	삼산면 삼호교길 11-75	1	고정상식	182	36	959	126	4	2011.5.11
	남면 금오서부로 128-33	1	고정상식	38	8	1,000	129	4	2012.3.18
	삼산면 손죽길 159	1	고정상식	33	7	684	86	3	2014.4.8
	남면 연도길 248-70	1	고정상식	45	9	742	108	3	2015.1.26
담양군	담양읍 태봉로 228-73	27	화격자식	9,040	3	7,388	1,567	13	2001.1.09
고흥군	고흥읍 봉동주공길 76-47	15	화격자식	4,540	1	4,600	1,371	13	2014.1.1
	도양읍 도양해안로 446-74	30	화격자식	6,469	2	6,791	1,309	18	2008.7.24
	도양읍 시산리 734	0	화격자식	3	0	1,500	8	2	2015.12.31
보성군	보성읍 용문리 616-1	20	열분해	2,160	197	3,000	1,423	14	2001.6.21
		20	열분해	2,362	205	4,200			2007.5.15
장흥군	부산면 덕정길 206	20	화격자식	2,895	2	9,988	0	11	2009.8.10
강진군	강진읍 남당로 97-73	20	열분해	3,608	1,187	6,654	946	12	2006.7.19
해남군	해남읍 호교리 73-265	25	열분해	4,588	1,181	5,000	1,163	13	2004.10.28
	화산면 삼마리 산 116	0	고정상식	7	1	798	44	1	2014.7.24
영암군	군서면 녹색환경길 374	30	화격자식	9,194	1,884	9,582	2,277	17	2009.10.26
무안군	무안읍 몽탄로 125-33	45	화격자식	12,088	1,714	15,524	2,071	17	2008.7.1
영광군	홍농읍 홍농로8길 214	20	화격자식	6,274	1	5,500	1,129	16	2007.10.12
장성군	황룡면 방곡길 19-62	23	화격자식	7,367	1,117	5,057	1,528	12	2008.1.20
완도군	완도읍 망석리 산1	25	화격자식	7,619	0	13,329	1,100	10	2011.4.27
	금일읍 신구리 1562	2	화격자식	450	0	1,500	20	4	2014.7.30
	노화읍 이포리 90	2	고정상식	1,360	0	260	40	4	2014.6.9
	노화읍 내리 7	2	고정상식	330	0	896	15	2	2016.3.23
	고금면 도남리 789	2	고정상식	0	0	240	0	3	2005.9.28
	약산면 해동리 255	2	고정상식	440	0	300	40	3	2004.2.25
	청산면 신흥리 305	2	화격자식	940	0	1,500	25	3	2014.7.30
	소안면 미라리 1057	2	화격자식	560	0	1,500	25	3	2016.3.21
	금당면 육산리 840	2	화격자식	475	0	1,500	15	3	2017.9.29
	보길면 예송리 산30	2	화격자식	680	0	1,500	30	3	2017.5.25
	생일면 금곡리 산15	2	화격자식	80	0	1,500	20	3	2017.9.8
진도군	군내면 덕병리 1173	30	화격자식	6,528	1,323	5,000	1,313	9	2006.12.4
	조도면 창유리 2790	2	화격자식	379	7	702	164	3	2005.2.14
	조도면 서거차도 산1-6	0	기타	33	0	714	6	1	2012.2.8
	조도면 관매도 156	0	기타	43	0	714	0	1	2012.12.16
신안군	지도읍 봉리 산363-2	2	화격자식	216	7	338	25	5	2018.1.23
	지도읍 선도리 298-1	0	화격자식	3	0	162	3	1	2005.10.10
	압해읍 신장리 48	1	화격자식	237	2	240	22	7	2003.1.16
	증도면 증동리 849-2	2	화격자식	68	2	700	23	5	2018.8.10

		임자면 도찬리 773-1	2	화격자식	197	8	1,400	33	6	2010.6.18
		자은면 백산리 산271	1	화격자식	128	2	204	20	5	2005.10.10
		비금면 죽림리 41	1	화격자식	195	0	333	25	6	2003.9.26
		도초면 이곡리 14-2	2	화격자식	224	3	960	22	5	2009.11.16
		흑산면 예리 산4	5	화격자식	233	1	3,081	44	6	2014.5.16
		흑산면 홍도리 94-1	2	화격자식	0	0	1,000	1	2	2009.1.15
		흑산면 다물도리 산60-1	0	화격자식	23	0	185	3	1	2004.4.1
		흑산면 오리 91	0	화격자식	11	0	196	3	1	2005.10.10
		흑산면 가거도리 618	0	화격자식	20	0	300	5	1	2011.10.10
		흑산면 비리 산107-1	0	화격자식	9	0	234	2	1	2007.6.21
		하의면 오림리 14-4	1	화격자식	114	1	256	11	5	2005.10.10
		신의면 상태서리 281-1	1	화격자식	134	1	112	16	4	2013.2.26
		장산면 오음리 825-4	1	화격자식	80	2	118	10	3	1999.5.4
		안좌면 한운리 산174	1	화격자식	187	4	118	25	5	2015.1.6
		암태면 신석리 940	1	화격자식	188	4	335	22	5	2017.3.24
경북	소계	18개소	830		251,101	55,938	285,559	36,342	301	
	경주시	경감로 466-246	200	화격자식	55,262	14,248	77,400	7,645	46	2012.10.24
	김천시	대광동 1000-40	48	화격자식	22,048	4,521	15,793	4,537	19	2008.1.1
	구미시	산동면 송백로 499	200	화격자식	64,604	14,041	74,852	5,906	30	2011.1.1
	상주시	영남제일로 1408-51	48	화격자식	12,543	3,920	100	3,815	20	2002.5.21
	문경시	배실안길 94	36	화격자식	15,516	2,196	14,963	2,027	18	2009.8.14
	경산시	하양읍 무학로 62길 17	19	열분해	0	0	1,460	0	0	1999.5.17
		용성면 용산리 247	100	화격자식	32,838	7,357	42,909	1,082	49	2015.7.3
	의성군	의성읍 동부로 3085	15	화격자식	4,764	1,027	5,430	1,338	14	2009.2.10
	영양군	영양읍 석영로 1093-81	5	화격자식	498	34	3,438	211	2	2006.1.16
	영덕군	강구면 하저리 산103	20	화격자식	6,046	850	5,820	1,019	15	2008.9.29
	청도군	매전면 중앙로 84-460	19	화격자식	3,666	289	8,314	552	3	2002.5.1
	고령군	쌍림면 쌍쌍로 346	16	화격자식	4,975	1,154	6,280	1,286	15	2014.7.1
	성주군	성주읍 삼산1길 266	25	화격자식	7,068	1,436	6,700	1,360	16	2010.5.10
	칠곡군	왜관읍 강변대로 888	23	화격자식	6,737	1,490	4,800	700	8	2004.4.1
	봉화군	봉화읍 파인토피아로 1131	5	고정상식	0	0	45	0	0	2003.11.18
	울진군	북면 울진북로 2534-14	19	화격자식	5,675	1,464	2,000	1,766	15	2004.2.2
		울진읍 대흥신림로 916-35	16	화격자식	5,475	1,071	5,795	1,743	15	2010.3.10
	울릉군	서면 울릉순환로 1704	16	화격자식	3,386	840	9,460	1,355	16	2016.3.3
경남	소계	17개소	1,554		439,041	82,022	447,653	62,173	469	
	창원시	성산구 창곡로 108번길 20	400	화격자식	106,536	21,758	58,051	10,543	64	1995.4.11 (2013.7.30) 2000.4.12
		마산합포구 진동면 공원묘원로 91	200	화격자식	53,861	9,858	67,923	5,903	44	2009.10.26

		진해구 천자로 105-1	50	화격자식	8,580	1,970	19,319	2,971	28	2005.9.6
	통영시	평인일주로 1074-54	50	화격자식	14,974	5,516	12,250	4,125	45	2003.4.2
			48	화격자식	15,390	0	16,246	0	0	2015.1.21
	사천시	환경길 57(사등동)	48	화격자식	16,306	4,910	19,393	3,364	18	2012.4.12
	김해시	부곡로 35	150	화격자식	48,759	9,026	42,480	5,805	41	2001.6.7
	밀양시	무안면 마흘리 산216	50	화격자식	14,910	3,516	15,000	2,545	25	2004.5.1
	거제시	연초면 한내8길 95	200	화격자식	72,107	12,742	76,734	4,460	39	2012.1.1
	양산시	동면 강변로 264	160	열분해	35,111	5,335	62,131	12,231	43	2008.2.1
	함안군	가야읍 함마대로 1258	40	유동상식	14,093	1,570	13,873	3,156	27	2010.3.12
	창녕군	장마면 창녕장마로 337-134	30	화격자식	8,027	1,405	9,730	1,500	19	2011.5.16
	고성군	삼산면 대독산업로 7	24	화격자식	5,139	1,340	2,000	1,017	15	2003.2.5
	하동군	금성면 해안로 198	19	화격자식	3,854	0	1,412	644	9	2004.9.1
	산청군	생비량면 진산로 2192-103	15	화격자식	2,736	748	5,648	835	10	2009.1.19
	함양군	함양읍 함양남서로 996-166	20	화격자식	5,192	1,051	9,654	757	13	2014.1.2
	거창군	거창읍 심소정길 139-7	30	열분해	9,636	769	7,895	1,524	18	2008.2.29
	합천군	대양면 합천대로 2586-51	20	열분해	3,830	508	7,914	793	11	2008.8.18
제주	소계	5개소	276		67,025	7,899	69,380	16,762	112	
	제주시	송이길 225-66	200	유동상식	47,327	5,743	40,801	9,315	60	2003.4.3
		한림읍 비양도길 260	1	화격자식	13	2	380	33	1	2006.11.20
		추자면 석두리길 101	3	화격자식	504	125	1,600	198	2	2012.5.1
		우도면 우도해안길402-16	2	화격자식	268	40	700	216	3	2012.2.28
	서귀포시	산록남로1241번길 163	70	유동상식	18,913	1,989	25,899	7,000	46	2004.1.12

※ 자료출처 : 전국 폐기물 발생 및 처리 현황(2018년도), 환경부, 한국환경공단, 2019.

6.8 소각로 해체 [10)]

6.8.1 개요

현재 우리나라에는 소각로 해체 작업시 작업자의 보건안전 측면을 고려한 별도의 규정은 없다. 일본의 경우 폐기물 소각시설의 운전, 점검 작업 또는 해체작업에 종사하는 노동자의 다이옥신류에 의한 폭로방지대책을 도모하기 위해 일본 후생노동성에서 2001년 4월 노동안전위생규칙의 일부를 개정하는 성령(省令)을 공포하였다. 「廢棄物燒却施設內作業におけるダイオキシン類ばく露防止對策要綱」라는 규정(通達)은 다이옥신류와 같은 독성물질이 존재할 가능성이 있는 시설 내에서 작업하는 노동자의 안전을 확보하고, 이러한 시설을 개수

10) 본 절은 「燒却爐解體 實務ハンドブック」´ 爐解體環境對策硏究會, 環境新聞社(2003)과 "燒却施設解體處理システムの開發と適用", 第5回 日韓廢棄物シンポシウム Proceedings, pp.83-92 (2004)를 참조함.

(改修) 혹은 해체할 때 작업자의 안전확보와 주변 환경보전을 목적하도록 하고 있다.

이를 위해 화상면적 2 m^2 이상 또는 소각성능이 시간당 200 kg 이상인 소각시설의 경우 해체시 관할 노동기준 감독부서에 신고하도록 하고 있다.

이러한 규정에 의해 일본에서는 다이옥신류에 의한 폭로방지를 위해 다음과 같은 조치를 취하도록 하고 있다.

① 다이옥신류의 농도 및 함유율 측정

소각로 해체작업을 할 때 작업개시 전에 설비 내부에 부착된 물체에 함유되어있는 다이옥신류의 함유율을 측정하여야 한다.

② 부착물의 제거

폐기물 소각시설의 해체작업을 하는 경우 사업자는 설비 내부에 부착된 다이옥신류를 함유하는 물질을 제거한 후에 작업하여야 한다.

③ 발산원의 습윤화

폐기물 소각시설에 있어서 매진(煤塵) 등을 취급하는 작업과 소각로 해체작업을 하는 경우 사업자는 다이옥신류를 함유하는 물질의 발산원에 물을 뿌리는 등 습윤 상태로 하여야 한다.

④ 보호구

폐기물 소각시설의 운전, 점검작업 및 해체작업을 하는 경우 사업자는 상기 ①의 다이옥신류 농도의 측정 또는 함유율의 측정결과에 대응하여, 해당작업에 종사하는 노동자에 적절한 보호장비를 사용하도록 하여야 한다. 이 경우 노동자는 반드시 보호장비를 사용하여야 한다.

⑤ 작업지휘자의 선임

폐기물 소각시설의 운전, 점검작업 및 해체작업을 하는 경우, 사업자는 작업지휘자를 정하여 작업지휘와 함께 부착물의 제거, 발산원의 습윤상태 및 보호장비의 적절한 장착에 대한 점검 등을 하도록 하여야 한다.

⑥ 특별교육

폐기물 소각시설에 있어서 ㉠ 매진(煤塵) 및 소각재, 기타 연소재를 취급하는 작업, ㉡ 설비의 보수점검 작업, ㉢ 설비 해체 등의 작업 및 그에 수반한 매진 및 소각재, 기타 연소재를 취급하는 작업시 사업자는 작업자에게 다이옥신류의 폭로 방지 등에 대한 특별교육을 실시하여야 한다.

⑦ 해체공사 계획의 제출

화격자 면적이 2 m^2 이상 또는 소각능력이 시간당 200 kg 이상의 폐기물 소각시설의 설비를 해체할 때 사업자는 일의 개시 전에 관할 노동기준감독 부서의 장에게 해체계획을 제출하여야 한다.

6.8.2 사전조사 및 해체작업

(1) 해체대상시설의 사전조사

폐기물 소각로 해체작업을 실시할 때 다이옥신류 등의 유해물질의 존재를 파악할 필요가 있다. 특히 객관적 샘플링 조사에 의한 해체대상설비의 평가는 작업방법을 결정하기 위해 필요하다. 또한 해체로 발생하는 오염물 등을 적절히 처리하기 위해서도 필요하다.

해체작업은 작업자의 건강장애 방지를 위해 필요충분한 해체방법을 선택하여 실시하여야 한다. 이를 위해 해체작업을 할 때는 사전에 해체대상설비의 다이옥신류 오염조사를 실시한다.

① 오염물 샘플링 조사

해체작업을 하는 사업자는 사전에 소각로 본체, 연도, 분진제거 장치, 냉각장치, 폐열보일러, 배수설비의 내부 등 다이옥신류에 오염될 우려가 있는 곳의 오염물 샘플링 조사를 실시한다. 그 결과를 제거작업 개시 전에 수주업자, 관계 노동자에게 설명하는 것과 함께 그 내용을 기재하여 서면을 공사관계자에게 배포한다. 또 측정결과를 노동자가 보기 쉬운 장소에 게재하는 등 관계 노동자에게 주지시킨다.

② 오염물 샘플링 조사시의 폭로 방지대책

오염물 샘플링 작업을 할 때는 샘플링 장소의 다이옥신류 농도를 모르므로 작업장소의 다이옥신 오염물의 비산 등에 의한 폭로를 방지하기 위해 레벨 3의 보호구(몸 전체를 외부에 노출되지 않도록 밀폐형 화학방호복과 화학방호장갑, 화학방호장화, 안전모, 공기호흡기 등 보호장구를 착용)를 착용하고 작업한다. 또 작업 전에 샘플링 작업장소의 환기 및 산소농도 측정을 하여 안전을 확인한 후 시작한다.

오염물 샘플링 작업은 현장 기록 등 보조적인 작업이 있으므로 반드시 복수의 인원이 할 필요가 있다. 또한 좁은 장소에서의 작업이 많고, 보호구 등의 착용에 의해 동작이 느린 점 등을 감안하여 작업원 수를 적절하게 정하여야 한다.

작업장소의 산소농도의 안전판단기준은 18% 이상이다. 호흡용 보조장구는 여과식(방진 마스크 등)의 경우 산소농도 18% 이상이어야 하며, 급기식(산소마스크 등)의 경우 산소농도 18% 미만이어도 가능하다.

③ 샘플링 대상물

- 소각로 본체 : 노 내 소각재 및 노벽 부착물
- 폐열보일러 : 폐열보일러 관 부착물
- 굴뚝 : 굴뚝 하부 부착물
- 연도 : 연도 내 부착물
- 제진(除塵)장치 : 장치 내 퇴적물 및 장치 벽면 등 부착물
- 냉각설비 : 설비 내 부착물
- 배수처리설비 : 배수처리설비 내 부착물
- 기타 설비 : 부착물

(2) 오염물질의 제거

소각시설은 다이옥신류, 중금속 기타 유해물질에 오염되어 있으므로 해체작업 전에 이들 유해오염물의 제거작업을 충분히 할 필요가 있다.

① 습식제거공법

실제 해체공사에서 가장 일반적으로 사용되고 있는 방법은 고압수 세정에 의한 습식 제거 공법이다. 이 방법은 먼지가 나는 것을 방지하면서 오염물을 제거할 수 있다. 또 금속제 설비의 표면에 근접이 어려울 경우 고압수 세정에 의해 효율적인 제거가 가능하다. 그러나 내화물 등 재료 내부에 오염물이 침투한 경우는 수 세정에 의해 표면 부착물을 제거하는 정도로는 불충분하여 다른 방법을 이용하여 완전히 오염물을 제거할 필요가 있다.

고압수 세정법의 문제점은 폐수의 발생이다. 특히 전기집진기와 연도 등 배가스 처리 계통 설비부분의 세정수는 비산재를 다량 함유하고 있으며, 이들은 고농도의 다이옥신류 및 중금속을 함유하므로 처리/처분이 어려운 폐수가 된다.

가까운 곳에 새로운 소각시설이 있는 경우는 오염된 물을 소량씩 소각로 내에서 연소처리하는 방법을 채용할 수 있으나, 이러한 시설이 없는 경우는 오염된 물을 탱크로리로 중간처리시설에 운반하여 처리할 필요가 있다.

대형시설의 해체공사에서는 부지 내에 전용처리장치를 설치하고, 고압세정작업에서 발생하는 폐수를 처리하는 방법도 채택할 수 있다.

다이옥신류는 물에 대한 용해도가 낮아서 응집침전법과 여과 등에 의해 고액분리처리를 하면 처리수를 세정공정에서 순환이용이 가능하여, 폐수의 총 발생량을 감소시킬 수 있다.

폐수 처리 장치가 설치되면 이에 따른 운영비용 및 추가 인건비가 필요하다. 또 해체

대상시설 내의 처리장치 설치부지가 문제가 되는 예도 많다. 응집침전한 슬러지는 고농도의 다이옥신류와 중금속을 함유하여 적정한 처리/처분이 필요하다.
일반적으로는 킬레이트 약제에 의해 안정화하고 시멘트 고화 등의 중간처리를 한 후, 관리형 처분장에 매립처분한다.
고압수 세정작업에 있어서는 이하의 주의가 필요하다.

㉠ 작업자는 내수성이 있는 화학방호복, 화학방호화, 장갑을 착용하고, 전면형 산소마스크를 장착하고 작업한다.

㉡ 고압세정기의 제트수는 아주 위험하므로 작업자 자신 및 제3자에게 닿지 않도록 주의한다. 고소(高所) 작업 및 발판 위에서 작업시는 고압제트수의 반동을 받아 추락할 우려가 있으므로 안전띠를 반드시 착용하여야 한다.

㉢ 수 세정 작업장소의 바닥부는 폐수가 누출되지 않도록 비닐 시트 등에 의해 차단해서 토양오염 등 2차 오염이 일어나지 않도록 하여야 한다.

② 건식제거공법

가동시설의 일부 설비해체공사에 있어서 내화물과 전기설비 등, 물을 뿌리면 기기에 장애가 발생하므로 수 세정을 할 수 없는 경우에는 샌드 블라스트 등을 사용한 건식제거공법이 채택된다. 굴뚝과 연도 등 내벽에 내화물이 부착되어 고농도로 오염된 경우에는 수 세정으로 완전한 오염물 제거가 곤란하여 샌드 블라스트 등을 이용하여 표면의 오염부분을 깎아내야만 완전한 제염을 할 수 있다.
건식제거공법에서는 분진의 비산을 방지하기 위해 작업구역을 완전히 밀폐할 필요가 있다. 또 연속적으로 분진농도를 측정할 필요가 있다. 작업자에의 폭로를 방지하기 위해 원격조작 및 로봇 등을 사용한 무인 작업이 바람직하여, 이것에 해당하는 기술도 개발되어 있다.
샌드블라스트에 의한 오염물 제거에서는 사용제 블라스트의 처리/처분이 문제가 된다. 해체대상 설비는 블라스트 작업에 의해 제염되나, 사용제 블라스트라 불리는 다이옥신류 및 중금속에 고농도로 오염된 새로운 폐기물이 발생한다.

(3) 해체작업

해체작업시에는 작업대상물 전체를 덮어서 외부와 차단하여 오염물질이 배출되지 않도록 하여야 한다. 소각로 굴뚝의 경우에도 비계나 돔형 덮개 등의 가설물로 전체를 덮는 것이 가능하면 문제가 없으나, 전체를 덮을 수 없는 경우는 해체분리 부분에 부분적인 가설물과 비닐시트 등으로 차단한다. 관리구역에서의 오염물질 유출을 방지하기 위해 굴뚝과 연도 내부는 부압을 유지하고, 연도 접속부분과 개구부 등의 틈새는 봉한다.

표 6-27 습식제거공법과 건식제거공법의 비교

공법	습식 제거공법	건식 제거공법
구체적인 예	• 고압수 세정기	• 샌드 블라스트
장점	• 분진 발생이 없음 • 일반적인 제거방법으로 실적이 많고, 주요 기자재의 준비가 쉬움 • 해체대상물(철제 설비 등)에 따라서는 오염물질 제거 결과를 눈으로 확인하기 쉬움	• 폐수와 슬러지의 발생이 없음 • 물을 사용하지 않으므로 가동 중의 설비 주변에도 적용 가능
단점	• 세정작업에 의한 폐수와 슬러지 발생 • 폐수 처리 설비 필요 • 토양오염 등 2차 오염을 방지하기 위한 조치 필요	• 오염물의 비산방지를 위해 완전한 밀폐 조치가 필요 • 무인 조작이 바람직하여 특수 장비 필요 • 오염폐기물(사용제 블라스트 등)이 발생
오염물 제거에 적합한 설비와 작업	• 배가스 처리계의 금속제 설비(전기집진기, 연도 등)의 내부 세정작업	• 가동 중인 설비 주변의 일부 해체 등 수세정이 어려운 경우 • 굴뚝, 연도 등의 내면 라이닝 내화물을 깎아내는 오염물질 제거 작업
적합한 해체 대상 시설 규모	• 대형 시설	• 중 · 소규모 시설
비용	• 폐수 처리비용 또는 폐수 처리설비비가 필요하여 고 비용임.	• 특수 기계 및 사용제 블라스트의 처분비용이 필요하여 고 비용임.

자료출처 : 「燒却爐解體 實務ハンドブック」, 爐解體環境對策硏究會, 環境新聞社 (2003)

대상물의 해체 및 분해를 위해 설치한 개구부에 있어서도 구획 내부를 부압으로 하고, 동시에 개구 부분을 아주 작은 2중막 구조로 하는 등 오염물의 유출이 생기지 않도록 조치를 강구한다.

해체작업에 의해 발생하는 다이옥신류, 분진을 함유하는 오염공기는 적절한 처리를 하여 배출기준 이하로 처리하여 대기 중에 배출하여야 한다. 작업장 환경을 격리하여 배기가 주변 환경의 일반 대기와 혼합되지 않도록 대책을 세우고, 작업자의 출입시에도 분진이 묻어 나오지 않도록 관리할 필요가 있다.

일반적으로는 작업환경개선과 대기청정배출을 위해 프리 필터, 활성탄 필터, HEPA 필터의 3층 필터 구조로 된 집진기를 사용한다. 배가스의 고도처리법으로서 다이옥신류 분해장치를 사용하는 사례도 볼 수 있다. 또 작업자의 출입에 따른 분진 배출을 방지하기 위해 관리구역 출입구에는 에어 샤워를 설치한다.

EXERCISES

01 시간당 64 L/hr의 벙커C유를 사용하는 용해로에서 배출되는 연소가스량은 몇 m^3/hr인가? 배기가스의 온도는 2600℉이며 과잉공기량은 10%이다(단, 배기가스에 대한 배출계수는 14 Sm^3/L (BC)로 본다).

문제풀이

표준상태에서 배기가스량= $14Sm^3/L \times 64L/hr \times 1.1 = 985.6Sm^3/hr$

배기가스의 온도가 2600℉, 0℃로 환산하면,

$$℃ = \frac{5}{9}(°F-32) = \frac{5}{9}(2600-32) = 1427℃$$

∴ 배기가스의 배출량은

$$Q = 985.6 \times \frac{273+1427}{273} = 6{,}137\,m^3/hr$$

02 C : 86.9%, H : 11%, S : 2.0%, 회분 : 0.1%인 중유를 완전연소시킬 때 건연소가스 중의 먼지의 농도를 구하시오(단, 공기비 1.3, 회분은 전부 먼지로 되어 배출된다).

문제풀이

건연소가스량 $G' = mA_o - 5.6H$

$$\text{이론공기량 } A_o = \left[1.867C + 5.6\left(H - \frac{O}{8}\right) + 0.7S\right] \times \frac{1}{0.21}$$

$$= (1.867 \times 0.869 + 5.6 \times 0.11 + 0.7 \times 0.02) \times \frac{1}{0.21} = 10.73Sm^3$$

$$\therefore G' = 10.73 \times 1.3 - 5.6 \times 0.11 = 13.32Sm^3/kg$$

$$\therefore C_d = \frac{0.001kg/kg}{13.32Sm^3/kg} = 7.5 \times 10^{-5}kg/Sm^3 = 0.075\,g/Sm^3$$

03 과잉공기비를 m으로 하여 가동하는 연소실의 배기가스 중 질소와 산소의 총량을 구하는 공식을 유도하라(단, 이들 연소공기량을 A_o, 실제 공기량을 A로 한다).

문제풀이

배기가스 내의 질소량 : $N = 0.79 \times m \times A_o$

배기가스 내의 산소량 : $O = 0.21 \times (A - A_o) = 0.21 \times (mA_o - A_o)$

$$= 0.21 \times (m-1)A_o$$

* 배기가스 내 질소(N) 및 산소의 총량(O)은 위 두 식을 합한 것이므로

$$0.79mA_o + 0.21A_o(m-1) = 0.79mA_o + 0.21mA_o - 0.21A_o = mA_o - 0.21A_o$$

$$= (m-0.21)A_o$$

04 C : 87%, H : 11%, S : 2%인 중유를 완전연소했을 때 습윤 연소가스 중 SO_2량(ppm)을 구하여라(단, 배기가스를 Orsat 분석장치로 분석한 결과 CO_2 : 13%, O_2 : 3%였다).

문제풀이

습연소가스량 $G = mA_o + 5.6\text{H}$

이론공기량 $A_o = \left[1.867\text{C} + 5.6\left(\text{H} - \frac{\text{O}}{8}\right) + 0.7\text{S}\right] \times \frac{1}{0.21}$

$= [1.867 \times 0.87 + 5.6 \times 0.11 + 0.7 \times 0.02] \times \frac{1}{0.21} = 10.73\,\text{Sm}^3/\text{kg}$

$m\,(\text{공기비}) = \frac{\text{N}_2}{\text{N}_2 - 3.76(\text{O}_2 - 0.5 \times \text{CO})} = \frac{84}{84 - 3.76 \times (3-0)} \fallingdotseq 1.16$

$\therefore G = 1.16 \times 10.73 + 5.6 \times 0.11 = 13.06\text{Sm}^3/\text{kg}$

SO_2 농도(%) $= \frac{0.7\text{S}}{G} \times 100 = \frac{0.7 \times 0.02}{13.06\text{Sm}^3/\text{kg}} \times 100 = 0.107\% = 1070\,\text{ppm}$

05 프로판(C_3H_8)이 완전연소한 경우 건조연소 배기가스 중의 CO_2농도는 10%였다. 공기비는 대략 얼마인가?

문제풀이

프로판 1 Sm^3를 공기량으로 완전연소할 때 CO_2%는

C_3H_8	+	$5O_2$	→	$3CO_2$	+	$4H_2O$
1 Sm^3		5 Sm^3		3 Sm^3		4 Sm^3

즉, C_3H_8 1 Sm^3를 이론공기량으로 연소하면 그 양은 5 $\text{Sm}^3 \div 0.21 = 23.8\ \text{Sm}^3$이다.

공기 중의 N_2 $23.8 \times 0.79 = 18.8\ \text{Sm}^3$는 배기가스가 된다.

따라서 과잉공기량을 $x\ \text{m}^3$라 하면 다음 식이 성립한다.

$3\ \text{Sm}^3\ (CO_2) \div (18.8 + 3 + x)\ \text{Sm}^3 = 10\% = 0.1$

$0.1x = 3 - 21.8 \times 0.1$

$\therefore x = 8.2\ \text{Sm}^3$

따라서 공기비는 $(23.8\ \text{Sm}^3 + 8.2\ \text{Sm}^3) \div 23.8\ \text{Sm}^3 = 1.34 \fallingdotseq 1.3$

06 황화수소 1 Sm^3의 이론연소 공기량은 얼마인가?

문제풀이

$2H_2S + 3O_2 \rightarrow 2H_2O + 2SO_2$

$2\ \text{Sm}^3 + 3\ \text{Sm}^3 \rightarrow 2\ \text{Sm}^3 + 2\ \text{Sm}^3$

$\frac{3}{2} \times \frac{1}{0.21} = 7.1\text{Sm}^3$

07 프로판(C_3H_8) 1 Sm^3를 공기비 1.1에서 완전 연소시켰을 때의 건조연소가스량을 구하여라.

문제풀이

C_3H_8의 연소방정식은,

C_3H_8	+	$5O_2$	→	$3CO_2$	+	$4H_2O$
1 Sm^3		5 Sm^3		3 Sm^3		4 Sm^3

즉, 프로판 1 Sm^3를 태우는 데 필요한 이론산소량은 5 Sm^3이며
3 Sm^3의 탄산가스와 4 Sm^3의 수증기가 생성된다.
따라서 이론공기량은 5 Sm^3 ÷ 0.21 = 23.8 Sm^3
공기비는 1.1이므로 23.8 Sm^3 × 1.1 = 26.2 Sm^3
이 공기량에서 5 Sm^3의 O_2가 연소에 사용되며, 남은 것이 배기가스 쪽에 있다.
∴ 연소량은 26.2 Sm^3 − 5 Sm^3 + 3 Sm^3 = 24.2 Sm^3

08 저위발열량이 7,000 kcal/Sm^3인 연료가스의 이론연소온도를 구하여라. 단, 이론연소가스량은 10 Sm^3/Sm^3, 연소가스의 정압비열은 0.35 kcal/Sm^3℃, 기준온도는 실온으로 한다. 또한 공기는 예열하지 않고, 연소가스는 해리하지 않는 것으로 한다.

문제풀이

이론 공기량으로서 완전연소되고, 외계의 열손실이 전혀 없다고 가정할 경우의 연소가스 온도를 이론연소온도(t)라 한다.

$$t = \frac{7{,}000}{10 \times 0.35} = 2{,}000℃$$

09 어떤 액체연료를 보일러에서 완전연소시켜 그 배기가스를 Orsat 분석장치로서 분석하여 CO_2 13%, O_2 3%의 결과를 얻었다. 이 때 공기비를 구하시오.

문제풀이

$$m = \frac{21(N_2)}{21(N_2) - 79\{(O_2) - 0.5(CO)\}}$$

$$N_2 = 100 - (13+3) = 84(\%)$$

$$\therefore\ m = \frac{21 \times 84}{21 \times 84 - 79 \times 3} = 1.16$$

10 탄소, 수소 및 황의 중량비가 각각 85%, 12% 및 3%인 중유를 공기비 1.2로 완전 연소시켰을 때 습한 연소가스에 포함되는 SO_2의 비율(부피비)을 구하시오. 단, 공기 중의 O_2는 21% (부피비)로 하고, 연소에 사용하는 이론공기량 A_o (Sm^3/kg연료) 및 습윤 연소가스량 G (Sm^3/kg 연료)는 다음 식에 의하는 것으로 한다.

$$A_o = \frac{1}{0.21}(1.867C + 5.6H + 0.7S),\quad G = mA_o + 5.6H + 0.7S$$

C, H, S는 각각 연료 1 kg중 탄소, 수소, 황의 중량(kg)이며, m은 공기비이다.

문제풀이

이 중유의 이론공기량은

$$A_o = \frac{1}{0.21} \times (1.867 \times 0.85 + 5.6 \times 0.12 + 0.7 \times 0.03) = 10.86\,Sm^3/kg$$

연소가스량은

$$G = 1.2 \times 10.86 + 5.6 \times 0.12 + 0.7 \times 0.03 = 13.725\,Sm^3/kg$$

따라서, $SO_2 = \frac{0.7S}{G} = \frac{0.7 \times 0.03}{13.725} = 0.00153$

▮▮ 탄소 86%, 수소 12%, 황 2%인 중유를 연소하여 그 배기가스 분석결과$(CO_2) + (SO_2) = 13\%$, $(O_2) = 3\%$, $(CO) = 0\%$였다. 건조연소가스 중 SO_2의 농도(%)를 구하시오.

단, 건조연소가스량(G')을 구하는 공식은

$G' = (m - 0.21)A_o + 1.9C + 0.7S\ Sm^3$, $A_o = 8.9C + 26.7H + 3.3S\ Sm^3$

여기서, A_o = 이론 공기량

m = 공기비

C = 중유 1 kg 중의 탄소의 중량(kg)

H = 중유 1 kg 중의 수소의 중량(kg)

S = 중유 1 kg 중의 유황의 중량(kg)

문제풀이

S	→	SO_2
32 kg		22.4 Sm^3
1		x

위 식으로부터 S를 1 kg 연소하면 SO_2는

$22.4 \div 32 = 0.7\,Sm^3$이다.

$1 \times 0.02 \times 0.7 = 0.014\,m^3$

황 함유량이 2%이므로 건조연소 가스량은 문제에 주어진 계산식으로부터

$$A_o = 8.9 \times 0.86 + 26.7 \times 0.12 + 3.3 \times 0.02 = 10.92\,Sm^3/kg$$

$m = \frac{21(N_2)}{21(N_2) - 79O_2 - 0.5(CO)\}}$ 로부터 구하면,

$$N_2 = 100 - \{(CO_2) + (SO_2) + (O_2)\} = 100 - 16 = 84.0\%$$

따라서, $m = \frac{21 \times 0.84}{21 \times 0.84 - 79 \times 0.03} = 1.16$

$$G' = (1.16 - 0.21) \times 10.92 + 1.9 \times 0.86 + 0.7 \times 0.02 = 12.02\,Sm^3/kg$$

따라서, SO_2는 $0.014 \div 12.02 = 0.0012 \fallingdotseq 0.12\%$

12 황 1.7%인 중유를 연소하는 보일러의 경우 그 굴뚝 출구에서 배출되는 가스 중 황산화물(SO_2)의 농도[ppm]를 구하시오(단, 중유 1 kg당 굴뚝 출구 배출 가스량은 13 Sm^3이다).

문제풀이

중유 1 kg에서 발생하는 SO_2의 양은

$$1\times\frac{1.7}{100}\times\frac{64}{32}\times\frac{22.4}{64}=1.19\times10^{-2}\,Sm^3/kg$$

따라서, SO_2의 농도는 $\frac{1.19\times10^{-2}}{13}\times10^6 ≒ 915\,ppm$

13 가로, 세로, 높이가 각각 1.0 m, 1.2 m, 1.5 m인 연소실의 연소실 열발생률을 6×10^5 kcal/m^{3}h로 유지하기 위해서는 발열량 10,000 kcal/kg의 중유를 1시간당 얼마나 연소시켜야 하는가(kg/hr)?

문제풀이

$$\text{연소실 열부하}\left(\frac{kcal/hr}{m^3}\right)=\frac{\text{시간당 폐기물 소각량}\times\text{저위발열량}}{\text{연소실 부피}}$$

$$6\times10^5\left(\frac{kcal/hr}{m^3}\right)=\frac{x\times10{,}000\,kcal/kg}{1\times1.2\times1.5\,m^3}$$

$$x=\frac{6\times10^5\times1.8}{10{,}000}=108\,kg/hr$$

14 중량비로 탄소 88%, 수소 12%로 이루어진 액체연료를 완전연소시킬 경우, 연료 1 kg당 배기가스량은 12.6 Sm^3이라 한다. 이때 배기가스 중의 CO_2농도(%)를 구하시오.

문제풀이

연료 1 kg중의 탄소 함량은 880 g이므로 $C + O_2 \rightarrow CO_2$

CO_2 생성mol $\frac{880}{12}$이다.

부피로 환산하면 $\frac{880}{12}\text{mole}\times22.4\text{L/mole} ≒ 1.64\,Sm^3$

$$\therefore CO_2\text{의 농도(\%)}=\frac{1.64\,Sm^3}{12.6\,Sm^3}\times100 ≒ 13\%$$

15 옥탄의 완전연소식이 다음과 같을 때 a, b, x, y를 구하시오.

$a\,C_8H_{18} + b\,O_2 \rightarrow x\,CO_2 + y\,H_2O$

문제풀이

$$C_xH_y+\left(x+\frac{y}{4}\right)O_2 \rightarrow xCO_2+\frac{y}{2}H_2O$$

$\left(x+\frac{y}{4}\right)=\left(8+\frac{18}{4}\right)=12.5,\quad \frac{y}{2}=\frac{18}{2}=9$이므로

$$C_8H_{18}+12.5O_2 \rightarrow 8CO_2+9H_2O$$

$\therefore a=1,\ b=12.5,\ x=8,\ y=9$

16 탄소 85%, 수소 3%, 산소 10%, 황 2% 조성의 석탄연소에 필요한 이론산소량과 이론공기량을 구하시오. 단, 이론공기량 $A_o = \frac{1}{0.21}\left\{\frac{22.4}{12}C + \frac{11.2}{2}\left(H - \frac{O}{8}\right) + \frac{22.4}{32}S\right\}$ 이다.

문제풀이

(1) 이론산소량(O_o)$= \frac{22.4}{12}(0.85) + \frac{11.2}{2}\left(0.03 - \frac{0.1}{8}\right) + \frac{22.4}{32}(0.02)$

$= 1.70\,Sm^3/kg$

(2) 이론공기량(A_o)$= \frac{1}{0.21}O_o = \frac{1.70}{0.21} = 8.10\,Sm^3/kg$

17 중량조성이 탄소 85%, 수소 15%인 액체연료를 매시 100 kg 연소한 경우 배기가스를 분석하였더니 분석치가 다음과 같다. [CO_2 12.5%, O_2 3.5%, N_2 84%] 이 경우 매시간당 필요한 공기량을 구하시오. 단, $m = \frac{21(N_2)}{21(N_2) - 79\{(O_2) - 0.5(CO)\}}$ 이다.

문제풀이

이론공기량$= \frac{1}{0.21}\left\{\frac{22.4}{12}(0.85) + \frac{11.2}{2}(0.15)\right\} = 11.56(Sm^3/kg)$

공기과잉계수 $m = \frac{21(84)}{21(84) - 79\{(3.5) - 0.5(O)\}} = 1.19$

소요공기량 $A = m A_o = 1.19 \times 11.56 = 13.76\ Sm^3/kg$

∴ 연료 100 kg당 필요한 공기량 $13.76Sm^3/kg \times 100kg/h = 1376(Sm^3/h)$

18 공기가 1 mol의 산소와 3.76 mol의 질소로 구성되었다고 가정하고, 프로판(C_3H_8) 1 mol을 완전연소시킬 경우 다음 물음에 답하시오. 단, C의 원자량은 12, H의 원자량은 1.0, O의 원자량은 16, N원자량은 14이다.

① 프로판 가스의 실제적인 완전연소식을 쓰시오.

② 공/연비(AFR)를 부피기준으로 구하시오.

③ 공기분자량을 28.95라고 한다면 무게에 근거를 두고 AFR을 구하시오.

문제풀이

(1) $C_3H_8 + 5O_2 + 18.8N_2 \rightarrow 3CO_2 + 4H_2O + 18.8N_2$

(2) $AFR = \frac{5 + 18.8}{1} = 23.8$

(3) $AFR = \frac{23.8 \times 28.95}{12 \times 3 + 1 \times 8} = 15.7$ 또는 $AFR = \frac{5 \times 32 + 18.8 \times 14 \times 2}{12 \times 3 + 1 \times 8} = 15.6$

19 분자식이 C_xH_y인 탄화수소가스 1 Sm^3의 연소에 필요한 이론공기량을 구하시오.

문제풀이

연소반응식 $C_xH_y + \left(x + \frac{y}{4}\right) O_2 \rightarrow x CO_2 + \frac{y}{2} H_2O$ 에서

탄화수소 C_xH_y의 이론산소량은 $x + \frac{y}{4}(Sm^3)$ 이다.

$$\therefore \text{이론공기량} = \frac{\text{이론산소량}}{0.21} = \frac{\left(x + \frac{y}{4}\right)}{0.21} = 4.76x + 1.19y(Sm^3)$$

20 CO_2의 분자량이 44 g이고 표준상태에서 22.4 L 의 부피를 가진다. 표준상태에서 배기가스 내에 존재하는 CO_2의 농도가 0.05%일 때 농도(mg/m^3)는 얼마인가?

문제풀이

1% : 10,000 ppm = 0.05% : x

$x = 500ppm = 500mL/m^3$

$$\therefore 500(mL) \times \frac{44{,}000(mg)}{22{,}400mL} = 982.1(mg/m^3)$$

21 공기를 사용하여 C_3H_8을 연소시킬 때 건조가스 중의 $CO_{2\,max}$%는?

단, $CO_{2\,max}\% = \frac{(CO_2)}{(CO_2)+(N_2)} \times 100$ 이다.

문제풀이

C_3H_8의 완전연소식은 $C_3H_8 + 5O_2 + 18.8N_2 \rightarrow 3CO_2 + 4H_2O + 18.8N_2$

1 Sm^3당 이론산소량은 5 Sm^3, N_2는 $5 \times 3.76 = 18.8\ Sm^3$

생성하는 CO_2는 3 Sm^3이다.

따라서, $CO_2 = \frac{3}{3+18.8} \times 100 = 13.8\%$

22 함수율 75%인 하수슬러지의 저위발열량을 Dulong 공식으로 계산하시오[단, 하수슬러지의 조성식은 $C_5H_7O_2N$ (분자량 113)로 간주한다].

문제풀이

함수율이 75%이므로 고형분 함량은 25%이다.

따라서, 1 kg의 하수슬러지 중의 C, H, O의 비율은 각각

$$C = 0.25 \times \frac{12 \times 5}{113} = 0.133$$

$$H = 0.25 \times \frac{1 \times 7}{113} = 0.015$$

$$O = 0.25 \times \frac{16 \times 2}{113} = 0.071$$

따라서, $H_l = 8{,}100C + 34{,}250\left(H - \frac{O}{8}\right) + 2{,}250S - 600(9H + W)$

$$= 8100 \times 0.133 + 34250\left(0.015 - \frac{0.071}{8}\right) - 600(9 \times 0.015 + 0.75)$$

$$= 756.1\,\text{kcal/kg}$$

이다.

하수슬러지를 소각하는 경우 보조연료가 필요함을 알 수 있고, 소요되는 보조연료량을 줄이기 위해서는 폐열회수를 통해 하수슬러지를 건조시키거나 공기예열기에서 연소용 공기를 예열하여야 한다.

23 소각로에서 NO_x 배출농도가 270 ppm, 산소 배출농도가 12%일 때 표준산소(6%)로 환산한 NO_x 농도(ppm)는?

문제풀이

• 공식유도에 의한 계산

산소농도 12%를 표준산소 6%로 환산하기 위해서는 표준산소 6%의 연소가스(부피를 1로 가정)를 산소농도 21%의 공기(부피를 x로 가정)와 희석하여 산소 배출농도 12%를 맞추고, 이때의 공기희석비율$(1+x)$을 농축계수로 곱해주면 된다.

$$\frac{1 \times 6 + x \times 21}{1 + x} = 12$$

$$x = \frac{6}{9} = \frac{2}{3}$$

6%를 12%로 희석할 때 희석배율이 $1 + \frac{2}{3} \fallingdotseq 1.67$이므로 산소농도 12%의 가스를 표준산소 6%로 환산하기 위해서는 1.67 (농축계수)을 곱해주면 된다.

$\therefore$ 270 × 1.67 ≒ 451 ppm

• 공식에 의한 계산

$$\text{보정계수 } m = \frac{21 - \text{표준산소농도}}{21 - \text{배출가스 산소농도}} = \frac{21-6}{21-12} = \frac{15}{9} \fallingdotseq 1.67$$

$\therefore$ $1.67 \times 270 \fallingdotseq 451\,\text{ppm}$

Chapter 07 폐기물 매립

7.1 서론

발생된 폐기물 중 재활용가능한 것은 물질회수하고, 가연성 폐기물은 열적처리 과정을 통하여 에너지 회수와 부피 감량을 하며, 나머지 무기성 폐기물을 포함한 잔류물과 소각재(바닥재)는 최종적으로 폐기물 매립지에 매립하게 된다. 폐기물 매립은 최종처분(Final disposal)이라고도 불린다. 폐기물 매립은 엄격한 환경오염 방지대책을 적용하지 않는 경우 가장 손쉽고, 높은 기술을 요구하지 않으면서, 비용이 작게 드는 폐기물 처리 방법으로서 현재도 소득수준이 낮은 국가에서는 가장 일반적인 폐기물 처리방법으로 이용되고 있다. 우리나라에서도 과거 1990년대 초반까지 생활폐기물의 매립에 대한 의존도는 90% 이상이었으나, 이후 재활용과 소각의 비중이 커지면서 2018년도 말 현재 13.4%로 현저히 줄어들었다.

아울러, 매립되는 폐기물의 성상도 과거 연탄재와 음식물류 폐기물이 주된 폐기물이었으나 현재는 종이류와 플라스틱류가 주된 폐기물이 되었다.

폐기물 매립에 따른 환경오염을 방지하기 위해서 공학적 방법에 의해 위생매립지(Sanitary landfill)를 건설하고, 매립지 운영 및 사후관리시에도 오염물질이 주변으로 배출되는 양이 최소화되도록 적절한 관리와 감시가 필요하다.

최근 EU 지역에서는 생분해 가능한 폐기물의 매립지 반입을 제한하는 정책이 추진되고 있으며, 이와는 달리 북미 지역에서는 매립지를 생물학적 반응조로 간주하여 유기성 물질의 생분해를 도모하는 bioreactor landfill의 적용사례가 많아지고 있다.

한편, 우리나라는 기계적-생물학적 매립 전처리 기술과 바이오리액터형 매립지 운영기술 양쪽 모두에 관심을 가지고 있는 실정이다.

7.2 폐기물 매립지의 기능과 분류

7.2.1 폐기물 매립지의 기능

폐기물 위생매립지는 크게 다음의 3가지 기능을 가지고 있다.

① 저류기능

폐기물 매립지는 매립된 폐기물을 반영구적으로 보관하는 큰 저류시설로서 저류된 폐기물이 안전하게 저류될 수 있도록 옹벽이나 외주호안(外周護岸)과 같은 저류구조물을 축조하게 된다.

② 차수기능

폐기물 매립지에서 발생하는 침출수가 외부로 누출되면 인근 하천 및 지하수, 토양 등을 오염시키게 되므로 침출수가 외부로 누출되는 것을 방지하는 차수기능을 가지고 있다.

③ 처리기능

매립지에 처분된 폐기물은 매립지 내에서 시간이 경과함에 따라 화학적, 생물학적 변환 및 분해 과정을 거치면서 침출수와 매립가스 등의 부산물을 생성하는데, 이들 부산물을 적정 처리하지 않으면 매립지에 의한 환경피해가 발생하므로 이를 적정하게 처리하는 시설(침출수 처리시설, 매립가스 처리시설 등)을 갖추어야 한다.

〈폐기물 매립지의 분류〉

① 매립방법에 따라
- 단순매립
- 위생매립
- 안전매립

② 매립위치에 따라
- 내륙매립
- 해안매립

③ 매립구조에 따라
- 혐기성 매립
- 혐기성 위생매립
- 개량혐기성 위생매립
- 준호기성 매립
- 호기성 매립

④ 매립공법에 따라
- 내륙매립 : 샌드위치 공법, 셀공법, 압축매립공법, 도랑형공법
- 해안매립 : 내수배제 또는 수중투기공법, 순차투입공법, 박층뿌림공법

7.2.2 폐기물 매립지의 분류

폐기물 매립지는 매립방법, 매립 위치, 매립의 구조 및 매립공법에 따라 다음과 같이 분류할 수 있다.

(1) 매립방법에 따른 분류

매립의 종류는 매립방법에 따라 단순매립, 위생매립, 안전매립으로 나누어 볼 수 있다. 단순매립(Open Dumping)은 환경보호시설을 갖추지 않은 단순 투기형태의 비위생적 매립형태로서 1980년대까지의 우리나라와 현재의 저소득 국가 등에서 행해지는 매립방식이다. 위생매립(Sanitary Landfilling)은 매립지 운영에 따른 환경피해를 최소화하기 위해 복토를 실시하고 침출수 차수와 처리기능을 갖춘 매립형태를 말하며, 도시고형폐기물을 최종처분하는 일반적인 매립방식이다. 안전매립(차단형 매립, Secure Landfill)은 유해폐기물의 최종처분방법으로 환경오염을 최소화하기 위하여 유해폐기물을 자연계와 완전 차단하는 방법이다.

미국토목학회(ASCE, American Society of Civil Engineers)에 의한 위생매립의 정의는 다음과 같다.

> "위생매립이란 주민을 포함한 공공의 건강이나 안전에 해(hazard)가 됨이 없고, 폐(nuisance)가 됨이 없도록 폐기물을 처분하는 행위로서, 공학의 원리를 이용하여 가능한 한 작은 면적에 폐기물 부피를 최소화한 후 처분된 폐기물을 최소한 일일 복토(覆土, landfill cover material)로 덮는 방법이다."

전형적인 위생매립의 단면은 <그림 7-1>에서 보는 바와 같이 폐기물이 처분되고 다져진 위에 일일복토(daily cover)를 하여 cell이 형성된다.

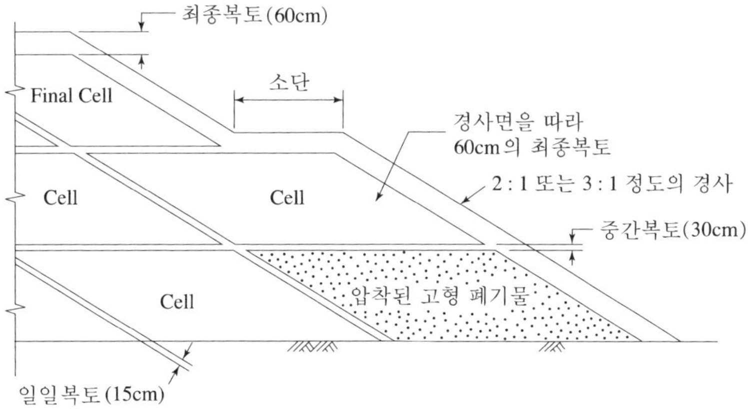

그림 7-1 위생매립의 단면

차단형 매립지(secure landfill)는 유해폐기물을 주변과 완전히 차단하여 반영구적으로 보관하고자 하는 목적의 매립방식으로 우리나라의 폐기물관리법에서는 다음과 같이 규정하고 있다.

① 바닥과 외벽은 압축강도가 210 kg/cm^2 이상인 철근콘크리트로서 두께가 15센티미터 이상 또는 이와 같은 차단효력을 가진 구조물로 설치하되 방수처리하여야 한다.
② 내부막의 1개 구획의 면적은 매립가능면적 50 m^2 이하 또는 매립가능용적 250 m^3 이하가 되도록 하고, 내부막의 두께는 10 cm 이상으로 하되, 압축강도 210 kg/cm^2 이상의 콘크리트로 설치하여야 한다.
③ 매립시설 주변에 떨어진 빗물이 흘러드는 것을 방지할 수 있는 시설과 빗물을 차단할 수 있는 덮개를 설치하여야 한다.

(2) 매립위치에 따른 분류

매립은 위치에 따라 내륙매립과 해안매립으로 구분된다. 매립지용 부지가 충분할 경우에는 보통 내륙매립이 시행되나, 내륙지방에서 매립지를 구하기 어려운 경우나 해안지방의 도시들은 해안매립을 하게 된다.

내륙매립과 해안매립은 동일기능의 시설과 작업일지라도 그 내용(기술, 경제성 등)에는 상당한 차이가 있다. 즉, 저류구조물을 예로 들면 내륙매립의 경우는 대부분 옹벽(산간, 계곡일 경우)을 막는 공법을 사용하지만 해안매립은 수압, 파장 등에 대하여 외주호안(外周護岸)을 시설하는 것이 필요하다. 차수공(遮水工)에 있어서도 내륙매립의 경우 매립지에 차수막을 설치하나, 해안매립에서는 차수막이 부유하는 등 시공상의 문제가 발생하기 때문에 호안부는 강널말뚝(sheet pile)을 박고, 매립지 바닥은 원지반을 이용하며, 매립지 바깥 수위와 안쪽 수위와의 차이를 이용하여 침출수가 외부로 누출되는 것을 방지하는 경우가 많다. 또한 해안 매립에는 해수 및 수분이 매립지 내에 잔류하는 경우가 많기 때문에 매립초기의 침출수가 희석되어 저농도로 되기 쉽다. 더욱이 해안매립에서는 수몰된 폐기물이 혐기성 상태가 될 수밖에 없으므로 내륙매립에 비하여 침출수의 BOD 및 COD가 고농도가 되기 쉬우며 메탄가스의 발생이 많게 된다. 그 밖에 해안매립은 수중 부분에 대한 매립작업 및 이 부분의 침출수 집수시설 등에 있어서 내륙매립과 큰 차이가 있다.

(3) 매립구조에 의한 분류

① 혐기성 매립

<그림 7-2> (a)와 같이 기존의 산간지나 저습지에 폐기물을 단순 투기(open dump)하

는 방법으로서 별다른 환경오염 방지 대책이 적용되지 않으므로 환경에 미치는 영향이 크다.

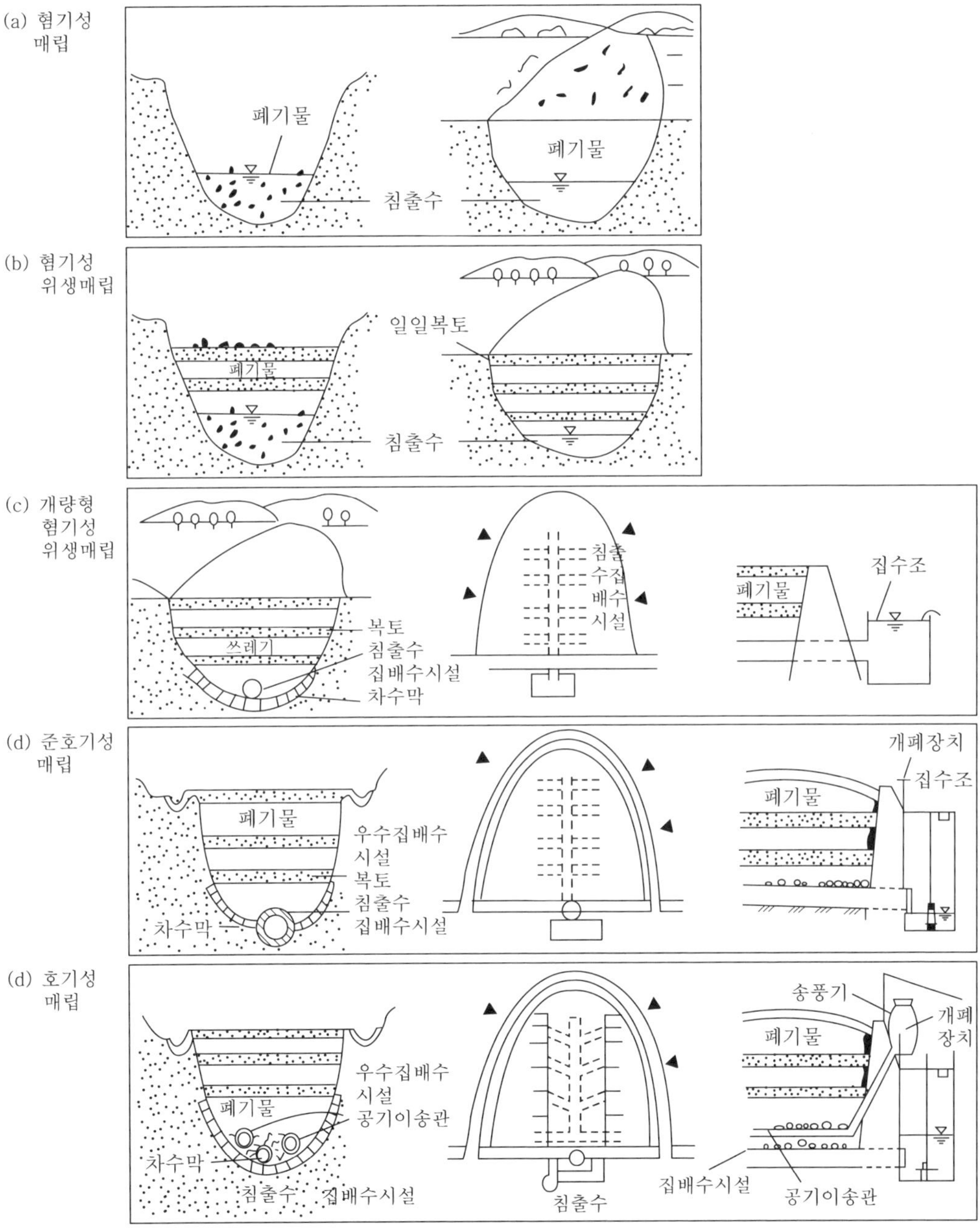

그림 7-2 매립구조에 따른 분류

② 혐기성 위생매립

일정 높이(2～3 m)로 폐기물을 쌓고 그 위에 약 50 cm 정도의 복토를 하는 공법으로서 악취, 파리, 곤충과 매립장 내의 화재문제는 해결되지만 침출수나 매립가스 문제는 계속 남아 있다(그림 7-2(b) 참조). 침출수의 성상은 혐기성 매립과 거의 차이가 없고, BOD나 질소함량이 높아 주변 수역을 오염시킨다.

③ 개량형 혐기성 위생매립

혐기성 위생매립 구조는 냄새나 파리, 곤충 등의 문제는 해결되지만 매립층 내의 침출수가 토양 및 지하수를 오염시키기 때문에 <그림 7-2>(c)와 같이 매립층 하부에 불투수층의 차수막과 침출수 배수관을 설치하여 오수 대책을 세운 구조이다. 일반적으로 매립지 장외에 저류조(집수조)를 설치하고 침출수를 배제하는 구조로 되어 있다.

④ 준호기성 매립

준호기성 매립은 침출수 집수조의 수위가 매립지 내 배수관보다 낮도록 설계/운영함으로써 매립지 내 침출수가 원활하게 배제됨과 아울러 배수관으로 자연대류에 의해 공기가 유입되도록 함으로써 배수관 주변이 호기성 영역이 되도록 도모하는 매립공법이다(그림 7-2(d) 참조). 침출수 집배수관 주변이 호기성 영역이 됨에 따라 배출되는 침출수의 수질이 개선되는 효과가 있다.

⑤ 호기성 매립

호기성 매립구조는 <그림 7-2> (e)와 같이 매립층에 강제적으로 공기를 불어 넣어 층내를 호기성 상태로 만들어 폐기물을 보다 빨리 분해하여 안정화시키기 위한 구조이다. 매립지 조기안정화 등 특별한 목적이 있는 경우에만 적용된다.

(4) 매립공법에 의한 분류

① 내륙매립방법

• 샌드위치(Sandwich)공법

샌드위치 공법은 <그림 7-3>에 나타낸 바와 같이 폐기물을 수평으로 고르게 깔아 압축하고, 그 위에 복토를 깔아 폐기물층과 복토층을 교대로 쌓는 것으로서 좁은 산간지 등의 매립지에서 이용되고 있다. 그러나 매립면적이 넓거나 복토를 하기 위한 폐기물층을 확보하기 위해 1일 작업면적을 작게 할 수 밖에 없을 경우에는 폐기물층에 비탈면이 발생하게 된다. 이러한 경우에는 비탈면에도 복토가 필요하기 때문에 실제로는 셀 방식이 된다.

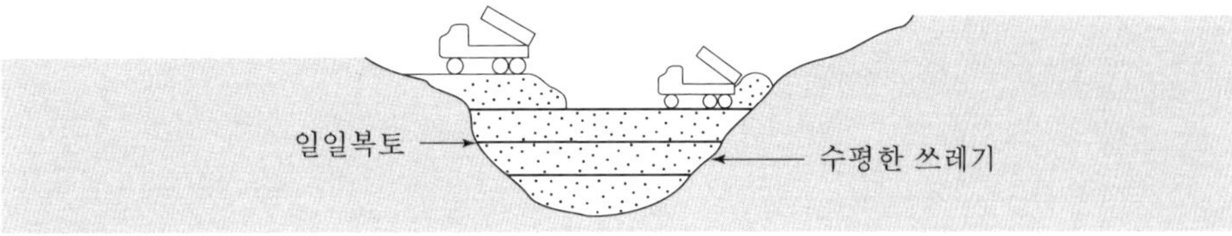

그림 7-3 샌드위치 공법

- 셀(Cell) 공법

셀 공법은 <그림 7-4>에서 나타낸 바와 같이 매립된 폐기물 및 비탈에 복토를 실시하여, 셀 모양으로 셀마다 일일복토를 해나가는 방식으로서 현재 가장 많이 이용되고 있는 매립방식이다. 폐기물 비탈면의 경사는 15～25%로 하는 것이 좋다. 하루에 작업하는 셀의 크기는 매립량에 따라 결정되며, 셀마다 독립된 폐기물 매립층이 완성되어 있기 때문에 화재의 발생 및 확산을 방지할 수 있고, 폐기물의 흩날림을 방지하며, 악취 및 해충의 발생을 방지하는 효과가 있다. 그러나 발생가스 및 매립층 내 수분의 이동이 억제되므로 침출수 처리시설이나 발생가스 처리시설 설치시에 이 점을 충분히 고려하여야 한다.

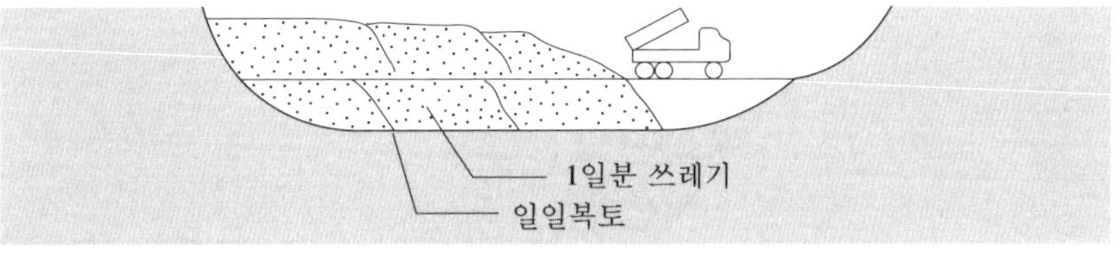

그림 7-4 셀 공법

- 압축매립공법(Baling System)

압축매립공법은 폐기물을 매립하기 전에 부피의 감소를 목적으로 먼저 폐기물을 일정한 더미 형태로 압축하여 부피를 감소시킨 후 포장을 실시하여 매립하는 방법이다. 폐기물을 압축하여 더미(bale)로 만들 때 더미가 흩어지는 것을 방지하기 위하여 철망 등 결속 재료를 이용하며, 덩어리를 취급・운반할 경우 파손을 주의하여야 한다. 더미의 매립방법은 <그림 7-5>에 나타낸 바와 같이 층별로 정렬하는 방법이 보편적이며 반드시 매립 각 층별로 5～10 cm 정도의 일일 복토를 실시하여야 한다. 최종복토층은 향후 토지이용을 고려하여 실시하되 1.5～2m 두께 정도가 필요하다.

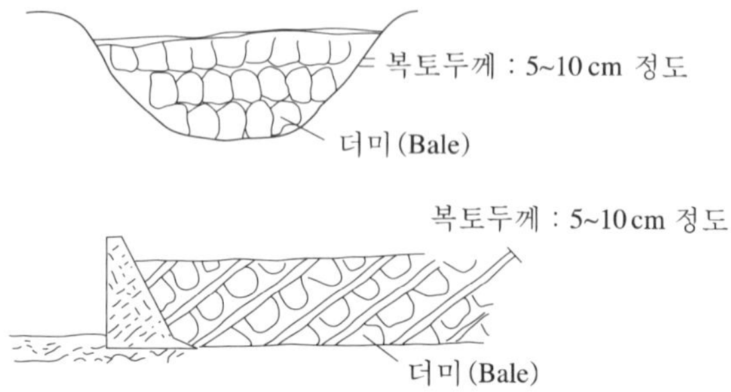

그림 7-5 압축매립공법

• 도랑형 공법(Trench System)

도랑형 매립은 약 2.5～7 m 정도의 깊이로 도랑을 파고, 이 도랑에 폐기물을 묻은 후 다지고 다시 흙을 덮는 형식이다. 이 경우 파낸 흙이 항상 남는데 이는 복토재로 이용할 수 있다. 그 구조는 <그림 7-6>과 같으며 토양처리 공법과 동시에 활용할 수 있고, 안정한 지역의 폐기물로 토지개량재로 활용할 수 있을 경우에는 그 자리에 다시 매립할 수 있으므로 토지이용의 효율화를 도모할 수 있다.

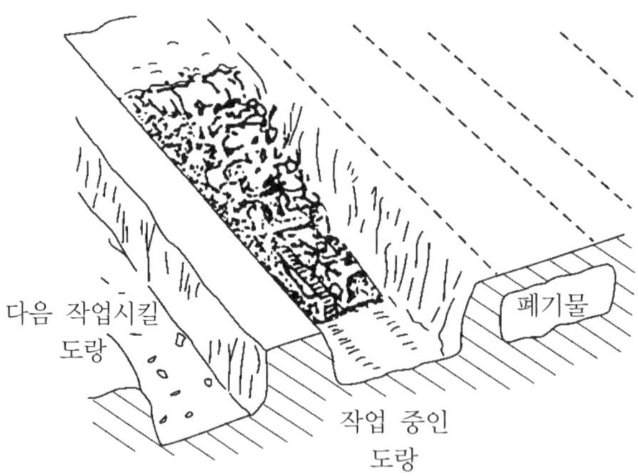

그림 7-6 도랑형 공법

② 해안매립 공법

해안매립의 공법은 처분장의 면적이 크고, 1일 처분량이 비교적 많다는 점과 처분장이 평면이어서 매립작업이 연속적인 투입방법으로 이루어지므로 완전한 샌드위치 방식에 의한 매립이 곤란하다. 또한, 수중부에서 폐기물을 고르게 깔고 압축하는 작업이 불가능하고 확실한 복토를 실시하기도 어려우므로 해안매립에서는 내륙매립과는 근본적으로 다른 매립공법이 이용된다. 그러나 육지화된 부분은 내륙매립과 같은 방법으로 매립하는 것이 일반적이다.

• 내수배제 또는 수중투기 공법

수중부의 매립방법은 외주호안이나 중간제방 등에 의해 고립된 매립지 내의 해수 등을 그대로 놓아둔 채 폐기물을 투기하거나 또는 매립에 앞서 내수를 일부 배제한 후 폐기물을 투기하는 방법 및 내수를 완전히 배제하여 육상매립과 비슷한 형태로 매립하는 방법 등이 있다.

내수배제를 하지 않고 실시하는 방법은 타 방법에 비해 호안 등에 의한 수압의 영향이 작고 구조상 유리한 반면, 폐기물 투입에 따라 오염된 내수를 처리해야 하며, 폐기물의 부유 및 화재시의 대책 등 관리상의 문제가 많다. 그러므로 수중투기에 있어서는 부유하지 않는 폐기물만 선택하여 매립하며, 중간제방을 이용하여 구역매립을 실시하고, 부유방지시설을 설치하여 폐기물 부유구역이 확대되지 않도록 하는 조치를 강구하여야 한다.

내수배제를 실시하는 방법은 외주호안 등에 부가되는 수압이 증대되어 과대한 구조가 되기 쉽다. 그러므로 양자의 선택에 있어 토질조건, 수압, 외주호안을 비롯한 저류구조물의 구조, 건설비, 환경보전, 방재대책 등을 종합적으로 검토하여야 한다.

• 순차투입 공법

이 방법은 호안 측에서부터 폐기물을 투입하여 순차적으로 육지화하는 방법이다(그림 7-7). 수심이 깊은 처분장에서는 건설비의 상승으로 내수를 완전히 배제하기가 곤란한 경우도 많기 때문에 이 방법을 채택하는 경우가 많다. 그러나 이 방법은 바닥지반이 연약한 경우에는 매립된 폐기물의 하중에 의해 연약층이 유동하거나, 국부적으로 두껍게 퇴적되기도 하고, 다짐 작업 및 매립 후 토지이용에 지장이 발생하는 경우도 있기 때문에, 그 대책을 미리 검토해 두어야 한다. 또한 부유성 폐기물의 수면 확산에 의해 수면부와 육지부의 경계를 구분하기 어렵게 되어 매립장비 등의 매몰사고가 발생할 수 있다는 점에 유의하여야 한다.

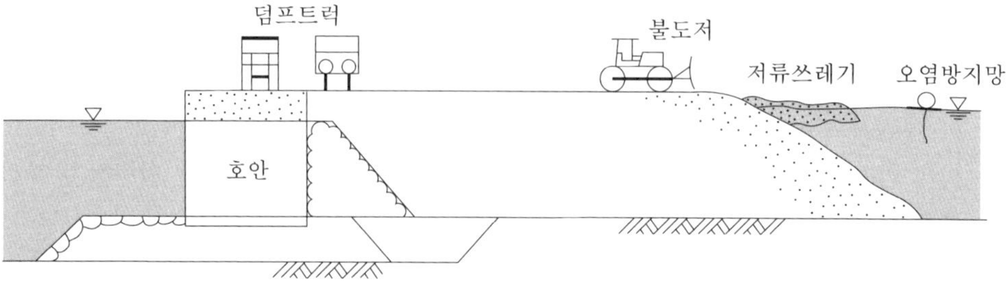

그림 7-7 순차투입공법

- 박층 뿌림 공법

  매립 후 토지이용을 고려하여 바닥지반 개량을 실시하고 있는 처분장에서는 전술한 순차투입공법으로는 개량된 지반이 파괴될 위험성이 있다. 이와 같은 경우에는 밑면이 뚫린 바지선 등으로 폐기물을 박층으로 떨어뜨려 뿌려줌으로써 바닥지반의 하중을 균등하게 해주는 방법이 사용된다(그림 7-8 참조). 이 방법은 폐기물 지반 안정화 및 매립부지 조기이용 등에 유리하지만 매립효율이 떨어진다. 대체로 설비가 대규모인 매립지에 적합한 방법이다.

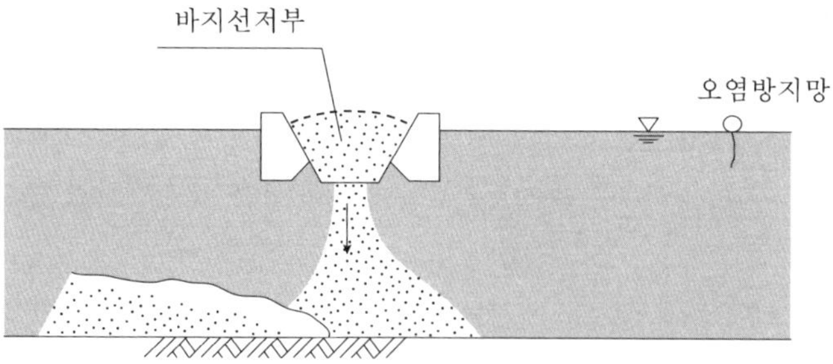

그림 7-8 바지선에 의한 박층 뿌림 공법

7.3 폐기물 매립지의 입지선정

7.3.1 입지선정시 검토되어야 할 사항

폐기물 매립지는 필요로 하는 매립용량을 확보할 수 있고, 환경오염에 따른 영향을 최소화할 수 있으며, 지역 주민의 동의 획득 등 매립지 설치가 쉬운 위치에 선정하는 것이 바람직하다. 폐기물 매립지 입지선정시 평가기준은 크게 입지 조건, 사회적 조건, 환경적 조건 등이 있다.

① 입지 조건

- 계획 매립용량의 확보가 가능한 곳
- 폐기물 매립지의 진·출입로 설치가 쉬운 곳
- 폐기물 수집·운반의 효율성이 높은 곳
- 침출수 처리를 위하여 가급적 인근에 하수종말처리시설이 있는 곳

② 사회적 조건

- 주변에 민가가 없고 주거지역으로부터 멀리 떨어져 있을 것
- 용도상 규제를 받는 지역은 피할 것
- 운반로 상에 주거 밀집지역이 많거나 교통량이 많은 곳은 피할 것
- 문화재 및 주요 시설물이 많은 곳은 피할 것

③ 환경적 조건

- 경관의 훼손이 작고, 시각적으로 은폐 가능할 것
- 수림이 양호하거나 보호대상 동·식물이 서식하는 곳은 피할 것
- 지하수위가 낮고 토양의 투수성이 작을 것
- 상수원 보호구역 등 수자원 보호가 요구되는 지역은 피할 것
- 주 풍향이 주거지역으로 향하지 않을 것
- 우수배제가 용이하여 침출수 발생량을 최소로 할 수 있을 것
- 복토재 확보가 용이할 것
- 지형상 재해에 안전하며 매립작업이 용이할 것
- 공사시 토공량을 최소화할 수 있을 것

입지선정기준 항목의 예를 <표 7-1>에 나타내었다. 입지선정기준과 함께 고려되어야 할 사항은 입지배제기준에 대한 검토이다. <표 7-2>는 매립지 입지배제기준의 한 예시를 보여주고 있다.

표 7-1 폐기물 매립지 입지선정기준 항목

대항목	소 항 목		
1. 지형	(1) 충분한 부지확보 가능성 (2) 덮개흙 조달 용이도 (3) 토공량(절토량, 성토량) (4) 우수배제 용이도	4. 생태	(1) 수림상태 (2) 특정동식물 서식
2. 수문지질	(1) 최고지하수위 (2) 지하수 용도 (3) 바닥층 토양특성	5. 토지이용	(1) 매립지 주변의 주민거주현황 (2) 매립지 주변의 토지이용현황 (3) 지역계획과의 연관성 (4) 매립 후 부지사용
3. 위치	(1) 시각적 은폐 (2) 교통 (3) 폐기물 운반거리 및 수집·운반의 효율	6. 기타	(1) 접근로 (2) 사후관리용이도 (3) 바람방향 (4) 침출수 처리를 위한 인근 폐수처리장 유무 (5) 재해에 대한 안전성

표 7-2 폐기물 매립지 입지배제기준

1. 100년 빈도 홍수범람지역
2. 습지대
3. 지하수위가 지표면으로부터 1.5 m 미만인 지역
4. 단층지역
5. 고고학적 또는 역사학적으로 중요한 지역
6. 멸종위기생물 서식지역
7. 생태학적 보호지역
8. 아래 항목들과 주어진 일정거리 이내지역
   (1) 호소 300 m
   (2) 공원, 공공시설, 주요도로 300 m
   (3) 음용수 수원 600 m
   (4) 비행장 3,000 m

7.3.2 입지선정절차

매립지 입지선정을 위해서는 정책적 사항, 사회적 사항, 기술적 사항, 경제적 사항 등이 종합적으로 검토되어야 한다. 특히 매립지 입지선정시 사회적 사항으로서 지역주민들의 동의 획득은 가장 중요한 요소 중 하나이므로, 민주적 절차 및 공개된 행정으로 주민의 동의와 신뢰를 얻을 수 있도록 추진되어야 한다. 그러나 폐기물 매립지의 주된 역할이 매립에 따른 주변의 환경오염 가능성을 최소화시키고, 유해한 환경으로부터 인간과 자연을 보호하는 것이므로 결코 기술적 타당성을 가볍게 취급할 수는 없다.

① **초기 입지선정단계**

- 기존자료 수집 및 분석
- 입지배제기준 검토
- 관련법규 고려
- 정책적 사항 고려
- 개략적 경제성 분석

② **후보지 평가단계**

- 현장조사(시추조사 포함)
- 입지선정 기준에 의한 후보지 평가
- 후보지 등급 결정

③ **최종입지 결정단계**

- 경제성 분석
- 기술적, 사회적, 경제적 사항 종합평가
- 최종입지선정

7.3.3 폐촉법에서의 폐기물 처리시설의 입지선정과 주민지원

(1) 입지선정

폐기물 처리시설 설치촉진 및 주변지역지원 등에 관한 법률(이하 폐촉법)에서는 폐기물 처리시설의 입지선정에 대하여 규정하고 있다.

입지선정 절차와 관련한 주요 절차를 요약하면 다음과 같다.

표 7-3 폐기물처리시설 설치기관

가. 다음의 폐기물처리시설을 설치·운영하려는 환경부장관 또는 지방자치단체의 장
　(1) 하루 매립량 300톤 이상으로서 조성면적 15만제곱미터 이상인 폐기물매립시설
　(2) 하루 처리능력 50톤 이상인 폐기물소각시설
　(3) 그 밖의 폐기물처리시설로서 주변지역의 환경에 미칠 영향을 고려하여 환경부장관이 정하여 고시하는 시설(환경부장관이 설치하는 시설만을 말한다)이나 지방자치단체의 조례로 정하는 시설(지방자치단체가 설치하는 시설만을 말한다)
나. 가목의 (1) 또는 (2)의 폐기물처리시설을 설치·운영하려는 「수도권매립지관리공사의 설립 및 운영 등에 관한 법률」에 따른 수도권매립지관리공사의 장

표 7-4 입지선정위원회의 구성방법

위원 정원	위원의 구성
• 위원장 1인 포함 11인 이상 21인 이내	• 주민대표 : 3명 이상 6명 이내 • 전문가 : 4명 이상 7명 이내 • 시 · 도 또는 시 · 군 · 구 의회 의원 : 2명 이상 4명 이내 • 공무원 또는 임직원 : 2명 이상 4명 이내

폐기물처리시설 설치촉진 및 주변지역지원 등에 관한 법률 시행령 [별표 1의2]

① 폐기물처리시설 설치기관은 폐기물처리시설을 설치 · 운영하려는 경우에는 그 입지선정계획을 결정 · 공고하여야 한다.

② 입지선정계획에는 다음 사항이 포함되어야 한다.

1. 처리대상 폐기물의 종류 및 발생량
2. 폐기물처리 대상지역
3. 폐기물처리시설의 종류와 규모
4. 입지선정 기준과 방법

③ 입지선정계획을 공고한 경우에는 주민대표가 참여하는 입지선정위원회를 설치하여 해당 폐기물 처리시설의 입지를 선정하도록 하여야 한다.

④ 입지선정위원회가 입지를 선정할 때에는 미리 대통령령으로 정하는 전문연구기관 중 입지선정위원회가 선정한 기관으로 하여금 입지 후보지에 대한 타당성을 조사하도록 하여 그 결과를 고려하여야 한다. 다만, 입지선정위원회는 전문연구기관에 의한 입지 후보지 타당성 조사가 필요하지 아니하다고 인정하면 조사를 생략하거나 대통령령으로 정하는 관계 전문가의 검토의견서로 대체할 수 있다.

⑤ 입지선정위원회는 입지 후보지에 대한 타당성 조사의 과정과 그 결과를 해당 지역의 주민에게 공개하여야 한다.

⑥ 입지선정위원회는 입지를 선정할 때 다른 지방자치단체의 경계로부터 해당 시설 부지의 경계까지의 거리가 2킬로미터 이내인 곳을 입지로 선정하려는 경우에는 입지를 선정하기 전에 폐기물처리시설 설치기관으로 하여금 입지 후보지에 대한 타당성 조사 결과와 그 부지를 입지로 선정하려는 사유 등에 관한 자료를 첨부하여 해당 지방자치단체의 장과 협의하도록 요청하여야 한다.

(2) 시설부지 주민에 대한 지원

폐촉법에서는 폐기물 처리시설의 설치로 생활기반 상실 등 피해가 예상되는 인근 거주 주민에 대하여 지원을 할 수 있도록 규정하고 있다. 이와 관련한 주요 내용은 다음과 같다.

① 폐기물 처리시설 설치기관은 당해 폐기물 처리시설의 설치·운영으로 인하여 환경상 영향을 받게 되는 주변지역을 결정·고시하여야 한다.

② 주변영향지역을 결정·고시는 주민지원협의체가 선정한 전문연구기관으로 하여금 환경상 영향을 조사하게 하고, 그 결과를 수렴하여야 한다.

③ 주변영향지역은 다음과 같이 구분한다.

1. 직접영향권 : 환경상 영향 조사 결과 인체·동물의 활동, 농·축산물, 임산물 또는 수산물에 직접적으로 환경상 영향을 미칠 것으로 예상되어 지역주민을 이주시킬 필요가 있다고 인정되는 지역
2. 간접영향권 : 대통령령이 정하는 범위안의 지역으로서(폐기물 매립시설의 부지경계선으로부터 2 km 이내 또는 그 밖의 폐기물처리시설의 부지경계선으로부터 300 m 이내) 환경상 영향을 조사한 결과 환경상 영향이 미칠 것으로 예상되는 직접영향권 외의 지역. 다만, 특히 필요하다고 인정되는 때에는 대통령령이 정하는 범위 밖의 지역도 포함시킬 수 있다.

④ 직접영향권으로 결정된 지역의 주민은 당해 폐기물 처리시설 설치기관에 대하여 그 토지 등의 매수를 청구할 수 있다. 이 경우 매수에 관하여는 「공익사업을 위한 토지 등의 취득 및 보상에 관한 법률」을 적용한다.

⑤ 폐기물처리시설 설치기관은 제4항에 따라 매수한 토지를 주민편익시설, 녹지(綠地), 그 밖에 대통령령으로 정하는 용도에 사용하여야 한다.

- 대통령령으로 정하는 용도
  1. 해당 폐기물처리시설의 운영으로 인한 주변 환경오염 측정을 위한 측정시설의 설치
  2. 해당 폐기물처리시설의 진입로와 방진·방음을 위한 벽 또는 둔덕의 설치

⑥ 폐기물처리시설 설치기관은 대통령령으로 정하는 바에 따라 해당 폐기물처리시설의 부지나 그 인근에 지원협의체와 협의하여 체육시설 등 지역주민을 위한 편익시설을 설치하여야 한다. 다만, 지원협의체가 그 편익시설의 전부나 일부의 설치를 원하지 아니하는 경우에는 시설의 설치비용에 해당하는 금액을 제21조에 따른 주민지원기금에 출연할 수 있다.

- 설치비용의 100분의 20의 범위 안에서 편익시설을 설치하되, 그 종류 및 설치방법 등에 관한 사항을 지원협의체와 협의하여야 한다.

⑦ 폐기물 처리시설 설치기관은 주변영향지역의 주민에 대한 지원을 위하여 주민지원기금을 조성하여야 한다.

- 폐기물처리시설 설치기관의 출연금
- 해당 폐기물처리시설에 반입되는 폐기물에 대하여 징수한 수수료의 100분의 20의 범위에서 시설의 종류·규모, 주변영향지역에 거주하는 주민의 수, 환경상 영향의 정도 등을 고려하여 환경부장관 또는 수도권매립지관리공사의 장이 고시하거나 지방자치단체가 조례로 정하는 비율을 수수료에 곱하여 산정한 금액을 주민지원기금의 재원으로 한다.

표 7-5 주변영향지역 주민에 대한 지원사업의 종류

사업구분	사업 내용	지원사업의 세부내용
1. 소득증대 사업	농림수산업시설	공동영농·영어(營漁)시설(공동영농기계·공동축산·공동어선을 포함한다), 농기구 수리시설, 공동양식·양어장, 생산품 공동저장소, 공동가공공장, 농업용 저수지, 농로, 임도, 농업용수로, 농업용양수장, 농작물 및 임산물 재배시설 등
	상공업시설	공업용 수도, 직업훈련소, 시장, 공용창고, 구판장, 소규모 공단 등
	관광산업	휴게소, 휴양소, 토산품 판매장 등
2. 복리증진 사업	의료시설	보건진료소 등
	사회복지시설	노인회관, 마을회관, 공중목욕탕, 가로등, 어린이놀이터, 버스승차대기장 등
	도로시설	소규모 도로 등
	항만시설	소형선박용 항만시설, 소규모 어항, 호안옹벽, 방파제 등
	상하수도시설	상수도시설·하수도시설 등
	교육·문화시설	도서관, 유치원, 통학차, 문화시설, 향토박물관, 사적시설, 사회교육시설 등
	환경·위생시설	쓰레기처리시설, 배수구시설, 청소차, 공중위생시설, 환경감시시설 등
	운동·오락시설	운동장, 야영장, 운동기구 등
	전기·통신시설	공용 전기시설 및 전화시설, 텔레비전방송공동수신시설 등
	그 밖의 시설	지역 난방시설 및 난방비 지원(소각시설만 해당한다), 주택개량 등의 주거환경 개선(냉방·난방시설의 설치사업을 포함한다) 등
3. 육영사업	컴퓨터·피아노 등 교육기자재 지원, 학자금 및 장학금 지급, 장학기금 적립, 학교급식 지원 등	
4. 그 밖의 사업	그 밖에 소득증대사업·복리증진사업·육영사업 등에 필요하다고 인정되어 환경부장관 또는 수도권매립지관리공사의 장이 고시하거나 지방자치단체가 조례로 정하는 사업	

⑧ 주민지원기금은 주변영향지역주민의 소득향상 및 복리증진을 지원하기 위한 사업에 사용하여야 한다.

- 직접 영향권 안의 주민에 대하여는 가구별로 지원할 수 있고, 간접 영향권 안의 주민에 대하여는 공동사업의 형태로 지원하는 것을 원칙으로 하되, 폐기물처리시설 설치기관이 가구별로 지원하는 것이 특히 필요하다고 인정하면 환경부장관 또는 수도권매립지관리공사의 장이 고시하거나 지방자치단체가 조례로 정하는 바에 따라 가구별로 지원할 수 있다.

7.4 매립지 내의 반응

매립지의 효율적인 설계 및 운영을 위해서는 매립기간 중이나 매립완료 후 매립지내의 반응을 이해하는 것이 중요하다. 유해폐기물 매립지의 경우 반응은 매우 미미한 경우가 보통이나 도시폐기물 등 일반폐기물 매립지의 경우는 침출수 중의 오염물질 농도가 높으며, 매립가스 발생도 많이 발생한다. 폐기물 매립지에서 일어나는 반응은 다음과 같은 것들이 있다.

① 미생물학적 분해 반응
② 화학적 산화
③ 매립지 가스의 이동 및 방출
④ 침출수의 발생 및 이동
⑤ 침출수에 의한 유기물질과 무기물질의 용출
⑥ 침하

매립 후 폐기물의 분해와 안정화는 폐기물의 성분, 압축정도, 수분함량, 방해물질의 존재와 온도 등에 영향을 받는다. 이러한 요인들 간의 영향으로 일어나는 매립지내 반응은 일반적으로 분해, 가스(악취포함)와 침출수의 발생, 매립지 침하 등으로 나누어 볼 수 있다.

7.4.1 매립지 내 분해

고형폐기물 내의 생물분해가능한 유기성분은 매립과 동시에 분해되기 시작된다. 초기에는 호기성 상태에서 분해가 시작되나, 이내 매립지 내 산소가 거의 소비되어 혐기성 상태에서 분해 반응이 진행된다.

유기물질의 분해율은 물질의 특성과 수분함량에 의해 달라진다. 일반적으로 폐기물 내 유기물질은 다음의 세 가지로 분류할 수 있다.

① 섬유질(cellulose)과 그 화합물을 포함한 유기물
② 탄수화물, 지방, 단백질 등 분해가 용이한 유기물
③ 플라스틱, 고무, 가죽류

섬유질은 종이, 목재, 자연섬유류가 주 구성물질로서 분해속도가 비교적 느리며, 단백질, 탄수화물, 지방 등은 분해속도가 매우 빠른 유기물이다. 제한된 양의 무기염류와 수분은 위의 물질과 결합되어 존재한다.

위의 폐기물 성분으로부터 혐기성 분해에 의한 주요 최종산물은 부분적으로 안정화된 유기물, 중간대사물질인 유기산, 그리고 다양한 성분을 함유한 가스(CO_2, CH_4, NH_3, H_2, H_2S …)이다. 보통의 조건에서 가스발생으로 분해율을 측정하면 초기 2년 내에 최고에 도달하고, 10년 이상 다량의 가스가 발생된 후 25년 이상 미량이나마 지속적으로 가스가 발생된다. 만약 매립지 내에 수분공급이 이루어지지 않는다면 유기물질의 분해는 이루어지기 어려울 것이다. 이는 수분함량이 매립지 내 가스발생량에 커다란 영향을 주고 있음을 의미한다.

혐기성 분해 과정에 의해 야기되는 환원 상태는 화학물질의 환원을 유발하여 유기물질 이외에 무기물질에도 영향을 미치게 된다. 중금속의 경우 Sulfide 형태의 난용성 침전물을 형성하므로 통상 침출수의 중금속 농도는 낮은 편이다. 또한 석고($CaSO_4$) 보드와 같은 건축폐기물을 유기성 폐기물과 함께 매립하는 경우 환원 조건에 의해 황화수소가 발생하는 현상도 매립지의 환원적 분위기에 기인한다.

7.4.2 매립지 가스의 발생

매립지에서 발생하는 가스(LFG, landfill gas)는 메탄, 이산화탄소가 주된 성분이고, 그 외에 1% 미만의 휘발성 유기화합물(VOC, Volatile Organic Compound)과 악취가스 등이 포함된다. 매립 초기에는 이산화탄소의 함량이 많으나 2년 후부터는 이산화탄소와 메탄가스의 비율이 거의 비슷하게 된다. <그림 7-9>에 폐기물 매립지에서의 가스생성 과정을 보였다. 각 단계를 설명하면 다음과 같다.

- 1단계 : 호기성 단계로서 매립 후 며칠 또는 몇 개월 가량 지속되는데, 폐기물 내에 수분이 많은 경우에는 반응이 가속화되어 용존산소가 쉽게 고갈되어 2단계 반응에 빨리 도달하게 된다.

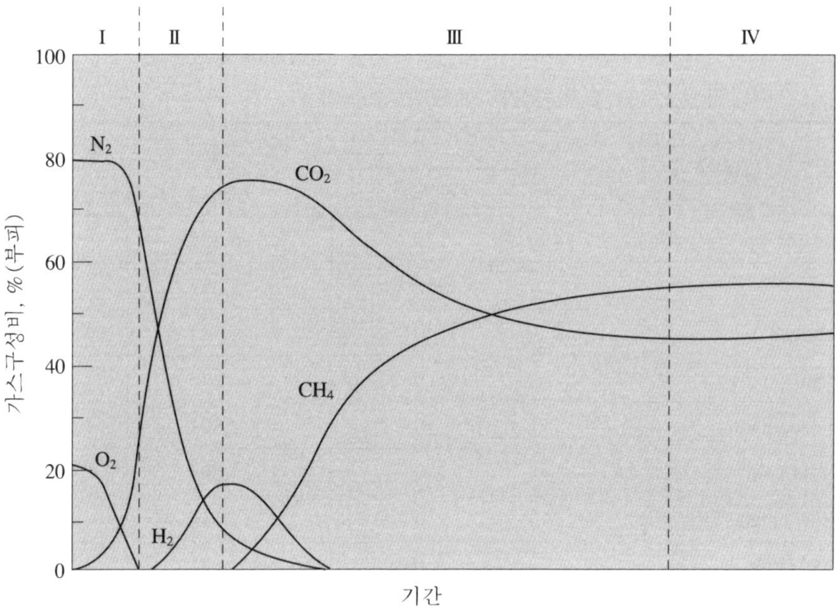

그림 7-9 매립 경과기간에 따른 가스의 구성성분 변화

- 2단계 : 혐기성 단계이지만 CH_4이 형성되지 않는 단계로 임의성 미생물에 의하여 SO_4^{-2}와 NO_3^-가 환원되는 단계이다. 이 반응에 의해 CO_2가 생산되며, 수분이 충분한 경우에는 3단계로 빨리 넘어간다.
- 3단계 : 혐기성 단계로 CH_4이 생성된다. 즉, 가스 내의 CH_4 함량이 증가하기 시작하며, 온도가 약 55℃ 내외로 높아진다.
- 4단계 : 혐기성 단계로 가스 내의 CH_4와 CO_2의 함량이 거의 일정한 정상상태(Steady State)의 단계이다($CH_4 : CO_2 : N_2$ = 55% : 40% : 5%).

CH_4는 독성이 없고 무색무취이며, 발열량은 13,300 kcal/kg CH_4, 밀도는 공기의 0.558 정도로 가볍다. 또 공기 중에 5～15% 농도로 존재할 때 폭발의 가능성이 있고, 물에는 최대 17 mg/L까지 용해되는 것으로 알려져 있다. 특히 CH_4는 온실가스로서 온난화 지수가 CO_2의 21배로 높아서 최근 매립지에서 CH_4의 제어에 관심이 높아졌다. CO_2는 CH_4과 함께 주된 매립지 가스로서 이들이 주변 지역으로 확산되는 경우 토양 내의 산소 농도가 낮아져서 식물의 고사를 유발하게 된다.

CH_4과 CO_2를 주성분으로 하는 매립지 가스의 발열량은 메탄 함량에 따라 다른데, 통상 4,000～5,000 kcal/Nm^3 수준으로 알려져 있으며, LNG의 발열량인 10,500 kcal/Nm^3의 절반

표 7-6 미국 캘리포니아주 66개 도시생활폐기물 매립지에서 조사된 매립지 가스 중의 미량성분 농도

화합물 이름	농도 (ppbV)		
	중간값	평균	최대값
Acetone	0	6,838	240,000
Benzene	932	2,057	39,000
Chlorobenzene	0	82	1,640
Chloroform	0	245	12,000
1,1-Dichloroethane	0	2,801	36,000
Dichloromethane	1,150	25,694	620,000
1,1-Dichloroethene	0	130	4,000
Diethylene chloride	0	2,835	20,000
trans-1,2-Dichloroethane	0	36	850
2,3-Dichloropropane	0	0	0
1,2-Dichloropropane	0	0	0
Ethylene bromide	0	0	0
Ethylene dichloride	0	59	2,100
Ethylene oxide	0	0	0
Ethyl benzene	0	7,334	87,500
Methyl ethyl ketone	0	3,092	130,000
1,1,2-Trichloroethane	0	0	0
1,1,1-Trichloroethane	0	615	14,500
Trichloroethylene	0	2,079	32,000
Toluene	8,125	34,907	280,000
1,1,2,2-Tetrachloroethane	0	246	16,000
Tetrachloroethylene	260	5,244	180,000
Vinyl chloride	1,150	3,508	32,000
Styrenes	0	1,517	87,000
Vinyl acetate	0	5,663	240,000
Xylenes	0	2,651	38,000

정도 수준이다.

매립지에서의 가장 큰 민원 중 하나가 매립지 가스 중의 악취발산 문제이므로 이들의 적절한 관리는 매우 중요하며, 아울러 매립가스의 화재 위험성과 유해성, 온실가스로의 영향 등의 측면에서도 매립지 가스의 관리는 중요하다. 매립지 가스가 대량으로 발생하는 경우 발전 등 에너지 자원으로 활용이 가능하다. <표 7-6>에서는 미국의 도시생활폐기물 매립지에서 조사된 매립지 가스 중의 미량 성분 농도를 예시하였다.

7.4.3 침출수 발생

침출수(leachate)란 폐기물을 통하면서 용해되거나 부유되어 있는 물질이 함께 추출된 액체이다. 매립지의 침출수는 강수에 의해 외부로부터 유입된 물이 대부분이며, 폐기물의 분해로 생성된 액체도 포함된다.

침출수에는 분해를 통해 추출된 생물학적 물질과 화학성분이 포함되어 있다. 침출수의 특성은 폐기물의 종류와 분해특성에 따라 크게 달라지므로 항목별 평균값을 나타내기는 매우 어렵다. 일반적으로 침출수의 양은 매립지로 유입되는 외부유입에 직접적인 영향을 받으므로 매립지가 공학적으로 설계되었다면 침출수 발생량을 예측할 수 있으며, 발생된 침출수는 집배수 시설 및 처리시설을 통하여 처리된다.

7.4.4 매립지 침하

유기물질의 분해와 압밀 등에 의해 폐기물 매립지에서는 침하(Settlement) 현상이 일어나게 된다. 폐기물은 불균질하므로 부동침하 현상이 발생하며, 특히 계곡에 매립하는 경우 위치별로 폐기물 매립깊이가 다르므로 이에 따라 침하 정도는 큰 차이를 나타내게 된다. 따라서 매립지 상단에 구조물을 설치하는 경우 부동침하에 의해 구조물의 손상이 일어날 수 있다.

매립지의 침하는 초기다짐, 폐기물의 특성, 분해정도와 압밀의 효과 등에 영향을 받는다. 초기다짐 정도가 매립지의 침하에 미치는 영향을 그래프로 나타내면 <그림 7-10>과 같고, 여러 연구를 통하여 최종침하의 90%가 초기 5년 내에 일어난다고 알려져 있다.

매립지 설계시에는 지반침하를 감안하여 계획지반고를 설정함에 있어서 매립고의 30% 정도를 추가하여 계획매립량으로 산정한다.

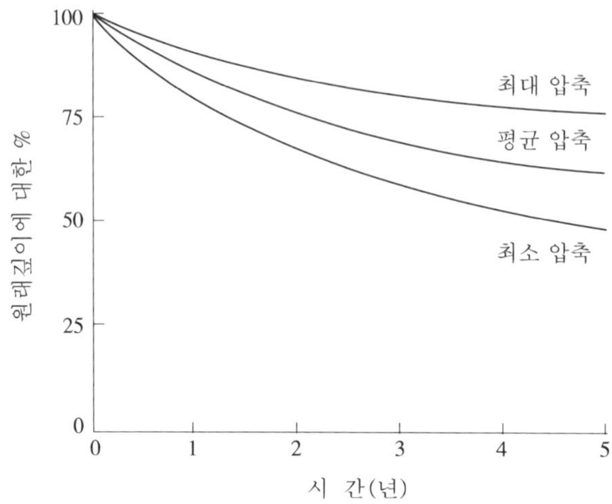

그림 7-10 폐기물의 다짐정도에 따른 매립지 침하

7.5 매립지의 주요 구성 요소

매립지의 설치운영으로 인한 주변의 환경오염은 지하수의 오염 이외에도 직·간접적인 지표수 오염의 우려가 있으며, 특히 유해폐기물 매립지의 경우 유독한 휘발성 가스의 방출

그림 7-11 새로 조성된 관리형 생활폐기물 매립지

에 따른 대기오염 가능성도 높다. 도시폐기물의 경우 분진 및 악취발생, 파리, 모기 등 해충이나 쥐, 까마귀 등 동물서식에 의한 병원균 전파 등의 환경오염 가능성이 높다. 특히 해안에 가까운 매립지의 경우 갈매기의 서식이 위생상의 문제뿐만 아니라 운영상에도 커다란 지장을 주는 것으로 알려져 있다.

따라서 폐기물 분해시 생성된 오염물질로 인한 주변 환경오염을 최소화 하도록 매립지는 설계, 시공, 운영 및 사후관리 되어야 한다.

매립지에서의 주요시설은 다음과 같다.

① 차수설비(遮水設備, Liner System)
② 침출수 집배수 설비(Leachate Collection System)
③ 복토(Cover System)
④ 우수 집배수 설비(Stormwater Collection System)
⑤ 침출수 처리 시설
⑥ 매립지 가스 추출 및 처리 시설
⑦ 지하수 검사공 등 환경오염 감시 설비

침출수와 매립지 가스는 별도의 절에서 따로 다루도록 한다.

7.5.1 차수설비

폐기물 매립지에서 차수설비에 쓰이는 재료는 크게 나누어 다음과 같다.

① 점토(Clay soil)
② 합성차수막(FML, Flexible Membrane Liner)
③ Soil mixture (토양과 아스팔트, 시멘트, 벤토나이트 등의 혼합물)

<그림 7-12>는 여러 차수설비의 종류 및 단면을 보여주고 있다. <그림 7-12>에 예시된 모든 차수층 또는 차수막 바로 위에는 침출수 집배수층이 있는데 이는 다음에 구체적으로 논하기로 한다. <그림 7-12> (a)와 (b)는 단일차수층으로서 정지작업이 끝난 지반위에 점토나 합성차수막을 설치한 것이다. 이는 가장 간단한 차수설비의 형태이다. 합성차수막과 바로 그 아래에 점토층을 두어 각 차수막의 취약점을 보완한 구조를 흔히 composite liner (복합 차수층)이라고 한다(그림 7-12c). 복합차수층의 장점은 합성차수막에 구멍이 생길 경우 지하로 유출되는 침출수량이 단일 합성차수막에 비하여 현격하게 낮다는 사실이다. 하나의 합성차수막과 하나의 복합차수층으로 이루어진 구조를 흔히 double liner (이중차수층)라고

부른다(그림 7-12d). Double composite liner (이중 복합차수층, 그림 7-12e)는 복합차수층이 이중으로 있는 경우이다. 이와 같은 다중차수설비의 경우 재료비나 공사비 등 비용이 많이 소요됨은 물론 공사 또한 장기간이 소요되는 것이 보통이다.

미국의 Resource Conservation and Recovery Act (RCRA) 규정에 의한 유해폐기물 매립지의 경우 이중차수층(double liner)으로 설계하도록 되어 있으며, 일반폐기물 매립지의 경우 복합차수층을 이용하도록 하고 있다.

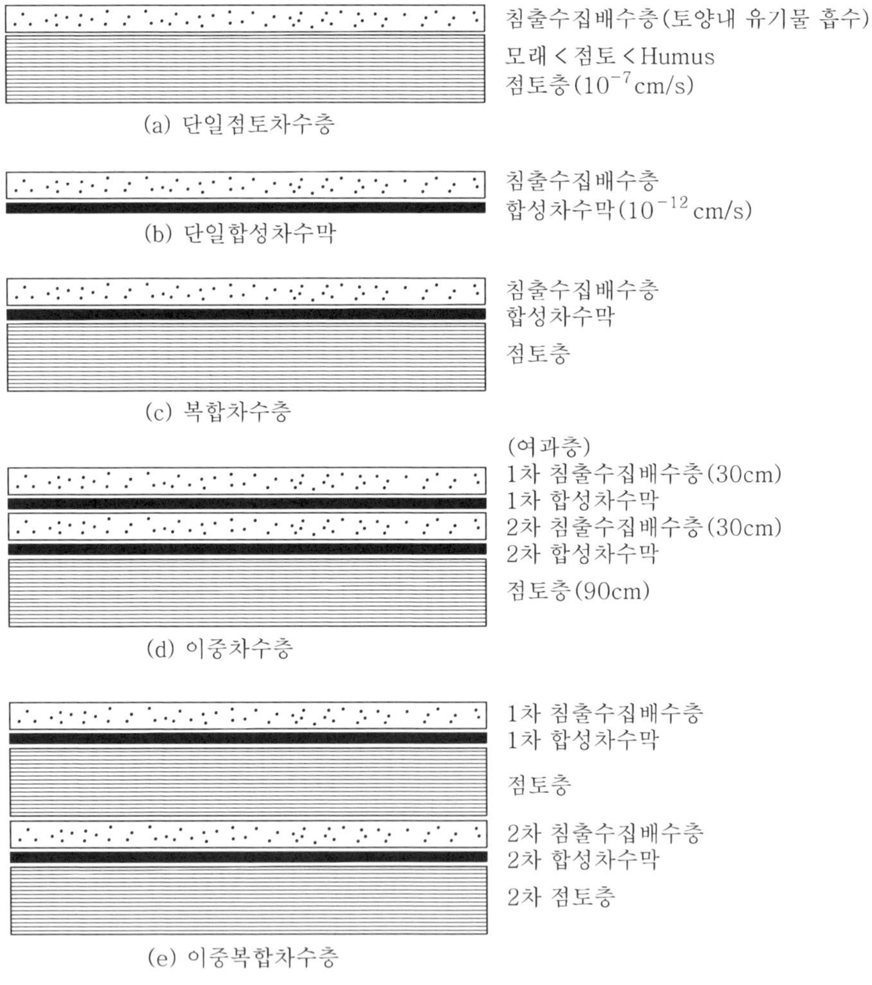

그림 7-12 대표적인 차수설비의 종류 및 단면

(1) 점토층

점토는 자연산인 관계로 재료의 취득이 상대적으로 용이하지 못하고, 투수율 또한 상대적으로 높으며, 균등질의 불투수층 시공이 용이하지 못한 단점이 있는 반면에, 침출수내 오염물질의 흡착능력이 뛰어나다는 큰 장점이 있다. 반면에 합성차수막은 투수성은 매우 낮으나, 시공시 구멍이나 찢어짐 등 하자가 생기면 일단 발생된 침출수가 거의 무방비 상태에서 지하수로 유입될 수 있다는 결정적인 단점이 있다. 한 통계에 의하면 시공된 합성차수막에서 1 ha당 평균 2～5개 정도의 결함부분이 발견되고 있다.

점토에 대한 정의는 다소 다양한데 보통 토양입자의 직경이 0.002 mm 미만인 토양을 말한다. 참고로 토양의 입경이 0.002～0.05 mm 사이에 있는 토양은 미사토(silt), 0.05～2 mm 사이의 토양은 모래(sand)로 분류되며, 2 mm 이상인 토양은 자갈(gravel)로 분류된다.

점토의 수분함량과 관계되는 지표로서 액성한계(LL, Liquid Limit)와 소성한계(PL, Plastic Limit), 그리고 소성지수(Plasticity)가 있는데, 액성한계(LL)는 점토의 수분함량이 그 이상이 되면 상태가 더 이상 플라스틱과 같지 못하고 액체상태로 되는 수분함량을 말하며(관련규격 ; KS F 2303), 소성한계(PL)는 점토의 수분함량이 일정수준 미만이 되면 플라스틱 상태를 유지하지 못하고 부스러지는 상태에서의 수분함량을 말한다(관련규격 ; KS F 2304). 소성지수는 액성한계와 소성한계의 차이(PI = LL − PL)를 말한다.

점토가 매립지의 차수막으로 이용되기 위해서는 여러 조건을 만족시켜야 하는데, 그 중 대표적인 것들은 다음과 같다. 다음 조건은 가장 포괄적인 관점에서 요약한 것이며, 매립지 주변의 안전성 등을 강조하여야 할 경우는 각 항목별로 강화된 기준을 적용하여야 할 것이다.

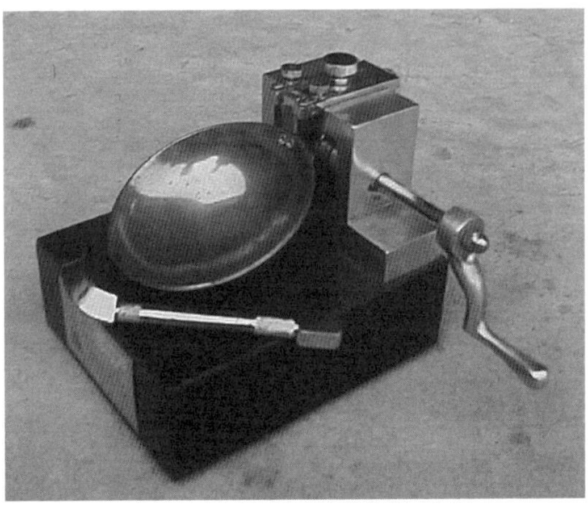

- 액성한계의 시험 : 시료를 담은 접시를 1 cm 높이에서 1초간 2회 비율로 25회 낙하시켰을 때 2분된 부분의 홈의 양측으로부터 흙이 흘러나와서 약 1.5 cm 길이로 합류될 때의 함수비
- 소성한계의 시험 : 반죽된 흙을 손을 밀어 3 mm의 국수(noodle) 모양으로 만들어 부슬부슬 해질 때의 함수비

그림 7-13 액성한계 시험 장치

① 투수계수 : 10^{-7} cm/sec 미만
② 점토 및 미사토 함유량 : 20% 이상
③ 소성지수 : 10% 이상 30% 미만
④ 액성한계: 30% 이상
⑤ 자갈 함유량 : 10% 미만
⑥ 직경이 2.5cm 이상인 입자 함유량 : 0

물이 점토층 토양을 통과하는 속도 또는 유량은 Darcy의 법칙으로 표현할 수 있다. Darcy의 법칙은 층류(laminar flow)인 경우에 적용된다.

$$Q = -KiA \tag{7.1}$$

$$V = -Ki \tag{7.2}$$

여기서, Q : 유량(m^3s)
K : 투수계수(permeability 또는 hydraulic conductivity) (m/s)
$V = Q/A$: 겉보기 속도(superficial velocity) (m/s)
A : 단면적
i : 동수경사(hydraulic gradient = dh/dL)
h : 손실수두(m)
L : 침출수 흐름방향으로의 토양층 깊이(m)

토양공극 내의 실제 지하수 유속(물 입자 관점에서의 유속)은 토양입자들로 인해 물이 흐를 수 있는 유효단면적이 좁아져서 식 (7.3)과 같이 겉보기 유속보다 빠르다.

$$V_p = \frac{V}{n} \tag{7.3}$$

여기서, V_p : 공극 내 침출수 속도(거리/시간)
n : 유효공극률(effective porosity)

그림 7-14 사람 관점의 겉보기 유속과 물 입자 관점의 실제 유속의 차이

식 (7.2)를 시간에 대하여 정리하면 식 (7.4)를 얻을 수 있으며, 이 공식을 이용하면 침출수가 주어진 두께의 점토층을 통과하는데 소요되는 시간을 예측할 수 있다.

$$t = \frac{d^2}{K(d+h)} \tag{7.4}$$

여기서, t : 침출수의 점토층 통과시간(year)

d : 점토층의 두께(m)

h : 침출수 수두(m)

K : 투수계수(m/year)

> 일부 다른 책에서는 식 (7.4)를 $t = \frac{d^2 n}{K(d+h)}$로 표현하기도 하나, 점토층을 통과하는 유속은 물 입자 관점이 아니고, 사람의 관점에서 측정한 이동거리 및 투수계수에 근거하므로, 공극율을 고려하지 않는 것이 정확한 식이다. 즉, 투수계수 K를 측정할 때 유효단면적이 아닌 총단면적을 기준으로 측정하였으므로, 통과시간 계산시에도 총단면적 기준으로 계산하여야 한다. 하지만, 기사시험 문제에서는 공극률이 포함된 계산식 기준으로 정답이 제시되고 있으므로 분자에 공극률이 포함된 식도 함께 기억할 필요가 있다.

토양의 투수계수는 토양의 입자크기, 공극율, 입자크기분포 등과 같이 토양자체의 특성과 액체의 점성계수, 비중량과 같은 액체의 성질 등의 영향을 받는 것으로 알려져 있다. 따라서 투수계수는 다음의 식으로 표현 가능하다.

$$K = Cd^2 \frac{\gamma}{\mu} = k \frac{\gamma}{\mu} \tag{7.5}$$

여기서, C : 상수

d : 평균 공극직경

γ : 액체의 비중(specific weight)

μ : 액체의 밀도

k : (Cd^2) = intrinsic permeability 또는 specific permeability

intrinsic permeability k는 액체의 성질을 제외한 단지 토양만의 성격에 의한 투수계수임을 뜻한다. intrinsic permeability는 아래의 공식으로 흔히 표현되기도 한다.

$$k = K \frac{\mu}{\gamma} \tag{7.6}$$

예제 1

투수계수가 10^{-7} cm/s이고, 두께 1m인 점토층 위에 침출수가 30 cm 높이로 쌓여있다. 이 침출수가 점토층을 통과하는데 걸리는 시간(년)을 계산하시오.

$t=\dfrac{d^2}{K(d+h)}$에서

점토층 두께 $d=100\,\text{cm}$, 수두 $h=$점토층 두께+침출수 수위$=100+30=130\,\text{cm}$이므로

$$t=\frac{100^2}{10^{-7}\times(100+130)}=7.69\times10^8\text{초}=24.4\text{년}$$

우리나라의 현행 폐기물관리법에서 요구하는 점토 차수층으로 매립지를 시공하고, 매립지 위의 침출수 수위가 미국에서 요구하는 침출수 누적 수두 30 cm를 만족시키는 경우 침출수가 점토층을 통과하는데 걸리는 시간은 24년 이상이 걸리는 것을 알 수 있다.

(2) 합성차수막

합성차수막은 다양한 용어가 사용되고 있다. 우리나라에서 토목합성수지 라이너로 불리는 용어는 영어로는 flexible membrane liner (FML), geomembrane, synthetic membrane liner 등이 동의어로 쓰이고 있다. 토목합성수지 라이너와 토목합성수지 배수층(geotexile, geogrid, geonet, geocomposite 등)을 통틀어서 토목섬유(geosynthetics)라고 부른다. Geomembrane이 점토층 대체품이듯이 geogrid, geonet 등은 자갈이나 모래 등을 대신하여 침출수의 집수 및 배수층에 사용되는 대용품들이다.

매립지의 합성차수막으로 흔히 쓰이는 재질은 아래와 같이 8가지가 있으나, 국내에서는 주로 HDPE 재질의 라이너를 가장 많이 사용하고 있다.

① Butyl rubber (IIR, isoprene-isobutylene)
② Chlorinated polyethylene (CPE)
③ Chlorosulfonated polyethylene (CSPE)
④ Ethylene propylene diene Monomer (EPDM)
⑤ Low-density polyethylene (LDPE)
⑥ High-density polyethylene (HDPE)
⑦ Neoprene (polychloroprene, CR. chloroprene rubber)
⑧ Polyvinyl chloride (PVC)

합성차수막의 두께는 대개 0.5～3 mm로 생산되며(1 mil = 1/1000인치) 미국의 규정에 의한 유해폐기물 라이너의 최소두께는 30 mils (0.76 mm)이다. 시장에서 판매되는 규격으로는 폭이 9 m 이상인 것이 대부분이며 30 m 이상까지도 생산하므로 접합량을 최소화하기도 한

다. 합성차수막의 접합방법에는 유기용매 등 접합제를 이용하는 방법과 열처리에 의한 방법 등 여러 가지가 있으며 접합형태 또한 매우 다양하다.

HDPE 라이너의 접합은 열 융착방법으로 하며, 시공 상태의 검사는 육안검사와 비파괴검사로서 공기압 검사, 전기 스파크 검사, 진공 검사 등이 있으며, 파괴검사로서 전단강도와 박리강도를 측정한다.

(3) 복합차수층

우리나라에서 원지반에 점토층이 많은 지역은 극히 드물기 때문에 대부분 soil-cement나 soil-bentonite 혼합층으로 점토층을 대신하는 경우가 대부분이다. 한편, 사면부의 경우 이러한 혼합토층을 시공하기가 힘들기 때문에 부직포 안쪽에 벤토나이트가 들어있는 지오컴포지트 라이너로 대신한다.

(4) 우리나라 폐기물관리법에서의 차수층 규정

우리나라 폐기물관리법 시행규칙 별표 9 폐기물 처리시설의 설치기준에서 규정하고 있는 관리형 폐기물 매립지의 차수시설 규정은 <표 7-7>과 같다.

표 7-7 우리나라의 관리형 폐기물 매립지 차수시설 및 침출수 집배수층 관련 규정

<table>
<tr><th colspan="2">구분</th><th>생활폐기물 매립지</th><th>지정폐기물 매립지</th></tr>
<tr><td rowspan="3">차수시설</td><td>HDPE 사용시</td><td>• 두께 2 mm HDPE 포설
• 투수계수 10^{-7} cm/s 이하 50 cm 점토층 포설</td><td>• 두께 2.5 mm HDPE 포설
• 투수계수 10^{-7} cm/s 이하 1 m 점토층 포설</td></tr>
<tr><td>점토류 단독사용시</td><td>• 투수계수 10^{-7} cm/s 이하 1 m 점토층 포설</td><td>• 투수계수 10^{-7} cm/s 이하 1.5 m 점토층 포설</td></tr>
<tr><td>그 밖의 차수재료</td><td colspan="2">• 위와 동등한 차수효과를 가지는 차수시설</td></tr>
<tr><td rowspan="3">집배수층</td><td>바닥</td><td colspan="2">• 투수계수 10^{-2} cm/s 이상 두께 30 cm 집배수층 설치
• 집배수 관로 주변에는 5～50 mm의 골재 설치
• 바닥기울기 2% 이상</td></tr>
<tr><td>측면</td><td colspan="2">• 투과능 계수 1/30,000 m^2/s 이상인 토목합성수지 배수층 설치</td></tr>
<tr><td>그 밖의 집배수층</td><td colspan="2">• 환경기술검증을 받은 그 밖의 집배수층</td></tr>
<tr><td colspan="2">침출수 유량조정조</td><td colspan="2">• 최근 10년간 1일 강우량이 10 mm 이상인 강우일수 중 최다빈도의 1일 강우량의 7배에 해당하는 침출수를 저장할 수 있는 규모</td></tr>
</table>

※ 폐기물관리법 시행규칙 별표 9 <개정 2020.8.31>

한편, 폐기물관리법 시행규칙 별표 11 폐기물 처리시설의 관리기준에서는 차수시설 상부에 모여 있는 침출수의 수위와 매립시설 측면의 차수층 보호에 대하여 다음과 같이 규정하고 있다.

- 차수시설 상부에 모여 있는 침출수의 수위는 시설의 안정 등을 고려하여 매립 중인 시설의 경우 5 m 이하, 매립이 끝난 시설은 2 m 이하가 유지되도록 관리하여야 한다.
- 매립시설 측면의 토목합성수지 라이너를 보호하고 침출수를 원활하게 배제하기 위하여 토목합성수지 상부의 지오컴포지트・지오네트 또는 지오텍스타일 등의 위에 폴리프로필렌 재질의 자루에 모래, 폐주물사 또는 폐사를 채워 30 cm 이상 높이로 쌓거나, 폐타이어에 모래・폐주물사 또는 폐사 등을 채워 쌓은 후 폐기물을 매립하여야 한다. 다만, 환경기술검증을 받은 매립시설의 설치공법으로 매립시설의 측면에 토목합성수지 라이너를 설치한 경우에는 그러하지 아니하다.

<그림 7-15>에서는 매립지 측면의 집배수층에서 적용되는 투과능 계수(transmissivity)의 개념과 실험방법에 대하여 간략히 도시하였다.

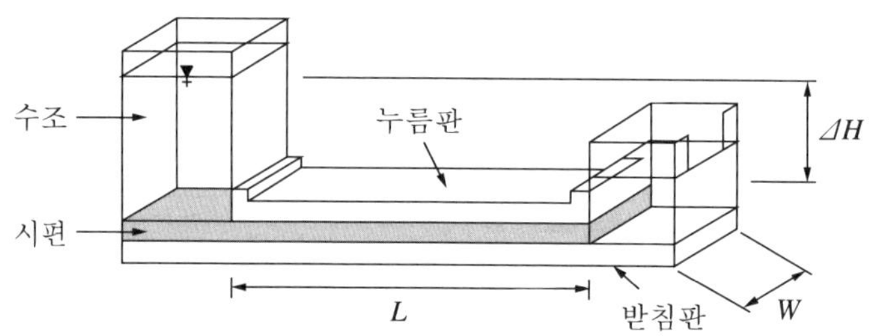

투과능 계수 : $\theta = \dfrac{QL}{WH}$ θ : 투과능 계수(m^2/s)

Q : 시간당 유출량(m^3/s) L : 시편의 길이(m)

W : 시편의 폭(m) H : 수조 사이의 수두차(m)

그림 7-15 투과능 계수의 정의와 실험방법

7.5.2 침출수 집배수 설비

침출수 집배수 설비는 차수설비 위에 침출수가 축적되지 않도록 하는 데 있다. 침출수가 차수 설비 위에 축적되면 수압이 증가하여 차수설비를 투과하는 침출수량이 증가하기 때문이다. 이와 같은 현상은 Darcy의 법칙으로 설명이 잘된다. 즉, 식 (7.4)에서 분모에 있는 h

가 커짐에 따라 차수층을 통과하는 속도가 빨라짐을 알 수 있다. 또한 침출수가 차수설비 위에 축적되면 매립지 사면의 안정성이 떨어진다. 따라서 침출수 집배수 설비는 발생되는 침출수를 즉시 효과적으로 차수설비로부터 제거시켜 지하수 오염 가능성을 최소화시키고, 매립지의 안정을 도모하여야 한다. 미국의 경우 차수설비 위의 침출수의 수위를 30 cm 미만으로 규정하고 있는 이유가 바로 위와 같은 이유 때문이다.

침출수 집배수 설비의 핵심이 되는 침출수 집배수층 및 침출수 집수관을 위한 설계지표가 아래에 예시되어 있다.

(1) 침출수 집배수층

① 두께 : 최소 30 cm
② 투수계수 : 최소 1 cm/sec
③ 집배수층 재료의 입경 = 10～13 mm 또는 16～32 mm
④ 바닥경사 : 2～4%

(2) 침출수 집배수관(유공관)

① 집배수관의 최소직경 : 15 cm
② 집배수관 구멍 직경 : 1 cm 이상 집배수층재료의 최소입경 미만
③ 구멍간격 : 집배수관 직경 = 1～1.5 : 1
④ 집배수관 간격 : 15～30 cm (최대 50 m)

집배수층 재료는 대개 자갈을 많이 사용하며 자갈의 직경은 위에 언급한 바와 같이 10～13 mm의 범위에 있거나 16～32 mm의 범위에 있으면 만족스러운 것으로 알려져 있다. 또는 아래의 기준에 접합하면 만족스러운 것으로 간주할 수 있다.

$$\frac{D_{15}}{d_{85}} < 5 \text{ (침출수 집배수층이 주변물질에 의해 막히지 않기 위한 조건)} \quad (7.7a)$$

$$\frac{D_{15}}{d_{15}} > 5 \text{ (침출수 집배수층이 충분한 투수성을 유지하기 위한 조건)} \quad (7.7b)$$

여기서, D는 침출수 집배수층 재료의 입경을 나타내고 d는 집배수층 주변물질(일반적인 배수설비의 경우는 주변토양을 말하는데 여기서는 집배수층과 폐기물 사이의 토양층, 여과층을 말함)의 입경을 나타낸다. 또한 D_n (또는 d_n)은 입경누적곡선에서 무게 백분율로 n% 가 통과할 수 있는 체 눈 크기에 해당하는 입경을 말한다.

위의 두 조건 중 첫 번째 조건(식 7.7a)은 침출수 집배수층이 주변물질에 의해 막히지 않도록 하기 위한 조건이며, 두 번째 조건(식 7.7b)은 침출수 집배수층이 충분한 투수성을 유지하기 위한 조건이다. 예를 들면, 여과층으로 토양을 이용할 경우 토양의 d_{85}와 d_{15}이 각각 4 mm와 1 mm일 경우, 침출수 집배수층의 D_{15}은 5 mm와 20 mm 사이에 있는 것이 바람직하다. 또는 반대의 경우로 침출수 집배수층의 D_{15}이 10 mm이라고 하면 여과층으로 이용할 토양의 d_{15}는 2 mm보다 작고 d_{85}는 2 mm보다 커야 한다.

7.5.3 복토

(1) 서론

폐기물 매립시 악취문제, 먼지나 종이 등의 흩날림, 병원균 매개체의 서식, 그리고 강수에 의한 우수침투 등의 방지를 위해, 그리고 매립완료 후 안전한 사후관리를 위하여 복토가 필요하다. 복토의 주요 기능을 요약하면 다음과 같다.

① 우수침투량 감소에 따른 침출수 발생량 감소
② 병원균 매개체 서식방지 : 파리, 모기, 쥐, 새 등
③ 악취 발산 저감
④ 미관상 문제 개선
⑤ 종이 등의 흩날림 방지
⑥ 화재예방
⑦ 매립완료 후 식물성장을 위한 토양 제공
⑧ 토양미생물의 서식공간 제공

복토는 매일 매립 작업이 끝난 후 실시하는 일일복토, 일정기간 매립작업이 중단되거나 하나의 cell이 끝날 때 시행하는 중간복토, 그리고 매립이 종료된 시행하는 최종복토가 있다. 일반적으로 통용되는 복토의 최소두께는 일일복토와 중간복토가 각각 15 cm, 30 cm이고 최종복토의 경우 60 cm이다. 이 경우 매립지의 전체 매립 용량 중 복토가 차지하는 비중은 20∼25%에 해당한다.

토양의 종류는 토성(soil texture)에 의하여 분류할 수 있으며 미국 농무성 분류법에 의하면 <표 7-8>과 <그림 7-16>과 같이 분류할 수 있다. 복토로 가장 적합한 토양은 양토(loamy soil)이나 많은 경우 적합한 복토재의 조달이 용이하지 못하여 점토나 사토, 미사토 등 토양삼각도상의 극한 부분인 꼭지점 부근의 토양만 아니면 복토재로 사용하는 데 커다란

문제는 없다.

표 7-8 토성에 의한 토양의 분류(미국 농무성 분류법)와 복토재로의 적합성

토성(Soil Texture)			복토재 적합성
구분	일반 명칭	약자	
Coarse	사토(Sand)	S	부적합
	양질 사토(Loamy sand)	LS	
Moderately Coarse	사양토(Sandy loam)	SL	
Medium	양토(Loam)	L	
	미사질 양토(Silt loam)	SiL	
	미사토(Silt)	Si	부적합
Moderately	사질 식양토(Sandy Clay loam)	SC	
Fine	식양토(Clay loam)	CL	
	미사질 식양토(Silt clay loam)	SiCL	
Fine	사질 식토(Sandy clay)	SC	
	미사질 식토(Silt clay)	SiC	
	식토(Clay)	C	부적합

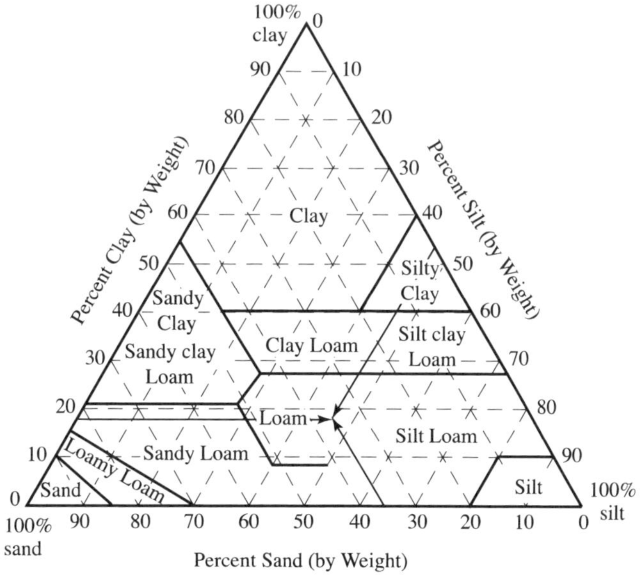

그림 7-16 토양삼각도(미국 농무성 분류법)

복토재의 확보가 어렵거나, 매립용량을 증진시키기 위해 일일복토재 대용으로 인공복토재를 사용하기도 한다.

인공복토재가 갖추어야 할 조건은 아래와 같다.

① 우수침투량을 감소시킬 수 있게 투수계수가 낮아야 한다.
② 위생문제를 해결하여야 한다.
- 병원균 매개체 서식방지
- 악취 등 가스제거
- 종이 등의 흩날림 방지

③ 미관상 좋아야 한다.
④ 연소가 잘 되지 않아야 한다.
⑤ 독성이 없어야 한다.
⑥ 생분해가 가능하여야 한다.
⑦ 원료가 저렴하여야 한다.
⑧ 악천후에도 사용가능하여야 한다.
⑨ 얇은 두께로도 복토흙의 기능을 대신할 수 있어야 한다.
⑩ 살포가 용이하여야 한다.

인공복토재는 크게 포설 계열과 덮개 계열로 구분할 수 있다.

포설 계열은 foam 형태로 된 인공복토재를 매립지 표면에 호스로 분사하여 덮는 방식과 폐신문지 등을 슬러리 형태로 만들어 분사장치로 매립지 표면에 살포하여 덮는 방식 등이 있다.

덮개 계열은 HDPE나 PVC 계열의 천막을 수작업이나 중장비를 이용하여 당일 매립이 종료된 후 매립지 표면에 덮어두었다가, 다음날 매립개시시 걷어내는 작업을 함으로써 인공복토재를 반복하여 재사용하는 방식이다.

(2) 최종복토

최종복토는 아래의 두 가지 중요한 목적을 달성할 수 있도록 계획되어야 한다.

① 폐기물 성분 유출 방지를 통한 인간과 자연환경 보호
② 복토층 유지관리의 최소화

첫 번째 목적은 자명한 사실이고, 두 번째 목적설정은 매립지 사후관리기간이 20~30년 이상 예상되기 때문이다. 위의 두 목적을 달성하려면 강수의 유입을 최소화하고 침식을 방

지하여야 하며 부동침하에 따른 최종복토층의 파손을 막아야 한다.

미국의 유해폐기물 매립지 최종복토층의 최소 권장기준(Minimum Technology Guidance)은 다음의 3가지 층으로 되어 있다(그림 7-17a).

① 최종복토(60 cm 두께, 최소경사 = 2%)
② 배수층(30 cm 두께, 최소투수계수 = 10^{-2} cm/sec)
③ 점토층(60 cm, 최대투수계수 = 10^{-7} cm/sec)

그러나 경우에 따라서는 아래의 설비를 선택적으로 추가하도록 되어 있다(그림 7-17b).

① 합성차수막(최소두께 : 20 mil = 0.5 mm)
② 발생가스 이동층(Gas control layer)
③ 동식물 대비층(Biotic layer)

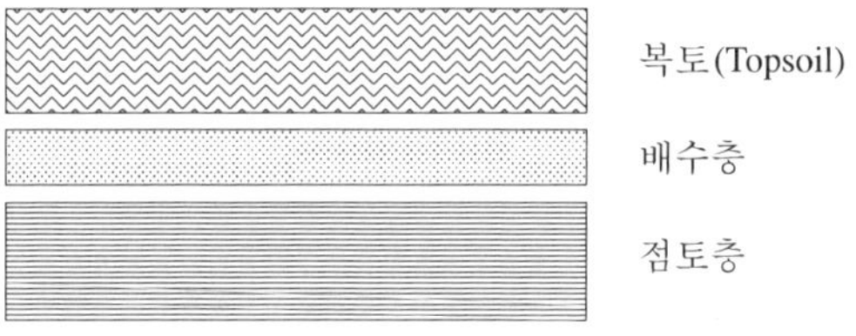

(a) 미국의 유해폐기물 매립을 위한 최종복토층 단면도(최소한의 권장사항)

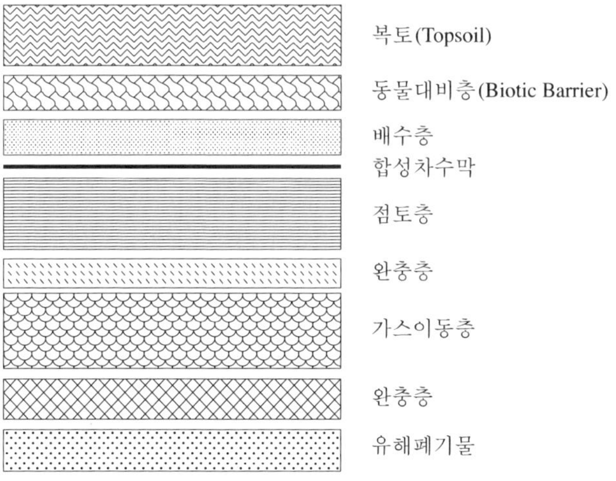

(b) 옵션을 포함한 유해폐기물매립지 최종복토층 단면도

그림 7-17 미국의 유해폐기물 매립을 위한 최종복토층 단면도

합성차수막의 경우 법에서 규정하는 두께가 점차 두꺼워지고 있는데, 최소두께를 증가시키고자 하는 이유는 매립지내 폐기물의 부동침하에 따라 복토층의 변형이 크기 때문에 강도가 보다 큰 합성차수막을 필요로 하기 때문이다. 최종복토층에서 차수설비로서의 합성차수막은 빗물 차단이 목적이므로 화학물질에 대한 저항성은 그다지 중요하지 않다.

두더지 등이 합성차수막을 손상시키는 경우는 거의 없으나 손상이 조금이라도 간 합성차수막의 경우 구멍을 쉽게 확대하는 것으로 알려져 있다. 또한 식물의 뿌리가 점토층까지 이어지면 빗물이동의 통로가 될 수 있으므로 식물의 뿌리가 뻗어나가지 못하도록 하는 역할도 한다.

따라서 이러한 우려가 있는 지역에서는 1 m 정도의 동식물 대비층(biotic barrier)을 설치하여야 한다. 이 동식물 대비층은 주로 커다란 자갈 등을 이용하므로 배수층 역할을 겸할 수도 있다.

(3) 우리나라의 최종복토층 관련 규정

폐기물관리법 시행규칙 별표 11 폐기물 처리시설 관리기준에서는 복토에 대하여 <표 7-9>와 같이 규정하고 있다.

표 7-9 폐기물관리법에서의 복토 관련 규정

구분	실시시기	세부 내용
일일복토	매립작업이 끝난 후	• 15 cm 이상의 두께 • 환경기술검증서 제27호에 의한 인공복토재의 복토두께는 평균 14 mm 이상
중간복토	매립작업이 7일 이상 중단되는 때	• 30 cm 이상의 두께 • 기울기 2퍼센트 이상
최종복토	매립시설의 사용이 끝났을 때	• 기울기 2퍼센트 이상 • 식생대층 : 두께 60 cm 이상의 양질의 토양 • 배수층 : 모래, 재생골재 30 cm 이상 혹은 투과능계수 1/30,000 m^2/s 이상인 토목합성수지 설치 • 차단층 : 투수계수 10^{-6} cm/s 이하 45 cm 점토층을 포설하거나, 투수계수 10^{-6} cm/s 이하 30 cm 점토층 위에 두께 1.5 mm 합성고분자차수막 설치 • 가스배제층 : 두께 30 cm 이상

7.5.4 우수 집배수 설비

우수 집배수 설비의 목적은 매립구역 밖의 우수(Run-on)는 매립지 내로 유입되지 않도록 하고, 아울러 매립지 내의 유출수도 배제하는 데 있다. 매립지 주변에 설치할 우수 집배수 시설의 규모와 위치결정시에는 다음 사항이 검토되어야 한다.

① 지형 및 지질

- 유로연장
- 유로평균경사
- 집수면적
- 유출계수
- 배수로 재료, 단면 및 기울기

② 수문자료

- 강우강도(발생빈도 및 지속기간)
- 첨두유량

미국의 Resource Conservation and Recovery Act에 의한 우수 집배수 설비 규정은 아래와 같다.

① 매립구역 밖의 유출수(Run-on) : 25년 확률강우량을 기준으로 배수로를 설치한다.
② 매립구역 내의 유출수(Ron-off) : 25년 확률강우량을 24시간 저류할 수 있는 저류조를 설치한다.

우리나라의 경우 특별히 규정된 확률강우년수는 없으나, 최근에는 매립지 설계시에 30년 확률강우량을 많이 사용하고 있다.

배수로 단면결정순서를 단계별로 요약하면 아래와 같다.

① 대상유역파악

② 집수면적결정

③ **설계 강우강도 결정**(대상유역에서의 유하시간을 강우지속시간으로 한 발생확률년수에 해당하는 강우강도식으로부터 결정)
발생확률년수(발생빈도)와 강우지속시간(time of duration)이 결정되면 아래와 같은 강우강도식에 의해 설계확률 강우강도를 계산할 수 있다.

$$I = \frac{a}{t+b} \qquad \text{Talbot형} \tag{7.8a}$$

$$I = \frac{c}{t^n} \qquad \text{Sherman형} \tag{7.8b}$$

$$I = \frac{d}{\sqrt{t}+e} \qquad \text{Japanese형} \tag{7.8c}$$

여기서, I : 강우강도(mm/hr)

t : 지속시간(min)

a, b, c, d, e, n : 지역과 확률년수에 따라 다른 값을 가지는 상수

④ **첨두유량(Peak flow) 결정(합리식으로부터 계산)**

$$\text{합리식 } Q = \frac{1}{360}\text{CIA} \tag{7.9}$$

여기서, Q : 첨두유량(m^3/sec)

C : 유출계수(무차원수, <표 7-10> 참고)

I : 강우강도(mm/hr)

A : 집수면적(ha)

표 7-10 매립지 설계와 관련된 유출계수

지 면 상 태	유 출 계 수
사질토(Sandy soil) 위의 잔디	
경사 완만(2%)	0.05～0.10
평균 경사(2～7%)	0.10～0.15
급경사(7%)	0.15～0.20
점토 등 무거운 토양(Heavy soil) 위의 잔디	
경사 완만(2%)	0.13～0.27
평균 경사(2～7%)	0.18～0.22
급경사(7%)	0.25～0.35
공지	0.10～0.30
기울기가 완만한 산지	0.20～0.40
기울기가 급한 산지	0.40～0.60

⑤ **배수로 재료, 단면 및 구배 가정**

개수로 설계에 흔히 쓰이는 Manning 공식은 다음과 같다.

$$V = \frac{1}{n} R^{2/3} I^{1/2} \tag{7.10}$$

여기서, V : 평균유속(m/sec)

n : 조도계수(粗度係數)

I : 수로경사

R : 동수경사 또는 경심 $= A/P =$ 단면적/윤변

(원형관에 물이 가득 찬 경우 $A = \frac{\pi d^2}{4}$, $P = \pi d$ 이므로 $R = \frac{d}{4}$ 가 됨)

P : 윤변 = 수로단면에서 물과 접촉하는 부분의 길이

$$Q = A \times V = A \times \frac{1}{n} R^{2/3} I^{1/2} \tag{7.11}$$

⑥ **수리계산 및 가정검정(반복계산)**

7.6 침출수의 발생과 처리

7.6.1 매립지 내에서의 분해

폐기물 매립지 내에서의 분해에 따라 발생하는 침출수와 매립가스의 시간에 따른 배출 특성은 <그림 7-18>과 같이 나타낼 수 있다. 즉, 시간에 따라서 매립지에서의 분해를 4단계 혹은 5단계로 구분할 수 있는데, **1단계**는 매립 직후의 초기 조정단계로서 매립가스 내에서 산소가 남아있는 단계로서 짧은 시간 안에 종료된다.

2단계는 전이단계로서 산소가 없어지고, 이산화탄소와 수소의 농도가 증가하는 시기이다.

3단계는 산 생성단계로서 이산화탄소의 농도가 최고조에 달하고, 수소의 농도가 최고치에 도달하였다가 서서히 소멸되는 시기이다. 메탄가스의 농도는 서서히 증가한다. 침출수의 농도는 산생성 단계에서 유기산의 농도가 높아짐에 따라 COD나 휘발성 유기산의 농도가 최고값을 보이게 된다. 이에 따라 침출수의 pH는 가장 낮은 값을 보이는 시기가 된다. 침출수 중의 암모니아성 질소 농도는 2단계에서부터 높아지기 시작하여 3단계에서 최고값에 이르며, 이후에도 농도가 낮아지지 않고 지속적으로 높은 값을 유지하게 된다.

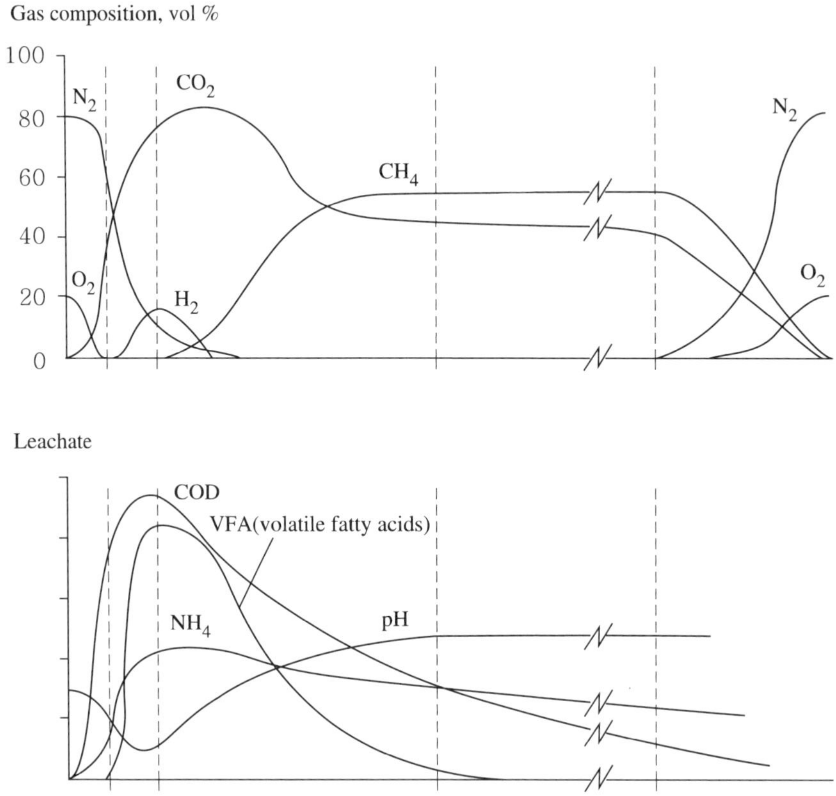

그림 7-18 시간경과에 따른 폐기물 매립지에서의 매립지 가스 및 침출수 농도 변화 추이

4단계는 메탄 생성단계로서 메탄의 농도가 가장 높게 되고, 유기물질은 주로 메탄과 이산화탄소 형태로 분해되어 배출되며, 침출수의 농도는 산 생성단계에 비하여 상당히 낮아지게 된다. 다만, 암모니아성 질소의 경우에는 계속 높은 값을 유지하는데, 이는 혐기성 분해 과정에서 유기성 물질 중 탄소는 메탄과 이산화탄소 형태의 가스상으로 배출되는 반면, 질소는 분해되어 암모니아성 질소로 무기화되어 침출수 중에 남게 되므로 침출수에서 COD의 농도는 낮아지나 NH_4^+는 상대적으로 높은 값을 유지하기 때문이다.

7.6.2 침출수 발생량 산정

(1) 침출수 발생원인

폐기물 매립지에서 발생하는 침출수는 강수(비, 눈)의 침투, 폐기물 내에 존재하는 수분함량, 폐기물 분해에 따른 수분 생성 등의 원인으로 발생하나, 강수에 의한 발생량이 가장 많다.

도시폐기물의 경우 폐기물 내 수분이 침출수화하는 양은 과거 음식물류 폐기물을 매립할 때 음식물에 포함된 과도한 수분의 경우를 제외하고는 공학적 관점에서 거의 무시할 수 있다. 매립지 주변으로부터의 유입강수량(Run-on)도 침출수량에 영향을 줄 수 있지만 공학적으로 설계 시공된 매립지라면 유입강수는 우수 집배수설비에 의하여 차단할 수 있다. 때로는 폐기물이나 복토층의 수분보유능력(field capacity)도 고려하나 이는 초기의 일시적인 현상이며 일단 폐기물이나 복토의 수분함유능력이 포화상태에 이르면 정상상태에 도달하게 되어 침출수 발생의 시점이 지연되는 효과는 있으나, 장기적인 관점에서 침출수량 발생에 영향을 주지는 않는다.

폐기물 매립지에서의 물수지를 간략히 도식화하면 <그림 7-19>와 같이 나타낼 수 있는데, 강수에 의해 내린 물은 표면유출이나 증발산되는 물을 제외하고는 매립지 내부로 침투하게 되며, 매립지 내 토양에 일정시간 체류하였다가 포장용수량(field capacity) 이상이 되는 물은 중력에 의해 하부로 내려가서 침출수가 된다.

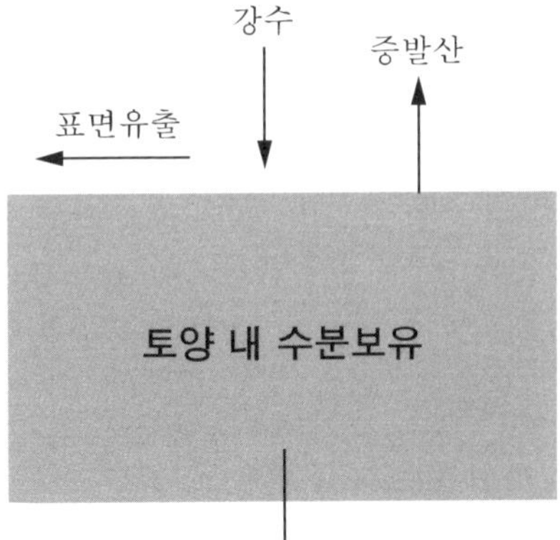

그림 7-19 폐기물 매립지에서의 물 수지

(2) 침출수 발생량 산정

침출수 발생량 산정의 목적은 침출수 저류시설과 처리시설의 용량을 산정하기 위해서이다. 침출수 발생량 산정은 주로 합리식에 의한 방법과 HELP (The Hydrologic Evaluation of Landfill Performance) 모델에 의한 방법이 많이 사용되고 있다.

합리식은 강우유출량을 산정할 때 사용되는 합리식($Q = \frac{1}{360}\,\text{CIA}$)과 동일한 형태이나, <표 7-11>과 같이 사용하는 인자의 값이 다른 특징을 가지고 있다.

표 7-11 우수유출량과 침출수 발생량 산정에 적용되는 합리식의 인자 비교

항목	우수유출량 산정식	침출수 발생량 산정식
적용 식	$Q = \frac{1}{360}\,\text{CIA}$	$Q = \frac{1}{1000}\,\text{CIA}$
Q	유량(m^3/s)	유량(m^3/day)
C	유출계수(무차원수)	침출계수(무차원수)
I	강우강도(mm/hr)	강우강도(mm/day)
A	유역면적(ha)	매립면적(m^2)

※ 합리식에서 식 앞의 숫자는 환산계수로서 각 인자에 사용되는 단위는 반드시 요구하는 단위를 적용하여야 하며, 추가적인 단위환산을 하면 안됨.

합리식에 의해 침출수를 산정할 때는 현재 매립이 진행 중인 구역과 매립이 완료된 구역을 구분하여 적용하는 침출계수를 달리 적용한다.

$$Q = \frac{(C_1 A_1 + C_2 A_2) \cdot I}{1000} \tag{7.12}$$

여기서, Q : 침출수 발생량(m^3/일)

A_1 : 매립 중인 구역의 면적(m^2)

A_2 : 매립이 완료된 구역의 면적(m^2)

C_1 : A_1구역의 침출계수 0.4～0.7 (평균 0.5)

C_2 : A_2구역의 침출계수 0.2～0.4 (평균 0.3)

I : 강수량(mm/일), 강우강도

평균 침출수량을 계산시에는 연평균 일 강수량을 사용하며, 최대 침출수량을 계산하는 때

에는 최대 월간 강수량의 일 환산치를 적용한다.

강수량 자료는 원칙적으로 매립지가 존재하는 지역의 기상대나 관측소의 20년 이상 자료를 사용한다.

HELP 모델은 미국 EPA에서 개발된 1차원 모형으로 증발산, 표면유출, 수직침투, 측면배수 등의 각 항목을 고려한 매립지 물 수지에 관한 모델이다. HELP 모델은 합리식과 비교할 때 보다 정교한 물수지 모델이지만 1차원 모델이라는 한계로 인해 우리나라와 같이 계곡지역에 위치하는 매립지의 경우 위치별로 매립 깊이가 다르고, 매립구역 외 주변 지역에서 매립지로 유입되는 우수(run-on)의 영향 등이 있을 수 있으므로 적용시에는 이를 감안하여야 한다.

하지만, HELP 모델을 이용하면 매립지 설계 조건에 따른 침출수 발생량의 변화를 쉽게 예측할 수 있으므로 매립지 설계시 주요 설계 인자를 결정하는데 참고할 수 있다. 또한 매립지 내 누적 침출수 수위를 예측할 수 있으므로 매립지 내 누적 수위 관리시에도 활용할 수가 있다.

HELP 모델에서 요구하는 입력자료와 출력자료는 다음과 같다.

① 입력자료

- 기상자료 : 10년 이상의 해당지역 일일 강우량 자료
  10년 이상의 해당지역 일 기온 자료
  10년 이상의 해당지역 일 일사량 자료
- 매립지 설계자료
  매립면적, 매립깊이, 표면 및 바닥경사
  침출수 집수관 사이의 간격
  차수층의 종류 및 투수계수
  복토층의 종류 및 투수계수

② 출력자료

- 평균 및 일 최대 침출수 발생량
- 매립지 내 누적 침출수 수위

예제 2

매립지 면적이 30,000 m^2이고, 침출계수가 0.35, 10년 평균 강수량이 1,300 mm/년인 경우에 평균 침출수 발생량(m^3/일)을 합리식으로 계산하시오.

$$Q = \frac{1}{1000}\,\mathrm{CIA}\text{에서}$$

$$C = 0.35,\ I = 1300/365 = 3.56\,\mathrm{mm/day},\ A = 30{,}000\,\mathrm{m}^2\text{이므로}$$

$$Q = \frac{1}{1000} \times 0.35 \times 3.56 \times 30000 = 37.4\,\mathrm{m}^3/\text{일}$$

7.6.3 침출수 처리

(1) 침출수의 특징

침출수는 하수와 다른 몇 가지 특징을 가지고 있다.

첫째, 우선 침출수는 매립경과기간에 따라 침출수의 수질이 지속적으로 변화한다. 매립초기에는 생분해성이 높은 유기물의 비율이 높은 반면, 매립년한이 오래된 매립지는 난분해성의 유기물 비율이 높은 특징을 보인다.

둘째, 침출수는 계절별로 강수량에 따라 침출수의 수량과 수질이 변화한다. 여름철 우기에는 침출수의 발생량이 증가하고, 침출수의 농도는 희석효과에 의해 약간 낮아지는 경향이 있다.

셋째, 침출수는 TKN (Total Kjeldahl Nitrogen = 유기성 질소 + 암모니아성 질소)의 농도가 높은 편으로 침출수 처리시 고농도의 질소를 처리하기 위한 대책이 필요하다.

통상 침출수질은 매립연한에 따라 <표 7-12>와 같이 변화하는 것으로 알려져 있으며, 일반적인 침출수질의 예는 <표 7-13>에 예시하였다. 하지만, 최근 우리나라의 생활폐기물 매립지에서는 음식물류 폐기물 등 생분해성이 큰 유기물질이 반입되지 않아서 침출수질이 과거에 비하여 BOD 농도가 현저히 낮아지는 등 변화가 있으므로 침출수 처리장 설계시에는 최근의 이러한 변화를 충분히 감안하여야 한다(표 7-14 참조).

표 7-12 매립연한에 따른 침출수질의 변화

매립연한	COD/TOC	BOD_5/COD	COD_{Cr} (mg/L)
매립 후 5년 이내	> 2.8	> 0.5	> 10,000
매립 후 5～10년	2.0～2.8	0.1～0.5	500～10,000
매립 후 10년 이상	< 2.0	< 0.1	< 500

표 7-13 폐기물 매립지 침출수질의 예

항 목	2년 이내의 신규 매립지		10년 이상의 오래된 매립지
	범위	전형적인 수치	
생화학적 산소요구량(BOD_5)	2,000~30,000	10,000	100~200
총 유기탄소(TOC)	1,500~20,000	6,000	80~160
화학적 산소요구량(COD_{Cr})	3,000~60,000	18,000	100~500
총 부유물질(Total suspended solids)	200~2,000	500	100~400
유기질소(Organic nitrogen)	10~800	200	80~120
암모니아성 질소(Ammonium)	10~800	200	20~40
질산성 질소(Nitrate)	5~40	25	5~10
총 인(Total phosphorus)	5~100	30	5~10
인산염(phosphate)	4~80	20	4~8
알칼리도(Alkalinity as $CaCO_3$)	1,000~10,000	3,000	200~1,000
pH	4.5~7.5	6	6.6~7.5
총 경도(Total hardness as $CaCO_3$)	300~10,000	3,500	200~500
칼슘(Calcium)	200~3,000	1,000	100~400
나트륨(Sodium)	200~2,500	500	100~200
염소(Chloride)	200~3,000	500	100~400
황산염(Sulfate)	50~1,000	300	20~50
총 철분(Total iron)	50~1,200	6	20~200

※ 단위 : mg/L (pH 제외)

표 7-14 수도권매립지의 연도별 침출수 원수 수질 변화 추이(단위 : mg/L, pH 제외)

연도		매립년수	pH	BOD	COD_{Cr}	SS	T-N	NH_4^+-N	T-P
제1매립장 (1992.2 ~2018.10 매립)	1993	1	7.0	6887	-	448	550	296	7.73
	1994	2	7.6	3439	6045	468	1163	729	14.27
	1995	3	7.6	2195	3988	229	1293	935	6.11
	1996	4	7.7	3057	6083	315	1677	1306	6.67
	1997	5	7.9	2955	5420	191	1923	1648	8.28
	1998	6	7.9	2559	4786	222	1903	1785	11.01
	1999	7	8.0	2145	4457	189	1964	1814	13.13

표 7-14 (계속)

연도		매립년수	pH	BOD	COD_{Cr}	SS	T-N	NH_4^+-N	T-P
제1매립장 (1992.2 ~2018.10 매립)	2000	8	8.3	1541	3994	394	2079	1853	12.96
	2001	9	8.1	266	1854	92	1974	1762	14.17
	2002	10	8.0	243	1749	81	1952	1799	13.17
	2003	11	8.0	203	1699	70	1886	1746	24.79
	2004	12	8.1	208	1539	91	1738	1645	15.48
	2005	13	8.2	90	1259	43	1651	1427	11.57
	2006	14	7.9	108	1221	35	1688	1483	9.30
	2007	15	7.8	108	1309	44	1782	1633	12.30
	2008	16	7.9	110	1402	54	1651	1536	14.00
	2009	17	7.9	86	1213	84	1636	1446	14.48
	2011	19	7.9	82	978	74	1,385	1,301	9.45
	2012	20	8.1	99	1,025	98	1,345	1,257	11.00
	2013	21	8.0	105	838	58	1,144	1,025	13.06
	2014	22	8.2	88	1,044	46	1,490	1,377	9.82
	2015	23	8.3	90	1,061	71	1,476	1,187	15.47
	2016	24	8.2	53	839	66	1,145	1,062	17.46
	2017	25	8.0	54	801	38	1,246	1,163	20.71
	2018	26	7.9	41	698	41	1,196	1,046	29.94
제2매립장 (2000.10 ~2018.10 매립)	2000	-	6.3	14585	24835	190	589	301	9.58
	2001	1	6.2	20195	28624	459	947	661	27.72
	2002	2	6.9	12151	17057	515	965	849	8.23
	2003	3	7.7	4058	6813	321	1271	1165	14.03
	2004	4	7.6	3871	6569	461	1278	1186	10.51
	2005	5	7.9	1561	3573	215	1228	1039	7.84
	2006	6	7.5	1122	2783	157	1136	1002	7.75
	2007	7	7.4	207	1518	110	1342	1227	9.21
	2008	8	7.7	141	1776	56	1462	1352	12.33
	2009	9	7.6	108	1579	94	1461	1327	12.24
	2011	11	7.6	173	1,852	22	1,691	1,521	10.34
	2012	12	7.9	168	1,502	20	1,533	1,408	11.00
	2013	13	7.8	283	1,935	40	1,688	1,559	17.65
	2014	14	7.9	248	2,032	80	1,705	1,562	12.87
	2015	15	8.0	206	1,962	62	1,850	1,472	14.11
	2016	16	8.2	201	1,737	126	1,641	1,536	16.45
	2017	17	7.9	238	2,015	73	1,884	1,744	22.70
	2018	18	7.8	313	2,053	278	1,811	1,608	19.86

※ 자료출처 : 수도권매립지 통계연감, 제8호, 수도권매립지공사(2010)
2018수도권매립지관리공사 통계연감, 제17호, 수도권매립지공사(2019)

침출수 처리방식을 크게 나누면 ① 자체 처리방식과 ② 하수처리장 등에서의 병합처리 방식으로 구별될 수 있는데 침출수는 수질의 경년변화가 심하고 강우상태에 따라 오염농도가 달라지는 등 자체 처리가 대단히 어려운 경우가 많다. 따라서 중소규모 폐기물 매립지의 경우 1차 처리 후에 인근 하수처리장 등 처리시설에서 병합처리하는 것이 경제적이다.

침출수 처리시에는 다음에 대하여 충분히 고려하여야 한다.

① NH_4^+ 과다로 인해 악취가 발생하며, 질소 제거를 위한 처리방법이 필요하다. 하수처리장 등에서 병합처리하는 경우에 있어서도 질소 부하에 대한 영향이 검토되어야 한다.
② 폭기조에서는 거품이 많이 발생하므로 거품을 제거하는 시설이 필요하다.
③ 난분해성 유기물질과 색도를 유발하는 물질이 있으므로 이에 대한 고려가 필요하다.
④ 매립초기에는 오염물의 농도가 높으며, 시간의 경과에 따라 오염물질의 농도가 낮아지므로 이에 대응한 처리방법이 필요하다. 통상 매립초기에는 생물학적 처리가 효과적이며, 매립후기에는 물리화학적 처리가 효과적이다.

(2) 침출수 처리방법

침출수 처리방법으로는 혐기성 소화, 활성슬러지 공법과 같은 생물학적 방법과 화학적 응집/침전법, 고급산화법, 역삼투막법, 활성탄 흡착, 이온교환 등의 물리화학적 방법이 있으며, 통상 이들의 조합으로 구성된다.

아래에서는 침출수 처리와 관련하여 각 공법의 특징적인 사항만 간단히 소개하도록 한다.

① 혐기성 처리

매립 초기의 침출수는 BOD 농도가 10,000 mg/L 이상의 고농도이므로 호기성 처리가 불가능하다. 이 경우 우선 혐기성 처리가 필요하다.

침출수 처리에 있어서 혐기성 처리의 장단점은 <표 7-15>와 같다.

표 7-15 침출수 처리에 있어서 혐기성 처리의 장 · 단점

장 점	단 점
• 고농도의 침출수를 희석 없이 처리할 수 있으며, 부산물로 메탄이 발생됨. • 미생물의 낮은 증식으로 슬러지 발생량이 작음. • 호기성 공정에 비하여 낮은 영양물 요구량을 가짐(호기성 공정, $BOD_5 : N : P = 100 : 5 : 1$) • 염소계 화합물은 혐기성 상태에서 분해가 잘 일어나므로 난분해성 물질을 함유한 침출수 처리 시 효과적임.	• 초기 유기산 생성 단계의 침출수의 경우 pH가 약산성이므로 메탄생성균의 성장에 저해를 미친다. pH 조정조가 필요함. • 혐기성 처리 과정에서 발생한 암모니아성 질소에 대한 후속 처리가 필요함. • 온도, 중금속 등의 영향이 호기성 공정에 비해 큼.

② 활성슬러지 공법

활성슬러지 공법이란 미생물 덩어리가 주 성분인 MLSS가 1,500～3,000 mg/L 범위로 운전되는 호기성 상태의 폭기조(aeration tank)와 고액분리를 통해 처리수는 상등액으로 나가고, 농축된 슬러지는 침전된 후 다시 폭기조로 반송하는 기능의 침전조로 구성된 생물학적 처리 방법이다. 이때 필요로 하는 반송량 이상의 슬러지는 잉여슬러지(excess sludge)가 되어 배출하여 처리한다.

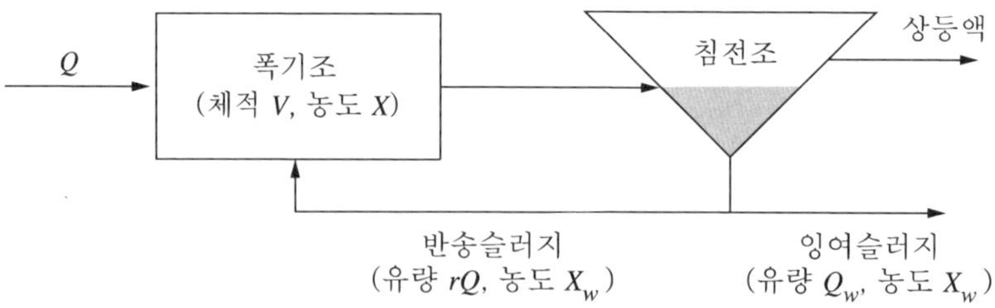

그림 7-20 활성슬러지 공법 개요

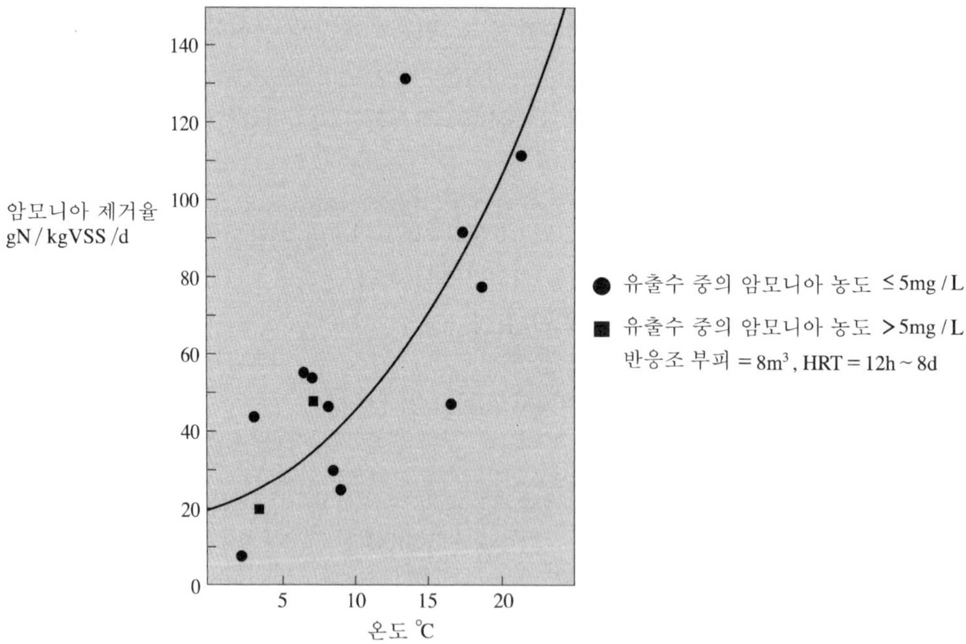

그림 7-21 온도에 따른 활성슬러지 공법에서의 암모니아 제거율

침출수 중의 암모니아성 질소를 생물학적으로 제거하기 위해서는 우선 질산화가 되어야 하는데, 질산화를 위해서는 통상 SRT (슬러지 체류시간, sludge retention time)를 10일 이상 유지하여야 한다. 한편, 질산화 미생물은 온도의 영향을 많이 받아서 겨울철에 수온이 12℃ 이하가 되면 질산화가 거의 일어나지 않게 된다.

색도가 높고, 난분해성 물질을 함유한 침출수의 처리를 위해 분말활성탄을 활성슬러지 공정에 첨가하는 PACT (powder activated carbon treatment)이 적용되는 경우도 있다.

③ MLE 공법

생물학적 탈질 처리의 방법 중 하나로 전 탈질－후 질산화 순서로 이루어진 MLE (Modified Ludzack－Ettinger) 공법이 있다. 질산화조에서 암모니아성 질소가 산화되어 질산성 질소가 되면, 이를 탈질조에 반송함으로써 탈질조에서 질산성 질소가 유입수 중의 유기물을 산화하는 과정에서의 전자수용체로 활용되면서 탈질이 된다. MLE 공법과 같은 전 탈질 방법은 별도의 외부탄소원을 필요로 하지 않는 장점이 있으나, 내부반송에 따른 동력비가 많이 소요되는 단점이 있다. MLE 공법에서의 질소제거효율은 내부반송비에 비례하여 높아지며, 처리수의 질산성 질소 농도는 내부반송율에 반비례하는 관계를 가지게 된다. 즉, 질산화조에서 내부반송된 질산성 질소는 모두 탈질조에서 제거된다고 가정하면 처리효율은 $\frac{1}{1+R} \times 100\,\%$ (여기서 R은 내부반송비)의 관계를 가진다.

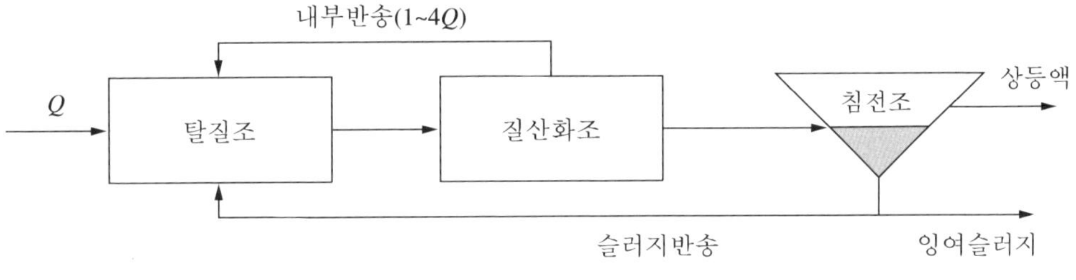

그림 7-22 MLE 공법 개요

수도권매립지 침출수 처리시설의 탈질조/질산화조 운전조건

- C/N비 = 2.5 이상(필요시 메탄올 등 외부탄소원 사용)
- HRT = 탈질조 2.3일, 질산화조 5.8일
- 내부반송율 = 유입수량의 600～700%
- MLSS 농도 = 8,000 mg/L 이상
- SRT = 80일 이상
- 수온 = 겨울철 30℃ 유지, 여름철 43℃ 이하로 관리

④ 물리화학적 처리방법

가장 흔히 적용되는 물리화학적 처리방법은 응집/침전 방법으로 침출수에 존재하는 용존성의 중금속, 색도, 현탁물질을 제거하기 위해 사용된다. 응집침전시 사용하는 약품은 소석회[$Ca(OH)_2$], 염화제이철($FeCl_3$) 등이 있다.

색도 제거를 위해서는 활성탄 흡착 방법을 사용하며, 분자 수준의 오염물질을 제거하기 위해 역삼투막법(R/O, Reverse osmosis)이 적용되는 사례도 많다.

⑤ 고급산화법

침출수 중의 난분해성 유기물질을 처리하기 위하여 라디칼 반응을 이용한 산화방법이 적용되는 사례도 많다. 고급산화법으로 오존과 과산화수소의 조합을 이용하는 방법, 오존과 자외선(UV)를 이용하는 방법, 펜톤처리(Fenton's Oxidation) 등이 있다.

펜톤처리는 과산화수소(H_2O_2)와 철염(Fe^{3+}, Fe^{2+})의 화학반응에 의해 OH 라디칼이 생성되며, 생성된 OH 라디칼에 의해 유기물질을 분해시키는 공정이다. 아울러 주입된 철염은 높은 pH에서 응집/침전시켜 제거하며 이때 응집/침전에 의해 제거되는 화학물질은 함께 제거된다.

침출수에 대하여 조사한 철염과 과산화수소수의 최적 주입비는 과산화수소 1,500 mg/L 주입기준으로 H_2O_2/Fe^{2+} = 1 : 1～2 : 1이 적당한 것으로 알려져 있다. 또한 펜톤처리시 침출수의 최적 pH는 3.5～4.0 부근으로 알려져 있다. 즉, 펜톤처리를 위해서 황산을 투입하여 pH를 낮추고, 펜톤처리에 의해 pH가 보다 저하되며, 후속의 응집처리를 위해서는 다시 NaOH를 이용하여 pH를 높여야 한다. 이때 NaOH 투입량은 철염의 농도에 따라 비례하며 대략 5,000～10,000 mg/L 범위이다. 펜톤처리의 반응시간은 60분 내외다. 펜톤처리는 주입하는 철염($FeSO_4 \cdot 7H_2O$)에 의해 발생하는 슬러지의 양이 많고, 최적 조건 설정을 위해 pH를 낮추는 등 약품비용이 많이 들어가는 단점이 있다.

침출수 처리시 고급산화법을 적용하는 경우 처리수의 BOD가 높아지므로, 후단에 다시 생물학적 처리시설을 설치하는 것을 검토할 필요가 있다.

수도권매립지의 경우 응집－펜톤 공정을 2단응집공정으로 바꾸어서 색도처리효율을 높이고, 약품사용비용의 절감한 것으로 보고되고 있다.

7.7 매립지 가스의 발생과 처리

7.7.1 매립지 가스의 발생

(1) 매립지 가스의 성질

매립지 가스(LFG, Landfill Gas)의 주성분은 메탄(CH_4)과 이산화탄소(CO_2)로 안정화 상태의 매립지에서는 통상 메탄이 55%, 이산화탄소가 45% 부근의 값을 가진다. 그밖에 1% 미만으로 암모니아, 황화수소, 미량의 유기독성물질, 악취가스 등이 포함되어 있다.

메탄은 독성이 없고, 무색무취의 특성을 가지며, 발열량은 13,300 kcal/kg, 비중은 공기 무게의 0.558이며, 공기 중에 5～15% 농도 범위일 때 폭발가능성이 있는 것으로 알려져 있다. 물에는 최대 17 mg/L가 녹아서 물에 대한 용해도는 미미한 편이다.

매립지 가스의 발열량은 메탄 함량에 좌우되는데 보통 4,000～5,000 kcal/Nm^3 수준이다. 이는 액화천연가스(LNG)의 발열량인 10,500 kcal/Nm^{3}의 절반 수준이다.

(2) 매립지 가스 발생량

매립지 가스(LFG) 발생량의 산정은 매립지 가스를 추출하여 에너지로 활용하는 경우에 있어서 에너지 회수시설의 용량을 결정하는데 필요한 기초자료이다.

LFG는 통상 1차 분해반응을 가정하여 예측하는데, 폐기물 매립이 종료되고 나면 매립가스는 지수적으로 감소하게 된다. 따라서 운영 중인 폐기물 매립지는 어느 정도 일정한 양의 LFG가 지속적으로 발생하게 되나, 사용종료된 매립지의 경우 점차 LFG 발생량은 감소하게 된다. 따라서 LFG를 이용하여 발전을 하고자 하는 경우에 발전기 시설의 용량은 발전시설의 기대 수명과 LFG 발생량 예측치에 근거하여 경제성 있는 규모로 결정하여야 한다.

이론적으로 도시생활폐기물 1톤이 생분해될 때 약 400 Nm^{3}의 매립지 가스(메탄 함량 55% 기준)가 발생하는 것으로 계산하고 있으나, 실제 발생량은 폐기물 톤당 100 Nm^{3}의 가스가 발생하는 것으로 알려져 있다. 미국의 경우 메탄 발생량은 건조 중량 기준으로 폐기물 1 kg당 0.06～0.12 m^{3}가 추출된 것으로 알려져 있다.

연간 LFG 발생량을 추정하는 모델은 여러 가지가 알려져 있으나, 최근에는 미국 EPA에서 개발된 LandGEM 모델이 많이 이용되고 있다[11]. LandGEM 모델은 1차 분해반응을 가정하며, 엑셀 파일 형태로 매립가스 발생량을 계산하도록 되어있다. LandGEM 모델에는 미국 폐기물 매립지에서 조사된 LFG 발생량과 미량유기독성물질의 농도가 default 값으로 제

11) LandGEM 모델은 https://www.epa.gov/catc/clean-air-technology-center-products#software 사이트에서 다운받을 수 있음.

공되므로, 관련되는 인자값이 조사되지 않은 경우 기본값을 이용하여 최초 LFG 발생량을 산정할 수 있다.

LandGEM 모델에서 이용하는 1차 분해반응식은 다음과 같다.

$$Q_{\mathrm{CH_4}} = \sum_{i=1}^{n} \sum_{j=0.1}^{1} k L_o \left(\frac{M_i}{10} \right) e^{-k t_{ij}} \tag{7.13}$$

여기서, $Q_{\mathrm{CH_4}}$: 특정 년도의 메탄가스 발생량(m^3/년)

i : 1년씩 증가

n : 계산 시점에서의 매립경과년수

j : 0.1년씩 증가(매립경과년수 계산시 0.1년 단위로 계산하기 위함)

k : 메탄 발생율(년$^{-1}$), default 값 = 0.05년$^{-1}$

L_o : 메탄 발생 포텐셜(m^3/톤), default 값 = 170 m^3/톤

M_i : i년에 반입된 폐기물량(톤)

t_{ij} : $i.j$년에 반입된 폐기물량 $M_i/10$의 매립경과년수(예 : 3.2년)

즉, 매립경과년수를 1/10년 단위로 계산하기 위해 연간 매립량을 10등분하여 각각의 매립량에 대하여 1/10 단위의 경과년수를 적용하여 매립발생량을 계산하여 이를 합산하고 있다. (예, 3년차에 매립된 폐기물량이 30,000톤이라고 하면, 3.0년에 3,000톤, 3.1년에 3,000톤 … 3.9년에 3,000톤씩 균등하게 매립된 것으로 간주하여 0.1년 단위로 LFG 발생량을 계산함)

7.7.2 매립지 가스 추출 및 재활용

(1) 매립지 가스에 의한 환경영향

LFG에 의한 환경영향은 다음과 같은 것들이 있다.

- 화재와 폭발
- 건강상 위해[Volatile Organic Compound (VOC) 함유]
- 산소 결핍에 따른 식물의 고사(말라죽음)
- 지하수 오염(VOC가 지하수에 녹아들어가는 경우)
- 악취 발생(LFG 발생에 따른 매립지 내부 분압 상승에 의해 이류(advection) 현상은 악취가스의 외부 방출을 촉진시킴)
- 지구환경문제(CH_4는 동일한 부피의 CO_2에 비하여 지구온난화 지수가 21배임)

(2) 매립가스 추출

매립지 가스에 의한 환경영향을 최소화하기 위해서는 매립지 운영 및 사용종료된 후에도 지속적으로 매립지 가스를 강제적으로 추출하여야 한다.

매립지 가스의 추출시설은 LFG 추출을 위한 수직가스포집정이나 수평트렌치, 이들을 수송하는 수평관로시설과 송풍기 시설 등으로 구성된다.

수직가스포집정은 매립지 조성시 수직가스포집정을 설치하는 경우 내경이 200 mm인 HDPE유공관과 이를 보호하기 위한 내경이 1,000 mm의 이중벽 HDPE 유공관을 두고, 사이에는 쇄석을 채운다(그림 7-23). 매립이 종료되었거나 어느 정도 매립이 진행된 매립지의 경우 수직가스포집정의 설치비용을 고려하여 이보다 작은 200～400 mm의 수직정을 뚫고, 여기에 60～100 mm의 PVC나 HDPE 유공관으로 설치한다. 또한 굴착정의 깊이는 매립깊이의 75% 수준으로 하며, 바닥 차수층이 손상되지 않도록 주의하여야 한다(그림 7-24).

LFG의 추출시에는 공기 중의 산소가 유입되지 않도록 일정 깊이(6 m)까지는 유공부위를 설치하지 않고 그 아래에 유공 부위를 설치하며, 필요시에는 포집정 주변에 공기 유입 차단용 합성차수막을 설치하기도 한다. 아울러 여름철 집중호우로 매립지 내 지하수위가 상승하여 지표면에서 6 m 이내에 있는 경우에는 LFG의 진공추출시 지하수도 함께 빨려 올라올 수 있으므로 주의하여야 한다.

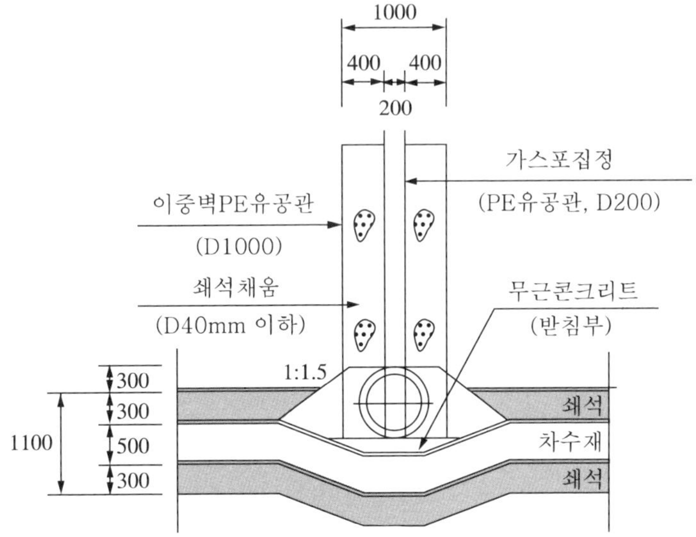

그림 7-23 매립지 조성시 바닥차수층 위에 설치한 수직포집정의 예

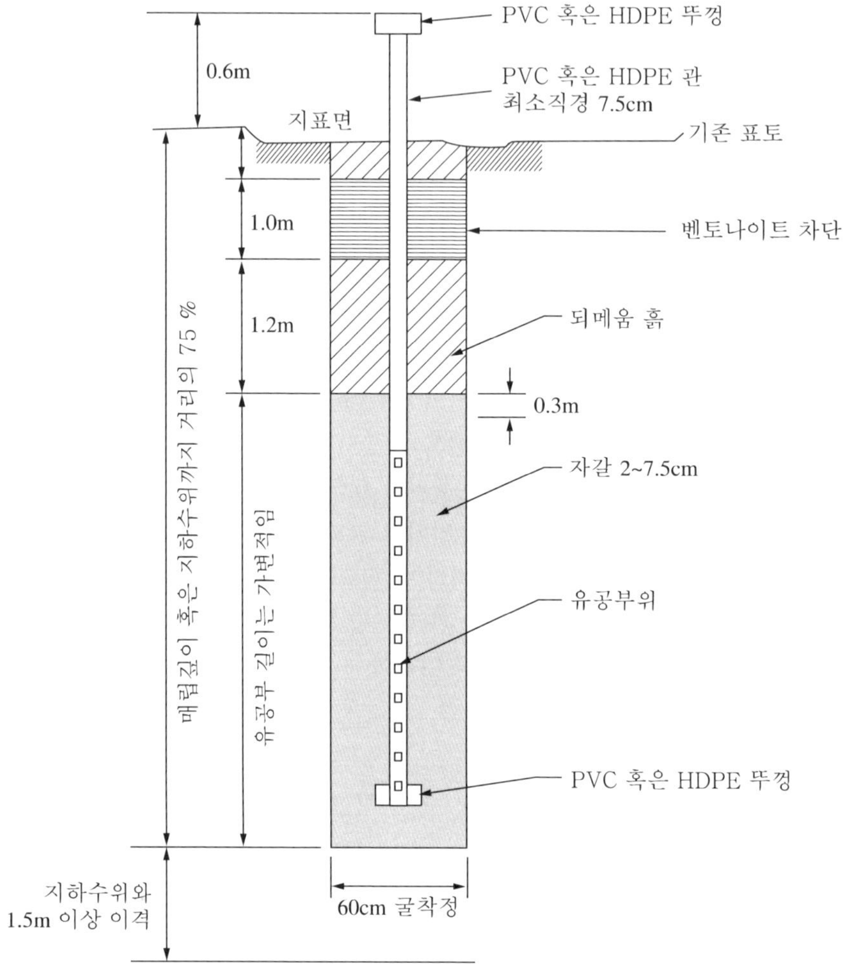

그림 7-24 매립지 가스 추출을 위한 수직가스포집정의 예

매립지 내부는 생물학적 분해작용에 의해 온도와 습도가 높아서 LFG를 추출하면 매립지 내부와 외부 온도와의 기온 차에 의해 응축수가 발생하게 된다. 따라서 LFG가 송풍기로 유입되기 전에 응축수를 분리하는 시설을 설치해서 펌프 시설을 보호하여야 한다.

LFG 수집 본관은 매립지 부동침하에 대비하기 위해서 3% 정도 경사지게 설치하고, 가장 낮은 쪽에 응축수 트랩을 설치한다. 응축수는 바로 매립지로 재순환하거나, 저장하였다가 처리시설로 보내서 처리하는 방법을 사용한다.

수직가스포집정을 설치하는 경우 가스포집정의 간격은 LFG 추출의 영향반경을 고려하여 적정 간격으로 설치하여야 하는데, 일반적인 수직가스포집정의 설치간격은 45～90 m 범위이다. 수도권매립지에서 실시한 LFG 추출실험에서 조사된 한 연구(김용화, 2001)에 의하면 영향반경의 범위가 20~23 m범위였다. 통상 LFG에 대한 영향반경은 관측정에서 진공압이 25 mm H_2O (1 inch) 이하가 되는 범위인 지점으로 결정한다.

수평트렌치는 운영 중인 매립지에서 LFG를 추출하기 위해 사용되는데, 트렌치를 파서 수평으로 가스추출관로를 묻고, 이를 가스수송관에 연결하는 방식이다. 수평트렌치의 경우 높은 방향에 가스수송관이 연결되도록 해서 응축수는 다시 낮은 쪽에서 배수되도록 해야 한다. 매립이 진행됨에 따라 수평관은 이내 땅 속에 묻히게 되는데, 부동침하에 대비하기 위해 적절한 길이의 신축이음을 하여야 한다. 수평트렌치의 수직 설치간격은 12~25 m, 수평간격은 30~60 m 정도로 설치하여 매립작업시 차량의 동선에 지장을 주지 않도록 한다.

LFG 추출시 대기압의 변동은 추출량에 영향을 주게 된다. 대기압이 고기압이면 LFG의 방출은 저해를 받게 되며, 저기압이면 배출량이 증가한다.

LFG의 추출량은 추출되는 메탄가스의 농도 변화에 따라 가감하게 되며, LFG 제어 목적인 경우 메탄 함량이 40% 이하이면 추출을 중단하게 된다. 또한 과도한 LFG 추출로 대기 중의 산소가 유입되는 경우 폭발의 위험이 있으므로 산소농도가 3.5% 이상인 경우에도 추출을 중단시킨다.

매립지 가스의 농도는 휴대용 매립지 가스 분석기를 이용하여 메탄, 이산화탄소, 산소, 암모니아, 황화수소 등의 농도를 확인할 수 있다.

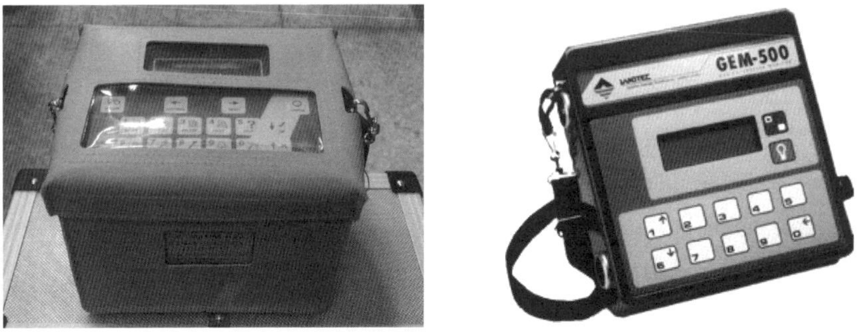

그림 7-25 휴대용 매립지 가스 분석기의 예

(3) 매립지 가스 소각

추출된 매립지 가스는 재활용하거나 매립지 가스 전용 소각기(flare)에서 소각처리한다. 메탄가스는 지구온난화 지수가 이산화탄소에 비하여 21배 높으므로 연소시키는 것이 온실가스 제어 측면에서 바람직하다. 또한 매립지 가스 중에 포함된 비메탄계 유기화합물

(NMOC, Non-methane organic compounds)을 완전연소시킴으로써 유해성분이 대기 중으로 방출되는 것을 제어하는 효과가 있다.

매립지 가스 소각기는 소각시 온도와 가스의 체류시간의 조정이 가능한 밀폐형(Enclosed flare)과 매립작업 중 임시로 설치하여 간이소각하는 개방형(Candlestick flare)이 있다.

개방형(Candlestick flare)

밀폐형(Enclosed flare)

그림 7-26 매립지 가스 전용 소각기(flare)의 예

(4) 매립지 가스 이용

추출된 매립지 가스는 에너지로 이용가능하다. 이용가능한 방법은 <표 7-16>과 같은 것이 있다. 매립지 가스 이용 방법으로 전기를 생산하는 것이 가장 선호된다.

우리나라에서도 2000년대 이후 일정 규모(매립량 100만 m^3) 이상의 매립지에서는 매립지 가스를 이용하는 사례가 증가하고 있는데, 이를 <표 7-17>에 정리하였다.

LFG를 이용하여 발전을 하는 경우 전처리가 필요한데, 전처리 공정의 예는 아래와 같다.

- 수도권매립지 1단계 : 냉각응축 → Demister → Booster Blower → 유해물질 제거(활성탄 필터)
- 대전 금고동매립지 : H_2S 제거(AC 흡착탑) → LFG 건조(냉동식) → CFC, NH_3 제거(활성탄 흡착탑)

LFG를 이용한 발전사업은 CDM (Clean Development mechanism, 청정개발체제) 사업을 통해 CERs (Certified Emission Reductions, 탄소배출권)을 확보하고, 이를 거래할 경우 추가적인 수익이 발생할 것으로 예상되어 최근 이에 대한 관심이 높아지고 있다.

표 7-16 매립지 가스 이용방법

구분	이 용 형 태	비고
직접이용	• 보일러 연료로 직접 사용(인근 지역)	천연가스를 대신하여 인근지역 (3 km 이내)에 에너지원으로 공급
발전	• 가스엔진(Gas Engine, 0.1∼3.0 MW) • 가스터빈(Gas Turbine, 3.0∼10.0 MW) • 스팀터빈(Steam Turbine, 10 MW 이상)	
Upgrading	• 중질가스화(메탄농도 50% 이상) • 고질가스화(메탄농도 98% 이상)	
기타	• 침출수 증발 • 연료전지화 • 메탄 압축을 통한 자동차용 연료화 • 메탄올 생산, 이산화탄소 생산	

표 7-17 우리나라에서의 매립지 가스 이용 사례

매립지	면적 (m^2)	매립량 (m^3)	매립기간	운영개시	가스량 (m^3/min)	사용처와 방법	사업비
부산 생곡	758,000	24,494,000	1996∼	2001. 7	39	가스엔진(5.2 MW)	60억원
서울 난지도	2,686,800	91,972,000	1978∼93	2001.11	50	보일러	90억원
수도권 매립지	15,000,000	228,000,000	1989∼	2001.12	70	가스엔진(6.5 MW)	103억원
				2003. 3	40	가스엔진(3.38 MW)	46억원
				2006.12	550	증기터빈(50 MW)	773억원
원주 흥업	280,782	3,410,000	1995∼05	2002. 2	5	비닐하우스난방	0.14억원
군산 내초	283,000	2,562,000	1996∼	2002. 5	8	가스엔진(1 MW)	13.5억원
청주 학천	152,847	1,288,000	2001∼06	2002. 5	10	가스엔진(1.05 MW)	16.5억원
포항 호동	279,208	4,369,000	1994∼05	2002. 5	30	가스엔진(2 MW)	30억원
울산 성암	201,776	4,255,142	1994∼	2002.11	20	보일러	55억원
제주 회천	549,384	1,880,000	1991∼	2003. 4	10	가스엔진(2 MW)	40억원
대전 금고	602,429	8,762,000	1996∼	2003. 6	40	가스엔진(3.4 MW)	64억원
광주 운정	279,208	4,369,000	1993∼04	2003.12	20	가스엔진(1 MW)	29억원
여수 만흥	170,353	3,255,000	1997∼	2005. 3	14	가스엔진(0.925 MW)	15억원
순천 왕지	148,511	1,755,629	1991∼	2005. 5	24	가스엔진(1.85 MW)	25억원
대구 방천	596,764	9,224,941	1990∼	2006. 1	130	보일러/엔진(1.5 MW)	299억원

자료출처 : 이석형, 대구 방천리 쓰레기 매립장 매립가스 이용사업, 가스연맹, 2006년 겨울호, pp.20∼25(2006)

그림 7-27 수도권 매립지 6.5 MW급 발전시설 매립가스 전처리 시설

CDM (Clean Development mechanism : 청정개발체제)

- CDM은 UNFCCC (UN기후변화협약)체제 하의 교토의정서에 규정된 것으로 선진국(의무감축국)의 온실가스배출 감축의무 달성을 돕고, 개발도상국의 지속가능한 개발을 지원하여 기후변화협약의 궁극적인 목표달성에 기여하기 위하여 도입됨.
- 선진국(의무감축국)은 개발도상국(비의무감축국)에서 CDM사업을 통해 온실가스 감축사업을 추진하고 그 실적을 자국의 감축실적으로 인정받으며, 개발도상국은 선진국의 자본유치 및 기술이전 효과를 가져옴.
- 자본과 기술이 있는 개발도상국이 단독으로 CDM사업을 추진하여 온실가스를 감축하고 배출권 확보 가능(Unilateral CDM 방식)

7.8 바이오리액터형 매립지 운영

7.8.1 바이오리액터형 매립공법의 개요

바이오리액터형 매립공법(bioreactor landfill)은 폐기물의 생물학적 안정화를 가속화시키기 위하여 매립지의 폐기물 내로 침출수와 매립지 가스 응축수를 비롯한 수분이나 공기를 주입하는 폐기물 매립지를 말한다. 즉, 바이오리액터형 매립지는 생분해성 폐기물의 생물학적 분해과정을 향상시키기 위해 의도적인 제어를 통하여 매립종료 후 5～10년 안에 쉽게 분해가능한 유기폐기물 성분을 안정화시키는 것을 목적으로 운영되는 폐기물매립지를 말한다.

바이오리액터형 매립지의 건설은 일반 위생매립지와 거의 유사하나, 운영에 있어서 침출수 재순환을 통해 매립지의 환경이 생분해성 폐기물의 미생물학적 분해에 유리한 환경을 조성한다는 점에서 차이가 있다.

바이오리액터형 매립공법의 장단점은 <표 7-18>과 같다.

표 7-18 바이오리액터형 매립공법의 장·단점

장 점	단 점
• 폐기물의 조기안정화 • 추가적인 공간확보로 매립지 수명연장 • 매립지 가스 회수율의 증대 • 침출수 처리비용의 저감 • 매립지 사후관리비용 및 장기 위해성의 저감	• 매립지 가스 포집시스템의 용량 증대 및 조기설치 필요 • 수분공급/침출수 재순환과 관련된 추가적인 초기투자비 (관로, 펌프 등) 및 운영유지비 소요 • 악취발생 • 침출수 누출가능성 • 사면 불안정 • 침출수 재순환에 따른 염분 및 암모니아성 질소의 농축

표 7-19 바이오리액터형 매립공법의 종류

종류	기 술 개 요	비
호기성 매립	• 매립지를 호기성 상태로 만들어서 생분해 가능한 유기성 물질의 분해를 촉진시켜 매립지를 조기에 안정화시키는 방법 • 생물학적 안정기간을 2~3년 정도로 단축시킴.	불량매립지 정화, 매립지 용량확보를 위한 Landfill mining 공사시 등에 적용
혐기성 매립	• 침출수와 기타 액상물질을 매립지에 재순환시켜 매립지 가스의 분해를 촉진시킴. • 혐기성 분해를 위한 최적 함수율인 45~65% 범위로 운전	가장 일반적인 적용방법
혐기-무산소 매립	• 혐기성 매립방식과 유사하나 집수된 침출수를 외부에서 질산화 처리한 후 침출수를 재순환시켜 매립지 내부에서 탈질처리 도모	재순환되는 침출수 중의 암모니아를 효과적으로 처리할 수 있음.
호기-혐기성 매립	• 초기에는 쉽게 분해되는 성분의 분해를 위해 호기성으로 운전하다가 이후 보통으로 분해되는 폐기물에 대하여 메탄을 생성시키는 혐기성 상태로 전환하여 운전하는 방법 • 수평트렌치의 가스관에 진공을 걸어서 초기에는 폐기물 중으로 공기를 유입시켜 호기성 분해를 도모하며, 매립층고가 높아져서 혐기성 상태가 되면 생성되는 가스의 포집관으로 활용	

7.8.2 바이오리액터형 매립공법 설계/운영시 고려사항

바이오리액터형 매립공법을 적용하기 위해서는 매립지 내부로 침출수 등 액상물질을 주입해야 하므로 바닥에 차수층이 설치되어 있어야 한다. 또한 침출수 집배수 시스템이 제대로 작동되어야 한다. 침출수 집배수 시스템은 시간이 지남에 따라 투과성이 작아지며, 특히 바이오리액터형으로 운전되는 경우 막힘 문제가 보다 빨리 진행될 수 있다. 바닥 차수층에서의 침출수 누적수위는 배수관로의 길이, 바닥층의 경사, 배수재와 차수재의 투수계수, 침출수 재순환율 등에 의해 결정되므로 이러한 요인을 감안하여 설계하여야 한다.

일일복토재와 중간복토재의 투수계수가 낮은 경우 침출수나 첨가된 수분이 폐기물층 하부로 침투가 원활하지 못해 복토층 위에 고이거나 또는 사면으로 새어나오거나, 매립지 내부에서 국부적으로 침출수의 누적수위가 높게 형성되는 등의 현상이 발생할 수 있다. 따라서 복토재로 투수성이 높은 재질을 사용하거나 일일복토재 대용 인공복토재의 사용, 복토재 제거 후 폐기물 매립 등의 방식이 바이오리액터형 매립지 운영시에는 유리하다.

바이오리액터형 매립공법을 운영하면 매립가스 발생량이 증가하고 발생속도도 커지므로 가스포집관, 펌프, 매립가스 이용설비 등의 용량이 충분하여야 한다. 아울러 매립지 가스의 추출방향과 침출수 등 액상 물질의 주입방향은 서로 반대이므로 침출수가 매립지 가스의 포집에 방해가 되지 않도록 두 시설 간에는 충분한 이격 거리가 필요하다.

7.8.3 침출수 재순환 방법

침출수 재순환 방법으로는

① 매립작업시 침출수 살수방법	② 침출수 표면 살포
③ 침출수 표면 저류조	④ 수직정
⑤ 수평트렌치	⑥ 자연유하식 침투층

등이 있다. 매립지 표면하부에서 침출수를 주입하는 방법으로는 펌프에 의한 강제 주입시스템과 중력에 의한 자연유하식 방법이 있다. 침출수 재순환 방법의 장단점은 <표 7-20>과 같다.

침출수 재순환 및 수분 분배와 관련하여 수분의 과도한 공급(over pumping)으로 인한 사면의 침출수 누출, 사면 파괴 등의 위험이 있다. 따라서 폐기물 더미 내에서 효율적이고 균일한 수분공급은 기술적인 문제에 있어 핵심사항이라고 할 수 있다. 하지만 매립폐기물의 불균질성, 일일 및 중간복토의 불투수성으로 인해 균일한 수분배분은 방해를 받으며, 채널화(channelization)와 고이는 현상(ponding)이 발생하게 된다.

미국에서 현장연구를 통해서 조사된 침출수 주입속도의 예를 <표 7-21>에 나타내었다.

표 7-20 침출수 재순환 방법의 장단점 비교

재순환 방법	장 점	단 점
매립작업시 침출수 살포방법	• 간단 • 균일하고 효율적인 수분공급 • 침출수 증발 효과큼	• 노동집약적 • 침출수가 흩날림. • 폐기물층의 다짐으로 투수성이 나빠짐. • 매립이 종료된 후에는 사용할 수 없음.
침출수 표면살포	• 운영상 융통성이 있음 • 침출수 증발 효과가 큼.	• 침출수가 흩날림. • 표면강수가 투수성을 감소시킴. • 추운 기후에서는 사용할 수 없음. • 매립이 종료된 후에는 사용할 수 없음.
표면 저류조	• 간단한 설계와 운영방식 • 저류조 아래로 직접적인 수분공급 • 침출수 저장조 기능	• 강우가 유입되고, 악취가 발생함 • 폐기물이 둥둥 떠다닐 수 있음. • 침출수 주입의 영향반경이 제한됨. • 매립이 종료된 후에는 사용할 수 없음.
수직정	• 상대적으로 많은 양의 침출수를 순환할 수 있음. • 재료비용이 낮음. • 매립 중에도 쉽게 설치할 수 있음.	• 침하에 의해 수직정이 파손될 수 있음. • 재충전 영역이 제한적임. • 폐기물 매립을 방해함.
수평트렌치	• 재료비용이 낮음. • 많은 양의 침출수를 순환할 수 있음. • 매립이 종료된 후에도 사용할 수 있음. • 매립지 운영동안에 눈에 띄지 않음.	• 침하에 의한 트렌치 손상가능성 • 생물학적 막힘현상에 의한 재순환 유량저하 가능성 • 매립고가 높아지면 하부 트렌치는 폐쇄됨

표 7-21 미국에서의 침출수 재순환시 주입속도 사례

재순환 방법	침출수 주입속도	비고
수직정	(a) 0.23～0.53 m^3/hr (직경 6.4 cm 주입정) 0.07～0.17 m^3/m^2/day (매립지 면적당)	산업폐기물 매립지, 비연속 주입 투수계수 10^{-2} cm/sec
	(b) 4.6～46 m^3/hr (직경 1.2 m 주입정) 0.005～0.09 m^3/m^2/day (매립지 면적당)	도시폐기물 매립지, 비연속 주입 투수계수 10^{-4} cm/sec
수평트렌치	0.31～0.62 m^3/m/day (트렌치 길이당) 14～23 m^3/hr	
표면 저류조	0.0053～0.0077 m^3/m^2/day (매립지 면적당)	
표면 살포	0.73～0.17 m^3/m^2/day (매립지 면적당)	간헐 주입
	0.001～0.0032 m^3/m^2/day (매립지 면적당)	

그림 7-28 침출수 재순환 시스템의 예(자료제공 : 한국종합기술)

7.8.4 우리나라의 바이오리액터형 매립지 운영 현황과 전망

우리나라에서 공식적으로 바이오리액터형 매립지가 운영된 사례는 보고된 바가 없으나, 일부 지자체의 생활폐기물 매립지에서 침출수 처리의 일환으로 침출수를 재순환한 사례는 있는 것으로 알려져 있다.

폐기물관리법에서 최종복토층에 대한 규정(투수계수 10^{-6} cm/s 이하의 차수층 설치)이 강화되어 dry tomb (매립지 내부를 건조한 상태로 유지하여 오염물질 방출을 최소화하고자 하는 매립지 관리방식) 매립지로 바뀜에 따라 사용종료된 폐기물 매립지 내부의 수분함량은 낮아져서 생물학적 분해에 불리한 환경이 조성된 상태이다. 매립 중인 경우에도 일일복토 및 중간복토의 시행으로 매립지 내부로 침투하는 강수의 양은 줄어들게 되므로, 수도권매립지에서 조사된 바이오리액터형 매립기술에 대한 현장 실증 실험 결과에 의하면 폐기물층의 수분함량은 31.8%로 혐기성 분해시 최적 함수율인 45～65%에는 많이 부족한 것을 보여주었으며, 침출수 재순환에 의해 수분함량을 4.2% 증가시킨 경우 LFG 추출량은 93% 증가된 결과를 보여주었다(장근, 2008).

이러한 실증실험 결과에 근거하여 폐기물 매립지 내부가 건조한 상태로 유지되는 LFG의 발생량이 작은 중소규모의 생활폐기물 매립지에 침출수를 재순환시켜서 매립가스 발생량을 증대시키고, 이를 전력생산 등의 방법으로 재이용함으로써 CDM 사업과 연계시키고자 하는 접근이 모색되고 있다.

또한 런던협약에 의해 2013년부터 음식물류 폐기물 처리시설 발생폐수(음폐수)의 처리문제가 대두되고 있는데, 이를 생활폐기물 매립지에 주입하여 가스 형태로 에너지를 얻는 방안에 대한 연구가 2009년에 진행된 바 있다(김동훈 외, 2010).

수도권매립지에서 2013년 10월～2020년 4월까지 비교적 대규모로 현장실증실험이 진행되어 총 574,031 m^3의 침출수 재순환을 시행하였다. 이 기간 동안 매립지 내 수분함량은 35.1%에서 37.0%로 1.9%가 증가하였다(심낙종, 2018; 한국종합기술, 2020).

이러한 연구결과를 토대로 폐기물 매립지를 바이오리액터형으로 운영하면 폐기물로부터 에너지를 얻을 수 있고, 침출수 처리비용이 절감되며, 생분해 가능한 유기물질의 조기안정화와 침출수 무방류 시스템 운전이 가능할 수 있을 것으로 기대된다.

수도권매립지에서는 침출수매립시설 환원정화설비(1단계) 설치공사(2018.12～2020.06)가 이루어져 2020년 7월 1일부터 정상운영 중이며, 1일 3200 m^3을 매립지 내부에 주입 중에 있다.

2016년 4월 폐기물관리법 시행규칙의 개정으로 침출수 재순환을 통한 매립지 조기안정화를 법적으로 허용하고 있는데, 시행규칙 [별표 9]와 [별표 11]에는 다음의 조항들이 규정되어 있다.

▶ 시행규칙 [별표 9] 폐기물 처분시설 또는 재활용시설의 설치기준

발전·연료화처리시설을 설치·운영하는 생활폐기물 매립시설로서 폐기물 매립층의 높이가 6미터 이상인 매립시설의 경우에는 매립층의 적정 함수율을 유지하기 위하여 주입관로, 주입펌프, 함수율 측정기 등 침출수 등을 매립시설에 주입할 수 있는 설비(이하 "침출수매립시설환원정화설비"라 한다)를 설치할 수 있다. 이 경우 다음 (1)부터 (4)까지의 방법 및 그 밖에 환경부장관이 정하여 고시하는 방법[12]에 따라 침출수매립시설환원정화설비를 설치하여야 한다.

(1) 주입관로는 침출수 등을 매립층에 골고루 주입할 수 있도록 최종복토층 아래의 매립층 내부에 수평 또는 수직으로 설치하여야 한다. 이 경우 발전·연료화처리시설용 가스배제관의 일부 또는 전부를 주입관로로 활용할 수 있다.

12) 침출수매립시설환원정화설비 설치 및 관리기준, 환경부고시 제2017-152호, 2017.8.10, 제정

(2) 매립층에는 매립층 함수율을 상시 측정할 수 있는 장치를 매립시설의 면적을 고려하여 설치하여야 한다.

(3) 매립층 함수율 등이 안정적으로 유지될 수 있도록 침출수 등의 주입량을 조절하거나 주입관로 중 일부를 선택하여 개폐할 수 있는 구조로 설치하여야 한다.

(4) 침출수 등의 주입에 따라 매립가스 발생량이 증가하는 경우에는 매립가스가 외부로 배출되지 아니하도록 매립가스 포집시설을 추가로 설치하는 등의 조치를 하여야 한다.

▶ 시행규칙 [별표 11] 폐기물 처분시설 또는 재활용시설의 설치기준

침출수매립시설환원정화설비는 다음 (1)부터 (6)까지의 기준 및 그 밖에 환경부장관이 정하여 고시하는 기준에 따라 유지·관리하여야 한다.

(1) 매립시설로 주입하는 침출수 등의 함수율은 95퍼센트 이상이어야 한다.

(2) 침출수 등이 매립시설의 제방 사면이나 복토층의 외부로 유출되지 않도록 하여야 한다.

(3) 침출수 등의 주입으로 인하여 악취 발생이 증가하는 경우 또는 매립시설의 안전성에 영향을 미치는 경우 등에는 침출수매립시설환원정화설비의 운영을 중단하여야 한다.

(4) 침출수매립시설환원정화설비는 매립층 함수율이 50퍼센트를 초과하지 않도록 운영하여야 한다.

(5) 매립시설 검사기관이 법 제30조 제2항에 따른 정기검사를 실시한 결과 매립층 함수율 또는 매립시설의 안전성 등을 고려하여 침출수 등의 주입을 중단하여야 한다고 판단하면 침출수매립시설환원정화설비의 운영을 중단하여야 한다.

(6) 침출수 등의 주입량, 매립층 함수율, 침출수 수위 및 매립가스 포집량, 악취 농도 등을 별지 제43호 서식에 기록·보존하여야 한다.

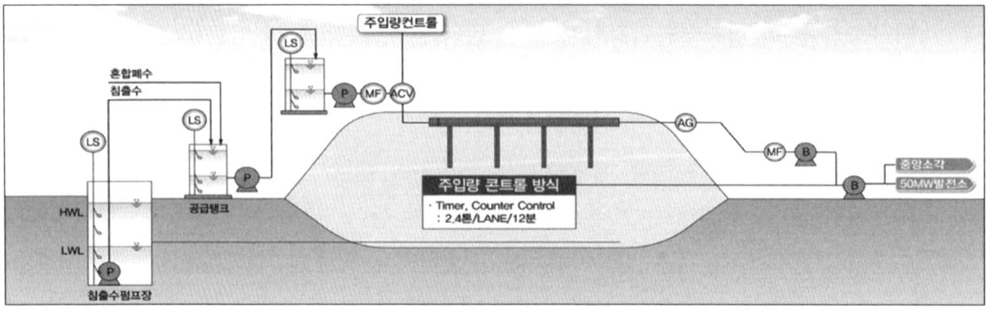

그림 7-29 수평형 재순환수 주입 및 매립가스 포집시설(자료제공 : 한국종합기술)

7.9 매립지 사후관리 및 토지이용

7.9.1 매립지 사후관리

우리나라의 사용종료된 폐기물 매립지의 사후관리기간은 최근까지 20년이었으나 2011년부터 미국과 같이 30년으로 개정되었다. 사후관리기간 동안에는 <표 7-22>에 나타낸 항목에 대하여 관리하여야 한다.

표 7-22 사용종료 매립지의 사후관리항목

사후관리항목	구체적 내용
빗물배제	• 설치된 빗물배제시설 등을 유지·관리하여 빗물이 매립시설로 흘러들거나 떨어지지 않도록 함.
침출수 관리	• 침출수 배출허용기준 항목을 분기 1회 이상 조사 • 침출수 배출허용기준에 맞도록 침출수 처리시설에서 처리 • 매립시설의 차수시설 상부에 모여 있는 침출수의 수위는 시설의 안정 등을 고려하여 2미터 이하로 유지되도록 관리
지하수 수질조사	• 「지하수의 수질보전 등에 관한 규칙」 별표 4에 따른 생활용수 수질기준항목을 조사 • 매립시설의 주변에 설치된 기존 검사정을 이용하여 지하수 수질을 검사하되 반드시 기능이 정상적으로 발휘되도록 관리해야 함.
발생가스 관리	• 외기온도, 가스온도, 메탄, 이산화탄소, 암모니아, 황화수소 등의 조사항목을 매립종료 후 5년까지는 분기 1회 이상, 5년이 지난 후에는 연 1회 이상 조사 • 발생가스는 포집하여 소각처리하거나 발전·연료 등으로 재활용해야 함.
구조물 및 지반의 안정도 유지	• 축대벽, 둑 등 구조물 및 지반의 안정도를 관리하는 계획을 수립·시행해야 함. • 침하현상으로 매립시설의 사면이나 최종 복토층이 손상될 우려가 있으므로 이에 대한 방지계획을 수립·시행 • 침하 여부를 관측하려는 지점에 측정점(매립부지면적 1만제곱미터당 2개소 이상)을 설치하여 연 2회 이상 조사하고 지표면이 항상 일정한 경사도를 유지하도록 관리
지표수 수질 조사	• 매립시설에 인접하여 하천·계곡이 있는 경우 「환경정책기본법 시행령」 별표 1 제3호 가목의 환경기준항목을 분기 1회 이상 조사 • 조사지점은 매립시설을 중심으로 각 하천·계곡의 상·하류 각 1개 지점 이상
토양 조사	• 「토양환경보전법 시행규칙」 별표 1의 토양오염물질을 연 1회 이상 조사 (4개소 이상)
방역	• 파리, 모기 등 해충을 방지하기 위한 방역계획을 수립·시행 • 매립종료 후 월 1회 이상 실시하되, 12월부터 다음 해 2월까지는 필요시에, 6월부터 9월까지는 주 1회 이상 실시

※ 폐기물관리법 시행규칙 별표 19 (개정 2020년 5월 27일 기준)

7.9.2 사용종료매립지의 토지이용

사용종료된 폐기물 매립지를 토지로 활용하고자 하는 경우에는 일정한 안정화 평가기준을 만족하여야만 토지활용시 환경상의 문제 발생이 없게 된다. 환경부에서 작성한 폐기물 매립지에 대한 안정화 평가기준은 <표 7-23>과 같다. 매립지의 안정화는 이들 조건을 전부 만족할 경우에 도달하는 것으로 판정한다.

하지만, 최근의 생활폐기물 매립지의 경우 플라스틱류의 매립량이 절대적으로 많으므로 향후 사용종료되는 폐기물 매립지에 구조물 형태로 토지이용을 하는 것은 어려울 것이다. 최근에는 사용종료된 폐기물 매립지를 생태공원이나 체육공원과 같이 식생을 위주로 한 공원으로 조성하는 사례가 증가하고 있다.

폐기물 매립지 부지에 공원을 조성하는 경우 매립지의 침하와 매립지 가스의 관리에 대하여 특히 주의할 필요가 있다. 매립지 침하는 토지이용시 구조물의 설치에 제약요소가 되며, 유지관리시에도 우수관, 매립가스관 등 각종 배관의 손상 혹은 기능저하/마비를 유발하므로 지속적인 관리가 필요하며, 이러한 측면에서 충분한 매립지 침하가 일어난 후 공원을 조성하는 것이 바람직하다.

표 7-23 폐기물 매립지의 안정화 평가기준

구분	평 가 항 목
침출수 및 지하수	① 침출수의 수질이 2년 연속 배출허용기준에 적합하고, BOD/COD_{Cr}이 0.1 이하일 것 ② 단, 침출수 발생이 없을 경우에는 ①항목은 제외 ③ 지하수의 수질조사 결과 지하수질기준을 초과하지 아니하거나, 매립지로 인한 오염 징후가 나타나지 아니할 것
매립가스	① 매립가스 발생량이 2년 연속 증가하지 않을 것 ② 매립가스 관측정에서 측정한 매립가스 중 CH_4농도가 5% 이하일 것 ③ 매립지 내부 중간심도의 온도가 주변 지중의 동일 심도의 온도보다 10℃ 이상 높지 않을 것
매립폐기물	① 매립폐기물 토사성분 중의 가연물함량이 5% 미만이거나 C/N가 10 이하일 것 ② 매립폐기물을 용출시험하여 나온 용출액의 수질이 침출수 배출허용 기준에 적합할 것. 단, 침출수가 미발생된 경우에도 매립폐기물을 용출시험하여 나온 용출액의 수질이 침출수 배출허용 기준에 적합할 것
기타	① 매립지 내부온도가 주변 지중온도와 유사할 것 ② 기타 악취, 구조물 및 지반의 안정도 조사, 지표수의 수질조사, 토양조사 결과 매립지로 인한 주변 환경영향이 인정되지 아니할 것

자료출처 : 사용종료매립지 정비지침, 환경부(2010)

표 7-24 사용종료 매립지의 토지이용시 환경적 측면에서의 고려사항

항목	관련 내용
토지이용 개시시점	• 매립지 침하와 안정화가 어느 정도 도달한 사용종료 후 10년 이상이 바람직함. • 매립종료 후 초기 5년간에 최종침하량의 약 2/3 가량이 발생하고, 매립가스도 왕성히 발생하는 것을 감안할 때 매립종료 후 최소한 5년 정도는 별도의 토지활용시설을 두지 말고, 매립지 안정화 기간으로서 관리 필요
최종복토층	• 매립지 가스의 차단이 보장되는 최종복토층(HDPE 라이너) 설치 • 뿌리가 깊은 심근성의 교목류 식재를 위해서는 충분한 두께(가급적 4 m 이상)의 식생층이 필요
매립지 가스 추출	• 토지 이용시 악취 발생 억제와 건강상의 위해성 제거를 위해 수직정 위주의 매립지 가스 강제추출 및 소각시설의 지속적인 운영

매립지 가스를 적절히 처리되지 못하는 경우 악취를 유발하고, 상부에 식재된 식물이 고사하기 때문에 지속적인 매립지 가스의 강제추출 및 소각처리가 필요하다. 매립지 가스의 추출은 발생량 및 추출가스의 메탄가스 농도에 따라 추출시간을 결정하게 되는데, 매립가스의 발생이 활발하지 않는 경우 이용객이 이용하는 낮 시간에는 추출하고, 야간에는 운전을 정지하는 형태를 취하게 된다.

사용종료매립지를 공원으로 이용하는 사례로는 생태공원, 생활체육공원, 수목원 등의 사례가 있으며, 대중골프장을 조성한 사례도 있다. <표 7-25>와 <그림 7-30>에서는 2000년대 이후 국내에서 조성된 사용종료매립지에 대한 토지활용사례를 소개하였다.

표 7-25 국내 사용종료 매립지의 공원으로의 토지이용사례

항목 \ 명칭	서울 월드컵공원	대구수목원	대전코바 골프클럽	광주 풍암생활체육공원	대전 상서동 환경생태공원
면적	2,720,000 m^2 (823,000평)	244,630 m^2 (74,000평)	71,120 m^2 (골프장 부지면적 29,967m^2)	71,660 m^2 (22,000평)	45,000 m^2 (14,000평)
폐기물 매립기간	1978～1993	1986～1990	1990～1992	1991～1994	1995～1996
폐기물 매립량	9200만톤	410만톤	?	58만톤	91만톤
공원 조성비	?	103억원	172억원 (부지매입비 100억원 포함)	31억원	22억원 (보상비 6.8억원 포함)
완공년도	2002년	2002년	2005년 3일	2006년 3일	2006년 6일
사용종료 ~공원조성 경과기간	9년	12년	13년	12년	10년
주요 설치 시설	• 하늘공원 (생태공원) • 노을공원 (당초 대중골프장으로 조성되었으나 공원으로 재개장)	• 21개 테마별 전문수목원	• 114타석 인도어 골프장, 6홀 Par 3 골프장, 클럽하우스	• 다목적운동장, 생활체육공간, 야외무대, 도시소생물 서식공간, 습지원, 작물원, 보호식물원, 다목적 광장, 어린이놀이터	

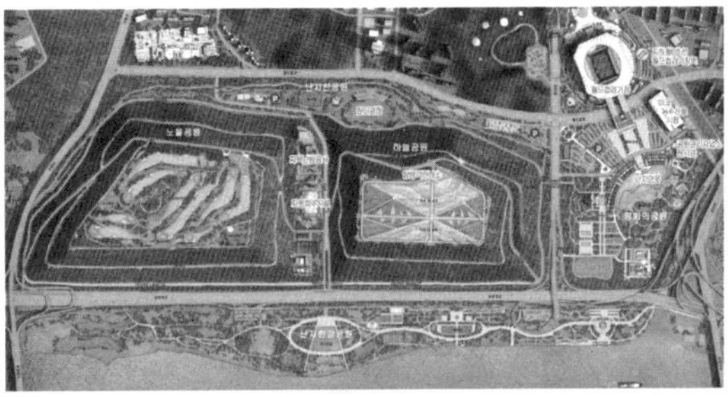

(a) 난지도 매립지－월드컵 공원

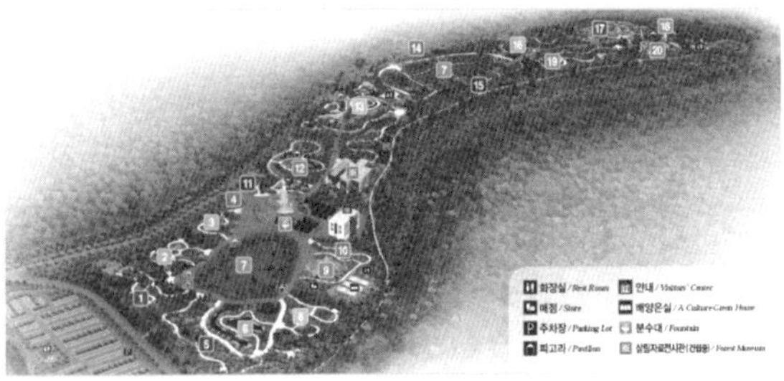

(b) 대구수목원

(c) 광주 풍암생활체육공원

(d) 대전 코바골프클럽

그림 7-30 사용종료 매립지의 토지이용사례

▶ MEMO ◀

Chapter 08

유해폐기물 관리

8.1 유해폐기물의 정의 및 관련 법규

8.1.1 유해폐기물의 정의 및 분류체계

유해폐기물(Hazardous Waste)이란 인간의 건강이나 환경에 유해하거나 잠재적인 위협을 초래하는 특성을 갖는 폐기물을 말한다. 유해폐기물의 정의는 나라마다 상이하며, 폐기물이라는 용어를 사용하나 반드시 그 형태가 고체 상태를 의미하는 것은 아니라 액체나 용기 안에 포함된 기체일 수도 있다. 통상적으로 유해폐기물이라 하면 산업의 제조공정상에서 발생하는 유해물질을 함유하는 부산물, 유통기한이 지나서 반품되어 폐기되는 유해화학물질, 유해물질이 혼합된 일반폐기물 등이 포함된다. 한편, 나라에 따라 다르나 방사성 폐기물이나 감염성 폐기물은 별도로 관리하는 경우가 많다.

WHO에서는 유해폐기물을 다음과 같이 정의하고 있다.

「유해폐기물이란, 단기적인 위해와 장기적인 위해를 미치는 물질로서 ① 단기적인 위해로는 섭취, 호흡 및 피부나 눈에 접촉될 경우 급격한 독성 현상을 일으키거나 부식현상을 나타내거나 화재의 유발, 폭발 가능한 물질을 말하고, ② 장기적인 위해는 장기적인 접촉에 의한 만성적인 독성유해를 미치거나 발암물질이거나, 생물분해에 의한 독성물질의 제거작용을 저해하는 물질, 지하수, 지표면, 토양 등을 오염시키거나 냄새를 유발하는 물질을 말한다.」

UNEP의 지원 하에 이루어진 기술 보고서에서는 유해폐기물을 다음과 같이 정의하고 있다(Batstone et.al., 1989).

「유해폐기물이란 방사성 폐기물 및 감염성 폐기물을 제외한 고형물, 슬러지, 액상폐액, 용기에 담긴 폐가스들로서 화학적인 반응성, 독성, 폭발성, 부식성, 그 밖의 특성으로 인해, 단독으로 혹은 다른 폐기물과 혼합되었을 때 인간의 건강이나 환경에 위해를 야기하거나 야기할 수 있는 폐기물을 말한다.」

미국의 RCRA법(Resource Conservation and Recovery Act)의 Section 1004에서는 유해폐기물을 다음과 같이 정의하고 있다.

「고체, 액체 및 용기 내 가스 또는 반고체 상태의 폐기물로서 잘못 처리하여 그 양이나 농도 또는 물리·화학적인 특성 및 전염시키는 특성에 의하여

① 사망률을 현저하게 증가시키는 것 또는 치유될 수 없거나 불구를 초래하는 질병을 유발하거나 또는

② 인체나 주위 환경에 실질적으로 위해를 주거나 위해가 가능한 물질을 총칭한다.」

아래에서는 각국의 유해폐기물의 정의 및 분류체계에 대하여 소개하였다.

(1) 유해폐기물 분류체계의 목적 및 분류방법[13)]

폐기물 분류체계를 확립하는 것은 폐기물을 관리하고 폐기물의 발생을 최소화하려는 국가환경계획의 첫 단계이다. 국가폐기물 목록은 폐기물 관리를 적절히 제어할 목적으로 사용되며, 폐기물 관련 법률의 범위를 정의하는데 꼭 필요하다. 또한 국가폐기물 목록은 수·출입되어 국가 간에 이동하는 폐기물을 제어하기 위한 범위, 이동하는 동안에 인간의 건강과 환경에 위험을 초래할 수 있는 폐기물의 적절한 관리, 취급되는 폐기물의 특성에 따라 폐기물 처리시설을 결정하기 위한 폐기물 관련 법률의 범위를 설정하는데 사용된다. 일반적으로 많은 국가들은 바젤협약이나 OECD 위원회 결정과 같은 국제협약 하에서 폐기물의 발생과 국가 간의 이동에 관한 보고를 하게 되며, 이에 필요한 근거를 마련하기 위해 국가폐기물 목록이나 분류체계를 개발하고 있다. 모든 국가들은 국제적으로 보고를 해야 할 필요성 때문에 표준양식의 자료를 사용하고 있다. 따라서 국가폐기물 목록이나 분류체계를 개발할 때는 이러한 국제적인 보고양식을 따르는 것이 매우 중요하다.

① 폐기물 분류방법

정부와 기업은 폐기물 흐름에 부합한 규칙이나 지침을 사용하는 것이 중요하다. 규칙이나 제어를 목적으로 폐기물을 분류하는 데에는 다음의 3가지 분류체계가 있다.

---

13) 본 절은 「유해폐기물의 수출·입 관리체계 개선에 관한 연구」, 환경부(2005) 보고서 내용을 인용하였음.

가) 목록을 기준으로 하는 분류체계

목록을 기준으로 하는 대표적인 분류체계로는 유해폐기물에 대한 「EU의 폐기물 목록」을 들 수 있다. 정부는 폐기되거나 재활용 또는 최종처분될 때 유해하다고 판단되는 물질의 목록을 작성한다. 또한 목록화된 폐기물에는 농도를 한정하는 작업이 필요하다. 높은 농도에서는 유해하지만 낮은 농도에서는 무해한 폐기물이 있기 때문에, 최근 바젤협약에서는 유해농도의 최소 수준을 결정하였다. 이 체계의 장점은 개인이나 기업이 개별 폐기물에 대한 유해수준을 별도로 설정하지 않아도 된다는 점이다. 따라서 주어진 폐기물 흐름이 목록에 기재되어 있다면 그 폐기물의 흐름은 유해한 것이므로 곧 바로 통제되어야 한다. 단점은 유해폐기물 목록을 기술적으로 개발하고 관리하는데 상당한 행정적인 노력이 투입된다는 것이다. 따라서 유해폐기물 목록은 폐기물 흐름의 범위를 통제하기 위하여 종합적으로 작성되어야 한다.

나) 유해성을 기준으로 하는 분류체계

이 체계는 주어진 폐기물 흐름 내에서 실제적인 유해성에 초점을 맞추는 방식이다. 주로 북미지역에서 사용되며, OECD 위원회 결정 C(88)90의 표 5와 바젤협약에서 사용된다. 정부는 폐기물에 대한 정의를 확립하고, 각각의 폐기물 흐름의 유해성을 평가할 일련의 시험방법과 기준을 마련한다. 이후 기업체들은 자신들이 발생시킨 폐기물의 유해성을 평가하기 위하여 자체적으로 시험해야 할 의무를 진다. 이 방법의 단점은 개별 폐기물 흐름의 평가에 비용이 많이 든다는 것이다. 유해폐기물의 목록이 없기 때문에 비용과 시간이 많이 들고, 주어진 폐기물 흐름의 유해성을 평가하는 작업 자체가 매우 어려운 과정이다. 이 방법의 장점은 기업체가 자신들이 발생시킨 폐기물이 유해한지를 자체적으로 평가하는 것이다. 즉, 일반적으로 유해한 폐기물일지라도 특별한 상황 하에서는 유해하지 않을 수도 있다는 것을 기업체가 증명하도록 하는 유연성이 있다.

다) 목록과 유해성을 기준으로 하는 분류체계

두 가지 방법의 장점을 극대화하고, 평가의 어려움을 최소화하기 위하여 사용되는 방법으로서 정부는 유해하다고 알려진 폐기물과 폐기물 성분의 목록을 개발하고, 복잡한 폐기물 흐름과 목록화 되어있지 않은 성분에 대해서는 유해성 기준에 대한 시험을 요구한다. 이 체계는 시험의 필요성을 감소시키고, 주어진 폐기물 흐름이 유해한지를 결정하는 시험에 대한 유연성을 허용한다. 이 방식을 사용하는 국가로는 캐나다가 있으며, 사용하는 기준은 바젤협약과 위험물질의 운송에 관한 UN 권고 하에서 확립된 분류체계에 바탕을 두고 있다.

② 유해폐기물 목록

폐기물 목록을 작성하기 위해서는 폐기물 분류체계가 확립되어야 하고 데이터 수집, 데이터 편집, 데이터 보고 등의 3가지 요인이 수반되어야 한다. 일반적으로 유해폐기물 관리에 있어서 통제와 입법을 위한 수단으로 폐기물 발생목록을 작성하는 것이 용이한 방법이며, 수집단계에서 사용된 폐기물 범주가 더 자세하고 정밀할수록 데이터의 활용도가 높아진다. 그러나 활용도를 높이기 위해서는 많은 비용이 투입되어야 하므로 비용과 데이터 활용도 사이에서 균형점을 찾아야 한다. 또한 정보의 최종 사용목적에 따라서 데이터 편집과 데이터 보고방식이 결정된다. 매우 세세한 범주의 폐기물 흐름을 보다 포괄적인 방식으로 통합하는 작업이 필요하다. 이러한 방식은 캐나다 유해폐기물 목록 작성을 위하여 사용되었으며, 유해폐기물의 국가 간 이동 및 관리에 대한 규정에서 사용된 것과 같은 기본 정의와 기준이 국가 유해폐기물 발생목록의 범위로 사용되었다. 이 목록의 가장 중요한 기능은 발생 데이터를 폐기물 성상에 따라 폐기물이 발생된 주(州)와 기업체에 곧 바로 연결할 수 있다는 것이다.

③ 분류체계를 확립하기 위한 단계

폐기물 분류체계를 확립하는 단계는 다음의 순서에 의하여 진행된다.

1. 폐기물 목록 및 분류체계를 개발하려는 목적을 분명하게 설정한다.
2. 상기 3가지 분류체계 중에서 가장 적합한 분류방법을 선택한다.
3. 분류목록이나 체계를 새롭게 개발하는 것은 많은 비용과 시간, 노력이 요구되므로 다른 나라나 국제 협약에서 기개발된 분류체계의 요소들을 채택하는 것을 고려한다.
4. 전문가에게 자문을 받는다.
5. 새로운 유해폐기물 분류체계를 작성한 후에는 개발된 분류체계가 효과적으로 시행되도록 하기 위해 적절한 홍보방식을 채택한다.
6. 목록이나 분류체계를 사용하는 도중 주기적으로 재조사를 시행하기 위한 기구를 마련해야 한다.

(2) 우리나라의 유해폐기물 정의 및 분류체계

우리나라에서 유해폐기물을 관리하기 시작한 것은 1977년으로서 환경보전법 제8장 산업폐기물에서 「특정산업유해폐기물」로 관리되기 시작하였으며, 이후 1986년 폐기물관리법이 제정되면서 오물청소법의 전문과 환경보전법 내의 폐기물관리 규정이 양적으로 통합되었고, 명칭도 「특정산업폐기물」(시행규칙 별표에서 정의됨)로서 관리되었고, 1991년 개정된 폐기물관리법에서 「특정폐기물」로 법에서 처음으로 정의되었으며, 이후 1995년 개정된 폐기물

관리법에서 「지정폐기물」로 명칭이 바뀌어 현재에 이르고 있다. 우리나라의 유해폐기물 관련 법 체제의 변천 내용을 <표 8-1>에 정리하였다.

표 8-1 폐기물관리법에서 규정하는 유해폐기물 체제의 변천과정(시행일 기준)

폐기물관리법	폐기물관리법 시행령	폐기물관리법 시행규칙
• 1987.4.1 : 폐기물관리법 제정, 일반폐기물과 산업폐기물로 구분		• 1987.5.30 : 별표 1 산업폐기물의 종류 내에 특정산업폐기물 정의
• 1991.9.9 : 일반폐기물과 특정폐기물로 구분	• 1991.9.26 : 별표 1 특정폐기물의 종류	
• 1996.2.5 : 생활폐기물과 사업장폐기물, 사업장 폐기물 내 지정폐기물 정의	• 1996.2.5 : 별표 1 지정폐기물의 종류	
• 1999.8.9 : 지정폐기물 중 감염성폐기물 정의	• 1999.8.9 : 별표 1의 2 감염성폐기물의 종류	• 1999.8.9 : 별표 3 지정폐기물의 분류번호
• 2008.1.4 : 감염성폐기물이 의료폐기물로 변경	• 2008.1.1 : 별표 2 의료폐기물의 종류	

현재 우리나라의 폐기물관리법에서는 유해폐기물(Hazardous Waste)을 "지정폐기물(Specified Waste)"로 정의하고 있으며, 지정폐기물을 다음과 같이 정의하고 있다.

「지정폐기물이란 사업장폐기물 중 폐유·폐산 등 주변 환경을 오염시킬 수 있거나 의료폐기물(의료폐기물) 등 인체에 위해를 줄 수 있는 해로운 물질로서 대통령령으로 정하는 폐기물을 말한다.」

한편, 폐기물관리법 시행령[14) 별표 1 <개정 2020.7.21>에서는 지정폐기물의 종류를 <표 8-2>와 같이 목록으로 제시하고 있다. 이에 따르면 의료폐기물(과거의 감염성 폐기물)도 지정폐기물의 범주에 포함되고 있으며, 폐기물관리법 시행령 별표 2 <개정 2019.10.29>에서 의료폐기물의 종류를 정의하고 있다.

14) 폐기물관리법은 국회에서 제정한 「폐기물관리법」과 대통령이 제정한 「폐기물관리법 시행령」, 환경부 장관이 제정한 「폐기물관리법 시행규칙」으로 이루어져 있으며, 시행령과 시행규칙 말미에는 법 조문에서 나타내기 어려운 내용을 따로 모아서 정리한 별표가 있다. 폐기물관리법은 자주 개정되므로 가장 최신의 법을 환경부 홈페이지(http://www.me.go.kr)에서 확인할 필요가 있다.

표 8-2 지정폐기물의 종류

1. 특정시설에서 발생되는 폐기물
   가. 폐합성 고분자화합물
      1) 폐합성 수지(고체상태의 것은 제외한다)
      2) 폐합성 고무(고체상태의 것은 제외한다)
   나. 오니류(수분함량이 95퍼센트 미만이거나 고형물함량이 5퍼센트 이상인 것으로 한정한다)
      1) 폐수처리 오니(환경부령으로 정하는 물질을 함유한 것으로 환경부장관이 고시한 시설에서 발생되는 것으로 한정한다)
      2) 공정 오니(환경부령으로 정하는 물질을 함유한 것으로 환경부장관이 고시한 시설에서 발생되는 것으로 한정한다)
   다. 폐농약(농약의 제조·판매업소에서 발생되는 것으로 한정한다)
2. 부식성 폐기물
   가. 폐산(액체상태의 폐기물로서 수소이온 농도지수가 2.0 이하인 것으로 한정한다)
   나. 폐알칼리(액체상태의 폐기물로서 수소이온 농도지수가 12.5 이상인 것으로 한정하며, 수산화칼륨 및 수산화나트륨을 포함한다)
3. 유해물질함유 폐기물(환경부령으로 정하는 물질을 함유한 것으로 한정한다)
   가. 광재(鑛滓)[철광 원석의 사용으로 인한 고로(高爐)슬래그(slag)는 제외한다]
   나. 분진(대기오염 방지시설에서 포집된 것으로 한정하되, 소각시설에서 발생되는 것은 제외한다)
   다. 폐주물사 및 샌드블라스트 폐사(廢砂)
   라. 폐내화물(廢耐火物) 및 재벌구이 전에 유약을 바른 도자기 조각
   마. 소각재
   바. 안정화 또는 고형화·고화 처리물
   사. 폐촉매
   아. 폐흡착제 및 폐흡수제[광물유·동물유 및 식물유의 정제에 사용된 폐토사(廢土砂)를 포함한다]
4. 폐유기용제
   가. 할로겐족(환경부령으로 정하는 물질 또는 이를 함유한 물질로 한정한다)
   나. 그 밖의 폐유기용제(가목 외의 유기용제를 말한다)
5. 폐페인트 및 폐래커
   가. 페인트 및 래커와 유기용제가 혼합된 것으로서 페인트 및 래커 제조업, 용적 5세제곱미터 이상 또는 동력 3마력 이상의 도장(塗裝)시설, 폐기물을 재활용하는 시설에서 발생되는 것
   나. 페인트 보관용기에 남아 있는 페인트를 제거하기 위하여 유기용제와 혼합된 것
   다. 폐페인트 용기(용기 안에 남아 있는 페인트가 건조되어 있고, 그 잔존량이 용기 바닥에서 6밀리미터를 넘지 아니하는 것은 제외한다)
6. 폐유(기름성분을 5퍼센트 이상 함유한 것을 포함하며, 폴리클로리네이티드비페닐(PCBs)함유 폐기물, 폐식용유, 식품 재료와 원료를 조리·가공하면서 발생하는 기름, 폐흡착제 및 폐흡수제는 제외한다
7. 폐석면
   가. 건조고형물의 함량을 기준으로 하여 석면이 1퍼센트 이상 함유된 제품·설비(뿜칠로 사용된 것은 포함한다) 등의 해체·제거 시 발생되는 것
   나. 슬레이트 등 고형화된 석면 제품 등의 연마·절단·가공 공정에서 발생된 부스러기 및 연

마 · 절단 · 가공 시설의 집진기에서 모아진 분진
다. 석면의 제거작업에 사용된 바닥비닐시트(뿜칠로 사용된 석면의 해체 · 제거작업에 사용된 경우에는 모든 비닐시트) · 방진마스크 · 작업복 등
8. 폴리클로리네이티드비페닐 함유 폐기물
가. 액체상태의 것(1리터당 2밀리그램 이상 함유한 것으로 한정한다)
나. 액체상태 외의 것(용출액 1리터당 0.003밀리그램 이상 함유한 것으로 한정한다)
9. 폐유독물질(「화학물질관리법」 제2조 제2호의 유독물질을 폐기하는 경우로 한정한다)
10. 의료폐기물(환경부령으로 정하는 의료기관이나 시험 · 검사 기관 등에서 발생되는 것으로 한정한다)
11. 수은폐기물
가. 수은함유폐기물[수은과 그 화합물을 함유한 폐램프(폐형광등은 제외한다), 폐계측기기(온도계, 혈압계, 체온계 등), 폐전지 및 그 밖의 환경부장관이 고시하는 폐제품을 말한다]
나. 수은구성폐기물(수은함유폐기물로부터 분리한 수은 및 그 화합물로 한정한다)
다. 수은함유폐기물 처리잔재물(수은함유폐기물을 처리하는 과정에서 발생되는 것과 폐형광등을 재활용하는 과정에서 발생되는 것을 포함하되, 「환경분야 시험 · 검사 등에 관한 법률」 제6조 제1항 제7호에 따라 환경부장관이 고시한 폐기물 분야에 대한 환경오염공정시험기준에 따른 용출시험 결과 용출액 1리터당 0.005밀리그램 이상의 수은 및 그 화합물이 함유된 것으로 한정한다)
12. 그 밖에 주변 환경을 오염시킬 수 있는 유해한 물질로서 환경부장관이 정하여 고시하는 물질

표 8-3 의료폐기물의 종류

1. 격리의료폐기물 : 「감염병의 예방 및 관리에 관한 법률」 제2조 제1호의 감염병으로부터 타인을 보호하기 위하여 격리된 사람에 대한 의료행위에서 발생한 일체의 폐기물
2. 위해의료폐기물
가. 조직물류폐기물 : 인체 또는 동물의 조직 · 장기 · 기관 · 신체의 일부, 동물의 사체, 혈액 · 고름 및 혈액생성물(혈청, 혈장, 혈액제제)
나. 병리계폐기물 : 시험 · 검사 등에 사용된 배양액, 배양용기, 보관균주, 폐시험관, 슬라이드, 커버글라스, 폐배지, 폐장갑
다. 손상성폐기물 : 주사바늘, 봉합바늘, 수술용 칼날, 한방 침, 치과용 침, 파손된 유리재질의 시험기구
라. 생물 · 화학폐기물 : 폐백신, 폐항암제, 폐화학치료제
마. 혈액오염폐기물 : 폐혈액백, 혈액투석 시 사용된 폐기물, 그 밖에 혈액이 유출될 정도로 포함되어 있어 특별한 관리가 필요한 폐기물
3. 일반의료폐기물 : 혈액 · 체액 · 분비물 · 배설물이 함유되어 있는 탈지면, 붕대, 거즈, 일회용 기저귀, 생리대, 일회용 주사기, 수액세트

비고 : 의료폐기물이 아닌 폐기물로서 의료폐기물과 혼합되거나 접촉된 폐기물은 혼합되거나 접촉된 의료폐기물과 같은 폐기물로 본다.

(3) 미국의 유해폐기물 정의 및 분류체계

미국의 유해폐기물은 RCRA법(Resource Conservation and Recovery Act)의 Subtitle C에서 다루고 있는데, 4가지의 목록화된 폐기물[15)]이거나 4가지의 특성(인화성, 부식성, 반응성, 독성 등의 D code 43종)을 가지는 폐기물을 유해폐기물로 규정하고 있다.

<그림 8-2>는 미국 RCRA에서 규정하고 있는 유해폐기물의 분류 및 확인 체계인데, 크게 두 단계를 거치면서 유해폐기물 여부를 평가토록 하고 있다.

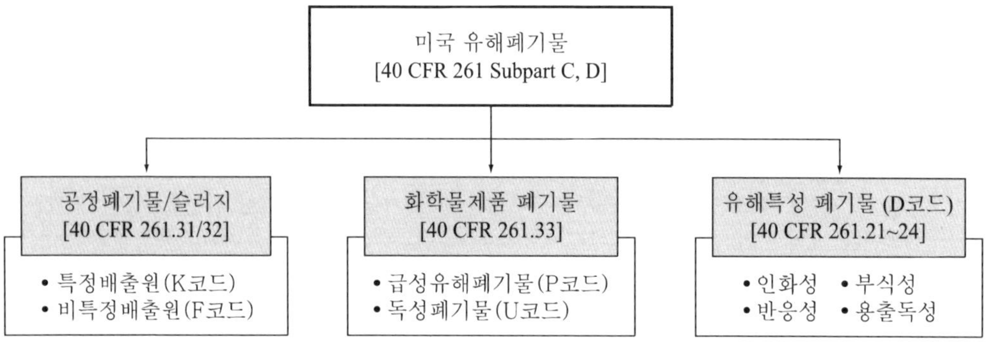

그림 8-1 미국의 유해폐기물 분류체계

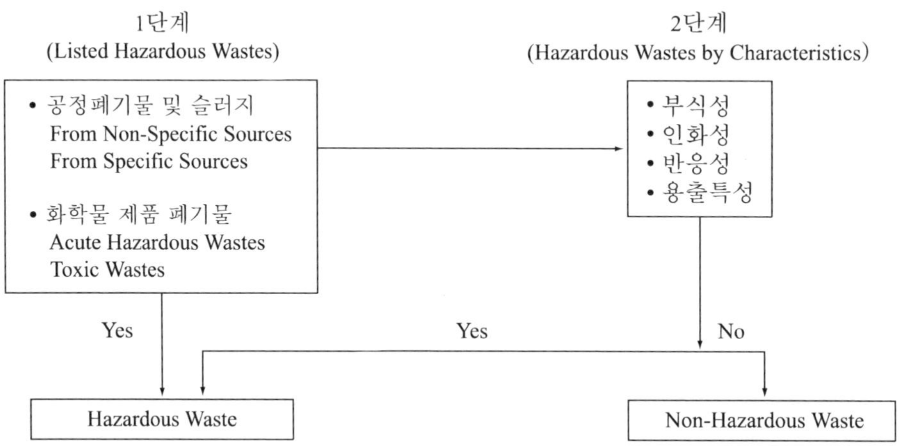

그림 8-2 미국에서의 유해폐기물 확인체계

15) 특정 공정(K-list, 122종) 및 비특정 공정(F-list, 28종)에서 발생하는 폐기물, 화학물 제품 폐기물(급성유해성 폐기물 : P code 124종, 독성폐기물 : U code 247종)

우선 유해폐기물 관리의 편의를 위하여 유해폐기물을 공정폐기물/슬러지와 화학물 제품 폐기물의 두 가지 범주로 분류하여 목록화하고 있다.

공정폐기물 및 슬러지는 배출원에 따라 비특정공정(Non-specific Source)에서 발생하는 폐기물과 특정공정(Specific Source)에서 발생하는 폐기물로 구분하고, 화학물 제품 폐기물도 물질의 독성 및 유해성의 정도에 따라 급성유해 폐기물(Acute Hazardous Waste)과 독성폐기물(Toxic Waste)의 두 가지로 구분하는데, 발생된 폐기물이 목록화된 폐기물과 일치하면 성분분석을 거칠 필요 없이 이를 유해폐기물로 간주한다(1단계 확인작업). 또한 모든 폐기물에 특정코드 및 고유번호를 매겨 유해폐기물의 관리시 이 번호를 사용토록 하고 있다. 목록화된 유해폐기물의 종류는 다음과 같다.

가) 공정폐기물 및 슬러지

① Non-specific Source로부터 배출되는 것
폐유기용제 발생 공정, 도금공정, 금속 열처리 공정 등 목록에 나와 있는 공정에서 발생하는 슬러지 또는 공정폐기물로서, F코드를 사용함(40CFR261.31).

② Specific Source로부터 배출되는 것
목록에 나와 있는 특정업종, 특정공장에서 배출되는 폐기물을 전량 유해폐기물로 지정하고 있으며, K코드를 사용함(40CFR261.32).

나) 화학물 제품 폐기물

유효연한이 지난 원료, 제품 혹은 불량품 등의 화학물질로서 폐기되었거나 폐기하려고 저장하는 경우에 한함

① 급성 유해폐기물(Acute Hazardous Waste)
농약, 중금속, 시안화합물 등 독성이 매우 강한 물질들로서 월간 배출량이 1 kg 이상이면 RCRA의 규제대상이 되며, P코드를 사용함.

② 독성폐기물(Toxic Waste)
용매, 살충제 등의 유해성이 좀 덜한 물질로서 월간 배출량이 100 kg 이상일 때 RCRA의 규제대상이 되며, U코드를 사용함.

이상의 유해폐기물 목록의 특징은 물질 또는 사용되는 원료의 성질로 보아 폐기물로 되었을 때 그 유해성이 자동적으로 인정되는 것들이며, 이 때문에 유해폐기물 여부의 확인을 위해서 성분분석을 별도로 할 필요가 없다.

한편, 2단계 확인과정은 1단계의 목록에 올라있지 않은 폐기물에 적용하는데 물질의 물리화학적 성질, 즉 인화성, 부식성, 반응성 및 용출특성에 따라 유해폐기물의 여부를 가리게

된다. 따라서 1단계 혹은 2단계 확인과정의 어느 하나에서 유해성이 판정되면 이를 유해폐기물로 분류한다.

반응성 폐기물을 제외하고는 모두 표준시험법이 정해져 있다. 특히 용출특성은 폐기물이 부적절하게 처분되었을 때 유해성분이 얼마나 환경 중에 녹아 나올 수 있는 지를 판단하는 것으로서 유해물질의 용출농도에 의해 유해폐기물을 판정한다. 각 성질별 평가의 기준은 다음과 같다.

가) 인화성(40CFR261.21 - D001 Code)

- 착화점 60℃ (140°F) 이하인 액체(알코올 농도 24% 이하 액체 제외)
- 표준상태에서 마찰에 의하거나 습기를 흡수하거나 자연적 화학상태로 발화하는 비액상 물질로서 발화시 연속적으로 맹렬히 연소하는 물질
- 인화성의 압축성 가스, 산화제, 폐도료, 시너
- 산화제

나) 부식성(40CFR261.22 - D002 Code)

- pH 2 이하 또는 12.5 이상인 액체
- 55℃에서 철을 1년 동안에 6.35 mm 이상 부식시키는 액체
- 녹 제거제, 세척액, 배터리액

다) 반응성(40CFR261.23 - D003 Code)

일상 여건에서 극히 불안정하여 수분과 맹렬히 반응하여 폭발성이 강하고 유독한 가스를 발생하는 폐기물로서, 다음 중 어느 한 가지 특성을 지녀도 유해폐기물로 분류

- 폭발하지 않고도 불안정하여 쉽게 격렬한 변화를 일으키는 물질
- 물과 격렬한 반응을 일으키는 물질
- 물과 결합하여 폭발성의 물질을 만드는 물질
- 물과 혼합되었을 때 독가스나 fume을 생성하는 물질
- pH 범위 2~12.5에서 위해를 일으키기에 충분한 양의 가스를 생성케 하는 시안화물 또는 황화합물을 내포한 물질
- 제한된 공간 내에서 폭발 물질이나 가열에 의해 폭발할 수 있는 물질
- 표준상태에서 폭발할 수 있는 물질
- 폭발물, 표백제, 산화제

라) 용출특성(40CFR261.24 - D004/043 Code)

용출시험법인 TCLP (Toxicity Characteristic Leaching Procedure)에 의해 <표 8-4>의 기준치를 초과하여 유해물질을 용출하는 폐기물

RCRA법에서는 유해특성 이외에 다음의 독성 특성을 가지는 폐기물을 유해폐기물로 간주한다.

1. 저농도에서 사람에서 치명적인 것으로 알려졌거나 인체 독성에 대한 자료가 없는 경우에는 쥐에 대한 구강 급성독성시험 결과 LD_{50}(반수치사농도)이 50 mg/kg 이하이거나, 호흡에 의한 LC_{50}이 2 mg/L 이하, 토끼에 대한 피부 급성독성시험 결과 LD_{50}이 200 mg/kg 이하, 기타 심각한 불치병을 일으킬 수 있는 폐기물
2. 잘못 처리, 저장, 수송, 처분되었을 때 현저하게 인간의 건강이나 환경에 현재 혹은 장래에 심각한 위해를 일으킬 수 있는 목록화된 독성 물질(40CFR261의 Appendix VIII에 목록화됨)을 함유하는 폐기물

한편, RCRA법에 의해 격년 단위로 발간되는 유해폐기물 보고서(Biennial Hazardous Waste Report)에서는 유해폐기물의 물리화학적 특성을 감안한 형태별 구분(Form Code)을 하고 있는데(표 8-5), 이러한 구분은 유해폐기물의 물리화학적 형상을 보다 구체적으로 파악하는데 도움을 주어 유해폐기물의 관리 측면에서 실용성을 제공한다.

표 8-4 유해독성 폐기물의 종류(D코드) 및 기준농도

EPA 코드번호	오염물질	CAS No.	기준농도(mg/L)
D004	Arsenic	7440-38-2	5.0
D005	Barium	7440-39-3	100.0
D006	Cadmium	7440-43-9	1.0
D007	Chromium	7440-47-3	5.0
D008	Lead	7439-92-1	5.0
D009	Mercury	7439-97-6	0.2
D010	Selenium	7782-49-2	1.0
D011	Silver	7440-22-4	5.0
D012	Endrin	72-20-8	0.02
D013	Lindane	58-89-9	0.4

D014	Methoxychlor	72-43-5	10.0
D015	Toxaphene	8001-35-2	0.5
D016	2,4-D	94-75-7	10.0
D017	2,4,5-TP (Silvex)	93-72-1	1.0
D018	Benzene	71-43-2	0.5
D019	Carbon tetrachloride	56-23-5	0.5
D020	Chlordane	57-74-9	0.03
D021	Chlorobenzene	108-90-7	100.0
D022	Chloroform	67-66-3	6.0
D023	*o*-Cresol	95-48-7	200.0
D024	*m*-Cresol	108-39-4	200.0
D025	*p*-Cresol	106-44-5	200.0
D026	Cresol		200.0
D027	1,4-Dichlorobenzene	106-46-7	7.5
D028	1,2-Dichloroethane	107-06-2	0.5
D029	1,1-Dichloroethylene	75-35-4	0.7
D030	2,4-Dinitrotoluene	121-14-2	0.13
D031	Heptachlor (and its epoxide)	76-44-8	0.008
D032	Hexachlorobenzene	118-74-1	0.13
D033	Hexachlorobutadiene	87-68-3	0.5
D034	Hexachloroethane	67-72-1	3.0
D035	Methyl ethyl ketone	78-93-3	200.0
D036	Nitrobenzene	98-95-3	2.0
D037	Pentrachlorophenol	87-86-5	100.0
D038	Pyridine	110-86-1	5.0
D039	Tetrachloroethylene	127-18-4	0.7
D040	Trichloroethylene	79-01-6	0.5
D041	2,4,5-Trichlorophenol	95-95-4	400.0
D042	2,4,6-Trichlorophenol	88-06-2	2.0
D043	Vinyl chloride	75-01-4	0.2

표 8-5 미국 EPA 유해폐기물 보고서상 유해폐기물 물리화학적 특성코드(Form Code)

코드	Form Code 그룹
복합 매체/잔재물/장치 등 - 유기성과 무기성 폐기물이 혼합된 폐기물, 액상과 고상이 혼합된 폐기물, 쉽게 분류하기 곤란한 장치	
W001	급성 독성폐기물을 함유하지 않는 Lab pack
W002	오염된 잔재물[40CFR268.2(g)의 정의와 40CFR268.45의 요구조건 참조] 예 : 건설공사 및 해체, 정화, 복원시 발생하는 종이, 의류, 헝겊조각, 목재, 빈 화이버/플라스틱 용기, 유리, 파이프, 기타 고형물
W004	급성 독성폐기물을 함유하는 Lab pack
W301	오염된 토양(주로 누출 정화사업, 해체, 복원사업에서 발생), W512 참조
W309	배터리, 배터리 부품, 케이스
W310	필터, 고상 흡착제, 이온교환수지, 폐활성탄(주로 생산, 중간처리과정, 복원시 발생)
W320	전기부품(램프, 형광등, 수은온도계, 납을 함유하는 음극선관 등)
W512	퇴적물, 저수지 준설토, 시추기 안정액, W301 참조
W801	압축가스
무기성 폐액 - 낮은 부유성 무기물질과 유기물 함량을 갖는 무기성 액상 폐기물	
W101	물을 99% 이상 함유하는 매우 희석된 수용성 폐액
W103	폐 강산(5% 이상)
W105	5%미만인 산성폐액(pH 2 이하)
W107	시안을 함유하는 액상폐액(일반적으로 염기성)
W110	시안을 함유하지 않는 알칼리성 폐액(pH 12.5 이상)
W113	기타 액상폐액 혹은 폐수
W117	폐 액상수은(금속성)
W119	기타 무기성 액체
유기성 폐액 - 낮은 무기성 고형물 함량과 비교적 낮은 수분 함량을 갖는 유기성이며 액상인 폐기물	
W200	액상 형태의 증류기 잔재물
W202	농축 염소계 유기용제
W203	농축 비염소계 유기용제
W204	농축 염소계/비염소계 유기용제 혼합물
W205	기름－물 에멀젼 혹은 혼합물
W206	폐오일

W207	페인트, 잉크, 락카, 광택제(건조되지 않은 액상)
W210	기타 무기성 액체
W211	페인트 신나 혹은 석유 제품
W219	기타 유기성 폐액
무기성 고형물 - 낮은 유기물 함량과 비교적 낮은 수분 함량을 갖는 무기성, 고체상 폐기물	
W303	소각재
W304	슬래그, 광재, 기타 열처리 잔재물
W307	금속 스케일, 금속 스크랩(금속제 드럼 포함)
W312	고형물, 염, 화학물 형태의 시안 혹은 시안화 금속
W316	시안을 함유하지 않는 금속염 혹은 화합물
W319	기타 무기성 고형물
유기성 고형물 - 낮은 무기물 함량과 수분 함량을 갖는 유기성, 고체상 폐기물	
W401	고체상 농약(사용하던 것 혹은 폐기한 것, 오염토양 제외, W301)
W403	고체상 레진, 플라스틱, 폴리머화된 유기물질
W405	폭발성, 반응성 유기성 고형물
W409	기타 유기성 고형물
무기성 슬러지 - 수분함량이 높고, 유기물 함량이 낮으며, 펌프로 수송가능한 무기성 폐기물	
W501	시안을 함유하지 않은 석회 혹은 금속수산화물 슬러지(오염되지 않은 준설토 - W512)
W503	폐수처리나 대기오염방지장치에서 발생한 석고 슬러지
W504	폐수처리나 대기오염방지장치에서 발생한 기타 슬러지
W505	시안을 함유하지 않은 금속 함유 슬러지(도금슬러지 포함)
W506	시안 함유 슬러지(오염되지 않은 토양 - W512)
W519	기타 무기성 슬러지(오염되지 않은 준설토 - W512)
유기성 슬러지 - 무기물 함량과 수분함량이 낮고, 펌프로 수송가능한 유기성 폐기물	
W603	기름성분의 슬러지(오염되지 않은 준설토 - W512)
W604	페인트, 잉크슬러지, 슬러지 형태의 증류기 잔재물(오염되지 않은 준설토 - W512)
W606	레진, 타르, 폴리머, 타르성 슬러지(오염되지 않은 준설토 - W512)
W609	기타 유기성 슬러지

(4) 일본의 유해폐기물 정의 및 분류체계

일본의 유해폐기물에 대한 규정은 「폐기물의 처리 및 청소에 관한 법률」에서 규정하고 있으며, 우리나라의 지정폐기물에 해당하는 유해폐기물은 「특별관리산업폐기물」이다. 일본의 폐기물 분류는 <표 8-6>과 같다.

표 8-6 일본의 특별관리폐기물 분류

<table>
<tr><th colspan="3">분류</th><th>개 요</th></tr>
<tr><td rowspan="5">특별 관리 일반 폐기물</td><td colspan="2">PCB사용부품</td><td>폐에어컨・폐TV・폐전자레인지에서 PCB를 사용한 부품</td></tr>
<tr><td colspan="2">폐수은</td><td>수은사용제품이 일반폐기물이 된 것으로부터 회수한 것</td></tr>
<tr><td colspan="2">분진</td><td>폐기물 처리시설에서 발생한 비산재</td></tr>
<tr><td colspan="2">다이옥신류 함유물</td><td>폐기물 소각로에서 발생한 것으로 다이옥신류를 3 ng/g 이상 함유하는 분진, 연소재, 오니</td></tr>
<tr><td colspan="2">감염성 일반폐기물</td><td>의료기관 등에서 배출된 일반폐기물로 감염성 병원체가 포함/부착되어 있는 폐기물 또는 이러한 우려가 있는 폐기물</td></tr>
<tr><td rowspan="14">특별 관리 산업 폐기물</td><td colspan="2">폐유</td><td>휘발유・등류・경유(난연성의 타르핏피류 제외)</td></tr>
<tr><td colspan="2">폐산</td><td>pH 2.0 이하의 폐산</td></tr>
<tr><td colspan="2">폐알칼리</td><td>pH 12.5 이상의 폐알칼리</td></tr>
<tr><td colspan="2">감염성 산업폐기물</td><td>의료기관 등에서 배출된 산업폐기물로 감염성 병원체가 포함/부착되어 있는 폐기물 또는 이러한 우려가 있는 폐기물</td></tr>
<tr><td rowspan="10">특정 유해 산업 폐기물</td><td>폐PCB 등</td><td>폐PCB 및 PCB를 함유한 폐유</td></tr>
<tr><td>PCB오염물</td><td>PCB가 부착/포함된 오니, 폐지, 나뭇조각, 섬유류, 플라스틱류, 금속, 도자기류, 기타 잔재류</td></tr>
<tr><td>PCB처리물</td><td>폐PCB 또는 PCB오염물 처리물에 일정농도 이상의 PCB가 함유된 것</td></tr>
<tr><td>폐수은 등</td><td>폐수은, 폐수은화합물 및 해당 폐수은 등을 처분하기 위해 처리한 것</td></tr>
<tr><td>지정하수오니</td><td>하수도법 시행령 제13조의 4항에 규정된 지정오니</td></tr>
<tr><td>광재</td><td>중금속등을 일정농도 이상 함유한 것</td></tr>
<tr><td>폐석면 등</td><td>석면건축자재 제거사업에 관한 것 또는 대기오염방지법의 특정분진발생시설에서 발생한 것으로 비산의 우려가 있는 것</td></tr>
<tr><td>소각재, 분진</td><td>중금속 등과 다이옥신류를 일정농도이상 함유하는 것</td></tr>
<tr><td>폐유</td><td>유기염소화합물 등을 함유하는 것</td></tr>
<tr><td>오니, 폐산, 폐알칼리</td><td>중금속, 유기염소화합물, PCB, 농약, 셀레늄</td></tr>
</table>

※ 자료출처 : 廃棄物の処理及び清掃に関する法律施行令, 施行日 : 令和2年4月1日

표 8-7 특정유해산업폐기물의 판정기준(단위 : mg/L)

구분	연소재·분진·광재			폐유 (폐용제에 한함)		슬러지·폐산·폐알칼리			
	연소재, 분진, 광재	처리물 (폐산, 폐알칼리)	처리물 (폐산, 폐알칼리 이외)	처리물 (폐산, 폐알칼리)	처리물 (폐산, 폐알칼리 이외)	슬러지	폐산, 폐알칼리	처리물 (폐산, 폐알칼리)	처리물 (폐산, 폐알칼리 이외)
알킬수은	ND	ND	ND			ND	ND	ND	ND
수은	0.005	0.05	0.005			0.005	0.05	0.05	0.005
카드뮴	0.09	0.3	0.09			0.09	0.3	0.3	0.09
납	0.3	1	0.3			0.3	1	1	0.3
유기인						1	1	1	1
6가크롬	1.5	5	1.5			1.5	5	5	1.5
비소	0.3	1	0.3			0.3	1	1	0.3
시안						1	1	1	1
PCB				(폐유 : 0.5 mg/kg)		0.003	0.03	0.03	0.003
TCE				1	0.1	0.1	1	1	0.1
PCE				1	0.1	0.1	1	1	0.1
디클로로메탄				2	0.2	0.2	2	2	0.2
사염화탄소				0.2	0.02	0.02	0.2	0.2	0.02
1,2-디클로로에탄				0.4	0.04	0.04	0.4	0.4	0.04
1,1-디클로로에틸렌				10	1	1	10	10	1
cis 1,2-디클로로에틸렌				4	0.4	0.4	4	4	0.4
1,1,1-트리클로로에탄				30	3	3	30	30	3
1,1,2-트리클로로에탄				0.6	0.06	0.06	0.6	0.6	0.06
1,3-디클로로프로펜				0.2	0.02	0.02	0.2	0.2	0.02
치우람						0.06	0.6	0.6	0.06
시마진						0.03	0.3	0.3	0.03
치오벤카르브						0.2	2	2	0.2
벤젠				1	0.1	0.1	1	1	0.1
셀레늄	0.3	1	0.3			0.3	1	1	0.3
1,4-다이옥산				5	0.5	0.5	5	5	0.5
다이옥신류 (단위는 TEQ환산)	3 ng/g	100 pg/L	3 ng/g			3 ng/g	100 pg/L	100 pg/L	3 ng/g

특별관리폐기물은 배출단계에서 처리되기까지 상당히 주의하여 취급하지 않으면 안 되는 것으로서 의료기관에서 배출되는 감염성산업・일반폐기물이나 수은함유슬러지, 폐석면 등이 정해져 있으며, 그 중에서 특별관리산업폐기물은 처리위탁에 따른 특별관리산업폐기물 관리표의 교부의무 등 보통의 산업폐기물과는 전혀 다른 처리체계가 정해져 있으며, 처리업의 허가도 별도로 되어 있다. 특별관리산업폐기물 중 특정유해산업폐기물은 <표 8-7>과 같이 환경성령에서 정한 기준을 초과하는 경우의 폐기물을 말한다.

(5) 유럽연합(European Union, EU)의 유해폐기물 정의 및 분류체계

EU에서는 폐기물 기본지침(Waste Framework Directive, Directive 2008/98/EC) 부속서 III의 「폐기물을 유해하게 하는 성질」을 갖는 폐기물을 유해폐기물(Hazardous Waste)로 정의하고 있다(표 8-8).

EU의 폐기물 목록(List of wastes)은 Council Decision에 의해 주기적으로 재검토되며, 이 목록은 개별 EU 국가의 법률에 그대로 적용되고 있다.

EU의 폐기물 목록은 생활폐기물과 사업장폐기물, 유해폐기물이 모두 망라되어 있으며, 발생원을 20개로 대분류하고 있으며, 보다 세분화된 발생원별 중분류와 폐기물 종류별의 소분류의 3단계로 6개 숫자로 표시된 폐기물 종류가 목록화되어 있으며, 이중 유해폐기물은 별표(*)로 표시되어 있다.

EU에 속한 개별국가들은 EU의 폐기물 목록과 동일한 코드를 공유함으로써 폐기물 통계, 인허가, 폐기물 수송 등에서 동일한 분류체계를 구축하고 있다.

특히 2008년에 위험 물질의 분류, 포장 및 표지에 관한 지침인 CLP (Classification, Labelling and Packaging) Regulation이 제정되어 2015년 6월 1일부터 시행 중에 있다.

표 8-8 EU의 폐기물 유해 특성

Code	유해특성	유해특성의 설명
H1	폭발성 (Explosive)	• 디니트로벤젠에 비해 불꽃 충격이나 마찰에 더 민감하게 폭발할 수 있는 물질 및 혼합물질
H2	산화성 (Oxidizing)	• 가연성 물질 또는 그 밖의 물질과 접촉하는 경우 강한 발열반응을 일으키는 물질 또는 혼합물질
H3 A	고도 인화성 (Highly Flammable)	• 인화점이 21℃ 이하인 액상물질 또는 혼합물질 • 에너지원 없이 상온에서 공기와 접촉시 뜨거워져 결국 화재를 일으킬 수 있는 물질 또는 혼합물질 • 제거한 후에도 계속해서 타거나 소모되는 고상물질 또는 혼합물질 • 대기압에서 인화성을 가진 가스상 물질 또는 혼합물 • 물 또는 습한 공기와 접촉시 위험한 정도의 고인화성 가스를 방출하는 물질 또는 혼합물질
H3B	인화성 (Flammable)	• 인화점이 21～55℃인 액상물질 또는 혼합물질
H4	자극성 (Irritant)	• 즉각적 또는 반복적으로 접촉하거나, 장기간 접촉시 피부 또는 점막에 염증을 일으킬 수 있는 비부식성 물질 또는 혼합물질
H5	위해성 (Harmful)	• 흡입, 섭취 또는 피부를 통해 침투되는 경우 제한적인 건강상 위험을 초래할 수 있는 물질 또는 혼합물질
H6	독성 (Toxic)	• 흡입, 섭취 또는 피부를 통해 침투되는 경우 건강에 심각하거나 급성 또는 만성적 손상을 주거나, 사망을 초래할 수 있는 물질 또는 혼합물질
H7	발암성 (Carcinogenic)	• 흡입, 섭취 또는 피부를 통해 침투되는 경우 암을 유발하거나 발암율을 증가시키는 물질 또는 혼합물질
H8	부식성 (Corrosives)	• 생체조직과 접촉시 이를 파괴할 수 있는 물질 또는 혼합물질
H9	감염성 (Infectious)	• 인간 또는 생명체의 발병원인이 되는 것으로 알려져 있거나 우려가 있는 살아있는 미생물이나 그들의 독소를 함유한 물질 또는 혼합물질
H10	생식독성 (Toxic for reproduction)	• 흡입, 섭취 또는 피부를 통해 침투되는 경우 유전성이 아닌 선천적인 기형을 유발하거나 발병을 증가시킬 수 있는 물질 또는 혼합물질
H11	변이원성 (Mutagenic)	• 흡입, 섭취 또는 피부를 통해 침투되는 경우 유전자 형질 손상을 일으키거나 발병을 증가시킬 수 있는 물질 또는 혼합물질
H12	물이나 공기, 산과 접촉시 독성을 방출	• 물, 공기 또는 산과 접촉하여 독성 또는 가스를 발생시킬 수 있는 물질 또는 혼합물질
H13	민감성 (Sensitizing)	• 흡입 또는 피부를 통해 침투되는 경우 과민 반응을 유발하는 물질 또는 혼합물질
H14	생태독성 (Ecotoxic)	• 즉시 또는 일정 시간이 지난 후에 환경에 위험을 미치거나, 미칠 수 있는 물질 또는 혼합물질
H15	폐기 후 위에 언급된 특성을 보이는 물질	• 처리 후 위에서 열거한 특성중 하나를 갖는 다른 물질(예, 침출수)을 어떤 방법으로든 생성할 수 있는 물질 또는 혼합물질

자료출처 : EU Directive 2008/98/EC

표 8-9 EU의 폐기물 목록에서의 폐기물의 대분류 체계

대분류 코드	목 록	폐기물 공정(항목)수			
		유해폐기물		일 반 폐기물	계
		Absolute	Mirror		
01	탐사, 광업, 선광 및 광물과 채석업의 처리과정에서 발생된 폐기물	1	5	17	23
02	농업, 원예, 사냥, 낚시, 연못의 양어, 식료품제조와 가공에서 발생되는 폐기물		1	37	38
03	목재가공, 펄프, 종이, 판지, 널빤지, 가구제조에서 발생되는 폐기물	4	2	13	19
04	피혁, 섬유산업에서 발생되는 폐기물		4	17	21
05	정유 천연가스정화, 석탄열분해공정에서 발생되는 폐기물	12	2	10	24
06	무기화학공정에서 발생되는 폐기물	16	13	19	48
07	유기화학공정에서 발생되는 폐기물	49	11	18	78
08	도료(페인트, 락카, 에나멜), 패킹물질, 인쇄용 잉크의 제조, 가공, 판매와 사용에서 발생되는 폐기물	5	12	21	38
09	사진산업에서 발생되는 폐기물	7	1	5	13
10	열처리공정에서 발생되는 무기성 폐기물	20	49	104	173
11	금속가공과 도금 및 비철-유체야금에서 발생되는 무기성 금속함유 폐기물	10	7	10	27
12	금속, 플라스틱의 기계적인 주조와 표면가공공정에서 발생되는 폐기물	9	4	10	23
13	폐유	34			34
14	용제로서 사용된 유기물질의 폐기물	5			5
15	포장, 흡수물질, 세척용 수건, 여과재, 보호용 의류		3	9	12
16	목록에서 달리 기재되지 않은 폐기물	16	27	28	71
17	건축 및 철거폐기물	1	15	22	38
18	의학 또는 수의학적인 처리와 연구에서 발생되는 폐기물	5	2	9	16
19	폐기물처리시설, 공공폐수처리시설, 공공급수시설에서 발생되는 폐기물	18	21	59	98
20	생활폐기물과 생활계, 상업 및 산업폐기물 그리고 시설에서 발생되는 폐기물의 분리수거된 항목	9	5	26	40
계		221	184	434	839
		405			

8.1.2 유해폐기물의 처리기준

(1) 우리나라의 유해폐기물 처리기준[16)]

우리나라의 유해폐기물 처리기준은 폐기물관리법 시행규칙 별표 5에서 지정폐기물의 종류별로 구체적으로 규정하고 있다. 폐기물관리법에서 규정하고 있지 않은 처리방법은 우리나라에서는 불법으로 간주된다. 따라서 새로운 처리방법을 적용하고자 한다면 법이 개정되어 이러한 처리방법에 포함되어야 하며, 이와 같은 이유로 유해폐기물 처리업체는 새로운 처리방법의 개발 및 적용에 소극적인 실정이다.

아래에서는 폐기물관리법 시행규칙 별표 5에서 규정하고 있는 지정폐기물의 처리기준을 소개하였다.

① 폐산 또는 폐알칼리

㉮ 액체상태의 것은 다음의 어느 하나에 해당하는 방법으로 처리하여야 한다. 다만, 처리 후 잔재물이 별표 1에 규정된 물질을 포함한 경우에는 그 잔재물을 안정화처리하거나 시멘트・합성고분자화합물의 이용 또는 이와 비슷한 방법으로 고형화처리한 후 지정폐기물을 매립할 수 있는 관리형 매립시설에 매립하여야 한다.

㉠ 중화・산화・환원의 반응을 이용하여 처리한 후 응집・침전・여과・탈수의 방법으로 처리하여야 한다.

㉡ 증발・농축의 방법으로 처리하여야 한다.

㉢ 분리・증류・추출・여과의 방법으로 정제처분하여야 한다.

㉯ 고체상태인 수산화칼륨 및 수산화나트륨은 ①의 방법으로 처리하거나 지정폐기물을 매립할 수 있는 관리형 매립시설의 차수시설 및 침출수 처리시설의 성능에 지장을 초래하지 않도록 중화 등의 방법으로 중간처분한 후 매립하여야 한다.

㉰ 폐산이나 폐알칼리와 폐유・폐유기용제 등 다른 폐기물이 혼합되어 있는 액체상태의 것은 소각시설에 지장이 생기지 아니하도록 중화 등으로 처리하여 소각(할로겐족 폐유기용제 등 고온소각대상 폐기물이 혼합되어 있는 경우에는 고온소각)한 후 매립하여야 한다.

② 폐유

㉮ 액체상태의 것은 다음의 어느 하나에 해당하는 방법으로 처리하여야 한다.

㉠ 기름과 물을 분리하여 분리된 기름성분은 소각하여야 하고, 기름과 물을 분리한 후 남은 물은 「물환경보전법」 제2조 제12호에 따른 수질오염방지시설에서

16) 2020년 11월 27일에 개정된 폐기물관리법 시행규칙 별표 5 기준임.

처리하여야 한다.

㉡ 증발・농축방법으로 처리한 후 그 잔재물은 소각하거나 안정화처리하여야 한다.

㉢ 응집・침전방법으로 처리한 후 그 잔재물은 소각하여야 한다.

㉣ 분리・증류・추출・여과・열분해의 방법으로 정제처리하여야 한다.

㉤ 소각하거나 안정화처리하여야 한다.

㉯ 고체상태의 것[타르・피치(pitch)류는 제외한다]은 소각하거나 안정화처리하여야 한다.

㉰ 타르・피치류는 소각하거나 지정폐기물을 매립할 수 있는 관리형 매립시설에 매립하여야 한다.

③ 폐유기용제

㉮ 기름과 물 분리가 가능한 것은 기름과 물 분리방법으로 사전처리하여야 한다.

㉯ 할로겐족으로 액체상태의 것은 다음의 어느 하나에 해당하는 방법으로 처리하여야 한다.

㉠ 고온소각하여야 한다.

㉡ 증발・농축방법으로 처리한 후 그 잔재물은 고온소각하여야 한다.

㉢ 분리・증류・추출・여과의 방법으로 정제한 후 그 잔재물은 고온소각하여야 한다.

㉣ 중화・산화・환원・중합・축합(縮合)의 반응을 이용하여 처리하여야 하며, 처리 후 발생하는 잔재물은 고온소각하거나, 응집・침전・여과・탈수의 방법으로 다시 처리한 후 그 잔재물은 고온소각하여야 한다.

㉰ 할로겐족으로 고체상태의 것은 고온소각하여야 한다.

㉱ 그 밖의 폐유기용제로서 액체상태의 것은 다음의 어느 하나에 해당하는 방법으로 처리하여야 한다.

㉠ 소각하여야 한다.

㉡ 증발・농축방법으로 처리한 후 그 잔재물은 소각하여야 한다.

㉢ 분리・증류・추출・여과의 방법으로 정제한 후 그 잔재물은 소각하여야 한다.

㉣ 중화・산화・환원・중합・축합의 반응을 이용하여 처리하여야 하며, 처리 후 발생하는 잔재물은 소각하거나, 응집・침전・여과・탈수의 방법으로 다시 처리한 후 그 잔재물은 소각하여야 한다.

㉲ 그 밖의 폐유기용제로서 고체상태의 것은 소각하여야 한다.

④ 폐합성고분자화합물

폐합성고분자화합물은 소각하여야 한다. 다만, 소각이 곤란한 경우에는 최대지름 15센티미터 이하의 크기로 파쇄·절단 또는 용융한 후 지정폐기물을 매립할 수 있는 관리형 매립시설에 매립할 수 있다.

⑤ **폐페인트 및 폐래커**

㉮ 폐페인트와 폐래커는 고온소각하거나 유기용제 등 재활용 대상 물질을 회수한 후 그 잔재물은 고온소각하여야 한다.

⑥ **폐석면**

㉮ 분진이나 부스러기는 고온용융처분하거나 고형화처분하여야 한다.

㉯ 고형화되어 있어 흩날릴 우려가 없는 것은 폴리에틸렌 그 밖에 이와 유사한 재질의 포대로 포장하여 지정폐기물매립시설에 매립하되, 매립과정에서 석면 분진이 날리지 아니하도록 충분히 물을 뿌리고 수시로 복토를 실시하여야 하며, 장비 등을 이용한 다짐·압축작업은 복토 후에 하여야 한다. 이 경우 다짐·압축작업 과정에서 폐석면이 복토층 표면으로 노출되어서는 아니 된다.

㉰ 석면의 해체·제거작업에 사용된 바닥비닐시트(뿜칠로 사용된 석면의 해체·제거작업 시 사용된 비닐시트의 경우 모든 비닐시트), 방진마스크, 작업복 등은 고밀도 내수성재질의 포대에 2중으로 포장하여 지정폐기물매립시설에 매립하거나 고온용융처리 또는 고형화처리하여야 한다.

㉱ 매립시설 내 일정구역을 정하여 매립하고, 매립구역임을 알리는 표지판을 다음과 같이 설치하여야 한다.

폐석면 매립 표지판	
폐석면 종류	
매립용량(m^3)	
매립면적(m^3)	
매립위치	
매립기간	
관리기관(전화번호)	

비고 1. 표지판은 사람이 쉽게 볼 수 있는 위치에 설치
2. 표지의 규격 : 가로 80센티미터 이상×세로 80센티미터 이상
3. 표지의 색깔 : 노란색 바탕에 검은색 선 및 검은색 글자

⑦ **광재·폐주물사·폐사·폐내화물·도자기조각·폐촉매**

㉮ 안정화처리 또는 시멘트·합성고분자화합물의 이용 그 밖에 이와 비슷한 방법으로 고형화처리하거나 지정폐기물을 매립할 수 있는 관리형 매립시설에 매립하여야 한

다. 다만, 가연성 물질을 포함한 폐촉매는 소각할 수 있고, 할로겐족에 해당하는 물질을 포함한 폐촉매를 소각하는 경우에는 고온소각하여야 한다.

⑧ 폐흡수제 및 폐흡착제

다음의 어느 하나에 해당하는 방법으로 처리하여야 한다.

㉮ 고온소각 처리대상물질을 흡수하거나 흡착한 것 중 가연성은 고온소각하여야 하고, 불연성은 지정폐기물을 매립할 수 있는 관리형 매립시설에 매립하여야 한다.

㉯ 일반소각 처리대상물질을 흡수하거나 흡착한 것 중 가연성은 일반소각하여야 하며, 불연성은 지정폐기물을 매립할 수 있는 관리형 매립시설에 매립하여야 한다.

㉰ 안정화처리하거나 시멘트・합성고분자화합물을 이용하여 고형화처리하거나 이와 비슷한 방법으로 고형화처리하여야 한다.

㉱ 광물유・동물유 또는 식물유가 포함된 것은 포함된 기름을 추출 등으로 재활용하여야 한다.

⑨ 분진

다음의 어느 하나에 해당하는 방법으로 처리하여야 한다.

㉮ 폴리에틸렌이나 그 밖에 이와 비슷한 재질의 포대에 담아 지정폐기물을 매립할 수 있는 관리형 매립시설에 매립하여야 한다.

㉯ 안정화처분하여야 한다.

㉰ 시멘트・합성고분자화합물을 이용하여 고형화처분하거나 이와 비슷한 방법으로 고형화처분하여야 한다.

⑩ 소각재

다음의 어느 하나에 해당하는 방법으로 처리하여야 한다.

㉮ 지정폐기물을 매립할 수 있는 관리형 매립시설에 매립하여야 한다.

㉯ 안정화처분하여야 한다.

㉰ 시멘트・합성고분자화합물을 이용하여 고형화처분하거나 이와 비슷한 방법으로 고형화처분하여야 한다.

⑪ 폐농약

액체상태의 것은 고온소각하거나 고온용융처분하고, 고체상태의 것은 고온소각 또는 고온용융처분하거나 차단형 매립시설에 매립하여야 한다.

⑫ 폴리클로리네이티드비페닐 함유폐기물

고온소각하거나 고온용융처분하여야 한다.

⑬ 오니

다음 각 호의 어느 하나에 해당하는 방법으로 처분하여야 한다.

㉮ 소각하여야 한다.

㉯ 시멘트・합성고분자화합물을 이용하여 고형화처분하거나 이와 비슷한 방법으로 고형화처분하여야 한다.

㉰ 수분함량 85퍼센트 이하로 하여 안정화처분하여야 한다.

㉱ 수분함량 85퍼센트 이하로 하여 지정폐기물을 매립할 수 있는 관리형 매립시설에 매립하여야 한다.

㉲ 폐수배출량 2천세제곱미터 이상인 배출업소의 유기성 오니는 바로 매립하여서는 아니되며, 소각하거나 시멘트・합성고분자화합물의 이용이나 그 밖에 이와 비슷한 방법으로 고형화처분하여야 한다.

㉳ 1일 폐수배출량 700세제곱미터 이상 2천세제곱미터 미만인 배출업소의 유기성 오니도 ㉲와 같이 처분하여야 한다.

⑭ 안정화・고형화・고화 처리물

지정폐기물을 매립할 수 있는 관리형 매립시설에 매립하여야 한다.

⑮ 폐유독물질

다음의 어느 하나에 해당하는 방법으로 처분하여야 한다.

㉮ 중화・가수분해・산화・환원으로 처분하여야 한다.

㉯ 고온소각하거나 고온용융처분하여야 한다.

㉰ 고형화처분하여야 한다.

⑯ 폐오일 필터의 경우

다음 중 어느 하나의 방법으로 처리하여야 한다.

㉮ 소각하여야 한다.

㉯ 파쇄처분하여 재활용할 경우 고철・여과지・고무 및 폐윤활유를 각각 분리할 수 있도록 폐오일 필터를 파쇄처분한 후 폐유・고철은 별도로 회수・선별하여 재활용하고, 여과지・고무 등 재활용이 어려운 파쇄물은 소각하거나 매립하여야 한다.

㉰ 증류처분하여 재활용할 경우 증류시설에서 폐유와 고철을 분리・회수하여 각각 재활용하여야 한다.

⑰ 수은폐기물

다음의 어느 하나에 해당하는 방법으로 처리해야 한다.

㉮ 수은함유폐기물은 회수하여 처리하되, 그 처리 결과 발생한 수은함유폐기물은 수은 및 그 화합물이 폐기물공정시험기준에 따른 용출시험 결과 용출액 1리터당 0.005밀리그램 미만을 함유해야 한다.

㉯ 수은구성폐기물은 수은전용용기에 넣어 영구 보관해야 한다. 이 경우 보관장소에 관한 기준은 「화학물질관리법 시행규칙」 별표 5 제3호에 따른 저장 · 보관시설의 설치 및 관리기준에 따른다.

㉰ 수은함유폐기물 처리잔재물은 폴리에틸렌 등 고밀도 내수성 재질로 이중 포장하거나 안정화 또는 고형화 처분하여 관리형 매립시설에 매립해야 한다.

(2) 미국의 유해폐기물 처리기준

① 유해폐기물 처리방법

미국의 유해폐기물 처리 및 처분은 40 CFR Part 264에서 다루고 있다[17]. 이 규정에서 다루고 있는 유해폐기물 처리방법들에 대한 취급코드는 <표 8-10>과 같으며, 이들이 미국에서 유해폐기물 처리에 주로 사용될 수 방법으로 볼 수 있다.

표 8-10 미국 RCRA법에서의 유해폐기물 처리방법 및 취급코드

대분류	중분류	소 분 류
보관		S01 Container(barrel, drum 등) : 컨테이너(배럴, 드럼 등) S02 Tank : 탱크 S03 Waste Pile : 폐기물 더미 S04 Surface Impoundment : 지상 저장 S05 Drip Pad : 누액 받이 S06 Containment Building(Storage) : 격납고 S99 Other Storage : 기타 보관
처리	열적 처리	T06 Liquid injection incinerator : 액체 주입 소각로 T07 Rotary kiln incinerator : 로터리킬른 소각로 T08 Fluidized bed incinerator : 유동상 소각로 T09 Multiple hearth incinerator : 다단식 소각로 T10 Infrared furnace incinerator : 적외선 소각로 T11 Molten salt destructor : 용융염 소각로 T12 Pyrolysis : 열분해 T13 Wet air oxidation : 습식공기산화

17) CFR은 Code of Federal Regulations의 약자로 미국연방법률집을 의미하며, Title 40이 환경보전 관련 법률이며(40 CFR), 유해폐기물 관련 규정은 40 CFR Part 260에서 Part 282까지에서 다루고 있다.

		T14 Calcination : 소성 T15 Microwave discharge : 마이크로파 조사(照射) T18 Other : 기타
	화학적 처리	T19 Absorption mound : 흡수 mound T20 Absorption field : 흡수 field T21 Chemical fixation : 화학적 고정화 T22 Chemical oxidation : 화학적 산화 T23 Chemical precipitation : 화학적 침전 T24 Chemical reduction : 화학적 환원 T25 Chlorination : 염소화 T26 Chlorinolysis : 염소분해 T27 Cyanide destruction : 시안 파괴 T28 Degradation : 분해 T29 Detoxification : 무독화 T30 Ion exchange : 이온 교환 T31 Neutralization : 중화 T32 Ozonation : 오존처리 T33 Photolysis : 광분해 T34 Other : 기타
	물리적 처리	(1) Separation of components : 성분 분리 T35 Centrifugation : 원심분리 T36 Clarification : 정제 T37 Coagulation : 응집 T38 Decanting : 고액분리 T39 Encapsulation : 캡슐화 T40 Filtration : 여과 T41 Flocculation : 응집침전 T42 Flotation : 부상분리 T43 Foaming : 거품화 T44 Sedimentation : 중력침전 T45 Thickening : 농축 T46 Ultrafiltration : 한외여과 T47 Other : 기타 (2) Removal of Specific Components : 특정성분의 제거 T48 Absorption-molecular sieve : 흡수 및 분자여과 T49 Activated carbon : 활성탄 T50 Blending : 혼합 T51 Catalysis : 촉매반응 T52 Crystallization : 결정화 T53 Dialysis : 투석 T54 Distillation : 증류 T55 Electrodialysis : 전기투석

		T56 Electrolysis : 전기분해 T57 Evaporation : 증발 T58 High gradient magnetic separation : 자력 선별 T59 Leaching : 용출 T60 Liquid ion exchange : 액체 이온 교환 T61 Liquid-liquid extraction : 액－액 추출 T62 Reverse osmosis : 역삼투 T63 Solvent recovery : 용매회수 T64 Stripping : 탈기(脫氣) T65 Sand filter : 모래 여과 T66 Other : 기타
	생물학적 처리	T67 Activated sludge : 활성슬러지법 T68 Aerobic lagoon : 호기성 라군 T69 Aerobic tank : 호기성 탱크 T70 Anaerobic tank : 혐기성 탱크 T71 Composting : 퇴비화 T72 Septic tank : 부패조 T73 Spray irrigation : 분무세정 T74 Thickening filter : 농축여과 T75 Trickling filter : 살수여상법 T76 Waste stabilization pond : 안정화조 T77 Other : 기타
처리	보일러와 산업용 소각로	T80 Boiler : 보일러 T81 Cement kiln : 시멘트 소성로 T82 Lime kiln : 석회 소성로 T83 Aggregate kiln : 소결로 T84 Phosphate kiln : 인산염 소성로 T85 Coke oven : 코크스 오븐 T86 Blast furnace : 용광로 T87 Smelting, Melting, or Refining Furnace : 용해, 용광 또는 제련 로 T88 Titanium dioxide chloride process oxidation Reactor : 이산화 티타늄 클로라이드 공정 산화 반응기 T89 Methane reforming furnace : 메탄 재합성로 T90 Pulping liquor recovery furnace : 펄프액 회수로 T91 Combustion device used in the recovery of sulfur values from spent sulfuric acid : 황산회수로 T92 Halogen acid furnaces : 할로겐산로 T93 Other industrial furnaces listed in 40 CFR 260.10 : 기타 40 CFR 260.10에 열거된 산업용 소각로
	기타 처리	T94 Containment Building(Treatment) : 격납고(처리)
처분		D79 Underground injection : 지하 주입

		D80 Landfill : 매립 D81 Land treatment : 토양살포 D82 Ocean disposal : 해양처분 D83 Surface impoundment(to be closed as a landfill) : 지표저장(매립지화 예정) D99 Other disposal : 기타 처분
기타		X01 Open burning/Open detonation : 노천 소각/폭파 X02 Mechanical processing : 기계적 처리 X03 Thermal unit : 열처리 시설 X04 Geologic repository : 지질학적 저장 X99 Other Subpart X : 기타 X절

한편, RCRA법에 의해 격년 단위로 발간되는 유해폐기물 보고서에 의한 유해폐기물 관리방법 코드(Management Method Code)는 미국에서의 유해폐기물 처리방법 통계처리 시에 사용되며, <표 8-11>과 같다.

표 8-11 미국 EPA 유해폐기물 보고서상 유해폐기물 관리방법 코드

코드	관리방법 코드 그룹
	복구 및 회수
H010	건류, 제련, 화학적 방식 등에 의한 금속 회수
H020	용제 회수(증류, 추출 등)
H039	기타 회수 및 산 재생, 유기물 회수 등을 포함한 재사용을 위한 복구
H050	현장에서의 에너지 회수 – 연료 사용(에너지 회수 전 당해 현장 연료혼합 포함)
H061	다른 장소에서 에너지 회수하기 전의 연료 혼합 (당해 현장에서 발생한 폐기물 혹은 다른 장소에서 받은 것)
	다른 부지에 처분하기 전의 파괴 혹은 처리
H040	소각 – 연료 이외의 열적 파괴
H071	침전을 포함 혹은 포함하지 않는 화학적 환원
H073	침전을 포함 혹은 포함하지 않는 시안 파괴
H075	화학적 산화
H076	습식공기산화
H077	전처리를 포함 혹은 포함하지 않는 기타 화학적 침전
H081	침전을 포함 혹은 포함하지 않는 생물학적 처리
H082	흡착

H083	공기 혹은 스팀 탈기(脫氣)
H101	슬러지 처리/탈수(처리의 주요 성분으로서)
H103	흡수
H111	다른 부지에 처분하기 전의 안정화 혹은 화학적 고정
H112	다른 부지에 처분하기 전의 마크로 캡슐화
H121	중화
H122	증발
H123	침전 혹은 침전에 의한 정제
H124	상 분리
H129	기타 처리
최종처분	
H131	토양 처리 혹은 살포
H132	매립 혹은 매립지로 폐쇄될 지표저류시설
H134	심정 혹은 지하 주입
H135	하수관/공공하수처리장 혹은 NPDES(국가오염물질배출저감시스템)으로의 방류
다른 부지로의 수송	
H141	수용 부지에서 폐기물을 처리, 재활용, 연료혼합, 최종처분 등을 하지 않고 단순히 저장하였다가 수송하는 부지

② 잠재적 혼합금지 폐기물

40 CFR Part 264의 부록 V에서는 유해폐기물 중 서로 혼합되었을 때 (1) 열 혹은 압력 (2) 화재나 폭발 (3) 격렬한 반응 (4) 유독한 먼지, 박무, 연기, 가스 (5) 가연성 가스 등 사람의 건강과 환경에 유해한 효과를 일으킬 수 있는 것을 예시하여, 이들의 관리시 특별한 주의를 기울이도록 하고 있다. <표 8-12>의 A그룹과 B그룹이 혼합되면 제시한 것과 같은 사고의 위험이 있으므로 관리시 각별한 주의가 필요하다.

표 8-12 혼합시 잠재적으로 부적합한 폐기물의 예

A 그룹	B 그룹	잠재적 위험
[Group 1-A] 아세틸렌 슬러지 알칼리성 액체 알칼리 세척액	[Group 1-B] 산성슬러지 산 및 물 축전지 산성용액	열발생, 격렬한 반응

알칼리 부식액 알칼리성 축전지액 알칼리성 폐수 석회 슬러지 및 기타 부식성 알칼리 석회 폐수 석회와 물 폐알칼리	화학적 세정액 산성 전해질 에칭용 산성폐액 및 용제 산세척 폐액 및 기타 부식성 산 폐산 혼합된 폐산 폐황산	
[Group 2-A] Aluminum Beryllium Calcium Lithium Magnesium Potassium Sodium Zinc 분말 기타 반응성 금속 및 금속 수소화물	[Group 2-B] 1-A 혹은 1-B에 속한 다른 폐기물	화재, 폭발, 수소가스 발생
[Group 3-A] Alcohols 물	[Group 3-B] 1-A 혹은 1-B에 속한 농축 폐기물 Calcium Lithium 금속 수소화물 Potassium SO_2Cl_2, $SOCl_2$, PCl_3, CH_3SiCl_3 기타 물과 반응하는 폐기물	화재, 폭발, 열 발생, 인화성/독성 가스 발생
[Group 4-A] Alcohols Aldehydes 할로겐화된 탄화수소 질산화된 탄화수소 불포화 탄화수소 기타 반응성 유기화합물 및 용제	[Group 4-B] 1-A 혹은 1-B에 속한 농축 폐기물 2-A 그룹폐기물	화재, 폭발, 격렬한 반응
[Group 6-A] Chlorates Chlorine Chlorites Chromic acid Hypochlorites Nitrates Nitric acid, fuming Perchlorates	[Group 6-B] 아세트산 및 기타 유기산 강한 Concentrated 무기산(mineral acid) 2-A 그룹 폐기물 4-A 그룹 폐기물 기타 인화성이나 연소성이 있는 폐기물	화재, 폭발, 격렬한 반응

Permanganates Peroxides 기타 강한 산화제		

※자료출처 : 40 CFR Part 264 부록V

③ 육상매립제한 규정

지하수를 음용수원으로 의존하는 비율이 높은 미국의 경우 유해폐기물 매립에 기인하는 지하수 오염의 위험성을 사전에 저감시키기 위하여 폐기물에 대한 육상매립제한 규정(LDR, Land Disposal Restrictions)을 두고 있다.

육상매립제한 규정은 폐기물 매립지에 의한 지하수 오염의 위협을 저감하기 위하여 매립하기 전에 각종 유해물질을 함유하는 폐기물에 대한 물리적, 화학적 처리를 요구하고 있다. 유기독성물질의 경우 소각 등의 방법을 통해 유해성분을 파괴하거나 독성을 저감시키고, 무기성 물질은 안정화나 고형화와 같은 물리화학적 처리를 통해서 이동성이나 용출성을 저감함으로써 지하수 보호의 목표를 추구할 수 있다.

즉, 지하수를 보호하기 위해 바닥 차수재, 침출수 누출감시 시스템, 지하수 감시 등과 같은 폐기물 매립시설에 대한 엄격한 기준 설정 이외에 유해폐기물의 근원적인 물리화학적 변화를 통해서 환경오염에의 위협을 저감하고자 하는 장치이다. LDR은 폐기물에 함유된 유해성분들의 이동성과 독성을 저감하는 처리기준을 만족하여야만 유해폐기물의 매립 및 육상처분 등을 허용하는 장치이다.

LDR에서 요구하는 폐기물의 처리기준은 특정처리기술로 명시되는 경우와 유해물질의 농도로 명시된 두 가지 형태가 있다. 처리기준은 최선의 검증되어진 가용기술(BDAT, Best Demonstrated Available Technology)의 적용에서 얻어진 결과에 토대하고 있다.

미국의 경우 유해폐기물을 액상과 비액상으로 구분하여 처리기준을 다르게 설정하고 있

LDR (Land Disposal Restrictions)	매립폐기물의 독성 및 이동성 사전 저감
↓	
LDU (Land Disposal Units)	폐기물 매립시설 설치 기준
↓	
Groundwater Monitoring	지하수 오염의 감시

그림 8-3 미국의 유해폐기물 매립으로부터 지하수를 보호하기 위한 3중 장치

는데, 총유기탄소(TOC, Total Organic Carbon)가 1% 미만이고, 총 부유물질(TSS, Total Suspended Solids)이 1% 미만인 경우 액상으로 구분하고, 비액상은 그렇지 않은 경우로 구분한다.

따라서 처리기준은 비액상 폐기물의 경우 함량기준(mg/kg)이나 TCLP에 의한 용출액 농도(mg/L) 혹은 5글자로 된 처리기술코드로 제시되며, 액상폐기물인 경우 농도(mg/L)나 5글자로 된 처리기술코드로 표시된다.

EPA는 농도기준을 선호하나 BDAT만이 유일한 처리방법이거나 유해성분 수준을 측정하기 어려운 경우에는 처리기준으로서 기술을 지정한다.

처리기준은 40 CFR 268.40에 표로 정리되어 있다. 처리기준에서 특정 기술은 5자의 알파벳 글자로 표현되며, 총 31가지가 있다. 각 코드와 기술에 대한 개략적 설명은 40 CFR 268.42의 별도 표에 나온다. LDR 프로그램에는 매립제한 이외에 희석금지, 저장금지에 대한 규정이 있다.

처리기준이 설정된 최초의 폐기물 그룹은 유기용제와 다이옥신 함유 폐기물인데, 유기용제는 배출량이 많기 때문이며, 다이옥신 함유폐기물은 독성이 높은 물질로 간주되었기 때문이다.

두 번째 그룹은 California list라 알려진 그룹으로서 California 환경보호국에 의해 설정되었으며 시안, PCB, 할로겐 함유 유기화합물, 중금속 등을 함유하는 액상 유해폐기물이다.

HSWA (Hazardous and Solid Waste Amendments, 1984)법에 따라 유해성분의 독성과 이동성을 저감시키는 처리기준이 설정되었으며, 폐기물 고유의 유해성과 발생량에 근거하여 우선순위가 높은 폐기물부터 순차적으로 1/3씩 처리기준이 설정되었다.

이후 계속적으로 유해폐기물에 대한 추가적인 처리기준이 설정되었으며, UTS (Universal Treatment Standards)가 만들어졌다.

UTS는 BDAT로 유해폐기물을 처리하는 경우 각 코드별 폐기물의 유해성분에 대한 처리기준이 상이하게 나타나는 경우가 있는데, 이런 기준간의 불일치를 해소하기 위해 유해폐기물 처리 시 각 유해성분의 농도범위를 검토하여 단일 값의 기준농도를 부여한 것이다. 또한 유해특성 폐기물을 비유해화하는 경우에도 잠재적인 유해성분을 포함하는 경우(즉, 유해폐기물로 지정되게 한 주된 유해특성 이외의 다른 유해성분이 포함된 경우) 이들을 오염물질별 기준에 맞게 처리하여야 하는데, 이때의 기준으로 UTS가 적용된다.

(3) 일본의 유해폐기물 처리기준 및 처리시설

① 일본의 유해폐기물 처리기준

일본의 경우 우리나라와 같이 개별 유해폐기물 종류별로 처리방법이 명시되어 있다. 아래에서는「폐기물의 처리 및 청소에 관한 법률」시행령 중의 유해폐기물 처리와 관련된 주요 내용을 요약하였다.[18)]

- 폐유 처분 또는 재생은 해당 폐유로 인한 사람의 건강 또는 생활환경과 관련된 피해가 발생할 우려를 없애는 방법으로 환경대신이 정하는 방법으로 할 것
- 폐산 또는 폐알칼리 처분이나 재생은 이들 폐기물에 의한 사람의 건강 또는 생활환경과 관련된 피해가 발생할 우려를 없애는 방법으로 환경대신이 정하는 방법으로 할 것
- 감염성 산업폐기물의 처분 또는 재생은 해당 감염성 산업폐기물의 감염성을 상실하게 하는 방법으로 환경대신이 정하는 방법으로 실시한다.
- 폐PCB의 처분 또는 재생은 소각하거나 분해하는 방법으로 환경대신이 정하는 방법에 의해 실시할 것
- PCB 오염물의 처분 또는 재생은 소각하거나 분해하는 방법으로 환경대신이 정하는 방법에 의해 실시할 것
- PCB 처리물의 처분 또는 재생은 소각함으로써 또는 폴리염화비페닐을 제거하거나 분해하는 방법으로 환경대신이 정한 방법에 따라 할 것
- 폐석면의 처분 또는 재생은 인간의 건강 또는 생활환경과 관련된 피해가 발생할 우려가 없도록 하는 방법으로서 환경대신이 정하는 방법에 의해 실시할 것
- 특별관리산업폐기물의 매립처분은 공공수역 및 지하수와 차단되어 있는 장소에서 실시할 것
- 폐유(타르핏치류 제외)를 매립처분 하는 경우 미리 소각 또는 열분해하여야 함.
- 폐산, 폐알칼리는 매립하면 안 됨.
- 감염성 산업폐기물은 매립처분을 하면 안 됨.
- 폐PCB를 매립처분하는 경우 미리 소각하고, 당해 소각시설에서 발생한 것은 환경성령에서 정한 기준에 적합하여야 함.
- PCB 오염물을 매립처분하는 경우, 미리 아래의 한 방법으로 전처리해야 함.
  - PCB를 제거
  - 소각 후, 발생한 잔재물이 환경성령에서 정한 기준에 적합할 것
  - PCB 오염물의 재질, 봉입상태 등에 따라 위의 2가지 방법으로 처리하는 것이 곤란한 경우 환경대신이 별도로 정하는 방법으로 처리할 것
- 폐수은 등의 매립처분을 하는 경우에는 사전에 환경대신이 정하는 바에 따라 황화하고, 고형화할 것

18) 廃棄物の処理及び清掃に関する法律施行令 第六条の五, 令和元年政令第39号

• 폐수은 등을 처분하기 위하여 처리한 것을 매립처분하는 경우에는 다음에 따를 것.
  - 수면매립처분을 하면 안 됨
  - 폐수은 등을 처분하기 위하여 처리한 것의 매립처분을 하는 경우에는 사람의 건강유지 또는 생활환경 보전상 지장을 줄 우려가 없도록 환경성령으로 정하는 필요한 조치를 강구할 것
• 폐석면의 매립처분 시에는 다음을 따라야 함.
  - 대기 중에 비산하지 않도록 미리 고형화, 약제에 의한 안정화, 기타 이들에 준하는 조치를 강구한 후, 내수성 재료로 2중으로 포장할 것
  - 매립처분은 매립지 내 일정 장소에 매립하고, 석면 함유 산업폐기물이 분산되지 않도록 할 것
  - 매립된 폐석면이 매립지 밖으로 날리거나 유출되지 않도록 표면을 토사로 덮는 등의 필요한 조치를 취할 것
• 오니를 매립처분 하는 경우 미리 소각하거나 열분해 또는 함수율이 85 %이하가 되도록 하여야 함.
• 시안화합물을 함유하는 오니를 매립하는 경우, 미리 환경성령에서 정한 기준을 만족하도록 하거나 고형화함.
• 다이옥신류를 함유하는 비산재와 바닥재를 매립하는 경우 미리 환경성령에서 정한 기준에 적합한 것이어야 함.
• 오니에 있어서 각종 유기용제와 다이옥신류를 함유하는 오니를 매립하는 경우 미리 환경성령에서 정한 기준에 적합한 것이어야 함.

② 일본의 산업폐기물 처리시설

일본의 산업폐기물 처리시설의 종류는 다음과 같으며, 일본의 폐기물 매립지 구조기준은 <표 8-13>과 같다.

• 오니 : 탈수시설, 건조시설, 소각시설, 고형화 시설
• 폐유 : 유수분리시설, 소각시설
• 폐산, 폐알칼리 : 중화시설
• 오니, 또는 폐산, 폐알칼리에 함유된 시안화합물 분해시설
• 폐석면 또는 석면함유 산업폐기물 : 용융시설
• PCB : 소각시설, 분해시설, 세정시설, 분리시설

<표 8-14>에서 보는 바와 같이 2018년 현재 일본의 산업폐기물 처리시설은 20,757개소로 2009년과 비교하면 787개소가 감소하였다. 일본의 경우도 최종처분장 개소수의 감소가

특징적이다. 반면, 수은함유오니 배소시설, 폐수은 등의 황화시설, PCB 폐기물 소각시설 등의 증가 수는 크지 않지만, 과거 시설이 전혀 없었던 것과 비교할 때 최근에 신설되는 추세임을 확인할 수 있다. 폐석면 용융시설의 경우 2005년도에는 전혀 없었으나, 2009년 4월 현재는 14개소가 설치되었으며, 2018년 4월 현재는 10개소로 폐석면 용융처리의 수요가 차츰 감소하고 있음을 알 수 있다.

표 8-13 일본의 폐기물 매립지 구조기준

구조 · 설비 등	일반 폐기물 매립지	산업폐기물 매립지		
		차단형	관리형	안정형
1. 매립지의 주위에, 사람의 출입을 방지하기 위한 울타리	○	○	○	○
2. 폐기물의 최종 처분장인 것을 표시하는 팻말 그 외의 시설	○	○	○	○
3. 지반의 미끄러짐을 방지하기 위한 사태 방지공(필요한 경우)	○	○	○	○
4. 매립지에 설치되는 설비의 침하를 방지하기 위한 침하 방지공(필요한 경우)	○	○	○	○
5. 폐기물의 유출을 방지하기 위한 옹벽, 제방, 그 외의 설비	○		○	○
6. 매립지로부터의 침출수에 의한 공공의 수역 및 지하수의 오염을 방지하기 위한 조치	○		○	
7. 매립지의 주위에, 지표수가 매립지의 개구부로부터 매립지에 유입하는 것을 방지할 수 있는 개거 및 그 외의 설비	○	○	○	
8. 외주차단설비(일축압축강도 25 N/mm^2 이상, 두께 35 cm 이상의 콘크리트 또는 이와 동등 이상의 차단의 효력을 가지는 것)		○		
9. 구획면적 50 m^2 또는 매립용량 250 m^{3}을 넘지 않는 내부차단설비(일축압축강도 25 N/mm^2 이상, 두께 35 cm 이상의 콘크리트 또는 이와 동등 이상의 차단의 효력을 가지는 것)		○		
10. 옹벽 등의 안정을 유지하기 위해 필요하다고 인정되는 경우는, 매립지 내부의 빗물을 배제할 수 있는 설비				○
11. 수질검사에 이용하는 침투수를 매립지로부터 채취할 수 있는 설비				○

표 8-14 일본의 산업폐기물 처리시설 수(2018년 4월 1일 현재)

구 분	2008년	2018년	증감
중간처리시설	19,345	19,107	−238
오니탈수시설	3,774	2,870	−904
오니건조시설(기계)	244	217	−27
오니건조시설(노천건조)	70	56	−14
폐유 유수분리시설	260	255	−5
폐산, 폐알칼리 중화시설	149	153	4
콘크리트 고형화 시설	36	25	−11
수은함유 오니 배소(焙燒)시설	8	11	3
시안화합물 분해시설	161	106	−55
폐석면, 석면함유폐기물 용융시설	14	10	−4
PCB 폐기물 분해시설	19	14	−5
PCB 폐기물 세정시설, 분리시설	11	14	3
폐플라스틱류 파쇄시설	1,649	2,087	438
목재, 돌/도자기 파쇄시설	9,056	10,374	1,318
폐수은 등의 황화시설	0	2	2
오니소각시설	683	573	−110
폐유 소각시설	699	573	−126
폐플라스틱류 소각시설	983	693	−290
PCB 폐기물 소각시설	0	3	3
기타 소각시설	1,529	1,071	−458
최종처분장	2,199	1,650	−549
차단형 매립지	32	23	−9
안정형 매립지	1,326	998	−328
관리형 매립지	841	629	−212
합계	21,544	20,757	−787

자료출처 : 産業廃棄物処理施設の設置´ 産業廃棄物処理業の許可等に関する状況(平成20年度実績, 平成29年度実績), http://www.env.go.jp/recycle/waste/kyoninka.html

(4) 독일의 유해폐기물 처리기준

① 독일의 유해폐기물 처리방법

독일의 유해폐기물 처리방법과 관련된 규정으로는

- TA-Abfall (Technical Instructions on Waste Management) : 우리나라 폐기물 관리법 시행규칙 별표 정도에 해당됨(1991년에 만들어져 내용 중 상당부분은 현재 다른 법에서 다루는 경우가 많음)
- DepV (Landfill Ordinance) : 폐기물 매립에 관한 시행령으로 2002년에 제정되고, 2009년 4월에 새로 개정됨

등이 있다.

㉮ 기본원칙

- 폐기물은 우선적으로 재활용하고, 재활용되지 않는 것만 처리하여야 한다.
- 폐기물의 처리는 열적, 물리화학적, 생물학적으로 처리하여 폐기물 내의 유해하거나 위험한 성분을 파괴하여 공공의 안녕에 손상을 끼치지 않도록 한다.

㉯ 혼합금지

- 폐기물은 폐기물 분류번호가 비록 같다고 해도 유해성 면제의 목적으로 혼합해서는 안 된다.

㉰ 처리장 반입기준

- 물리화학적 생물학적 처리 : 폐기물에 환경적으로 유해한 물질이나 그러한 물질의 혼합물이 상당량 포함되어 있으면 우선적으로 물리화학적, 생물학적 처리를 하여야 한다.
- 소각 : 유기물질을 함유하면 소각처리하여야 한다.
- 매립 : 폐기물 매립은 매립지 반입기준을 만족시켜야 한다.

㉱ 물리화학적 처리시설에서의 폐기물의 별도 보관

다음 그룹의 폐기물은 물리화학적 처리시설에서 별도로 보관하여야 한다.

- 유기성 폐기물, 할로겐족 유기용제, 질산염 함유 폐기물, 시안함유 폐기물, 기타 유기성 폐기물
- 무기성 폐기물, 알칼리성 폐기물, 질산함유 폐기물, 기타 산 함유 폐기물, 시안 함유 폐기물, 아질산염 함유 폐기물, 크롬산 함유 폐기물, 착염제(complexing agent) 함유 폐기물

㉲ 유기성 물질 처리방법 : 증류, 유화제 접촉분해, 막 여과, 탈기법(Stripping), 활성탄 흡착, 생물학적 처리 등

㉳ 무기성 물질 처리방법 : 중화, 응집침전, 산화/환원, 탈수 등

② 유해폐기물 매립관련 규정

㉮ Class III 매립지 설치 규정[Landfill Ordinance (DepV), 2009]

표 8-15 독일 유해폐기물 매립지 바닥 차수층 규정

항 목	Class Ⅲ 매립지
원 지반층	$k \leqq 1 \times 10^{-9}$ m/s, $d \geqq 5$ m
점토 차수층	$d \geqq 0.5$ m, $k \leqq 5 \times 10^{-10}$ m/s
합성 차수층	$d \geqq 2.5$ mm
침출수 배수층	$d \geqq 0.5$ m

※ 자료출처 : 독일 Landfill Ordinance (DepV), 2009, 부록 1

㉯ 폐기물 매립조건(DepV 6조)

- 유해폐기물은 Class III 매립지 규정을 만족하는 매립지에 매립하여야 하고, 반입되는 폐기물은 Class III 매립지 반입허용기준을 만족하여야 한다. 하지만, 석면함유 폐기물이나 유해한 광물섬유를 함유하는 폐기물이 각각 Class II와 I의 반입허용기준을 만족하는 경우 Class II와 Class I 매립지에 매립할 수 있다. 이때는 별도로 구획된 구역에 매립하여야 한다.
- 폐기물 매립지 반입허용기준을 맞추기 위해 다른 종류의 폐기물이나 물질과 혼합해서는 안 되며, 필요한 경우 반입허용기준을 맞추기 위해 전처리를 하여야 한다.

㉰ 매립불가 폐기물(DepV 7조)

- 액상폐기물
- 폭발성, 부식성, 연소촉진제, 고 인화성으로 분류된 폐기물
- 감염성 폐기물, 신체 일부 혹은 장기
- 연구개발 및 교육활동에서 발생한 인간과 환경에 대한 영향이 알려지지 않은 규명되지 않았거나 신물질로 된 폐기물
- 통으로 된 폐타이어 혹은 파쇄한 폐타이어
- 심한 악취를 유발하는 폐기물
- 유럽의회 법률 No. 850/2004의 부록 5 part 2에 나열된 폐기물로서 잔류성이 크거나 생물농축성이 있는 독성물질을 함유하는 폐기물

㉱ 폐기물 매립지 반입기준(DepV, 부록 3)

표 8-16 독일의 유해폐기물 매립지 폐기물 반입기준

번호	인 자	Class III 매립지
1	건조중량기준 유기물 함량	
1.01	강열감량	≤ 10%
1.02	TOC	≤ 6%
2	고형물 기준	
2.07	추출가능 친유성(lipophilic) 물질 함량	≤ 4%
3	용출기준	
3.01	pH	4～13
3.02	DOC	≤ 100 mg/L
3.03	페놀류	≤ 100 mg/L
3.04	비소	≤ 2.5 mg/L
3.05	납	≤ 5 mg/L
3.06	카드뮴	≤ 0.5 mg/L
3.07	구리	≤ 10 mg/L
3.08	니켈	≤ 4 mg/L
3.09	수은	≤ 0.2 mg/L
3.10	아연	≤ 20 mg/L
3.11	염소 이온	≤ 2,500 mg/L
3.12	황산염 이온	≤ 5,000 mg/L
3.13	시안	≤ 1 mg/L
3.14	불소	≤ 50 mg/L
3.15	바륨	≤ 30%
3.16	크롬	≤ 7 mg/L
3.17	몰리브덴	≤ 3 mg/L
3.18a	안티몬	≤ 0.5 mg/L
3.18b	안티몬(상향류식 칼럼용출시험의 Co값)	≤ 1.0 mg/L
3.19	셀레늄	≤ 0.7 mg/L
3.20	건조중량 기준 수용성분 함량	≤ 10%

※ 자료출처 : 독일 Landfill Ordinance(DepV), 2009, 부록 3의 Table 2

③ 유해폐기물 처리시설 설치 승인

유해폐기물 처리시설의 설치 승인과 관련한 중요한 법령은 Bundes-Immissionsschutzgesetz (Federal Immission Control Act)에 근거한 TA Luft (Technical Instructions on Air Quality Control)로서 처리시설 설치 후에 예상되는 각종 대기오염물질의 배출량에 대하여 규제하고 있다. 당국자는 적절한 제어시설을 설치하여 규제 기준을 만족하는지 평가한 후 적합한 경우 5년간 유효한 허가를 준다.

연방 대기오염물질 배출규제법에 의해 시설물로부터 야기되는 대기오염이 일반 대중과 인근 지역에 환경적으로 유해한 결과를 야기하지 않아야만 새로운 시설물의 건설 및 운영허가 신청을 할 수 있다.

신규시설에 기인하는 대기오염이 야기할 수 있는 환경적인 악영향을 방지하기 위한 방지대책이 취해져야 하며, 허가를 위한 전제조건의 심사와 관련하여 본 행정규정 4장과 5장의 내용이 적용된다.

(5) 각국의 유해폐기물 처리방법 비교

한국과 일본의 경우 각종 유해폐기물의 종류별로 처리방법이 명시되어 있는 반면, 미국과 독일의 경우 구체적인 폐기물 처리방법을 규정하지 않고 있으며, 소각, 중화 등 폐기물의 중간 처리과정에서는 처리시설이 대기 및 수질에 대한 관련 법규의 배출허용기준 등을 준수할 경우 처리방법을 자유롭게 선택할 수 있다. 다만, 매립에 대해서만 매립지 반입허용 기준을 설정하여 관리하고 있다.

이는 미국이나 독일의 경우 음용수원으로 지하수에 의존하는 비율이 우리나라나 일본에 비하여 높기 때문에, 최종처분 되는 폐기물을 사전처리 하도록(매립전처리) 엄격하게 관리하는데 기인하며, 처리방법을 명시하지 않음으로써 다양한 폐기물의 성상 및 특성을 감안하여 적합한 처리방법을 선택할 수 있도록 허용하고 폐기물 처리의 신기술 개발 및 적용에 유연성을 부여하고 있다고 볼 수 있다.

8.1.3 유해폐기물 전표제도

(1) 우리나라의 유해폐기물 전표제도

국내외적으로 폐기물 문제의 심각성이 크게 대두되고 있으며, 특히 유해폐기물의 불법유통이나 부적정 처리로 인한 환경오염문제는 심각한 문제를 초래할 수 있으므로, 폐기물의 효율적이고 적정한 처리 못지않게 체계적인 유통구조와 지속적인 감시체계의 확립이 중요하다.

우리나라에서는 지정폐기물의 유통구조를 엄격히 하고 감시체계를 구체적으로 하여 불법투기나 부적정 처리를 방지하기 위하여 1999년부터 복수전표 제도를 시행하였다. 이후 종이전표에 의한 폐기물 인계・인수서의 사용은 수작업에 따른 시간과 비용의 과다소요, 폐기물 부적정 처리 감시의 한계 노출 등 사용자나 행정기관에 있어 불편함을 초래하여, 2002년부터는 지정폐기물을 대상으로 「폐기물 적법처리시스템」을 구축하여 관리하는 방식을 도입하였으며, 2007년 폐기물관리법의 개정에 의해 전자인계서 사용이 2008년 8월부터 의무화되었다.

위해성이 높은 의료폐기물의 경우 전산입력 없이 실시간으로 폐기물 인계·인수과정을 확인할 수 있는 RFID 시스템(무선주파수 인식방법)이 2008년 8월부터 의무화되었다.

Allbaro 시스템(폐기물 적법처리시스템의 명칭, http://www.allbaro.or.kr)은 폐기물 인계전표를 관리하는 인계관리시스템, 폐기물 인·허가 사항을 처리하는 인·허가시스템, 지역별, 업종별 폐기물 발생 등을 파악 분석하는 통계분석시스템, 통신망장애 등에 대비하는 재해복구시스템으로 구성되어 있다.

환경부령으로 정하는 지정폐기물을 배출하는 사업자는 그 지정폐기물을 처리하기 전에 관련 서류를 환경부장관에게 제출하여 확인을 받아야 한다. 지정폐기물 처리계획의 확인을 받아야 하는 환경부령으로 정하는 지정폐기물을 배출하는 사업자는 <표 8-17>과 같다.

표 8-17 지정폐기물 처리계획의 확인을 받아야 하는 사업자

신고 대상 폐기물	양
오니	월평균 500kg 이상
폐농약, 광재, 분진, 폐주물사, 폐사, 폐내화물, 도자기조각, 소각재, 안정화 또는 고형화 처리물, 폐촉매, 폐흡착제, 폐흡수제, 폐유기용제, 폐유	각각 월평균 50 kg 또는 합계 월평균 130 kg이상
폐합성고분자화합물, 폐산, 폐알칼리, 폐페인트, 폐래커, 폐래커	각각 월평균 100 kg 또는 합계 월평균 200 kg
폐석면	월평균 20 kg 이상
PCB 함유폐기물, 폐유독물질, 의료폐기물	
영 별표 1 제11호에 따라 고시된 지정폐기물을 환경부장관이 정하여 고시하는 양 이상으로 배출하는 사업자	

※ 자료출처 : 폐기물관리법 시행령 제18조의2 (지정폐기물 처리계획의 확인)

(2) 외국의 전표제도

① 미국

유해폐기물에 의한 건강상의 위해와 환경오염의 심각성, 그리고 그에 따른 사회전반에 미치는 영향 및 그로 인하여 발생되는 사회적 부담을 고려할 때 유해폐기물로 인한 문제가 심각해지면서 각 주에서 이에 대한 법규를 제정하게 되었으며, 미국의 경우 1976년에 제정된 자원보호 및 재생에 관한 법(이하 RCRA, Resource Conservation and Recovery Act)에서 유해폐기물에 관한 각종 사항을 규제하고 있으며 그 개략적인 내용은 다음과 같다.

㉮ 유해폐기물 발생자의 의무규정

- 발생폐기물의 유해성 여부 결정의무
- US EPA로부터 고유번호를 부여받을 의무
- 발생폐기물을 생산자 자신의 부지 내에 90일 이상 저장할 경우 저장시설에 대하여 허가를 받을 의무
- 외부로부터 운반하기 이전에 적절한 용기에 담을 의무와 적정한 표식을 부착할 의무
- 폐기물의 이동경로 확인을 위한 전표 사용의 의무
- 폐기물이 지정 처리장과 처분장에 도착, 접수되었음을 확인할 의무
- 유해폐기물과 관련된 모든 활동에 대한 연보제출, 보고의 의무

㉯ 발생지로부터 운반하고자 할 때 지켜야 할 의무규정

- US EPA로부터 허가번호를 부여받은 운반업자에게만 운송을 위탁할 의무
- 전표를 사용할 의무와 운반경로를 추적할 의무
- 전표상에 지정된 시설에 도착하지 않았을 때 이를 보고할 의무

㉰ 운송업자가 지켜야 할 의무규정

- US EPA로부터 허가번호를 부여받을 의무
- 전표에 지정된 사항을 준수할 의무
- 전량을 전표에 지정된 시설에 운반할 의무
- 전표를 3년간 보존할 의무
- 운반도중 누출보고 의무규정을 준수할 의무

유해폐기물을 외부로 이송처리할 경우 세 가지 요구되는 사항은 EPA고유번호를 가지고 있는 수송업체나 처리시설을 선택하고, 적하하기 위하여 유해폐기물을 포장하여 라벨을 붙이고, 유해폐기물 전표제를 준비하는 것이다.

유해폐기물의 전표제 제도는 “발생원에서 최종처분장까지” 유해폐기물을 총괄적으로 관리하기 위하여 실시하는 제도로서 유해폐기물의 발생자, 폐기물 수거운반자, 처리업자들은 이 전표 한 장씩을 보관하게 되며, 최종처리업자는 발생자에게 한 장을 보내게 된다. 회수된 전표는 3년간 보관하여야 하며, 30일 이내에 회수전표가 되돌아오지 않을 경우에는 그 사유를 확인하여야 하고 주정부나 EPA에 알려야 한다. 이 때 주의하여야 할 사항은 발생자가 유해폐기물을 합법적으로 수송 · 처리하였다 하더라도 그 책임이 끝나는 것이 아니라 Superfund 하에서는 유해폐기물의 잘못된 관리에 대하여 발생자에게 상당범위 책임을 지우고 있으므로 이 전표제도가 처리경로를 추적하는데 상당한 도움을 주고 있다.

2006년 9월부터 미국 전역에 통일되어 적용되는 새로 개정된 유해폐기물 전표(Uniform Hazardous Waste Manifest, EPA Form 8700-22)가 사용되고 있다.

② 일본

특별관리산업폐기물의 운반 또는 처분을 타인에게 위탁하려고 하는 배출사업자가 당해 특별관리산업폐기물을 수탁자에게 인도할 때에는 폐기물처리법 제12조의 3항에 의거 특별관리산업폐기물관리표를 교부하도록 규정하고 있다.

이 관리표에는 위탁에 따르는 특별관리산업폐기물의 종류, 수량, 운반 또는 처분을 수탁한 자의 성명 또는 명칭 등을 기재하도록 되어 있으며, 이의 사용에 따라 배출사업자가 처리를 위탁한 특별관리산업폐기물의 이동상황, 처리상황을 파악하게 되고, 배출사업자가 위탁처리업자에게 폐기물의 성상 등에 관한 정보를 정확히 전달함으로써 특별관리산업폐기물의 적정한 처리를 도모함과 동시에 폐기물의 처리과정에 있어서 사고를 방지하는 효과가 있는 것이다.

일본에서 시행되고 있는 전표제도의 운영절차는 아래와 같다.

㉮ 배출사업자는 4매 1조인 전표(manifest)에 필요사항을 기입하고 서명한 후 4매 모두를 수집・운반업자에게 보낸다.
㉯ 수집・운반업자는 폐기물 수령시 전표의 소정란에 서명하고 전표제 중 A표를 배출사업자에게 되돌린다.
㉰ 배출사업자는 수집・운반업자에게 되돌려 받은 A표를 보관한다.
㉱ 수집・운반업자는 나머지 3매의 전표를 폐기물 처리업자에 보낸다.
㉲ 처리업자는 폐기물을 수령하고 전표의 소정란에 서명하여 3매 가운데 B표를 수집・운반업자에게 되돌린다.
㉳ 수집・운반업자는 처리업자에게 되돌려 받은 B표를 보관한다.
㉴ 처리업자는 폐기물처리・처분을 완료한 후 전표의 소정란에 날인하여 C표는 자체 보관하고 D표를 배출사업자에게 반송한다.
㉵ 배출사업자는 처리업자에게 되돌려 받은 D표와 자체 보관한 A표를 비교 확인한다.

일본의 경우에도 산업폐기물 적정처리의 일환으로서 1997년 6월 폐기물처리법의 개정에 의해 전자인계시스템(JWNET)을 도입하고 있는데, (재)일본산업폐기물처리진흥센터[19]가 운영주체로 1998년부터 운영하고 있다. 2004년 현재 전자 Manifest의 보급 상황은 가입자수 2,978명, 처리건수 1,137,785건이었으나, 2020년 10월 현재 가입자수가 256,263명으로 증가하였으며, 전자화율은 64%이다.

---

19) 電子マニフェスト登録件数, 財団法人 日本産業廃棄物処理振興センタ
https://www.jwnet.or.jp/jwnet/about/regist/index.html

8.1.4 폐기물 용출시험

(1) 용출시험의 정의 및 영향인자

① 용출시험의 개념

용출시험(leaching test)은 폐기물이 위생매립지에 처분되었을 때 중금속 등 유해물질이 용출[20]되는 현상을 시뮬레이션하기 위해 고안된 방법이다. 즉, 실제 매립상황을 가정하였을 때 오염물질이 장·단기간에 침출수를 통해 배출되는 양을 예측하는데 있어 재현성 있게 정형화하고자 제안된 방법이다. 하지만 실제 처분환경에서의 오염물질의 이동 및 거동 경로, 피폭자에게의 위해성 등을 반영하는 데는 한계가 있다.

초기 용출시험의 대표적인 방법이었던 미국의 EP (Extraction Procedure) Toxicity 실험은 도시 고형폐기물 매립지에서의 분해단계에서 발생하는 유기산에 의한 영향을 고려하기 위해 초산으로 pH를 5 내외에서 조절하였다.

용출실험은 크게 회분식 용출시험(batch test)과 칼럼식 용출시험(column test)으로 구분할 수 있으며, 시험시간의 제약을 고려할 때 법적 구속력을 갖는 대부분의 각국 용출시험 방법은 회분식 용출시험 방법을 채용하고 있다.

즉, 용출시험은 정의된 시험방법으로 일정시간 대상으로 하는 폐기물을 정해진 용매로 진탕시켜 오염물질이 용매에 녹아나오도록 한 후 고액분리한 용액의 농도를 측정하고, 이를 기준치와 비교하여 유해폐기물 해당 여부를 판정하는 방법이다.

② 용출시험의 영향인자

용출시험의 영향인자로 중요한 것은 다음과 같다.

- 용출액의 화학적 조성 : 용출액의 pH, 이온강도 등
- 폐기물과 용출액의 고액비 : 고액비가 클수록 농도는 낮아지나 용출율은 높아짐.
- 폐기물의 성질 : 폐기물의 pH
- 교반방법 및 교반속도 : 왕복진탕, 상하회전
- 교반시간 : 평형에 도달하는 충분한 시간이어야 하며, 실험하는 사람의 근무시간을 고려하여 결정되어야 함. 즉, 용출시험은 분석시간을 제외하고도 시험 준비시간, 교반시간, 여과시간 등이 소요되므로 일과 근무시간 내에 용출시험이 완료될 수 있도록 교반시간이 설정되어야 함.
- 시험 대상 고형물의 표면적 : 분쇄여부, 분쇄한 입자의 크기

---

20) 땅 속으로 흘러들어간 빗물에 토양이나 폐기물 안에 포함된 물질이 녹아나오는 현상. 약수(藥水)는 토양 내의 미네랄 물질이 녹아나온 용출 현상으로 만들어진 것이다.

• 용출 후 고액 분리방식 : 진공여과, 압력여과, 원심분리 등
• 용출 용기 : 조사대상 오염물질이 용기에서 용해되어 나오거나 용기에 침전(흡착)될 수 있음. 휘발성 유기화학물질에 대한 용출시험의 경우 진공여과를 해서는 안 되며, zero head space 상태에서 가압여과를 해야 함.

(2) 우리나라와 미국의 용출시험 방법

① 우리나라의 용출시험 방법

우리나라의 용출시험 방법은 폐기물공정시험방법에서 규정하고 있으며, 이를 요약하면 <표 8-18>과 같다. 또한 용출시험 결과 지정폐기물로 분류되는 용출시험의 농도 기준은 <표 8-19>와 같다. 이때 동일한 폐기물 시료에 대하여 우리나라 용출시험 결과와 미국의 용

표 8-18 우리나라의 용출시험 방법 요약

항목	내 용
시료제조방법	입경이 5 mm 이상인 것은 분쇄하여 체로 걸러서 입경이 0.5～5 mm인 것을 사용
용출액의 조제	정제수에 염산을 pH 5.8～6.3으로 한 용매를 1 : 10 (W : V)으로 사용
용출조작	상온, 상압에서 진탕회수 200 rpm, 진폭 4～5 cm의 진탕기를 사용하여 6시간 연속 진탕
용출시험용 검액	1 μm의 유리섬유여지로 여과 여과가 어려운 경우 원심분리기를 이용하여 3,000 rpm 이상으로 20분간 원심분리한 후 상등액을 취함.

표 8-19 우리나라와 미국의 용출시험 기준 농도

항목	한국(mg/L)*	미국(mg/L)**	항목	한국(mg/L)*	미국(mg/L)**
납	3.0	5.0	크롬	-	5.0
구리	3.0	-	시안	1.0	-
비소	1.5	5.0	유기인	1.0	-
수은	0.005	0.2	테트라클로로에틸렌	0.1	0.7
카드뮴	0.3	1.0	트리클로로에틸렌	0.3	0.5
6가 크롬	1.5	-			

* 폐기물관리법 시행규칙 별표 1
** 법적기준치 = (만성독성 참고기준농도 × 희석저감계수) 에 근거하여 산정됨.

출시험 결과의 농도값을 단순히 비교하는 것은 무리가 있다. 즉, 각국의 용출시험은 용출용매의 초기 pH가 다르고, 고액비가 상이함에 따라 희석에 따른 농도 차이가 있을 수 있으며, 유해 여부를 판단하는 기준치도 <표 8-19>와 같이 상이하므로 단순히 용출시험 후 용출농도를 비교하는 것은 신중할 필요가 있다.

② 미국의 EP test

현재는 사용하지 않으나 과거 유해폐기물의 용출시험 방법으로 널리 사용된 미국의 EP (Extraction Procedure) test는 유해폐기물이 매립지에 처분되었을 때, 산생성 단계에서 발생하는 유기산에 의해 매립지의 pH가 약산성으로 되는 것을 가정하여 초산으로 용출액의 초기 pH를 5 부근에 맞추고 시험하는 점에서 우리나라의 용출시험 방법과 가장 큰 차이가 있다. EP test 방법을 요약하여 정리하면 <표 8-20>과 같다.

표 8-20 미국의 EP test 요약

항목	내 용
시료제조방법	입경이 9.5 mm 이상인 것은 분쇄하여 체로 걸러서 입경이 9.5 mm 이하인 것을 사용
용출액의 조제	고액비를 1 : 16으로 하여 용출액을 투입하며 용출액은 정제수에 0.5 N 초산으로 초기 pH 5 ± 0.2로 조절함. pH가 용출시험 기간 동안 5.2 이상으로 상승하면 0.5 N 초산으로 pH를 5 ± 0.2로 조절하되 최대 4 mL/g까지 투여함.
용출조작	20～40℃에서 24시간 용출함.
용출시험용 검액	0.45 μm의 membrane filter로 여과

③ 미국의 TCLP test

TCLP test는 EP test를 대체하여 1986년 11월에 채택되어 현재 사용되는 방법으로 몇 가지 점에서 EP test와 차이가 있다. 가장 큰 차이점은 용출액의 특성이다. 즉, TCLP test의 경우 고형물의 pH에 따라 2종류의 용출액이 각기 사용된다. 용출시간, 용출시 진탕방법, 용출액의 여과시 여과지 구경 등에서도 약간의 차이가 있다.

그밖에 TCLP test는 휘발성 유기물질에 대하여 용출시험을 할 수 있도록 고안되었는데 이 경우 zero-headspace extraction vessel (ZHE)를 사용하며, 여과액은 압력식으로 고액분리함으로써 시험 과정에서의 손실을 최대한 방지한다.

표 8-21 미국의 TCLP test 요약

항목	내 용
시료제조방법	입경이 9.5 mm 이상인 것은 분쇄하여 체로 걸러서 입경이 9.5 mm 이하인 것을 사용
용출액의 조제	추출용매 1* : 초산과 NaOH로 pH 4.93 ± 0.05로 맞춤. 추출용매 2** : 초산으로 pH 2.88 ± 0.05로 맞춤. 고액비를 1 : 20으로 용출액을 투입하며 고형물의 pH가 5보다 작은 경우 추출용매 1을 사용하고, pH가 5보다 큰 경우 추출용매 2를 사용함.
용출조작	23 ± 2℃에서 30 ± 2 rpm의 속도로 상하 회전을 하는 용출장치로 18시간 동안 용출시킴.
용출시험용 검액	0.6～0.8μm의 glass fiber filter로 여과

* 추출용매 1 : 5.7 mL의 초산을 500 mL의 증류수에 섞고, 64.3 mL의 1 N NaOH 용액을 혼합한 후 증류수로 1 L를 만듦.

** 추출용매 2 : 5.7 mL의 초산에 증류수를 넣어 1 L를 만듦.

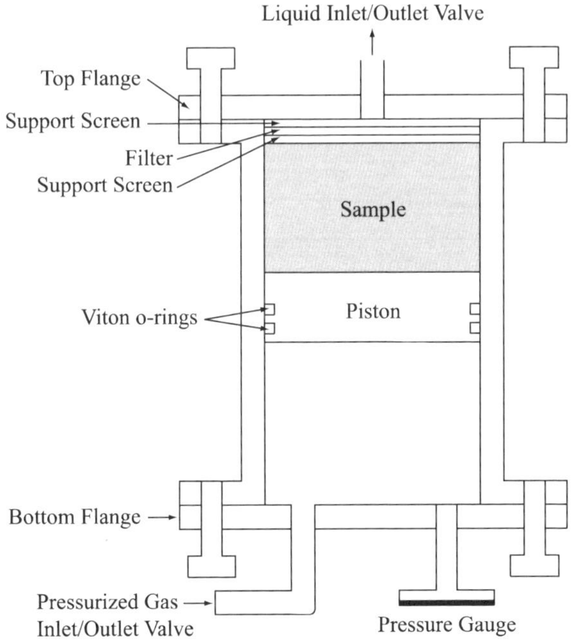

그림 8-4 Zero-Headspace Extractor (ZHE)

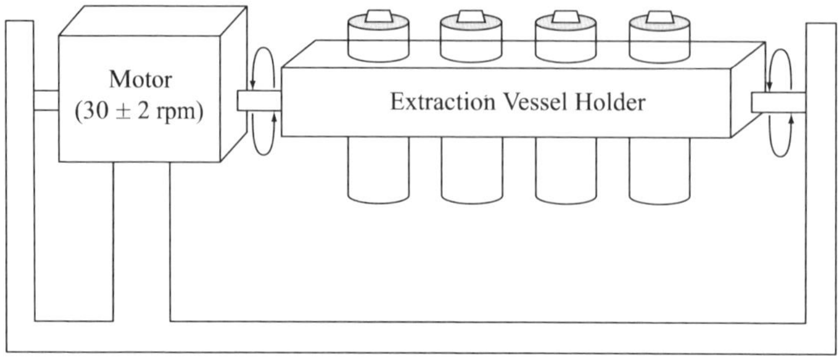

그림 8-5 Rotary Agitation Apparatus

8.2 우리나라 유해폐기물의 발생 및 처리 현황

8.2.1 지정폐기물의 발생 및 처리현황

「지정폐기물 발생 및 처리 현황(2018년도)」(환경부, 한국환경공단, 2019)에 의하면 2018년의 지정폐기물 발생량은 총 5,616,847톤/년이며, 지정폐기물 배출업소 수는 총 140,502개소(이 중 66,142개 업소는 의료폐기물 배출업소임)이다.

표 8-22 사업장지정폐기물 종류별 발생량 현황 (단위 : 톤/년)

구분	2013년도		2014년도		2015년도		2016년도		2017년도		2018년도	
	발생량	%	발생량	%	발생량	%	발생량	%	발생량	%	발생량	%
폐유기용제	1,056,801	24.1	1,073,862	23.2	1,051,831	22.4	1,055,609	21.9	1,127,843	21.6	1,181,056	22.0
폐유	890,244	20.3	933,389	20.1	1,012,308	21.6	1,027,235	21.3	1,071,681	20.5	1,132,516	21.1
폐산	695,874	15.9	754,191	16.3	765,785	16.3	794,525	16.5	874,384	16.7	998,033	18.6
분진	617,595	14.1	670,558	14.5	633,436	13.5	617,404	12.8	668,965	12.8	576,898	10.7
오니류	361,832	8.3	441,094	9.5	413,463	8.8	435,739	9.1	495,525	9.5	474,168	8.8
폐알칼리	63,916	1.5	60,475	1.3	67,590	1.4	71,183	1.5	115,478	2.2	90,947	1.7
폐합성고분자화합물	14,848	0.3	16,599	0.4	17,918	0.4	20,381	0.4	19,687	0.4	21,147	0.4
기타	676,277	15.5	687,859	14.8	729,201	15.5	791,280	16.4	847,714	16.2	903,811	16.8
합계	4,377,387	100	4,638,027	100	4,691,532	100	4,813,356	100	5,221,277	100	5,378,575	100

2018년 말 현재 종류별 지정폐기물 발생량의 순서를 살펴보면, 폐유기용제 > 폐유 > 폐산 > 분진 > 오니류 > 의료폐기물 > 폐알칼리 > 폐합성고분자화합물의 순서를 보였다.

표 8-23 의료폐기물 종류별 발생량 변화 (단위 : 톤/년)

구분	2013년도		2014년도		2015년도		2016년도		2017년도		2018년도	
	발생량	%	발생량	%	발생량	%	발생량	%	발생량	%	발생량	%
조직물류	4,162	2.7	4,643	2.7	4,972	2.5	7,295	3.4	8,123	3.7	8,932	3.7
일반의료 폐기물 등	147,276	97.3	165,283	97.3	195,310	97.5	210,163	96.6	210,890	96.3	229,340	96.3
합계	151,438	100	169,926	100	200,283	100	217,458	100	219,013	100	238,272	100

지정폐기물 처리방법은 재활용이 60.0%로 가장 높으며, 다음으로 매립 20.2%, 소각 14.8%, 기타 5.0%의 순이었다.

표 8-24 2018년 말 현재 전체 지정폐기물 처리방법

구분	재활용	소각	매립	기타	합계
처리량(톤/년)	3,369,284	829,254	1,136,989	281,320	5,616,847
구성비(%)	60.0	14.8	20.2	5.0	100

지정폐기물 종류별 처리방법에서 재활용 비율이 높은 지정폐기물은 분진(87.8%), 폐산(84.7%), 폐유기용제(83.1%), 폐유(72.7%)이며, 오니류, 분진은 매립비율이 각각 84.6%, 11.6%이며, 의료폐기물의 주된 처리방법은 소각으로서, 그 비율은 93.3%이다.

표 8-25 2018년 말 현재 전체 지정폐기물 종류별 처리방법 (단위 : 톤/년)

폐기물 종류	2018년도 처리내역			
	재활용	소각	매립	기타
폐산	844,857	845	217	151,068
폐알칼리	33,616	2,174	217	54,781
폐유	818,180	276,646	18,924	11,307
폐유기용제	980,934	199,051	0	476
폐합성고분자화합물	6,416	14,487	0	69

분진	506,007	0	66,786	3,823
오니류	57,394	8,949	400,704	6,719
의료폐기물	30	221,420	0	15,991
기타	121,851	105,683	650,141	21,410
합계	3,369,284	829,254	1,136,989	265,645

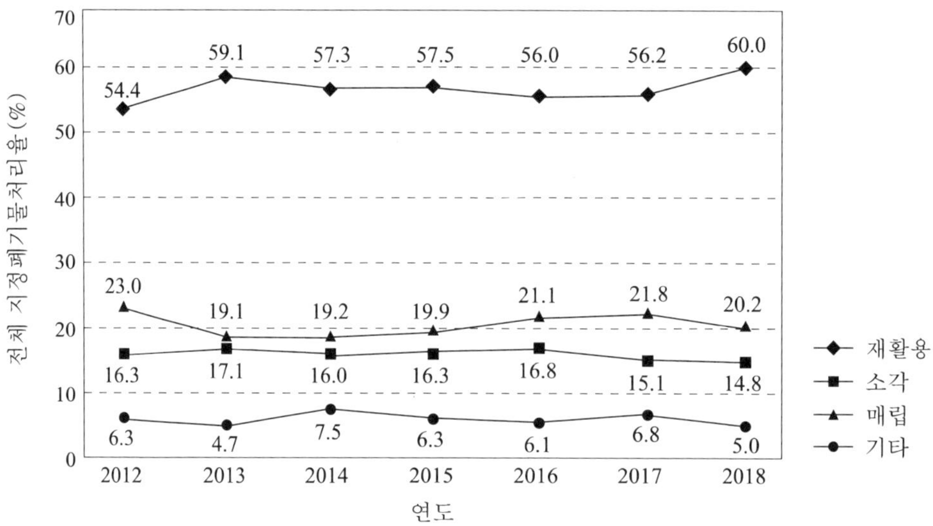

그림 8-6 전체 지정폐기물 연도별 처리율 변화추이

업종별 지정폐기물 발생현황을 살펴보면(<표 8-27> 참조), 제조업종 중에서는 전자부품, 컴퓨터, 영상, 음향 및 통신장비 제조업(C26) 17.4%, 1차금속제조업(C24) 16.0%, 화학물질 및 화학제품제조업(C20) 14.4% 등의 순으로 나타나고 있다.

2018년 말 현재 지정폐기물 처리업소 현황은 <표 8-26>과 같다.

표 8-26 2018년 말 현재 지정폐기물 처리업소 현황

구분	합계	수집 · 운반	자가처분	중간처분	재활용처리	자가매립시설	최종처분
사업장 지정폐기물	1,346	563	67	71	619	5	21
의료폐기물	210	190	2	14	4	-	-
합계	1,556	753	69	85	623	5	21

표 8-27 2018년 말 현재 산업분류코드에 따른 전체 지정폐기물 업종별 발생현황

(단위 : 톤/년)

구분	분 류	발생량	구성비(%)
B	광업	7,302	0.1
C	제조업 합계	3,740,234	69.5
C(10)	식료품 제조업	21,309	0.4
C(11)	음료제조업	1,014	0.0
C(12)	담배제조업	161	0.0
C(13)	섬유제품제조업(의복제외)	88,485	1.6
C(14)	의복, 의복액세서리 및 모피제품제조업	4,278	0.1
C(15)	가죽, 가방 및 신발 제조업	9,400	0.2
C(16)	목재 및 나무제품 제조업가구제외	3,651	0.1
C(17)	펄프, 종이 및 종이제품 제조업	35,292	0.7
C(18)	인쇄 및 기록매체복제업	12,212	0.2
C(19)	코크스, 연탄 및 석유정제품 제조업	108,497	2.0
C(20)	화학물질 및 화학제품 제조업(의약품제외)	773,444	14.4
C(21)	의료용물질 및 의약품제조업	100,332	1.9
C(22)	고무제품 및 플라스틱제품제조업	120,224	2.2
C(23)	비금속광물제품제조업	110,107	2.0
C(24)	1차금속제조업	859,488	16.0
C(25)	금속가공제품제조업 기계 및 가구제외	149,646	2.8
C(26)	전자부품, 컴퓨터, 영상, 음향 및 통신장비 제조업	935,682	17.4
C(27)	의료, 정밀, 광학기기 및 시계제조업	1,568	0.0
C(28)	전기장비제조업	113,339	2.1
C(29)	기타기계 및 장비제조업	47,864	0.9
C(30)	자동차 및 트레일러제조업	175,461	3.3
C(31)	기타운송장비제조업	32,543	0.6
C(32)	가구제조업	671	0.0
C(33)	기타제품제조업	17,035	0.3
C(34)	산업용 기계 및 장비 수리업	18,530	0.3
D	전기, 가스 증기 및 수도사업	78,092	1.5
F	건설업	158,759	3.0
G	도매 및 소매업	27,120	0.5
H	운수업	52,821	1.0
P	교육서비스업	21,833	0.4
기타	그 외 기타업종	1,292,415	24.0
총 합계		5,378,575	100

8.3 유해폐기물 관리와 관련한 국제 동향

8.3.1 바젤협약

바젤협약(Basel Convention)의 정식명칭은 「유해폐기물의 국가 간 이동 및 그 처리의 통제에 관한 바젤협약」(The Basel Convention on the Control of Transboundary Movements of Hazardous Wastes and Their Disposal)으로서 유해폐기물의 국가 간 불법이동에 따른 지구 규모의 환경오염 방지와 개도국의 환경친화사업을 지원할 목적으로 UNEP와 세계환경단체들이 1983년 3월 스위스 바젤에서 채택한 협약이다.

(1) 협약의 배경 및 필요성

이탈리아의 Seveso에서 농약공장의 폭발사고(1976)로 인하여 발생된 다이옥신 함유 오염토양이 6년 후 1982년 국외로 불법 반출됨으로써 전 세계를 놀라게 하였고, 불법 반출된 오염토양이 프랑스에서 발견되자 이를 불법반출한 회사인 Givaudan의 모기업인 Roche 그룹의 본사가 있는 스위스에서 이들을 인수하여 소각 처리한 사건을 시발점으로 EEC, 미국 등을 중심으로 유해폐기물의 국가 간 이동에 대한 논의가 시작되었다.

1987년 10월 아이티 상공부는 한 비료회사에 비료 수입허가서를 발부하였으나 실제 선적된 것은 미국 필라델피아주의 도시폐기물 소각로에서 발생된 약 14,000톤의 소각재였다. 1988년 1월 아이티 정부는 이 소각재를 국외로 반출하도록 명령하였으나 이행되지 않고 해변에 방치하여 약 3,000톤의 소각재가 해수에 흘러 들어가 해변을 오염시킨 사건이 발생하였다. 선진국에서 자국의 엄격한 규제를 피하여 유해폐기물을 중남미 및 아프리카 등 후진국에 밀수출 또는 매각하는 유해폐기물의 부적정 처리로 인한 환경오염이 국제 문제화되면서 이를 방지하기 위한 국제협력의 필요성이 대두되었다.

(2) 협약의 추진경위

① 유엔환경계획(UNEP) 제14차 집행이사회(1987년 6월)에서 유해폐기물의 국가 간 교역 통제에 관한 협약을 결성토록 결의(카이로선언)
② 유엔총회(1987년 12월)에서 협약마련 결의
③ 제1차~제5차 실무회의 개최(1988~1989년 3월)
④ 1989년 3월 22일 스위스 바젤에서 UNEP (United Nations Environment Programme)가 전권 대표회의 개최 및 바젤협약 채택
⑤ 최초협약 서명국 : 멕시코, 네덜란드, 프랑스 등 36개국

⑥ 협약발효일 : 1992년 5월 5일(호주가 20번째로 비준서 기탁함)
⑦ 최종 의정서 서명국 : 한국, 북한, 미국, 일본 등 170개국 1개 기구(2008년 8월 현재)

(3) 협약과 관련한 우리나라의 추진내용

① 1992년 12월 : "폐기물의 국가 간 이동 및 그 처리에 관한 법률" 제정(법률 제4534호)
② 1994년 2월 28일 : 바젤협약 가입(64번째)
③ 1994년 5월 29일 : 바젤협약 효력발생
④ 1994년 5월 : "폐기물의 국가 간 이동 및 그 처리에 관한 법" 시행령 제정
⑤ 1994년 12월 : 동법 적용대상 폐기물의 품목 고시
⑥ 2009년 8월 : 적용대상 폐기물 품목 최종 고시(제5차 개정)

따라서 우리나라는 협약서상의 국가 간 이동 통제대상 폐기물에 대해 협약 비가입 국가와 교역을 할 수 없게 되었으며, 협약가입 국가와의 교역은 상대국의 수출・입 동의를 얻음과 동시에 경유국이 있을 경우 경유국의 경유동의를 얻어야 한다.

협약상 국가 간 이동 통제대상인 폐기물은 협약에서 규정하고 있는 유해폐기물(협약부속서 I 및 III의 동시충족)과 가정폐기물(협약부속서 II), 수출・입 및 경유국가가 국내법으로 유해하다고 정하는 폐기물이다.

(4) 바젤협약의 주요 내용

제정 당시 전문, 본문 29조 및 9개의 부속서로 구성됨

① 전문

협약국간의 유해폐기물의 국가 간 교역억제로 유해폐기물로 인한 환경오염 방지

② 본문

- 제4조 : 협약당사국에 유해폐기물 수출・입 금지권한 부여
- 제6조 : 유해폐기물 수출국은 수입국 및 경유국의 사전 승인을 얻어 수출
- 제9조 : 불법 교역 폐기물은 수출국가가 자국으로 회수조치하거나 통보받은 날로부터 30일 이내에 적정처리하고 불법 교역자는 국내법에 따라 조치
- 제10조 : 유해폐기물의 처리기술 개발을 위한 협약 당사국간의 협력 강화
- 제16조 : 유해폐기물관리 사무국 설치(UNEP)
- 제25조 : 20개국 이상이 비준 등의 적법한 절차를 거쳐 관계문서를 기탁한 날로부터 90일 경과 후 효력 발생

③ 주요내용

- 규제대상 폐기물을 47종으로 구분 관리
- 협약당사국의 일반적 의무사항
  - 폐기물 수입을 금지한 당사국에 해당 폐기물 수출을 금지
  - 폐기물의 남위 60° 이남 지역에서의 처리를 위한 수출 불허
- 협약국 간의 이동절차에 관한 사항
  - 수출국이 직·간접으로 수입국 주문관청에 서면 통지
  - 수출국은 수입국의 서면동의 또는 확인 없이 수출 불허
  - 처리당사자는 처리 완료보고를 수출국에 통보
- 수출허가가 가능한 경우
  - 수출국의 기술적 역량이 부족하고 적절한 처리시설이 없는 경우
  - 재활용, 회수산업의 원료로 사용되는 경우
- 불법거래와 재수입 의무
  - 불법거래로 간주된 폐기물은 원칙적으로 수출국이 회수처리

④ 부속서

(5) 바젤협약상의 관리대상 폐기물

바젤협약서에서 규제하고 있는 폐기물의 종류는 부속서에서 규정하고 있으며, <표 8-28>~<표 8-30>과 같다.

표 8-28 부속서 Ⅰ (규제대상 폐기물의 종류)

(1) 폐기물의 범주(부속서 I)

- Y1 병원, 의료센터 및 의원에서 의료행위로부터 발생되는 의료폐기물
- Y2 의약품의 제조 및 조제과정에서 발생되는 폐기물
- Y3 폐의약품
- Y4 살생물질 및 식물약품의 생산, 조제 및 사용과정에서 발생된 폐기물
- Y5 목재 보존 화학물질의 생산, 조제 및 사용과정에서 발생된 폐기물
- Y6 유기용제의 생산, 조제 및 사용과정에서 발생된 폐기물
- Y7 시안화물을 함유한 물질의 열처리와 담금질 과정에서 발생된 폐기물
- Y8 원래 용도에 부적합한 폐광물유
- Y9 기름류와 혼합물, 탄화수소류와 물의 혼합물, 유제로서 폐기되는 것
- Y10 폴리클로리네이티드비페닐(PCBs), 폴리클로리네이티드터페닐(PCTs) 또는 폴리브로미네이티드비페닐(PBBs)을 함유하거나 이러한 물질로 오염된 폐기물
- Y11 정제, 증류 및 열분해 처리과정에서 발생되는 폐타르 잔재물

Y12 잉크, 염료, 안료, 페인트, 락카, 니스의 생산, 조제 및 사용과정에서 발생되는 폐기물
Y13 수지, 라텍스, 가소제, 아교/접착제의 생산, 조제 및 사용과정에서 발생되는 폐기물
Y14 조사연구 또는 교육활동으로부터 발생되는 것으로서 지금까지 인간이나 환경에 미치는 영향이 규명되지 아니한 신종의 폐화학물질
Y15 다른 법의 규제를 받지 아니하는 폭발성 폐기물
Y16 사진현상 및 인화물질의 생산, 조제 · 사용과정에서 발생되는 폐기물
Y17 금속 및 플라스틱의 표면 처리과정에서 발생되는 폐기물
Y18 산업폐기물 처리과정에서 발생되는 잔재물

(2) 구성성분을 함유한 폐기물(부속서 I)
Y19 금속카보닐
Y20 베릴륨 및 그 화합물
Y21 6가크롬화합물
Y22 구리화합물
Y23 아연화합물
Y24 비소 및 그 화합물
Y25 세레늄 및 그 화합물
Y26 카드뮴 및 그 화합물
Y27 안티몬 및 그 화합물
Y28 텔레늄 및 그 화합물
Y29 수은 및 그 화합물
Y30 바륨 및 그 화합물
Y31 납 및 그 화합물
Y32 불화칼슘을 제외한 무기불소 화합물
Y33 무기시안화물
Y34 산성용액 또는 고형상의 산류
Y35 염기성 용액 또는 고형상의 염기류
Y36 석면 (먼지 및 섬유)
Y37 유기인화합물
Y38 유기시안화물
Y39 페놀 및 클로로페놀류를 포함한 페놀화합물
Y40 에테르
Y41 할로겐족 유기용제류
Y42 할로겐족 이외의 유기용제류
Y43 폴리클로리네이티드 벤조퓨란류
Y44 폴리클로리네이티드벤조파라다이옥신류
Y45 이 부속서에 언급된 물질(예 : Y39, Y41, Y42, Y43, Y44) 이외의 유기할로겐 화합물

표 8-29 부속서 II (특별고려를 요하는 폐기물의 종류)

Y46 가정으로부터 수거된 폐기물
Y47 생활폐기물의 소각 잔재물

표 8-30 부속서 III (유해특성목록)

UN class	H-code	Characteristics	비 고
1	H1	폭발성 Explosive	• 자체적으로 가스를 생성하는 화학 반응을 일으킴 • 그때의 온도, 압력 및 반응속도가 주위의 피해를 유발할 수 있는 고형상 또는 액상물질 또는 폐기물
3	H3	인화성 액상 물질 Flammable liquids	• 가연성과 동일한 의미 • 밀폐컵 시험으로 60.5℃ 이하, 개방컵 시험으로 65.5℃ 이하의 온도에서 인화성 증기를 방출하는 액체나 액체 혼합물 • 또는 용액 혹은 현탁 액상으로 고형물을 함유한 액체 (ex. 페인트, 니스, 락카 등)
4.1	H4.1	인화성 고형물 Flammable Solids	• 폭발성으로 분류되지 않는 것으로서 운반 중에 쉽게 연소되거나 마찰로 인하여 화재를 유발할 수 있는 고체 또는 고형물
4.2	H4.2	자연발생적으로 연소되기 쉬운 물질 또는 폐기물	(Substances or wastes liable to spontaneous combustion) • 운반 중 정상 상태 하에서 자연적으로 열을 발생 • 공기와의 접촉으로 열이 발생하여 화재를 유발하기 쉬운 물질 또는 폐기물
4.3	H4.3	물과 접촉하여 인화성 물질을 방출하는 물질 또는 폐기물	(Substances or wastes which, in contact with water, emit flammable gases) • 물과의 상호작용에 의하여 자연적으로 인화되기 쉽거나 • 인화성 가스를 위험할 정도로 방출하는 물질 또는 폐기물
5.1	H5.1	산화성 Oxidizing	• 자체적으로 연소되지 않음 • 산소를 생성시켜 다른 물질의 연소를 유발하거나 이에 기여하는 물질
5.2	H5.2	유기성 과산화물 Organic peroxides	• 2가의 -O-O- 구조를 가진 유기성 물질 및 폐기물로 발열성 자기가속분해를 할 수 있는 열적으로 불안정한 물질
6.1	H6.1	유독성(급성) Poisonous (acute)	• 마시거나 흡입하거나 피부 접촉에 의해 사망 또는 중상을 입히거나 인간의 건강을 해칠 수 있는 물질 또는 폐기물
6.2	H6.2	감염성 물질 Infection substances	• 동물 또는 인간에게 발병의 원인이 되는 것으로 알려져 있거나 우려가 있는 살아 있는 미생물이나 그들의 독소를 함유한 물질 또는 폐기물
8	H8	부식성 Corrosives	• 생체조직과 접촉했을 때 화학반응에 의하여 심한 피해를 유발하거나 누출되는 경우에 다른 물품 또는 수송 수단에 물질적인 피해를 주거나 심지어 이들을 파괴하는 물질 또는 폐기물
9	H10	공기 또는 물과 접촉시 유독가스 방출	(Liberation of toxic gases in contact with air or water) • 공기 또는 물과의 상호 작용에 의하여 위험한 정도의 유독가스를 방출하는 물질 또는 폐기물
9	H11	독성(지연성 또는 만성) Toxic(delayed or chronic)	• 흡입 또는 마시거나 피부에 침투되었을 때 발암성·지연성 또는 만성적 영향을 일으키는 물질 또는 폐기물
9	H12	생태독성 Ecotoxic	• 방출시 생물축적 및 생체독성 효과에 의하여 환경에 즉시 또는 일정 시간이 지난 후 부정적인 영향을 미치는 물질 또는 폐기물
9	H13	-	(Capable, by any means, after disposal of yielding another material, e.g., leachate, which possesses any of the characteristics listed above) • 처리 후 위에 열거한 특성 중 하나를 가진 또 다른 물질을 어떤 방법으로든 생성할 수 있는 물질 또는 폐기물

8.3.2 REACH와 RoHS

최근의 국제환경규제는 제조공정상에서 발생하는 환경오염물질의 발생을 억제하거나, 발생한 유해폐기물에 의한 환경오염의 방지를 최소화하는데서 한 걸음 더 나아가서, 제품 내 유해물질의 함유량이 일정 기준 이하가 되도록 규제하고 있다. 유해물질의 사용을 줄여 더욱 친환경적인 전자제품의 생산과 사용을 가능하도록 하고, 제품이 사용종료 후 폐기물의 처리/처분 과정에서 제품 내에 함유된 유해물질에 의한 2차 오염을 사전에 미리 예방하고자 하는 의도에서 REACH와 RoHS 등 각종 국제환경규제가 도입되고 있다.

(1) REACH

① 개요

REACH (신화학물질관리제도)는 Registration, Evaluation, Authorization and restriction of CHemicals의 약어로 EU의 기존의 화학물질 관련 제도를 통합하여 연간 1톤 이상 EU 내에 제조・수입되는 모든 물질을 톤수와 위해성에 따라 등록, 평가, 허가를 받게 하는 화학물질관리규정이다.

REACH가 이전의 제도들과 가장 크게 다른 점은 화학물질의 위해성 검증 책임을 국가가 아니라 수입업자와 제조자 등 기업체가 지도록 했다는 것과 적용대상이 신규 물질 뿐만 아니라 기존물질, 그리고 완제품 내의 화학물질에까지 광범하다는 사실이다. 다시 말하면 유통될 모든 화학물질의 정보를 모으고 유해물질 테스트를 통해 위해성을 가려낸 후 검증된 물질만 유통시키겠다는 것이다. 이에 따라 어떤 상태의 물질이라도 인체 건강이나 환경에 허용할 수 없는 위해성이 있다고 판단된다면 허가를 받거나 대체해야만 사용이 가능하다.

- 2007년 6월 1일 : REACH 법안 발효
- 2008년 6월 1일 : 사전등록 개시
- 2008년 12월 1일 : 사전등록 종료
- 2009년 1월 1일 : 사전등록 물질 공표
- 2009년 6월 1일 : 신고대상물질 발표(2년마다 갱신)
- 2010년 11월 30일 : 연간 1,000톤 이상 / 100톤 이상 환경유해성 물질 / 1톤 이상 CMR 물질 등록 종료(발효 후 3.5년)
- 2011년 6월 1일 : 신고완료(2010년 12월 1일까지 '발표된' 물질)
- 2013년 5월 31일 : 연간 100톤 이상 물질 등록 완료(발효 후 6년)
- 2018년 5월 31일 : 연간 1톤 이상 물질 등록 완료(발효 후 11년)

표 8-31 REACH 제도의 개요

구분	대상	주체
등록(Registration)	연간 1톤 이상의 제조/수입된 화학물질 "NO data, no market"	• 산업체
평가(Evaluation)	[서류평가] - 등록서류 적정이행여부 검토 [톤수별 전체등록서류 중 5% 이상] - 시험제안서 검토(> 100톤) [물질평가] 공동체연동계획상의 물질	• 유럽화학물질청(ECHA)
허가(Authorization)	허가후보물질(CMRs, PBT, vPvB)	• 허가 신청 : 산업체 • 허가 결정 : 유럽화학물질청, 집행위원회
제한(Restriction)	제한대상물질 : 시장 출시/유통 금지	회원국, 집행위원회

CMR (Carcinogenic, mutagenic or toxic for reproduction) : 발암성 · 돌연변이성 · 생식 독성 물질
PBTs (Persistent, bioaccumulative and toxic) : 잔류성, 생물농축성, 독성 물질
vPvB (very persistent and very bioaccumulative) : 고 잔류성, 고 생물농축성 물질
※ 자료출처 : 박백수, EU REACH 최신동향 및 주요내용, 2019 REACH 엑스포(2019)

아래에서는 REACH와 관련된 주요 용어 만 간단히 소개하고자 한다.

- 유럽화학물질관리청(ECHA, European CHemical Agency) : 핀란드 헬싱키 소재의 REACH 관련 주무부처
- 물질정보교환포럼(SIEF, Substance Information Exchange Forum) : 불필요한 시험(특히 동물시험) 배제와 자료공유를 위해 같은 물질을 등록하려는 기업들이 모이는 기구
- EU 내 유일대리인(OR, Only Representative) : EU역외에서 물질제조나 혼합물 조제 또는 완제품을 생산하는 업체들은 물질들을 (사전)등록할 수 없다. 유일대리인을 선임하여 EU 내로 수입되는 그들의 물질들에 대해 요구되는 (사전)등록을 유일대리인으로 하여금 수행하도록 할 수 있다.

② 등록(Registration)

연간 제조/수입량이 1톤 이상인 경우 REACH 등록 대상이며 사전등록 대상에 해당하지 않는 신규 화학물질(non phase-in substance)의 경우 2008년 6월 1일부터 등록 절차를 거쳐야 EU에 수출이 가능하다. 등록 시, 제출해야 하는 서류는 기술서류(TD, Technical Dossier)와 화학물질 안전성 보고서(CSR, Chemical Safety Report)가 있다.

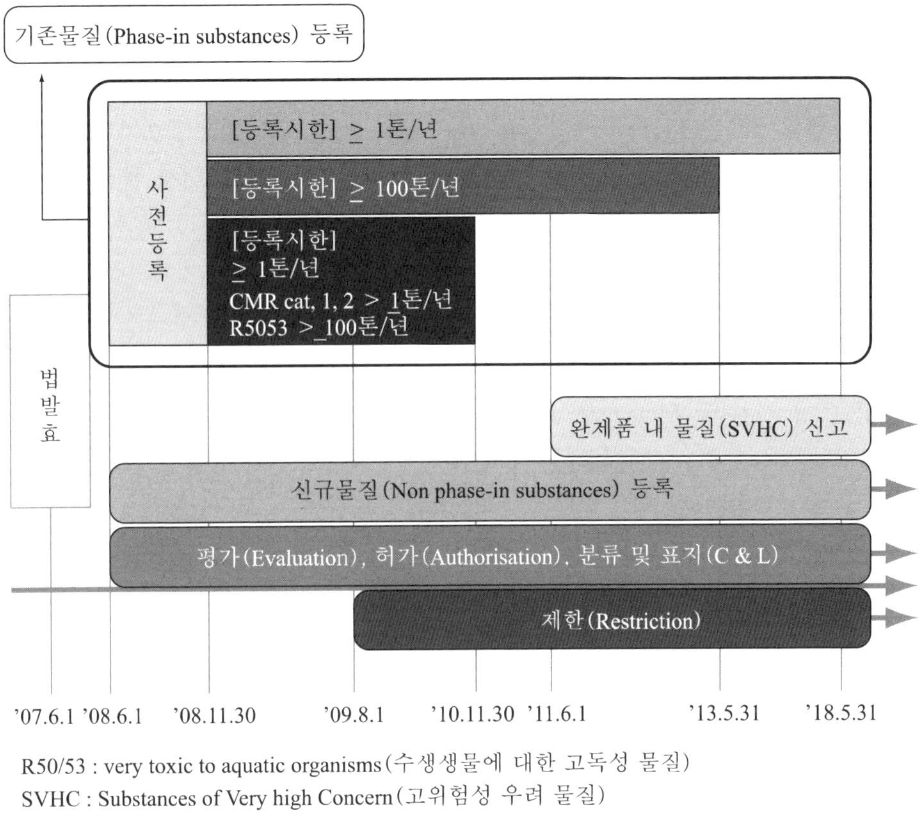

그림 8-7 REACH를 이루고 있는 각 절차들의 시행시기 및 기한

- 기술 서류(Technical Dossier)
  - 1톤 이상 화학물질을 등록하는 경우, 제출해야 하는 서류
  - 물질의 특성, 분류, 용도 및 안전한 사용 가이드에 대한 내용을 포함
    : 물리화학특성(17개), 인체(18개) 및 생태독성(26개) 등 최대 61개 정보를 요구
- 화학물질 안전성 보고서(Chemical Safety Report) : 인체·환경 위해성 평가 및 대책, 노출평가 등
  - 10톤 이상 화학물질의 경우에 제출해야 하는 서류
  - 물질의 위해성 평가 및 분류에 대한 내용을 포함

평가 대상 화학물질은 연간 100톤 이상 제조 또는 수입되는 화학물질과 발암성 물질 등의 특정물질이며, 평가는 서류평가와 물질평가로 구분되어 있다. 서류평가는 등록 서류의 완성도 및 작성기준 적합성 등을 검사하는 것이며, 물질평가는 물질의 인간과 환경에 대한

위해성 여부 등을 점검하는 절차이다.

③ **허가 및 제한**

허가 및 제한 제도는 유럽화학물질관리청(ECHA)이 주요 위해물질의 허가대상 목록을 작성하고, 서류제출 시 허가 또는 제한 여부를 결정하여 필요하다면 대체 물질 개발 의무를 부과할 수 있는 제도이다.

허가 대상 물질에 해당하는 경우, 허가된 용도에 대해서만 사용이 허용되며 제한 대상 물질에 해당하는 경우, 해당 제한사항에 따른 조건을 준수하지 않는 한 제조/시장출시/사용 될 수 없다.

- CMR (Carcinogenic Mutagenic or Reprotoxic) : 발암성, 돌연변이성, 생식독성 물질
- PBT (Persistent, Bio-accumulative and Toxic) : 잔류성, 생물농축성, 독성물질
- vPvB (very Persistent, very Bioaccumulative) : 고잔류성, 고생물농축성 물질

(2) RoHS

RoHS란 Restriction of Certain Hazardous Substances의 약자이다. RoHS는 유해폐기물과 관련된 규정은 아니나, 이들 제품에 포함된 유해물질이 폐기되었을 때 환경오염 문제를 유발한다는 점에서 거시적인 관점에서 보았을 때 유해폐기물 관리와 관련이 있다고 볼 수 있다.

EU의 RoHS는 전기전자제품에 포함된 유해물질로 인한 폐전기전자제품의 재활용의 저해 및 환경오염의 발생을 방지하기 위하여 2006년 7월 1일부터 EU역 내에서 제조・판매되는 전기전자제품 내에 6대 유해물질의 함유를 제한하는 지침이다.

① **진행일정**

- 1999년 WEEE (폐전기전자제품 처리 지침)에서 RoHS 분리 → draft 진행
- 2003년 2월 RoHS 지침(Directive 2002/95/EC[21])) 발효
- 2004년 8월 회원국별 법규 제정 발효
- 2006년 7월 RoHS 지침 시행
- 2011년 7월 RoHS 2 (Directive 2011/65/EU) 발효
- 2013년 1월 RoHS 2 회원국별 법규 제정 발효
- 2015년 3월 Directive 2011/65/EU 개정(COMMISSION DELEGATED DIRECTIVE (EU) 2015/863)

21) Restriction of the use of certain Hazardous substances in electrical and electronic equipment, 전기전자제품에 대한 특정 유해물질 사용제한 지침

② EU RoHS 지침의 내용

- 대상물품 : EU 시장에서 생산, 판매, 수입되는 WEEE의 적용 품목 중 8개 품목군과 백열등 및 가정용 조명 등이 해당
- 규제 내용 : EU 시장에 판매·유통되는 제품을 생산하는 자는 2006년 7월 1일부터 시장에 새롭게 출시되는 전기전자제품에 납, 수은, 카드뮴, 6가 크롬, PBBs, PBDEs가 포함되지 않도록 해야 함.
- 법규 준수 방법 : RoHS 지침의 적합성에 대한 자기 선언(Self-declaration)
- 예외조항 : 과학적, 기술적 관점에서 유해물질의 대체가 불가능한 경우나 대체물질로 인해 환경 및 인간의 건강상 악영향이 우려되는 경우는 예외 조항으로 분류하고 있음.

  [예외 조항의 예] - 소형 형광등 내 램프 개당 5 mg을 초과하지 않는 수은
  - CRT, 전기부품과 형광튜브를 구성하는 유리 내의 납
  - 고온에서 용융되는 솔더에 함유된 납(예 : 85% 이상의 납이 함유된 합금) 등 총 29개 항목(2007년 현재)

표 8-32 EU RoHS에서의 적용되는 전기전자장비 카테고리

분류	적 용 제 품
대형가전제품	냉장/냉동고, 세탁기, 오븐, 전기난방기, 식기세척기, 전자레인지, 선풍기, 에어컨, 환기제품 등
소형가전제품	청소기, 다리미, 토스트기, 면도기, 드라이어, 커피메이커, 시계, 저울 등
정보통신장비	컴퓨터, 프린터, 복사기, 팩스, 전화기, 휴대전화기, 계산기, 기타 음성/화상/정보 전송장비 등
소비자 가전	TV, 라디오, 비디오카메라, VCR, 오디오 등
조명기기	가정용 전등/조명기기, 형광등, 나트륨등, 네온사인 등
전기전자공구	드릴, 톱, 재봉틀, 선반, 용접기, 절삭장비 등(대형 고정산업장치 제외)
완구, 레저, 스포츠 장비	기차/자동차경주 세트, 비디오게임기, 러닝머신, 슬롯머신 등
자동판매기	냉온 자판기, 현금인출기(ATM) 등

표 8-33 6대 유해물질의 최대허용농도

물 질	허용량(%)
납(Pb), 수은(Hg), 6가 크롬(Cr^{6+}), Polybrominated biphenyls (PBBs), Polybrominated diphenyl ethers (PBDEs), Bis (2-ethylhexyl) phthalate (DEHP), Butyl benzyl phthalate (BBP), Dibutyl phthalate (DBP), Diisobutyl phthalate	0.1%
카드뮴(Cd)	0.01%

※ 최대 허용농도는 균질재질(homogeneous materials) 단위에서 고려됨.

8.3.3 GHS (화학물질의 분류 · 표지에 관한 세계조화시스템)

GHS (Globally Harmonized System of Classification and Labeling of Chemicals, 화학물질의 분류 · 표지에 관한 세계조화시스템)은 국가마다 다른 화학물질에 대한 정의와 분류기준을 전 세계적으로 일관성 있게 하고, 경고 표지와 안전보건자료에 대한 유해성 정보를 공유하기 위한 체계를 말한다. GHS는 물질, 제품, 혼합물, 조제 등 모든 유해 화학물질에 대하여 다루는데, 국제적으로 합의된 유해분류 및 표지 체계를 구축하게 된다. GHS에서 대상으로 하는 사람은 작업자, 소비자, 운송작업자, 긴급대응자 등이다. 이 체계 하에서 화학물질과 이들의 혼합물은 물리적 위험성, 건강유해성, 환경유해성에 따라 분류된다. UN 공식문서로 GHS Purple Book (지침서)이 작성되었으며, 이에 의거하여 각 국의 관련법도 GHS 체계에 맞도록 개정되고 있다.

표 8-34 GHS에서의 유해성 분류 범주

물리적 위험성	건강유해성
폭발성 물질	급성독성물질
인화성 가스	피부 부식성 또는 자극성 물질
인화성 에어로졸	심한 눈 손상 또는 눈 자극성 물질
산화성 가스	호흡기 또는 피부 과민성 물질
고압가스	생식세포 변이원성 물질
인화성 액체	발암성 물질
인화성 고체	특정표적장기 독성물질(1회 노출)
자기반응성 물질 및 혼합물	특정표적장기 독성물질(반복노출)
자연발화성 액체	흡인 유해성 물질
자연발화성 고체	
자연발열성 물질 및 혼합물	
물 반응성 물질 및 혼합물	
산화성 액체	
산화성 고체	**환경유해성**
유기과산화물	수생환경 유해성 물질
금속부식성 물질	

(1) 목적 및 연혁

화학제품은 생활을 향상시키고 개선하기 위해 전 세계적으로 널리 이용되고 있다. 그러나 이러한 화학제품은 그 장점에도 불구하고 사람이나 환경에 유해 영향을 가져올 가능성이 있다. 그 결과, 많은 국가 또는 기관들은 지난 몇 년 동안 표지나 안전보건자료(SDS)를 통하여 사용하는 화학물질을 전달하고 준비하기 위하여 요구되는 정보에 대한 법률이나 규정을 개발하여 왔다. 이용 가능한 화학물질의 종류가 방대하기 때문에, 모든 물질을 개별규정으로 규제하는 것은 어떤 기관에서도 불가능하다. 정보 규정은 화학물질 사용자에게 그 화학물질을 확인하고 유해성을 전달하여 각 지역의 사용 상황에 따른 적절한 예방 조치를 가능하게 한다.

이러한 기존의 법률 또는 규정은 여러 부분에서 서로 유사하지만 그 상이점 때문에 결과적으로 동일 제품에 대해서 나라마다 다른 표지 또는 SDS를 작성하게 된다. 유해성 정의가 상이함에 따라 어떤 화학물질은 한 나라에서는 인화성 물질로 간주되지만 다른 나라에서는 그렇지 않을 수 있다. 또는 한 나라에서는 발암 물질로 간주되지만 다른 나라에서는 그렇지 않을 수 있다. 따라서 표지 또는 SDS에 언제, 어떻게 유해성을 전달할까에 관한 결정은 세계적으로 다양하므로 국제 교역에 종사하고자 하는 기업은 그러한 법률 및 규정 그리고 여러 형태의 표지와 SDS를 작성할 수 있는 대규모 전문가 집단을 두어야 한다. 더구나 화학물질의 분류와 표지를 위한 포괄적인 시스템을 개발하고 유지하는데 어려움이 있기 때문에 많은 나라가 이러한 시스템을 전혀 갖추고 있지 않다.

화학물질의 국제 교역이 넓게 행해지고 있는 현실과 그들의 안전한 사용, 운송, 폐기를 확보하기 위한 국가 계획 개발의 필요성 때문에 분류와 표지에 대한 세계적으로 조화된 접근 방법이 그러한 계획의 기초가 될 수 있다고 인정되었다. 일단 각 나라가 수입 또는 자국에서 생산되는 화학물질에 대해 일관되고 적절한 정보를 얻을 수 있다면, 화학물질 노출 관리 및 사람과 환경 보호를 위한 인프라구축은 쉽게 확립될 수 있다.

이와 같은 세계 조화를 목적으로 설정한 이유는 많다. GHS가 채택되면 다음과 같은 점이 기대된다.

- 유해성 정보 전달에 대해 국제적으로 이해하기 쉬운 시스템을 제공함으로써 사람의 건강과 환경 보호가 강화된다.
- 기존 시스템이 없는 국가들에게 인정된 기본체계를 제공한다.
- 화학물질을 시험하고 평가할 필요성이 감소된다.
- 유해성이 국제적으로 적정하게 평가되고 확인됨에 따라 화학물질의 국제 교역이 용이하게 된다.

각국의 위험물질 분류 및 표지 제도간의 상이함에서 발생하는 문제점을 해소하기 위해서 UN을 중심으로 하여 국제적으로 통일된 규제제도 확립을 위한 노력이 이루어지기 시작했다. 1989년 ILO 총회에서 인도는 화학제품의 위험유해성에 관한 분류 및 표지의 세계통일화를 제안하였고, 1990년 ILO 화학물질회의에서 인도의 제안이 채택되었다. 또한 1992년 리우환경회의에서 화학물질의 분류 및 표지체계의 국제적 조화시스템 도입을 유해 화학물질 분야의 6개 실천 강령 사항으로 채택하게 되었다. 그 후 10여년에 걸친 UN 관계 전문가의 노력의 결과로서 2002년 9월 UN은 지속가능개발세계정상회의에서 「화학물질의 분류·표지 등 세계조화시스템(GHS, Globally Harmonized System)」을 2008년까지 전 세계적으로 도입할 것을 결의하였고 GHS제도에 관한 지침서를 발간하게 되었다.

우리나라에서는 2006년 화학물질관리법 개정, 2007년 시행규칙개정, 2008년 유독물 등의 분류 기준 및 표시방법의 규정 제정으로 GHS를 적용하고 있다.

(2) 범위

GHS는 다음 요소를 포함한다.

① 물질 및 혼합물을 건강, 환경 및 물리화학적 유해성에 따라 분류하기 위한 조화된 판정 기준

② 표지와 안전보건자료에 관한 요건을 포함한, 조화된 유해위험성 정보 전달에 관한 사항

유해성 분류 및 표지의 조화에 관한 작업은 모든 화학물질 및 그 혼합물에 대한 조화된 시스템에 초점이 맞추어져 있다. GHS 구성 요소의 적용은 제품의 형식 또는 제품주기의 단계에 따라 다를 수 있다. 일단 어떤 화학물질이 분류되면, 주어진 제품 또는 사용 환경에서 어떤 정보 또는 다른 조치가 취해져야 하는지 결정함에 있어 일어날 수 있는 유해 영향이 고려될 수도 있다. 의약품, 식품첨가물, 화장품과 음식 중의 잔류 농약은 의도적 섭취라는 관점에서 GHS에서 다루어지지 않는다. 그러나 이러한 형태의 화학물질도 근로자가 노출될 가능성이 있는 작업장과 잠재적 노출의 근거가 있다면 운송에서 적용될 수 있다.

- 요소 1 : GHS는 모든 유해 화학물질에 적용된다. GHS의 유해성 정보 전달 요소(예 : 경고표지, SDS)의 적용 방법은 제품의 구분이나 제품주기의 단계에 따라 다를 수 있다. GHS의 표적 대상자에는 소비자, 근로자, 운송 근로자, 긴급 대응자가 포함된다.
- 요소 2 : GHS 개발을 위한 위임 사항은 건강 유해 영향을 나타내기 위한 통일된 시험 방법의 확립 또는 추가 시험의 장려를 포함하지 않는다.
- 요소 3 : 동물 시험 데이터 및 유효한 시험관 내 시험과 함께, 사람에서의 경험, 역학적 데이터, 및 임상시험도 GHS 적용에서 고려되어야 할 중요한 정보를 제공한다.

GHS는 일반적으로 유해성 분류에 추가해서 위험성평가를 요구하는 것과 같은 위험성 평가 절차 또는 위해성 관리 결정(근로자에 대한 노출 기준 설정 등)에서의 조화를 의도하지 않는다. 이와 함께 GHS는 각국의 화학물질 목록 요구와도 관련되지 않는다.

각 유해성의 분류 및 정보 전달 시스템(작업장, 소비자, 운송)에서는 우선 관련 화학물질 또는 화학이 초래하는 유해성 평가를 실시한다. 유해의 정도는 고유의 성질, 즉 정상적인 생물학적 활동을 방해하는 능력 및 연소, 폭발, 부식 등의 능력에 의존한다. 이것은 주로 이용 가능한 과학적 연구 결과의 재검토에 근거한다. 위험성 또는 위해의 가능성 및 이러한 정보의 연속적인 전달에 대한 개념은 잠재적 유해성에 관련지어 고려될 때 도입된다. 위험성 평가의 기본적 접근방법은 다음과 같은 간단한 공식으로 정의된다.

$$\text{유해성(Hazard)} \times \text{노출(Exposure)} = \text{위해성(Risk)}$$

따라서, 유해성 또는 노출을 최소로 할 수 있다면 위험성, 즉 위해의 가능성은 최소가 된다. 적절한 유해성 정보 전달에 의해 사용자는 유해성의 존재 및 노출과 그 결과로 생기는 위험성을 최소화할 필요성을 인식하게 된다.

정보를 전달하는 모든 시스템(작업장, 소비자, 운송)에는 어떠한 형식에서든 유해성과 위해성 모두가 포함된다. 이것은 정보 제공을 실시해야 할 장소, 방법, 노출 가능성의 정도에 따라서 다르다. 예를 들면, 의약품에 대한 소비자의 노출의 정도는 특정 상황에 대처하기 위해 의사가 처방하는 투여량에 의해 정해진다. 노출은 의도적이다. 따라서 의약품 관리기관은 소비자가 수용 가능한 수준의 리스크로서 의약품의 투여량을 정하고 있다. 의약품의 투여를 받는 사람에게 제공되는 정보는 의약품이나 그 성분 고유의 유해성이 아니라, 의약품 관리기관이 평가한 위해성을 전달한다.

8.3.4 화학물질 배출량 조사

(1) 제도의 개요 [22)]

화학물질 배출량 조사(PRTR, Pollutant Release and Transfer Registers)는 화학물질을 제조·사용하는 업체 및 사업장에서 연간 환경(대기, 수계, 토양 및 폐기물 등) 중으로 배출되거나 이동된 화학물질의 양을 파악하여 정부에 보고하고, 정부는 보고된 자료를 취합하여 관련 자료를 업체 및 국민에게 공개하는 제도를 말한다. 현재 미국, 일본, 호주 등 세계 주요 나라에서 PRTR (Pollutant Release and Transfer Registers) 및 TRI (Pollutant Release Inventory) 등의 이름으로 화학물질 배출량 조사제도를 도입하여 실시하고 있다.

PRTR 제도를 시행함으로써 얻을 수 있는 정보는

22) 화학물질 배출·이동량 정보 홈페이지(https://icis.me.go.kr/prtr)

- 내가 사는 지역에서 어떤 화학물질이 배출되는지
- 이러한 화학물질이 어느 업체에서 배출되는지
- 이러한 화학물질이 얼마나 배출되는지

알 수 있으며, 배출량 정보는

- 배출저감을 위한 방안모색
- 효과적인 환경정책 수립
- 효율적인 배출원 관리
- 화학물질 배출량 저감
- 인체 및 환경위해성 감소

등에 활용할 수 있다.

표 8-35 화학물질 배출량 조사제도의 효과

구분	효과
국민	• 배출량 정보를 통해 내가 살고 있는 지역의 화학물질 오염 수준 및 배출원 파악 가능 • 배출량에 대한 자발적인 감시활동을 통해 환경문제에 대한 범국민적인 참여와 관심 유도 • 정부와 기업에 적극적인 환경 시정요구
기업	• 원료 손실원 파악을 통한 제품의 생산성 향상 및 기업 이윤창출 • 폐기물 관리를 통한 폐기물 처리비용 절감 • 배출원 및 배출량 파악을 통해 대체물질 또는 공정개선 등 배출저감 대책 마련 • 사전안전점검 및 원인분석을 통한 작업장 안전증진 • 지속적인 관리를 통한 친환경 기업 이미지 개선
정부	• 환경 중으로 배출되는 화학물질 배출량 동향 파악 • 국민 건강에 미치는 위해성을 평가하여 환경매체별 관리정책 수립 가능 • 환경관련 규제의 통합관리 기반 구축

우리나라는 1996년 OECD 가입 시 화학물질 배출량 조사제도를 도입할 것을 약속하였으며, 같은 해 12월 이를 시행하기 위해 화학물질관리법을 개정하여 화학물질의 배출량 보고, 기업의 영업비밀 보호 등 제도시행에 필요한 법적 근거를 마련하였다.

환경부는 배출량 조사제도 시행에 앞서 배출량 산정기법 및 산정지침 등을 개발하여 1999년 처음 배출량 조사를 실시하였으며(표 8-37), 점차 그 대상을 확대하여 실시하고 있다. 특히 2011년부터는 화학물질정보 포탈시스템을 운영하고 있다. PRTR 제도와 관련한 각국의 현황은 <표 8-38>과 같다.

표 8-36 PRTR에 대한 OECD규정

권고 (Recommends)	• 회원국들은 OECD의 PRTR지침서의 정보를 기초로 하여 PRTR을 이행하고 대중이 이용할 수 있도록 조치를 취해야 한다. • 회원국들은 PRTR제도를 도입 · 운영하는데 부속서의 원칙을 고려해야 한다. • 회원국들은 인접국가들 간 국경지역으로부터 얻어진 자료의 공유에 특히 주목하면서, 이 제도의 이행결과를 회원국 간에 그리고 비회원국과 주기적으로 공유하는 것을 고려해야 한다.
지시 (instructs)	• 환경정책위원회(Environment Policy Committee)는 회원국들이 취한 조치사항을 검토하여 규정 채택일로부터 3년 이내에 이사회(Council)에 보고하고, 향후 진행 상황을 주기적으로 보고해야 한다. • 환경정책위원회는 OECD가 다른 국제기구나 PRTR제도의 설치를 원하고 있는 비회원국들을 도울 수 있는 방안을 고려해야 한다.

표 8-37 우리나라의 화학물질 배출량 조사 추진내용

시행년도	대상업종	종업원수	조사대상물질
1999년	석유정제, 화학업종 (2)	100인 이상	80종
2000년	화학업종 등 (23)	100인 이상	80종
2001년	화학업종 등 (23)	50인 이상	160종
2002~2003년	화학업종 등 (28)	50인 이상	240종
2004~2007년	화학업종 등 (36)	30인 이상	388종
2008~2010년	화학업종 등 (39)	30인 이상	388종
2011~2012년	화학업종 등 (39)	30인 이상	415종
2013~현재	화학업종 등 (39)	1인 이상	415종

표 8-38 각 국의 PRTR 제도 현황

국 가	시작 년도	환경매체[1]	보고의 강제성[2]	대상 물질수[3]	이동량	이동량 보고방식[4]	보고 주기	보고 업체수	공개 현황[5]
한국	1999	A.W.L	☆	388	○	Chem.	매년	~3000	●
호주	1998	A.W.L	☆	93	○	Chem.	매년	4.028	●
벨기에*	1992	A.W.L	☆	91	○	Waste	매년	864	●
캐나다	1993	A.W.L	☆	347	○	Chem.	매년	~8,500	●

체코*	2004	A.W.L	☆	347	○	Chem.	매년	1,325	●
칠레	2005	A.W.L	☆	120	○	Waste	매년	6,979	●
크로아티아	2000	A.W.L	☆	128	○	Waste	매년	1,686	요청시 공개
덴마크*	1996	A.W.L	☆	ARS	○	Waste	매년	~1,000	●
핀란드*	1988	A.W.L	☆	50	○	Waste	매년	~500	●
헝가리*	2001	A.W	☆	91	○	Waste	매년	651	●
이탈리아*	2007	A.W.L	☆	91	○	Chem.	매년	2,400	●
일본	2001	A.W.L	☆	4626	○	Chem.	매년	40,000	●
멕시코	2004	A.W.L	☆	104	○	Chem.	매년	2,800	●
네덜란드*	1976	A.W.L	△	180	○	Waste	매년	~500	●
노르웨이*	1992	A.W.L	☆	ARS	○	Waste	매년	2,200	●
스웨덴*	2001	A.W.L	☆	91	○	Waste	매년	~1,000	●
스위스	2007	A.W.L	☆	86	○	Waste	매년	200	●
영국*	1996	A.W	☆	209	○	Waste	매년	6,000	●
미국	1987	A.W.L	☆	666	○	Chem.	매년	23,000	●
오스트리아*	2001	A.W	☆	91	○	Chem.	매년	~150	●
프랑스*	1987	A.W.L	☆	66	○	Waste	매년	5,056	●
그리스*	2001	A.W.L	☆	91	○	Waste	매년	140	●
스페인*	2001	A.W.L	☆	115	○	Waste	매년	~6,000	●
독일*	2007	A.W.L	☆	91	○	Waste	매년	> 4,000	●
폴란드*	2007	A.W.L	☆	67	○	Waste	매년	2,711	●
EC	2001	A.W.L	☆	91	○	Waste	매년	24,000	●

주) 1. A : 대기, W : 수계, L : 토양
2. ☆ : 강제적, △ : 절충형, × : 자발적
3. ARS : 조사시 대상물질 변동
4. Chem : 폐기물에 포함된 조사대상물질로 이동량 보고, Waste : 폐기물의 양으로 보고
5. ● : 기업별 정보공개, ○ : 지역별 등 가공된 정보공개
6. 2010년 4월 1일부터 대상물질이 354종에서 462종으로 확대

(2) 화학물질 배출량 산정

① 조사대상 확인여부

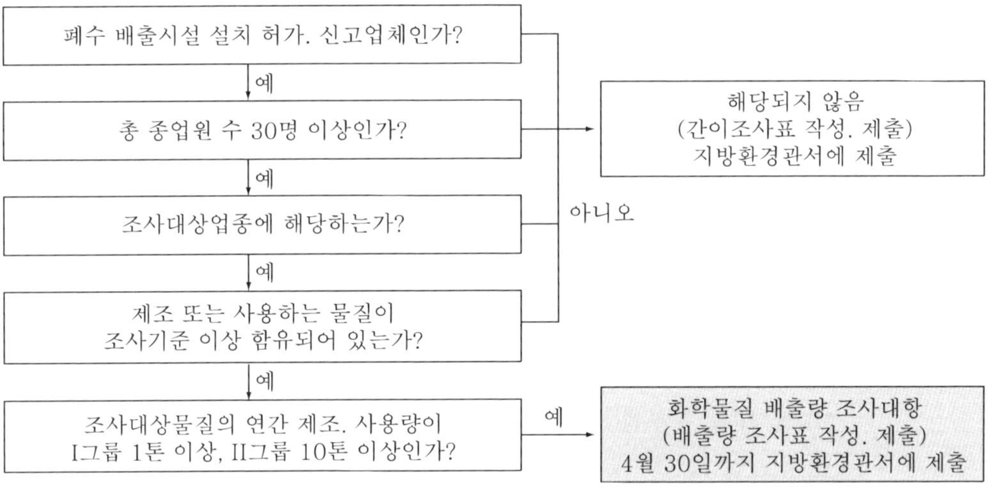

그림 8-8 화학물질 조사대상여부 확인 체계도

㉮ 대기배출시설 또는 폐수배출시설

수질 및 수생태계 보전에 관한 법률과 대기환경보전법에 의한 배출시설의 설치허가 및 신고 여부를 확인

㉯ 종업원수 확인방법

정규직, 일용직, 파견근무자 등을 합한 전체 종업원수가 30인 이상

- 연간(1～12월) 매월 말일 현재 인원을 합하여 12(월)로 나눈 인원
- 연간(1～12월) 창업 · 합병 등의 경우, 그 사유가 발생한 날이 속하는 달부터 매월 말일 현재의 인원을 합하여 해당 월수로 나눈 인원 수

㉰ 조사대상업종확인

사업자 등록증, 법인등기부, 배출시설설치신고서 등의 자료를 통하여 확인

㉱ 조사대상물질이 조사기준 이상 함유되어 있는가?

- 사업장에서 제조하거나 사용하는 원료, 첨가제, 공정용 보조물질, 기타 사용물질 등을 품목별로 정리
  - 제품을 생산하기 위해 사업장 내에서 생산되는 원료물질 포함
  - 공정관리, 보수, 유지 등을 용역회사에 맡기는 경우, 용역회사가 사용한 물질

도 포함
- 조사대상에서 제외되는 사항은 품목에서 제외
• 정리된 품목별로 조사대상물질의 농도를 조사하여 배출량 조사대상화학물질의 조사기준에 해당되지 않는 것은 제외
- MSDS, 수출입관련서류, 시료채취 분석자료 등을 이용
※ 농도의 결정방법(일정 농도 범위만 알고 있는 경우)
a. 농도의 상한값만 알 수 있는 경우 : 상한값으로 결정
예) 톨루엔의 농도가 5% 이하인 경우 → 상한값인 5%로 결정
b. 농도의 범위만 알 수 있는 경우 : 중간값으로 결정
예) 크실렌의 농도가 10～30%인 경우 → 중간값인 20%로 결정
c. 농도의 하한값만 알 수 있는 경우 : 상한값을 100% 하여 농도 범위의 중간값으로 결정
예) 물 10%, 톨루엔 80% 이상인 경우 → 80% (하한값)～90% (상한값)의 중간값인 85%로 결정

㉶ 조사기준 이상 함유된 조사대상물질의 연간 제조 · 사용량 확인
• 조사기준 이상 함유되어 있는 품목들의 연간 제조량 및 사용량을 파악
- 생산과정에서 불량 등을 이유로 폐기된 양도 포함
• 품목별로 연간 생산량 및 연간 사용량에 함유된 조사대상물질의 농도를 곱하여 구한 값들의 총합이 각 물질별로
I그룹에 해당하는 물질의 경우 1톤 이상
II그룹에 해당하는 물질의 경우 10톤 이상인 경우 조사대상에 해당
- MSDS, 수출입 관련서류, 시료채취 분석자료 등을 이용
☞ 조사대상물질의 제조 · 사용량 = 연간 해당 품목제조량 × 조사대상물질 함유농도 + 연간 해당 품목사용량 × 조사대상물질 함유농도

(3) 배출원 확인

① 저장 및 운반시설

㉮ 저장시설
액상원료를 저장탱크에 보관, 저장하는 경우 - 온도변화에 따른 탱크내부의 증기가 압력변화에 의해 대기로의 배출 - 물질의 유출입에 따른 탱크 내압의 변화에 의한 대기로의 배출
* 단, 표준상태에서 기체상태인 원료를 보관, 저장하는 고압가스용기는 완전 밀폐

식으로 대기로의 배출량 없음.

② **제품 제조공정**

㉮ 혼합공정

- 용제를 혼합하는 과정에서 배출
- 교반조 등으로부터 대기로의 배출
- 혼합 후 남아있는 물질의 폐수 또는 폐기물 처리업체로의 이동

㉯ 화학반응공정

- 반응조 및 그 부대시설(저장조, 배출구, 밸브, 플랜지 등) 등으로부터 대기로의 배출
- 반응조 및 그 부대시설(저장조, 배출구, 밸브, 플랜지 등) 등으로부터 누출에 의한 폐수
- 반응용기 중 미반응물질로 남아있는 물질의 폐기물 처리업체로의 이동

㉰ 코팅공정

- 코팅(도장, 염색, 인쇄 등)과정 중에 바람 등에 의해 대기로 배출
- 건조과정 중에 대기로 배출
- 사용 후 남은 코팅제의 폐기물 처리업체로의 이동

㉱ 열처리공정

- 고온의 열처리과정에서 증발에 의한 대기로의 배출
- 용기 중 잔사로 남아있는 폐기물의 폐기물 처리업체로의 이동

㉲ 탈지, 세정, 표백공정

- 탈지, 세정, 표백, 세척과정에서 사용한 유기용제의 휘발에 의한 대기로의 배출
- 물, 용제, 산·알칼리 등의 세정액으로부터 발생한 폐액의 수계로의 배출
- 세정액으로부터 발생한 오니·슬러지 등의 폐기물 처리업체로의 이동

㉳ 분리, 정제공정

- 분리과정 중에 증발, 휘발에 의한 대기로의 배출
- 분리과정 중에 발생한 폐수의 수계로의 배출
- 용제를 포함하는 폐기물의 발생, 또는 고-액 분리과정에서 발생한 고상 잔재물의 폐기물처리업체로의 이동
- 추출용 용제가 넘쳐 폐수를 통한 수계로의 배출

㉴ 기계적 가공공정

- 공정 중 온도상승에 의한 대기로의 배출
- 윤활유, 용제 등의 배수로를 통한 수계로의 배출

- 절단, 연마, 성형 등에서 고형폐기물의 발생

㉳ 조립, 포장, 검사공정

- 조립공정에서 사용되는 접착제 등의 증발・휘산에 의한 대기로의 배출
- 제조된 휘발성 화학물질을 용기에 담는 과정에서 대기로의 배출
- 사용하고 남은 접착제, 검사공정에서 제거된 불량품 등 고형폐기물로서 폐기물 처리업체로의 이동
- 포장폐기물 등의 고형폐기물로서 폐기물 처리업체로의 이동

㉴ 용제회수공정

- 회수장치에 부착되어 있는 응축기에서 미응축 된 휘발성 용제의 대기로의 배출
- 회수장치에서 직접 휘발에 의한 대기로의 배출

③ 환경오염방지시설

㉮ 대기오염방지시설

- 처리된 배기가스의 대기로의 배출
- 처리과정에서 발생하는 비산재, 활성탄 등의 폐기물처리업체로의 이동

㉯ 폐수처리시설

- 폐수처리장에서 온도변화에 따른 대기로의 배출
- 폐수처리장에서 미처리된 저농도 화학물질의 수계로의 배출
- 처리과정에서 발생하는 오니의 폐기물 처리업체로의 이동

㉰ 폐기물처리시설

- 처리 후의 배기가스, 배수를 통한 대기 및 수계로의 배출
- 처리과정에서 발생하는 비산재, 소각잔재물, 오니 등의 폐기물 처리업체로의 이동

④ 빗물에 의한 배출량

노천 저장소 등에 보관된 수용성 물질이 빗물에 의해 용해되어 빗물과 함께 수계로 배출

⑤ 비정상 조업

- 비정상 조업(청소, 보수, 사고 등)시 장치세척, 청소, 보수 등으로 인한 조업중단, 재난 및 사고로 인한 누출
- 유출, 용기 넘침, 탱크 과압, 파이프 파열, 용기폭발 등에 의한 재난이나 사고에 따른 대기, 수질, 토양으로 배출
- 누출된 물질이 사고처리과정에서 우수집배수시설 등을 통해 수계로 배출

(4) 화학물질 배출량 산정방법

① 직접측정법

- 용제를 혼합하는 과정에서 배출
- 교반조 등으로부터 대기로의 배출

배출량(이동량) = 배출평균유량 × 조사대상 화학물질의 평균농도 × 연간 작업시간 * 유량이나 농도의 변화가 큰 경우 계산주기를 분기 또는 한 달 주기로 배출량을 측정하여 연간 총배출량을 산정

예제 1

A공장에서 집진기(대기오염방지시설)를 통해 배출가스가 1,000 m^3/min의 유량으로 대기로 배출되고 있다. 이때 집진기를 통해 배출되는 배출가스의 성분분석결과 알루미늄(Al)이 0.0064 mg/m^3, 아연(Zn)이 0.0051 mg/m^3 측정되었다. 집진기의 연간 가동시간이 300일이면 집진기를 통해 배출되는 알루미늄과 아연의 배출량은 얼마인가?

Al의 대기배출량(kg/yr) = 1,000 m^3/min × 60 min/hr × 24 hr/day × 300 day/year × 0.0064 mg/m^3 × 10^6 kg/mg = 2.76 kg/yr

∴ 대기오염방지시설에서 점원으로 연간 2.8 kg 배출

Zn의 대기배출량(kg/yr) = 1,000 m^3/min × 60 min/hr × 24 hr/day × 300 day/year × 0.0051 mg/m^3 × 10^{-6} kg/mg = 2.20 kg/yr

∴ 대기오염방지시설에서 점원으로 연간 2.2 kg 배출

▸ **이용방법**

- 유량과 농도 중 한 값을 직접 측정하지 못한 경우 물질수지나 배출계수 또는 공학적 계산, 시설설계자료 등을 이용하여 산정가능
- 대기, 수질, 폐기물 등의 관리를 위하여 실시한 자가측정자료, 공정관리를 위하여 모니터링 한 값, 작업환경측정자료 등 사업장 내에서 자체적으로 측정한 자료 사용가능
- 농도나 유량 측정방법은 대기환경보전법, 수질 및 수생태계 보전에 관한 법률, 폐기물관리법, 토양환경보전법에 의한 공정시험법을 준용하며, 공정시험법에 나와 있지 않은 경우 일반적인 기기분석법을 적용(측정자료를 보관하여 요청시 제출)
- 표준상태의 기체농도를 알고 있는 경우 측정온도에서의 기체배출량을 표준상태(0℃,

1기압)로 보정하여 배출량을 산정

$$표준온도\ 배출량 = 측정온도\ 배출량 \times \frac{273}{측정온도(℃)+273}$$

- 부피단위(예 ; ppmv = mL/m^3)의 가스농도를 질량배출량으로 환산

$$가스배출량(kg) = 가스농도(ppmv) \times 10^{-6} \times 표준상태\ 기체배출량(m^3/hr) \times 연간작업시간(hr/year) \times \frac{273}{측정온도(℃)+273} \times \frac{분자량(kg)}{22.4(m^3)}$$

- 대기오염방지시설, 폐수처리시설, 소각시설, flare stack(굴뚝 연소기) 등 오염방지시설로 유입되는 양을 적정측정법으로 산정하였을 경우
  배출량 = 오염방지시설로의 유입량 × (1 − 오염방지시설의 제거율)

* 제거율을 모르는 경우 대표적인 제거율 적용[23)]

* Flare stack의 경우 flare stack에서의 탄화수소의 배출계수법 사용가능

② 물질수지법

- 물질보존의 법칙인 물질수지식을 이용하여 배출량을 산정
- 배출량 산정대상으로 선정된 특정공정(배출원)에 대한 배출량 산정

> 배출량(이동량) = (대상공정으로 유입된 양 + 대상공정에서의 반응생성량) − (대상공정에서 유출된 양 + 반응소모량)

예제 2

물질수지법에 의한 톨루엔의 연간 배출량 산정

- 톨루엔의 연간구입량 : 521톤(구매기록부)
- 톨루엔의 전년도 이월량 : 34톤(재고기록부)
- 톨루엔의 연간생산량 : 704톤
- 톨루엔의 연간소비량 : 1225톤
- 톨루엔의 재고량 : 27톤
- 톨루엔의 폐기물처리업체로의 이동량 : 3.7톤

톨루엔의 배출량 = (521 + 34 + 704) − (1225 + 27 + 3.7) = 3.3톤

---

23) 화학물질배출・이동량 정보 홈페이지(https://icis.me.go.kr/prtr/pblictn/calcManualList.do) 내에 링크된 「배출량 산정 지침서」 부록의 별표 3, 4 참조

▸ 이용방법

- 대기, 수질, 폐기물 등의 관리를 위하여 실시한 자가측정자료, 공정관리를 위하여 모니터링한 값 등 사업장 내에서 자체적으로 측정한 자료 사용 가능
- 원자재 구매기록, 재고품 목록, 입출고 대장, 판매기록부, 수출입 관련서류, MSDS 등 사업장에 입출되는 취급물품관련 자료 이용
- 물질수지에 사용하는 입출량 등의 자료에서 적은 오차는 산정된 배출량 값에 큰 오차를 일으킬 수 있으므로 정확한 자료의 사용이 중요함.
- 대기오염방지시설, 폐수처리시설, 소각시설, flare stack 등 오염방지시설로 유입되는 양을 물질수지로 산정한 경우

> 배출량 = 오염방지시설로의 유입량 × (1 − 오염방지시설의 제거율)
>
> * 제거율을 모르는 경우 대표적인 제거율 적용
> * Flare stack의 경우 flare stack에서의 탄화수소의 배출계수법 사용가능

③ 배출계수법

- 여러 공정 및 장치에서 취급하는 물질의 상태에 따라 배출량을 직접 측정하여 통계적으로 산출된 평균배출량 값을 이용한 평균배출계수를 유사 배출원에 적용하여 배출량을 산정
- 비산배출원인 밸브, 플랜지, 펌프, 압축기, 압력안전장치, 개방식 라인, 샘플링 연결부, 공정 배수구 등 배관시스템에서의 배출량 산정에 효율적

> 배출량 = [배출원 내 조사대상 화학물질의 조성비(%) × 배출원 수
> × 배출계수(kg/hr) × 연간운전시간(hr)]/100
>
> ※ 배출계수가 생산량 기준으로 제시되어 있는 경우
> 배출량 = [배출원 내 조사대상 화학물질의 조성비(%) × 배출원 수
> × 배출계수(kg/톤) × 연간생산량(톤)]/100

예제 3

공장에서 35% 농도의 염산 2,500톤을 생산하고 있다. 제조공정 중 포집한 염산 증기(염화수소)를 신설된 스크러버를 통과시켜 대기로 배출하였다. 이 경우 점오염원을 통한 대기로의 염산배출량은 얼마인가? 단, 염산 제조공정에서의 배출계수는 스크러버 사용시 0.08 kg/톤이다.

염산의 대기배출량(kg/yr) = 0.35 × 2,500톤/yr × 0.08 kg/톤 = 70 kg/yr

▸ **이용방법**

- 평균배출계수법, 누출기준 배출계수법, 농도기준 배출계수법, 사업장 자체배출계수법, 기타 배출계수법 등이 있으므로 사업장의 오염원 관리실태에 따라 사용
- 대기오염 방지시설, 폐수처리시설, 소각시설, flare stack 등 오염방지시설로 유입되는 양을 배출계수법으로 산정한 경우

배출량 = 오염방지시설로의 유입량 × (1 − 오염방지시설의 제거율) * 제거율을 모르는 경우 대표적인 제거율 적용 * Flare stack의 경우 flare stack에서의 탄화수소의 배출계수법 사용가능

- 사업장에 설치한 장치에 대하여 해당 제작업체가 보증하는 배출계수 사용가능
- 외국 정부에서 지정한 배출계수는 그 사용방법에 따라 적용 가능

④ **공학적 계산법**

- 화학반응식, 물리화학적 성질, 공정설계자료(온도, 압력, 유속, 반응시간 등), 생산공정이나 오염방지시설의 성능 지표(제거율, 효율, 수율, 생산율 등)를 이용하여 배출량 산정
- 저장시설, 폐수처리시설 등에서의 배출량 산정에 효율적

8.3.5 미나마타협약

(1) 개요

'수은에 관한 미나마타 협약'(이하 미나마타 협약)은 2013년 10월 10일에 채택되었으며, 구체적으로 수은을 사용하거나 배출하는 산업, 생산 과정, 상품을 전반적으로 규제하고 광업에서 사용하는 수은과 수은 수출입, 안전한 보관 및 폐기물 처리까지 전과정 관리의 국제적인 공동 대응의 필요성을 강조하고 있다. 2017년 8월 16일부터 협약이 발효되었으며, 9월 스위스 제네바에서 미나마타 협약의 첫 당사국총회(COP 1)가 개최되었다. 우리나라에서도 잔류성오염물질관리법에서 미나마타 협약을 다루고 있는데, 2020년부터 효력이 발생하였으며, 폐기물관리법에서도 지정폐기물에 수은폐기물이 추가되었다.

미나마타 협약에서는 수은폐기물은 다음의 물질 또는 물체를 의미한다.

- 수은 또는 수은 화합물로 구성된 폐기물(원소 수은, 산화수은 등)

- 수은 또는 수은화합물이 함유된 폐기물(수은 온도계, 수은 혈압계, 형광등, 수은전지, 치과용 아말감 등)
- 수은 또는 수은화합물로 오염된 폐기물(비산재, 슬러지 등)

국립환경과학원이 수행한 수은함유 폐기물 배출실태 조사(2012-2015)에 의하면 수은함유 폐기물의 연간 수은배출량은 46.5톤/년으로 산정되었다. 33개 업종 209개 시설에 대하여 실태조사한 결과, 아연과 납 추출, 가공시설이 전체 평균 수은 배출량의 약 86%를 차지하는 것으로 조사되었다(국립환경과학원, 2015).

(2) 수은의 특성

수은은 광택이 있는 은백색의 금속이며, 상온에서 액체 상태로 존재하는 유일한 금속으로서 원자번호는 80, 원자량 200.59 g이고, 비중은 20℃에서 13.55 g/cm^3, 비점 356.7℃, 융점 −38.87℃이며 가열하면 증발한다. 증기압은 20℃에서 1.3×10^{-3} mmHg, 25℃에서 2×10^{-3} mmHg이다. 공기 중 수은 증기의 포화량은 온도상승과 더불어 증가하는데, 20℃에서 13.2 mg/m^{3}이다. 또한, 상온에서 쉽게 기화하며, 전기를 잘 통하고 유리를 적시지 않으며 연성이 좋다(국립환경과학원, 2002).

수은은 주로 원소성 수은(HgO), 무기수은 화합물($HgCl_2$), 유기수은 화합물(메틸수은) 등의 세 가지 형태로 존재하며 이러한 수은 전체의 화합물을 총 수은이라고 한다. 무기수은 화합물은 금속 수은, 제1수은염, 제2수은염 또는 아말감으로 나뉘고, 유기수은 화합물은 알킬수은과 알킬 수은화합물로 나누어진다. 모든 수은의 형태는 매우 독성이 있고, 각각의 형태마다 인간의 건강에 각기 다른 영향을 주는데 메틸수은과 $HgCl_2$는 U.S. EPA의 Integrated Risk Information System (IRIS)이 인간에 대하여 발암 가능 물질, 즉 C등급으로 구분하고 있다. 수은은 0, +1, +2의 세 가지 산화 상태로 존재할 수 있는데 대기환경 중에서 수은은 대부분이 원소성 수은(산화도 0)으로 나머지 2% 남짓이 +2가의 산화 상태로 존재한다(국립환경과학원, 2002).

(3) 수은함유 폐기물의 처리/처분

미나마타 협약에서는 수은함유 폐기물의 '환경적으로 건전한 관리(ESM, Environmentally Sound Management)'는 바젤협약의 지침을 준용하도록 하고 있다.

환경적으로 건전한 관리를 달성하기 위해서 수은함유 폐기물은 다음과 같이 관리되어야 한다(UNEP, 2015).

① 다른 폐기물과 혼합하지 말아야 한다.
판정기준 이상의 수은함유 폐기물을 열적처리하지 않기 위해 다른 폐기물과 희석하는 등의 행위를 금지시켜야 한다.

② 기준에 부합되는 매립지에 매립하여야 한다.
법에 규정된 기준에 적합하게 설치되고 운영되는 매립지에 매립되어야 한다.

③ 수은을 적절히 처리할 수 있는 배기가스 처리시설이 갖추어진 소각시설에서 소각처리하여야 한다.
수은함유 폐기물은 기본적으로는 소각하는 것이 권장되지 않으나, 혼합폐기물로 배출되는 경우에는 소각이 불가피한 경우가 있다.

④ 폐기물로부터 수은을 추출하거나 고정화하는 처리를 하여야 한다.

수은함유 폐기물의 안정화/고형화 처리의 목적은 수은의 이동성을 낮추어서 폐기물 매립지나 영구저장 시설에 처분하는데 있어서 반입기준을 맞추는데 있다. 황화수은(HgS, Mercury Sulfide)은 수은 화합물 중 가장 안정한 형태의 수은 화합물로서 물에 녹지 않으므로 안정화/고형화시 원소 상태의 황을 첨가하여 황화수은 형태로 전환시킨다. 황화수은의 비중은 8.10 g/cm^3, 분자량은 232.66 g이므로[24] 수은과 황을 1 : 1로 첨가하는 경우, 이론적으로 중량은 약 16% 증가하며, 부피는 약 94% 증가하게 된다. 하지만, 실제 고형화시에는 powder 형태로 만들어지는 관계로 겉보기 밀도는 2.5～3.0 g/cm^3가 되어 부피는 약 6배 증가되는 것으로 보고되고 있다[25].

안정화/고형화 처리시에는 안정화된 폐기물에서 다시 수은으로 변환되는 비율과 수은 증기로 배출되는지 검증할 필요가 있다. 또한, 처분 조건에서의 용출 잠재성을 평가하여야 한다. 장기간에 걸친 처분 환경과 생물 활동에 의한 처리된 폐기물의 거동에 대한 평가도 필요하다.

(4) 일본의 수은폐기물 처리/처분 규정

① 수은폐기물의 종류

수은은 폐기물의 처리 및 청소에 관한 법률 시행령 제2조의4에서 특별관리산업폐기물 중 특정유해산업폐기물로 정의되어 있다.

24) 출처 : https://en.wikipedia.org/wiki/Mercury_sulfide

25) UNEP, Practical Sourcebook on Mercury Waste Storage and Disposal, p.51, 2015.

폐수은 등(폐수은 및 폐수은화합물로서, 사람의 건강 또는 생활환경과 관련된 피해를 줄 우려가 있는 성상을 가진 것으로서 환경성령으로 정하는 것을 말한다. 이하 동일) 및 해당 폐수은 등을 처분하기 위해 처리한 것(환경성령으로 정하는 기준에 적합하지 않은 것에 한함)

청소법 시행규칙 제7조의8의3 : 수은사용제품 산업폐기물 및 수은함유 매진 등 청소법 시행규칙 제8조의10의3의2 : 수은 회수 등의 대상이 되는 특별관리산업폐기물
• 수은사용 제품 산업폐기물 중 <별표 5>에 열거된 것이 산업폐기물이 된 것 • 매진, 연소재, 오니 또는 광재 : 수은을 해당 매진, 연소재, 오니 또는 광재 1 kg에 대해 1,000 mg 이상 함유하는 것 • 폐산 또는 폐알칼리 : 수은을 해당 폐산 또는 폐알칼리 1리터당 1,000 mg 이상 함유하는 것

폐기물처리 및 청소에 관한 법률 시행규칙 별표 5 : 수은사용제품 산업폐기물	
• 스위치 및 릴레이	• 등대의 회전 장치
• 기압계	• 수은 트림 힐 조정 장치
• 습도계	• 차압식 유량계
• 액주형 압력계	• 부표형 밀도계
• 탄성 압력계(다이아프램 식인 것에 한함)	• 경사계
• 압력 전송기(다이아프램 식인 것에 한함)	• 적산 시간계
• 진공계	• 변형 게이지식 센서
• 유리제 온도계	• 전량계(電量計)
• 수은 충만 압력식 온도계	• 자이로 컴퍼스
• 수은 체온계	• 악력계(握力計)
• 수은 혈압계	

② 수은 관련 산업폐기물 처리시설의 종류

수은 처리와 관련한 산업폐기물 처리시설로는[26)]

• 수은 또는 그 화합물을 포함하는 슬러지 배소 시설

• 폐수은 등의 황화 시설

이 있다.

수은 또는 그 화합물을 포함하는 슬러지 배소 시설(영 제7조 제10호)과 관련한 기술상 기준과 유지관리 기준은 시행규칙에 다음과 같이 나와 있다.

26) 廃棄物の処理及び清掃に関する法律施行令 제7조

산업폐기물처리시설의 기술상 기준(規則 제12조의2, 11항)
• 배소 온도가 섭씨 600도 이상인 상태에서 오니를 연소할 수 있어야 한다. • 배소 온도를 신속하게 600도 이상으로 하고, 이를 유지하는데 필요한 가열장치가 설치되어 있어야 한다. • 배소에 의해 발생하는 수은가스를 회수하는 설비가 설치되어 있어야 한다.
산업폐기물처리시설의 유지관리 기술상의 기준(規則 제12조의7, 11항)
• 배소실의 온도를 섭씨 600도 이상으로 한 후, 오니를 투입할 것 • 배소에 있어서는 배소 온도를 600도 이상으로 유지하는 동시에, 비정상적인 고온이 되지 않도록 할 것 • 배소에 의해 발생하는 수은가스를 회수할 것

③ 폐수은의 처분 방법

수은사용제품 산업폐기물 또는 수은함유 매진 등(수은 또는 그 화합물이 포함되어 있는 매진, 연소재, 오니, 폐산, 폐알칼리 또는 광재로서, 환경성령으로 정하는 것을 말한다)의 처분 또는 재생을 하는 경우에는 다음을 따라야 한다[27].

- 수은 또는 그 화합물이 대기 중에 비산하지 않도록 필요한 조치를 강구할 것
- 수은사용제품 산업폐기물 또는 수은함유 배진 등으로서, 이러한 산업폐기물에 사용되거나 포함되어 있는 수은 또는 그 화합물의 비율이 상당한 비율 이상인 것으로서 환경성령으로 정하는 것의 처분 또는 재생을 하는 경우에는 사전에 환경대신이 정하는 방법으로 수은을 회수할 것
- 수은사용제품 산업폐기물을 보관하는 경우에는 제3조제1호 토(ㅏ) 규정의 예에 따를 것

시행령에서는 수은폐기물의 매립처분과 관련하여 다음과 같이 규정하고 있다.[28]

폐수은 등의 매립처분을 하는 경우에는 사전에 환경대신이 정하는 바에 따라 황화하고, 고형화하여야 한다.
폐수은 등을 처리한 것을 매립처분을 하는 경우에는 다음에 따라야 한다.
- 폐수은 등을 처리한 것은 수면매립처분을 하여서는 안 된다.
- 폐수은 등을 처분하기 위하여 처리한 것의 매립처분을 하는 경우에는 사람의 건강유지 또는 생활환경 보전상 지장을 줄 우려가 없도록 환경성령으로 정하는 필요한 조치를 강구할 것

27) 廃棄物の処理及び清掃に関する法律施行令 제6조 2항 ホ
28) 廃棄物の処理及び清掃に関する法律施行令 第6条の5第1項第3号 ル, ヲ

폐수은의 매립처분과 관련한 일본 환경부의 리플릿 자료에 의하면[29]

㉠ 순도 99.9% 이상의 수은을 회수하고,

㉡ 정제된 수은에 유황을 넣어서 화학반응을 시켜 황화수은을 만든다.

〈 몰비로 수은 : 황 = 1 : 1.05~1.1 〉

㉢ 황화수은은 안정적인 상태이나 분말 상태로 취급하기 어렵기 때문에 여기에 개질 유황을 첨가하여 고형화시킨다.

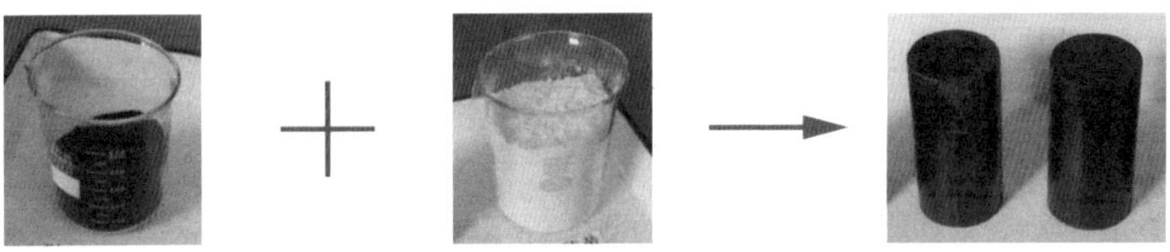

〈 중량비로 황화수은 : 개질유황 = 1 : 1 〉

㉣ 폐수은 등 처리물은 환경청 고시 13호 용출시험을 실시하여 매립판정기준(수은 0.005 mg/L 이하)을 충족 여부에 따라 매립처분 방법이 달라진다.

- 매립 판정기준을 충족하는 경우 : 이하의 추가 조치를 한 관리형 최종 처분장에서 처분
- 매립 판정기준 미달시 : 차단형 최종처분장에서 처분

폐수은처리물은 매립에 적합하도록 처리한 다음 매립하여야 하는데 이때 필요한 조치는 다음과 같다.

29) 廃水銀等の最終処分方法に関するリーフレット(平成30年3月)
http://www.env.go.jp/recycle/waste/mercury-disposal

기준적합수은처리물의 매립처분에 관한 필요한 조치(규칙 제1조의7의5의3) 기준적합폐수은 등 처리물의 매립처분에 관한 필요한 조치(규칙 제8호의12의3)
• 매립처분은 최종처분장 중 일정한 장소에서 매립하는 기준적합수은처리물/기준 적합 폐수은 등 처리물이 분산되지 아니하도록 할 것 • 매립하는 기준적합수은처리물/기준 적합 폐수은 등 처리물이 기타 폐기물과 혼합할 우려가 없도록 다른 폐기물과 구분할 것 • 매립하는 기준적합수은처리물/기준 적합 폐수은 등 처리물이 유출되지 않도록 필요한 조치를 강구할 것 • 매립하는 기준적합수은처리물/기준 적합 폐수은 등 처리물에 빗물이 침입하지 않도록 필요한 조치를 강구할 것

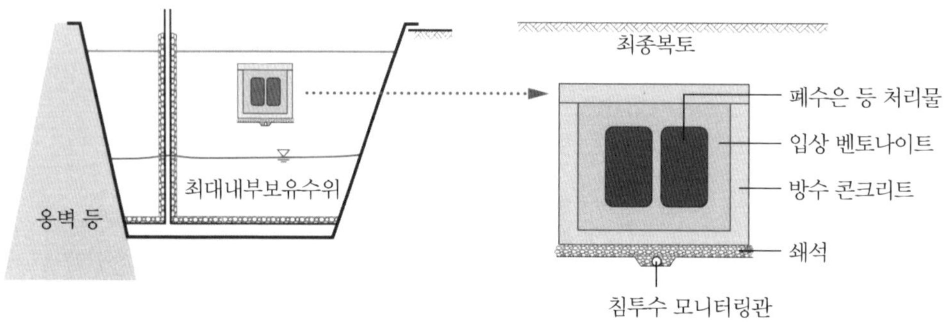

자료출처 : 廃水銀等の最終処分方法に関するリーフレット(平成30年3月)

그림 8-9 폐수은 등 처리물의 매립처분 방법의 예

8.4 유해폐기물 발생의 최소화, 취급 및 보관

8.4.1 유해폐기물 발생의 최소화

도시생활폐기물과 마찬가지로 유해폐기물도 발생량을 저감하는 것이 가장 우선시 된다. 유해폐기물의 발생량을 저감할 수 있는 각 단계별 방법으로는 재고 관리, 생산공정의 개선, 발생량 및 독성의 저감, 발생폐기물의 재활용 등이 있다.

(1) 재고관리

• 재고관리방법을 개선하여 유효기간 경과로 폐기되는 양이 최소화되도록 한다.
• 원료의 유해성분 함유여부를 판단할 수 있도록 구매 물건에 대한 검사절차를 개발하고,

만약 원료에 유해성분이 포함되어 있는 경우에는 비유해성분으로의 대체가능성을 검토하도록 한다.

- 불필요한 재고가 쌓이지 않도록 적기에 제조하는 체제(Just-in-time manufacturing)를 갖추도록 한다.

(2) 생산공정의 개선

공정개선에는 다음 영역에서의 변화 및 개선이 포함된다.

- 원료물질
- 장비
- 작업절차
- 물질보관
- 최종 제품

아래에서는 이에 대하여 간략히 설명하였다.

- 생산공정에 사용되는 유해성분을 포함하는 원료를 덜 유해한 물질이나 비유해성 물질로 대체한다. 원료 중에 들어있는 불순물에 의해 유해폐기물이 발생하는 경우 순도가 높은 원료로 교체하도록 한다.
- 운전조건의 개선 : 압력 변화, 물질의 취급 절차 개선 등을 통해 원료의 누출, 흘림에 의한 손실이 방지되도록 한다.
- 설비의 개선 : 장비, 배관, 배치 등의 변경을 통해 누출사고가 사전에 방지되도록 한다.
- 생산품의 조성을 보다 덜 유해한 것으로 개선하도록 한다. 생산품 자체가 유해한 성분을 함유하는 경우 제품이 반품되거나 규격에 맞지 않아 폐기되면 유해폐기물로 배출되게 된다.

(3) 발생량 및 독성의 저감

발생되는 폐기물 부피의 감소는 폐기물로부터 독성 및 재활용성 물질들을 회수함으로써 달성할 수 있는데, 부피를 감소시키면 유해폐기물 처분비용이 줄게 되고, 관리 면에서도 선택의 폭이 넓어진다.

부피 감소의 방법으로는 다음과 같은 것들이 있다.

- 발생원에서의 분리 배출 : 세척용수, 세척 유기용제 등

발생원에서 유해폐기물 발생량을 저감하기 위해서는 사업장 일반폐기물이 유해폐기물과 혼합됨으로써 유해폐기물화 되지 않도록 분리배출하고, 별도 보관하여야 한다. 또한 세척작업 전에 미리 바닥청소를 하여 유해물질이 세척 폐수 내에 포함되지 않도록 한다.

- 발생 폐기물의 재사용/재활용 : 폐유, 폐유기용제 등
- 농축 : 중력식 여과, 진공여과, 증발, 한외여과, 역삼투, 냉동증발, 필터프레스, 열건조, 압축

아울러 폐기물 감량화에 대한 종업원 교육을 정기적으로 실시하여 모든 생산단계에서 유해폐기물의 발생이 최소화되도록 개선하고, 사례의 발굴 및 전파에 노력하여야 한다.

발생 폐기물의 부피 감소 없이 액상이나 고형폐기물의 독성을 낮춤으로써 덜 유해하거나, 더 이상 유해폐기물로 분류되지 않도록 하는 것도 유해폐기물 관리에 있어서 중요하다. 이를 위한 방법으로는

- 공정 변경
- 장치 변경
- 물질 대체
- 일상적 업무 및 유지보수 절차의 개선 : 물질 취급 절차상에서 폐기물 감축 기회를 찾을 수 있음.
- 교육 : 폐기물 최소화 계획
- 내용물 표시(labelling) : 염소계, 비염소계 용매 구분

등이 있다.

(4) 발생폐기물의 재활용

발생하는 유해폐기물을 재활용하면 처리비용과 원료비가 절감되고, 폐기물 판매에 따른 수익이 발생할 수 있다. 폐기물의 재활용은 동일 사업장 내에서 이루어지거나, 다른 사업장에서 재활용될 수 있다. 최근에는 많은 사업장에서 원가절감 차원에서 폐기물의 재활용이 적극적으로 이루어지고 있다.

사업장 내에서의 재활용시에는 필요한 순도를 얻기 위해 정제하는 공정이 추가될 수도 있는데, 청정생산기술(Clean technology)의 적용을 통해서 폐기물의 발생량을 줄이는 사례가 국내에서도 많이 보고되고 있다.

사업장 내에서의 재활용이 어려운 경우에는 다른 사업장이나 재활용 전문업체로 보내서 폐기물을 재활용하게 된다. 재활용시 처리비용 혹은 판매비용은 재활용 대상 원료물질의 순

도와 재활용 처리 후의 제품가격, 재활용 원료물질의 배출량 및 재활용 처리시설의 용량 간의 수요/공급 등에 의해서 결정되나, 영세한 재활용 처리업체의 수가 난립하게 되면 적정처리되지 못할 우려가 있으므로 재활용 처리시 2차 오염 방지를 위해 유해물질 관리에 대한 엄격한 기준을 설정할 필요가 있다.

8.4.2 유해폐기물의 취급 및 보관

유해폐기물은 폐기물의 성상 및 특성에 의거하여 폐기물 전용 보관용기에 보관하도록 한다. 폐기물의 물리화학적 특성에 따라 압력, 반응성, 폭발성, 부식 등에 견딜 수 있는 재질을 선정하여 사용하며, 용기 형태나 색상을 보고, 운반 및 처리시 손쉽게 취급할 수 있어야 한다. 강산이나 강알칼리의 경우 철을 부식시키므로 반드시 화학약품에 강한 재질의 라이닝 물질이 탱크 안쪽에 코팅되어야 한다.

혼합되었을 때 격렬한 반응을 일으킬 수 있는 물질(표 8-13 참조)들은 혼합되어서는 안 되므로 이에 대한 안전교육 및 관리가 철저히 이루어져야 한다.

액상의 유해폐기물을 보관하는 탱크 시설은 누출이나 월류 사고를 대비하여 반드시 월류 방지턱(dike)을 설치하여야 한다. 또한 보관 장소의 바닥은 불투수성의 재료로 포장하여 누출사고시 폐액이 토양 속으로 침투할 수 없어야 한다. 이때 부식성이 있는 화학물질을 함유하는 드럼통인 경우 바닥에 부식방지용 깔판을 함께 설치하는 것이 바람직하다.

휘발성이 강한 유기용제류 등을 보관하는 시설은 대기 중으로 방출되는 VOC의 양이 일정 수준을 초과하는 경우, 밀폐된 공간에서 방출되는 가스를 강제적으로 포집/처리할 수 있도록 시설을 설치하여야 한다.

폐기물 처리 담당자는 폐액의 누출사고 등 유해폐기물과 관련한 사고가 발생한 경우 이에 신속히 대응하고, 복구할 수 있는 훈련을 매년 정기적으로 받고, 예상되는 모든 긴급상황에 적절히 대응할 수 있는 대처 매뉴얼을 작성하여 찾기 쉬운 위치에 비치해 두어야 한다.

폐기물 관리 담당자는 매주 1회 정도 주기적으로 폐기물 보관장소를 방문하여 누출의 위험이나 보관 용기의 손상이 없는지 조사하여야 한다. 이때 폐기물 보관장소는 누출감시 및 정기조사가 손쉽도록 저장구역의 통로를 충분히 넓게 설계하여 접근성이 좋아야 하며, 조명도 밝게 하여 육안으로 관찰하는데 지장이 없어야 한다.

▶ MEMO ◀

Chapter 09 경제성 평가

9.1 비용의 종류

「공학(Engineering)」이란 수요자가 요구하는 기능(Function)이나 품질(Quality)을 갖는 성과물을 경제적 비용으로 제공하기 위한 학문이다. 비록 환경시설물의 경우 "경제성" 못지않게 환경적으로 요구되는 기준치(성능)를 만족시킬 수 있는 "처리성", 사회적으로 민원의 발생이나 시설의 설치를 반대하는 목소리를 극복할 수 있는 "사회적 수용성"이 모두 중요하므로 단순히 경제성만으로 폐기물 처리방법이 결정되지는 않으나, 경제성이 있는 처리방법을 선정하는 것은 공학적 설계를 하는데 있어서 여전히 중요하다고 할 수 있다.

비용에는 시설을 처음 설치할 때 소요되는 초기투자비와 시설을 운전하기 위해 매년 소요되는 운영유지비가 있다. 초기투자비는 일시적으로 투자되는 비용인 반면(단위 : 원), 운영유지비는 매년 소요되는 비용이므로(단위 : 원/년), 초기투자비와 운영유지비가 각기 다른 처리방법을 비용 측면에서 비교하고자 하는 경우에는 초기투자비를 운영유지비 형태로 환산하거나 운영유지비를 초기투자비 형태로 바꾸어서 초기투자비와 운영유지비를 함께 고려한 경제성 분석을 하여야 한다.

9.1.1 초기투자비

초기투자비(Capital Cost)란 장치나 시설의 구입 및 설치 등에 소요되는 초기비용을 말하며, 고정비용이라고도 부른다. <표 9-1>에서는 초기투자비에 포함되는 항목들을 간략히 정리하였다.

표 9-1 초기투자비에 포함되는 항목

항목	세 부 내 용
현장건설비용	토목, 건축, 기계, 계장 관련 공사비용
건설초기 발생비용	토지구입비, 설계 및 감리비
금융조달비용	기금발행비용(지방채, 국채 등), 기금상환유보금, 건설공사 중의 기금 상환분
시운전비용	시운전기간 동안의 추가 장비비, 작업자 훈련비, 인건비, 약품비, 전력비 등
예비비	불확실성에 대처하기 위한 비용

9.1.2 운영유지비

운영유지비(O&M Cost, Operating and Maintenance Cost)란 시설을 운전하는데 따라 연간 소요되는 비용을 말하며, 변동비용이라고도 부른다. <표 9-2>에서는 운영유지비에 포함되는 항목을 나타내었으며, <표 9-3>에서는 우리나라의 생활폐기물 소각시설 운영비 산출시에 적용하는 운영비의 구성요소를 소개하였다. 운영비는 고정비, 변동비, 부대비용으로 구분하고 있다.

표 9-2 운영유지비에 포함되는 항목

항목	세 부 내 용
인 건 비	기본급, 부가급(보험료, 작업복 지급비, 유급휴가, 퇴직수당 등)
유틸리티	전기세, 수도세 등
재 료 비	약품비, 연료비 등
관 리 비	관리조직, 법률자문, 기타 지원조직 관련 비용, 보험료 등
세 금	

표 9-3 생활폐기물 소각시설 운영비 표준구성 항목

대분류	중분류	소분류	비 고
고정비 (비정산)	인건비	직접 인건비	정규직 인건비
		일용 인건비	일용직 인건비
	관리비	복리후생비	피복비, 혐오시설근무수당, 휴가비 등
		안전관리비	
		교육훈련비	기술 보수교육
		국내출장비	
		회의비	소각시설관련 회의 등
		소모품비	사무용 소모품
		급량비	식대
		통신 및 우편비	전화, 우편 등
		홍보비	소각시설 홍보
		교통보조비	차량 유지비
		기타비용	
변동비 (정산)	시설운영비	시설 및 장비유지비	예비부품, 수선비 등
		Overhaul 비용	
		전기비	
		연료비	
		약품비	
		용수비	
		재처리비	
		측정 및 검사수수료	
		기타 비용	
부대비용	이윤 및 제세금	운영대행자 이윤	
		기술료	기술의 사용 및 대가
		부가가치세	
		기타 제세공과금	하수도세, 면허세 등

※ 자료출처 : 생활폐기물 소각시설 운영비 산출 지침, 환경부(2005)

9.2 폐기물 처리시설의 초기투자비 산정

9.2.1 공공 건설공사에서의 예정가격 산정 방법

국가재원이 투입되는 공공 건설공사는 합리적인 방법으로 결정된 적정한 예정가격을 기준으로 계약을 체결하고 있다. 여기서 적정한 예정가격이란 수급자가 건설공사를 정상적으로 시행하여 발주자가 기대하는 품질과 공기를 보장하면서 적정한 이윤을 확보할 수 있는 금액을 말한다. 건설공사는 현장조건이 다양하고 복잡하여 대부분 표준품셈(1962년 제정)을 기초로 원가계산에 의해 예정가격을 산정하고 있다.

한편, 2004년부터 공공 건설공사의 예정가격을 양질의 실적단가 자료가 축적되는 일부 공종부터 "실적공사비제도"를 시행하여 표준품셈방식과 병행 운영하고 있다.

품셈제도와 실적공사비 제도를 비교하면 <표 9-4>과 같다.

표 9-4 품셈제도와 실적공사비 제도의 비교

구분	품셈제도	실적공사비제도
내역서 작성방식	설계자 및 발주기관에 따라 상이함	표준분류체계인 "수량산출기준"에 의해 내역서 작성 통일
단가산출 방법	품셈을 기초로 원가계산	계약단가를 기초로 축적한 공종별 실적단가에 의해 계산
직접공사비	재료비, 노무비, 직접공사경비 단가 분리	재료비, 노무비, 직접공사경비 단가 포함
간접공사비(제경비)	비목(노무비 등)별 기준	직접공사비 기준
설계변경	품목조정방식, 지수조정방식	지수조정방식(공사비지수 적용)

(1) 원가계산(표준품셈)에 의한 가격 산정

원가계산방식은 <그림 9-1>과 같이 건설공사에 소요되는 원가비목을 재료비, 노무비, 경비, 일반관리비, 이윤으로 구분하여 각각의 소요량과 단위당가격을 곱하여 예정가격을 산정하는 방식이다. 이때 원가계산을 위한 각 비목별 소요량은 표준품셈을 기초자료로 활용하고 있다.

표준품셈은 표준적이고 보편적인 공법 및 공종을 기준으로 단위작업당 소요되는 재료수량, 노무량, 장비 사용시간 등을 수치로 표시한 적산기준이다.

원가계산을 위한 각 비목별 단위당 가격은 시중노임과 거래실례 가격을 활용하고 있다.

- 시중노임은 대한건설협회에서 연 2회 조사·발표하고 있음.

원가계산적산기준	항목	내용
	재료비	• 직접재료비 • 간접재료비 • 가설재료비 ─ 재료량(표준품셈)×단위가격(거래실례가격)
	노무비	• 직접노무비 : 노무량(표준품셈)×시중노임단가 • 간접노무비 : 직접노무비×요율
	경비	• 직접계산비목 : 기계경비, 운반비, 가설비 등 15개 비목 (표준품셈, 계약서 등에 의해 직접계산) • 요율적용비목 : 보험료, 안전관리비, 기타 경비 등 11개 비목 (법정 요율에 의해 계산)
	일반관리비	• (재료비+노무비+경비)×요율(약 6%)
	이윤	• (노무비+경비+일반관리비)×요율(약 15%)

그림 9-1 표준품셈에 의한 가격 산정

• 거래실례가격은 조달청장이 조사·공표하는 가격, 물가조사기관 등에서 조사·발표하는 가격 등을 말함.

(2) 실적공사비에 의한 가격 산정

실적공사비에 의한 예정가격 산정은 직접공사비, 간접공사비, 일반관리비 및 이윤, 부가가치세로 구분하여 작성하며, 직접공사비는 계약목적물을 세부 공종별로 구분하여 수량과 공종별 실적단가를 곱하여 소요비용을 산정하고, 간접공사비는 직접공사비에 대하여 일정 비율을 곱하여 계산한다.

국토교통부는 공사비 산정기준 관리 전문기관인 한국건설기술연구원의 조사·분석결과를 토대로 실적공사비 적용대상 공종 및 단가(연 2회)를 공고하고 있다.

예정가격은 직접비, 간접비, 일반관리비 및 이윤, 부가가치세로 구분하여 작성하며, 직접공사비는 계약목적물의 시공에 소요되는 재료비, 직접노무비, 직접공사경비의 합계액을 말한다. 간접공사비(간접노무비, 산업안전보건비 등)는 공사의 시공을 위하여 현장관리 등에 소요되는 법정경비 등을 말한다.

① 직접공사비의 산정방법

㉮ 직접공사비의 범위

재료비, 직접노무비, 직접공사경비(기계경비, 운반비, 전력비, 가설비, 지급임차료, 보관비, 외주가공비, 특허권사용료, 기술료, 보상비, 연구개발비, 품질관리비, 폐기물처리비 및 안전점검비 등)를 말한다.

㈏ 직접공사비의 산정방법

- 공종별 수량 × 단가
- 공종별 수량은 계약목적물의 설계서 등에 의해 그 완성에 적합하다고 인정되는 합리적인 단위와 방법으로 산출된 공사량을 말함.

② 간접공사비의 산정방법

㈎ 간접공사비의 범위

- 간접노무비, 산재보험료, 고용보험료, 건설근로자 퇴직공제부금비, 안전관리비, 환경보전비와 기타 관련법령에 규정되어 있거나 의무 지워진 경비로서 공사원가계산에 반영토록 명시된 법정경비
- 기타간접공사경비(수도광열비, 복리후생비, 소모품비, 여비・교통비・통신비, 세금과 공과, 도서인쇄비 및 지급수수료 등)

㈏ 간접공사비의 산정방법

- 간접공사비 비목별로 구분하여 [직접공사비] × 요율

9.2.2 폐기물 처리시설 설치비용 표준단가

환경부의 「2020년 폐기물처리시설 국고보조금 통합업무처리지침지침」에서는 지자체에서 설치하는 생활폐기물처리시설의 설치비용을 시설규모별로 표준단가를 제시하고 있다. 통상적으로 폐기물 처리시설의 설치단가는 처리규모가 클수록 감소하는 추세를 보이고 있으며, 물가상승과 시설기준의 강화에 따른 설치비의 증가로 시간이 경과함에 따라 설치단가는 상승하는 추세이다.

표 9-5 폐기물처리시설 설치비용 표준단가

시설	세부시설	시설규모	표준단가	비고
소각 시설	신규	30톤/일 이하	5.15억원/톤	• 기계적 처리+소각을 하는 경우도 동일하게 지원 • 30톤/일 초과시설에는 소각여열회수시설 설치비 포함, 30톤/일 이하시설에서 소각여열회수시설 필요시 실시설계 후 재원협의시 총사업비 조정 가능 • 도서지역은 장비운반비, 인건비 등할증비용을 반영하여 사업비를 조정할 수 있음 • 타지자체로 운반 처리하는 지자체는 압축시설 설치비용(10톤 기준 5천만원, 최대 2억, 국비기준) 추가지원 • 2계열(기) 이상 설치하는 경우에도 총 용량을 합산하여 적용
		30톤/일 초과~50톤/일 이하	5.09억원/톤	
		50톤/일 초과~100톤/일 이하	4.45억원/톤	
		100톤/일 초과~200톤/일 이하	4.19억원/톤	
		200톤/일 초과	3.81억원/톤	
	대보수	30톤/일 이하	3.64억원/톤	• 30톤/일 초과시설에는 소각여열회수시설 설치비 포함, 30톤/일 이하시설에서 소각여열회수시설 필요시 실시설계 후 재원협의시 총사업비 조정 가능
		30톤/일 초과~50톤/일 이하	3.76억원/톤	
		50톤/일 초과~100톤/일 이하	3.23억원/톤	
		100톤/일 초과~200톤/일 이하	2.96억원/톤	
		200톤/일 초과	2.76억원/톤	
유기성 폐자원 바이오 가스화 시설	음식물	150톤/일 이하	3.46억원/톤	• 폐수처리(생물학적 처리) 설치비가 포함되어 있으므로 폐수 미처리시 실시설계 후 재원협의시 총사업비 조정 가능
		150톤/일 초과~400톤/일 이하	3.20억원/톤	
		400톤/일 초과	2.94억원/톤	
	음폐수	150톤/일 이하	2.26억원/톤	
		150톤/일 초과~400톤/일 이하	2.00억원/톤	
		400톤/일 초과	1.87억원/톤	
	통합 음식물	150톤/일 이하	3.15억원/톤	
		150톤/일 초과~400톤/일 이하	2.91억원/톤	
		400톤/일 초과	2.67억원/톤	
	통합 음폐수	150톤/일 이하	2.06억원/톤	
		150톤/일 초과~400톤/일 이하	1.82억원/톤	
		400톤/일 초과	1.70억원/톤	

생활자원회수센터 (억원/톤)	시설규모	자동선별	기계선별	수동선별	비고
					• 자동선별시설 : 기계적 선별시설에 근적외선 선별기 등 플라스틱 자동선별기를 추가한

시설	세부시설	시설규모	표준단가			비고
		10톤/일 이하	4.91	4.89	3.47	시설 • 기계선별시설 : 수선별을 원활하게 하기 위하여 수동선별시설에 플라스틱 자동선별기를 제외한 파봉기, 트롬멜, 발리스틱 등 기계적 처리시설을 추가한 시설 • 수동선별시설 : 사람에 의한 분리선별시설(이송설비, 자력선별기, 압축기, 감용기 등은 포함)
		10톤/일 초과~20톤/일 이하	3.80	3.43	-	
		20톤/일 초과~30톤/일 이하	2.95	2.70	-	
		30톤/일 초과~40톤/일 이하	2.83	2.20	-	
		40톤/일 초과~50톤/일 이하	2.71	1.95	-	
		50톤/일 초과~60톤/일 이하	2.64	1.72	-	
		60톤/일 초과~70톤/일 이하	2.58	1.60	-	
		70톤/일 초과~80톤/일 이하	2.53	1.47	-	
		80톤/일 초과~90톤/일 이하	2.51	1.40	-	
		90톤/일 초과	2.48	1.34	-	
공사장 생활폐기물 재활용 선별시설			2억원/톤			• 보관 및 기계적 또는 수선별할 수 있는 설비를 갖추어야 함
매립 시설	신규	100천 m^3 이하	114.29천원/m^3			• 매립지 조성과정에서 토공사 중 발파암 공사량(m^3) 비율이 25% 이상인 경우는 공사비를 추가로 할증할 수 있음
		100천 m^3 초과~150천 m^3 이하	102.87천원/m^3			
		150천 m^3 초과~200천 m^3 이하	82.29천원/m^3			
		200천 m^3 초과~250천 m^3 이하	70.86천원/m^3			
		250천 m^3 초과~300천 m^3 이하	64.01천원/m^3			
		300천 m^3 초과~350천 m^3 이하	59.43천원/m^3			
		350천 m^3 초과~400천 m^3 이하	54.85천원/m^3			
		400천 m^3 초과~500천 m^3 이하	51.42천원/m^3			
		500천 m^3 초과~600천 m^3 이하	48.00천원/m^3			
		600천 m^3 초과~800천 m^3 이하	45.72천원/m^3			
		800천 m^3 초과~1,000천 m^3 이하	40.00천원/m^3			
		1,000천 m^3 초과~2,000천 m^3 이하	34.29천원/m^3			
		2,000천 m^3 초과	28.57천원/m^3			
	증설	수평 증설	신규조성 사업비 적용			• 수평·수직증설 시에도 기존 매립지 기반시설(침출수처리시설 등)을 재사용할 경우 이를 감안하여 설치비용을 산정
		수직 증설(계단식 확장)	16.76천원/m^3			
	매립지 정비	안정화 / 차수공 적용	579.94천원/m^2			• 차수시설의 설치여부를 파악하기 어려운 경우, 타당성조사 시 설치계획을 수립하고 '차수공 적용' 선정
		안정화 / 차수공 제외	221.57천원/m^2			
		굴착, 선별 후 이적 / 10천 m^3 미만	74.18천원/m^3			
		굴착, 선별 후 이적 / 10천 m^3~100천 m^3 미만	61.64천원/m^3			

시설	세부시설	시설규모		표준단가	비고
			100천 m^3~ 400천 m^3 미만	55.93천원/m^3	
			400천 m^3 이상	52.50천원/m^3	
	순환형 매립시설	정비	400천 m^3 미만	55.75천원/m^3	• 정비 및 조성비용은 실제 공사하는 면적만 지원
			400천 m^3 이상	52.34천원/m^3	
		조성	모든 시설	34.14천원/m^3	
매립가스 자원화 시설	발전시설 (가스터빈)	0.3 MWh 이하		39.35억원/MWh	• 시설당 15억원까지 국고보조금 지원 (잔여사업비는 지방비 부담)
		0.3 MWh 초과~0.7 MWh 이하		34.04억원/MWh	
		0.7 MWh 초과~1.0 MWh 이하		29.77억원/MWh	
		1.0 MWh 초과		26.58억원/MWh	
음식물류 폐기물 공공 처리시설	사료화 (건식)	50톤/일 이하		2.62억원/톤	• 폐수처리(생물학적 처리) 설치비가 포함되어 있으므로 폐수 미처리시 실시설계후 재원협의시 총사업비 조정 가능
		50톤/일 초과~100톤/일 이하		2.41억원/톤	
		100톤/일 초과~150톤/일 이하		2.29억원/톤	
		150톤/일 초과		2.19억원/톤	
	퇴비화	50톤/일 이하		3.66억원/톤	
		50톤/일 초과~70톤/일 이하		3.25억원/톤	
		70톤/일 초과~90톤/일 이하		2.95억원/톤	
		90톤/일 초과~110톤/일 이하		2.75억원/톤	
		110톤/일 초과~150톤/일 이하		2.56억원/톤	
		150톤/일 초과		2.44억원/톤	
농어촌 폐기물 종합 처리시설	소각시설 (회분식)	1.0톤/일 이하(100 kg/hr)		11.89억원/톤	• 시설당 15억원까지 국고보조금 지원
		1.0톤/일 초과~3.0톤/일 이하		8.81억원/톤	
		3.0톤/일 초과~5.0톤/일 이하		7.29억원/톤	
	차단형 매립시설	0.2천 m^3 이하		1,631.10천원/m^3	• 지붕 설치시 매립면적을 기준으로 256천원/m^2 추가적용 • 시설당 15억원까지 국고보조금 지원
		0.2천 m^3 초과~0.6천 m^3 이하		886.99천원/m^3	
		0.6천 m^3 초과~2.0천 m^3 이하		387.49천원/m^3	
		2.0천 m^3 초과~5.0천 m^3 이하		340.63천원/m^3	
	관리형 매립시설	2천 m^3 이하		521.22천원/m^3	• 시설당 15억원까지 국고보조금 지원
		2천 m^3 초과~10천 m^3 이하		433.21천원/m^3	

※ 자료출처 : 2020년 폐기물처리시설 국고보조금 업무처리지침, 환경부(2020)

9.3 경제성 평가

9.3.1 초기투자비의 연간비용으로의 환산

고정비용(단위 : 원)과 변동비용(단위 : 원/년)의 단위가 다르므로 두 비용을 함께 고려하여 각 처리방법별로 가격을 비교하고자 하는 경우, 두 가지 비용 중 한 가지를 다른 비용의 형태로 환산하여야 한다. 고정비용을 연간비용(Annual Cost)으로 환산하는 것은 일시불을 할부로 전환하여 계산하는 방식이다. 이를 계산하기 위한 인자가 Capital Recovery Factor (CRF)인데, 이는 장치의 수명을 n년이라 보았을 때 할인율 i로 n년간 융자를 갚아 가는데 필요한 연간비용을 계산하기 위한 인자값이다. 초기투자비에 CRF를 곱하면 연간비용으로 환산된다. 따라서 처리시설의 경제성은 단위 처리용량당 연간 비용으로 환산된 고정투자비 + 운영유지비의 합을 비교하여 저가인 것이 유리하다.

$$\mathrm{CRF} = \frac{i(1+i)^n}{(1+i)^n - 1}$$

여기서, CRF : Capital Recovery Factor

i : 할인율

n : 장치의 수명(년)

예제 1

초기투자비가 10억원인 시설을 10% 이자율로 20년간 장기 융자로 조달한 경우 연간 지불할 비용은 얼마인가?

$$\mathrm{CRF} = \frac{i(1+i)^n}{(1+i)^n - 1} = \frac{0.1(1+0.1)^{20}}{(1+0.1)^{20} - 1} = 0.11746$$

따라서, 연간 지불해야 하는 비용은 10억원 × 0.11746 = 117,460,000원/년

9.3.2 톤당 처리단가의 산정

폐기물 처리시설의 경제성 비교시 흔히 활용되는 것이 톤당 처리단가이다. 즉, 동일한 규모의 처리시설에서 1톤의 폐기물을 처리하는데 소요되는 비용이 얼마인가를 제시하면, 기술의 수요자는 제시된 단가를 통해서 경제적인 공법을 선정하는데 참고함과 아울러 해당 처리방법으로 폐기물을 처리하는데 필요한 비용을 추정할 수 있다.

비용은 앞 절에서 논의한 것과 같이 초기투자비와 운영유지비가 있으므로 이로부터 연간 총비용을 계산하고, 처리시설의 연간 가동일수와 1일 처리량으로부터 연간처리량을 계산하면 다음과 같이 톤당 처리비를 산정할 수 있게 된다.

$$\text{톤당 처리비} = \frac{\text{연간 총비용}}{\text{연간 처리량}}$$

이때 민간처리시설의 경우 연간 총비용에 초기투자비를 포함하여 계산하여야 하겠으나, 공공처리시설의 경우 연간 재정계획 수립 측면에서 운영시의 톤당 처리비만을 산정하는 경우도 있다. 하지만, 처리시설의 계획단계에서 경제성 비교를 목적으로 하는 경우에는 초기투자비를 포함하여 톤당 처리단가를 산정하여야 한다.

예제 2

초기투자비가 10억원이고, 운영유지비가 연간 3천만원인 1일처리 10톤 규모의 A 음식물류 폐기물 처리장치와 초기투자비가 20억이고, 운영유지비가 연간 2천만원인 1일 처리 10톤 규모의 B 음식물류 폐기물 처리장치 중 어느 것이 보다 경제적인가? 또한 각 처리시설의 톤당 처리비용을 계산하시오. 단, 폐기물 처리에서 발생하는 부산물의 판로 등 기타 부대비용은 고려하지 말 것. 또한 연간 이자율은 9%로 가정하고, A장치의 수명은 8년, B장치의 수명은 10년으로 가정하시오. 또한 각 폐기물 처리시설은 연간 300일 가동하는 것으로 가정하시오.

항목	A장치	B장치
CRF	$\frac{0.09(1+0.09)^8}{(1+0.09)^8-1}=0.1807$	$\frac{0.09(1+0.09)^{10}}{(1+0.09)^{10}-1}=0.1558$
초기투자비	10억원 × 0.1807 = 180,700,000원/년	20억원 × 0.1558 = 311,600,000원/년
운영유지비	30,000,000원/년	20,000,000원/년
연간총비용	180,700,000 + 30,000,000 = 210,700,000원/년	311,600,000 + 20,000,000 = 331,600,000원/년
연간처리량	300일 × 10톤 = 3,000톤/년	300일 × 10톤 = 3,000톤/년
톤당 처리비	210,700,000원/년 ÷ 3,000톤/년 = 70,233원	331,600,000원/년 ÷ 3,000톤/년 = 110,533원
결론	A장치가 B장치에 비하여 경제적이다.	

9.3.3 운영유지비의 현재가치로의 환산

현재가치(Present Worth)는 미래의 가치를 현재 시점에서 평가하는 방법으로 n년 동안 일정하게 투자/회수되는 금액을 현재의 화폐가치로 환산한 것을 말한다(예, 주택구입시 일정 금액 구입하는 채권을 현재 할인하여 되파는 경우 혹은 복권 당첨시 연금 대신 일시불로 받는 경우). 이것은 CRF의 역수이며, Present Worth of Annuity Factor (PWAF, 연 등가액 현재가치 환산계수)라 한다. 연간운영유지비(원/년)에 PWAF를 곱하면 초기투자비(원)에 상응하는 단위로 환산된다.

$$\mathrm{PWAF} = \frac{(1+i)^n - 1}{i(1+i)^n}$$

여기서, PWAF : Present Worth of Annuity Factor

i : 할인율

n : 장치의 수명(년)

예제 3

예제 2와 동일한 자료에 대하여 PWAF로 경제성을 분석하시오.

항목	A장치	B장치
PWAF	$\frac{(1+0.09)^8-1}{0.09(1+0.09)^8} = 5.534$	$\frac{(1+0.09)^{10}-1}{0.09(1+0.09)^{10}} = 6.418$
초기투자비	10억원	20억원
운영유지비	30,000,000원/년 × 5.534 =166,000,000원	20,000,000원/년 × 6.418 = 128,000,000원
총시설비용	10억원 + 1.66억원 = 11.66억원	20억원 + 1.28억원 = 21.28억원
결론	A장치가 B장치에 비하여 경제적이다.	

9.4 LCC 분석

9.4.1 LCC 분석의 개요

「생애주기비용」(Life Cycle Cost, LCC)이란 초기투자비용(공사비, 설계비, 감리비, 보상비 등), 유지관리비용(점검 및 진단비, 관리비, 에너지 비용, 보수비, 교체비, 보강비 등), 이용자 비용, 사회·경제적 손실비용, 해체·폐기비용, 잔존가치 등 시설물의 생애주기 동안 발생하는 모든 비용을 말하며, LCC 분석은 초기투자비와 유지관리비 등 시설물의 내용연수 동안 발생하는 생애주기비용의 일부 또는 전부를 산출하는 것을 말한다.

LCC 분석기간은 LCC 분석결과에 가장 큰 영향을 미치는 변수이므로 분석기간을 명확하게 제시하여야 한다. LCC 분석기간은 시설물의 물리적 공용수명을 기초로 결정하는 것이 이상적이지만, 과거 우리나라 아파트나 교량 등의 재건축, 개축 등이 반드시 물리적 공용수명이 다한 시점에서 이루어진 것은 아니므로 여타 공용수명의 개념과 당해공사의 특성을 종합적으로 고려하여 결정되어야 한다.

- 기능적 공용수명 : 시설의 기능에 불합리한 점이 발생하여 시설물을 사용할 수 없는 경우의 수명
- 경제적 공용수명 : 무엇인가 개량을 하지 않으면 새로운 형식과의 경제적인 경쟁에서 불이익인 상태의 수명
- 사회적 공용수명 : 신규 계획보다 당초 목적한 기능이 불필요하거나 또는 별도의 기능을 요청할 때까지의 수명
- 물리적 공용수명 : 시설물을 구성하는 재료가 부식, 풍화 등의 작용을 받아 필요한 재료의 강도를 유지할 수 없는 수명

LCC는 장기간에 걸쳐 발생하는 비용들을 다루므로 이들 비용을 동일한 시점의 가치로 환산할 필요가 있다. 대표적인 방법으로 모든 비용을 현재가치로 환산하는 방법과 연간평균투자비용으로 환산하는 방법이 있으며, 현재가치 환산방법이 보편적으로 사용되고 있다.

현재가치 환산법은 현시점으로부터 미래의 비용발생 시점까지의 기간과 할인율을 기초로 하는 현재가치 환산계수(PWF, Present Worth Factor)를 곱하여 미래시점의 비용을 현재 시점 가치의 비용으로 환산하는 방법이다. LCC 분석기간 만료시점에서의 시설의 잔존가치를 현재가치로 환산하는 경우에는 잔존가치에 PWF를 곱하여 계산할 수 있다.

$$\mathrm{PWF} = \frac{1}{(1+i)^n}$$

여기서, PWF : 현재가치 환산계수

i : 할인율

n : 현시점으로부터 미래의 비용발생 시점까지의 기간(년)

반면, 매년 동일하게 발생하는 비용의 경우(예 : 운영유지비)는 매년 발생하는 비용에 "연등가액 현재가치 환산계수"(PWAF, Present Worth of Annuity Factor)를 곱하여 일괄적으로

현재가치로 환산할 수 있다.

$$\text{PWAF} = \frac{(1+i)^n - 1}{i(1+i)^n}$$

여기서, PWAF : 연 등가액 현재가치 환산계수
i : 할인율
n : 연수

미래의 비용을 할인(discount)하여 현재가치로 환산하거나 현재의 가치를 미래가치로 환산하기 위해서는 시간의 흐름에 따른 비용의 가치 변화를 고려하여야 한다. 할인율은 시간의 흐름에 따른 비용의 가치 변화를 나타내는 비율을 말하며, 물가변동과 기대이익을 모두 고려하는 명목할인율(nominal discounted rate)과 물가변동 효과는 고려하지 않는 실질할인율(real discounted rate)이 있다. 명목할인율은 장기정부채권 이율이나 은행이자율 등을 의미하며, 실질할인율은 명목할인율과 물가변동율을 토대로 다음 식에 의해 산출된다.

$$I_R = \frac{(1+I_N)}{1+F} - 1$$

여기서, I_R : 실질할인율
I_N : 명목할인율
F : 물가변동율(인플레이션)

9.4.2 LCC 분석의 예

아래에서는 LCC 분석을 이해할 수 있도록 가상의 처리시설을 예로 들었다. 이때 잔존 시설물에 대한 감가상각은 여러 가지의 평가방법이 있겠으나, 본 절에서는 계산의 단순화를 위해서 시간에 선형적으로 비례하는 것으로 가정하였다.

표 9-6 LCC 분석 예의 초기투자비 및 운영유지비

항목	세부항목	비용	세부항목	비용
초기투자비(백만원)	토목	400	기계	600
	건축	250	전기・계측제어	200
	계	1,450		
운영유지비(백만원/년)		150		

표 9-7 LCC 분석 예의 계산 조건

항목	세부항목	조건	세부항목	조건
내구연한	토목	30년	기계	15년
	건축	30년	전기 · 계측제어	15년
할인율		4%		
LCC 평가기간		20년		

어떤 처리시설의 초기투자비와 운영유지비가 <표 9-6>과 같이 산정되었으며, LCC 분석 시의 조건은 <표 9-7>을 적용하였다.

(1) 시설교체비

내구연한이 다 되어 15년차에 교체되는 기계 · 전기시설의 교체비를 현재 가격으로 환산하기 위해서 PWF에 기계 · 전기 공사비를 곱해주면 현재 시점에서의 시설교체비가 된다.

할인율(i)이 4%이므로

$$\mathrm{PWF} = \frac{1}{(1+i)^n} = \frac{1}{(1+0.04)^{15}} = 0.555$$

따라서, 시설교체비의 현재가격은 800 × 0.555 = 444백만원이 된다.

(2) 시설의 잔존가치

LCC 평가기간을 20년으로 하면 토목, 건축 시설의 경우 20년 후 아직 10년의 잔존가치를 가지고 있는 반면, 기계와 전기 · 계측제어의 경우 내구연한이 다 되어서, 15년차에 새로 시설을 설치해야 하고, 새로 설치한 시설의 평가기간 종료시점에서의 잔존가치는 10년의 잔존가치를 갖게 된다(즉, 15년차에 설치하여 20년차에서 잔존가치를 평가하므로 15 − 5 = 10). 시설의 잔존가치는 편의상 시간에 선형적으로 비례한다고 가정하면 잔존가치는 <표 9-8>과 같이 계산할 수 있다.

20년 후의 잔존가치를 현가로 계산하기 위해서 PWF에 잔존가치를 곱해서 현재 시점의 비용으로 환산해준다. 이때 잔존가치는 회수되는 금액이므로 (−)의 비용이 된다.

$$\mathrm{PWF} = \frac{1}{(1+i)^n} = \frac{1}{(1+0.04)^{20}} = 0.456$$

표 9-8 평가시점에서의 잔존가치와 현재가치

공종	공사비용(백만원) ①	잔존년수/내구년한 ②	잔존가치(백만원) ③=①×②	현재가치(백만원) ④=③×PWF
토목 · 건축	650	10/30	216.7	98.8
기계 · 전기	800	10/15	533.3	243.2
계			750	342

(3) 연간 투입되는 운영유지비의 현재가치

연간 투입되는 운영유지비를 현가로 계산하기 위해서 PWAF를 계산하여 운영유지비에 곱해준다.

$$\text{PWAF} = \frac{(1+i)^n - 1}{i(1+i)^n} = \frac{(1+0.04)^{20} - 1}{0.04(1+0.04)^{20}} = 13.59$$

따라서 연간 투입되는 운영유지비의 현재가격은 150 × 13.59 = 2,039백만원이 된다.

(4) 총 LCC

위에서 계산된 값을 <표 9-9>에 넣어서 총 LCC를 계산할 수 있다. 이때 잔존가치는 (−)의 비용을 갖는 것으로 계산한다.

이상의 방식으로 서로 다른 처리방법에 대하여 생애주기비용을 계산하여 비교함으로써 가장 경제적인 처리방법을 선정하는데 참고할 수 있다. 이때 서로 다른 회사에서 자신의 처리방법에 대한 LCC 분석을 하는 경우 운영비 계산시 일관성이 없을 수 있으므로, 세부적으로 각종 조건을 규정하면 보다 객관적인 비용의 비교가 가능할 것이다.

표 9-9 계산 예 문제에 대한 총 LCC의 계산

건설비	시설교체비	잔존가치	운영비	총 LCC
1,450백만원	444백만원	−342백만원	2,039백만원	3,591백만원

참고문헌

1장

1. 환경부 홈페이지 : http://www.me.go.kr
2. 2020환경백서, 환경부(2020)
3. 자원순환기본법 시행령. 개정 2020.3.24
4. 폐기물관리법 시행규칙, 개정 2020년 11월 27일
5. 이건모, 허탁, 김승도 : 환경 전과정평가(LCA)의 이론과 지침, 한국품질환경인증협회(1998)

2장

1. 환경부, 한국환경공단 : 2013 전국 폐기물 발생 및 처리현황(2014)
2. 이승무, 김윤식, 이수구, 박상헌, 이수환 : 도시 고형폐기물 소각을 위한 쓰레기 성분분석 및 발열량 조사연구, 한국폐기물학회지, Vol.9, No.2, pp.241-249(1992)
3. 이승무, 이수구, 김윤식, 조창호 : 도시폐기물 소각을 위한 지역별 쓰레기 성상에 관한 비교 연구 - 서울시 마포 및 중구지역을 중심으로, 한국폐기물학회지, Vol.12, No.1, pp.111-119(1995)
4. 도갑수, 김한상, 홍준식 : 종량제에 따른 생활폐기물 배출현황과 향후 발전적인 종량제 개발방안, 한국폐기물학회지, Vol.13, No.3, pp.367-374(1996)
5. 배성근, 이강수, 이광욱, 곽연호 : 종량제 실시에 따른 도시폐기물의 발생량 및 질 특성 변화에 관한 연구, 한국폐기물학회지, Vol.15, No.3, pp.234-242(1998)
6. 강호, 최일엽, 김종원, 안종찬, 허형수 : 종량제 실시 이후 일반폐기물의 조성 및 물리화학적 특성연구, 한국폐기물학회지, Vol.16, No.1, pp.1-9(1999)
7. 강호, 김종원, 최일엽, 방홍배 : 중소규모 도시 일반폐기물의 성상 및 질적특성, 한국폐기물학회지, Vol.16, No.2, pp.141-150(1999)
8. 송동근, 김승도, 장은석, 박종호, 정재성, 공성호 : 춘천시 생활폐기물의 물리·화학적 특성에 대한 연구, 한국폐기물학회지, Vol.20, No.8, pp.807-817(2003)
9. 윤석표, 임학상 : 음식물류폐기물 직매립 금지에 따른 도시생활폐기물의 조성 및 매립량 변화, 유기물자원화, Vol.13, No.3, pp.51-62(2005)
10. 정진도, 김장우, 한종민 : 하절기 충청남도 서부지역 중소도시에서 발생하는 생활폐기물의 물리・화학적 특성에 관한 연구, 한국폐기물학회지, Vol.23, No.4, pp.344-349(2006)
11. 현재혁, 김지훈, 복장빈, 최원영 : 아산시 생활폐기물의 지역 및 계절별 배출특성에 관한 연구, 한국폐기물학회지, Vol.24, No.7, pp.629-634(2007)
12. 수도권매립지관리공사 : 수도권매립지통계연감, 제6호(2008)
13. Vesilind, P.A, Worrell, W., Reinhart, D. : Solid Waste Engineering, Brooks/ Cole (2002)
14. 수도권매립지관리공사 : 2019 수도권매립지관리공사통계연감, 제18호(2020)
15. 전국 폐기물 발생 및 처리 현황(2018년도), 환경부, 한국환경공단 (2019)

4장

1. Vesilind, P.A. and Rimer, A.E., Unit operations in resource recovery engineering, Prentice-Hall, Inc. (1981).
2. Ruf, J.A., Particle size spectrum and compressibility of raw and shredded municipal solid waste, Ph.D Thesis, University of Florida, p.281, 1974.
3. Mechanical-Biological Treatment : A guide for decision makers processes, policies & markets, Summary report, Juniper Consultancy Services Ltd, p.92 (2005)
4. 가연성폐기물 자원화 시범사업 기본계획보고서, 수도권매립지관리공사(2007).

5. 유호현, 일본 사례를 통해 본 도시광산의 미래, LG Business Insight (2009.4.29)
6. [틴틴경제] 도시광산 … 자원 재활용하고 환경파괴 줄이죠, 중앙일보(2010.6.11)

5장

1. 정진영 : 유기성폐기물의 바이오에너지화 현황과 전망, 대한환경공학회지, Vol.30, No.9, pp.851～857(2008).
2. 배재호, 이은영 : 유기성 폐기물으로부터 메탄 회수 기술 현황 및 전망, 대한환경공학회지, Vol.30, No.9, pp.858～866(2008).
3. 환경부 : 음식물류 폐기물 처리시설 발생폐수 육상처리 및 에너지화 종합대책(2008～2012)(2007).
4. 김남천, 박진규 : 음식물류폐기물 자원화 공정에서의 발생폐수 혼합연료 생산기술, 유기물자원화, Vol.15, No.3, pp.13～21(2007).
5. 한선기, 김동훈, 신항식 : 유기성 폐기물을 이용한 바이오수소 생산, 대한환경공학회지, Vol.30, No.9, pp.867～877(2008).
6. 한국폐기물학회, 환경부 : 기후변화대응 및 신재생 에너지 확보를 위한 폐자원 에너지 기술, p.342(2009).
7. 환경부 : 하수슬러지 자원화·에너지화 기술 실무 토론회(2010).
8. 엄태인 외 : 건조곡선을 이용한 슬러지 유중증발 건조 특성 실험적 연구, 한국폐기물학회지, Vol.26, No.4, pp.312～318(2009).
9. 이태윤 외 : 하수슬러지의 효율적인 처리를 위한 물리화학적 특성분석, 한국지반환경공학회 2008 학술발표회논문집, pp. 415～419(2008).
10. 백경오 외 : 하수슬러지 통합처리센터 설치방안, 경기개발연구원, p.134(2011).
11. 하수도시설기준, 한국상하수도협회, p.1109(2011).

6장

1. 생활폐기물 소각시설 설치·운영지침 해설서, 환경부, 환경관리공단(2008).
2. 폐기물 소각시설의 통합오염방지 및 관리를 위한 최적가용기법 기준서 2016, 환경부, 국립환경과학원(2016).
3. 燒却爐解體 實務ハンドブック´ 爐解體環境對策硏究會, 環境新聞社(2003).
4. 燒却施設解體處理システムの開發と適用, 第5回 日韓廢棄物シンポシウム Proceedings, pp.83-92(2004).

7장

1. Bagchi,A. : Design of Landfills and Integrated Solid Waste Management, 3rd ed., John Wiley & Sons, Inc., p.696(2004).
2. McBean, E.A., Rovers,F.A., Farquhar,G.J. : Solid Waste Landfill Engineering and Design, Prentice Hall PTR, p.521(1995).
3. Reinhart,D.R., Townsend,T.G. : Landfill Bioreactor Design & Operation, Lewis Publishers, p.189(1998).
4. The Solid Waste manager's Guide to the Bioreactor Landfill, Solid Waste Association of North America, p.55(2002).
5. Master Construction Specifications for Landfill Gas Conveyance Systems, Solid Waste Association of North America, p.100(1994).
6. Landfill Gas Operation & Maintenance Manual of Practice, Solid Waste Association of North America, p.100(1998).
7. Wetherill, T.D. : Design of Landfill Gas Recovery Systems for Energy Utilization Projects, 제3회 전문가 초청세미나 - 21세기 지속가능한 매립기술, 매립기술연구회, pp.23～37(2001).
8. 김용화 : 매립지 가스 포집효율에 대한 실험적 연구, 제3회 전문가 초청세미나 - 21세기 지속가능한 매립기술, 매립기술연구회, pp.45～59(2001).

9. 민지은, 이성재, 이상수 : 청정개발체제 사업과 탄소시장의 개요 및 현황, 환경기술, 제32호, 한라산업개발주식회사, pp.47～62(2008).
10. 윤석표, 이남훈 : Bioreactor형 매립공법과 기존 매립공법의 경제성, 환경성 비교, 한국폐기물학회지, Vol.22, No.7, pp.676～684(2005).
11. 윤석표, 임학상, 권태호 : 사용종료매립지 부지의 공원으로서의 국내·외 토지활용 사례, 한국폐기물학회지, Vol.23, No.8, pp.726～733(2006).
12. 이석형 : 대구 방천리 쓰레기 매립장 매립가스 이용사업, 가스연맹, 2006년 겨울호, pp.20～25(2006)
13. 이원근, 최문영, 정재관, 원종철, 홍성균 : MLE 공정과 2단 응집공정을 이용한 매립지 침출수 처리, 2004 폐기물 관리 및 처리기술 심포지엄, 수도권매립지관리공사, pp.69～78(2004).
14. 장근 : 수도권매립지 매립가스 재이용 향상을 위한 바이오리액터 매립기술 적용현황, 특별기획 심포지엄 – 바이오리액터형 매립지와 매립종료부지 활용방안, 한국폐기물학회, pp.179～195(2008).
15. 폐기물 매립지에 있어서 Bioreactor형 매립공법[침출수 재순환시스템 등] 도입에 관한 타당성 연구, 수도권매립지관리공사, p.367(2003).
16. 김동훈, 신항식, 조시경, 박홍석, 윤석표 : 음폐수 주입을 통한 생활폐기물 매립지의 메탄가스 발생량 증진에 관한 현장 실험, 한국폐기물자원순환학회지, 27(4), pp. 331-338(2010)
17. 심낙종 : 침출수 재순환형 바이오리액터 매립지의 현장 적용성 평가 : 침출수 및 매립가스 특성 분석, 인하대학교 대학원 공학박사 학위논문, p. 128(2018)
18. 한국종합기술 : 침출수 매립시설 환원정화설비 도입에 대한 효과분석 : 수도권매립지 실증연구 사례분석(2020)

8장

1. 유해폐기물의 수출·입 관리체계 개선에 관한 연구」, 환경부(2005)
2. 폐기물관리법 시행령, 2020년 11월 27일 개정
3. 폐기물관리법 시행규칙, 2020년 11월 27일 개정
4. 廃棄物の処理及び清掃に関する法律施行令, 令和元年政令第39号
5. 廃棄物の処理及び清掃に関する法律施行規則, 平成29年環境省令第14号
6. 金属等を含む産業廃棄物に係る判定基準を定める省令, 平成29年環境省令第11号
7. DIRECTIVE 2011/65/EU OF THE EUROPEAN PARLIAMENT AND OF THE COUNCIL of 8 June 2011 on the restriction of the use of certain hazardous substances in electrical and electronic equipment
8. 유해폐기물 공공처리・재활용 운영실태 및 관리방안 연구 - 수은폐기물을 중심으로, 환경부(2016)
9. 국립환경과학원, 수은 함유 폐기물의 배출실태조사 및 제도개선 연구(IV), p. 284, 2015.
10. UNEP, Practical Sourcebook on Mercury Waste Storage and Disposal, p.51(2015)
11. 水銀廃棄物ガイドライン, 第２版, 環境省 (2019)
12. 水銀廃棄物関係, 環境省
http://www.env.go.jp/recycle/waste/mercury-disposal/index.html

9장

1. 폐기물 처리시설 국고지원 합리화 제고방안 연구, 환경부(2010)
2. 2020년 폐기물처리시설 국고보조금 업무처리지침, 환경부(2020)
3. 생활폐기물 소각시설 운영비 산출 지침, 환경부(2005)
4. 실적공사비제도 설명회 교육자료, 건설교통부(2004)
5. 생애주기비용 분석 및 평가요령, 국토해양부(2008)

부록

1. 폐기물 관련 전공 영어-한국어 대조표

영 어	약어	우리말 용어
Bomb calorimeter		열량계
Bulk density		겉보기 밀도
Certified Emissions Reductions	CERs	탄소 배출권
Characteristic particle size		특성입자크기
Clean Development Mechanism	CDM	청정개발체제
Collection		수거
Compacting		압축
Compost		퇴비
Composting		퇴비화
Compost-like-output	CLO	퇴비화 물질
Construction and demolition	C & D	건설 및 해체
Daily cover		일일복토
Effective diameter		유효입경
Electrostatic precipitator	ESP	전기집진기
Environmental Protection Agency	EPA	환경보호청
Extended Producer Responsibility	EPR	생산자 책임 재활용 제도

영 어	약어	우리말 용어
Field capacity		포장용수량
Final cover		최종복토
Flexible membrane liner		합성차수막
Fluidized bed incinerator		유동층 소각로
Fuel cells		연료전지
Gasification		가스화
Grate		화격자
High-density polyethylene	HDPE	고밀도 폴리에틸렌
Higher heat value	HHV	고위발열량
Hydraulic conductivity		수리전도도
Incineration		소각
Incinerator		소각로
Integrated solid waste management	ISWM	종합적 폐기물 관리
Landfill		매립지
Landfill gas	LFG	매립지 가스
Latent heat of vaporization		증발잠열
Leachate		침출수
Leachate collection		침출수 집배수
Leachate recirculation		침출수 재순환
Life cycle analysis	LCA	전과정평가
Life cycle cost	LCC	생애주기비용
Low-density polyethylene	LDPE	저밀도 폴리에틸렌
Lower heat value	LHV	저위발열량
Materials recovery facility	MRF	폐기물 회수 시설
Mechanical biological pretreatment	MBP	기계적 생물학적 전처리
Mechanical biological treatment	MBT	기계적 생물학적 처리
Melting		용융
Moisture content		수분함량
Monofill		단일성분 전용 매립지
Multiple Hearth Furnace		다단로

영 어	약어	우리말 용어
Municipal solid waste	MSW	생활폐기물
Non-methane organic compounds	NMOC	메탄을 제외한 매립지 가스 중 유기화합물
Not in My Back Yard	NIMBY	님비 현상, 지역 이기주의
Oxidation reduction potential	ORP	산화환원전위
Permitting		인허가
Polyethylene terephthalate	PETE	폴리에틸렌 테레프탈레이트
Polypropylene	PP	폴리프로필렌
Polystyrene	PS	폴리스티렌
Polyvinyl chloride	PVC	폴리염화비닐
Porosity		공극률
Post-closure care		사후관리
Precipitation		강우 / 화학적 침전
Publicly Owned Treatment Works	POTW	공공하수처리장
Pyrolysis		열분해
Reduction		감량 / 화학적 환원
Refuse plastic fuel	RPF	폐플라스틱 고형연료제품
Renewable Portfolio Standards	RPS	신재생에너지 의무할당제
Refuse-derived fuel	RDF	생활폐기물 고형연료제품
Resource Conservation and Recovery Act	RCRA	자원보존 및 재활용법
Reverse Osmosis	RO	역삼투
Runoff		유출
Sanitary landfill		위생매립
Selective catalytic reduction	SCR	선택적 촉매 환원법
Selective non-catalytic reduction	SNCR	선택적 무촉매 환원법
Settlement		침하
Shear shredder		전단파쇄기
Shredder		파쇄기
Shredding		파쇄
Siting		입지선정

영 어	약어	우리말 용어
Source reduction		발생원에서의 감량화
Stormwater		우수(빗물)
Tipping fees		반입수수료
Tire derived fuel	TDF	폐타이어 고형연료제품
Transfer station		적환장
Ultimate analysis		화학적 분석, 원소분석
Uniformity coefficient		균등계수
Urban mining		도시광산
Volatile organic compound	VOC	휘발성 유기화합물
Volume reduction		부피감량, 감용
Volume-based fee system		부피기준 종량제
Waste-to-Energy	WtE	폐기물 에너지화
Water balance		물 수지
Wilting point		위조점

2. 원소기호 및 원자량

원소명	원소기호	원자번호	원자량	원소명	원소기호	원자번호	원자량
Actinium	Ac	89	227.0278	Californium	Cf	98	251
Aluminum	Al	13	26.98154	Carbon	C	6	12.011
Americium	Am	95	243	Cerium	Ce	58	140.12
Antimony	Sb	51	121.75	Cesium	Cs	55	132.9054
Argon	Ar	18	39.948	Chlorine	Cl	17	35.453
Arsenic	As	33	74.9216	Chromium	Cr	24	51.996
Astatine	At	85	210	Cobalt	Co	27	58.9332
Barium	Ba	56	137.33	Copper	Cu	29	63.546
Berkelium	Bk	97	247	Curium	Cm	96	247
Beryllium	Be	4	9.01218	Dysprosium	Dy	66	162.50
Bismuth	Bi	83	208.9804	Einsteinium	Es	99	254
Boron	B	5	10.81	Erbium	Er	68	167.26
Bromine	Br	35	79.904	Europium	Eu	63	151.96
Cadmium	Cd	48	112.41	Fermium	Fm	100	257
Calcium	Ca	20	40.08	Fluorine	F	9	18.99840

원소명	원소기호	원자번호	원자량	원소명	원소기호	원자번호	원자량
Francium	Fr	87	223	Polonium	Pu	84	209
Gadolinium	Gd	64	157.25	Potassium	K	19	39.0983
Gallium	Ga	31	69.72	Praseodymium	Pr	59	140.9077
Germanium	Ge	32	72.59	Promethium	Pm	61	145
Gold	Au	79	196.9665	Protactinium	Pa	91	231.0389
Hafnium	Hf	72	178.49	Radium	Ra	88	226.0254
Helium	He	2	4.00260	Radon	Rn	86	222
Holmium	Ho	67	164.9304	Rhenium	Re	75	186.207
Hydrogen	H	1	1.0079	Rhodium	Rh	45	102.9055
Indium	In	49	114.82	Rubidium	Rb	37	85.4678
Iodine	I	53	126.9045	Ruthenium	Ru	44	101.07
Iridium	Ir	77	192.22	Samarium	Sm	62	150.4
Iron	Fe	26	55.847	Scandium	Sc	21	44.9559
Krypton	Kr	36	83.80	Selenium	Se	34	78.96
Lanthanum	La	57	138.9055	Silicon	Si	14	28.0855
Lawrencium	Lr	103	260	Silver	Ag	47	107.868
Lead	Pb	82	207.2	Sodium	Na	11	22.98977
Lithium	Li	3	6.941	Strontium	Sr	38	87.62
Lutetium	Lu	71	174.97	Sulfur	S	16	32.06
Magnesium	Mg	12	24.305	Tantalum	Ta	73	180.9479
Manganese	Mn	25	54.9380	Technetium	Tc	43	97
Mendelevium	Md	101	258	Tellurium	Te	52	127.60
Mercury	Hg	80	200.59	Terbium	Tb	65	158.9254
Molybdenum	Mo	42	95.94	Thallium	Tl	81	204.37
Neodymium	Nd	60	144.24	Thorium	Th	90	232.0381
Neon	Ne	10	20.179	Thulium	Tm	69	168.9342
Neptunium	Np	93	237.0482	Tin	Sn	50	118.69
Nickel	Ni	28	58.70	Titanium	Ti	22	47.90
Niobium	Nb	41	92.9064	Tungsten	W	74	183.85
Nitrogen	N	7	14.0067	Uranium	U	92	238.029
Nobelium	No	102	259	Vanadium	V	23	50.9414
Osmium	Os	76	190.2	Xenon	Xe	54	131.30
Oxygen	O	8	15.9994	Ytterbium	Yb	70	173.04
Palladium	Pd	46	106.4	Yttrium	Y	39	88.9059
Phosphorous	P	15	30.97376	Zinc	Zn	30	65.38
Platinum	Pt	78	195.09	Zirconium	Zr	40	91.22
Plutonium	Pu	94	244				

3. 공학용 단위환산표

항목	단위(약어) A	환산계수 B	변환단위(식) C	비고
길이	in	25.4	mm	inch
	in	2.54	cm	
	ft	0.3048	m	feet
	yd	0.9144	m	yard
	mi	1.609	km	mile
	mil	2.540×10^{-3}	cm	1 mil = 1/1000 inch
면적	ft^2	0.0929	m^2	
	acre	4,047	m^2	
	ha	10,000	m^2	hectare
부피	ft^3	0.0283	m^3	
	yd^3	0.7646	m^3	
	gal	3.785	L	gallon
유량	ft^3/min	0.4719	L/s	
	ft^3/s	0.00283	m^3/s	
	gal/min	0.0631	L/s	
	Mgal/d	0.04381	m^3/s	million gallon per day
	Mgal/d	3785.0	m^3/d	
시간	d	86,400	s	day
질량	lb	0.4536	kg	pound
	oz	28.35	g	ounce
힘, 압력	psi	0.07031	kgf/cm^2	pound per square inch
	psi	6.895	kN/m^2	
	psi	6.8947	kPa	
	hp	0.7457	kW	horsepower
	atm	101.3	kPa	atmosphere
	atm	760	mm Hg	
	atm	10.33	m water	
	atm	1.0333	kgf/cm^2	
	atm	14.70	psig	
밀도	lb/ft^3	16.019	kg/m^3	
	lb/yd^3	0.5933	kg/m^3	
온도	℉	5/9 (℉ − 32)	℃	degree Fahrenheit
열량	BTU	0.2520	kcal	British thermal unit
	BTU	1.0551	kJ	
	cal	4.184	J	calory
	J	0.2389	cal	Joule
	BTU/lb	2.236	kJ/kg	

사용방법 : A × B = C, 예) 100 in = 100 × 25.4 = 2,540 mm

찾아보기

가

간접영향권 ··· 319
건조 사료화 ··· 168
건조연소가스량 ··· 211
겉보기 비중 ··· 47
고압력 압축기 ··· 79
고온부식 ··· 238
고운 파쇄 ··· 91
고위발열량 ··· 51
고율슬러지소화 ··· 161
고정식 압축기 ··· 81
고형연료제품 ··· 127
공극율 ··· 80
공기 연료비 ··· 206
공기과잉계수 m일 때 연소가스량 ··· 214
공기부상 ··· 118
공기비 ··· 204
공기예열기 ··· 263
과열기 ··· 261
과잉공기 ··· 207
과잉공기계수 ··· 205
관성 선별 ··· 115
광학 선별 ··· 114
교류식 ··· 232
교반장치 ··· 166
교호삽법 ··· 46
구획법 ··· 46
굴뚝 ··· 234
기각률 ··· 100
기계식 반응조 퇴비화법 ··· 142
기계적-생물학적 처리 ··· 120

나

냉각파쇄기 ··· 98

다

다단로 ··· 247
다이옥신 ··· 274
다이옥신류 ··· 291
단순매립 ··· 307
단열열량계 ··· 54
도시광산 ··· 129
독성등가계수 ··· 274
뒤집기식 퇴비단 공법 ··· 141
디노버 합성 ··· 276

마

매립구조 ··· 308
매립위치 ··· 308
매립지 가스 전용 소각기 ··· 359
매립지 반입허용기준 ··· 412

바

바이오리액터형 매립공법 ··· 362
바이오에너지 ··· 181
바젤협약 ··· 426, 450
반응성 ··· 384
반응열 ··· 197
발열량 ··· 51, 217
발열량계 ··· 51
백 압축기 ··· 82
병류식 ··· 232
병원균 ··· 150
보상케-사툰식 ··· 225
보일러 ··· 259
복토 ··· 307, 336
부상 ··· 115
부식성 ··· 384

부피감소율 86
분해 연소 198
비료공정 규격 155
비메탄계 유기화합물 359

▮ 사

사료화 167
사용자 만족도 지수 75
사후관리기간 369
생산자 책임 재활용 제도 21
생애주기비용 472
선별효율 100
소각로 해체 291
소각재 235
소성지수 329
소성한계 329
소요공기량 204
손선별 48, 102
수분함량 49
수소발효 185
수직가스포집정 357
수직식 압축기 81
수평식 압축기 81
숙성 139
슬러지 172
습식 사료화 168
습식 펄퍼 98
습윤연소가스량 211
실적공사비 465
쓰레기 수수료 종량제 61
쓰레기 자동집하시설 64
쓰레기종량제 18

▮ 아

안전매립 307
압축 79
압축결속기 84
압축기 80
압축비 86
압축파쇄기 97
액성한계 329
액체 주입형 소각로 249
여과집진기 271
역류식 232
연간비용 470
연소 195
연소가스량 208
연소실 230
열 교환기 261
열량 196
열부하율 231
열분해 용융 시스템 250
열분해 250
열화학방정식 197
영향반경 358
와전류 선별기 114
용출시험 418
용출특성 385
우수 집배수설비 341
운전유지비 462
원소분석 51
원추 4분법 45
위생매립 307
유동층 소각로 245
유해폐기물 375
육상매립제한 405
음폐수 183, 367
의료폐기물 379
이론공기량 202, 207
이론연소가스량 214
이코노마이저(절탄기) 262
인공복토재 338
인화성 384
인화점 198
일일복토 336
임계속도 106
입지배제기준 315
입지선정기준 항목 315
입지선정위원회 318
입지선정절차 316

▮ 자

자기 연소 198
자동 크린넷 64

자력 선별 112
자원순환형 사회 15
잠재적 혼합금지 폐기물 403
재열기 262
저압력 압축기 79
저온부식 238
저위발열량 52
저장 투하방식 73
적환장 70
전과정 평가 28
전기집진기 271
전단파쇄기 96
전표제도 414
절대온도 197
점토층 329
주민지원기금 320
주민지원협의체 319
준호기성 매립 310
중간복토 336
중온소화법 162
증발 연소 198
지역사회 효과지수 75
지정폐기물 12, 379
직접 투하방식 71
직접영향권 319
진동 스크린 106

▮ 차

차단형 매립지 308
차수설비 328
착화온도 197
착화점 197
체 선별 105
체류시간 228
초기투자비 461
최고연소속도 221
최소운반속도 111
최종복토 338
충격파쇄기 97
침출수 집배수설비 334
침출수 325
침하 325

▮ 카

컨베이어 102

▮ 타

탄소배출권 360
탄질비 145
토목섬유 332
토목합성수지 라이너 332
통기식 정체퇴비단법 141
투과능 계수 334
트롬멜 스크린 106
특별관리산업폐기물 389
특성입자크기 88

▮ 파

파쇄 88
팽화제 151
펜톤처리 354
평균입자크기 88
폐기물 관로수송 시스템 64
폐기물 부담금 17
폐기물 적법처리시스템 414
폐촉법 317
포장용수량 345
포장폐기물 17
표면 연소 198
표준품셈 464
풍력 선별 109
퓨란 274

▮ 하

합리식 346
합성차수막 332
현재가치 472
혐기성 소화 158
혐기성 위생매립 310
호기성 매립 310
혼합 228
혼합기 연소 198
화격자 240
화상부하율 231

화학물 제품 폐기물 ····· 383
확산 연소 ····· 198
활성슬러지 공법 ····· 352
황화합물 ····· 223
회분함량 ····· 50
회수율 ····· 100
회전 스크린 ····· 105
회전드럼식 ····· 98
회전로 ····· 244
회전식 압축기 ····· 83
휴대용 매립지 가스 분석기 ····· 359

▮ 숫자 및 영문

2차 파쇄 ····· 91
bioreactor landfill ····· 362
Bond의 작업지수 ····· 92
C/N비 ····· 145
CDM 사업 ····· 360
CLO ····· 124
CRF ····· 470
Darcy의 법칙 ····· 330
de novo synthesis ····· 276
dry tomb ····· 366
Dulong식 ····· 55
ELV ····· 15
EP test ····· 420
EPR ····· 21
Fluidized Bed Separators ····· 117
Form Code ····· 387
GHS ····· 436
Heavy media separation ····· 117
HELP 모델 ····· 347
Humus ····· 135
Jigs ····· 118
Kick의 법칙 ····· 91
LandGEM 모델 ····· 355
LCA ····· 28
LCC ····· 472
LDR ····· 405
LFG ····· 322
Management Method Code ····· 402
MBP ····· 120
MBT ····· 120
MLE 공법 ····· 353
NMOC ····· 359
non-specific source ····· 383
Post-screening ····· 106
Pre-screening ····· 106
PRTR ····· 439
RCRA법 ····· 382
REACH ····· 431
Rietema의 제안식 ····· 101
Rittinger의 법칙 ····· 91
RoHS ····· 434
Rosin-Rammler model ····· 89
Rosin식 ····· 224
RPF ····· 124
Scheurer-Kestner의 식 ····· 55
SCR ····· 273
secators ····· 117
Sink / Float Separation ····· 119
SNCR ····· 273
specific source ····· 383
Steuer의 식 ····· 55
Stoners ····· 116
Table ····· 118
TCLP ····· 385, 420
TEQ ····· 274
TKN ····· 348
WEEE ····· 15
Worrell의 제안식 ····· 100

신폐기물처리 정가 29,000원

발 행 2023년 9월 10일 5판 2쇄
저 자 윤석표
발행인 정우용
발행처 도서출판 동화기술
경기도 파주시 광인사길 201(문발동, 파주출판도시)
Tel (031)955-4211~6 donghwaepub@nate.com
Fax (031)955-4217 www.donghwapub.co.kr
(등록) 1977년 12월 19일/9-16호

Printed in Korea

ISBN 978-89-425-9324-8